中国苜蓿科技历程

苜蓿宝典之一

林克剑 陶雅 孙启忠 李文龙 著

中国农业科学技术出版社

内 容 简 介

本书是作者长期研究苜蓿科技、历史和文化的系列研究成果《苜蓿宝典》的第一册。全书共分为十四章。第一章、第二章介绍世界苜蓿的种类与分布及全球苜蓿经济（贸易）；第三章、第四章论述我国古代苜蓿的发展及科技进步；第五章、第六章论述我国近代苜蓿的发展及苜蓿科学研究；第七章至第十四章以现代苜蓿为线索，从苜蓿植物学特性与生长发育开始，论述我国苜蓿种质资源与育种、苜蓿栽培管理、苜蓿健康与病虫草害防控、苜蓿学术、苜蓿产业发展、苜蓿种业及苜蓿与家畜等方面的内容。

本书适合从事苜蓿或牧草研究的科技工作者，关心我国牧草乃至草业发展的人士，对草业史、畜牧史及农业史研究和我国苜蓿文化乃至草业文化感兴趣的爱好者阅读，适合大中型图书馆作为基础资料收藏。

图书在版编目（CIP）数据

中国苜蓿科技历程 / 林克剑等著 . -- 北京 : 中国农业科学技术出版社，2023.12

ISBN 978-7-5116-6478-5

Ⅰ. ①中… Ⅱ. ①林… Ⅲ. ①紫花苜蓿－研究－中国 Ⅳ. ① S551

中国国家版本馆 CIP 数据核字（2023）第 200167 号

责任编辑 陶 莲
责任校对 李向荣
责任印制 姜义伟 王思文

出 版 者 中国农业科学技术出版社
北京市中关村南大街 12 号 邮编：100081
电 话 （010）82109705（编辑室）（010）82106624（发行部）
（010）82109709（读者服务部）
网 址 https://castp.caas.cn
经 销 者 各地新华书店
印 刷 者 北京建宏印刷有限公司
开 本 210mm × 285mm 1/16
印 张 38.75
字 数 1 000 千字
版 次 2023 年 12 月第 1 版 2023 年 12 月第 1 次印刷
定 价 598.00 元

苜蓿宝典之一

《中国苜蓿科技历程》

作 者 名 单

主 著

林克剑　陶 雅

孙启忠　李文龙

副主著

柳 茜　李 峰　那 亚

魏晓斌　张 晨

前 言

“欲知大道，必先为史。”因为历史是一个民族、一个国家形成、发展及其盛衰兴亡的真实记录，是前人各种知识、经验和智慧的总汇。中国苜蓿发展历史，就是中华农业文明形成和发展，以及中国人民2 000多年来自强不息、艰苦奋斗、自主创新的真实写照。苜蓿历史，不仅给人以智慧的启迪，同时也是开创我国苜蓿新纪元、新业态、新成就的重要资源；苜蓿历史，更是一面镜子，鉴古知今，学史明智，它照亮现实，也照亮未来。

我国有5 000多年的农业文明史，这是中华民族的骄傲；我国也有2 000多年的苜蓿文明史，这不仅是华夏农业的自豪，更是中国草业的荣幸。在2 000多年的栽培利用中，苜蓿对我国农业、畜牧和国防乃至邮驿等方面的发展都曾发挥过重要作用。惜至今对它的研究还尚属少见，除近代学者对苜蓿史有不多的研究外，现代学者对苜蓿史虽然有零星研究，但与同期传入我国的汗血马、葡萄等相比，其研究深度不够、领会不深、认知度不高。与苜蓿的历史地位和作用比起来，还是不匹配、不到位、不相符。我国古代2 000多年的苜蓿栽培史，近代100多年的苜蓿现代理论与技术探索史，新中国70多年的苜蓿现代发展史，改革开放40多年的苜蓿产业科技创新史，这些历史一脉相承，是我国发展现代苜蓿产业的坚实根基，也是我国发展壮大苜蓿新业态的良壤沃土，更是我国开展苜蓿科技创新的动力源泉。

“温故而知新，可以为师矣。”在我国2 000多年的苜蓿栽培生产过程中，形成了一个先进的、丰富的、完备的科学技术知识体系，这个体系是我国劳动人民的智慧结晶，也是我国科技文化的一个重要组成部分。目前我国已进入一个新的发展时期，用新理论、新方法、新技术研究我国古代、近代乃至现代苜蓿科技发展历程，将有助于弘扬我国苜蓿传统科技文化，有助于提高苜蓿科技文化自信心，有助于坚持苜蓿科技自主创新。然而，迄今为止，我国苜蓿科技发展历程的研究和总结仍处于期待状态，因此开展中国苜蓿科技历程的研究，总结我国苜蓿科技发展规律乃至取得的成就，就显得特别紧迫和急需。

本书主要研究讨论我国古代、近代和现代苜蓿的科技乃至生产的重大史实、理论技术及相关政策，以反映我国古今苜蓿科技发展轨迹、发展规律、发展成就，乃至辉煌历史和灿烂文化。由于受资料所限和编撰经验缺乏，学力不足，水平有限，错漏之处难免，请同道专家及广大读者批评指正。

林克剑

2023年10月

目 录

第一章 世界苜蓿的种类与分布

苜蓿作为一种牧草资源，有着广泛的开发利用价值。全世界苜蓿属（*Medicago* L.）植物约有60余种，其中紫花苜蓿（*Medicago sativa* L.）是最廉价、最优美和最有价值的牧草，是天下第一牧草，具有“牧草之王”的美誉。因此，紫花苜蓿（简称苜蓿）是最早被人们驯化利用的植物。早在公元前1 000年的波斯，苜蓿就广泛分布，并被用作牲畜饲草。公元前500年由西亚传入希腊，才有了亚里斯多芬《骑士》一书中对苜蓿的最早文字记载。公元前200年苜蓿到达意大利和北非，再经过丝绸之路，于公元前126年来到中国，花了近400年的时间。以后途经西班牙，漂洋过海到了美洲的墨西哥等地，1851年苜蓿才抵达美国，足足花了1 300年（盛诚桂，1979）。最早波斯萨珊王朝的霍斯鲁一世就把苜蓿纳入新兴的土地税内，苜蓿税比小麦和大麦高7倍（Hanson，1972），可见苜蓿的饲用价值之高，作用之大，地位之重要。

第一节　苜蓿的种类与起源

一、苜蓿的种类

全世界苜蓿属（*Medicago* L.）植物种类繁多，在欧洲、亚洲、非洲共有 65 种，并且多是野生草本状态，其中只有少数几种用作栽培牧草。从经济栽培学考虑，苜蓿属植物可分为紫花种、黄花种和杂花种三大类（孙醒东，1955）。黄花种和杂花种的抗寒性强于紫花种，但紫花种栽培价值最高、栽培最普遍、饲用价值最高，是栽培区域最广的一种。紫花苜蓿或紫苜蓿（*Medicago sativa* L.）就是“紫花种”中典型的植物，也是我们经常栽培的苜蓿。

紫花苜蓿

黄花苜蓿

杂花苜蓿

二、苜蓿的起源

1. 苜蓿的来源

一般认为紫花苜蓿起源于小亚细亚、外高加索、伊朗及土库曼斯坦的高地。栽培紫花苜蓿原产地范围由现今伊拉克（美索不达米亚）北跨过土耳其及伊朗（波斯）至西伯利亚。伊朗作为栽培紫花苜蓿地理学上的中心得到普遍认可。紫花苜蓿是若干多年生亚种组成的复合体，既有二倍体，也有四倍体。

胡先骕（1953）认为，紫苜蓿原产于亚洲西部，分布于印度北部与地中海区，今在各国均有种植。中国科学院植物研究所（1955）指出，紫苜蓿是栽培最普遍、经济价值最高、栽培区域最广的一种极重要的牧草，其栽培面积日渐扩大。中国的东北、华北和西北等区，栽培很盛。中国有野生种，在河北小五台山已呈野生状态（中国科学院植物研究所，1955）。

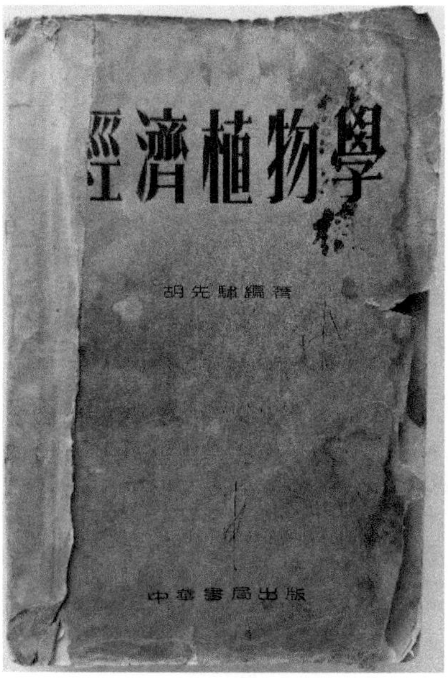

《经济植物学》

《中国主要植物图说（豆科）》

栽培苜蓿起源于现在的土耳其和伊朗附近，毫无疑问，早在有任何历史记录之前，苜蓿就被食草动物食用了。它可能也是在这一地区被驯化的，一些历史学家认为这可能与马的驯化同时发生。苜蓿被认为是第一种用于饲用的植物。

有关苜蓿最早的明确记载出现在公元前 1 300 年的土耳其著作中。然而，至少有一位历史学家认为，苜蓿很可能是在 8 000—9 000 年前（公元前 7 000—前 6 000 年）种植的（Russelle，2001）。很明显，紫花苜蓿被早期人类认为是一种有价值的作物是无疑的。

众所周知，早在公元前 4 000 年，地中海东部的海上贸易就已经很发达了，因此，在历史文献中提到苜蓿种子之前，它可能作为一种商业商品已经有好几个世纪了。一旦它的价值被认识到，紫花苜蓿就从最初的产地和种植中心传播到世界各地。据了解，它是在 16 世纪由西班牙人引入南美洲的。

在北美大陆种植紫花苜蓿的第一个记录是 1736 年在佐治亚州的萨凡纳地区。然而，紫花苜蓿种植以失败告终，就像大多数其他州早期的苜蓿引种结果一样。这种早期的不成功几乎可以肯定是由于酸性土壤造成的。

有趣的是，紫花苜蓿第一次在美国种植成功，是传教士从墨西哥和智利把它引入加利福尼亚，而那里的土壤比北美东海岸附近的土壤酸性要高。

然而，从欧洲的引进最终也获得了回报。1857 年，一位定居在明尼苏达州的德国农民带来了一种他称之为“Ewiger Klee”（在德语中是“长生不老的三叶草”的意思）的植物，但这实际上是紫花苜蓿。虽然最初表现不佳，但他坚持不懈地努力种植，最终取得了相当大的成功。

多年后，明尼苏达实验站和美国农业部使用这种种质资源开发了“格林”品种，这可能对美国农业的发展贡献更大，苜蓿在美国的发展比其他任何国家都要快。

1850—1900 年，从欧洲和俄罗斯引进的其他耐寒种质资源对美国苜蓿的发展也有贡献。

2. 最早的苜蓿利用与记载

苜蓿是一种古老的作物，人类利用苜蓿的历史可追溯到 8 000 年之前。苜蓿早在公元前 7 000 多年前就得到栽培利用。根据约 3 300 年前砖头写字板上对罗马时代最古老的记录，苜蓿当时已经作为家畜饲草被利用。历史证据充分证明，公元前 1 000 年苜蓿在米堤亚（Media，伊朗高原西北部）就有广泛分布，土库曼斯坦、伊朗、土耳其、高加索地区以及亚洲中部是最早引种驯化苜蓿的国家，苜蓿也是早期巴比伦王国重要的栽培作物，同时也受到了波斯人、古希腊人和古罗马人的青睐。

最早有关苜蓿记述，则来自公元前 1 300 年的土耳其和公元前 700 年的巴比伦人的教科书中。早在公元前 1 000 年的波斯，最古老的苜蓿品种紫花苜蓿就广泛分布并用于牲畜饲料。公元前 490 年，在大流士的统治下，苜蓿被带入了希腊和迈迪安。

三、苜蓿的传播

1. 苜蓿启航

很早就被人们驯化的饲料作物紫花苜蓿有 4 000 多年的栽培历史。据考古证据证实，它于公元前 2 000 年首先在伊朗、土库曼斯坦和高加索地区种植，公元前 700 年在巴比伦被书面文献记录。于公元前 490 年，由西亚传到希腊，公元前 200 年到达意大利和北非，再经骆驼队来到中国，花了近 400 年的时间。随后，紫花苜蓿在公元 1 100 年从伊朗传播到西班牙和近东，1550 年从西班牙传播到法国，以后途经西班牙，漂洋过海到美洲的墨西哥等地，1565 年传播到比利时和荷兰。紫花苜蓿于 1650 年传入英国，1750 年传入德国和奥地利，1770 年传入瑞典，1851 年才抵达美国，足足花了 1 300 年（盛诚桂，1979），最后在 19 世纪传入俄罗斯。

苜蓿具有生命力强、适应性广、饲草产量高、品质优良、用途多样等特点，种植生产得到稳步发展。目前，苜蓿生产主要分布在北半球的美国、加拿大、意大利、法国、中国、俄罗斯南部等温带地区，以及南半球的阿根廷、智利、南非、澳大利亚、新西兰等。栽培种群为四倍体，也有二倍体。

真木芳助（1975）研究指出，世界上紫花种有两个起源地（或称两种），一个是从小亚细亚到兰斯科卡西亚高原地带扩展到欧洲和北非的路线；另一个是从中亚发源，在古代文明的灌溉栽培中进化而来的路线。在这样的进化中，紫花种虽然失去了耐干性，但获得了对细菌性萎凋病等的抵抗性，为近代品种的培育做出了很大的贡献。这或许是造成苜蓿具有四倍体种和二倍体种的原因。

M.media（杂花种）为 *M.sativa* 和 *M.falcta* 杂交出来的。即，16 世纪 *M.sativa*（紫花种）被引入德国、法国北部，与当地自然生长的 *M.falcta*（黄花种）产生自然杂交形成了 *M.media*（杂花种）。经过独自进化的紫花种和黄花种的相遇，成为世界各地栽培的开端。

1897 年，尼尔斯 · 汉森（Niels Hansen）将耐寒品种引进美国，之后更多的苜蓿被引入美国。

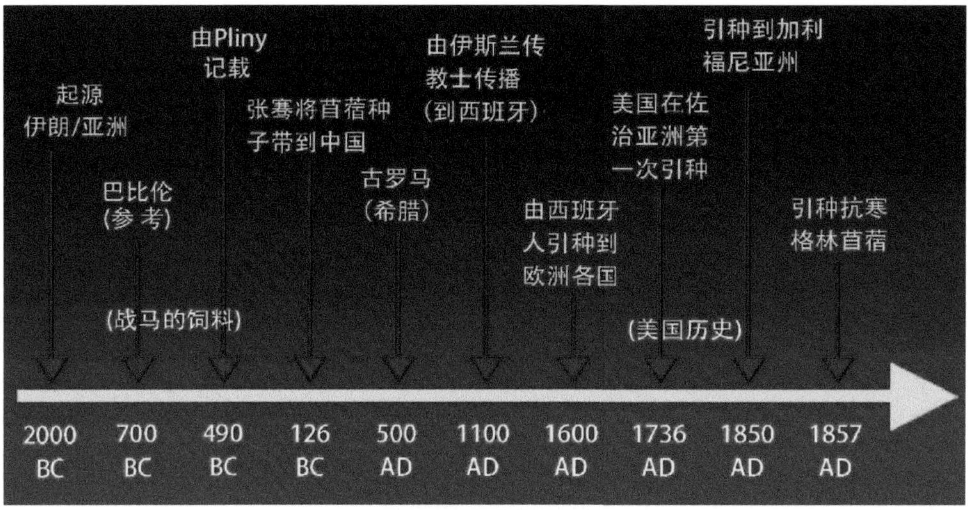

古代苜蓿传播进程

2. 苜蓿在亚洲的传播

苜蓿在公元前 1 000 年被引入波斯西北部，大约在公元前 700 年，苜蓿被列入犹太王国园林植物的清单中。

公元前 126 年由汉武帝派张骞出使西域带回苜蓿种子，从此，苜蓿开始在中国种植，成为中国最重要的饲草作物，种植至今。

日本的苜蓿则为文久享保年间（1861 年）由中国引进，但因风土关系，内地栽培不多。目前北海道一带栽培者则多由美国输入，其中尤以格林（Grimm）苜蓿为主。

3. 苜蓿在欧洲的传播

大约在公元前 490 年，波斯及 Medes（米底）人侵略希腊时，为饲养其战马、骆驼及家畜，曾输入苜蓿，并开始种植，由此传播至意大利，再经一世纪又传播至其他欧洲国家，如西班牙等。

在公元前 146 年罗马人从希腊农业文明获得一批极珍贵的物质遗产，其中就有苜蓿种子。苜蓿被引入意大利的确切时间还不清楚，可能是公元前 200 年。大约在 2 000 年前的古罗马农业时期，苜蓿成为一种非常重要的作物被意大利广泛栽培利用。

紫花苜蓿是由罗马帝国向各国散布的。在公元 1 世纪和 2 世纪苜蓿可能是通过罗马帝国运送，科卢梅拉（Columella）在西班牙南部安大路西亚（Andlusia）种植了苜蓿。与此同时，瑞士中部的卢塞恩湖（Lucerne lake）地区广泛种植苜蓿，之后苜蓿开始在整个欧洲传播，并将其称为 Lucerne（苜蓿）。

在摩尔人发动侵略战争时期，由穆斯林人从北非将苜蓿引入西班牙。因此，西班牙人更早地接受了阿拉伯语 “Alfalfa（苜蓿）”，与罗马字的 “Medica” 或 “Lucerne” 相比，西班牙人更偏爱用 “Alfalfa”。随着罗马帝国走向没落，苜蓿随之也从欧洲消失。

到 15 世纪初苜蓿再次传到欧洲。与此同时，在欧洲较潮湿的地区，人们开始栽培本地植物——紫苜蓿（联合国粮食及农业组织，1983）。

16 世纪中叶，意大利又重新从西班牙将苜蓿引入，并且再一次在全国广泛种植。1550 年苜蓿从西班牙扩展到法国，1565 年到比利时，1580 年到荷兰，1650 年到英国，大约在 1750 年到德国和奥地利，1770 年到瑞典，18 世纪传到俄罗斯。

联合国粮食及农业组织（1983）指出，当时（15 世纪初），欧洲的农业有了很大的进展，其标志就是把畜牧业同作物生产结合起来。直到那时，畜牧业才开始利用荒地和牧场上的野生植物。自公元 7 世纪发现了马圈和牛轭以后，家畜就开始作为挽畜使用（奴隶制的结束）。种植苜蓿和紫花苜蓿使家畜的数量大量增加。这就导致：

- 更多地利用家畜产品（奶、肉）作为人类食品，使营养不良减少了，儿童死亡率下降。
- 畜力和工作潜力增加了，使农田作业更加精细，更有计划，耕地深度增加了，使利用肥沃的重壤土有了可能，所有这些使谷物产量有了明显的提高，可以满足日益增长的人口需要。
- 肥料生产增加了，加快了有机质的再循环。厩肥的利用是向作物提供贮备于作物残剩物内的肥料元素的最有效最迅速的途径。
- 土壤的含氮量更多了（苜蓿残剩物还田每公顷 250~300 kg 氮），从而使谷物产量提高了，并有可能通过利用厩肥种植需肥量很高的作物（甜菜、马铃薯）。

这种畜牧业同作物生产的一体化是欧洲各国最重要的农业革命。这就使增加耕地面积，扩大生产，同时保护自然环境的潜力免遭破坏有了可能。可惜的是，这种方法在很多发展中国家没有得到充分的持续利用（联合国粮食及农业组织，1983）。

4. 苜蓿在南美洲的传播

16 世纪中叶，由于美洲新大陆的发现和殖民化，许多西班牙人和葡萄牙人将苜蓿种子带入秘鲁、阿根廷及智利，到 1775 年最后将苜蓿种子传入乌拉圭。传说那时当地人为了得到紫花苜蓿种子不惜重金。

16 世纪，墨西哥和秘鲁被西班牙人征服，成为苜蓿传入新大陆的契机。一个叫克里斯托巴尔（Cristobal）的西班牙士兵，于 1535 年将紫花苜蓿引进到秘鲁。18 世纪，紫花苜蓿通过安第斯山脉进入阿根廷。从秘鲁传入智利再传入阿根廷，人们找到了合适的地方种植紫花苜蓿并得到迅速普及。

5. 苜蓿在北美洲的传播

西班牙在美洲建立殖民地，曾将苜蓿输入墨西哥，然后经墨西哥及智利于 19 世纪中叶传入美国。1736 年，苜蓿从墨西哥传入美国是经过传教士的手。据记载，佐治亚州、北卡罗来纳州或者纽约州栽培时间为 1736—1781 年间。1836 年，在美国西南部各州有了苜蓿栽培，包括得克萨斯州、亚利桑那州、新墨西哥州等。约于 1850 年，来自西班牙的苜蓿原种从南美引到美国的西南部，随后传播到加利福尼亚州北部，并向东远至堪萨斯州。

1858—1910 年，欧洲和俄国的 3 个耐寒种质资源被引到美国中西部地区的北部和加拿大。来源于秘鲁（1899 年）、印度（1913 年和 1956 年）和非洲（1924 年）的 3 个不耐寒类型也被引进。此外，还引进了两个中间类型，其中之一来源于法国北部（1947 年）；另一个则来源于俄国南部、伊朗、阿富汗和土耳其（1898—1925 年）。目前在美国利用的栽培品种中，共有 9 个是最有代表性的苜蓿基本种质类型。

苜蓿传入美国的 4 条路径：

- 1736 年从大不列颠群岛传到佐治亚州；
- 1836 年从墨西哥传到加利福尼亚州；

- 1851 年从智利传到加利福尼亚州；
- 1857 年从德国传到明尼苏达州。

6. 苜蓿在大洋洲的传播

一般认为新西兰的苜蓿大约在 1800 年由欧洲引进，也有人认为，新西兰的苜蓿引自阿根廷的马尔堡，是在南岛发展的特别适用于新西兰的主要品系。

澳大利亚的苜蓿是 1860 年由英国传入新南威尔士的。商业上首次种植苜蓿是在猎人河和百乐河（Peel）的冲积平原上。猎人河苜蓿是澳大利亚种植的主要品种。

7. 苜蓿在非洲的传播

公元 711 年，西班牙侵入非洲时曾传入苜蓿。Hanson（1972）指出，苜蓿系 1850 年前后由法国带到非洲南部，初期即在养育鸵鸟的大农场得到较大发展。起源于中国西藏的中国苜蓿，也在此种植一些，并以其抗寒性特别值得称道。

四、Lucerne 与 Alfalfa 溯源

1. Lucerne

在欧洲，紫花苜蓿是由罗马帝国向各国散布的。在 1 世纪和 2 世纪苜蓿可能是通过罗马帝国运送，科卢梅拉（Columella）在西班牙南部安大路西亚（Andalusia） 种植了苜蓿。与此同时，苜蓿在瑞士中部的卢塞恩湖（Lucerne lake）地区也得到广泛种植，之后苜蓿开始在整个欧洲传播，并被称为 Lucerne（苜蓿）。因此，Lucerne（苜蓿）是因瑞士的卢塞恩湖或意大利的溪谷（Lucerna）而得名。

2. Alfalfa

Alfalfa 这个名字，从阿拉伯语 al-fasfasah（最好的饲料的意思）经过了西班牙语的 alfalfez，到了波斯→西班牙→新大陆。因此，在美国和加拿大，一般使用 alfalfa。

在摩尔人发动侵略战争时期，由穆斯林人从北非将苜蓿引入西班牙。因此，西班牙人更早地接受了阿拉伯语“Alfalfa（苜蓿）”，与罗马字的“Medica”或“Lucerne”相比，西班牙人更偏爱用“Alfalfa”。

第二节　苜蓿的种植与分布

一、全世界的苜蓿种植

全世界有 80 多个国家在种植苜蓿，主要分布在北纬 55° 至南纬 50° 及海拔 2 500 m 左右的地区（Ivanov, 1988）。在年降水量为 200 mm 的干旱地区和年降水量为 2 500 mm 的湿润地区，均可在无灌溉的情况下种植。

据 1988 年统计，全世界苜蓿种植面积约 3 226.66 万 hm^2（Hanson, 1988），约占农业总种植面积的 2.5%（Pua, 2007）。以北美洲种植面积最大，达 1 334.83 万 hm^2，欧洲和南美洲相近，分别为 799.43 万 hm^2 和 777.05 万 hm^2，亚洲位居第四（250.18 万 hm^2）。其中，北美洲占全世界苜蓿总面

积的 41.37%，欧洲和南美分别占 24.78% 和 24.08%，亚洲仅占 7.75%。

洲	面积（万 hm^2）	占比（%）
欧洲	799.43	24.78
北美洲	1 334.83	41.37
南美洲	777.05	24.08
亚洲	250.18	7.75
非洲	43.50	1.35
大洋洲	21.67	0.67
全世界总计	3 226.66	100.00

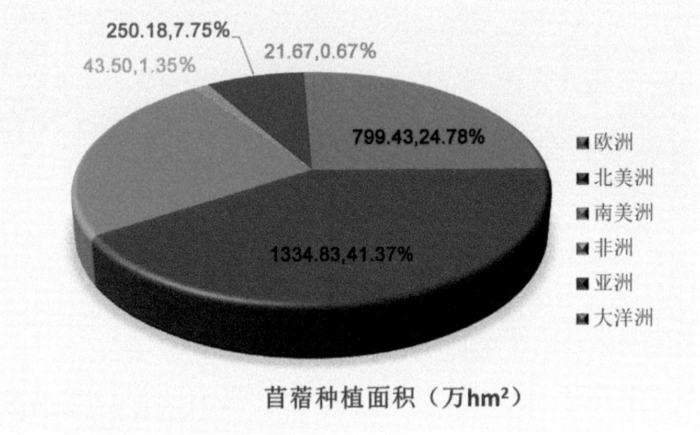

20 世纪 80 年代各大洲苜蓿种植面积

（资料来源：Hanson，1988）

20 世纪 80 年代，种植最大面积的前 10 个国家或地区为：美国、阿根廷、苏联（欧洲部分）、加拿大、意大利、苏联（西伯利亚）、中国、法国、罗马尼亚和保加利亚，其中美国、苏联和阿根廷加起来的面积约占 70.51%，加拿大、意大利、法国和中国加起来占 15.94%。

20 世纪 80 年代苜蓿种植面积前 10 个国家

世界排行	国家 / 地区	面积（万 hm^2）	占全世界苜蓿面积比例（%）
1	美国	1 055.90	33.00
2	阿根廷	750.00	23.44
3	苏联（欧洲部分）	337.50	10.55
4	加拿大	254.43	7.95
5	意大利	130.00	4.06
6	苏联（西伯利亚）	112.50	3.52
7	中国	96.00	2.16
8	法国	56.60	1.77
9	罗马尼亚	40.00	1.25
10	保加利亚	39.9	1.25
总计		2 872.83	88.95

资料来源：Hanson，1988。

2009 年，全世界苜蓿面积大约有 2 921.00 万 hm^2（Yuegao 和 Cash, 2009），其中北美洲（1 190 万 hm^2）和南美洲（700 万 hm^2），分别占世界面积的 40.74% 和 23.96%。欧洲（712 万 hm^2）占 24.37%，亚洲（223 万 hm^2）占 7.63%。

苜蓿种植面积较大的几个国家是美国、阿根廷、加拿大、俄罗斯、意大利和中国。

2009 年部分大洲 / 国家苜蓿面积

大洲或国家	面积（万 hm^2）	占全世界总面积的百分比（%）	大洲或国家	面积（万 hm^2）	占全世界总面积的百分比（%）
北美洲	1 190	40.74	美国	900	30.81
南美洲	700	23.96	阿根廷	690	23.62
欧洲	712	24.37	加拿大	200	6.85
亚洲	223	7.63	俄罗斯	180	6.16
非洲	64	2.19	中国	130	4.45
大洋洲	32	1.00	意大利	130	4.45

资料来源：Yuegao，2009。

到 2011 年，全世界苜蓿种植面积约为 4 500 万 hm^2（Mielmann, 2013； Pioneer， 2011），主要分布在气候温和的国家，如美国、阿根廷、加拿大、俄罗斯、中国和意大利（Fernandez， 2016）。

2020 年前后，全世界苜蓿种植面积有所下降，对主要苜蓿种植国家统计后发现，全世界苜蓿种植约为 3 709.66 万 hm^2，其中北美洲 1 085.35 万 hm^2、俄罗斯及毗邻国家 858.00 万 hm^2、亚洲 712.69 万 hm^2、大洋洲 374.61 万 hm^2、南美洲 354.40 hm^2、欧洲 247.11 万 hm^2 和非洲 141.50 万 hm^2，分别占全世界苜蓿总面积的 29.56%、23.13%、17.49%、10.10%、9.56%、6.67% 和 3.81%。

世界栽培苜蓿面积统计（46 个国家）

洲或国家	国家	面积（万 hm^2）	文献出处
欧洲	奥地利	1.39	Murphy-Bokern, 2017
	波斯尼亚和黑塞哥维那	3.58	
	保加利亚	6.46	
	克罗地亚	2.59	
	塞浦路斯	0.08	
	捷克	6.71	
	丹麦	0.57	
	爱沙尼亚	1.05	
	法国	32.91	
	德国	4.04	
	希腊	12.93	
	匈牙利	13.27	
	意大利	71.64	
	立陶宛	0.48	
	卢森堡	0.03	

续表

洲或国家	国家	面积（万 hm^2）	文献出处
欧洲	北马其顿	1.84	Murphy-Bokern, 2017
	荷兰	0.59	
	波兰	3.36	
	罗马尼亚	33.26	
	塞尔维亚	20.00	
	斯洛伐克	5.22	
	斯洛文尼亚	0.26	
	西班牙	24.85	
	小计	247.11	
北美洲	加拿大	370.00	Attram, 2016
	墨西哥	58.35	Guillermo, 2020
	美国	657.09	United States Department of Agriculture, 2021
	小计	1 085.35	
南美洲	阿根廷	320.00	Vilela, 2020; Basigalup, 2018
	智利	12.00	
	秘鲁	12.00	
	乌拉圭	7.00	
	巴西	3.50	
	小计	354.40	
非洲	阿尔及利亚	1.00	Porqueddu, 2017
	埃及	3.60	
	摩洛哥	10.60	
	突尼斯	1.30	
	南非	125.00	Conradie, 2008
	小计	141.50	
亚洲	印度	100.00	Koli, 2011
	伊朗	64.00	Ghaderpoura, 2018
	中国	470.00	Lu, 2018
	日本	12.40	广井清贞和松村哲夫 , 2008
	土耳其	66.29	Tana, 2021；Turan, 2017
	小计	712.69	

续表

洲或国家	国家	面积（万 hm^2）	文献出处
俄罗斯及其毗邻国家	俄罗斯	250.00	Rovkinaa, 2018
	乌克兰	600.00	Saiko, 1995
	乌兹别克斯坦	8.00（灌溉苜蓿）	Nurbekov, 2018
	小计	858.00	
大洋洲	澳大利亚	350.00	Humphries, 2018
	新西兰	24.61	Purves, 1989
	小计	374.61	
总计	3 709.66		

二、欧洲

1. 欧洲苜蓿种植面积

苜蓿在欧洲种植面积近 247.11 万 hm^2，其中超过 65% 分布于意大利、法国、罗马尼亚和西班牙。西班牙约 14 万 hm^2、意大利约 9 万 hm^2，法国约 8 万 hm^2。据统计，苜蓿是南欧、东欧、西欧 15 个国家种植最广泛的豆科牧草（在少数情况下还包含红三叶草或白三叶草）。

到 2017 年，欧洲苜蓿面积近 250 万 hm^2，其中意大利苜蓿面积最大，为 71.64 万 hm^2，占意大利农业耕地的 5.8%，占欧洲苜蓿面积的 28.99%；罗马尼亚和法国的苜蓿面积相近，分别为 33.26 万 hm^2 和 32.91 万 hm^2，分别占农业耕地的 2.6% 和 1.2%，占欧洲苜蓿总面积的 13.46% 和 13.32%；西班牙和塞尔维亚的苜蓿面积差不多，分别为 24.85 万 hm^2 和 20.00 万 hm^2，占农业耕地的 1.1% 和 4.0%，占欧洲苜蓿面积的 10.06% 和 8.09%，这 5 个国家的苜蓿面积可达 182.66 万 hm^2，占欧洲苜蓿面积的 73.92%。

与 1988 年、1972 年相比，到 2018 年，欧洲苜蓿面积整体呈减少趋势，分别减少 47.39% 和 57.31%，其中意大利减少最多，分别减少 54.11% 和 64.23%，其次为法国，分别减少 41.86% 和 77.10%。

欧洲苜蓿干草产量一般在 1.8~17.6 t/hm^2，平均产量为 8.1 t/hm^2，其中以丹麦苜蓿干草产量最高，达 17.6 t/hm^2，波斯尼亚和黑塞哥维亚苜蓿产量最低，仅为 1.8 t/hm^2。根据其苜蓿产量变化，大体可将欧洲苜蓿产量划分为 4 类，第一类为高产型，包括丹麦、西班牙、法国、捷克共和国和卢森堡，苜蓿产量在 13.4~17.6 t/hm^2；第二类为中高产型，包括匈牙利、德国、意大利和斯洛伐克，苜蓿产量在 10.40~11.70 t/hm^2；第三类为中低产型，包括塞尔维亚、罗马尼亚、荷兰、保加利亚和立陶宛，苜蓿产量在 5.5~7.8 t/hm^2；其余国家为第四类低产型，苜蓿产量在 1.8~4.5 t/hm^2。欧洲苜蓿单产呈增加趋势，与 1988 年相比，2018 年法国苜蓿单产提高 94.73%。

2. 欧洲主要苜蓿种植国家的生产

◆ 意大利

苜蓿是意大利最重要的豆科牧草，苜蓿栽培面积约占饲料面积的 47%，20 世纪 70 年代意大利苜蓿面积达到历史最高水平，为 199.70 万 hm^2，80 年代下降至 130 万 hm^2。到 2001 年意大利种植面积约为 80 万 hm^2。在 2008—2018 年的 10 年间，意大利的苜蓿面积呈下降趋势，从 2008 年的 71.7 万 hm^2 到 2018 年的 67.23 万 hm^2，干草总产量为 16.8~22.6 t。

苜蓿是意大利中部丘陵地区的一种典型的饲料作物，主要用作干草。苜蓿在开花初期，根据面积和降水，每年刈割 3~5 次，2017 年苜蓿干草产量达 10.50 t/hm^2。据 Pecetti 报道，生长在南欧地中海地区（撒丁岛）的 16 个苜蓿品种，两年（生长 2~3 年）平均产干草 4.83~14.20 t/hm^2，有 14 个苜蓿品种干草产量在 10 t/hm^2 以上，其中 Mamuntanas 最高达 14.20 t/hm^2。

不同苜蓿品种干草产量比较

品种	来源地	产量（t/hm^2）	秋眠级
Mamuntanas	意大利	14.20	7.0
Sicilian ecotype	意大利	13.27	6.5
SARDI 10	澳大利亚	12.91	10.0
Ameristand 801S	美国	12.54	9.0
Prosementi	意大利	12.19	6.0
Melissa	法国	12.13	9.0
Demnat 203	摩洛哥	11.98	11.5
Siriver	澳大利亚	11.95	9.0
Erfoud 1	摩洛哥	11.29	9.0
Gabès 2355	突尼斯	10.91	10.0
Rich 2	摩洛哥	10.79	8.0
ABT 805	美国	10.75	7.5
Magali	法国	10.55	6.0
Coussouls	法国	10.45	5.5
Africaine	突尼斯	6.47	5.5
Tamantit	阿尔及利亚	4.83	9.0

20 世纪 70 年代，意大利有苜蓿种子田达 7.12 万 hm^2，种子产量为 24 449 t，单产为 309.14 kg/hm^2。到 2011 年，意大利苜蓿种子繁殖面积为 2.00 万 hm^2，产量为 8 988 t，2012 年，苜蓿种子的生产面积为 2.09 万 hm^2，种子产量为 9 006 t，由此确立了意大利苜蓿种子在欧洲市场的领导地位。

◆ 法国

在法国苜蓿是一种重要的饲料和种子作物，这种作物几乎在全法国各地都有种植。法国的统计数据显示，苜蓿种植面积显著下降，由 1965 年的 158.80 万 hm^2 下降至 1983 年的 56.60 万 hm^2，但牧草平均产量从 6.4 t/hm^2（1965 年）增加至 7.6 t/hm^2（1983 年），部分抵消了这种下降。苜蓿被用作干草、青贮、青饲料和脱水饲料，从 1960 年到 1978 年，脱水苜蓿产量每年增长 20%~30%，1980 年产量稳定，近 10 万 hm^2 的苜蓿用于生产脱水苜蓿产品。2000 年，苜蓿种植面积约 60 万 hm^2，其中苜蓿草地 30 万 hm^2，苜蓿草混播草地至少 30 万 hm^2，平均产量 12 t/hm^2。

20 世纪 70 年代，法国苜蓿种子产量每年为 15 430 t，西南部是法国苜蓿种子生产的主要地区，苜蓿种子产量为 250~400 kg/hm^2，平均约 350 kg/hm^2，高达 8 000 kg/hm^2。Eduardo 根据花数和胚珠数计算出苜蓿种子的理论产量潜力为 12 000 kg/hm^2，但在最有利条件下实现的实际种子产量仅达到该种子产量潜力的 4%，许多牧草育种家认为干物质产量和种子产量之间存在负相关关系。

◆ 西班牙

在西班牙，苜蓿的种植面积约为 23.70 万 hm^2，其中 75% 都可以灌溉。埃布罗谷（The Ebro Valley）为西班牙的主要苜蓿产区，拥有全国 80% 以上的灌溉产量。埃布罗谷是西班牙苜蓿产量最高的地区，3 年平均苜蓿干草产量为 21.2~21.5 t/hm^2。

西班牙不同播种时期苜蓿干草产量

单位：t/hm^2

播种期	第一年	第二年	第三年	平均
春播	16.1	26.0	21.4	21.2
秋播	24.5	21.9	18.3	21.5

西班牙的苜蓿主要用于脱水饲草生产，在脱水饲草生产方面，西班牙已成为欧盟的领先者，其产量约为 200 万 t。这是由于西班牙的农艺潜力和脱水工业适应欧盟干饲料市场共同组织的要求。西班牙的气候条件有利于采用一种脱水系统，这种系统将人工干燥技术与利用太阳辐射结合起来，从而部分地弥补了灌溉的高成本。在西班牙，大约有 17 万 hm^2 的土地用于饲料转化，主要位于埃布罗谷地区（占总面积的 80%）。

众所周知，饲草的生产是季节性的，西班牙的收获期从 4 月到 10 月。生产的季节性迫使人们发展饲料的保存方法，以便在夏季过剩的产量可以储存起来，并在短缺时期供给。用来保存牧草的技术主要有：自然晒干（干草制作）、青贮（欧洲南部使用的一种技术）和脱水（主要在欧洲北部使用）。前者受天气的影响，而脱水是一个工业过程，通过使用不同类型的燃料（通常是燃油、天然气或煤炭）的干燥器。这样人为地将牧草的湿度降低到细菌和真菌无法生长的水平，以避免牧草蛋白质的分解。到 1994 年，西班牙的脱水苜蓿产量达 140 万 t。

◆ 塞尔维亚

塞尔维亚是一个地形多样的国家，从潘诺尼亚地区的平原地区到丘陵和山区，这些地区约占塞尔维亚领土总数的 2/3。不同的海拔高度与不同的土壤质量（结构和腐殖质含量）和酸度（pH 值）有关，这是饲料生产的重要因素。塞尔维亚的大部分土地（近 60%）都是 pH 值低于 5.5 的酸性土壤。

苜蓿是塞尔维亚第二重要的家畜饲料，仅次于玉米。根据塞尔维亚国家统计局的统计数据，2010 年 5 月塞尔维亚农业播种面积为 306.57 万 hm^2，其中苜蓿播种面积达 18.73 万 hm^2，占农业播种面积的 6.11%。最重要的饲料作物是多年生豆科植物（苜蓿和红三叶草）、青贮玉米、一年生豆科植物、混合草料和天然草地。饲料作物占耕地面积的 13.8%（45.5 万 hm^2），占农业用地总面积的 9%。

苜蓿的种植面积略有减少，目前为 18.3 万 hm^2，而红三叶草的种植面积保持不变。相比之下，用于饲料玉米的面积正在扩大。大部分饲料生产以干草的形式保存，但也有作青贮的。

塞尔维亚苜蓿、红三叶和青贮玉米种植面积

单位：万 hm^2

年份	苜蓿	红三叶	青贮玉米
1997	19.20	12.00	1.90
2000	19.10	12.40	2.10
2001	19.30	12.20	2.10
2004	19.00	12.20	2.20
2006	18.80	12.10	2.20
2009	18.80	11.90	2.70
2010	18.70	11.90	2.80
2011	18.30	12.00	3.02

Radović 报道了 2004—2008 年塞尔维亚全国及中部地区和塞尔维亚种植苜蓿较发达的伏伊伏丁那（南斯拉夫自治省名）的苜蓿产量。塞尔维亚全国苜蓿平均产量为 5.63 t/hm^2，中部地区为 5.29 t/hm^2，伏伊伏丁那省苜蓿产量较高，达 6.39 t/hm^2。

塞尔维亚苜蓿干草产量

单位：t/hm^2

年份	全国	塞尔维亚中部	伏伊伏丁那
2004	5.88	5.77	6.32
2005	6.00	5.68	6.76
2006	5.88	5.46	6.67
2007	4.86	4.37	5.83
2008	5.53	5.17	6.37
平均	5.63	5.29	6.39

2011 年，塞尔维亚的苜蓿干草产量平均为 5.837 t/hm^2。统计数据显示，塞尔维亚主要饲料作物的平均干物质产量仍然过低。在高原草地上，土壤肥力较低，苜蓿干草产量仅为 1 t/hm^2，在天然和播种的草甸上，苜蓿干草产量可达 2~3 t/hm^2，在红三叶草草地上，苜蓿产量增加到 4.5~6 t/hm^2。然而，在上述地区种植的苜蓿其基因型遗传潜力要高得多，苜蓿干物质产量可达 14~18 t/hm^2。

2002—2004 年在诺维萨德（Novi Sad）的研究表明，15 个苜蓿品种鲜草产量为 33.6~ 78.4 t/hm^2，干草产量为 8.0~20.4 t/hm^2，刈割高度为 36.4~71.2 cm，刈割后 15 d 的再生高度为 16.0~34.7 cm，叶片重量为 460~580 g/kg（1 kg 地上部分）。

2003—2004 年不同苜蓿品种饲草产量、株高、再生速率和叶比重

品种	鲜草产量（t/hm^2）	干草产量（t/hm^2）	株高（cm）	再生速率（cm）	叶比重（g/kg）
NS Mediana ZMS V	68.0	17.2	68.9	31.9	480
NS Banat ZMS II	74.8	20.4	67.4	33.4	490

续表

品种	鲜草产量（t/hm²）	干草产量（t/hm²）	株高（cm）	再生速率（cm）	叶比重（g/kg）
Hyliki	76.4	20.0	68.9	33.7	480
Cheronia	71.2	18.8	71.1	34.7	490
Dolichi	78.4	20.0	71.2	33.2	460
Pella	76.0	20.0	66.4	34.0	510
Sinskaya	71.2	18.4	60.3	25.5	530
Bolivija 2000	48.8	13.2	57.9	28.0	500
Riviera	48.0	13.2	61.4	27.7	490
UMSS 2001	55.2	14.8	62.4	31.2	500
Altiplano	51.6	13.2	64.2	27.1	500
Repaan	52.0	14.0	62.8	27.5	490
Jõgeva 118	40.0	9.2	41.4	16.9	570
Karlu	33.6	8.0	42.6	16.0	580
Juurlu	36.8	8.8	36.4	15.1	630
平均	58.8	15.3	60.2	27.7	510

在塞尔维亚，最重要和分布最广的饲料豆科植物是苜蓿、红三叶草、豌豆和野豌豆。根据 Erić 等人的研究，1984—2000 年，塞尔维亚的苜蓿种植面积约为 20 万 hm²，占可耕地的 5%。其中 2003 年伏伊伏丁那省（Vojvodina）的苜蓿种植面积约为 6 万 hm²。伏伊伏丁那省是塞尔维亚苜蓿种子生产的重要基地，2002 年伏伊伏丁那省通过国家认证的苜蓿种子田有 1 400 hm²，2007 年、2008 年和 2009 年，苜蓿种子田不断增加，分别有 1 688 hm²、2 544 hm² 和 2 898 hm²。除此之外，未经认证的种子田面积超过 1 000 hm²。

在塞尔维亚，苜蓿种子生产最有利的条件是北部地区 Bačka，与罗马尼亚接壤的 Kikinda、Zrenjanin、Kovačica、Timočka 和克拉伊纳（Zaječar）等地区，年降水量和 6—8 月的降水量均显著较低。2003 年，banat 中部苜蓿种子平均产量为 583 kg/hm²，北部 Bačka 为 621 kg/hm²，而南部 Bačka 为 181 kg/hm²。

在晴朗、阳光充足、夏季炎热、降水稀少的地区，苜蓿种子生产取得了成功。年累计降水量不超过 450~600 mm，7 月、8 月不超过 90~110 mm，即 6 月、7 月、8 月不超过 180 mm。这种生态条件下苜蓿开花良好，是蜜蜂授粉活动的最佳条件。

三、北美洲

◆ 美国

紫花苜蓿是美国第三大最有价值的农作物，仅次于玉米和大豆，种植面积位居第四，在玉米、大豆和高粱之后。美国苜蓿种植面积达到最大是在 1960—1990 年，达 1 200 万 hm^2，到 1999 年下降到 971.3 万 hm^2。

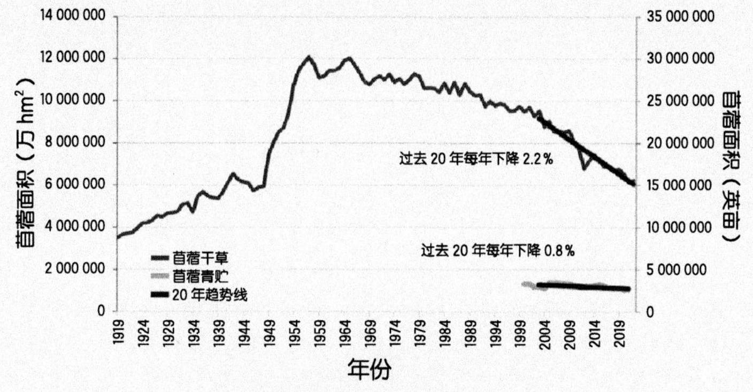

美国苜蓿的历年种植面积

资料来源：USDA NASS，2022。

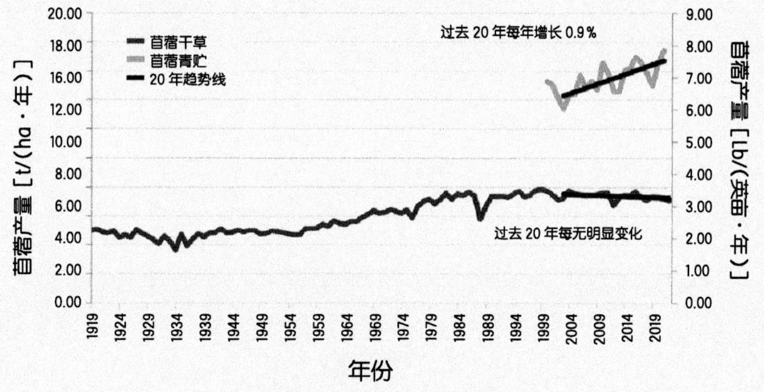

美国苜蓿的历年产量

资料来源：USDA NASS，2022。

在过去的 40 年间，美国的苜蓿种植面积显著下降，特别是在过去 10 年里加速下降。2005 年收获的紫花苜蓿超过 890 万 hm^2（美国农业部 - 国家统计局，2006 年），到 2016 年下降至 690 万 hm^2（美国农业部 - 国家统计局，2017 年），2020 年美国苜蓿收获面积降至 657.09 万 hm^2（美国农业部 - 国家统计局，2021 年）。

美国的苜蓿集中在西部和中西部各州，西部地区约占 50%，中西部上部约占 42%，东北部约占 6%。美国东南部或南部各州种植的苜蓿很少，尽管苜蓿干草在这些地区很重要。

美国的苜蓿干草产约有 40% 产自西部 11 个州，即亚利桑那州、加利福尼亚州、科罗拉多州、爱达荷州、蒙大拿州、内华达州、新墨西哥州、俄勒冈州、犹他州、华盛顿和怀俄明州。这些州在美国苜蓿种植、苜蓿干草生产和种子生产发展过程中，发挥了至关重要的历史作用。

美国苜蓿面积前 10 个州（2018—2020 年）

单位：万 hm²

州名	2018 年	2019 年	2020 年	平均
南达科他	72.87	80.97	74.70	76.18
威斯康星	64.37	68.02	67.21	66.53
爱达荷	43.72	42.91	42.91	43.18
明尼苏达	34.41	37.65	39.68	37.27
内布拉斯加	35.22	40.08	35.63	36.98
艾奥瓦	30.18	30.97	35.02	32.06
密歇根	31.58	30.36	30.16	30.70
堪萨斯	25.10	26.11	22.06	24.42
加利福尼亚	27.13	24.70	20.85	24.23
纽约	26.32	21.46	23.08	23.62
10 州小计	390.90	403.23	391.30	394.81
全美国	672.39	677.85	657.09	669.11

资料来源：United States Department of Agriculture，2021。

19 世纪后半叶，在对西部各州的苜蓿调查中发现，苜蓿从西向东转移的 100 年间，生产的产品种类繁多，这些州每年要有 2~10 次的变化，苜蓿从非常秋眠到半秋眠，再到秋眠品种，其生长的土壤环境从重黏性土壤到沙性土壤。受访者强调，在苜蓿生产中，水和灌溉管理是关键限制因素。除一个州外，其他所有州都强调说，苜蓿在他们州的重要性正在增加，由于乳制品行业的优势，苜蓿很可能仍然是该行业的关键。

◆ 加拿大

加拿大的种植面积从 2011 年到 2016 年也出现了下降，在 5 年内下降了 17%，从 4 544.662 hm² 下降至 3 754.416 9 hm²（Canada Ag 统计数据）。

◆ 墨西哥

在灌溉条件下，苜蓿是墨西哥主要的饲料作物，播种面积为 583 561 hm²，占总饲草的 57.1%，而玉米、燕麦和高粱占 42.9%。

四、亚洲

亚洲苜蓿面积约 712.69 万 hm²，主要分布在中国（470.00 万 hm²；卢欣石，2018），占亚洲总面积的 65.95%，印度（100 万 hm²）占 14.03%，土耳其（66.29 万 hm²）占 9.30%，伊朗（64.00 万 hm²）占 8.98%，日本（12.40 万 hm²）占 1.74%。

进入 21 世纪，中国的苜蓿也进入快速发展期。苜蓿种植面积由 2001 年的 203.38 万 hm² 发展到 2018 年的 470 万 hm²。自 2008 年以来，中国苜蓿商品生产取得了巨大的发展，产量从 2008 年的 15 万 t 增加到 2017 年的 140 万 t。目前，中国 750 万头奶牛平均每年消耗 300 万 t 苜蓿，到 2030 年紫花苜蓿消费量将达到 600 万 t。

五、南美洲

2020 年，南美洲紫花苜蓿种植面积约为 400.00 万 hm^2，最显著的是阿根廷，近 320 万 hm^2，其次是智利（12 万 hm^2）、秘鲁（12 万 hm^2）和乌拉圭（7 万 hm^2）。在巴西目前只有大约 3.5 万 hm^2，大部分位于南部地区。

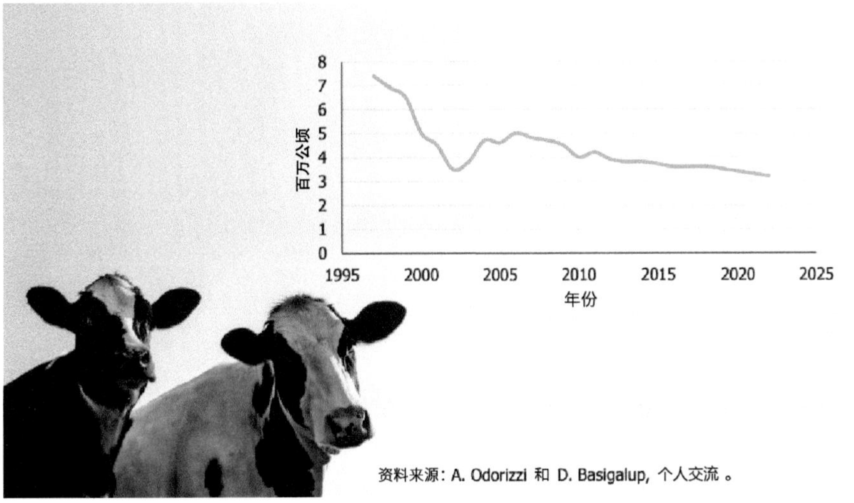

阿根廷苜蓿种植面积变化趋势

六、俄罗斯及其毗邻国家

苜蓿总面积达 858.00 万 hm^2，主要分布在乌克兰（600.00 万 hm^2），占总面积的 69.93%，其次为俄罗斯（250.00 万 hm^2），占 29.14%。

七、大洋洲

苜蓿总面积达 374.61 万 hm^2，其中澳大利亚（350.00 万 hm^2）占 93.43%。

八、非洲

苜蓿总面积为 141.50 万 hm^2，南非苜蓿面积最大为 125.00 万 hm^2，占非洲总面积的 88.34%。

第三节　苜蓿产能变化

一、美国和加拿大

在 1969—1999 年期间，虽然美国苜蓿总面积从 1 078.7 万 hm^2 下降到 971.3 万 hm^2，但每公顷的年产量从 2 545 kg/hm^2 增加到 3 125 kg/hm^2，从而使总产量实际从 6 882.6 万 t 增加到 76 119 万 t。2005 年，美国苜蓿产量超过 6 800 万 t（美国农业部 – 国家统计局，2006）。2016 年，产量不到 6 000 万 t（5 826.3 万 t 苜蓿），与 20 世纪 80 年代早期最高的 9 000 万 t 相比，大约下降了 33%。

美国苜蓿干草总产量位居前 10 的州（2018—2020 年）　单位：万 t/ 年

州名	2018 年	2019 年	2020 年	3 年平均
加利福尼亚	452.3	430.8	365.1	416.1
爱达荷	478.8	515.5	503.8	499.4
爱荷华	251.4	269.0	308.3	276.2
堪萨斯	219.4	261.3	203.8	228.2
密歇根	229.0	240.3	256.6	242.0
明尼苏达	265.7	297.5	360.7	308.0
内布拉斯加	370.4	371.1	338.2	359.9
纽约	256.6	184.0	185.1	208.6
南达科塔	398.5	468.2	337.3	401.3
威斯康星	523.9	503.6	605.3	544.3
10 州小计	3 446.0	3 541.3	3 464.2	348.4
全美国	5 263.4	5 487.5	5 306.7	5 352.5

资料来源：United States Department of Agriculture，2021。

1981—1982 年的生长季节，亚利桑那大学的研究人员在尤马谷农业中心进行的一项试验中发现，在灌溉条件下紫花苜蓿单产每年高达 59.53 t/hm^2（3.97 t/ 亩）。这是一个非凡的壮举，展示了紫花苜蓿巨大的遗传潜力和生产潜力。苜蓿产量潜力与环境及管理完美结合，北美苜蓿产量稳步增长，在非灌溉条件下（水分 12%），年产量也可达到或超过 24.7 t/hm^2（1.65 t/ 亩）。

美国一些非灌溉苜蓿干草高产纪录

年份	试验地	产量（t/ 英亩）	产量（t/hm^2）	产量（t/ 亩）
1981—1982 年平均	密歇根州立大学	10.0	24.70	1.65
1982	密歇根州立大学	10.8	26.68	1.78
1985	威斯康星大学	11.5	28.41	1.89
1987	马里兰大学	11.3	27.91	1.86
1987	特拉华州州立大学	12.0	29.64	1.98

一般情况下，在美国根据地点的不同，紫花苜蓿每年可以收获三次或三次以上。2005 年，紫花苜蓿干草产量为 4.5 t/hm^2（北达科他州）到 15.5 t/hm^2（加利福尼亚州），平均为 7.6 t/hm^2（美国农业部 - 美国国家科学院，2006）。

苜蓿已被证明是一种灌溉效果很好的作物，加利福尼亚州、科罗拉多州、爱达荷州和内布拉斯加州是灌溉苜蓿。

美国苜蓿干草总产量位居前 10 的州的单产（2018—2020 年） 单位：t/hm²

州名	2018 年	2019 年	2020 年	3 年平均
加利福尼亚	16.67	17.44	17.51	17.21
爱达荷	10.94	12.00	11.73	11.56
爱荷华	9.48	8.65	8.97	9.03
堪萨斯	8.74	10.00	9.24	9.33
密歇根	7.26	7.90	8.50	7.89
明尼苏达	7.73	7.90	9.09	8.04
内布拉斯加	10.52	9.26	9.48	9.75
纽约	9.76	8.57	8.03	8.79
南达科塔	5.46	5.78	4.52	5.25
威斯康星	8.13	7.41	9.02	8.19
10 州小计	9.47	9.51	9.61	9.53
全美国	7.83	8.10	8.08	8.00

资料来源：United States Department of Agriculture，2021。

在加拿大，苜蓿全灌溉条件下的干草产量为 16.6 t/hm²，亏缺灌溉条件下为 11.1 t/hm²，旱地条件下为 6.0 t/hm²。

二、阿根廷

在雨养条件下，半干旱潘帕地区苜蓿干草产量为 5 t/hm²，半湿润潘帕地区可达 24 t/hm²；灌溉条件下，南部地区为 17.2 t/hm²，北部地区为 20 t /hm²，西北地区为 17.3~23 t/hm²。

三、欧洲

◆ 意大利

在过去 10 年里，紫花苜蓿的种植面积从 2008 年的 71.7 万 hm² 到 2018 年的 67.23 万 hm²，总产量为 22.6~16.8 t 干草（国家统计局，2018）。在价格方面，2016 年和 2017 年苜蓿干草年平均价格分别为 109 欧元 /t 和 118 欧元 /t（ISMEA，2018）。

◆ 塞尔维亚

全国苜蓿的平均产量为 5.63 t/hm²，中部为 5.29 t/hm²，伏伊伏丁那产量达 6.39 t/hm²。

◆ 希腊

1994 年约有 16 万 hm² 耕地（约占该国农业用地的 4.4%），生产了约 180 万 t 干草。2007 年希腊 3.7% 的农业土地（13.76 万 hm²）用于种植苜蓿，年产量估计为 139.3 万 t（希腊农业部，2007）。灌溉条件下苜蓿干草每年产 11 475 kg /hm²。

欧洲各国苜蓿平均产量

单位：t/hm²

国家	平均产量	国家	平均产量
奥地利	2.4	意大利	10.5
波斯尼亚和黑塞哥维那	1.8	拉脱维亚	7.8
保加利亚	7.1	卢森堡	13.4
克罗地亚	2.5	马其顿	2.2
塞浦路斯	3.7	荷兰	7.0
捷克共和国	13.7	波兰	10.4
丹麦	17.6	罗马尼亚	6.0
爱沙尼亚	4.5	塞尔维亚	5.5
法国	14.8	斯洛伐克	10.9
德国	11.4	斯洛文尼亚	2.4
希腊	3.7	西班牙	15.8
匈牙利	11.7	平均	10.0

第四节　苜蓿对世界的独特作用

苜蓿为古老的世界性第一优良牧草，具有“牧草之王”的美誉，在众多牧草中它是无与伦比的。自古以来，就为人类所知所用，目前苜蓿在全世界 80 多个国家得到了广泛种植。苜蓿的重要性和作用正在为人们所认识和利用，在一个国家乃至整个世界，苜蓿的作用正在逐年增强，种植地位也在逐年提高。

一、苜蓿与诸农业生态要素的关系

欧盟（EU）共同农业政策（CAP）在第二次世界大战后诞生，旨在确保欧洲人口有足够的粮食资源。因此，其主要目标之一就是提高农田生产力。然而，为了减轻农业集约化给环境带来的不利影响，欧洲于 1992 年创建了农业环境计划（Agri-Environmental Schemes, AES）。自 20 世纪最后 10 年以来，欧洲实施了农业环境计划，这些计划方案中包括的措施之一就是在轮作系统中引进苜蓿，以保护生物多样性和环境的友好发展。David （2022）通过分析研究苜蓿种植的农艺效益，以及苜蓿作物在维管植物、节肢动物和脊椎动物三个分类水平上与生物多样性的关系，研究了苜蓿种植（以及涉及的主要管理措施）与农业生产和生物多样性的关系。

在豆科植物中，因为苜蓿种植面积约占豆科饲料作物的 30%（Peoples 等，2019），种植技术丰富，管理措施易被推广，所以其在农业环境计划中使用较多。与其他豆科作物一样，紫花苜蓿的绿色部分富含蛋白质，除了具有固定大气氮的能力外，从生产和保护的角度来看，紫花苜蓿也是一种有趣的作物（Murphy-Bokern 等，2017）。由于紫花苜蓿是多年生作物，因此与其他作物相比，它对土壤的干扰更小。例如，许多节肢动物可以在部分生物循环发生在土壤中时完成其生物循环（Soroka & Otani，2011）。然而，与其他作物一样，近年来，为了满足市场需求，苜蓿的管理日益加强（Luque-Larena 等，2018），这可能会对环境产生负面影响。因此，当用作农业环境计划时，调整苜蓿作物的管理措施，以提升苜蓿对生物多样性更加友好是十分重要的，例如减少农用化学品投入（农药和化肥），并使每年削减的数量适应生物多样性保护目标（Graham，2005；Syswerda & Robertson，2014；Caro 等，2016；di Lascio 等，2016）。

此外，紫花苜蓿种植对生物多样性的益处可能因分类群而异。例如，就传粉者而言，紫花苜蓿并不一定能满足所有物种的营养需求，因为它们的觅食效率与花的形态有关（Rollin 等，2013），这被认为会导致更同质的昆虫群落（Forister，2009）。同样，如果管理不当，苜蓿作物也被描述为某些物种的生态陷阱（Bretagnolle 等，2011；Schlaich 等，2015），或者由于啮齿动物害虫的可能性增加而产生负面的农艺影响（Luque-Larena 等，2018）。

由于苜蓿的独特综合性作用，目前在全球范围内，紫花苜蓿种植面积在逐年增加，其产量也在逐年提高。这种作物可能提供许多生态系统服务（Syswerda & Robertson，2014；F′ernandez 等，2019）：供应（作物生产）、调节（与环境稳定性和质量有关）、支持（负责生态系统功能维护）和文化产品（与人类审美欣赏和濒危物种保护有关）。

这些服务类别并不是相互独立的。事实上，当前农业面临的挑战之一是优化供应与其他服务之间的权衡（Power，2010）。然而，正如不同学者指出的那样，双赢的情况是可能的，在这种情况下，生物多样性友好型农业生态系统管理可以在不显著降低产量的情况下，保持其服务功能的有效发挥（调节、支持和文化）（Catarino 等，2019，Tarjuelo 等，2020）。

关于紫花苜蓿支持野生动物的能力。在已发现的信息显示，大多数被分析的群体总体上都是正相关的。由于豆科作物（如苜蓿）对农用化学品的需求较低（Graham，2005），以及本地物种丰富度（Wilson & Gerry，1995）和多样性（Baer 等，2003）的增加，这种豆科作物已被证明对植物群落恢复有益。这些效应对上层营养层有积极的影响。事实上，在广泛的管理下，节肢动物和脊椎动物增加了（Morris，2000；Stein-Bachinger & Fuchs，2012；Woodcock 等，2013）。在苜蓿作物上实施农业环境计划在一定程度上可以使小鸨或其他濒危物种受益，但前提是收获作业要充分考虑动物的繁殖期，耕作管理也要留有空间，以便优化动物捕食猎物（昆虫或田鼠）的环境。

然而，由于苜蓿的营养价值高，并且野生动物种群的建立和增长更多地与营养提供有关，而不是栖息地本身，苜蓿易受害虫影响（Gebhardt 等，2011；Flanders & Radcliffe，2013）。将牲畜放牧纳入农业系统可作为限制啮齿动物数量激增的适当措施（Torre 等，2007），至少可与其他措施相结合。然而，关于苜蓿对其他动物种群的影响，人们知之甚少。无论如何，将保护措施与监测计划相结合是至关重要的，以确保农业环境计划行动达到绿色目标（Kleijn & Sutherland，2003； Peter 等，2020）。

综上所述，一方面，紫花苜蓿在农田生物多样性保护中具有很高的价值，可作为农业集约化退化地区的恢复工具。这些特征加上苜蓿所暗示的农业产量的增加，使得其成为合适的农业环境计划中的主要成员。另一方面，还强调的是这种作物的管理可能对不同的分类群产生积极和消极的影响。苜蓿作物在全球范围内有益于农田生物多样性，是农业景观保护的有效管理工具。例如，苜蓿作为环境计划中的主要成员，管理应适应特定的分类或功能群。

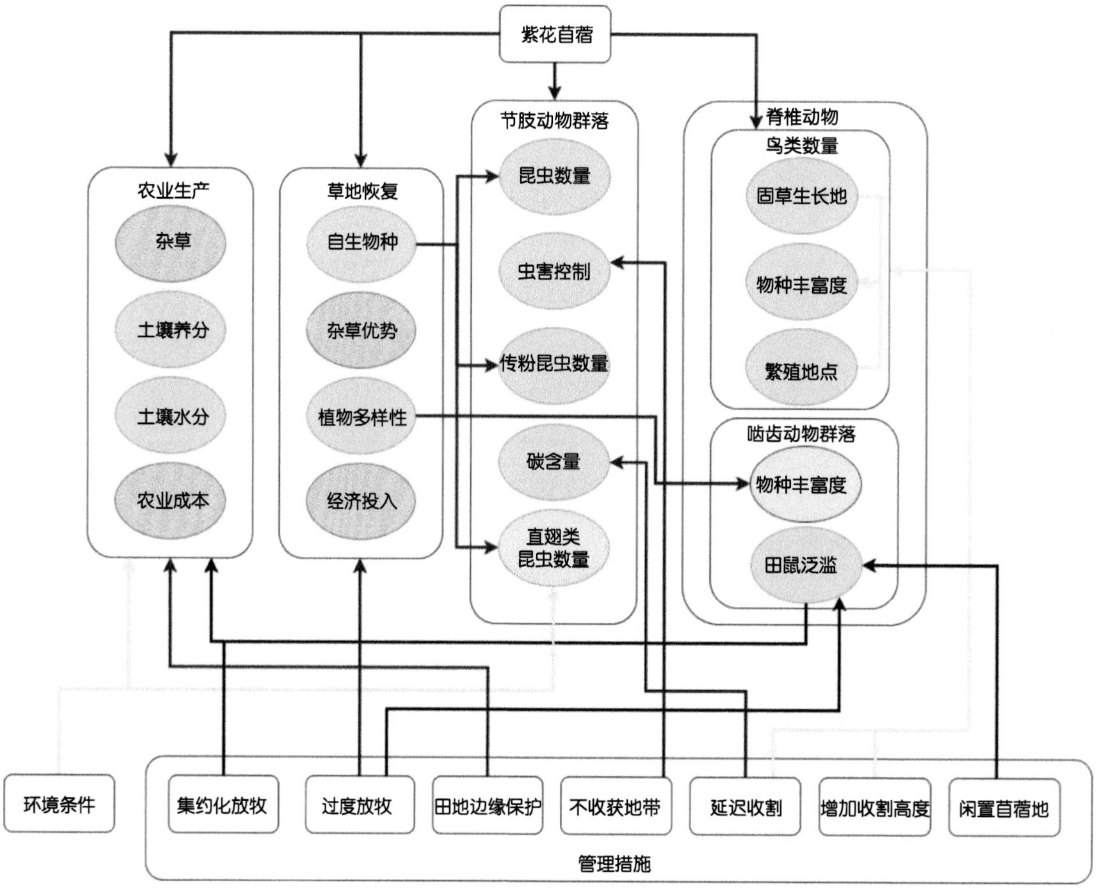

苜蓿种植（以及涉及的主要管理措施）与农业生产和生物多样性的关系

注：绿色椭圆表示受苜蓿积极影响的方面（即受益于苜蓿），而红色椭圆表示受负面影响的方面（例如，围绕“不受欢迎的杂草”的红色椭圆表示这些杂草在苜蓿作物中不太常见）。箭头表示关系（绿色表示积极，红色表示消极）。黄色的椭圆和箭头表示这种关系可能是正的，也可能是负的。当箭头在框外面结束时，该效果适用于框里面的所有元素。

资料来源：David，2022。

二、苜蓿在农业种植系统中的作用与地位

苜蓿在作物轮作中非常有价值。作为一种高效固氮作物，苜蓿还可以改良土壤耕层，使土壤更健康，增加水分入渗，再加上根部通道，使根部更深，它深沉而有力的根系可以深松土壤，从而改善土壤结构并吸收过剩的氮。有利于苜蓿之后的作物生长，从而显著提高后作产量和利润。

◆ **固氮** 苜蓿在作物轮作中具有十分重要的地位。苜蓿作为一种高效固氮作物，它从空气中捕获氮，并可在土壤中留下大量的氮，苜蓿通常能给紧接其后的作物提供 55~170 kgN/hm^2，在苜蓿种植后的两年里，供后续作物使用的氮素效益总计可接近 280 kgN/hm^2。

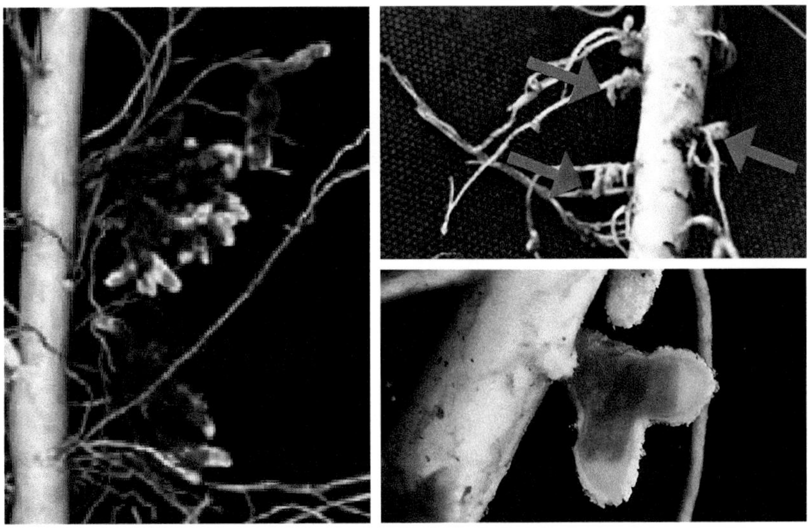

苜蓿的固氮作用

大多数报告估计，工业生产中每生产 1 吨尿素产生大约 3 t 碳，每生产 1 t 硝酸铵产生 2 t 碳。除此之外，在运输和应用过程中产生的碳量，代表了种植非豆类作物的巨大经济和环境成本。种植紫花苜蓿减少了对合成肥料的依赖，节省了资金和碳排放。

◆ 改善土壤条件　苜蓿是一种深根系植物，其根系入土是所有作物中最深的一种。苜蓿的根系生长潜力大，每年生长 1~1.2 m，生长 4 年后，根深达 4~6 m。这不仅有利于水分吸收，而且这种深层根系系统可以改善土壤的耕层。此外，大多数农作物表面根区以下的养分可以被苜蓿利用。紫花苜蓿的根通常深入土壤 4.8 m，比其他作物深得多。深层根系将土壤固定在适当的位置，并创建通道，促进水分渗透，促进根区生物活动，改善养分循环。苜蓿草地多物种牧草不同根系的多样性、返回土壤的有机质的质量和数量都有利于稳定土壤团聚体的形成。

苜蓿可以改善土壤条件

◆ 增加降水的渗透性来减少土壤侵蚀　种植系统中使用的多年生苜蓿，通过减少地表径流和增加降水入渗来减少土壤侵蚀。活的植物及其在土壤表面的残留物保护土壤免受雨滴的冲击，减少土壤表面孔隙的堵塞，并降低流水的流速。此外，残留根系和地上部增加了土壤有机碳、水稳定聚集和大孔隙度，从而增加了水分入渗和土壤保水的速率。苜蓿为土地提供了良好的覆盖物，当种植方法和管理手段适宜时，它通常可以维持数年，因此与一年生作物相比，大大减少了土壤侵蚀。苜蓿轮作有许多非氮效益。例如减少后续作物的线虫数量，其中最显著的是，当苜蓿与大豆轮作时，大豆包囊线虫数量减少。

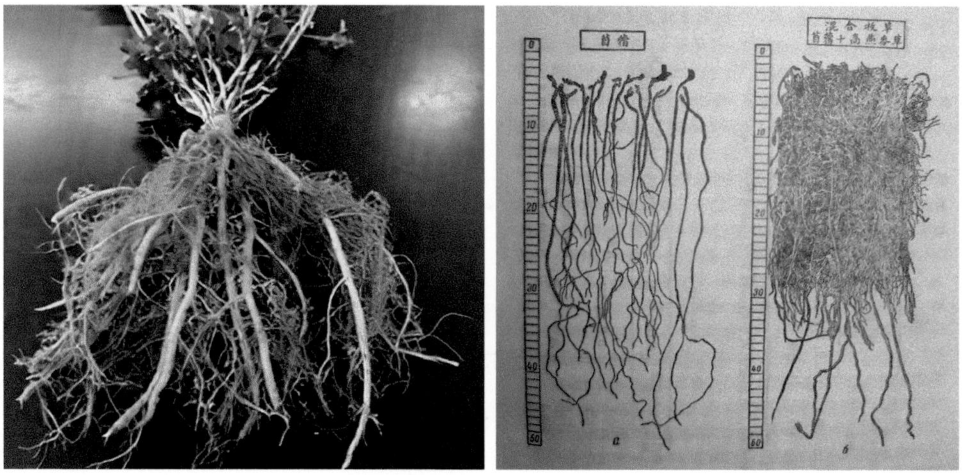

苜蓿可以减少土壤侵蚀

◆ 苜蓿对后续作物的经济效益　紫花苜蓿与土壤细菌合作，将大气中的氮转化为可供植物使用的氮素形态。种植紫花苜蓿后一年的玉米产量增加了 19%~84%，与种植大豆后的玉米相比增加了 33%。即使在玉米作物上施氮，苜蓿之后的玉米通常也比大豆之后的玉米产量高。玉米并不是唯一从苜蓿轮作中受益的作物，种植苜蓿后的地再种小麦，小麦产量显著高于连续种植小麦。

苜蓿可以增加后续作物的经济效益

三、苜蓿在畜牧业生产系统中的作用与地位

苜蓿是最古老的饲草作物。它在饲草方面是无与伦比的，苜蓿自古以来就为人类所知所用。然而，

紫花苜蓿在许多方面为我们的社会做出了贡献，而大多数人都没有意识到这一点。苜蓿是一个重要的营养来源，广泛用于饲喂很多生产肉类和奶制品的动物、动物园的动物和其他饲草消费生物，苜蓿也是一个蜂蜜生产花粉和花蜜的主要来源，有助于生产其他产品，如皮革和羊毛，同时它也是一个重要的氮素源（肥料源），有助于增加土壤肥力，提高作物产量。

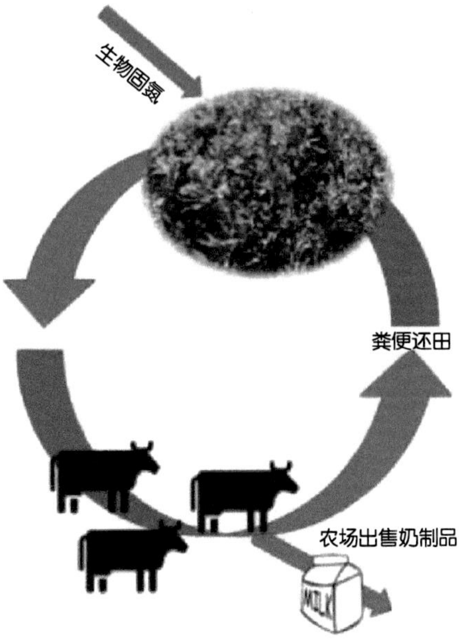

营养循环图

图说明：在一个集作物和牲畜生产于一体的农场里，像氮和磷这样的营养物质通过一个“闭环”系统被循环利用。

苜蓿长期以来一直被认为是一种极好的饲料作物，这就是为什么它被广泛种植，供奶牛、马、肉牛、肉羊和许多其他类型的家养饲料消费动物食用。

● 低纤维——苜蓿低纤维含量可在满足瘤胃纤维需求的前提下，最大限度地提高奶牛的日干物质采食量。每增加一磅的摄入量就会直接转化为牛奶产量的增加。

● 蛋白质——蛋白质是大多数奶牛场饲料花费的重点项目。由于紫花苜蓿蛋白质含量较高，因此在日粮中合理使用紫花苜蓿可以减少蛋白外购费用。

● 高钾——奶牛需要大量的钾，苜蓿可以满足大部分的需求。

● 高钙——每吨苜蓿提供的钙比其他任何饲料或谷物都多。高产量的牛奶需要大量的钙。

◆ 奶牛最好的饲草　反刍动物独特的消化过程使它们能够从其他动物无法消化的纤维植物中提取能量。紫花苜蓿不仅富含纤维，而且富含蛋白质，是反刍家畜健康饮食的重要组成部分。现代奶牛的产量惊人——现在美国奶牛平均每年产出约 10 419 kg 牛奶！而生产那么多牛奶需要大量的蛋白质。与此同时，紫花苜蓿和其他牧草中的纤维有助于预防溃疡、脓肿和其他与现代以谷物为主的饮食有关的健康问题。苜蓿干草作为混合日粮的一部分，泌乳期奶牛每天可以食用 6.0~7.0 kg，或者在饲料密集型日粮中食用更多的苜蓿干草。这就是为什么喂养奶牛是美国苜蓿的头号用途。

● 肉牛肉羊的基本饲草

● 马最喜食的饲草

● 猪和家禽的理想饲料

- 蜜蜂食物
- 保护生物多样性，苜蓿是许多物种（昆虫、鸟类、小型哺乳动物）的关键栖息地

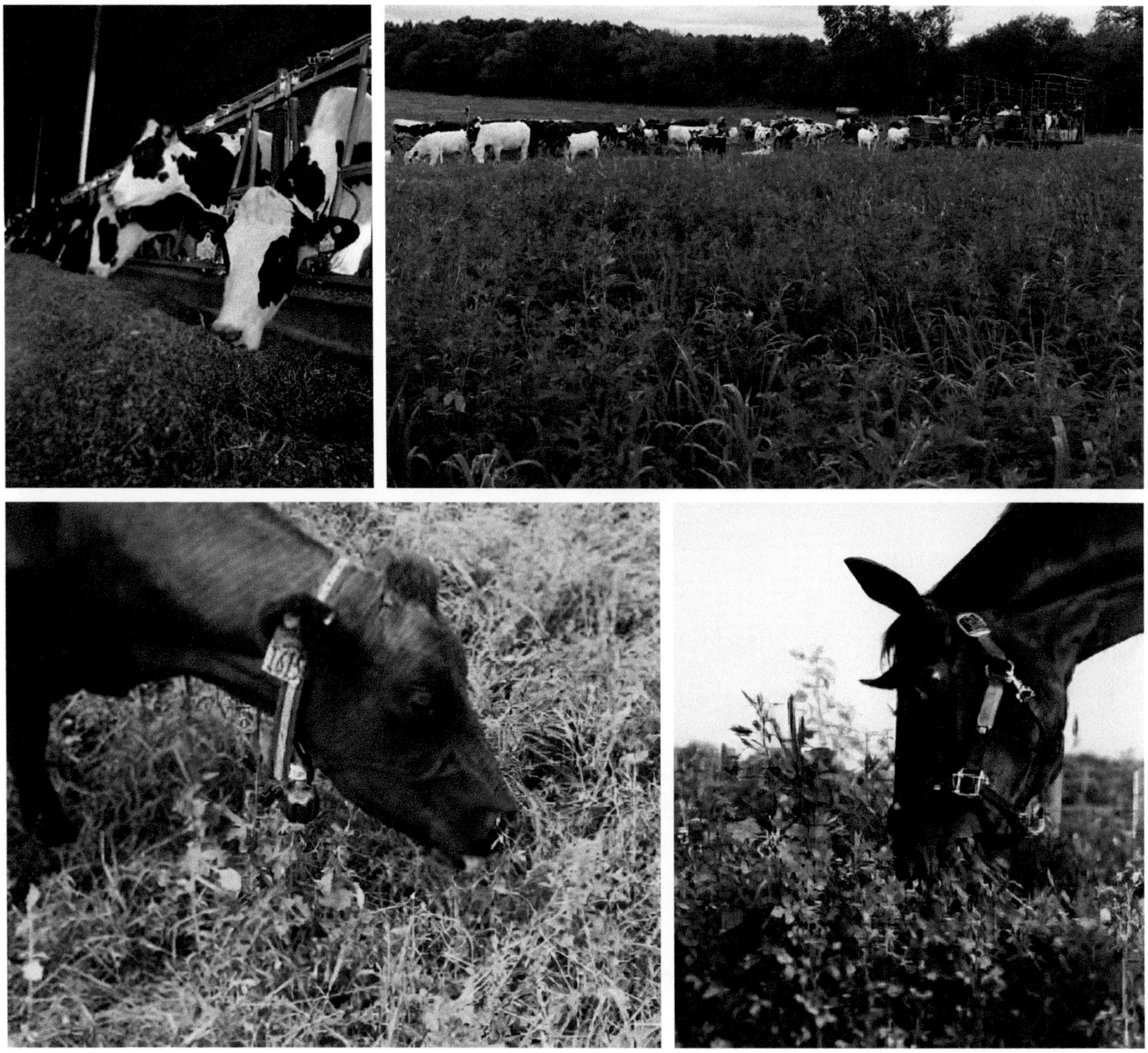

苜蓿的饲用价值

四、苜蓿在生态系统中的作用与地位

（一）生态功能

◆ 苜蓿对食物系统至关重要　苜蓿的主要最终用途是作为牛和其他牲畜的饲料，这使得它成为冰激凌和奶酪等受人喜爱的乳制品生产的关键部分。它也是一种很有价值的马饲料，而且人们还在开发苜蓿蛋白的新用途，用于宠物、鱼类甚至人类的食物中。

◆ 苜蓿能构筑和保护土壤　苜蓿作为多年生作物具有独特的好处，包括为结构、稳定性和持水能力构建有机物质。通过提供全年的植被覆盖，滋养健康的土壤，为生物活动创造条件，并提供物理保护，免受风和水的侵蚀。

◆ 苜蓿对昆虫有益　苜蓿作为传粉者、害虫捕食者和其他有益昆虫的食物来源和栖息地，发挥着

重要作用。这使得它成为蜂蜜行业的宝贵资源，以及保护本地传粉者多样性的工具。超过 25% 的加州野生动物使用紫花苜蓿作为掩护，繁殖或喂养下一代（Putnam 等，2001）。在全国范围内，这一数字与此类似（fernandez 等，2019）。在有机系统中，紫花苜蓿通常被用作条状植物，因为有许多“有益的”捕食昆虫（如瓢虫），有助于控制害虫，如蚜虫。无论是昆虫、疾病还是杂草，苜蓿都可以用来破坏其生长周期，并减少它们对生产的总体负面影响。

切叶蜂为紫花花授粉

瓢虫有助于控制蚜虫

资料来源：Walker，1927。

蜜蜂是紫花苜蓿最熟悉的访客和朋友，但事实上，它们并不是最有效的授粉者。通常情况下，当昆虫在紫花上寻找花蜜时，花朵会“绊倒”，或者春天会开放，把花粉从雄蕊敲到昆虫身上，然后昆虫就会把花粉带到其他花朵上。蜜蜂不喜欢被花击中，所以为避免绊倒，有时会从侧面接近花的蜜腺。种植苜蓿种子的农民需要花的龙骨瓣被打才能获得良好的授粉，所以他们经常依赖于苜蓿切叶蜂或碱蜂，这是一种高效的授粉蜂，它们似乎不介意被花攻击。

传粉者对健康的食物生产系统至关重要，而苜蓿对许多传粉者都很有吸引力。它在食物来源和生境方面起着重要作用，可以很好地利用它来提高传粉媒介的数量。在保护传粉者栖息地的同一脉上，苜蓿也可以用来中断害虫周期，减少对农药的需求，这也改善了传粉者的栖息地环境。

切叶蜂

碱蜜蜂

欧洲蜜蜂

注：苜蓿种子种植者经常购买苜蓿切叶蜂，这是非常有效的传粉者。

◆ 苜蓿草地是益虫益鸟的避难所（乐园），是鸟类的天堂　苜蓿是许多有益昆虫的家园，它们捕食其他昆虫，生产蜂蜜，并为鸟类提供食物来源。紫花苜蓿可以吸引许多鸟类和小型哺乳动物来喂养和筑巢。

紫花苜蓿田里的各种鸟类

◆ 苜蓿是野生动物的食物和庇护所 以紫花苜蓿为食的昆虫和小型哺乳动物适应了生态系统中一个更大的食物网，为鸟类和大型食肉动物提供食物。野生动物组织建议农民的收获时间，可以确保筑巢鸟类的安全。紫花苜蓿是许多野生动物的绝佳栖息地，从麋鹿和鹿等大型食草动物，到啮齿动物等小型哺乳动物，以及土壤生物，再到各种昆虫和传粉者。许多鸟类（例如，受迁徙威胁的斯温森鹰）更喜欢紫花苜蓿地，而不是邻近的其他景观。传粉者对健康的粮食生产系统至关重要，而苜蓿是许多种传粉者的宿主。蜜蜂是苜蓿种子生产所必需的。

紫花苜蓿是野生动物的食物和庇护所

资料来源：PROFITABLE ALFALFA PRODUCTION SUSTAINS THE ENVIRONMENT。

◆ 苜蓿研究支持可持续性和生产力 苜蓿的成功种植依赖于农民娴熟种植技术。农民应用的种植技术基于研究的建议和个人的经验，技术选择正确将最大限度地提高他们的生产力。

★苜蓿支撑着整个农场 在轮作中，苜蓿可以提高其他作物的产量，甚至可以减少对化学物质的需求。它尤其以对玉米有益而闻名，因为玉米可以吸收紫花苜蓿根部固定的氮。这种固氮能力，以及紫花苜蓿的杂草和害虫抑制能力，使其成为特别有价值的作物。

★苜蓿具有生态系统服务功能 紫花苜蓿在种植制度中所带来的好处延伸到农场之外，为整个社会提供了广泛的服务。这包括粮食生产、水资源保护、土壤保持、生物多样性、美学价值和经济弹性。

（二）环境服务功能

近年来，农业的可持续性已成为政府机构、企业、农民和研究人员的口头禅，许多企业都有“可持续发展官员”。紫花苜蓿是世界上最古老的驯化作物之一，也是第一个被驯化的牧草，其历史可以追溯到公元8 000年之前。然而，它在今天有什么意义呢？尽管苜蓿种植面积在过去20年中有所下降，但它可以与小麦竞争，现已成为农民第三或第四大重要的经济作物。苜蓿在世界上许多其他地区也很重要，是现代种植系统的重要组成部分，因为它产量高，可为奶牛和其他牲畜提供高质量的饲草，且苜蓿在轮作中的价值很大，是使许多农民受益的种植制度的重要组成部分。虽然苜蓿没有被广泛认为是一种粮食生产作物，但每天有数亿人食用由苜蓿制成的食品。但近年来，由于各种因素，紫花苜蓿的种植面积有所减少。

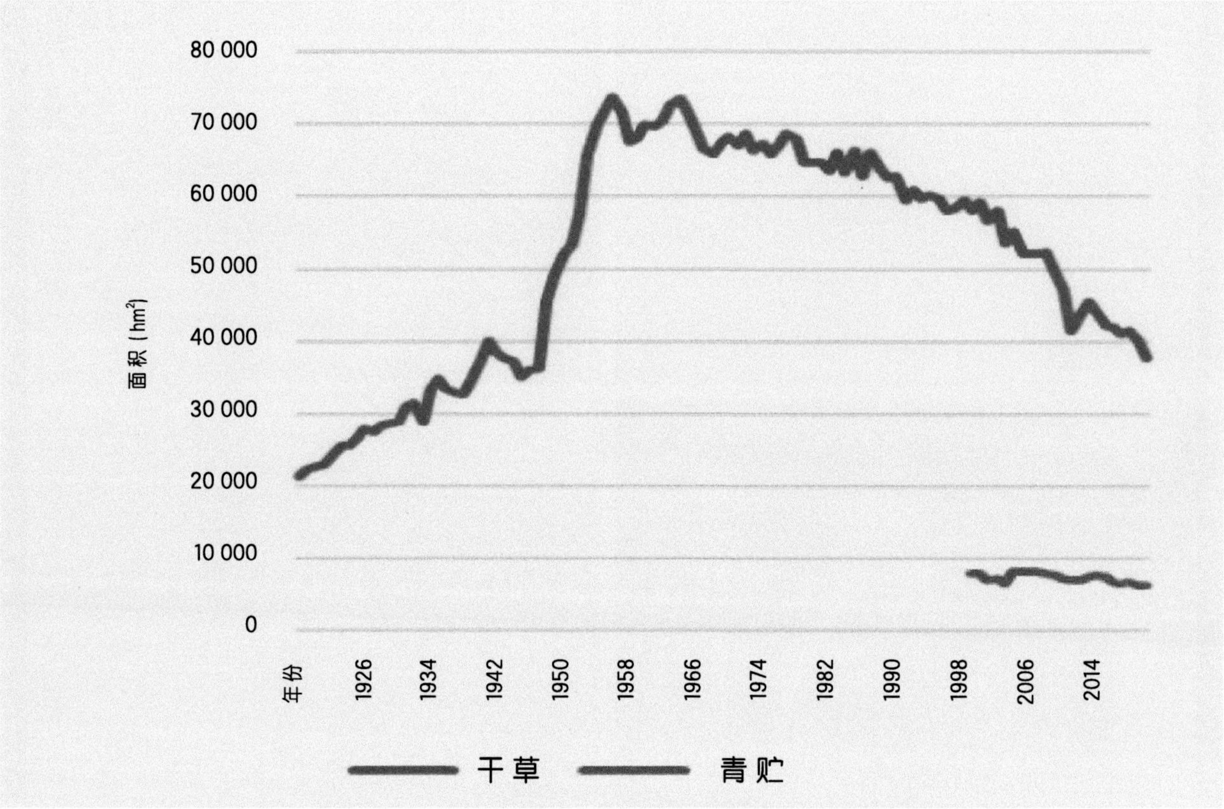

美国苜蓿收获面积变化趋势

资料来源：USDA-NASS。

农民努力满足全球能源和生计需求，但用水可持续地生产粮食，以及保护土壤、水和空气资源问题备受关切。毕竟，只有1 m深的地壳脆弱层，在适合农业的陆地面积的一小部分，必须为这些人口生产足够的食物和纤维，因为水和能源资源正在减少，气候也在变化。历史和当前的证据表明土壤资源的脆弱性。

20世纪30年代美国大平原的沙尘暴（左），以及最近的因种植作物造成的水土流失（右），都在提醒我们土壤资源的脆弱性，大量实践与研究表明，高产多年生苜蓿可以有效保护土壤免受侵蚀。

土壤资源的脆弱性

紫花苜蓿具有广泛的环境效益。人们认识到苜蓿对土壤保持和改善土壤肥力的作用，将短期覆盖作物（如小黑麦、野豌豆）引入行作轮作。苜蓿具有巨大的潜力，能为实现可持续发展的社会目标做出巨大贡献。

苜蓿与其他两种主要作物的比较及短期覆盖作物的利用

可持续性收益	苜蓿	玉米	大豆	短期轮作作物
作物轮作中的氮抵免	＋＋		＋	＋
氮固存	＋＋	0/−	0/−	＋
改良土壤结构	＋			＋
降低水侵蚀	＋			＋
降低风侵蚀	＋			＋
减少养分淋溶 / 径流	＋			＋
增加土壤微生物多样性	＋			＋
提供野生动物栖息地	＋＋			＋
提高水利用效率	＋	＋	＋	＋
抵御干旱	＋			＋

注：应当指出的是，大豆和玉米等作物的管理方式也可以改善其对环境的影响，例如保护性耕作、使用堆肥、豆类轮作和作物残茬管理。

资料来源：Meccage，2021。

近年来，世界各国政府组织加大了对可持续农业的定义及采取了相应的农业政策和措施，并研究了有助于实现这些目标的最佳管理实践。目前，研究重点已经转移到可以帮助改善碳固存同时改善整体栖息地和生态系统功能的方法上。迄今为止，大部分研究都集中在“覆盖作物”分类下的许多不同物种上，覆盖作物通常是专门为改善土壤健康而种植的一年生作物。然而，苜蓿是一种令人印象深刻的作物，它为实现这些可持续发展目标做出了贡献，但却没人注意到。这在很大程度上可能是由于多年生作物，如苜蓿，被错误地排除在“覆盖作物”的传统分类之外。虽然许多人都意识到支持使用覆盖作物的巨大好处，但苜蓿也有许多相同的好处，并且好处更多，优势更明显。从苜蓿在土壤中固碳的能力，到苜蓿减少养分流失，再到邻近土壤和流域的能力，苜蓿在轮作中对改善农业实践的贡献值得更多的关注。

（三）碳汇功能

近几年，农业可持续性研究的热点，可能要数植物通过光合作用增加碳固存（或碳封存）能力的研究。同样，大部分的焦点都放在了其他资源上，如阔叶林、多年生草地，甚至一年生作物，而对紫花苜蓿固碳能力的关注有限。

历史数据表明，紫花苜蓿可以隔离土壤中大量的碳，与许多其他作物相比，提高土壤碳浓度更高。有关苜蓿、玉米和休耕的土壤碳积累的研究（Angers，1992）发现，苜蓿比仅包括一年生作物（玉米和大豆）的轮作多吸收 26% 的有机碳。Angers（1992）发现苜蓿在土壤中积累了 5 年以上的碳，而玉米或荒地则呈现下降趋势。Jarecki 等（2005）发现，与连作玉米相比，苜蓿多封存了 22% 的土壤有机碳，与 Cates 等（2016）研究结果一致。在加州，苜蓿对后续小麦作物的氮肥效益——70~160 kg/hm^2 的氮肥从苜蓿作物转化到小麦，这取决于种植地点、农业成本和化石燃料的使用（Lin 等，2015）。

Saliendra 等（2018）发现，将多年生苜蓿与多年生草地进行比较时，即使将地上生物量作为干草收获，苜蓿中的有机碳含量也更高。在这项研究中，如果苜蓿被灌溉，碳的封存量增加，与地上和地下生物量的产生量相关。这说明了高产苜蓿与土壤碳效益正相关。

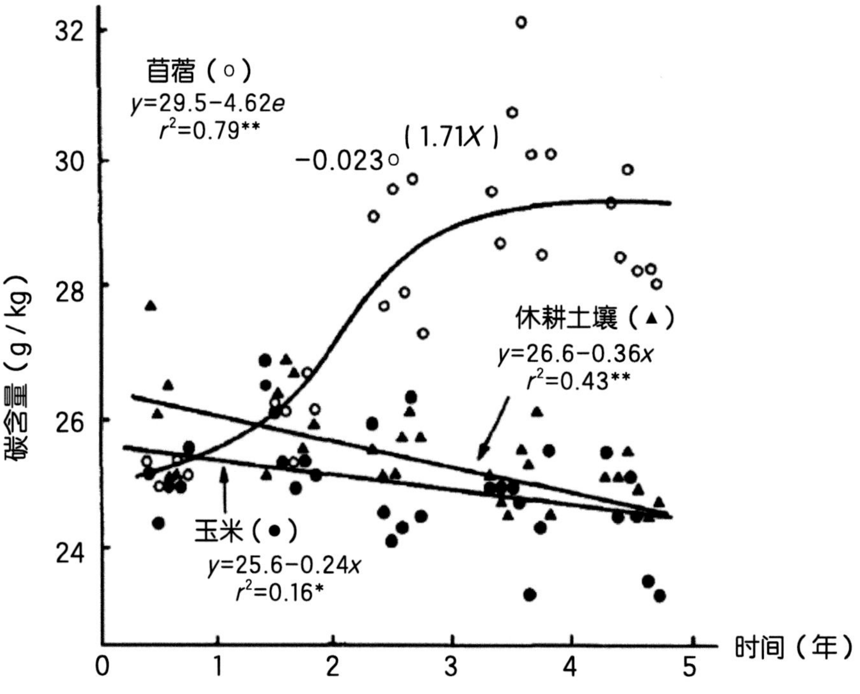

苜蓿、玉米和休耕土壤碳积累

此外，紫花苜蓿比许多作物，特别是草和一年生作物的根深。与许多其他被仔细研究过的作物一样，大部分被封存的碳都储存在土壤最上面 10 cm 的地方，靠近土壤表面。然而，紫花苜蓿似乎有能力将碳放置在土壤中更深的地方，在 30~60 cm 处发现了碳（Cates 等，2016）。有趣的是，在同一项研究中，玉米 - 大豆轮作也发现了深层有机碳的损失。

随着碳市场开始变得更加成熟，我们必须关注在轮作中利用苜蓿的重要性。如果目标是最大限度地提高碳固存潜力，这些碳市场平台需要更加强调对苜蓿的利用。由于与许多其他作物相比，苜蓿具有更好的固碳能力，如果生产者选择在农场中种植苜蓿来进入碳市场，他们更有可能看到经济上的利益。紫花苜蓿强壮的深根（>2 m）有助于碳捕获，保护土壤不受侵蚀，改善土壤微生物群和土壤结构，并实现高效用水。

紫花苜蓿强壮的深根（>2 m）

（四）土壤健康效益

近几十年来，可持续农业领域的一个重要问题是与土壤肥力的保持和再生有关的问题。它们在现代经济条件下尤其重要，因为它们忽视了对农业基本规律的遵守：它们不采用作物轮作，实际上不采用有机肥，因为牲畜数量减少而导致有机肥不足。土壤退化已被注意到：肥力指标恶化，土壤结构被破坏，密度增加，风蚀和水蚀增加等。

在可持续农业讨论中通常使用的一个广义术语是“土壤健康”，根据所引用的来源不同有许多不同的定义。在这个讨论中，多数学者使用这个术语来涵盖土壤的结构、种植作物的能力和土壤的生产潜力，以及它的微生物群落。以前的研究发现，在轮作中多年使用苜蓿，会改善土壤团聚体大小（Angers，1992），这有助于改善整个土壤的水分和养分流动。这也导致更稳定的土壤结构，能够使土壤更好地适应气候变化，如干旱或暴雨时期。另一个重要的好处是它有助于减少侵蚀，这一好处已被包括紫花苜蓿在内的研究证明（Wu 等，2011）。Wu 等（2011）发现，苜蓿轮作土壤的入渗速率是裸地土壤的 1.77 倍，由于土壤结构的明显改善，土壤向外输沙量减少了 78.4%。

土壤健康益处包括苜蓿减少养分淋失的能力等品质，这对减少径流进入水源至关重要。在很大程度上，由于其深层主根系统，苜蓿可以“吸收”土壤中的大量养分，否则这些养分有可能污染附近的水源。其他选择，如许多种覆盖作物，也能够显著减少营养污染物。苜蓿的根系深入土壤深处，还能有效降低土壤中有毒金属的含量，这已用于土壤修复和开垦工作。

（五）生态功能的综合评价

近年来，由于人们对改善土壤健康、养分循环和碳固存的兴趣增加，可持续农业实践和相关研究重新兴起。这些研究的绝大部分都集中在覆盖作物的利用上，即主要因其土壤健康效益而种植的一年生作物。这些作物通常在季末终止，随后是更重要的经济作物。

当寻求最大限度地提高农业对碳封存能力的影响时，重要的是要强调苜蓿的作用。苜蓿不仅可以显著增加碳固存，而且对我们的生态系统也有许多其他有益的影响。减少对氮肥依赖的能力可以通过降低投入成本和减少排放来大大帮助农场。苜蓿也是一种重要的作物，有助于提高土壤对气候变化的适应能力，这有助于最大限度地提高每英亩的产量。最后，苜蓿对在健康的生态系统中都起着关键作用的野生动物、传粉者和土壤生物有很多好处。

然而，紫花苜蓿的好处在很大程度上被忽视了，尽管我们多年来已经知道它对土壤健康和生态系统的维护有重要作用。从改善土壤结构，减少侵蚀，增加土壤中的碳固存，到减少后续作物的氮肥需求，苜蓿是一种有价值的作物，应该纳入轮作。增加紫花苜蓿的利用不仅有助于实现改善土壤健康和增加碳固存的目标，而且还有助于改善野生动物栖息地和生物多样性，这对提高整体农业可持续性至关重要，同时可以为牲畜提供高营养饲料。

五、苜蓿潜在的文旅价值（审美价值）

长期以来，人们对苜蓿的农业、畜牧业和生态价值给予了足够的重视，但随着生活水平的不断提高，人们的精神生活和文化生活也正在增强。我国苜蓿具有悠久的历史和灿烂的文化，以及很高的文化价值和观赏价值。促进苜蓿文旅深度融合，推动苜蓿文旅产业高质量发展已势在必行。

◆ **历史文化价值**　苜蓿是最富历史和文化内涵的植物之一。汉武帝时期我国苜蓿种植被《史记》记载，成为我国开始种植苜蓿的历史象征。苜蓿自西域大宛传入我国，不仅已成为中西科技文化交流的象征，更是丝绸之路上的一颗耀眼的明珠。苜蓿承载着 2 000 多年以来的国家记忆和草业记忆，而且亦承载着她生命的印迹和发展历程，还负载着一个个古老的美丽传说、趣闻轶事及诗歌典故，如张骞与苜蓿、苜蓿与汗血马、朱元璋与苜蓿、薛令之与苜蓿堆盘等。苜蓿的诗词朗朗上口，题材多样，意境优美，寓意深远，流传千古。这是中国特有的苜蓿文化，我们应珍视她、传承她、弘扬她。通过发展苜蓿文旅产业，使之发扬光大，造福社会。

许师正秀才游燕中得青面碧云油见示因作二绝句 其二

宋 · 刘一止

驿骑奁封入禁门，六宫匀面失妆痕。
应嗤万里通西域，只得连山苜蓿根。

读西京杂记十三首次渊明读山海经韵 其二

宋 · 李彭

恢恢乐游苑，游乐蠲苦颜。
怀风森苯尊，吐花耀流年。
秣骥无万里，锐气陵天山。
妙哉苜蓿盘，信矣非虚言。

葛鲁卿再和复用前韵奉酬 其一

宋 · 沈与求

上谒军门宜杖策，谁为兵家分主客。
猛将翻乘下濑船，幽人退整登山屐。
山泉闻似百花潭，山曲盘回十里岩。
丘壑夔龙人太息，那将捷径比终南。
吾邦旧事论三癖，佳处还堪记游历。
深讥表饵误朝廷，急赞烝尝安庙室。
避地来居水绕村，凫鹥哺子竹生孙。
苜蓿堆盘从野食，人爱当年二千石。

晚出湖边摘野蔬

南宋 · 陆游

浩歌振履出茅堂，翠蔓丹芽采撷忙。
且胜堆盘供苜蓿，未言满斛进槟榔。
行迎风露衣巾爽，净洗膻荤匕箸香。
著句夸张君勿笑，故人方厌太官羊。

上元夜送沈伯时赴南康山长

宋末元初 · 孙锐

十载从游吾道南，山斋苜蓿澹于甘。
飞鱼想得三台兆，待雪空余□丈函。
席冷几番驯白鹿，罗传此夜赋黄柑。
太平不日经筵召，好把鳞书早晚探。

秋山行旅图

元 · 虞集

春夏农务急，新凉事征游。

饭糗既盈橐，治丝亦催裘。

升高践白石，降观索轻舟。

试问将何之，结客趋神州。

珠光照连乘，宝剑珊瑚钩。

乘马垂苜蓿，纵目上高丘。

策名羽林郎，谈笑觅封侯。

太行何崔嵬，日莫推回辀。

古木多悲风，长途使人愁。

羸骖见木末，足倦霜雪稠。

谷口何人耕，禾麻正盈畴。

出门不及里，酒馔相绸缪。

壮者酗以歌，期颐醉而休。

安知万里事，有此千岁忧。

秋山行旅图　元虞集

春夏农务急新凉事征游饭糗既盈橐治丝亦催裘升高践白石降观索轻舟试问将何之结客趋神州珠光照连乘宝剑珊瑚钩乘马垂苜蓿纵目上高丘策名羽林郎谈笑觅封侯太行何崔嵬日莫推回辀古木多悲风长途使人愁羸骖见木末足倦霜雪稠谷口何人耕禾麻正盈畴出门不及里酒馔相绸缪壮者酗以歌期颐醉而休安知万里事有此千岁忧

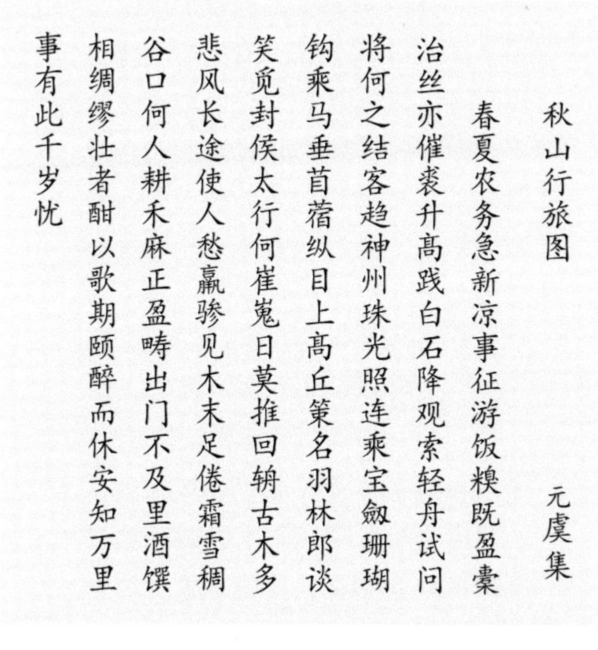

蝶蝶行

明 · 李攀龙

蝶蝶翻翻戏，游来东园苜蓿中。

不知谁家涎涎乳子燕，衔之我入窈窕紫深宫。

紫深宫，樽枦间，高坐顾颔待哺两黄口。

睨之阿母得食还，摇头鼓翼。

谁忍视蝶蝶，轻薄亦可怜。

闲游效邵尧夫体

明 · 欧大任

竹冠藤杖两棕鞋，老去闲游学打乖。
一饭至今仍苜蓿，三杯宁得厌茅柴。
敢期短发身长健，已许名山骨可埋。
千载几如彭泽令，翛然吾自委吾怀。

送人游塞上

明 · 胡应麟

晓发灞陵桥，弯弓箭在腰。
黄沙随地阔，紫塞极天遥。
玉乳蒲萄熟，金羁苜蓿骄。
贺兰千百仞，飞骑上岧峣。

游仙诗六首　其六

明末清初 · 冯班

台观茫茫苜蓿肥，至今汾上白云飞。
岁星便是骑龙客，辜负君王独自归。

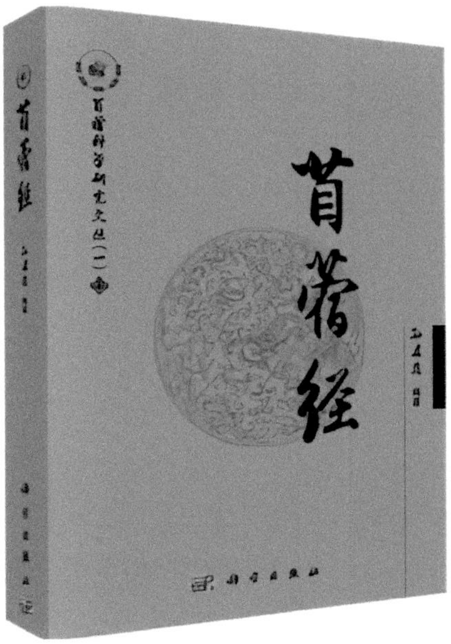

《苜蓿经》

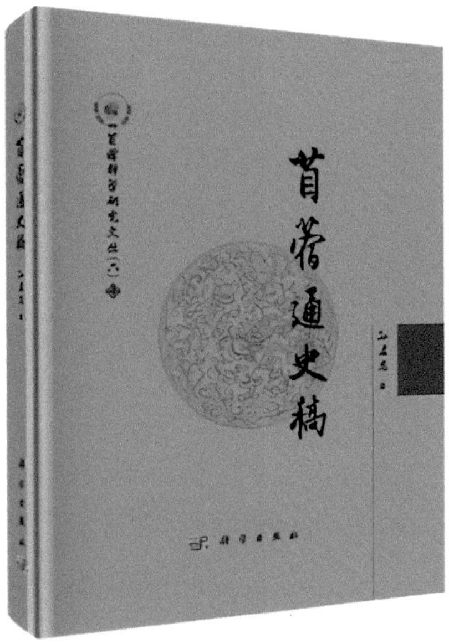

《苜蓿通史稿》

铜奔马

苜蓿与汗血马

◆ **观赏价值** 我们通常不太考虑苜蓿生产的审美价值，但也许我们现在应该考虑。毫无疑问，许多住在拥挤、人口密集地区的人喜欢到郊外去呼吸新鲜空气，欣赏风景。苜蓿返青早，颜色碧绿，花期长（30~40 d），花色多（有紫色、黄色、杂色），清香，淡雅宜人，一般来说，草料作物能提供令人愉快的景色，但也有人说苜蓿田特别吸引人，会使人流连忘返。

苜蓿的观赏价值

◆ 踏青采摘价值　苜蓿返青早，是踏青采摘的极好蔬菜。当春暖花开，正值苜蓿返青时节，一方面人们可以踏青，领略苜蓿气息，享受苜蓿美景，另一方面此时苜蓿正鲜嫩，柔嫩碧绿的嫩叶最适合食用，可凉拌、清炒、煲汤等，品尝苜蓿美味。苜蓿一年四季都有，独有春天的嫩苜蓿，食用味道最佳，因此春季是吃苜蓿的季节。苜蓿自古就是人们餐桌上的美味佳肴，以及下酒佳品。

苜蓿的采摘价值

晚出湖边摘野蔬

宋・陆游

浩歌振履出茅堂，翠蔓丹芽采撷忙。
且胜堆盘供苜蓿，未言满斛进槟榔。
行迎风露衣巾爽，净洗膻荤匕箸香。
著句夸张君勿笑，故人方厌太官羊。

小市暮归

宋・陆游

爱酒行行访市酤，醉中亦有稚孙扶。
林梢残叶吹都尽，烟际孤舟远欲无。
野饷每思羹苜蓿，旅炊犹得饭雕胡。
青山在眼何时到？堪叹年来病满躯。

书怀

宋・陆游

苜蓿堆盘莫笑贫，家园瓜瓠渐轮囷。
但令烂熟如蒸鸭，不著盐醯也自珍。

吴六和判书

元末明初・李穑

老夫识字少，英物命名难。
乐作雨云闹，酒行天地宽。
柳甥今已塞，林相更求安。
读得玉篇熟，何忧苜蓿盘。

自饮

明・郭登

我貌不逾人，幸自心不丑。
清晨对明镜，白发惊老朽。
知音苦难遇，时事不挂口。
朝盘堆苜蓿，且饮杯中酒。
倾阳忽西下，不谓沉酣久。
山童笑相语，一醉须一斗。
边城曲米贵，未审翁知否。
不惜典衣沽，但问谁家有。

对酒

明·王逢元

抱病逢春亦暂欢，芳时对客更加餐。
即看乳燕双双入，无那飞花片片残。
潦倒不忘桃叶句，萧闲应恋竹皮冠。
莫论往昔清狂事，且醉荒亭苜蓿盘。

六、苜蓿潜在新产品的开发价值

某些浓缩的紫花苜蓿成分对动物健康或动物产品品质、人类健康、美容、能源生产和宠物健康都是有作用的。

富含矿物质和维生素的蛋白质浓缩物是由紫花苜蓿汁经过压制和沉淀而制成的。它们被分发到非洲和南美，用于对抗营养不良，但也可以用于蛋白质缺乏者。它们在 2009 年获得了欧洲食品安全局（European Food Security Agency）的“新型食品”标签，因为它们可能具有 16 类食品补充剂中的 10 类的有益效果。在反刍动物生产中，紫花苜蓿中的 omega-3 脂肪酸可以用来提高动物产品（奶和肉）的质量。天然存在的皂苷可以用来减少牛的甲烷生产（Beauchemin 等，2009；Malik & Singhal，2009）。

紫花苜蓿中的矿物质和维生素也可用于化妆品制作和皮肤护理。目前正在进行减少或防止伴侣动物肥胖的饮食研究。因为其高生物量和低氮施肥需求，紫花苜蓿也可用于能源生产。

能源生产是基于细胞壁多糖的开发，较低的氮含量是首选，以避免温室气体排放。综合或级联使用首先从动物饲料或人体补充物中提取蛋白质，然后用多糖渣作为生物质能的来源。在这样一个系统中，劳动力成本可能会降低，因为较长的再生期和较低的植株密度可以用来结合高产和叶片有限的衰老（Lamb 等，2003）。具有直立生长习性、粗茎和抗倒伏能力的特定品种将适合这种用途（Lamb 等，2007）。

七、苜蓿经济价值

虽然苜蓿经常被定性为“低价值”作物，但这是一种用词不当。在美国，苜蓿通常是第三大经济作物，玉米和大豆分列第一和第二。然而，这一估价不包括食品终端产品的更广泛的经济价值，这些食品终端产品每天滋养着来自紫花苜蓿的消费者。苜蓿是“粮食生产的发动机”，农场的盈利能力有时可以与加工番茄等高价值作物相媲美。高产是苜蓿干草经济价值的主要驱动力。由于高产与健康的深层根系、优良的苜蓿草地株丛密度、土壤保持、株丛寿命、高的 CO_2 固定和高水平的 N_2 固定呈正相关，因此集约化苜蓿高产也有助于实现经济目标与环境目标。

苜蓿不仅在美国成为农民第三（或第四大）最重要的经济作物，在世界许多其他地区也是很重要的。苜蓿仍然是现代种植系统的重要组成部分，因为它产量高，可以为奶牛和其他牲畜提供高质量的产品。苜蓿在轮作中的价值也使许多农民受益，苜蓿是轮作制度中的重要组成部分，并发挥着重要作用。苜蓿虽然没有被广泛认为是一种粮食生产作物，但每天有数亿人食用由苜蓿制成的食品。

2005 年，美国苜蓿干草总产量 7 000 万 t，总直接价值超过 70 亿美元。2007 年，美国农民收获了 955 万 hm^2 的紫花苜蓿。作为干草收获的苜蓿生产了 8 280 万 t，价值约 94 亿美元，仅次于玉米和大豆。苜蓿干草支持了美国的奶制品和肉类的生产，也促进了出口市场的增长。2017 年，苜蓿干草的国际贸易达到 830 万 t，总价值 23 亿美元（Basigalup 等，2018，Adiyaman & Ayhan，2015）。

2019年，从饲草种类来看，中国国内主要商品草为紫花苜蓿、青贮玉米、羊草和饲用燕麦等，生产面积分别为629万亩、301万亩、174万亩和122万亩，分别占全国的46.7%、22.4%、12.9%和9.0%，产量分别为387万t、400万t、20万t和82万t，占商品草生产总量的38.9%、40.2%、2.0%和8.2%。

苜蓿干草

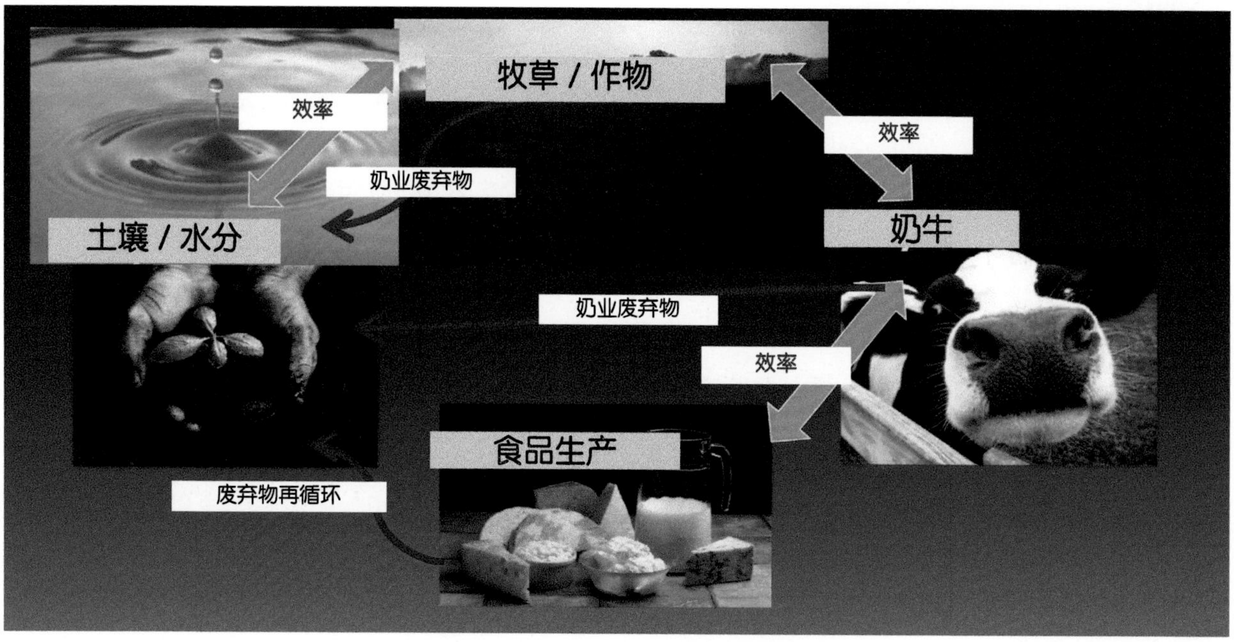

苜蓿 / 牧草是食品生产系统的基础

第二章 全球苜蓿经济（贸易）

据统计，全球每年苜蓿草产量约为4.5亿t，主要分布在欧洲、北美洲、澳大利亚、阿根廷、中国等地。苜蓿不仅是世界性优良饲草，也是全世界畜牧业应用最广泛的饲草。苜蓿含有大量的粗蛋白质、丰富的碳水化合物和多种矿物元素及维生素，且草质优良，各种畜禽均喜食，是马、牛、羊、猪、禽、兔和草食鱼类的优质饲草。因此，苜蓿是天下第一牧草，历来享有盛誉，在全球畜牧业发展中发挥着重要的作用。苜蓿的草产品已成为全球畜牧业中最重要的贸易产品，在全球范围内进行流通，2017年，全球苜蓿贸易达830万t（ITC，2018），随着中国“一带一路”倡议在全球范围内的推进，苜蓿草产品的流通将会更加便利和广泛，使得源于丝绸之路的苜蓿经济将会得到更好的发展。

第一节　苜蓿草经济

一、苜蓿草经济发展

20 世纪以来，畜牧业以大规模乳业为主。在此期间因发生了几个重大变化，其中包括肉类、家禽及奶类产品食用量的增加，规模化工业化畜牧生产方式以及交易高潮引起了国家的重视，导致市场对紫花苜蓿的需求量大幅增加。

第二次世界大战后，日本经济迅速恢复，畜牧业生产基本饲料进口需求大幅增长。20 世纪 70 年代“亚洲四小龙”（中国香港、新加坡、韩国和中国台湾）开始了快速的经济增长，畜牧业快速发展并形成了巨大的牧草进口需求。到 1990 年亚太饲料进口规模达到 300 万 t，其中日本占 80%、韩国占 10%、中国台湾占 10%，进口的饲料以苜蓿为主，掀起了苜蓿进口的交易高潮，并拉动了世界苜蓿经济的快速发展。

进入 21 世纪，中国奶业的强劲发展，苜蓿进口量的快速增长，拉动了世界苜蓿出口的发展。目前全球苜蓿出口额每年约为 3.79 亿美元。自 2007 年以来，由于奶牛使用优质苜蓿干草的需求量激增，使苜蓿干草价格显著增加，目前乳制品质量干草的趋势正在上升。

自 1960 年以来世界部分地区的苜蓿出口情况

地区	1960—1970 年	1971—1980 年	1981—1990 年	1991—2000 年	2000—2007 年
	干草 (t x 1 000)				
北美洲	167.7	302.7	497.3	61.3	2.6
澳大利亚	2.2	12.4	74.0	233.2	1 205.3
全世界	170.3	333.6	574.1	303.2	1 213.4
	草颗粒和草粉 (t x 1 000)				
北美洲	255.4	285.6	393.8	590.7	383.2
澳大利亚	—	—	28.8	111.2	76,7
欧洲	270.9	351.4	431.9	632.3	603.0
全世界	465.7	637.1	858.5	1 391.8	1 140.8
	苜蓿出口总金额 (美元 x 1 000)				
全世界	23 624	96 185	188 371	215 613	378 774

资料来源：FAOSTAT 数据库。

2004 年以来美国向中国出口的苜蓿干草数量

项目	2004 年	2005 年	2006 年	2007 年	2008 年	2009 年
数量 (t)	127	251	420	2 321	19 348	74 986
金额 (美元 x 1 000)	12	41.3	81.7	451	4 394	18 357

资料来源：USDA Foreign Agriculture Service GAIN Report CH9625.

2014 年，全球苜蓿种植面积约为 2.380×10^7 hm^2，苜蓿草产量达 3.41×10^8 t。此时，中国已成为全球仅次于美国的第二大苜蓿生产国，种植面积占全球种植总面积的 15%，阿根廷、俄罗斯、意大利、加拿大、法国、澳大利亚、匈牙利和保加利亚依次占据第 3~10 的位置。

当前，从技术创新和产业发展角度看，美国、阿根廷、澳大利亚和欧洲等部分国家和地区引领了全球苜蓿产业的发展，并已形成育种与制种、种植、收获及加工产业化的完整产业链条。其中，企业掌控的产业链的各主要环节，在苜蓿生产中发挥着关键作用。

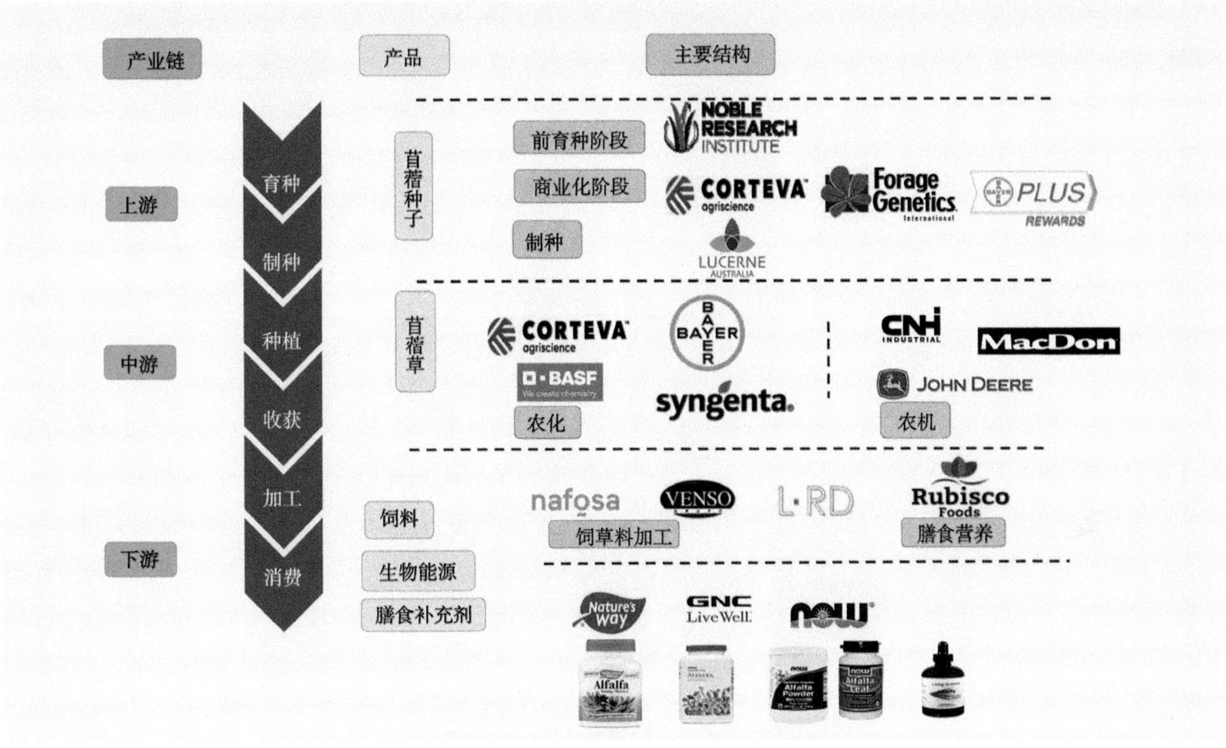

部分代表性国家苜蓿产业链全景图

资料来源：谢华玲，2021。

二、苜蓿草市场

苜蓿是世界上最有价值的饲料作物和动物饲料。在过去 10 年中，苜蓿干草的世界贸易量增长了 70%，价值增长了 95% 以上，充分反映了苜蓿干草的刚性需求。2017 年，全球市场苜蓿干草的国际贸易量达到 830 万 t，总价值为 23 亿美元（ITC，2018）。根据亚洲和中东国家不断增长的需求，预计苜蓿干草需求在不久的将来还会持续增加。

北美是一个历史悠久的大型苜蓿出口地区，出口苜蓿的水平自 2000 年以来相对稳定。在美国和加拿大出口量占生产总量的 1% ~1.7% 和 2% ~4%。美国和西班牙主导全球苜蓿产品卖方市场。美国是全球最大的苜蓿生产国和出口国，苜蓿种植面积约占全球苜蓿总种植面积的 1/3，产量居全球首位。2019 年，美国苜蓿种植面积约为 6.78×10^6 hm^2，产量约为 5.487×10^7 t（USDA-NASS，2020），出口量约为 2.685×10^6 t（Progressive Dairy，2020），主要出口到中国、日本、韩国和中东等国家和地区；其中，中国对美国苜蓿的进口量和进口额分别为 1.015×10^6 t 和 3.55×10^8 美元（荷斯坦，2020）。

细分市场方面，西班牙是全球最大的苜蓿粗粉与颗粒产品出口国，2019 年出口总量为 2.38×10^5 t。近年来，澳大利亚也已成为一个重要的苜蓿产品出口国。

日本、中国和阿联酋是苜蓿产品的主要买方市场。亚洲是全球苜蓿消费需求缺口最大的地区。2017 年，全球苜蓿产品国际贸易量为 8.30×10^6 t，贸易总额约为 2.3×10^9 美元。日本是全球最大的苜蓿进口国，进口量占全球苜蓿进口总量的 26%，达 2.16×10^6 t；其次是中国，进口量占全球进口总量的 23%，为 1.90×10^6 t。细分市场方面，2019 年，全球苜蓿粗粉与颗粒产品进口量为 2.216×10^6 t。其中，阿联酋进口量最大，达 1.356×10^6 t；中国进口量为 5.4×10^4 t，处于全球第 7 位。

苜蓿草捆

苜蓿草块

因苜蓿蛋白质和可消化纤维含量高，可作为重要的饲料作物种植，用于高产奶牛和肉牛，使得美国苜蓿出口在过去13年中显著增长，从2009年的170万t增加到2022年的320万t，增长了88%。此外，从美国西部港口到东亚有很多“空集装箱”(National alfalfa and Forage Alliance, 2014)，使得苜蓿的回程运费成本也极具竞争力。2017年，美国干草出口前五大市场是日本、中国、韩国、阿拉伯联合酋长国（UAE）和沙特阿拉伯。自2017年以来，沙特阿拉伯一直是美国苜蓿的第三大进口国，2018—2022年期间平均每年进口34万t，领先于韩国、中国台湾和阿联酋。沙特阿拉伯是美国苜蓿的第三大进口国，连续两年苜蓿干草进口量同比下降。2020年比2019年下降了37%。

自 1994 年以来，美国苜蓿出口量的份额发生了巨大的变化，尤其是在中国和日本这两个最大的出口目的地之间。1994—2012 年，日本是美国紫花苜蓿的最大进口国。在此期间，日本的份额大幅下降，从 1994 年的 89% 降至 2012 年的 26%。2009 年，日本在进口总额中的份额（44%）几乎是中国份额（5%）的 10 倍。但到 2015 年，中国的份额（45%）增长到日本份额（24%）的近两倍。受中美贸易战影响，中国在 2018 年（34%）和 2019 年（32%）的份额有所下降。尽管如此，中国仍然是美国最大的苜蓿进口国。

2020 年，在进口美国苜蓿干草缓慢但稳定增长五年后，日本的干草进口总量在 2019 年下降了 20%。

2022 年，中国从美国进口的苜蓿，从 2009 年的 8.27 万 t 增加到 2022 年的 180 万 t。中国进口美国苜蓿的份额是日本的 3 倍，日本成为美国第二大苜蓿进口国。

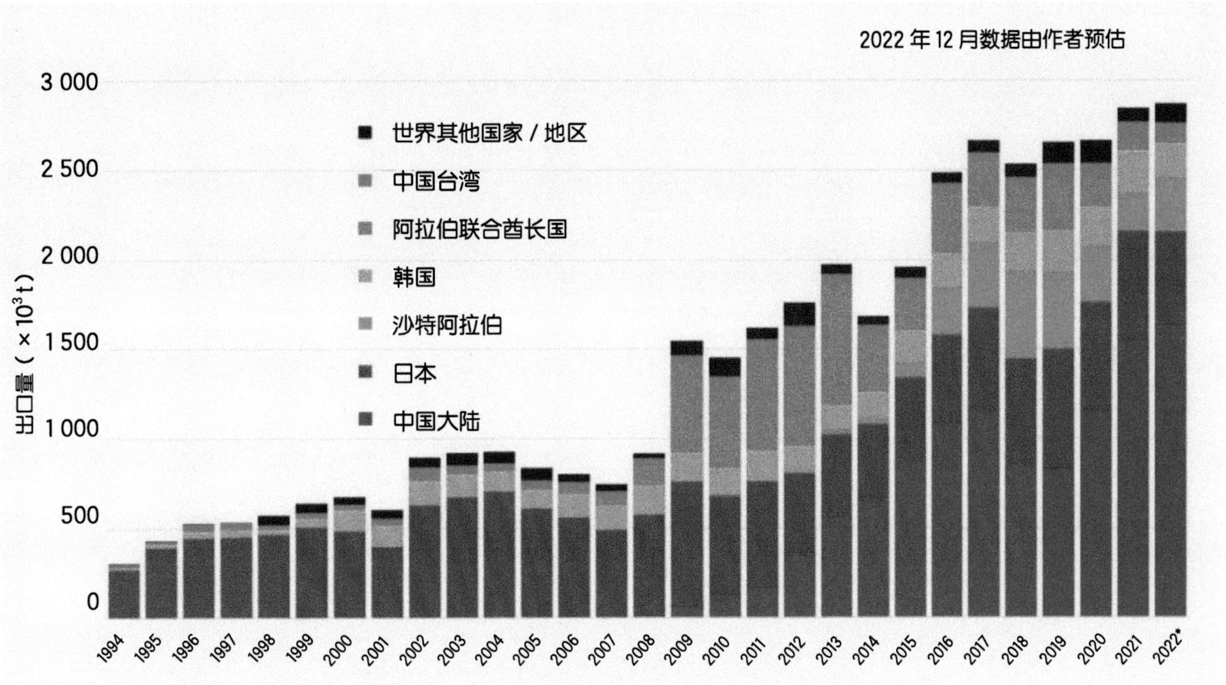

美国苜蓿出口的主要国家（按出口数量排列）

资料来源：Sall，2023。

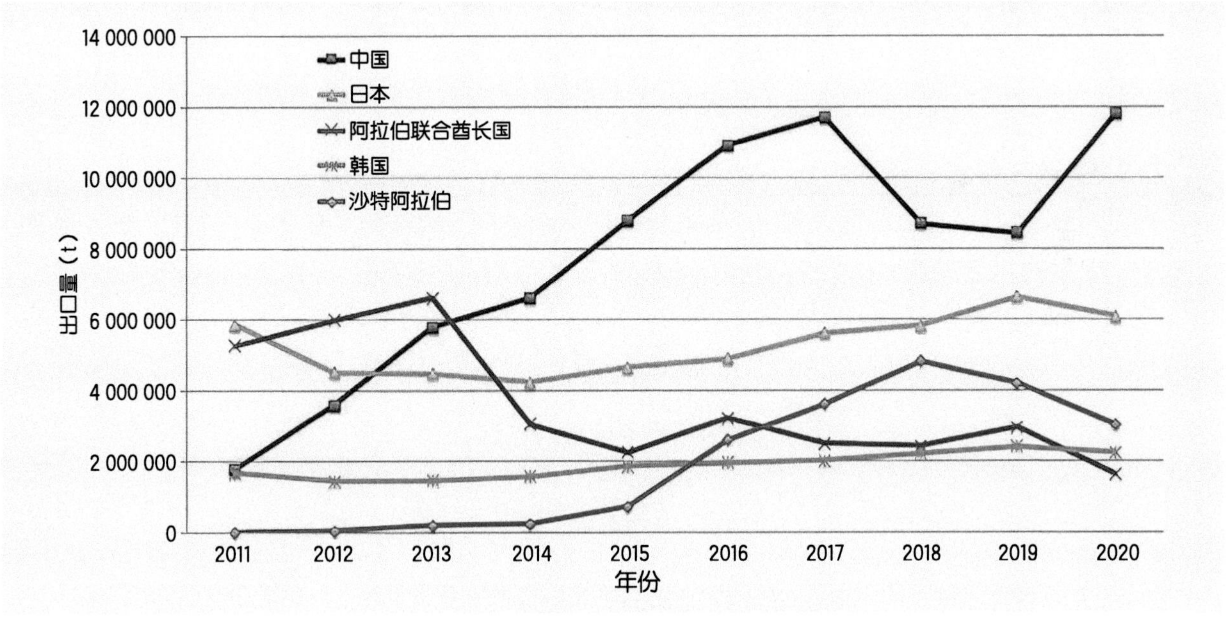

2011—2020 年美国苜蓿干草出口各国情况

三、苜蓿种子市场

全世界每年苜蓿种子产量大体在 6.5 万 ~8.0 万 t。主要产自美国、加拿大、阿根廷、法国、德国、意大利、西班牙和中国等国，北美是最大的苜蓿种子生产地区，美国和加拿大每年共生产超过 4.5 万 t。2004 年全世界苜蓿种子产量为 5.68 万 t，其中北美生产了 4.60 万 t，占世界产量的 80.99%。

全世界紫花苜蓿种子市场　单位：t

国家	生产周期	
	5 年平均	2003/2004
阿根廷	1 458	1 854
加拿大	14 135	20 388
中国	12 000	18 000
法国	5 670	5 070
希腊	5 150	5 200
意大利	4 560	4 090
美国	35 000	31 000
全世界	78 202	85 799

资料来源：国际种子联合会，2004。

美国是世界上苜蓿种子生产量最大的国家，在每年全球种子市场 300 亿美元的总值中，美国种子产业占 20%的市场份额，是当今世界最大的种子生产出口大国，每年苜蓿种子出口量大约 1 万 t。

第二节　主要国家和地区苜蓿草贸易情况

一、苜蓿草主要出口国家

全球苜蓿干草出口国家除美国外，还有澳大利亚、西班牙、加拿大、意大利、法国、荷兰和罗马尼亚等，其中 2021 年美国的出口份额约占全球苜蓿干草出口总份额的 50.6%。

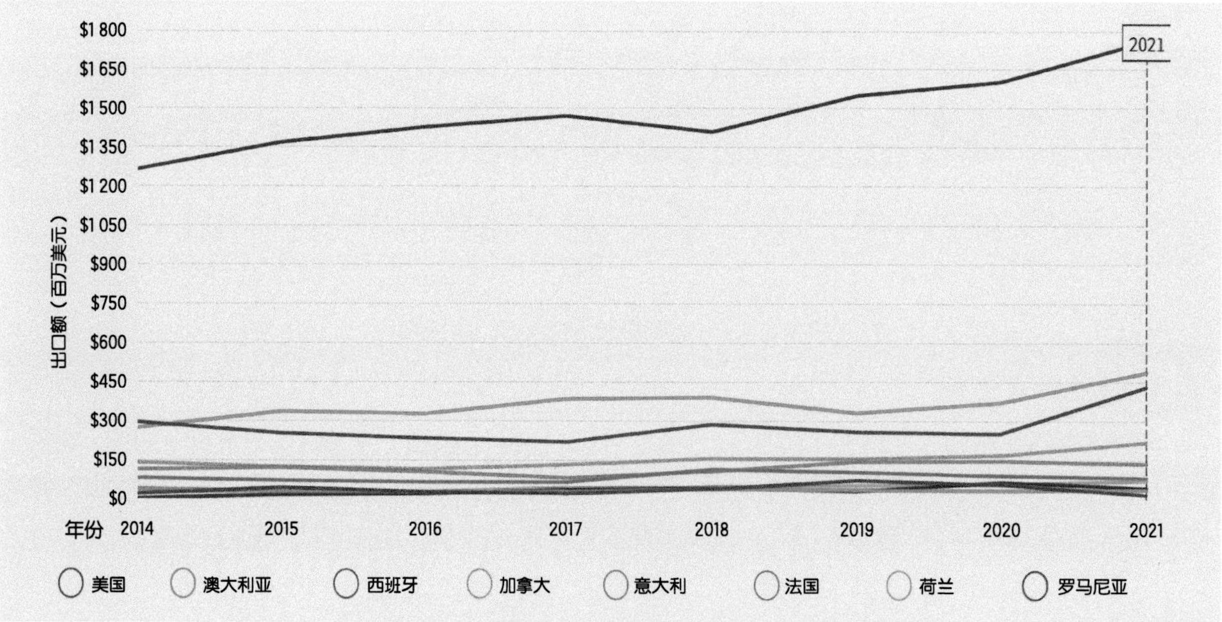

苜蓿十大出口国的出口趋势（2014—2021 年）

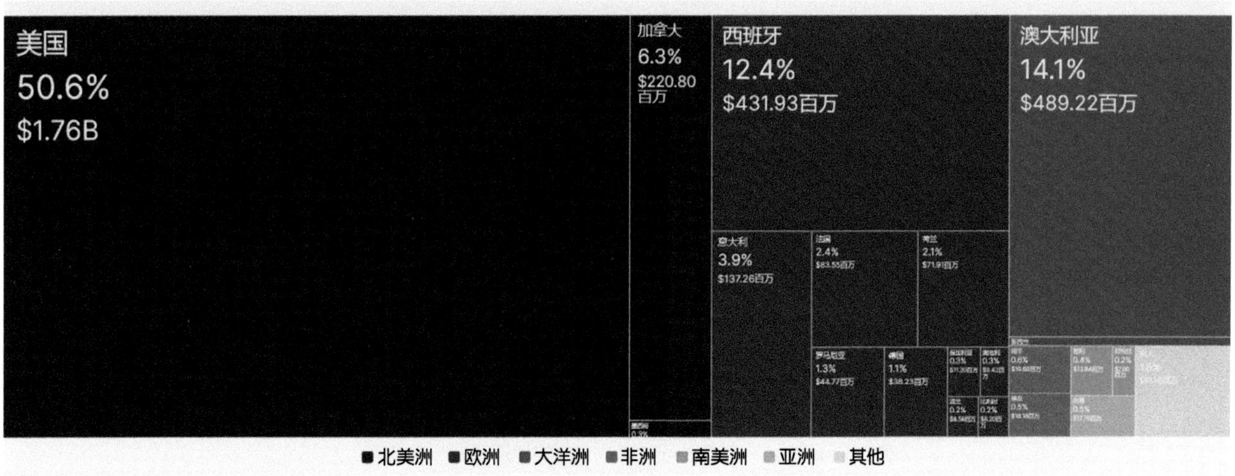

主要国家苜蓿出口份额（2021 年）

2021 年最大的出口流量是从美国到中国，出口额为 6.4 亿美元，其次是日本，韩国第三，阿拉伯联合酋长国第四。

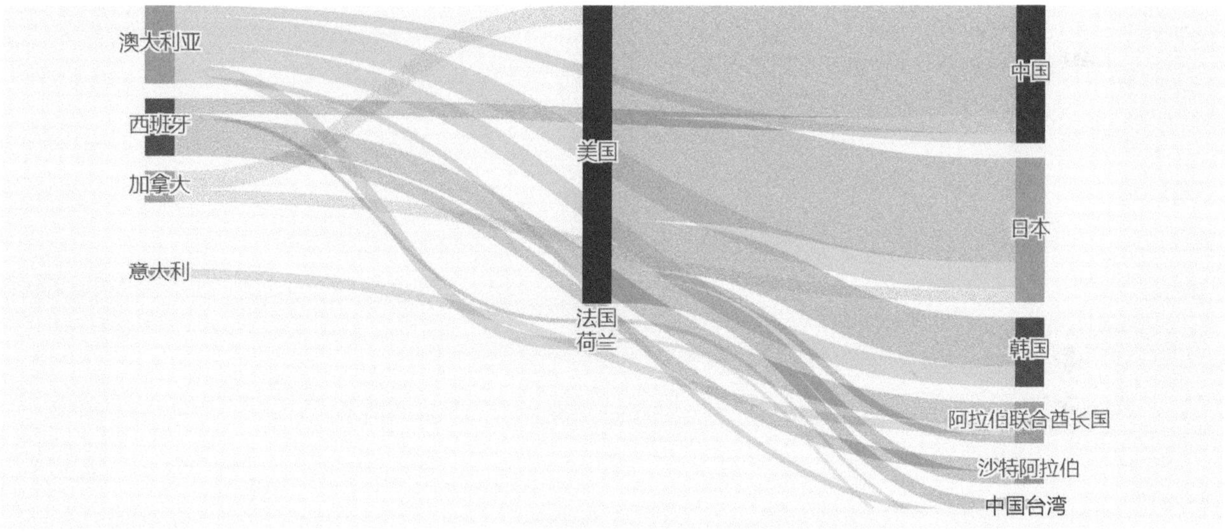

2021 年苜蓿干草的主要流量

二、美国

1. 美国苜蓿干草产量

1969—1999 年的 30 年间，虽然美国的苜蓿总面积从 1 078.7 万 hm^2 下降到 971.3 万 hm^2，但每公顷的年产量从 2 545 kg 增加 3 125 kg，从而使实际总产量从 6 882.6 万 t 增加到 76 119 万 t。2005 年生产了近 7 600 万 t 苜蓿和苜蓿混合物（国家农业统计局，2006 年）。

2005 年，美国苜蓿产量超过 6 800 万 t（美国农业部 - 国家统计局，2006 年）。在 2016 年产量不到 6 000 万 t（5 826.3 万 t 苜蓿）。2016 年，与 20 世纪 80 年代早期最大的 9 000 万 t 相比，大约下降了 33%。

美国苜蓿干草总产量前 10 个州（2018—2020 年） 单位：万 t / 年

州名	2018 年	2019 年	2020 年	3 年平均
加利福尼亚	452.3	430.8	365.1	416.1
爱达荷	478.8	515.5	503.8	499.4
艾奥瓦	251.4	269.0	308.3	276.2
堪萨斯	219.4	261.3	203.8	228.2
密歇根	229.0	240.3	256.6	242.0
明尼苏达	265.7	297.5	360.7	308.0
内布拉斯加	370.4	371.1	338.2	359.9
纽约	256.6	184.0	185.1	208.6
南达科他	398.5	468.2	337.3	401.3
威斯康星	523.9	503.6	605.3	544.3
10 州小计	3 446.0	3 541.3	3 464.2	348.4
全美国	5 263.4	5 487.5	5 306.7	5 352.5

资料来源：美国农业部，2021。

美国苜蓿单产在 1981—1982 年的生长季节，亚利桑那大学的研究人员在尤马谷农业中心进行的一项试验中，在灌溉条件下年产紫花苜蓿干草高达 59.53 t/hm^2（3.97 t/ 亩）。这是一个非凡的壮举，展示了紫花苜蓿巨大的遗传生产潜力。尽管北美苜蓿产量稳步增长，也是苜蓿产量潜力与环境及管理问题的完美结合。在非灌溉条件下，苜蓿（水分 12%）年产量也可达到或超过 24.7 t/hm^2（1.65 t/ 亩）。

美国一些非灌溉苜蓿干草高产纪录

年份	试验地	产量（t/ 英亩）	产量（t/hm^2）	产量（t/ 亩）
1981—1982 年平均	密歇根州立大学	10.0	24.70	1.65
1982	密歇根州立大学	10.8	26.68	1.78
1985	威斯康星大学	11.5	28.41	1.89
1987	马里兰大学	11.3	27.91	1.86
1987	特拉华州立大学	12.0	29.64	1.98

一般情况下，在美国根据地域生态条件的不同，紫花苜蓿每年可以收获 3 次或 3 次以上，2005 年紫花苜蓿干草产量平均 7.6 t/hm^2，从 4.5 t/hm^2（北达科他州）到 15.5 t/hm^2（加利福尼亚州）（美国农业部 - 美国国家科学院，2006）。

苜蓿已被证明是一种灌溉效果最好的作物，加利福尼亚州、科罗拉多州、爱达荷州和内布拉斯加州均为全灌溉苜蓿。

美国苜蓿干草总产量前 10 个州的单产（2018—2020 年）　　单位：t/hm²

州名	2018 年	2019 年	2020 年	3 年平均
加利福尼亚	16.67	17.44	17.51	17.21
爱达荷	10.94	12.00	11.73	11.56
艾奥瓦	9.48	8.65	8.97	9.03
堪萨斯	8.74	10.00	9.24	9.33
密歇根	7.26	7.90	8.50	7.89
明尼苏达	7.73	7.90	9.09	8.04
内布拉斯加	10.52	9.26	9.48	9.75
纽约	9.76	8.57	8.03	8.79
南达科塔	5.46	5.78	4.52	5.25
威斯康星	8.13	7.41	9.02	8.19
10 州小计	9.47	9.51	9.61	9.53
全美国	7.83	8.10	8.08	8.00

资料来源：美国农业部，2021。

2. 美国苜蓿干草出口

2020年以来，美国干草出口总量连续3年超过4万t，出口总量持续增加。这主要是因为与过去两年相比，中国重新进入了苜蓿贸易市场。

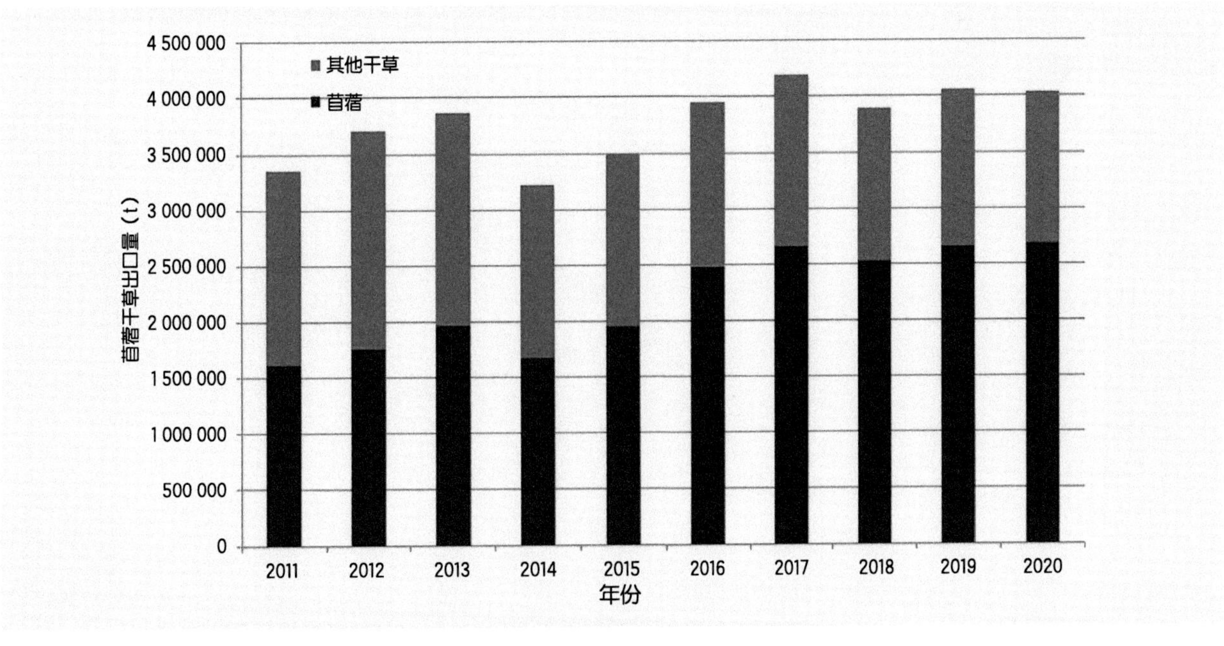

2011—2020 年美国干草出口数量

美国历来是世界上最大的苜蓿生产国。2003 年全美国生产苜蓿干草 7 630 万 t，产值 69 亿美元。2017 年，苜蓿成为继玉米和大豆后的第三大经济作物。奶牛场和牛奶生产已经从美国中西部转移到加利福尼亚州、爱达荷州、新墨西哥州和其他西部州。第二个重大变化是玉米青贮饲料在奶牛和肉牛饲养场应用越来越广泛，作用也越来越突显。

2014—2017 年美国农畜产品价值

作物 / 产品	2014 年	2015 年	2016 年	2017 年	排名
	（US$ 10 亿美元）				
玉米	52.9	49.3	51.7	48.5	1
牛	71.0	78.7	65.9	69.4	
牛奶和奶油	49.6	35.9	34.7	38.1	
大豆	39.5	35.2	40.9	40.0	2
干草 / 饲料（全部）	19.0	16.5	15.6	16.1	3
干草（苜蓿）	10.5	8.4	7.5	9.3	(3)
小麦（全部）	11.9	10.0	9.1	8.1	4
棉花（全部）	5.1	4.0	5.6	7.2	5
马铃薯	3.9	3.9	3.9	4.6	6
大米	3.1	2.4	2.4	2.2	7
花生	1.1	1.2	1.1	1.6	8
高粱	1.7	2.1	1.3	1.2	9
甜菜	1.4	1.0	1.3	1.2	10
全部作物	149.9	136.1	142.6	141.4	
全部水果和坚果	31.9	27.1	28.4	30.0	

资料来源：USDA-NASS (NASS.USDA.GOV)。

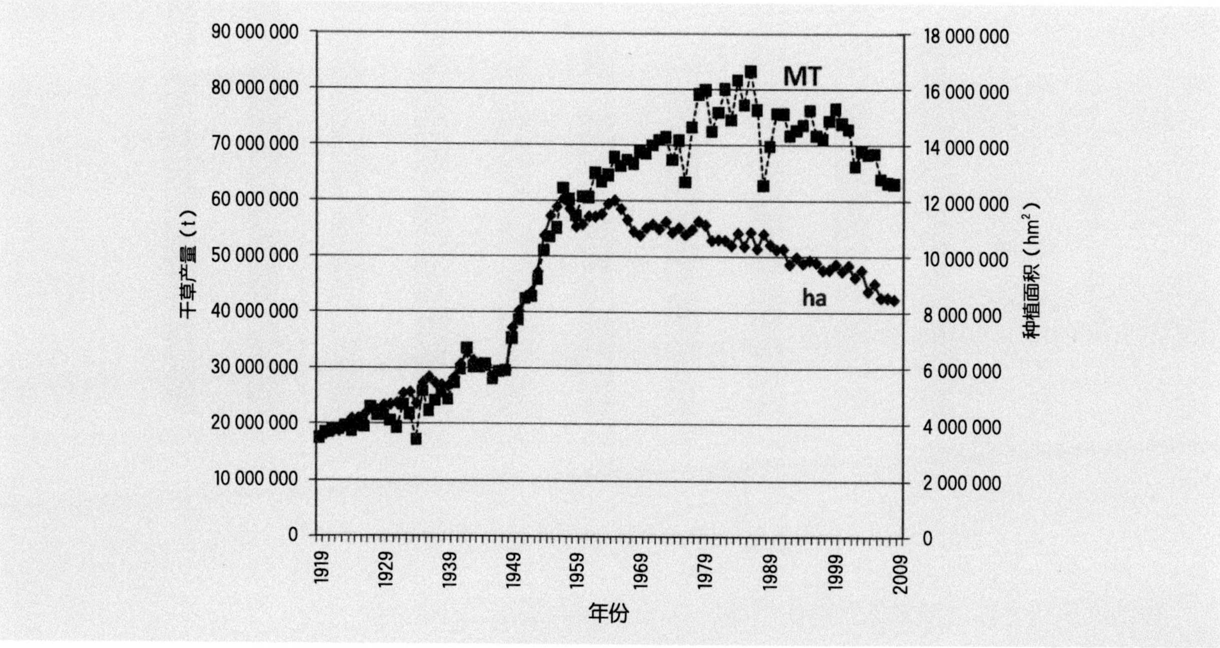

美国苜蓿干草产量

美国苜蓿干草运输

美国的一个重要趋势是出口市场的发展，苜蓿出口已成为美国西部各州干草市场的重要组成部分。自 2007 年以来，美国干草出口总量增长已超过 64%。这一增长主要是由于两个市场的增长：阿拉伯联合酋长国和中国。

2012 年，美国苜蓿干草出口总量超过 400 万 t，约为 1998 年出口总量的 2 倍；苜蓿干草出口额为 12 亿美元，高于 1998 年的 2.86 亿美元。而日本是美国干草的最大买家，中国、阿拉伯联合酋长国和韩国对美国干草的需求急剧增加。2008 年，这 3 个国家购买了约 7 500 万美元的美国干草产品。到 2012 年，这一数字增加了 7 倍，达到 5.4 亿美元。在 2008 年，17% 的美国苜蓿出口到这 3 个国家，到 2012 年，美国干草总量的 49% 出口目的地是中国、阿拉伯联合酋长国和韩国港口。

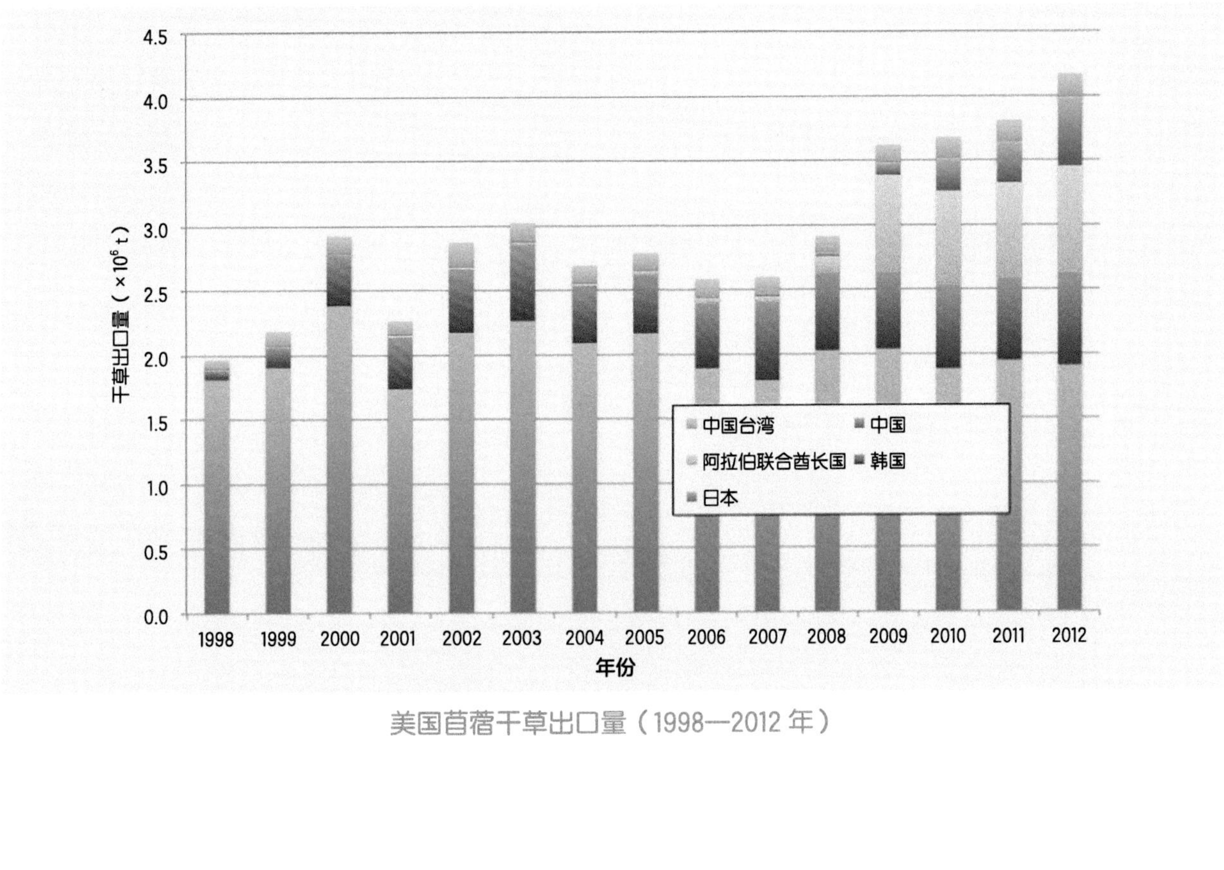

美国苜蓿干草出口量（1998—2012 年）

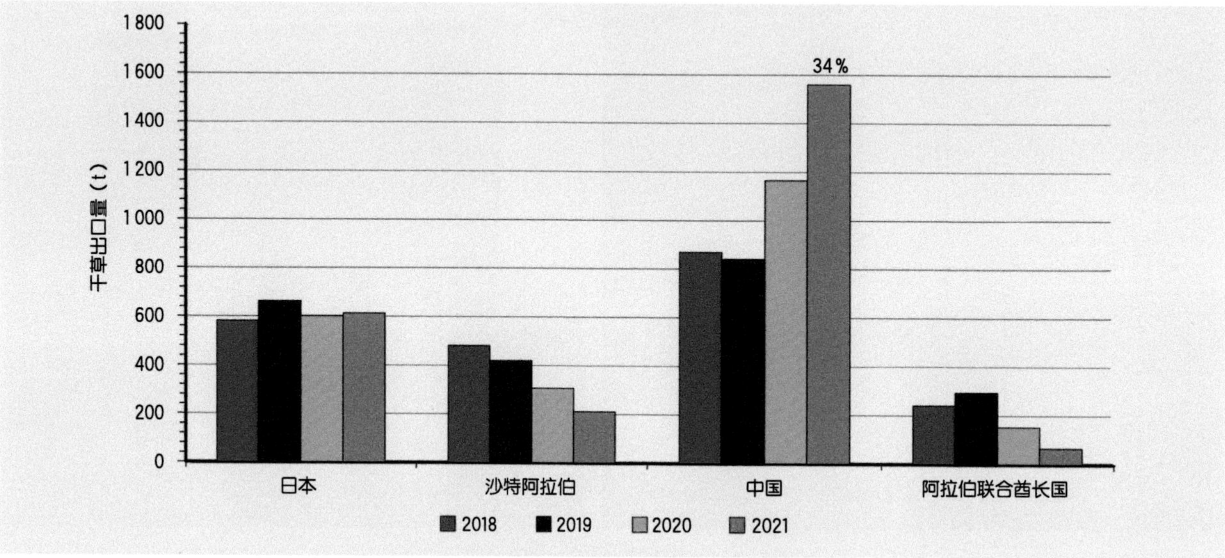

美国苜蓿干草出口量（2018—2021 年）

资料来源：USDA-FAS, Compiled & Analysis by LMIC, Livestock Marketing Information Center。

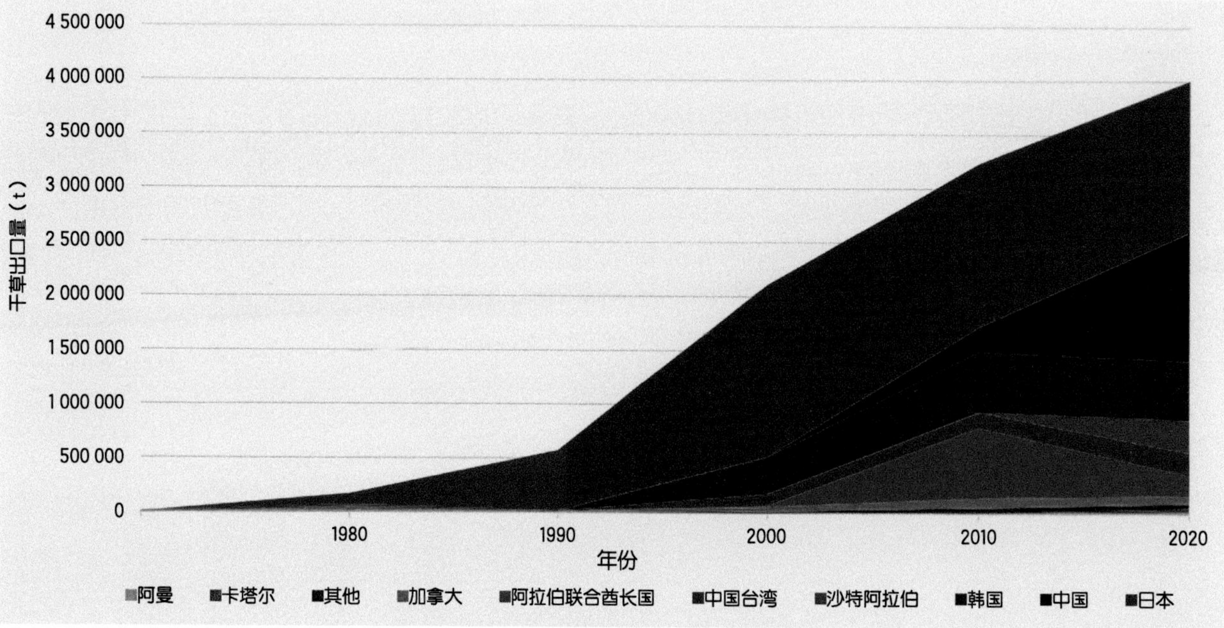

美国苜蓿干草出口量（1980—2020 年）

2019—2021 年美国农畜产品产值

作物 / 产品	2019 年	2020 年	2021 年	RANK ($)
	（US$ 10 亿美元）			
牛	66.3	63.1	72.2	
玉米	48.9	64.3	82.6	1
大豆	30.5	45.7	57.5	2
牛奶和奶油	41.9	40.6	40.7	
干草 / 青贮饲料 / 菜类作物（全部）	20.5	19.9	21.9	3*

续表

作物 / 产品	2019 年	2020 年	2021 年	RANK ($)
	（US$ 10 亿美元）			
干草（苜蓿）	10.8	10.2	11.6	第 3 或第 4
小麦（全部）	8.9	9.4	11.9	第 3 或第 4
棉花（全部）	5.9	4.8	7.5	5
马铃薯	4.2	3.9	4.1	6
大米	2.6	3.3	3.1	7
高粱	1.1	1.8	2.5	9
花生	1.1	1.3	1.5	8
甜菜	1.2	1.1	1.7	10
全部作物	130.8	163	201.1	
全部水果和坚果	29.0	29.1	**	

注：生产价值指前十大作物及两个主要牲畜部门的价值。

* 干草 / 饲料 / 青草包括所有收获的草和苜蓿草料，不包括牧场。苜蓿不含所有干草和牧草。** 数据尚不可用。

资料来源：美国农业部 ASS（NASS.USDA.GOV）。

3. 美国西部七州苜蓿出口情况

根据美国商务部和美国农业部的统计数据，近年来，美国西部七州生产的约 15% 的紫花苜蓿和 44% 以上的其他牧草干草用于出口。从 1994 年到 2022 年，美国的苜蓿出口总量几乎增加了 10 倍（从 30 万 t 增加到 300 万 t）。自 2002 年以来，苜蓿出口一直以每年 16% 的速度增长。加利福尼亚州和华盛顿州是最大的两个出口州。从 1994 年到 1999 年和 2004 年到 2009 年，华盛顿州是最大的紫花苜蓿出口州。但自 2012 年以来，加利福尼亚州一直是最大的出口州，平均出口量为 23.2 万 t，在过去 10 年里领先于华盛顿州，南加利福尼亚州越来越多的“空集装箱”为加利福尼亚州提供了比华盛顿更便宜的运费。

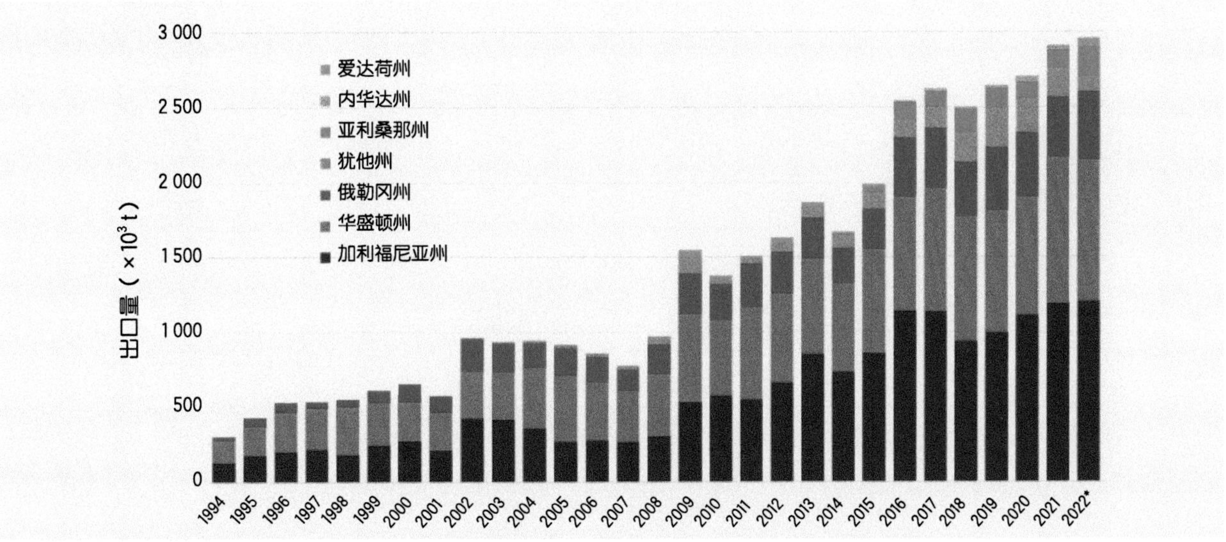

1994—2022 年西部七州按州划分的苜蓿出口总量

注：*，2022 年出口量为估算。

美国西部七州的苜蓿年总产量和出口量

单位：$\times 10^3$t

年份	亚利桑那州		加利福尼亚州		内华达州		爱达荷州		俄勒冈州		犹他州		华盛顿州	
	产量	出口	产量	出口	产量	出口	产量	出口	产量	出口	产量	出口	产量	出口
1994	1 088.6	3.4	6 032.8	131.6	3 608.8	0.0	936.2	0.0	1 487.8	25.3	2.000.3	0.0	2 004.0	142.2
1995	1 167.5	0.9	5 884.0	177.5	4 091.4	0.0	1 020.6	0.0	1 755.4	61.1	2 126.4	0.0	2 313.3	191.1
1996	1 161.2	0.5	5 969.3	203.1	3 810.2	0.0	1 020.6	0.0	1 836.1	68.5	1 977.7	0.0	2 089.2	256.6
1997	1 413.4	0.7	6 205.2	216.9	3 719.5	0.0	990.6	0.0	1 790.8	44.7	2 126.4	0.0	2 090.2	272.0
1998	1 451.5	0.0	6 286.8	182.6	4 291.0	0.0	1 085.0	0.0	1 741.8	52.7	2 175.4	0.0	2 177.2	313.7
1999	1 433.4	0.0	6 572.6	245.8	4 173.1	0.0	986.1	0.0	1 676.5	84.5	2 195.4	0.0	2 089.2	278.3
2000	1 544.0	0.2	6 477.3	272.2	4 305.5	0.0	1 147.6	0.0	1 486.0	126.2	2 086.5	0.0	2 131.9	253.6
2001	1 560.4	0.3	6 413.8	208.6	3 962.6	0.0	1 082.3	0.0	1 794.4	116.2	2 032.1	0.0	2 046.6	249.2
2002	1 690.1	0.6	7 261.1	423.3	4 245.6	0.6	1 073.2	0.0	1 931.4	227.6	1 845.2	2.8	2 267.1	306.7
2003	1 812.6	0.9	6 921.8	415.2	4 027.9	0.8	1 057.8	0.2	2 003.1	203.5	1 977.7	5.6	2 452.1	310.7
2004	1 785.3	0.0	6 667.8	357.9	4 281.9	1.8	1 065.9	0.1	1 872.4	172.9	1 930.5	11.7	2 177.2	400.1
2005	1 981.3	0.0	6 510.0	269.3	4 191.2	6.4	1 132.2	0.0	1 596.6	193.0	2 057.5	14.8	2 122.8	434.2
2006	1 882.4	0.0	6 785.7	277.8	4 408.0	8.6	1 151.2	0.0	1 716.4	179.4	2 032.1	14.0	1 955.9	380.1
2007	1 850.7	0.0	6 466.4	266.6	4 277.4	12.3	1 082.3	0.0	1 525.0	150.4	2 045.7	14.0	2 075.6	333.3
2008	2 028.5	0.6	6 540.8	304.7	4 510.5	14.7	1 175.7	1.9	1 524.1	210.3	2 095.6	34.6	1 636.6	405.8
2009	2 159.1	5.5	6 350.3	529.0	4 343.6	49.0	1 193.9	0.8	1 632.9	276.5	2 019.4	101.4	2 178.2	587.6
2010	2 082.9	0.5	5 737.0	571.5	4 305.5	20.0	1 092.3	1.8	1 619.3	247.8	1 959.5	26.4	2 041.2	501.7
2011	1 882.4	0.1	5 508.4	545.5	3 900.9	19.2	997.9	3.1	1 632.9	297.8	2 157.3	24.2	1 792.6	616.0
2012	1 905.1	2.2	5 470.3	657.2	3 773.9	35.4	958.0	2.8	1 516.8	284.5	1 859.7	53.1	1 689.2	594.1
2013	1 837.1	4.3	5 270.7	851.9	3 861.0	36.9	857.3	2.5	1 669.2	277.9	2 095.6	60.5	1 971.3	634.0
2014	2 004.9	35.9	5 164.6	729.5	3 856.4	15.2	1 066.9	1.2	1 397.1	245.3	1 839.8	84.1	1 790.8	586.9
2015	2 286.1	118.8	4 945.1	854.5	3 810.2	20.6	780.2	1.6	1 409.8	272.7	1 896.9	110.0	1 839.8	693.2
2016	2 223.5	109.2	4 572.2	1 139.2	3 991.6	2.6	798.3	7.5	1 790.8	401.1	2 019.4	119.2	2 028.5	756.5
2017	2 171.8	156.1	4 318.2	1 134.9	3 846.5	2.5	878.2	14.3	1 790.8	408.4	2 095.6	138.1	1 839.8	818.7
2018	1 957.7	136.1	3 880.9	936.4	4 000.7	1.6	789.3	12.5	1 562.2	370.0	1 678.3	192.7	1 428.8	831.0
2019	2 108.3	113.4	3 735.8	997.0	4 031.5	2.3	1 000.6	17.3	1 705.5	425.0	1 989.5	258.8	1 377.1	810.7
2020	2 004.9	126.5	3 102.6	1 112.1	4 123.2	14.0	698.5	20.9	1 502.3	434.9	1 896.0	223.2	1 636.6	787.1
2021	2 071.1	200.8	3 356.6	1 190.3	3 570.7	18.1	971.6	10.9	1 233.8	408.3	1 644.7	188.9	1 627.5	970.5
2022*	2 194.5	200.8	3 156.1	1 203.8	3 991.6	53.5	844.6	3.9	1 409.8	463.2	1705.5	97.2	1 486.0	940.4

注：*，2022 年 9—12 月出口量根据美国出口数据估算。

在过去 20 年中，美国西部 7 个州苜蓿产量降低，但出口量却一直在增加，特别是自 2002 年以来，华盛顿州用于出口苜蓿的比例最高，其次是俄勒冈州和加利福尼亚州。爱达荷州是第二大苜蓿生产州，由于离港口较远，并且拥有大型乳制品工业，因此出口比例很小。自 1994 年以来，爱达荷州紫花苜蓿出口的最高比例为 3%（2020 年）。俄勒冈州的苜蓿出口量也在稳步增长，2009 年达到 17%，2022 年达到 33%，苜蓿出口量大幅增加，2016—2022 年期间，出口苜蓿占全州苜蓿总产量的 27%。

自 2002 年以来，加利福尼亚州的苜蓿总产量一直在急剧下降，从 2002 年的 700 多万 t 下降到 2009 年的 300 万 t 左右。自 2002 年以来，加利福尼亚州每年苜蓿出口量从 6% 增加到 38%。

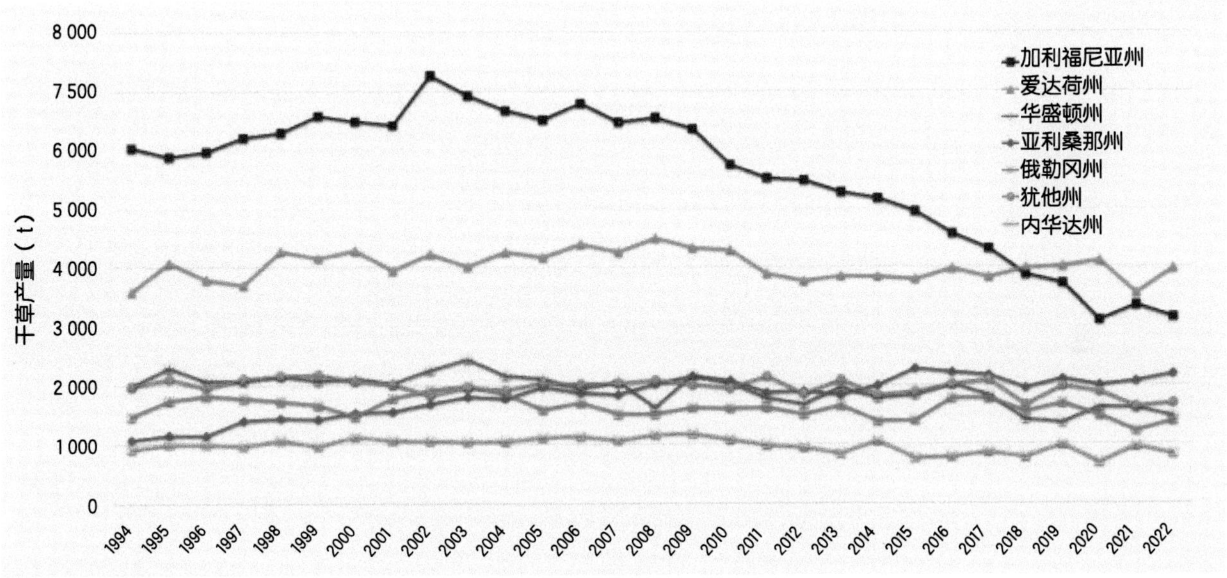

西部七州按州划分的苜蓿干草年产量

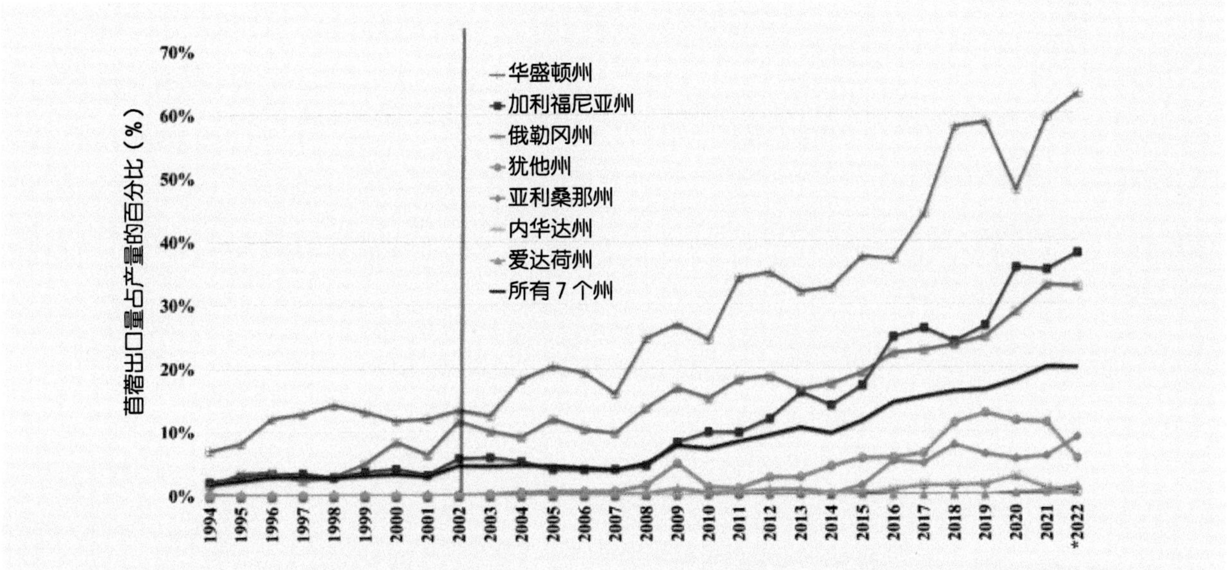

1994—2022 年西部七州估计的苜蓿出口量占产量的比例

注：*，2022 年出口量为估算。

资料来源：USA Trade Online, Dataweb.usitc.gov, NASS。

1994—2001 年，美国西部 7 个州的苜蓿总产量在 1 700 万 ~1 900 万 t，在 8 年期间平均每年苜蓿保留面积在 1 850 万英亩。2002—2022 年，苜蓿总产量一直在下降，从 2002 年的 2 000 万 t 下降到 2022 年的 1 480 万 t。然而，西部 7 个州的苜蓿出口总量却在持续上升，从 1994 年的 30.2 万 t 上升到 2022 年的近 300 万 t。西部 7 个州的苜蓿出口量占总产量的比例从 1994 年的 2% 上升到 2022 年的 20%，增加了 18 个百分点。

美国西部七州苜蓿总产量与出口量

年份	西部七州苜蓿总产量 (t)	西部七州苜蓿总出口量 (t)	出口量 / 产量
1994	17 158 513	302 415	1.76%
1995	18 358 719	430 679	2.35%
1996	17 864 303	528 729	2.96%
1997	18 336 040	534 264	2.91%
1998	19 208 753	548 957	2.86%
1999	19 126 199	608 732	3.18%
2000	19 178 815	652 236	3.40%
2001	18 892 145	573 961	3.04%
2002	20 313 705	961 283	4.73%
2003	20 252 923	936 658	4.62%
2004	19 781 187	945 325	4.78%
2005	19 591 585	917 665	4.68%
2006	19 931 780	859 746	4.31%
2007	19 323 058	776 840	4.02%
2008	19 511 753	971 963	4.98%
2009	19 877 348	1 544 917	7.77%
2010	18 837 714	1 374 578	7.30%
2011	17 872 468	1 506 196	8.43%
2012	17 173 028	1 627 366	9.48%
2013	17 562 210	1 865 987	10.63%
2014	17 120 411	1 666 310	9.73%
2015	16 968 004	1 988 382	11.72%
2016	17 424 318	2 544 813	14.60%
2017	16 940 788	2 626 102	15.50%
2018	15 297874	2 500 325	16.34%
2019	15 948 327	2 647 336	16.60%
2020	14 964 030	2 705 588	18.08%
2021	14 475 964	2 913 501	20.13%
*2022	14 788 036	2 962 720	20.03%

注：2022 年出口量为估算。

4. 美国苜蓿出口趋势与价格变化

近年来，美国干草出口的重要性日益增加，其中苜蓿干草占了增长的大部分。自21世纪初以来，苜蓿出口价格一直在稳步上涨，中国在过去10年中已成为苜蓿的主要进口国。总的来说，紫花苜蓿、其他干草、玉米和大豆的实际价格在1994—2022年期间都呈上升趋势。然而，其他干草和苜蓿的出口价格与国内价格之间的价差趋于扩大，而玉米和大豆的价差则持平。所有的苜蓿和其他干草出口都来自美国48个相邻州中最西部的7个州。

美国是最大的紫花苜蓿生产国和消费国，也是最大的出口国。苜蓿被用作牲畜饲料，是牲畜一种重要的蛋白质和营养来源，特别是对于奶牛来说。随着亚洲寻求美国饲料以满足其对高品质蛋白质日益增长的需求，美国的苜蓿出口量正在增加。此外，苜蓿干草可用于工业用途，包括生物燃料、乙醇和酶（Hojilla-Evangelista等，2017；Sumac，Jung& Lamb，2006）。苜蓿也可以作为一种营养丰富的面粉替代品，用于生产面包（Ullah等，2016）。

日本是美国所有干草的主要进口国，在1994—2011年期间的任何一年，日本都占美国所有干草出口的50%~95%。然而，在2008年，中国开始进口紫花苜蓿，并且在过去的几年里，中国的进口量已经超过了日本，成为所有干草的主要进口国。其他主要的干草进口国是韩国、中国台湾、阿联酋和沙特阿拉伯。近年来，干草出口的数量和价值都达到了创纪录的水平。总的来说，苜蓿干草出口量的增长在很大程度上是由于中国对苜蓿干草需求的增加所拉动的。

1994年，美国紫花苜蓿干草出口总额接近9 500万美元。自那以后，出口额稳步增长了13倍，到2022年达到12亿美元。在同一时期，几个国家成为美国苜蓿干草的主要进口国，特别是中国和日本，从1994—2022年，这两个国家加起来占总进口量的近68%。韩国是美国第三大干草进口国，占同期进口量的15%。

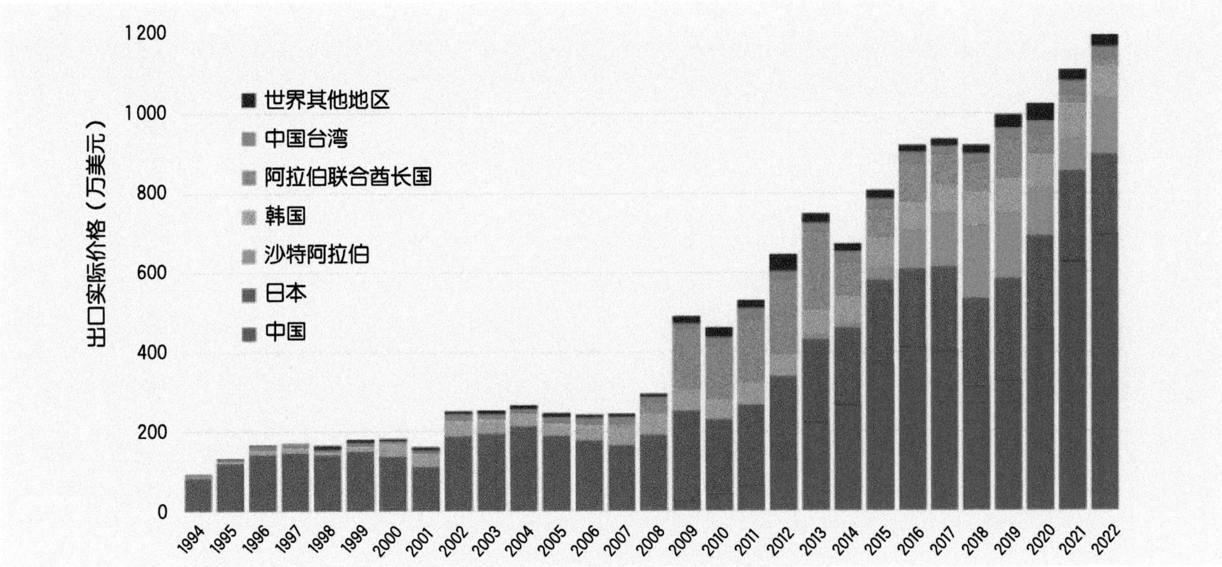

1994—2022年美国苜蓿出口实际价值

数据来源：USDA/FAS，2022。

中国目前是苜蓿干草的主要进口国，其乳制品行业也在快速增长，是国内苜蓿需求的主要驱动力。中国真正的苜蓿进口量一直在稳步增长，从2009年的2 500万美元左右增长到2022年的7.09亿美元，在短短12年里增长了28倍，平均每年增长近5 300万美元。相比之下，同期美国对第二大进口国日本的出口额在 1.86 亿美元至 2.57 亿美元之间波动。对高质量动物饲料日益增长的需求似乎正在拉动苜蓿干草市场的增长，这主要是由乳制品和肉类产量的增加推动的。此外，人们对动物营养的认识日益提高，消费者对不含化学物质的肉类和奶制品的偏好日益增加，也促进了苜蓿市场的增长（Bai 等，2022；Putnam 等，2016）。

紫花苜蓿出口价格从 1994 年的平均价格 289 美元 /t 上涨到 2022 年的平均价格 386 美元 /t，1994—2022 年期间的总平均价格为 301.74 美元 /t，而其他干草价格从 1994 年的年平均 281 美元 /t 上涨到 2022 年的 371 美元 /t，同期的总平均价格为 302.09 美元 /t。在 2022 年最后一个季度，苜蓿出口价格一直呈上升趋势，从 9 月的 448 美元 /t 开始，到 12 月达到 457 美元 /t。这一涨幅超过了 2015 年 4 月 402 美元 /t 的前一个峰值，表明国外对苜蓿的需求强劲。

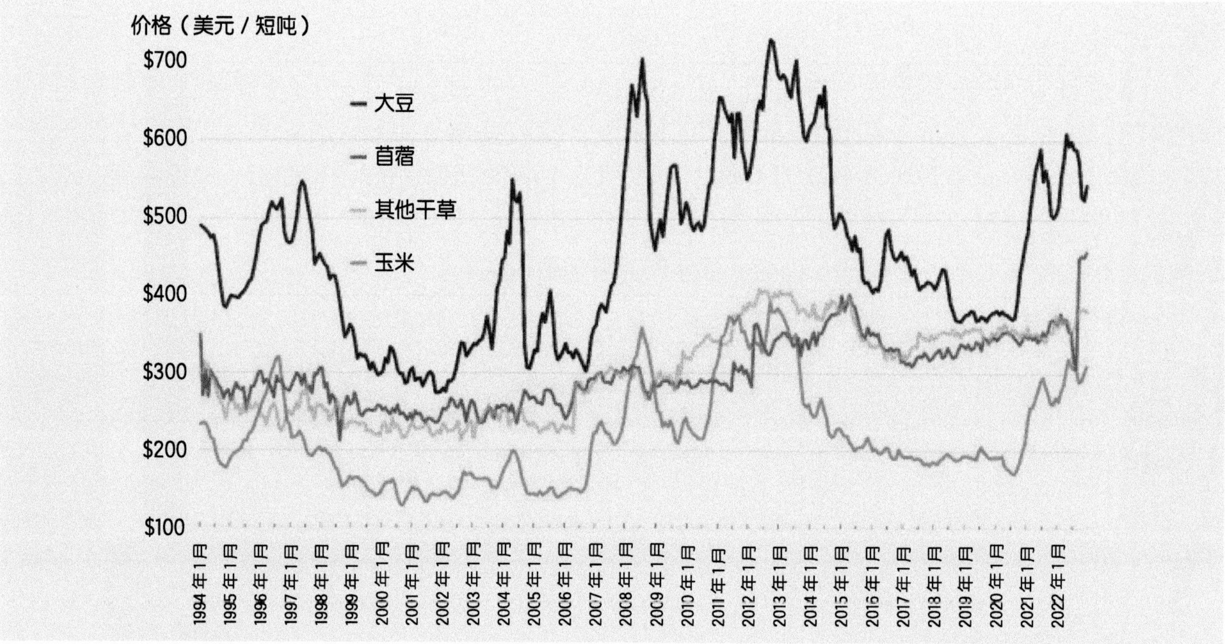

注：1 短吨 =0.907 t。

资料来源：fas.usda.gov。

美国月均出口价格（2022 年 12 月，$/t）

商品	苜蓿	其他干草	玉米	大豆
最小	213.22	214.42	128.97	274.56
最大	457.68	409.24	393.27	731.86
平均	301.74	302.09	219.23	454.50
中位	291.20	298.80	201.34	440.64

美国月均国内价格（2022 年 12 月，$/t）

商品	苜蓿	其他干草	玉米	大豆
最小	130.68	107.09	93.24	277.71
最大	283.20	200.39	351.06	695.68
平均	191.58	144.43	175.02	402.48
中位	183.56	143.39	161.68	388.92

资料来源：USDA/ FAS。

其他干草和苜蓿以及玉米和大豆的价格和价格趋势图概述了 1994 年至 2022 年出口的价格趋势以及每种饲料商品的国内市场，并揭示这些商品的出口和国内价格是如何分别变动的。例如，2022 年 8—9 月，美国苜蓿出口价格上涨了 45% 以上，而美国国内苜蓿价格仅上涨了 0.51%。

1994—2022 年，苜蓿和其他干草的出口价格平均分别比国内价格高 58% 和 109%。美国其他干草的价格远低于国内苜蓿的价格，但近年来其他干草的出口价格略高于苜蓿。这种差异是由于地理位置和质量造成的，因为美国大多数其他干草都是在最西部的 48 个州东部生产的，这些州几乎提供了通过西海岸港口出口的所有其他草或干草。由于来自最西部 7 个州的其他大部分干草都是在半干旱到干旱的气候下灌溉种植的，因此它的质量可能比这 7 个西部州东部在更潮湿的气候下生产的其他干草品质更好。

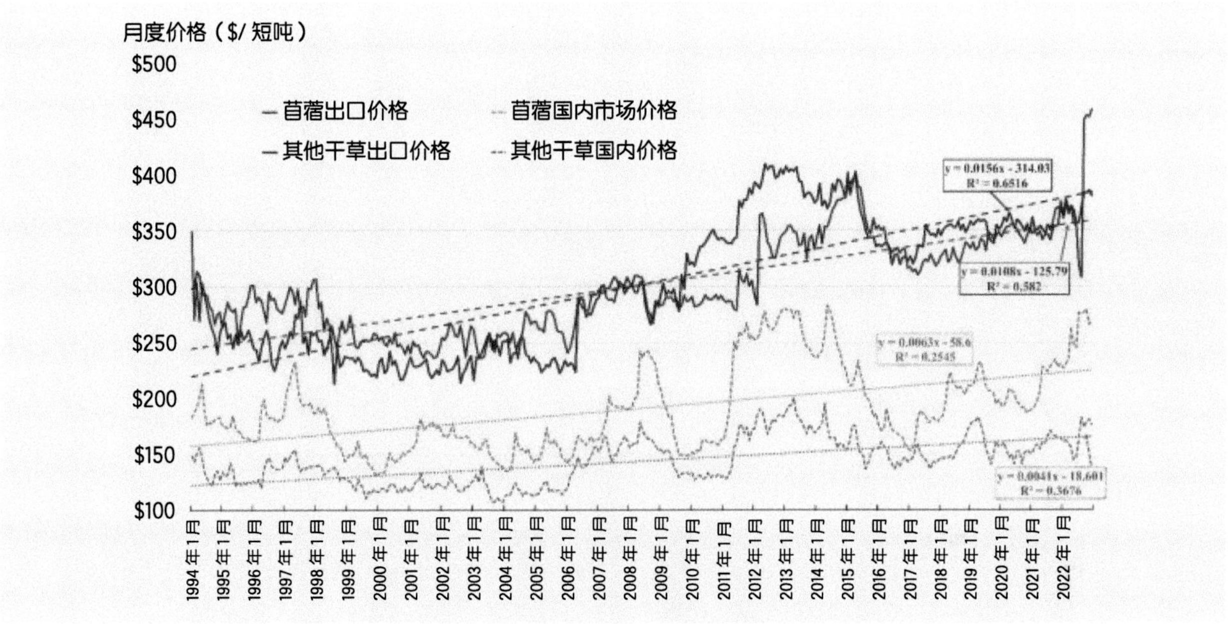

1994—2022 年美国出口和国内市场紫花苜蓿和其他干草的实际月度价格

资料来源：USDA/FAS，2022；USDA/NASS，2022。

中国已成为美国紫花苜蓿最大的出口市场，从八年前的几乎为零增长到 2016 年的约 150 万 t 乃至 2022 年的 180 万 t。由于水资源问题，中东地区正在经历重大的农业变革，该地区也成了一个出口目的地。随着亚洲畜牧业的扩张以及亚洲和中东地区土地和水资源的稀缺限制了苜蓿生产，因此苜蓿干草出口可能成为美国西部各州干草行业的一个永久组成部分。

三、阿根廷

美国历来是世界上最大的苜蓿生产国，其次是阿根廷。从 2018 年阿根廷苜蓿种植面积约 320 万 hm^2，其中约 60% 是纯苜蓿草地，40% 是苜蓿混播草地。

在过去十年中，苜蓿干草世界贸易量增长了 70%，价值增长了 95% 以上，反映了刚性需求。2017 年，全球市场达到 830 万 t（ITC，2018）；阿根廷仅贡献了 0.7%（54 423 t）。即使是边缘作为全球市场的贡献者，阿根廷自 2014 年 / 2015 年以来逐渐提高了出口产品的平均价格，从而大大缩小了与主要出口国的差距。

阿根廷苜蓿干草出口总体趋势是缓慢增长。目前，2018 年前三季度干草出口量比 2017 年前三季度增长了 58%：分别为 28 815 t 和 14 447 t（SENASA，2018）。平均价格为每吨 342 美元。

就苜蓿颗粒和草粉而言，世界出口量达到 120 万 t，2017 年全球价值为 305 百万美元（ITC，2017）。与干草不同，颗粒主要用于马、兔子、鸡、宠物，甚至是猪。苜蓿草粉对于不同的动物日粮制剂和其他苜蓿的新用途，阿根廷主要向乌拉圭、巴西、智利等拉丁美洲国家出口，2017 年出口量为 4 400 t。

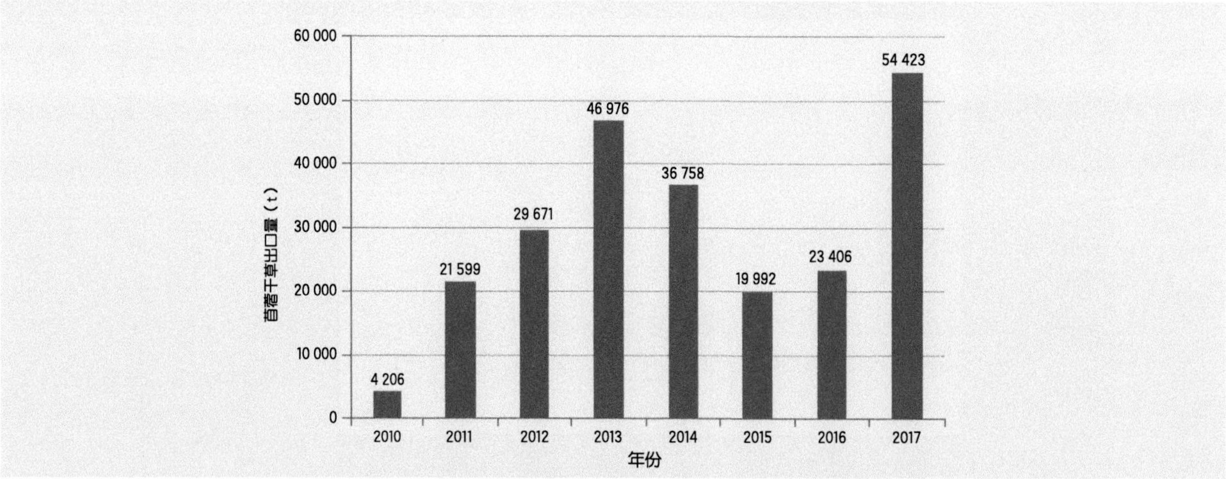

2010—2017 年阿根廷苜蓿出口量（ITC，2018）

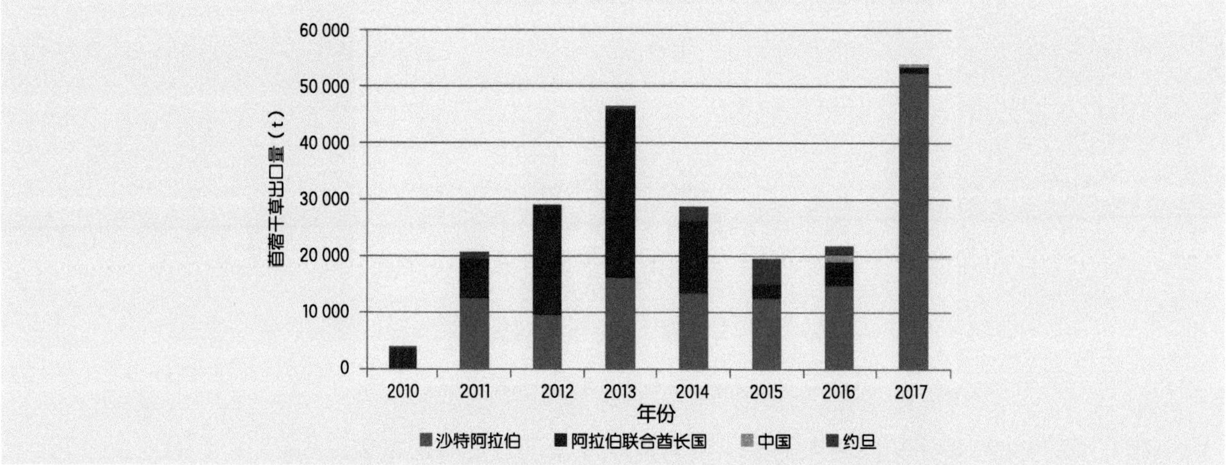

2010—2017 年阿根廷苜蓿干草出口目的地（SENASA，2018）

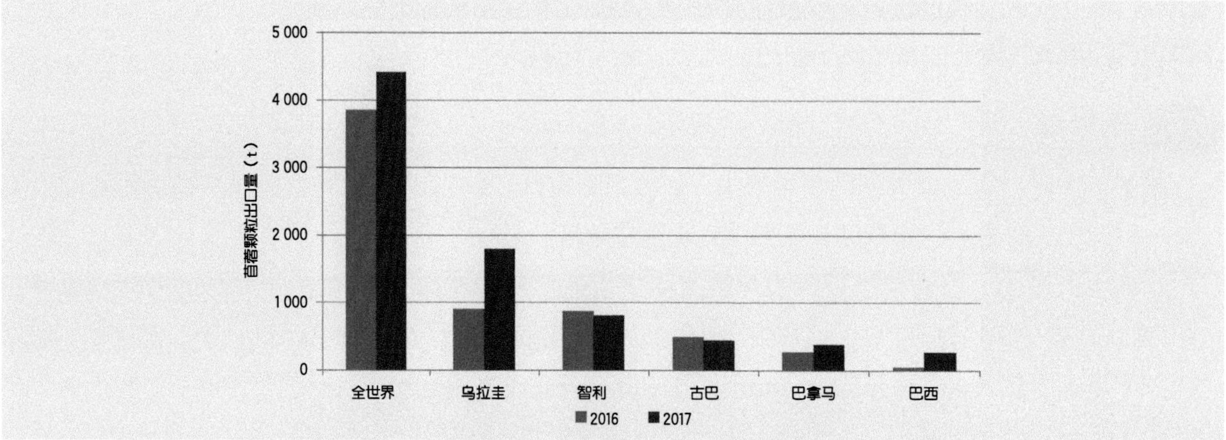

2016 年和 2017 年阿根廷苜蓿颗粒出口量（SENASA，2017）

四、欧洲

自 2000 年以来，欧洲的苜蓿干草产量也有所下降。在法国收获的牧草稳定保持在 450 万 hm^2，2000 年产量达到峰值，为 610 万 t，目前已降至约 560 万 t。西班牙的情况与法国相似，2002 年苜蓿产量达到峰值，为 370 万 t，目前已降至约 310 万 t。

五、中国

1. 商品草生产

2016 年，全国苜蓿干草总产量达 3 025.7 万 t，2020 年苜蓿干草总产量下降至 1 665.3 万 t，与 2016 年相比，下降 45.0%，与 2019 年（1 694.0 万 t）基本持平。

但全国苜蓿商品草面积和产量不断增加，与 2018 年相比，2020 年商品草面积和产量分别增加了 3.45% 和 15.57%，商品草面积和产量分别为 628.95 万亩和 387.00 万 t，分别占总面积和产量的 18.83% 和 23.24%。

2016—2020 年全国苜蓿生产情况

年份	苜蓿总产量			苜蓿商品草			
	保留面积（万亩）	干草总产量（万 t）	青贮量（%）	面积（万亩）	占总面积（%）	产量（万 t）	占总产量（%）
2016	6 562.0	3 025.7	162.9	677.55	10.33	379.84	12.55
2017	6 225.2	2 933.6	163.4	625.96	10.06	359.00	12.24
2018	4 616.0	2 251.0	159.7	607.96	13.17	334.00	14.84
2019	3 472.2	1 694.0	405.2	658.95	18.95	384.00	22.67
2020	3 310.0	1 665.3	178.1	628.95	18.83	387.00	23.24

资料来源：中国草业统计（2016 年、2017 年、2018 年、2019 年、2020 年）。

中国与美国苜蓿生产能力比较

年份	中国		美国		中国占美国的比例	
	种植面积（万 hm^2）	总产量（万 t）	种植面积（万 hm^2）	总产量（万 t）	种植面积（%）	总产量（%）
2016	437.47	379.84	1 246.60	4 892.70	35.09	7.76
2017	415.00	359.00	1 206.50	4 481.60	34.40	8.01
2018	307.73	334.00	1 151.50	4 193.50	26.72	7.96
2019	231.87	384.00	1 173.00	4 234.30	19.77	9.07

资料来源：中国草业统计（2016 年、2017 年、2018 年、2019 年）。

2. 进口苜蓿市场需求（苜蓿贸易）

自 2008 年以来，中国苜蓿草进口量在逐年增加，2021 年苜蓿草进口量创历史新高，达 178.03 万 t，与 2008 年的 1.76 万 t 相比增加了 100 倍。到 2025 年，全国奶类产量达到 4 100 万 t 左右，百头以上规模养殖比重达到 75% 左右。奶牛年均单产达到 9 t 左右。这就需要大量的苜蓿供给，对苜蓿产业提出了更高的要求。

奶牛存栏数与苜蓿进口量

年份	奶牛（万头）	进口苜蓿（万 t）
2008	—	1.76
2009	1 260.3	7.42
2010	1 420.1	21.81
2011	1 440.2	27.56
2012	1 493.9	44.27
2013	1 441.0	75.56
2014	1 499.1	88.45
2015	1 507.2	121.00
2016	1 586.2	138.78
2017	1 475.8	140.00
2018	1 420.4	138.37
2019	1 380.0	135.60
2020	1 400.9	135.99
2021	—	178.03 *
2022	—	178.77
2023	—	100.05

资料来源：中国奶业年鉴（2017—2020）；海关统计数据。

中国优质苜蓿的进口量从 2008 年的 1.9×10^4 t 增长至 2017 年的 1.399×10^6 t，增长了 68.9 倍；而中国优质苜蓿产量从 2008 年的 1.5×10^5 t 增至 2017 年的 2.50×10^6 t，仅增长 15.7 倍。据预测，到 2030 年，中国优质苜蓿消费量将达到 6.00×10^6 t。虽然中国苜蓿产业发展迅猛，但产量增速远低于进口增速，导致国内苜蓿对外依存度长期维持在高位（约 35%）水平。

从进口来源看，中国苜蓿草产品主要进口自美国（84%）、西班牙（12%）、加拿大和苏丹等国；苜蓿粗粉与颗粒细分产品主要进口自西班牙（99%）、墨西哥和美国等国。此外，中国苜蓿用种量的 80% 以上依赖进口，主要源自加拿大（92%）、澳大利亚、意大利和法国。进口国来源过于集中，不利于特殊时期的风险规避。

2020 年中国进口苜蓿主要来自美国，从美国进口量为 118.52 万 t，占苜蓿总进口量 87.27%；从西班牙进口脱水苜蓿量为 10.08 万 t，占总苜蓿进口量的 0.43%；此外，南非、加拿大、苏丹、保加利亚、意大利、阿根廷、立陶宛等国家保持少量对华出口。

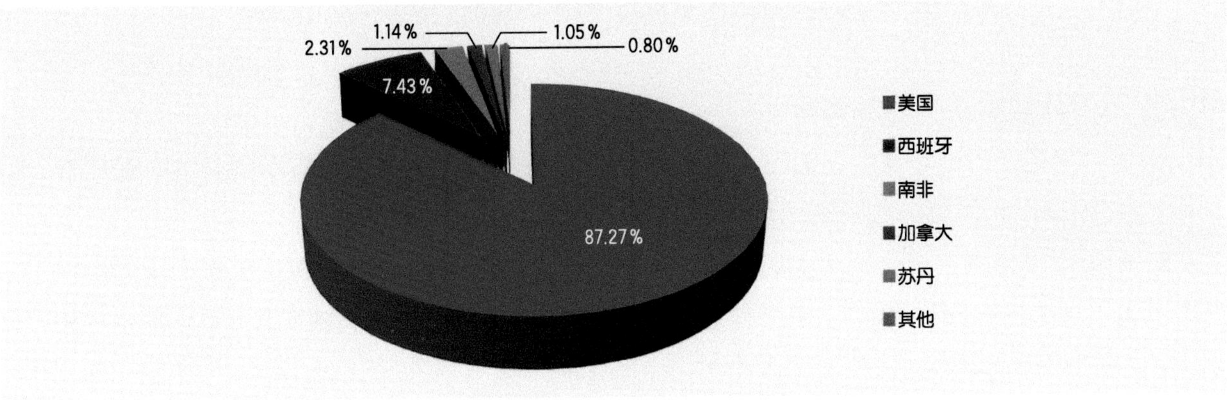

中国进口苜蓿来源及所占比例

2022 年，我国草产品进口总量为 197.81 万 t，同比减少 3%。其中：苜蓿干草进口 178.86 万 t，与上年基本持平；燕麦草进口 15.24 万 t，同比减少 28%；苜蓿粗粉及颗粒进口 3.72 万 t，同比减少 29%。

据海关统计，2022 年，我国进口干草累计 194.00 万 t，同比下降 2.6%，进口金额 9.91 亿美元，同比增长 31.7%。进口苜蓿干草累计 178.77 万 t，同比增长 0.4%，进口金额 92 580.60 万美元，同比增长 36.2%。

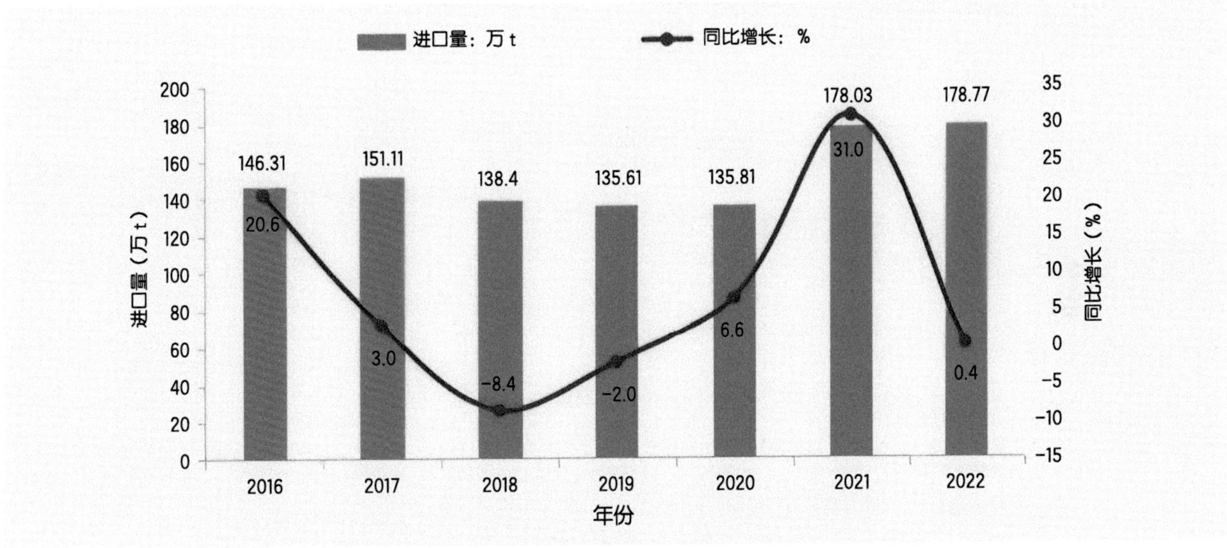

2016—2022 年中国苜蓿干草进口情况统计

数据来源：中国奶业协会、中商产业研究院。

据刘亚钊、王明利报道，2023 年我国草产品总进口量为 108.77 万 t，同比减少 45%。其中苜蓿干草进口量为 100.05 万 t，同比减少 44%。

中国从美国进口的苜蓿量显著增加，主要是由于中国乳制品行业的结构性变化，从小型奶牛场转向现代化的大型奶牛场。小型奶牛场从 2008 年的 237 万家减少到 2014 年的 150 万家左右，而大型奶牛场从 2002 年的 374 家增加到 2012 年的 3 585 家，在短短 10 年内增长了近 9 倍（Wang 等，2016）。除了更现代化的、专门利用非牧草营养素的大型奶牛场的苜蓿需求增长之外，中国国内高品质苜蓿的产量一直无法大幅增长，难以满足消费者对乳制品的需求。

第三节 美国对出口苜蓿干草的反思

一、出口苜蓿就是出口水资源

2012 年 7 月 12 日，Peter 在美国《华尔街日报》刊登了“在西部饱受旱灾煎熬时，却把水一箱一箱地运到中国”的文章。文中指出：

2012 年，当美国西部遭受特大旱灾时，通过向中国出口苜蓿干草，运往中国的水超过 1.89 亿 m^3（500 亿加仑），用于饲喂中国的奶牛。这种奇怪的现象，说明我们美国对水资源管理的政策是错误的。美国出口中国的紫花苜蓿量，从 2007 年的 0.23 万 t 激增至 2011 年的 17.74 万 t，2012 年将超过 38.0 万 t。

中国对苜蓿的需求，促使西部苜蓿价格在过去两年翻了一番，导致农民和投资者都在争先恐后地将土地转为种植苜蓿，美国农业部正在促进这一新的出口市场的发展。出口中国的苜蓿，99% 来自少数几个西部州，尤其是加利福尼亚州。这就意味着将水运往中国，一捆捆地将水嵌入苜蓿中，用于喂奶牛。

THE WALL STREET JOURNAL.
WSJ.com

OPINION | Updated October 5, 2012, 7:12 p.m. ET

Parched in the West but Shipping Water to China, Bale by Bale

Exporting water—embedded in alfalfa destined to feed cattle—is the odd offshoot of tangled, antiquated laws.

By PETER CULP
AND ROBERT GLENNON

In 2012, the drought-stricken Western United States will ship more than 50 billion gallons of water to China. This water will leave the country embedded in alfalfa—most of it grown in California—and is destined to feed Chinese cows. The strange situation illustrates what is wrong about how we think, or rather don't think, about water policy in the U.S.

In connection with government-led initiatives to improve the Chinese people's diet, China has massively expanded its dairy industry. Even though a large segment of the population is lactose intolerant, Chinese consumers are responding with enthusiasm. Milk consumption has tripled in 10 years and is expected to increase another 50% by 2015. This means millions more cows on the mainland, and millions more tons of cattle feed.

But despite China's vast landmass, pasturage is relatively scarce—and so the Chinese are buying alfalfa, particularly from the U.S. The trade is booming. Alfalfa exports to China from America ballooned to 177,423 metric tons in 2011 from 2,321 metric tons in 2007, and they are on pace to exceed 380,000 metric tons in 2012.

Importing a feed crop from halfway around the world might seem inefficient, but the trade imbalance between the two countries has made it cost-effective. For every two shipping containers of Chinese-made pajamas, televisions and other consumer goods unloaded at the California ports of Long Beach and Los Angeles, one container usually returns to China empty.

Or that used to be the case. Now shipping companies are filling those containers with alfalfa. The result: It now costs twice as much (about $45 per ton) to truck alfalfa from a Southern California farm to a dairy in California's Central Valley as it does to ship it from Long Beach to Beijing.

Chinese demand has prompted alfalfa prices to double in the past two years. Farmers and investors alike are rushing to convert lands to the crop, and the U.S. Department of Agriculture is promoting the development of this new export market. Ninety-nine percent of the exported alfalfa comes from

《华尔街日报》刊登文章

《美国的水，中国的牛奶》（Kang，2020）用摄影的方式来可视化和诠释在当地和全球贸易中被消耗、利用和转化的自然或人造“资源”。它是关于苜蓿的贸易，一种加利福尼亚州出口到中国的水密集型作物。然而，这不仅仅是苜蓿的问题，还包括在苜蓿生产过程中使用的大量水，以及几乎“销售”到中国的水，以及中国每个家庭对鲜奶的需求。

二、苜蓿出口和用水估计

美国是世界上最大的苜蓿生产国，也是苜蓿干草的主要出口国。继棉花之后，苜蓿占美国农田作物灌溉面积的第二大份额，占美国灌溉总面积的 35%（Hellerstein 等，2019）。在美国，加利福尼亚州长期以来一直是最大的苜蓿生产州，其每英亩苜蓿产量是所有州中最高的（USDA 2013；研究与市场 2018）。苜蓿干草是美国的一种重要作物，在过去三年（2020—2022 年）平均占地 9 384.22 万亩（即 1 546 万英亩）。2019 年，苜蓿的农业价值略高于小麦，成为美国第三大最有价值的作物，仅次于玉米和大豆。苜蓿对乳业、饲养场、马业和农业出口至关重要。美国紫花苜蓿的出口一直受到批评，因为美国的出口苜蓿主要来自缺水的西部州。苜蓿出口市场，最奇怪的后果就是涉及水资源。紫花苜蓿是一种耗水作物，2012 年美国向中国出口的紫花苜蓿中所含的水分，足以满足大约 50 万个家庭的年用水需求。

苜蓿生产的用水量估计因地点和天气条件的不同而不同，灌溉技术正稳步向更高效的输送系统转变，通过喷灌、激光调平和其他技术，为种植一英亩苜蓿提供了一个用水的高低范围。种植一英亩苜蓿所需的水量从亚利桑那州的 7.5 英亩英尺 / 英亩到爱达荷州或华盛顿州的 2.0 英亩英尺 / 英亩不等。然而，由于生长季节较长，亚利桑那州 2018—2022 年的平均产量为 1 367.3 kg/ 亩，而爱达荷州和华盛顿州的平均产量仅为 708.4 kg/ 亩和 774.3 kg/ 亩。

美国西部 7 个州出口紫花苜蓿用水量的估计　　单位：千英亩 / 英尺

州	假设高低用水量		2018 年所有作用灌溉用水量	出口苜蓿 2022 年用水量		近 5 年出口苜蓿用水量（2018—2022 年）		2018 年所有作物灌溉面积（英亩）	出口苜蓿灌溉用水占总灌溉用水量比例（%）	
	低	高		低	高	低	高		低	高
亚利桑那州	4.5	7.5	4.7	121	202	87	146	945 570	2.0%	4.6%
加利福尼亚州	3.0	5.0	2.9	553	922	503	838	8 408 282	2.1%	3.8%
爱达荷州	2.0	3.0	1.9	27	41	9	14	3 393 063	0.1%	0.6%
内华达州	2.5	4.0	2.8	2	4	9	14	693 520	0.1%	0.7%
俄勒冈州	2.0	3.0	1.7	232	348	219	328	1 579 108	8.1%	13.0%
犹他州	2.5	3.5	2.0	65	91	135	189	1 181 700	2.8%	8.0%
华盛顿州	2.0	3.0	2.2	399	598	411	616	1 866 110	9.7%	15.0%
总计			2.75 (wtd)	1 401	2 207	1 372	2 144	18 067 353	3.0%	4.8%

与出口苜蓿数量一致的是，沿海的加利福尼亚州、华盛顿州和俄勒冈州利用最多的水来生产出口的紫花苜蓿。加利福尼亚州在生产出口的苜蓿时用水量最大，但与犹他州和亚利桑那州等相对较小的出口州相比，它使用的灌溉用水比例较小。据估计，加利福尼亚州用于出口紫花苜蓿的灌溉用水占总灌溉用水的比例低于华盛顿州、俄勒冈州、犹他州和亚利桑那州。加利福尼亚州所有的作物都需要大量的水，而紫花苜蓿在加利福尼亚州作物组合中所占的比例比上述几个州要小。苜蓿仅占加利福尼亚州灌溉面积的 5% 左右，而占犹他州灌溉面积的 35% 左右，占亚利桑那州灌溉面积的 24% 左右（2018—2022 年的平均水平）。

对于西部 7 个州来说，苜蓿出口总共使用了 140 万 ~220 万英亩英尺的水，占这些州灌溉用水的 3%~5%。比例最大的估计是华盛顿州 (15%)，该州在 2022 年的苜蓿出口量超过其总产量的 60%。

因此，苜蓿出口目前并未大量使用这 7 个西部州的灌溉用水。如果紫花苜蓿出口继续以过去 10 年的速度增长，减少紫花苜蓿出口量的政治压力可能会增加，特别是在干旱期间。

从 2011 年到 2017 年，加利福尼亚州经历了严重的多年干旱，大大减少了生态系统、农业和人类的地表水供应。考虑到农业是该州用水量最大的行业，对严重干旱的一种预期反应是减少低价值、高用水量作物的产量，如苜蓿。迫于用水压力，近几年加利福尼亚州的苜蓿种植面积和产量将逐年减少。

苜蓿干草是牲畜和奶制品生产的重要投入物，也是一种重要的经济作物，对西部各州的经济以及与苜蓿出口有关的所有利益相关者都有贡献。西部 7 个州几乎占美国所有的苜蓿出口，而且自 2007 年以来，苜蓿出口经历了显著的增长。然而，这 7 个州的苜蓿产量急剧下降，而用于出口的产量比例却急剧上升，尤其是华盛顿州、俄勒冈州和加利福尼亚州等沿海州。尽管加利福尼亚州比其他 7 个州使用更多的水来生产相对较大量的出口苜蓿，但加利福尼亚州用于生产这种苜蓿的灌溉用水占其灌溉用水总量的比例相当小（2%~4%）。

三、美国的反思对中国苜蓿生产的启示

紫花苜蓿通常被认为是一种将水转化为干物质效率较低的作物，与许多其他作物相比，苜蓿在干物质形成过程中需要较多的水分，形成 1 kg 干物质需要消耗 900 ~ 1 100 kg 的水分（Pimentel，2004；2016）。由于美国出口的紫花苜蓿主要产自水资源短缺的西部州，向外国出口紫花苜蓿被批评为相当于向这些国家出口水资源。事实上，在美国现有的水权规定，不允许在市场上将水转让到外国，但通过农产品可以很容易地将水资源跨越外国边界。

2006 年，由于水资源保护政策，阿拉伯联合酋长国（UAE）实施了一项禁止在其国内生产苜蓿的政策（Akhidenor & Taha，2012）。这导致阿拉伯联合酋长国政府转向美国，以满足其国内苜蓿市场的需求，并与其他美国苜蓿进口商竞争。从 2008 年到 2019 年，阿拉伯联合酋长国的苜蓿进口量从 10.3 万 t 增加到 49.5 万 t，增长了近 5 倍。阿拉伯联合酋长国的苜蓿进口量在 2012 年（59.8 万 t）和 2013 年（66.2 万 t）最大，这两年的苜蓿进口量占美国苜蓿总出口量的 34%。然而，从 2014 年开始，它们的进口量稳步下降。

2016 年，由于地下水枯竭，沙特阿拉伯启动了饲料生产节水政策，并于 2019 年开始逐步淘汰绿色饲料种植（联合国粮食与农业组织，2018）。这导致他们从美国进口的苜蓿量大幅增加（增长 267%），从 2015 年的 7.5 万 t 增加到 2017 年的 27.5 万 t，在短短一年内增长了近 3 倍。

目前中国的苜蓿生产主要集中在干旱半干旱区的西北、华北和东北地区，如新疆、甘肃、宁夏和内蒙古等地，约占中国苜蓿总产量的 80% 左右（孙启忠，2016）。这些地区常年干旱少雨，地表水资源匮乏，苜蓿生产主要靠采集地下水灌溉来获得产量。由于长期利用地下水灌溉，地下水超采严重，导致地下水位下降明显，要从地下 100 m 甚至 200 m 或更深处抽水，已引发一系列生态问题的出现。虽然苜蓿有一定的抗旱能力，并且也是用水效率相对较高的牧草，但是苜蓿也是一种只有在灌溉条件下才能获得最大产量的牧草，因为苜蓿在干物质形成过程中需要较多的水分，形成 1 kg 干物质需要消耗 800 ~ 1 100 kg 的水分（陶雅 & 孙启忠，2022）。更为严重的是中国西部生产的苜蓿大部分外调到水资源充沛的南方，如江苏、浙江、四川、云南等地，出现了严重干旱缺水的西部向水资源丰富的

南方运输水分的水资源逆流现象，这种现象应引起我们的警觉。

然而，受市场的影响，目前西北、华北等缺水地区仍在扩大苜蓿种植面积。目前在我国苜蓿生产中，节水灌溉设备得到广泛使用，但生产中无节制的过度灌溉、无效灌溉、无序灌溉和无节制灌溉的现象普遍存在，造成大量的水资源浪费。这些地区常年干旱少雨，地表水资源匮乏，苜蓿生产主要靠地下水灌溉来获得产量。由于长期利用地下水灌溉，地下水超采严重，导致地下水位下降明显，要从地下100 m 甚至 200 m 或更深处抽水，已引发一系列生态问题的出现，因此解决中国苜蓿产业的合理布局及水资源的合理利用已迫在眉睫，它既是苜蓿产业可持续发展问题，又是西北或华北水资源安全乃至生态安全的战略问题。

第四节　主要国家或地区苜蓿种子贸易

一、全球苜蓿种子供给量

全世界每年苜蓿种子产量大体在 6.5 万 ~ 8.0 万 t。2004 年全世界苜蓿种子产量为 5.68 万 t，其中北美生产了 4.60 万 t 苜蓿种子，占世界产量的 2 /3 (80,95%)。北美是目前世界苜蓿种子生产的领导者，平均每年产量超过 4.50 万 t。

美国是世界上最大的苜蓿种子生产国，加拿大排名第二（Mueller, 2008）。美国常年大约生产苜蓿种子 3.63 万 ~ 4.50 万 t，2000 年全美紫花苜蓿种子的总产量达 4.95 万 t。

全世界紫花苜蓿种子市场　　单位：t

国家	生产周期	
	5 年平均	2003 年 / 2004 年
阿根廷	1 458	1 854
加拿大	14 135	20 388
中国	12 000	18 000
法国	5 670	5 070
希腊	5 150	5 200
意大利	4 560	4 090
美国	35 000	31 000
全世界	78 202	85 799

资料来源：国际种子联合会，2004。

二、美国苜蓿种子的进出口

1. 苜蓿种子的出口

美国农业部的统计数据显示，2003—2006 年，美国苜蓿种子出口市场的年平均价值为 4 280 万美元。2002—2006 年期间，出口种子的数量在 2 390 万 ~ 3 670 万磅。当估计包衣种子的数量，并从美国政府的统计数据中扣除包衣重量时，出口原始种子的估计数量约为 2 100 万磅。种子出口到 63 个国家，墨西哥、沙特阿拉伯、阿根廷和加拿大是最大的市场，占美国苜蓿种子出口总额的 75% 以上。

美国商务部的统计数据显示，2009—2013 年，美国苜蓿种子出口市场的年平均价值为 8 420 万美元。在此期间，出口种子的数量在 2 760 万 ~ 5 040 万磅。这些统计数据包括认证和非认证种子以及包衣种子。2013 年，种子出口到 37 个国家。墨西哥、沙特阿拉伯、阿根廷和加拿大是最大的市场，占美国苜蓿种子出口总额的 60% 以上（美国商务部，2013 年）。

加拿大和阿根廷是美国休眠紫花苜蓿种子的主要出口目的地。运往阿根廷和其他南美国家的大多数紫花苜蓿种子都是非秋眠的，因为这些地区的生长条件更温暖。安大略是加拿大最大的紫花苜蓿种子市场。美国秋眠苜蓿种子的第二大重要市场是意大利，其次是日本，虽然对日本的出口规模不大，但比其他出口市场更加稳定。未经认证的种子出口主要是非秋眠的，只有少数欧洲国家进口此类种子。自 1989 年以来，美国没有向加拿大出口任何未经认证的种子。

非秋眠紫花苜蓿品种适应生长季节相对较长的地理环境。非秋眠品种的种子占美国苜蓿种子出口量的 80% 以上，大部分用于出口市场的非秋眠种子都是在加州生产的。加州作物改良协会估计，该州生产的苜蓿种子有 50% 出口到了国外。

2. 苜蓿种子的进口

美国进口紫花苜蓿种子的数量从 1993 年的 264 万 kg 增加到 1989 年的 442.5 万 kg。1989—1994 年的平均年进口量为 359.2 万 kg。绝大多数进口的都是未经认证的种子。1989—1994 年，未经认证的种子进口量平均每年 279.1 万 kg，占平均进口总量的 77.7%。

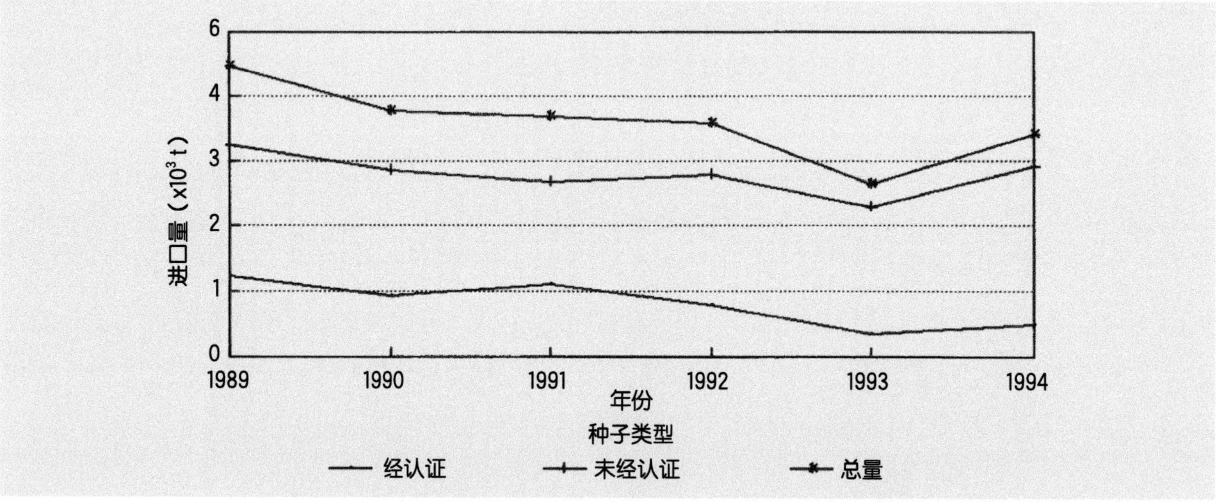

1989—1994 年美国进口经认证和未经认证的苜蓿种子数量

大多数进口到美国的认证紫花苜蓿种子来自加拿大。从加拿大进口的认证和未认证紫花苜蓿种子的趋势有很大不同。经过认证的加拿大苜蓿种子进口量急剧下降，而来自加拿大的未经认证的种子进口量相对稳定。

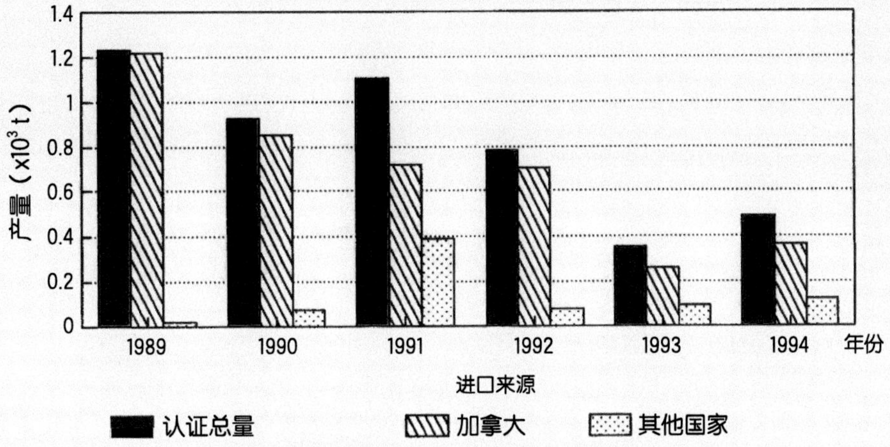

1989—1994 年美国进口认证紫花苜蓿种子产量

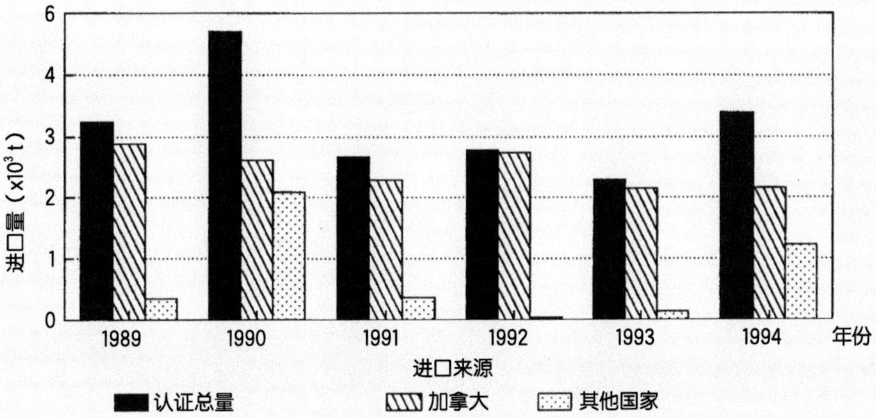

1989—1994 年美国进口未经认证的苜蓿种子数量

由于在加拿大销售认证紫花苜蓿种子的要求严格，美国似乎是加拿大种植的未经认证的商业种子的头号市场。从加拿大运来的苜蓿种子要经过几个入境口岸，包括纽约州的奥格登斯堡、布法罗、纽约、佛蒙特州圣奥尔本斯、底特律、芝加哥、彭比纳 ND，主要的入境口岸取决于年份。在过去的 4 ~ 5 年里，大部分种子都是通过彭比纳地区运输的。该地区包括纽史密斯（Nuysmith）和波特尔（Portal），这两个城市位于大多数种子处理员所在的中西部州附近和 / 或苜蓿种子的主要市场所在的地方。第二大入境口岸是大瀑布区，包括蒙大拿州的甜草市和爱达荷州的东港市。

三、加拿大苜蓿种子的进口

加拿大进口的大部分苜蓿种子来自美国，美国每年向加拿大出口 200 万 ~ 300 万 kg 苜蓿种子。加拿大进口的苜蓿种子差额通常来自欧洲，加拿大的进口数据不包括经过认证和未经认证的苜蓿种子。

加拿大的品种限制只允许某些品种在加拿大种植和销售。而其他没有注册或认证的品种，只要不在加拿大销售，就可以在加拿大种植。它们在出口市场上销售。这一政策产生了若干问题，包括通过对外贸易处置种子。另一个有趣的地方是，加拿大和美国都从荷兰、德国和比利时等国家进口苜蓿种子，这些国家几乎不种植苜蓿种子。来自意大利或其他国家的苜蓿种子有可能与来自比利时等地的其他类型的饲料和草籽一起运输，以分摊运费。

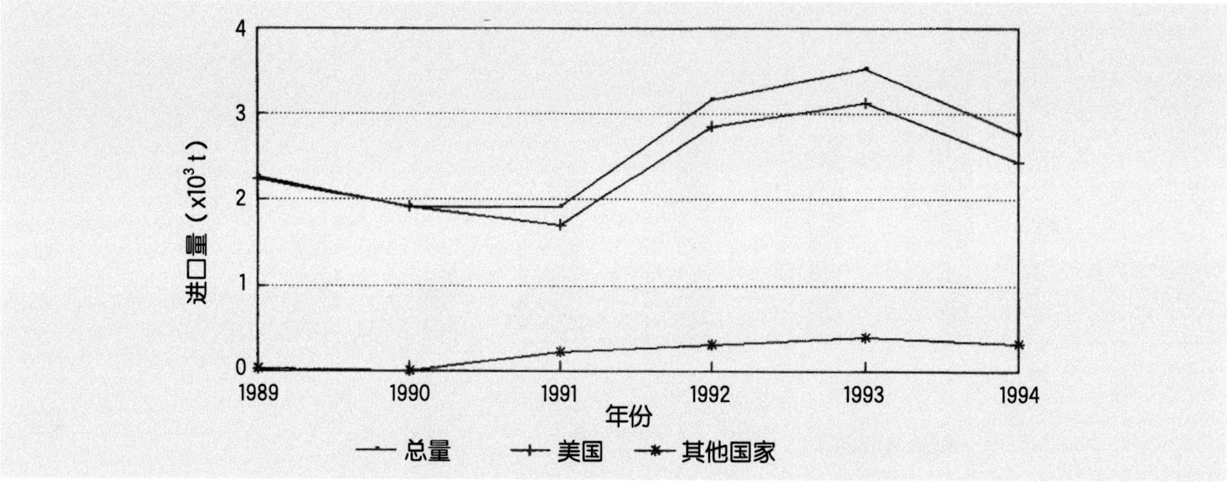

1989—1994 年加拿大按来源进口的苜蓿种子数量

1991 年之前，美国每年的结转库存平均略高于 900 万 kg。1991 年，库存翻了一番；1992 年，几乎又翻了一番。这是 1991 年产量增加的结果。自 1991 年以来，认证种子已占美国的大部分库存。1995 年，库存已降至大约 1 720 万 kg。

四、加拿大和其他国家苜蓿种子的出口

自 1988 年以来，美国一直是加拿大苜蓿种子的主要出口市场。在过去几年里，加拿大对美国的苜蓿种子出口占加拿大苜蓿种子出口总额的 90% 以上，出口到几乎美国边境的每个省份。加拿大种子的第二大出口市场是意大利，其次是德国、瑞典和波兰等其他欧洲国家。加拿大对日本的出口不多，但相当稳定。和美国出口一样，加拿大出口到日本的苜蓿种子主要销往北海道。

自 1991 年以来，法国和意大利的年出口量在 100 万 ~ 260 万 kg。1989—1990 年，由于生产高于正常水平，意大利苜蓿种子出口量有所上升，但此后出口随着生产而下降。根据最新数据，意大利的苜蓿种子出口量低于法国。法国出口的大多是抗黄萎病的佛兰德品种。意大利和法国的出口目的地则无法从现有数据中确定。

五、中国苜蓿种子的进口

中国为苜蓿种子进口国。1992—1999 年，苜蓿种子的进口量相对较少，年平均进口量为 55.12t，到 2002 年进口量达到最高水平，为 6 635.07 t；2008 年紫花苜蓿种子进口量仅为 48.53 t，2012 年实施“振兴奶业苜蓿发展行动计划”后，仍需进口紫花苜蓿种子来满足产业发展需要，2017 年紫花苜蓿种子进口量为 2 600 t；2022 年苜蓿种子进口 1 600 t，同比减少 69%；平均到岸价格 5.22 美元 / kg，同比上涨 39%。中国苜蓿种子主要从美国进口。

第三章 古代苜蓿发展概要

绝域阳关道，胡沙与塞尘。
三春时有雁，万里少行人。
苜蓿随天马，葡萄逐汉臣。
当令外国惧，不敢觅和亲。

——唐·王维《送刘司直赴安西》

第一节　苜蓿的早期发展

一、苜蓿的起源

《史记》曰：“天子既闻大宛及大夏、安息之属皆大国，多奇物，土著，颇与中国同业，而兵弱，贵汉财物；其北有大月氏、康居之属，兵强，可以赂遗设利朝也。且诚得而以义属之，则广地万里，重九译，致殊俗，威德遍于四海。天子欣然，以骞言为然，乃令骞因蜀犍为发间使。”

西汉建元三年（公元前 138 年）著名的探险家张骞奉汉武帝之命出使西域，于公元前 126 年返回长安，并带回苜蓿种子。

张骞出使西域

这段历史最早被司马迁《史记》所记载：“宛左右以蒲陶为酒，富人藏酒至万余石，久者数十岁不败。俗嗜酒，马嗜苜蓿。汉使取其实来，于是天子始种蒲陶、苜蓿肥饶地。及天马多，外国使来众，则离宫别观旁尽种蒲陶、苜蓿极望。”

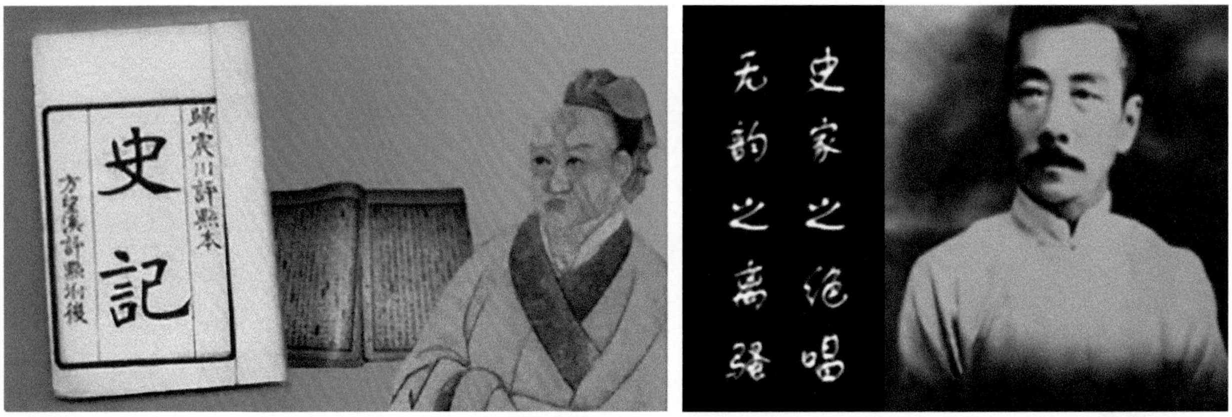

鲁迅对《史记》的评价

二、最早的苜蓿种植地及扩展

苜蓿种子由张骞带回后，就交给了汉武帝，并由汉武帝组织人，在离宫别观试种，开始了我国苜蓿种植先河。如《史记·大宛列传》曰：“汉使取其实来，于是天子始种蒲陶、苜蓿肥饶地。”天子即汉武帝。《资治通鉴》曰：“汉使采其实以来，天子种之。”汉武帝对苜蓿很重视，种植苜蓿的园苑设有专官掌理。

刘彻

张骞

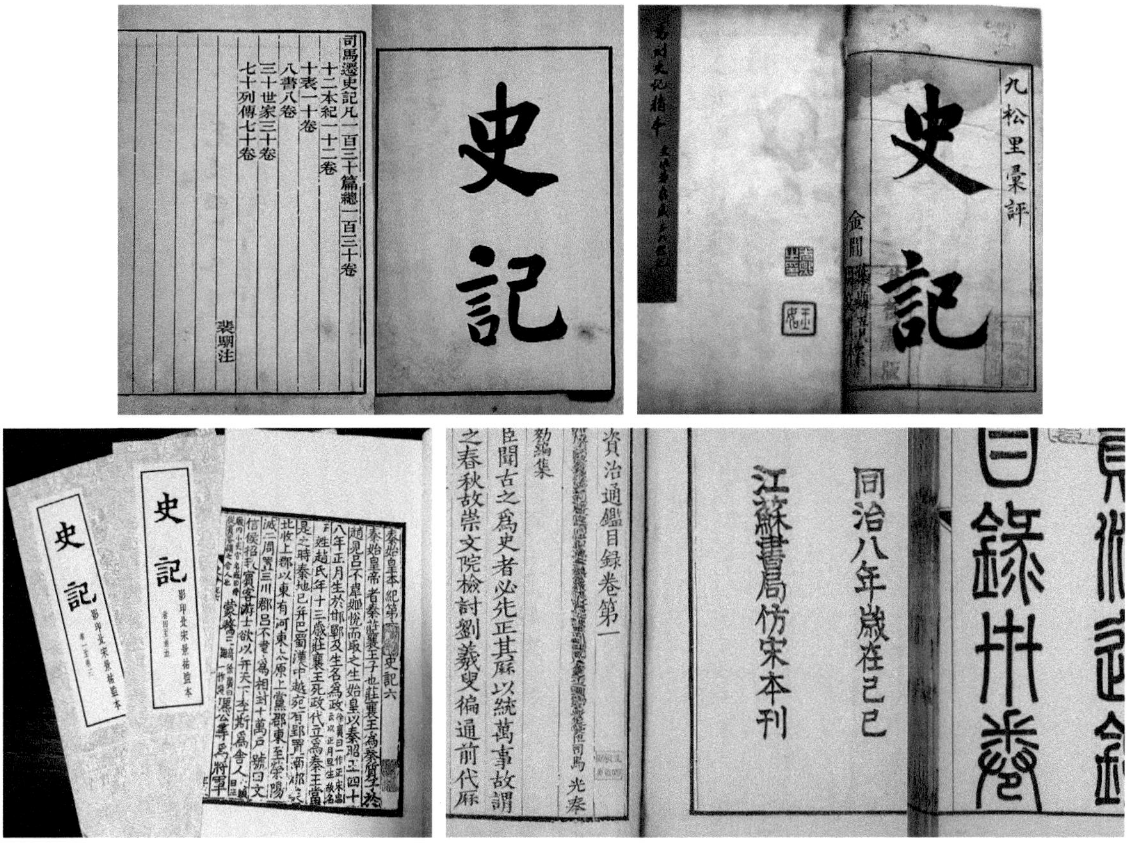

《史记》

《史记》

《资治通鉴》

由此可知，苜蓿最初播种地，应该在当时汉都长安城内或城郊。后来，因大宛汗血马数量逐渐增多，饲养地区日广，对汗血马最爱吃的苜蓿草需求量大增，从而使得苜蓿的播种地区也逐渐扩大到长安附近（离宫别观旁）。汉末，刘歆《西京杂记·乐游苑》：“乐游苑自生玫瑰树，树下多苜蓿。苜蓿一名怀风，时人或谓之光风。风在其间，常萧萧然，日照其花有光彩，故名苜蓿为怀风。茂陵人谓之连枝草。”

汉武帝时，汉使从西域引入苜蓿种，开始在京城宫院内试种，然后在宁夏、甘肃一带推广。颜师古在为《汉书·西域传》作注时也说：“今北道诸州旧安定、北地（两郡毗连，则今宁夏黄河两岸及迤南至甘肃陇东等地）之境，往往有目蓿（苜蓿）者，皆汉时所种也。”

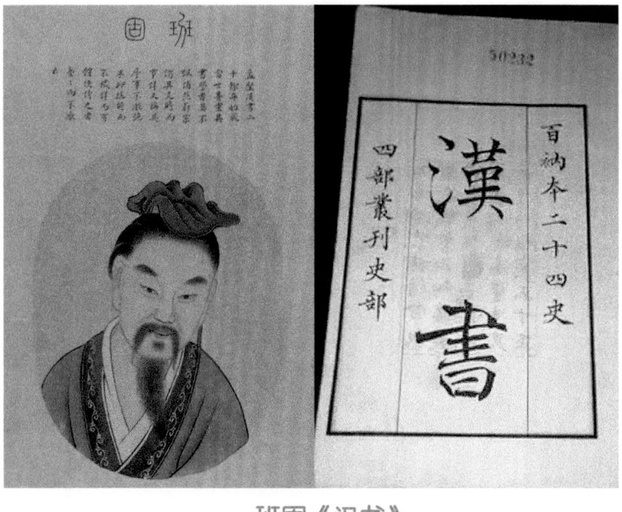

班固《汉书》

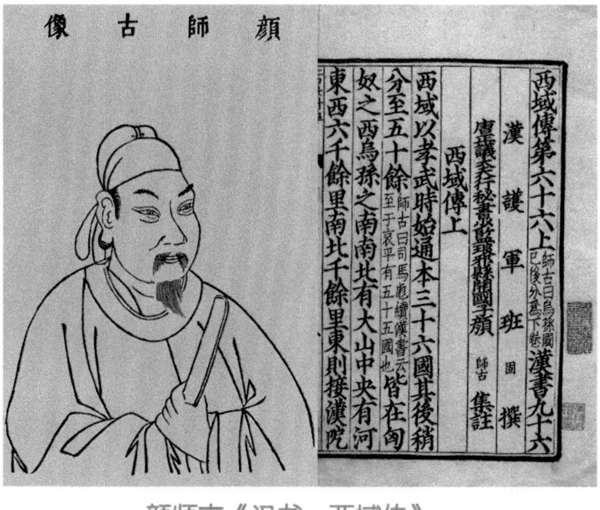

颜师古《汉书·西域传》

北魏贾思勰《齐民要术》所讨论的农业生产范围，主要在黄河中下游，大体包括山西东南部、河北中南部、河南的黄河北岸和山东。《齐民要术·种苜蓿第二十九》所讨论的苜蓿可能就是这个区域的苜蓿种植管理经验。另外，在北魏孝文帝迁都洛阳后，重建洛阳城，并建了名为光风园的皇家菜园。

北魏杨衒之《洛阳伽蓝记》记载“大夏门东北，今为光风园（即苜蓿园），苜蓿生焉。”在皇家华林园中也建有蔬圃，种植各种时令蔬菜，其中就有苜蓿。另据《述异记》记载：“张骞苜蓿园，今在洛中，苜蓿本胡中菜也，张骞始于西戎得之。”明代《群芳谱》记述苜蓿种植情况曰：“张骞自大宛带种归，今处处有之。……三晋为盛，秦、鲁次之，燕、赵又次之，江南人不识也。”

此外，内蒙古厚和市（今呼和浩特市）及其附近地区所种的土耳其斯坦的紫苜蓿，则可能由商旅从中亚细亚传入。

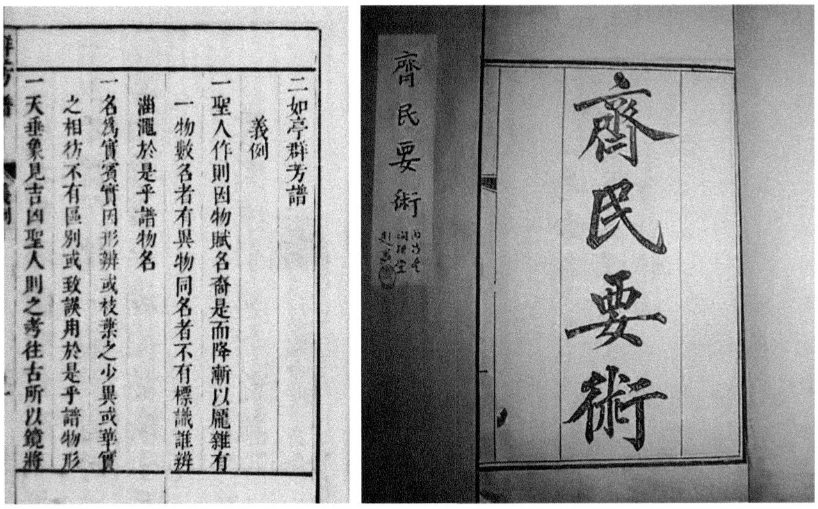

《齐民要术》

三、苜蓿的种植及其分布

◆ 引种苜蓿

西汉的京都在陕西长安，苜蓿种在“离宫别观旁”，种植在皇帝的身边，当不会过远；同时为供应天子厩马和外来使者马食用的青苜蓿，苜蓿种植面积也不可能太小。这个特点到唐朝也没有改变。汉、唐时苜蓿为天子所重视，而且是供应外来使的一项物资，所以接近京都的关中群众，首先学会苜蓿种植技术是很自然的，大量推广也是自然的事，据《汉书·西域传》颜师古注云：“今北道诸州，旧安定北地之境，往往有苜蓿者，皆汉时所种焉。”

《汉书》

◆ 苜蓿种植分布

陕西 西汉的京都在长安，苜蓿种在“离宫别馆旁”，当在渭河附近的咸阳、临潼、栎阳一带，要供应天子的很多马和外国使者的马吃草，苜蓿不可能种得过远和过少，势必比较集中。后苜蓿传至民间，乃至遍于关中，进而在宁夏、甘肃一带推广。

甘宁青 天子的离宫馆都在长安以外，包括甘肃诸郡，苜蓿从西域传入汉，河西走廊是第一站，凉州尤其是河西地区都有苜蓿种植。汉代凉州辖境相当于今甘肃、宁夏、青海湟水流域，陕西定边、吴旗、凤县、略阳和内蒙古额济纳旗一带。这也说明在两汉时期，甘肃、宁夏及青海省东部农业区及内蒙古西部就已广泛种植苜蓿了。

新疆 在两汉魏晋南北朝时期楼兰、尼雅（精绝国）、于阗国、鄯善国、吐鲁番（高昌）等西域地区均有苜蓿分布。

黄河中下游 《齐民要术》所讨论的农业生产范围，主要在黄河中下游，大体包括山西东南部、河北中南部、河南的黄河北岸和山东。《齐民要术·种苜蓿第二十九》所讨论的苜蓿，可能就是这个区域的苜蓿种植管理经验。

川濑勇（1941）在《实验牧草讲义》中也指出：“张骞出使西域，从大宛引进紫花苜蓿和汗血马，之后从长安附近到黄河下游都有广泛种植。”

郭沫若（1979）在《中国史稿》中指出：“西域各族的经济文化对中原地也同样地发生了影响。……饲喂牲口的好饲料苜蓿，在汉通西域之后，逐渐在内地栽培起来。”

郭沫若与《中国史稿》

四、早期的苜蓿管理

◆ 上林署

《汉官旧仪》云：“天子六厩，未央厩、承华厩、厩骑马厩、大厩，马皆万匹。”上林苑等皇家御苑豢养“苑马”多达“三十万匹”。为养马，苑中广植苜蓿。

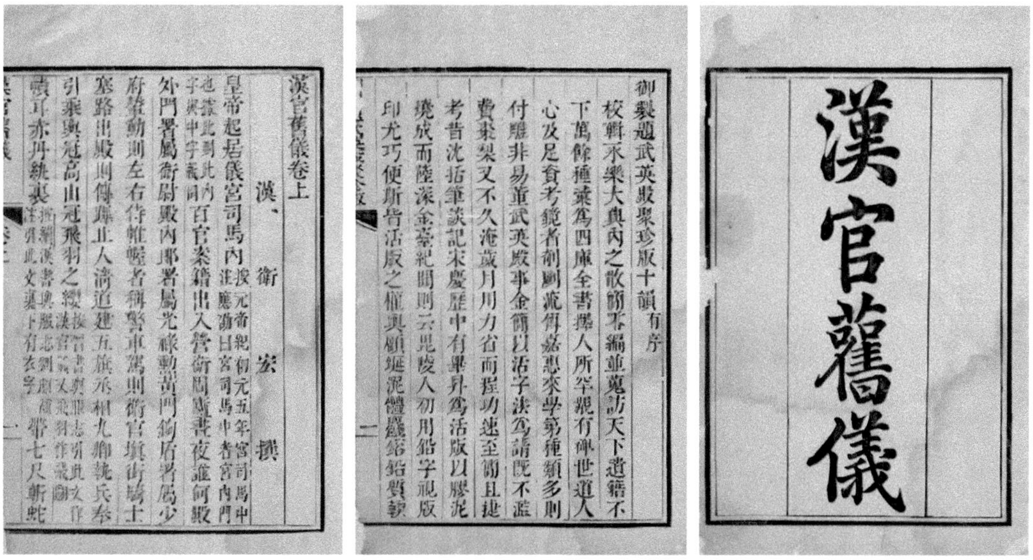
漢官舊儀卷上

漢 衛宏 撰

皇帝起居儀宮司馬內（按元帝紀初元五年宮司馬中注應劭曰宮司馬中者宮內門也蓋此引此內字與中字義同）百官案籍出入營衛周廬晝夜誰何殿外門署屬衛尉殿內郎署屬光祿勳黃門鉤盾署屬少府輦動則左右侍帷幄者稱警車駕則衛官填街騎士塞路出殿則傳蹕止人清道建五旗丞相九卿執兵奉引乘輿冠高山冠飛羽之纓幘耳赤丹紈裏帶七尺斬蛇

御製題武英殿聚珍版十韻有序

校輯永樂大典內之散簡零編並蒐訪天下遺籍不下萬餘種彙為四庫全書擇人所罕覯有裨世道人心及足資考鏡者剞劂流傳嘉惠來學第種類多則付雕非易董武英殿事金簡以活字法為請既不濫費棗梨又不久淹歲月用力省而程功速至簡且捷考昔沈括筆談記宋慶歷中有畢昇為活版以膠泥燒成而陸深金臺紀聞則云毘陵人初用鉛字視版印尤巧便斯皆活版之權輿顧埏泥體麤鎔鉛質軟

漢官舊儀

《汉官旧仪》

◆ **苜蓿苑**

《后汉书·百官志》记载：“苜蓿宛宫四所，一人守之。”孙星衍的《汉官六种》中记载：“长乐厩，员吏十五人，卒驺二十人，苜蓿苑官田所一人守之。”

《孙星衍研究》

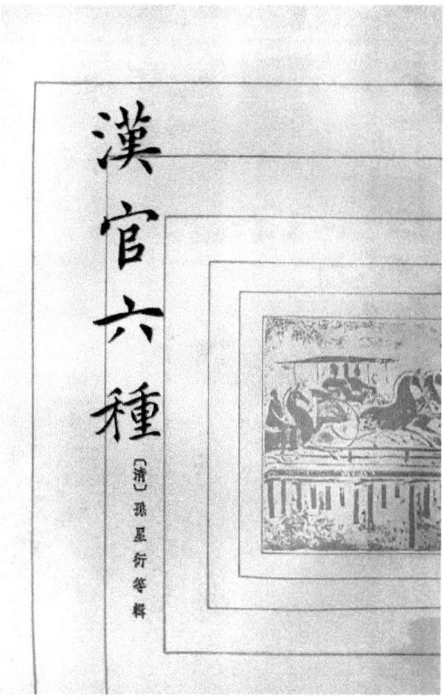

《汉官六种》

五、苜蓿栽培与利用

饲用性　自汉武帝时苜蓿传入我国，当时主要作为马的饲草进行种植。西汉武帝时，国有马匹多达 40 万匹，如此庞大的马匹饲养量，需要大量的优质饲草。所以各郡县太仆属官除厩、苑令丞外专设农官，经营农业，以供饲料。苜蓿引进我国主要用于喂马的，而且设有专人管理，如南宋时期范晔《后汉书·百官志二》太仆属官“长乐厩丞”下。刘昭注引《汉官》：“员吏十五人，卒驺二十人；苜蓿苑官田所，一人守之。”

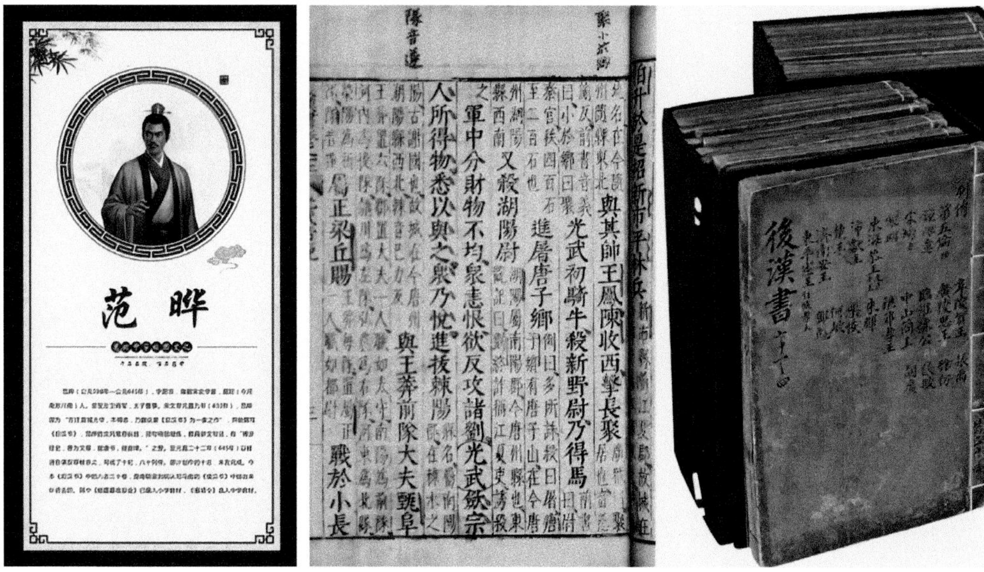

范晔与《后汉书》

食用性　崔寔在《四民月令》提到的二十来种蔬菜有瓜、瓠、葵、冬葵、苜蓿、芥、芜菁、芋、生姜、葱、青葱、大蒜、韭葱、蓼、苏等。到了魏晋南北朝时期，仅《齐民要术》一书中明确记载有栽培方法的北方蔬菜即达30余种，其中苜蓿也被列入蔬菜类。贾思勰指出，“春初既中生，啖为羹，甚香……都邑负郭，所宜种之。”《述异记》说：“骞园在洛中。苜蓿本胡菜，始于西域得之。”

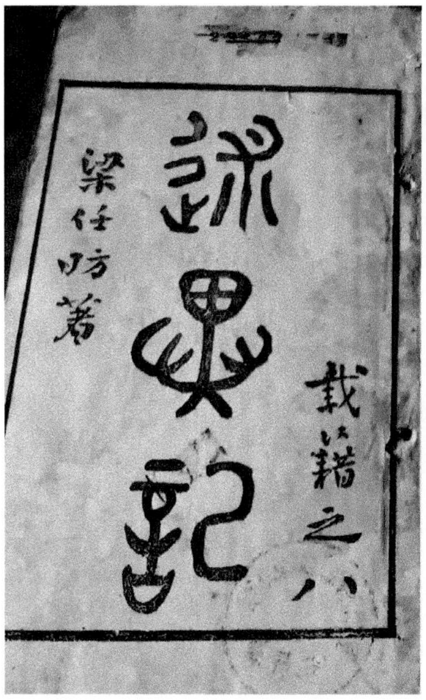

《述异记》

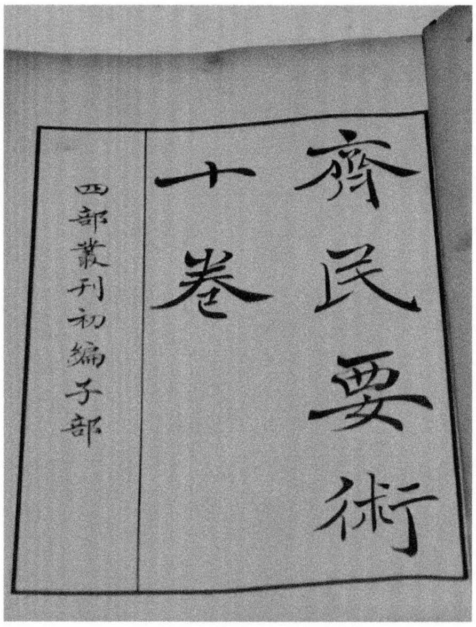

《齐民要术》

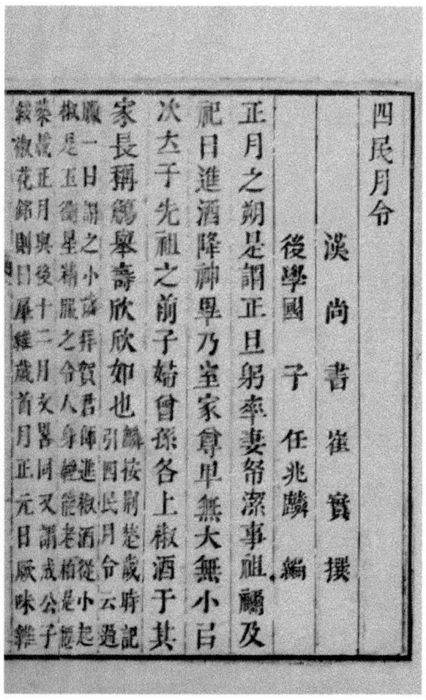

《四民月令》

本草性　梁代陶弘景的《本草经集注》对苜蓿有这样的记述：“苜蓿味苦，平，无毒。主安中，利人，可久食。长安中乃有苜蓿园，北人甚重此，江南人不甚食之，以无气味故也。外国复别有苜蓿草，以治目，非此类也。”

陶弘景与《本草经集注》

观赏性　《西京杂记·乐游苑》中记载："乐游苑，自生玫瑰树，树下多苜蓿。苜蓿一名怀风，时人或谓之光风。风在其间，常萧萧然，日照其有光彩，故名苜蓿为怀风，茂陵人谓之连枝草。"古代把不同根的草木枝干连生在一起称作连理，视为吉祥的征兆。茂陵人将苜蓿称作"连枝草"，可能也含有这样的意义。

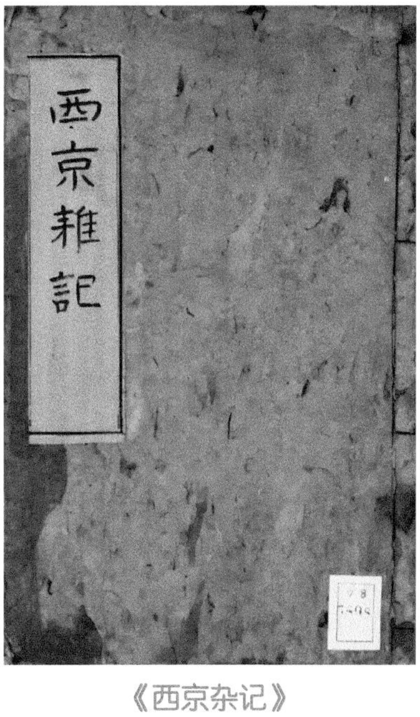

《西京杂记》

商品性　早在汉代苜蓿就已成为商品进行买卖交易了。据《敦煌汉简》记述，王莽时期物价上涨后，每苜蓿束 3 泉（钱），主人担心买来的苜蓿不够喂牛，于是主人又准备了一石麦（类）作为牛的饲料。

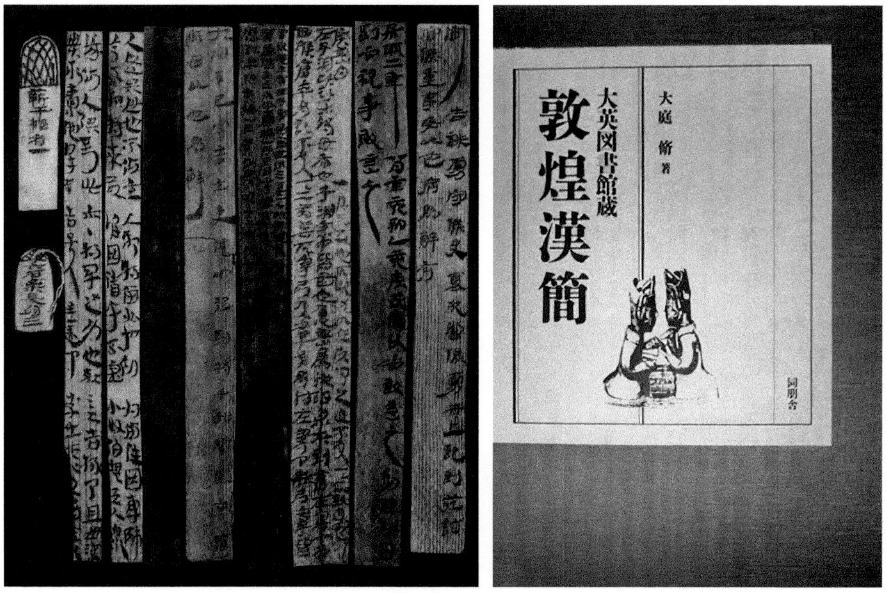

《敦煌汉简》

第二节　苜蓿的全面发展

一、国家养马业

清初王夫之曾指出，“汉唐之所以能张者，皆唯畜牧之盛也”。唐代畜牧业十分发达，其中尤以马政最为重要和突出。唐代的官马数量比较多且相对集中，主要集中于陇右、关内、河东之地，但又以陇右道最为集中。唐代选派了“生长北方，贯历牧事”的太仆，在泾、渭河流域种植苜蓿、茼蒿、麦子等做饲草饲料发展牧业，由于“顺天因地，马畜滋繁”，最多达到76 000多匹，唐玄宗初年陇右牧场官养马、牛、驼、羊也有60多万头。

王夫之

唐代张说的《大唐开元十三年陇右监牧颂德碑》曰：“肇自贞观，成于麟德四十年间，马至七十万六千匹，置八使以董之，设四十八监以掌之。跨陇西、金城、平凉、天水四郡之地，幅员千里，犹为隘狭，更析八监，布于河曲丰旷之野，乃能容之。”

张说

欧阳修的《论监牧》曰："唐世牧地，皆马性所宜。西起陇右、金城、平凉、天水，外暨河曲之野，内则岐、豳、邠、宁、泾，东接银夏，又东至于楼烦，皆唐养马之地也。"

欧阳修画像

明代赵时春《马政论》曰："马援之边郡，田牧数年，得畜产数万，唐人养马于泾渭近及同华，置八坊其地止千二百三十顷树苜蓿、茼、麦，用牧。"

赵时春与《赵时春文集校笺》

二、苜蓿种植区域的扩展

◆ 陇右、关内、河东三道苜蓿种植概况

《新唐书·兵志》记载："自贞观至麟德四十年间，马七十万六千，置八坊岐、豳、泾、宁间，地广千里：一曰保乐，二曰甘露，三曰南普闰，四曰北普闰，五曰岐阳，六曰太平，七曰宜禄，八曰安定。八坊之田，千二百三十顷，募民耕之，以给刍秣。八坊之马为四十八监，而马多地狭不能容，又析八监列布河曲丰旷之野。凡马五千为上监，三千为中监，余为下监。监皆有左、右，因地为之名。方其时，天下以一缣易一马。万岁掌马久，恩信行于陇右。"

张说《大唐开元十三年陇右监牧颂德碑》记载："莳茼麦、苜蓿一千九百顷，以茭蓄御冬。"

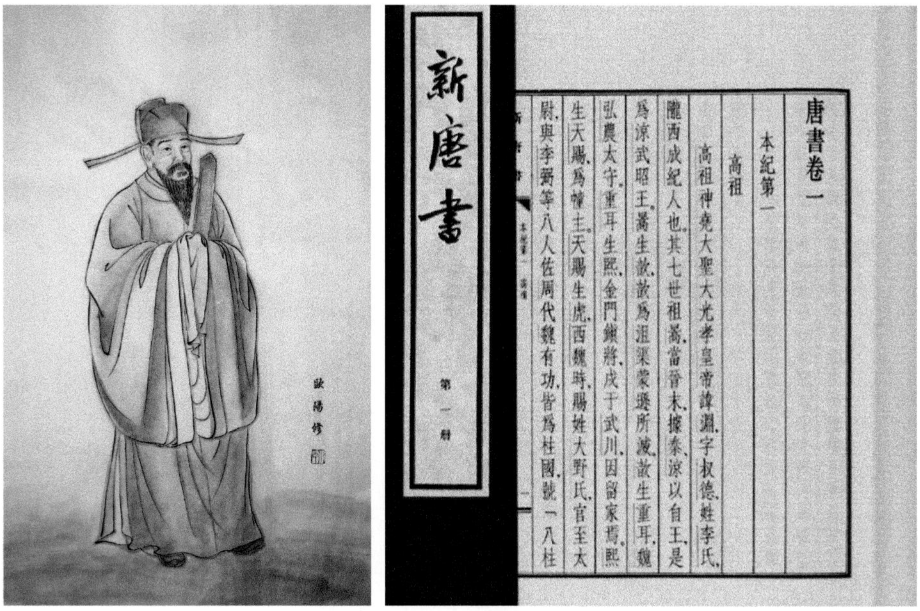

欧阳修与《新唐书》

寓 目

唐·杜甫

一县蒲陶熟，秋山苜蓿多。
关云常带雨，塞水不成河。
羌女轻烽燧，胡儿制骆驼。
自伤迟暮眼，丧乱饱经过。

杜甫

◆ **伊州苜蓿**

黄文弼《吐鲁番考古记》中有《伊吾军屯田残籍》，记载“苜蓿烽地五亩近屯”。据《旧唐书·地理志》记载：“伊吾军，在伊州西北三百里甘露川，管兵三千人，马三百匹。”

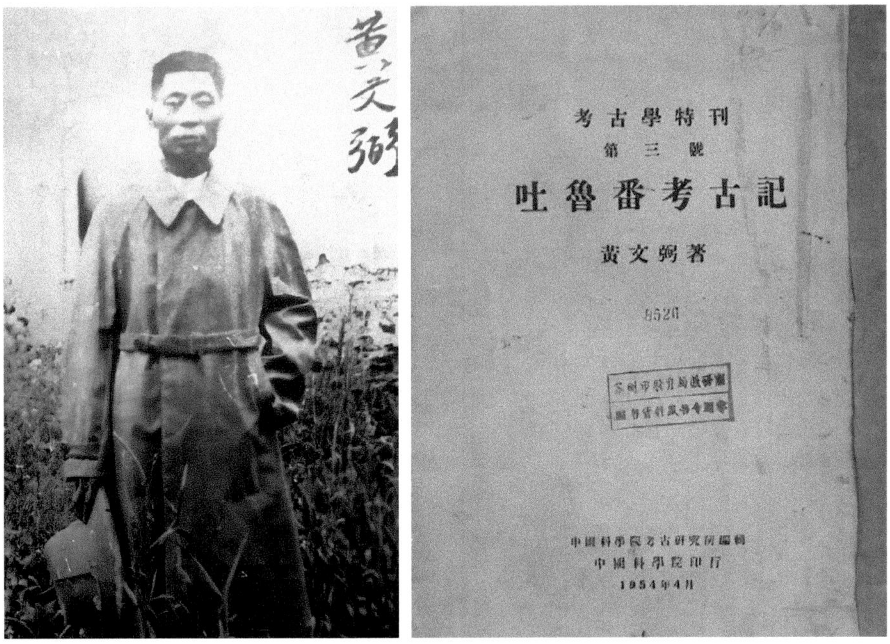

黄文弼与《吐鲁番考古记》

◆ **西州（交河）苜蓿**

《唐天宝二年（743 年）交河郡市估案》记载：“苜蓿春茭壹束，上直钱陆文，次伍文，下肆文。”

◆ **安西（龟兹）苜蓿**

《安西（龟兹）职田文书》记载：“六人锄苜蓿”。唐代欧阳询的《艺文类聚》中记载：“龟兹苜蓿示广地。”

◆ **毗沙（于阗）苜蓿**

《唐于阗诸馆人马给粮历》记载：“必底列克乌塔哈”意为“有苜蓿的驿站”。

◆ **渭河与黄河下游流域苜蓿**

唐韩鄂《四时纂要》介绍了渭河及黄河下游流域民间的苜蓿种植管理技术。

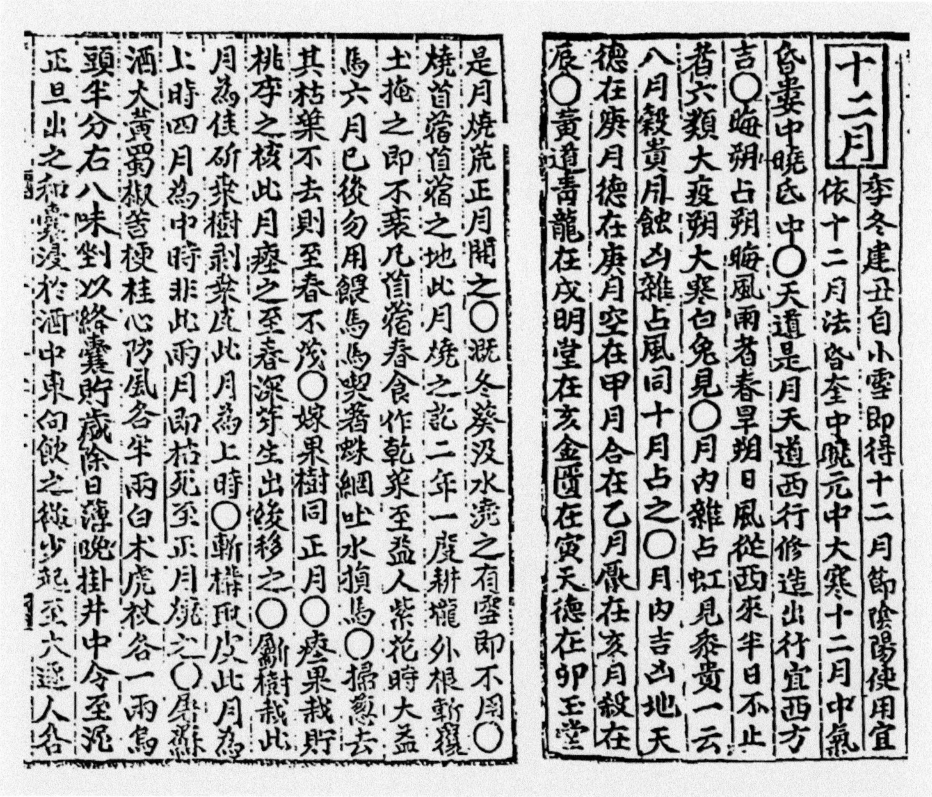

十二月
季冬建丑自小雪即得十二月節陰陽使用宜
依十二月法昏奎中曉元中大寒十二月中氣
昏婁中曉氐中〇天道是月天道西行修造出行宜西方
吉〇晦朔占朔晦風雨者春旱朔日風從西來半日不止
者六類大疫朔大寒白兔見〇月內雜占虹見豕貴一云
八月穀貴月蝕凶雜占風同十月占之〇月內吉凶地天
德在庚月德在庚月空在甲月合在乙月厭在亥月殺在
辰〇黃道青龍在戌明堂在亥金匱在寅天德在卯玉堂

是月燒荒正月開之〇漉冬葵汲水澆之有蛩即不用〇
燒苜蓿苜蓿之地此月燒之訖二年一度耕壠外根斬覆
土掩之即不衰凡苜蓿春食作乾菜至益人紫花時大益
馬六月已後勿用餵馬馬喫著蛛網吐水損馬〇掃蔥去
其枯葉不去則至春不茂〇嫁果樹同正月〇瘞果栽貯
桃李之核此月瘞之至春深芽生出後移之〇劚樹栽此
月為佳斫桑樹剝桑皮此月為上時〇斬構取皮此月為
上時四月為中時非此兩月即枯死至正月燒之〇屠蘇
酒大黃蜀椒苦梗桂心防風各半兩白朮虎杖各一兩烏
頭半分右八味剉以絳囊貯歲除日薄晚掛井中令至泥
正旦出之和囊浸於酒中東向飲之從少起至大逐人各

《四时纂要》

唐代苏敬的《新修本草》中记载："苜蓿，……长安中乃有苜蓿园。"唐李商隐《茂陵》曰："汉家天马出蒲梢，苜蓿榴花遍近郊。"唐薛用弱《集异记》记载："唐连州刺史刘禹锡，贞元中，寓居荥泽（注：在今郑州西北古荥镇北）。……亭东紫花苜蓿数亩。"这也说明唐郑州一带有苜蓿种植。

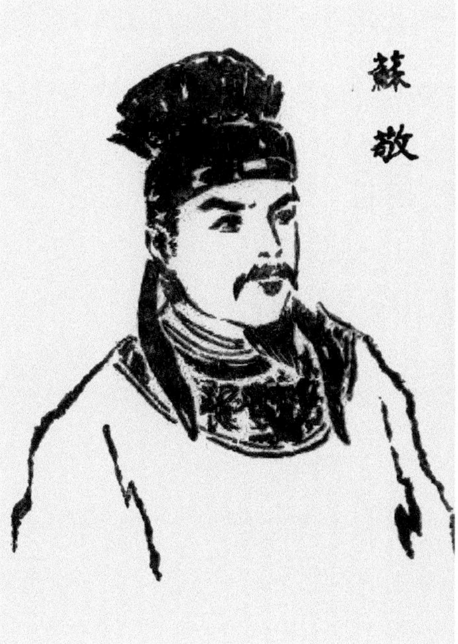

苏敬与《新修本草》

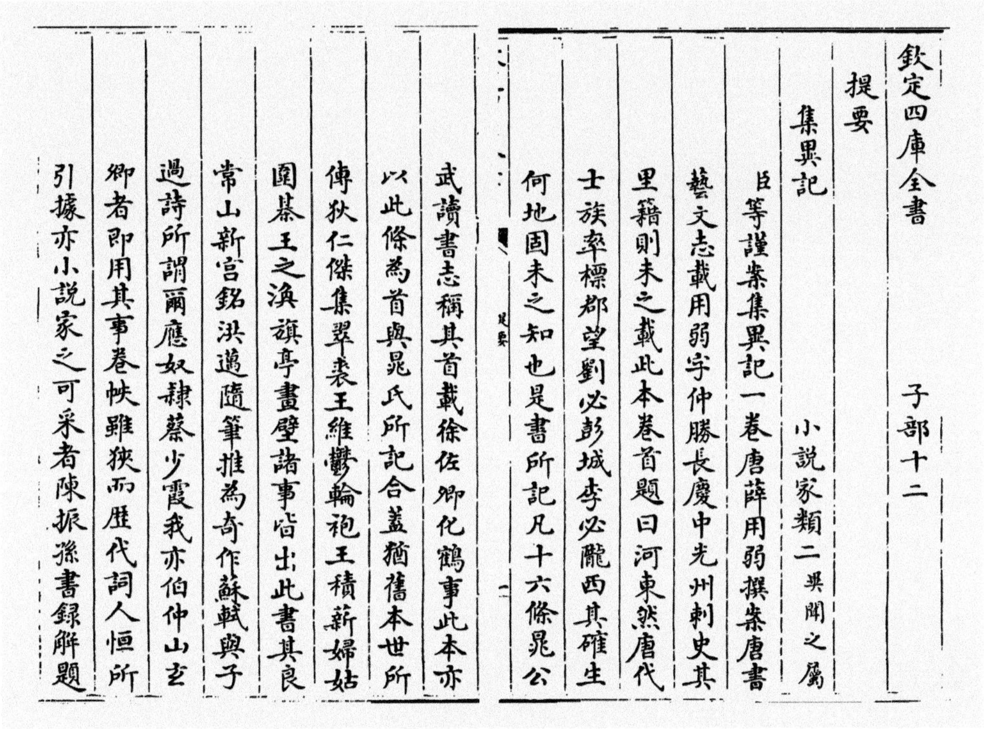
欽定四庫全書　子部十二

提要

集異記　小説家類二　異聞之屬

臣等謹案集異記一卷唐薛用弱撰案唐書藝文志載用弱字仲勝長慶中光州刺史其里籍則未之載此本卷首題曰河東然唐代士族率標郡望劉必彭城李必隴西其確生何地固未之知也是書所記凡十六條晁公武讀書志稱其首載徐佐卿化鶴事此本亦以此條為首與晁氏所記合蓋猶舊本世所傳狄仁傑集翠裘王維鬱輪袍王積薪婦姑圍棊王之渙旗亭畫壁諸事皆出此書其良常山新宮銘洪邁隨筆推為奇作蘇軾與子過詩所謂爾應奴隸蔡少霞我亦伯仲山玄卿者即用其事卷帙雖狹而歷代詞人恒所引據亦小説家之可采者陳振孫書録解題

《钦定四库全书》

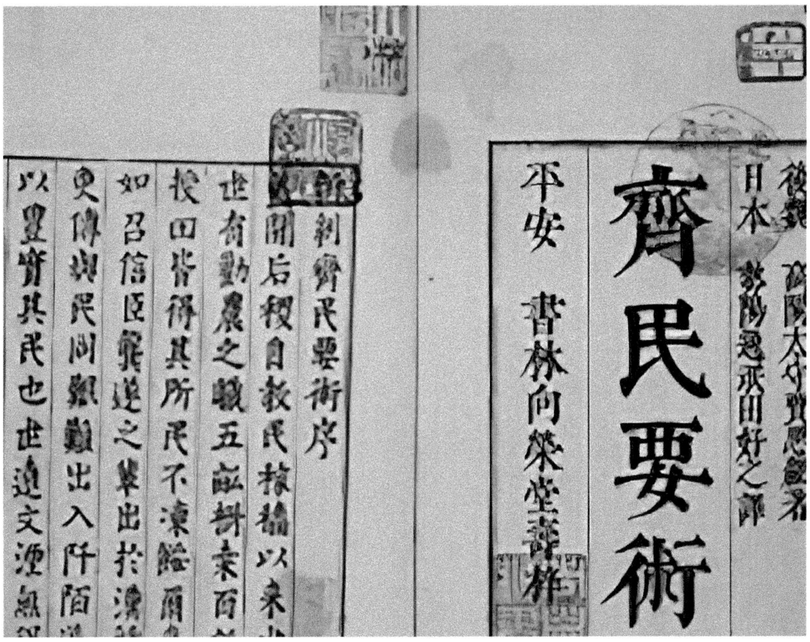
齊民要術

平安　書林向榮堂

齊民要術序

《集异记》

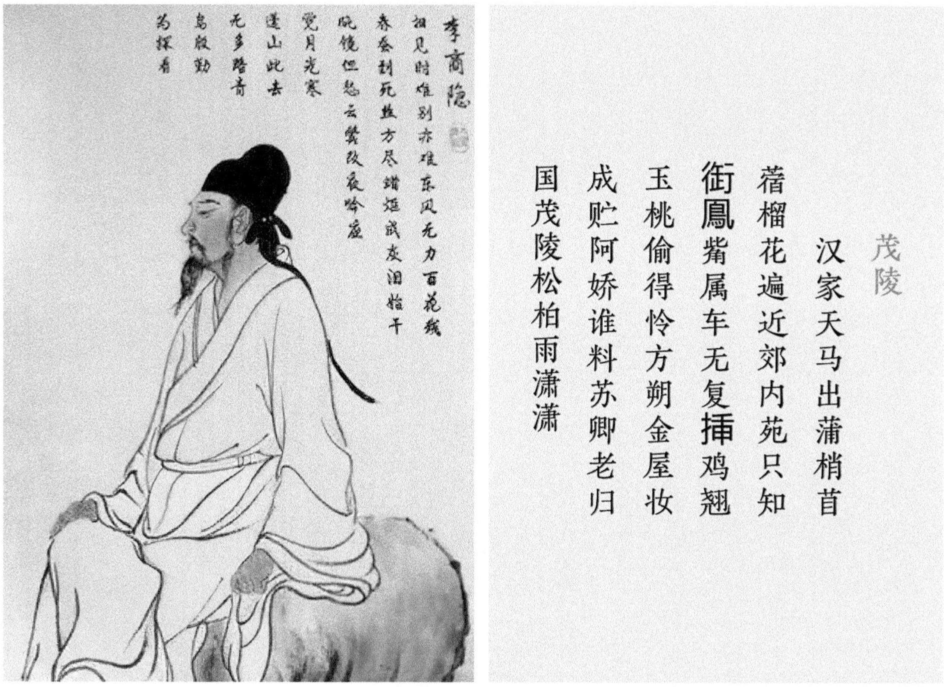
李商隐
茂陵
汉家天马出蒲梢首
蓿榴花遍近郊内苑只知
衔鳳觜属车无复插鸡翘
玉桃偷得怜方朔金屋妆
成贮阿娇谁料苏卿老归
国茂陵松柏雨潇潇

李商隐与《茂陵》诗

三、国家推动苜蓿发展

◆ 建立苜蓿基地

常言道："青干草，冬天宝"。《新唐书·兵志》记载，贞观至麟德年间（627—665 年），官牧陇右牧场"八坊之田，千二百三十顷，募民耕之，以刍秣"。这是在八坊的地域内，划出 1 230 顷作为田地，募民耕种，以其收获物专供作饲料用。据《陇右监牧颂德碑》记载："时在陇右牧区，莳蔄麦、苜蓿一千九百顷，以茭蓄御冬"。苜蓿基地的建立，保障了苜蓿的充足供给，为马业的兴盛提供了物质基础。

◆ 驿田苜蓿

《新唐书》记载："贞观中，初税草以给诸闲，而驿马有牧田。"唐杜佑《通典》记载："诸驿封田皆随近给，每马一匹给地四十亩。若驿侧有牧田之处，匹各减五亩。其传送马，每匹给田二十亩。"据《陇右群牧颂德碑》载"凡驿马，给地四顷，莳以苜蓿"。《唐书百官志》曰："唐制，凡驿马给地四顷莳以苜蓿，凡三十里有驿。"

《新唐书》曰："凡给马者，一品八匹，二品六匹，三品五匹，四品、五品四匹，六品三匹，七品以下二匹；给传乘者，一品十马，二品九马，三品八马，四品、五品四马，六品、七品二马，八品、九品一马；三品以上敕召者给四马，五品三马，六品以上有差。凡驿马，给地四顷，莳以苜蓿。"

《新唐书》又曰："凡驿马，给地四顷，莳以苜蓿。凡三十里有驿，驿有长，举天下四方之所达，为驿千六百三十九。"

据《册府元龟》记载，唐朝上等的驿，拥田达 2 400 亩，下等驿也有 720 亩的田地。这些驿田，用来种植苜蓿，解决马饲料问题，其他收获，也用作驿站的日常开支。

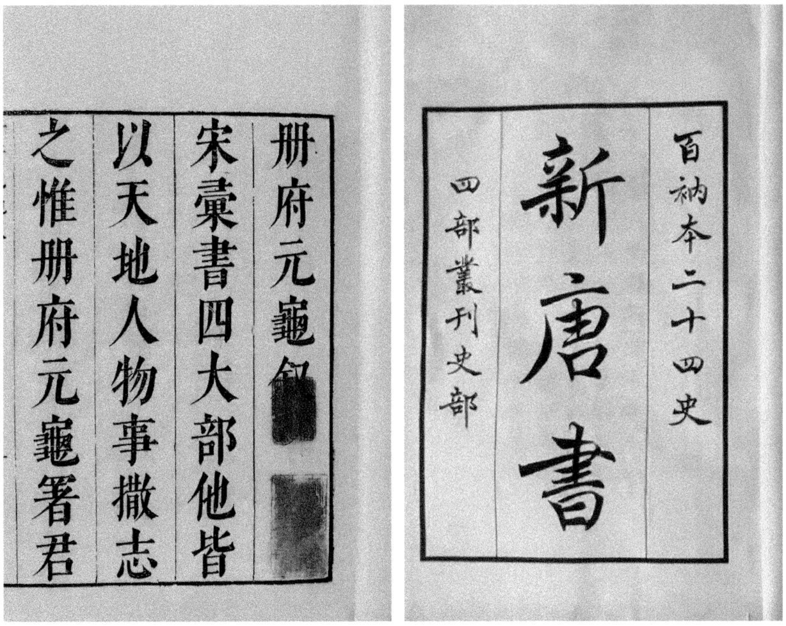

《新唐书》

四、政府对苜蓿的管理

◆ 苜蓿部丞

隋朝司农寺下设钩盾署又设有六部，其中就有专设的“苜蓿部丞”，据《隋书》记载：司农寺，掌仓市薪菜，园池果实。统平准、太仓、钩盾、典农、导官、梁州水次仓、石济水次仓、藉田等署令、丞。而钩盾又别领大囿、上林、游猎、柴草、池薮、苜蓿等六部丞。

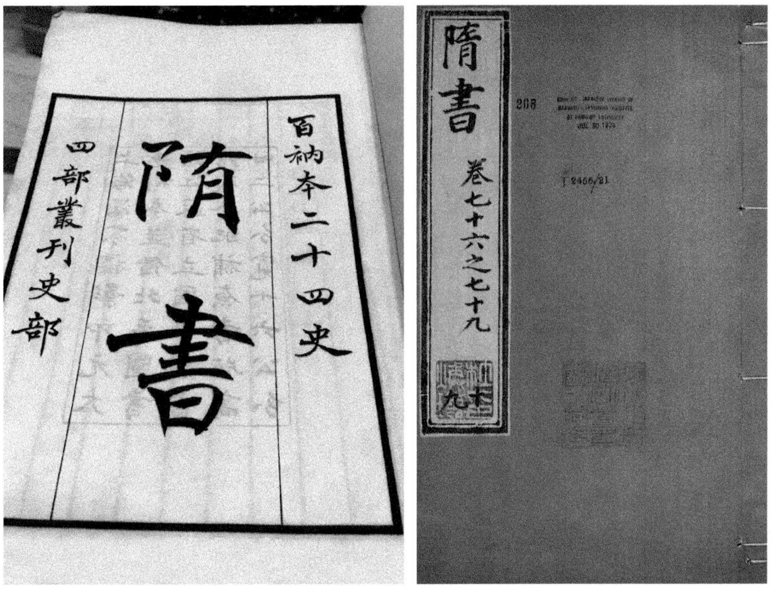

《隋书》

◆ 苜蓿丁

《唐会要》记载：“开成四年正月，闲厩宫苑使柳正元奏。……郢州旧因御马，配给苜蓿丁三十人，每人每月纳资钱二贯文。……郢州每年送苜蓿丁资钱，并请全放。”唐代有苜蓿丁，掌种苜蓿，以饲马等。

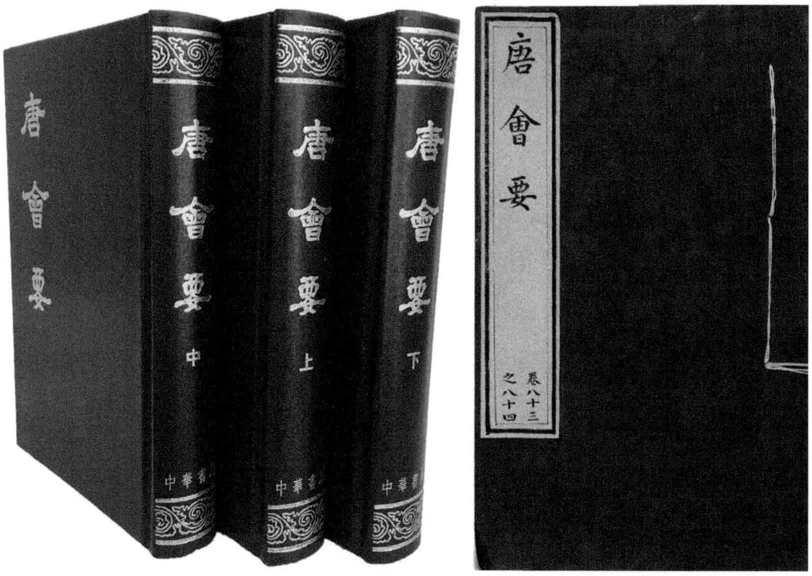

《唐会要》

据《新唐书》可知，掌管驿传、厩牧马牛杂畜事务的驾部，会根据驿马的数量，配给栽植苜蓿的土地，唐玄宗时任监牧史的毛仲，曾为监管的四十三万马匹移植苘麦、苜蓿千九百顷以御冬，并因为牧事上的特殊才干，被唐玄宗称赞，从中足见唐代种植苜蓿的广度。

驾部郎中、员外郎各一人，掌舆辇、车乘、传驿、厩牧马牛杂畜之籍。凡给马者，一品八匹……凡驿马，给地四顷，莳以苜蓿。王为皇太子，以（王）毛仲知东宫马驼鹰狗等坊……初监马二十四万，后乃至四十三万，牛羊皆数倍。莳苘麦、苜蓿千九百顷以御冬。

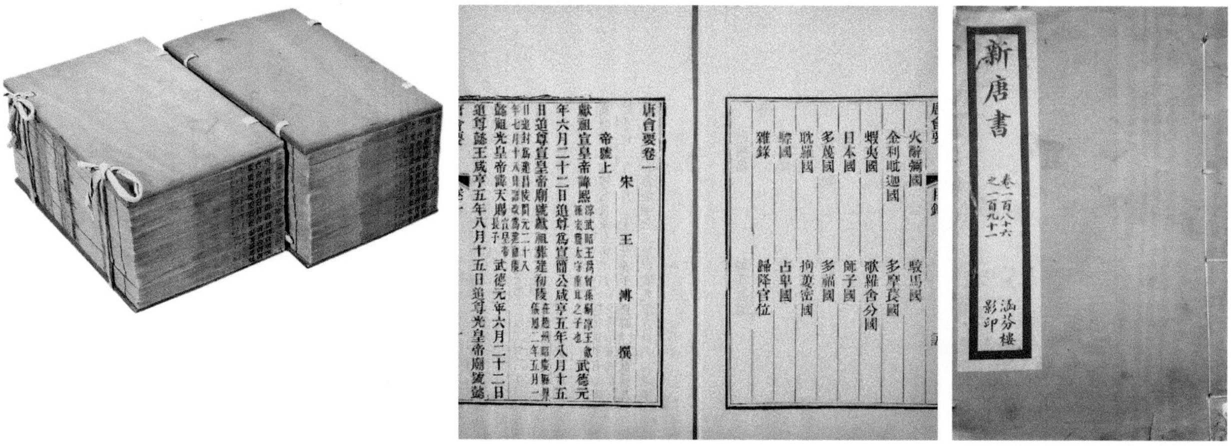

《新唐书》

◆ **边防屯田作物**

《唐六典》在说明屯田郎中的职责时，叙及屯分田役力的各自程数，从中可知当时屯田的作物种类。

屯田郎中、员外郎掌天下屯田之政令。凡军、州边防镇守转运不给，则设屯田以益军储。其水陆腴瘠，播植地宜，功庸烦省，收率等级，咸取决焉。诸屯分田役力，各有程数。（凡营稻一顷，料单功九百四十八日；禾，二百八十三日……苜蓿，二百二十八日。）

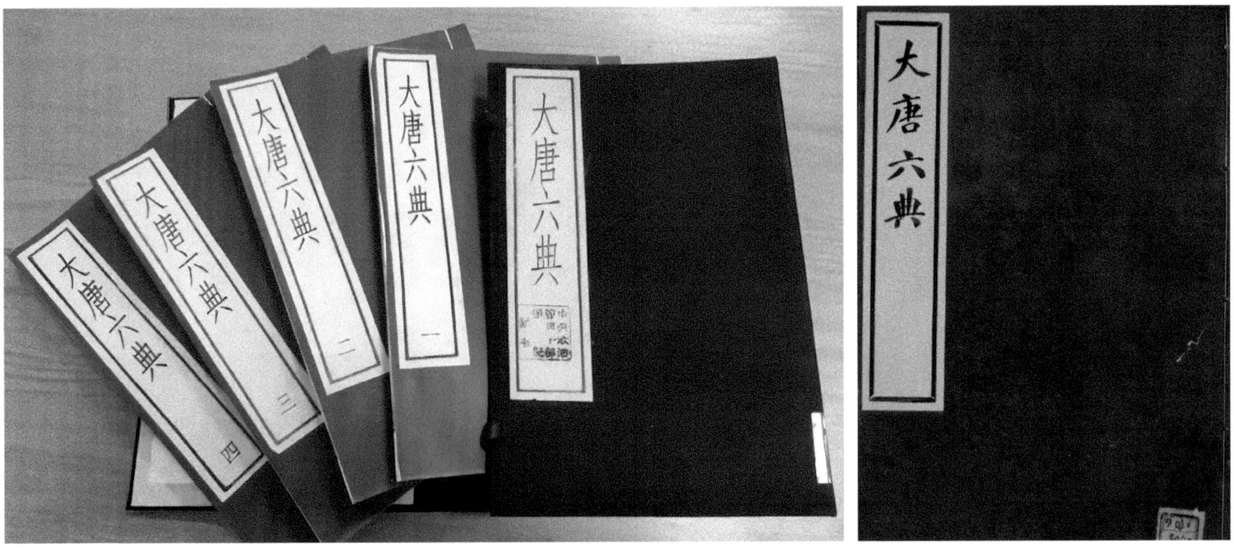

《大唐六典》

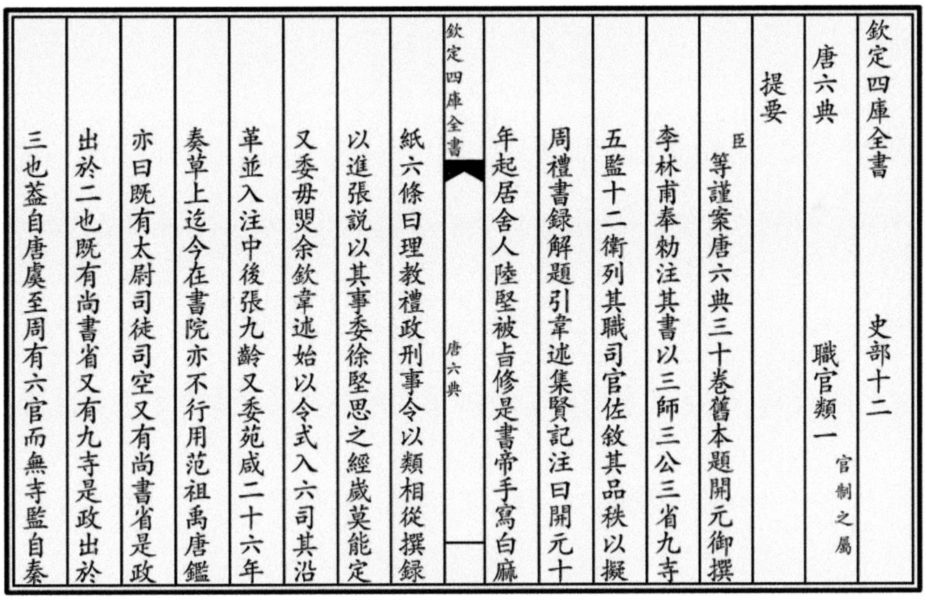

欽定四庫全書　史部十二
唐六典　職官類一　官制之屬
提要
臣等謹案唐六典三十卷舊本題開元御撰
李林甫奉勅注其書以三師三公三省九寺
五監十二衛列其職司官佐敘其品秩以擬
周禮書録解題引韋述集賢記注曰開元十
年起居舍人陸堅被旨修是書帝手寫白麻
欽定四庫全書　唐六典
紙六條曰理教禮政刑事令以類相從撰録
以進張說以其事委徐堅思之經歲莫能定
又委毋煚余欽韋述始以令式入六司其沿
革並入注中後張九齡又委苑咸二十六年
奏草上迄今在書院亦不行用范祖禹唐鑑
亦曰既有太尉司徒司空又有尚書省是政
出於二也既有尚書省又有九寺是政出於
三也盖自唐虞至周有六官而無寺監自秦

《唐六典》

◆ **税草**

《新唐书·食货志》云：“贞观中，初税草以给诸闲，而驿马有牧田。”《文苑英华》云：“株马所资，唯草是用，征科百里，输纳六闲。《新唐书·兵制》记载：“八坊之田，千二百三十顷，募民耕之，以给刍秣”。时在陇右牧区“时莳麦，苜蓿一千九百顷，以茭蓄御冬”。由此可见，苜蓿是唐代最普遍的牧草，征税是必然的。

唐代馆驿的建设及其日常运转开支十分庞大，唐王朝主要采用三个财政渠道来解决其经费来源。第一个渠道是给馆驿分驿田。唐初人少地多，实行土地国有化的均田制，政府按每匹骑乘的驿马给田 40 亩，每匹拉车的传马给田 20 亩的标准进行分配，但一般一个驿站配田总数以不超过 400 亩为限。

驿田除了种苜蓿等饲草以外，主要是租给农民耕种，每亩收取“税粟三斗，草三束，脚钱一百二十文”。

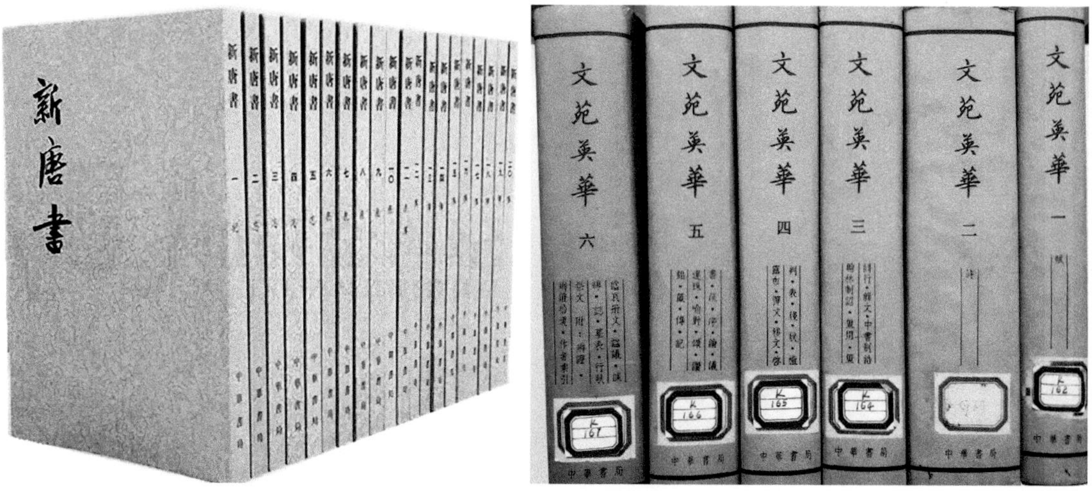

《新唐书》《文苑英华》

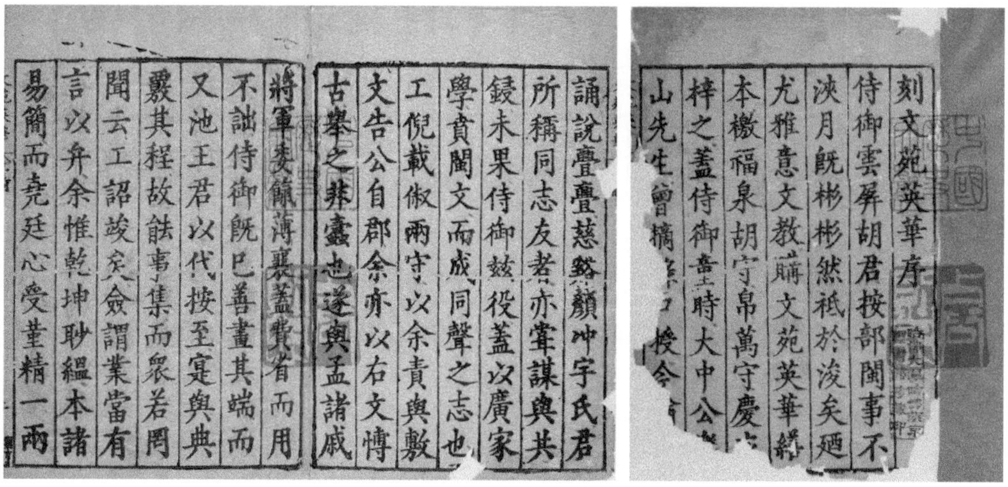

《文苑英华》序

第三节　苜蓿的持续发展

一、宋元时期的畜牧业发展

宋政府在华北、中原等地开设牧场，并尽可能利用陕甘地区宜牧之地，同州沙苑（今陕西大荔县西南）即北宋朝廷十四牧监之一，沙苑牧监沙苑养马最多，并长期存留。徽宗时，继续实行“给地牧马”制，并恢复牧监，国家养马取得一定成效，沙苑监牧田一度达到九千余顷，据《宋史 · 马志》记载，当时“诸监兴罢不一，而沙苑监独不废”。《宋史 · 兵志》记载了境外州的 14 处牧监。北宋时，陕西沙苑牧监或秦州牧监养马效果相对较好，大概因为沙苑一带的自然条件适宜饲养牲畜，水草丰美，为传统畜牧地区，同时农业经营比较薄弱，粮食生产效益低下，有大量闲置土地用于牧地或种植饲草。《艺文类聚》曰：“麦苜蓿，示广地。”

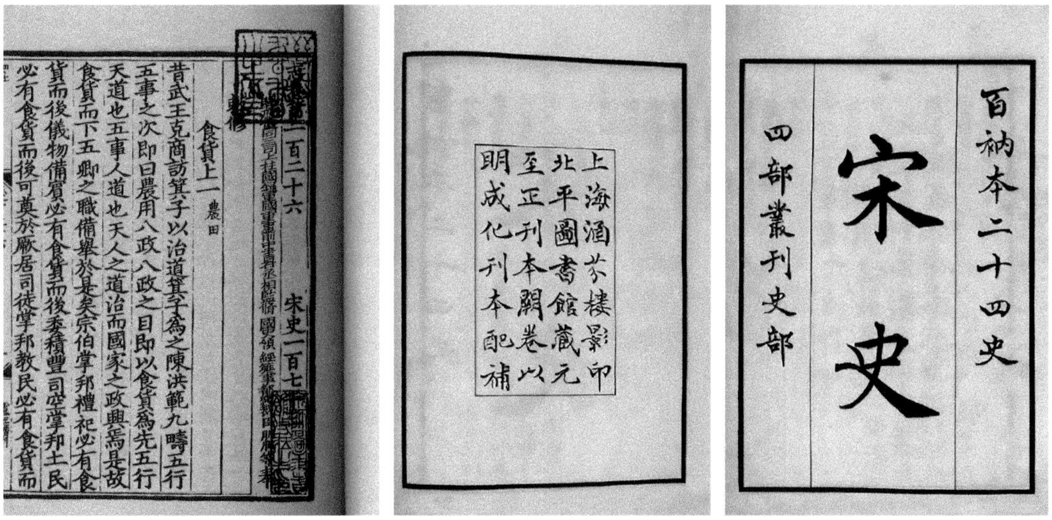

一百二十六　宋史一百七

食貨上一　農田

昔武王克商訪箕子以治道箕子為之陳洪範九疇五行五事之次即曰農用八政八政之目即以食貨為先五行天道也五事人道也天人之道治而國家之政興焉是故食貨而下五卿之職備舉於是奚宗伯掌邦禮祀必有食貨而後儀物備賓必有食貨而後委積豐司空掌邦土民必有食貨而後可奠於厥居司徒掌邦教民必有食貨而

上海涵芬樓影印北平圖書館藏元至正刊本闕卷以明成化刊本配補

百衲本二十四史

宋史

四部叢刊史部

《宋史》

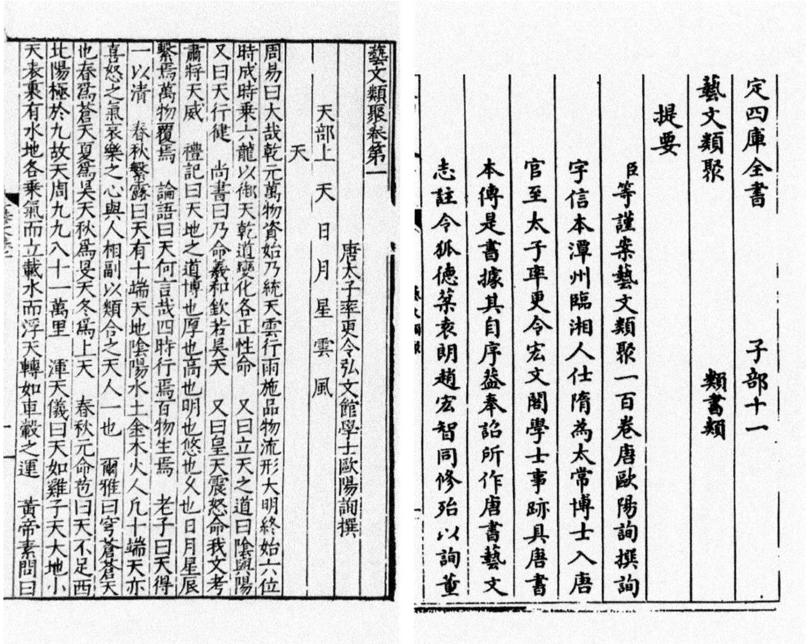

藝文類聚卷第一

唐太子率更令弘文館學士歐陽詢撰

天部上　天　日　月　星　雲　風

天

周易曰大哉乾元萬物資始乃統天雲行雨施品物流形大明終始六位時成時乘六龍以御天乾道變化各正性命　又曰立天之道曰陰與陽　又曰天行健　尚書曰乃命羲和欽若昊天　又曰皇天震怒命我文考肅將天威　禮記曰天地之道博也厚也高也明也悠也久也日月星辰繫焉萬物覆焉　論語曰天何言哉四時行焉百物生焉　老子曰天得一以清　春秋繁露曰天有十端天地陰陽水土金木火人凡十端天亦喜怒之氣哀樂之心與人相副以類合之天人一也　爾雅曰穹蒼蒼天也春為蒼天夏為昊天秋為旻天冬為上天　春秋元命苞曰天不足西北陽極於九故天周九九八十一萬里　渾天儀曰天如雞子天大地小天表裏有水地各乘氣而立載水而浮天轉如車轂之運　黃帝素問曰

欽定四庫全書　子部十一

藝文類聚　類書類

提要

臣等謹案藝文類聚一百卷唐歐陽詢撰詢字信本潭州臨湘人仕隋為太常博士入唐官至太子率更令宏文館學士事跡具唐書本傳是書據其自序蓋奉詔所作唐書藝文志註令狐德棻袁朗趙宏智同修殆以詢董

《艺文类聚》

宋代或元代有不少诗人咏及沙苑或同州（今属陕西省大荔县）如：

闻永叔出守同州寄之

宋・梅尧臣

冕旒高拱元元上，左右无非唯唯臣。
独以至公持国法，岂将孤直犯龙鳞。
茱萸欲把人留楚，苜蓿方枯马入秦。
访古寻碑可销日，秋风原上足麒麟。

梅尧臣

梅尧臣(1002—1060年)字圣俞，世称宛陵先生，北宋著名现实主义诗人。汉族，宣州宣城(今属安徽)人。宣城古称宛陵，世称宛陵先生。初试不第，以荫补河南主簿。50岁后，于皇祐三年(1051年)始得宋仁宗召试，赐同进士出身，为太常博士。以欧阳修荐，为国子监直讲，累迁尚书都官员外郎，故世称“梅直讲”“梅都官”。曾参与编撰《新唐书》，并为《孙子兵法》作注，所注为孙子十家(或十一家著)之一。有《宛陵先生集》60卷，有《四部丛刊》影明刊本等。词存二首。

画马二首（其一）

元・虞集

萧条沙苑贰师还，苜蓿秋风尽日闲。

白发圉人曾习御，长鸣知是忆关山。

虞集

虞集(1272—1348年)元代著名学者、诗人。字伯生，号道园，人称邵庵先生。少受家学，尝从吴澄游。成宗大德初，以荐授大都路儒学教授，李国子助教、博士。仁宗时，迁集贤修撰，除翰林待制。文宗即位，累除奎章阁侍书学士。领修《经世大典》，著有《道园学古录》《道园遗稿》。虞集素负文名，与揭傒斯、柳贯、黄溍并称“元儒四家”；诗与揭傒斯、范梈、杨载齐名，人称“元诗四大家”。

元朝疆域辽阔，对马匹和畜产品的需求量很大，因而畜牧业发达，养马规模远远超过宋代。内地也以各种方式支持牧区经济发展，形成农牧经济交相渗透的局面。元朝时期的牧场、牧地范围，曾大规模向外扩展。其原因一是在皇帝和诸王等名义下建立十四道官牧场，这些牧场在大漠南北和内地均有分布。漠北至上都、陕西一带有15处牧地，西北甘肃境内甘州等处共计12处牧地，是太仆最重要的养马基地。

二、苜蓿种植概况及其相关事宜

◆ 建立监牧

宋代在全国建立了116所监牧，北宋前期，牧地在7.53万~9.80万顷。为获得更多的饲料来源，宋政府种植了许多饲草，苜蓿就是其中之一。宋寇宗奭《本草衍义》记载，“唐李白诗云：天马常衔苜蓿花，是此。陕西甚多，饲牛马，嫩时人兼食之。”唐慎微《重修政和经史证类备用本草》引述该内容。

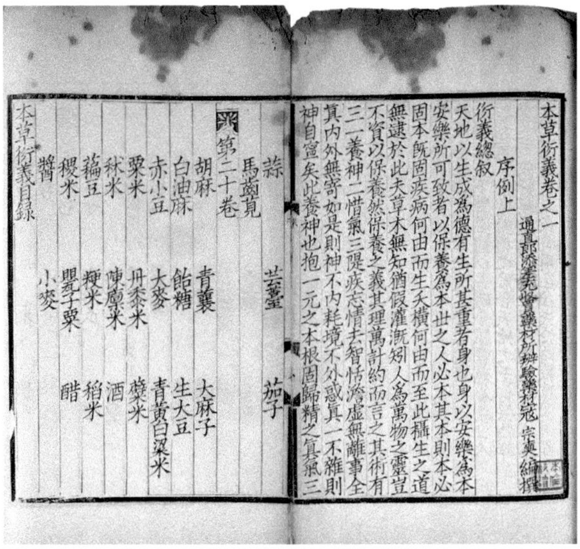
本草衍義卷之一
序例上
衍義總叙

本草衍義目録
第二十卷

本草衍義

《本草衍义》

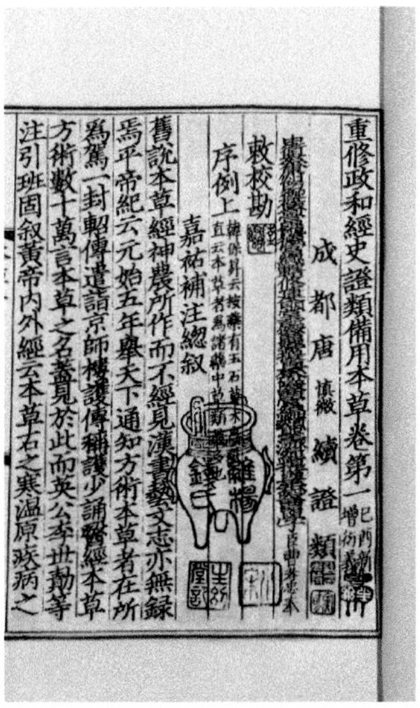
重修政和經史證類備用本草卷第一
成都唐慎微續證類
序例上

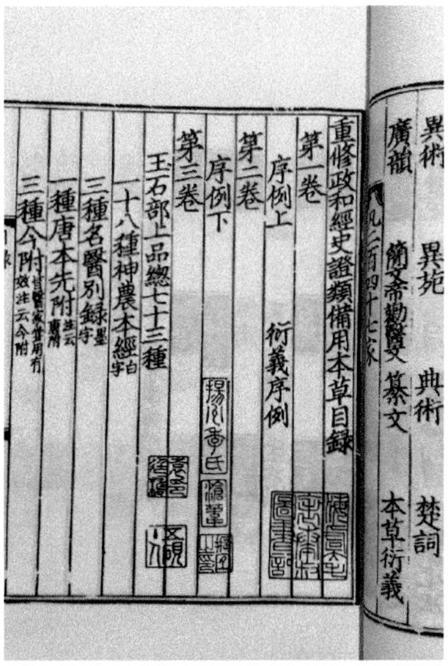
重修政和經史證類備用本草目録
第一卷
序例上
第二卷
序例下
第三卷
衍義序例

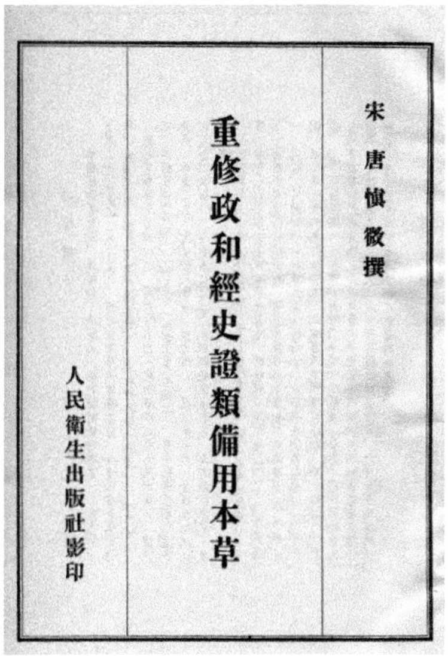
宋　唐慎微撰
重修政和經史證類備用本草
人民衛生出版社影印

《重修政和经史证类备用本草》

宋罗愿《新安志·物产蔬茹》有苜蓿记载，说明新安这一带当时也有苜蓿种植。宋李石诗曰：“君王若问安边策，苜蓿漫山战马肥。”宋程俱曰：“谁遣生驹玉作鞍，春来苜蓿遍春山。”这些诗句无不反映宋代苜蓿种植情景。

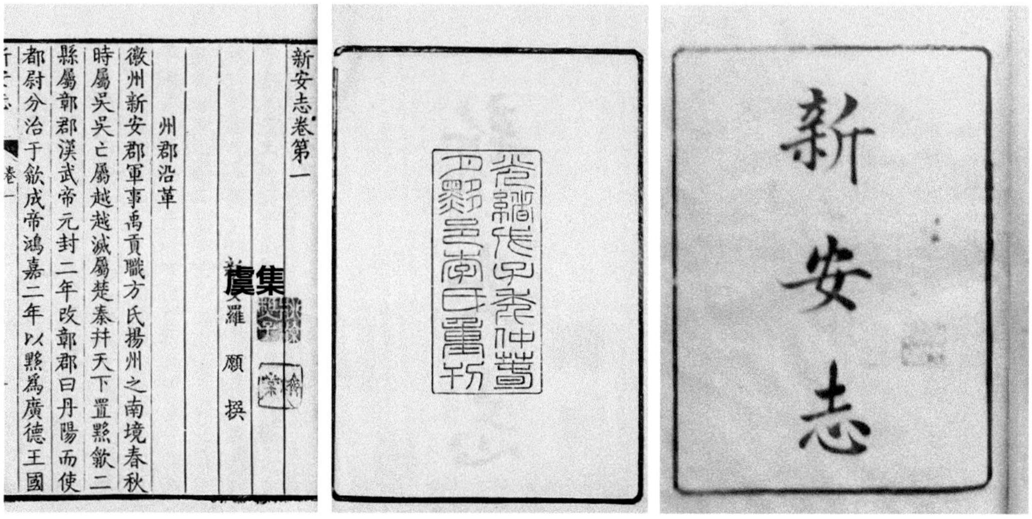

《新安志》

◆ **设沙苑牧监**

为了更有效地保障饲草供给，宋代还置司农寺草料场，宋前期隶提点在京仓场所。

元丰改制后隶司农寺，共有草场十二。南宋时京师草料场一，建敖十二。掌受纳京内所输送刍秸秆、豆麦等，以供给骐骥院、牧监、良马院与三衙诸府官马饲料。每场设监官与剩员、专知、副知掌、看守。

沙苑行

唐·杜甫

君不见，
左辅白沙如白水，缭以周墙百余里。
龙媒昔是渥洼生，汗血今称献于此。
苑中騋牝三千匹，丰草青青寒不死。
食之豪健西域无，每岁攻驹冠边鄙。
王有虎臣司苑门，入门天厩皆云屯。
骕骦一骨独当御，春秋二时归至尊。
至尊内外马盈亿，伏枥在垧空大存。
逸群绝足信殊杰，倜傥权奇难具论。
累累塠阜藏奔突，往往坡陀纵超越。
角壮翻同麋鹿游，浮深簸荡鼋鼍窟。
泉出巨鱼长比人，丹砂作尾黄金鳞。
岂知异物同精气，虽未成龙亦有神。

宋代诗人毛直方曰：“连天苜蓿青茫茫，盐车鼓车纷道傍。”这反映了宋代苜蓿的田园景观。

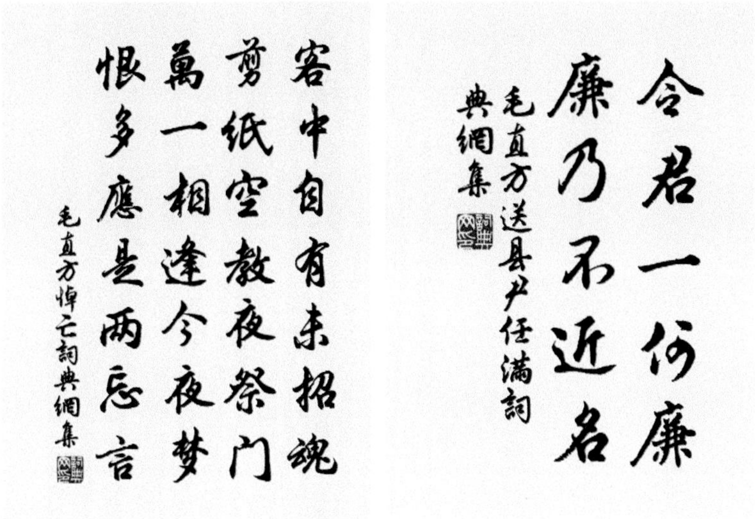

《毛直方诗》

◆ **设上林署**

为了解决饲草不足，元政府提出种苜蓿，沿汉设有上林署，属大都留守司。元至元二十四年（1287年），大都留守司置上林署，职责之一就是“宫苑栽植花卉，供进蔬果，种苜蓿以饲驼马，备煤炭以给营缮”。大都留守司下还设有专门的苜蓿园，苜蓿园掌种苜蓿，设苜蓿园提领，以提领三人主管。据明宋濂《元史》记载：“上林署，秩从七品，署令、署丞各一员，直长一员，掌宫苑栽植花卉，供进蔬果，种苜蓿以饲驼马，备煤炭以给营缮。……苜蓿园，提领三员，掌种苜蓿，以饲马驼膳羊。”

厩马

北宋 · 夏竦

万里无尘塞草秋，玉轮金轭未巡游。
上林苜蓿天池水，饱食长鸣可自羞。

社集天庆寺送春

明末清初 · 龚鼎孳

隔岁春光换纪元，上林莺羽带愁翻。
惟闻苜蓿丛芳甸，不见樱桃荐寝园。
南望阵云迷砀泽，西来壁琬诧坚昆。
闲花闲草春如许，尚有吞声野老存。

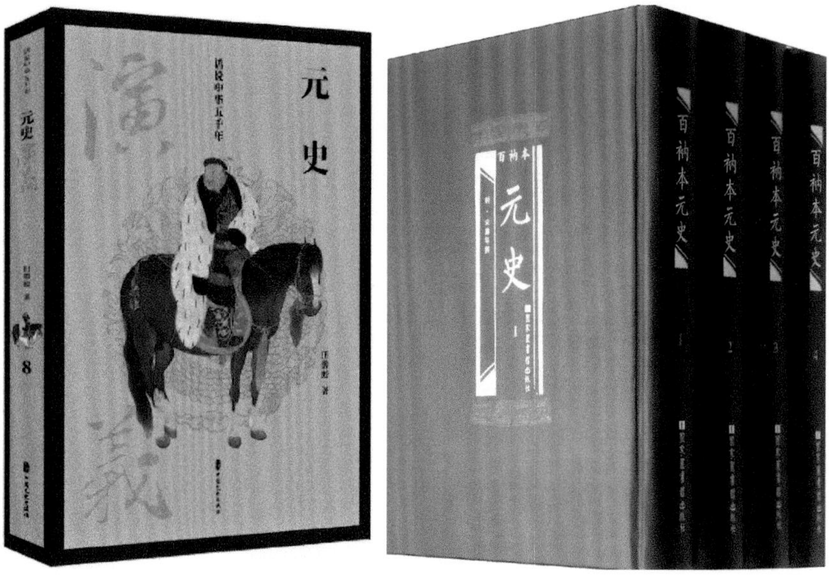

《元史》

◆ 元政府号召种苜蓿

若“既至冬寒，多饶风霜，或春初雨落，青草未生时，则须饲，不宜出放。”只有饲草备足，才能保证牲畜安全过冬。在《元典章·户部九·农桑》“劝农立社事理”中规定：“仍仰随社布种苜蓿，初年不须割刈，次年收到种子，转转分散，务要广种，非止喂养头匹，可接济饥年。”

沈刻元典章校補緣起
光緒季年予在廣州閱書於聚龍里巴陵方氏得舊鈔本元典章好之假讀旬日恨未能致也民國改元予役北平見沈家本氏新刻元典章亟購讀之繕刻雖精謬誤恒有一時無他本可校則以本書自證確知為譌誤者若干條以目校書有目無書者又若干條不僅沈跋所云吏部闕倉庫官六門兵部闕軍裝一門而已既而有客以舊鈔本元典章求售則予在粵時所見方氏本也異哉此書不遠數千里相隔十餘年展轉復歸於予不可謂非奇事試檢沈刻所闕各門宛然具在乃補錄闕文百一十餘條是為予校補元典章之嚆矢其後又得舊鈔本典章新集有闕里孔憲培印又有伯元二字及王引之伯申陰陽文二印每半葉十八行疑為影鈔元本而未有確證十四年四月十七日清室善後委員會在齋

沈刻元典章校補
札記六卷 闕文三卷
表格一卷

《元典章》

◆ 劝导人们用多种苜蓿救济荒年

元名臣王结在《善俗要义·九曰治园圃》中，劝导人们用多余的地种植苜蓿，这样不仅可资助饮食，而且可救济荒年。原文为：“如地亩稍多，人力有余，更宜种芋及蔓菁、苜蓿，此物收数甚多，不惟滋助饮食，又可以救饥馑度凶年也。”

元初耶律铸《金微道》曰：“茫茫苜蓿花，落满金微道”，反映了元代苜蓿发展的景象。

第四节　苜蓿的发展高峰期

一、明清苜蓿种植分布

明代苜蓿种植较为广泛，朱橚《救荒本草》曰：“苜蓿，出陕西，今处处有之。”姚可成《食物本草》记载，“苜蓿，长安中乃有苜蓿园。北人甚重之。江南不甚食之；以无味故也。陕西甚多，用饲牛马，嫩时人兼食之。”除陕西有苜蓿种植外，山西（大同县、天镇县、太原县、宝德州）、河北（赵州、河间府）、河南（尉氏县、兰阳县，乃至开封周围）、山东（夏津县、太平县、新城即今桓山）和安徽（宿州、颍州、寿州、徽州、滁州）等地都有苜蓿种植，此外、甘肃（宁远）、南京、北京也有种植。李时珍《本草纲目》曰：“苜蓿原出大宛，汉使张骞带归中国，然今处处田野有之（陕、陇人有种者），年年自生。”王象晋《群芳谱》记载：“三晋为盛，秦、鲁次之，燕、赵又次之，江南人不识也。”说明苜蓿在黄河流域种植广泛。

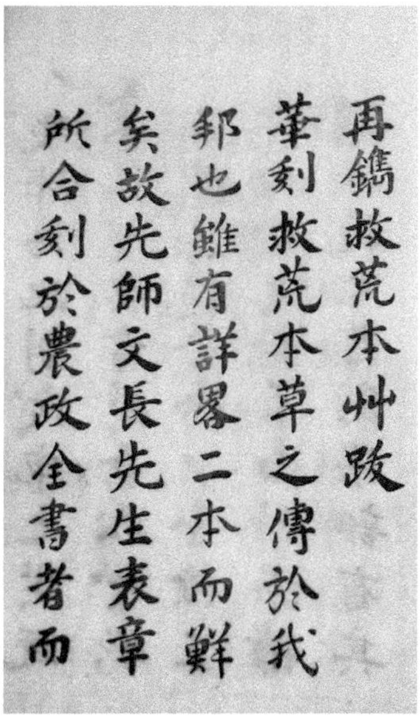

再鐫救荒本艸跋
華刻救荒本草之傳於我
邦也雖有詳畧二本而鮮
矣故先師文長先生表章
所合刻於農政全書者而

朱橚与《救荒本草》

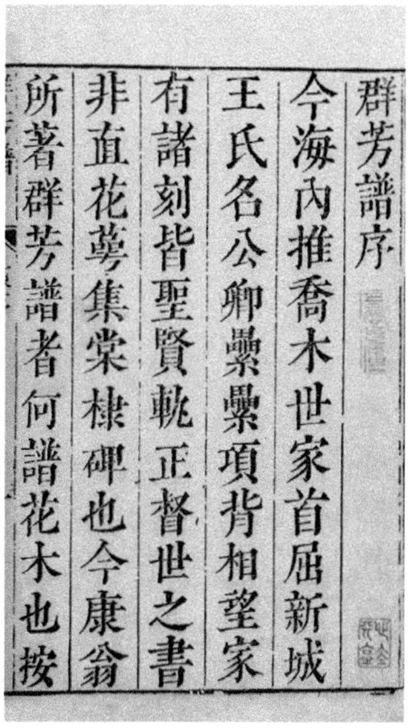

群芳譜序
今海內推喬木世家首屈新城
王氏名公卿纍纍項背相望家
有諸刻皆聖賢軌正督世之書
非直花蕚集棠棣碑也今康翁
所著群芳譜者何譜花木也按

王象晋与《群芳谱》

清代我国华东、东北、华北和西北都有苜蓿种植，主要分布在江苏、浙江、安徽、辽宁、热河、察哈尔、天津、北京、河北、山东、山西、河南、陕西、绥远、宁夏、甘肃、青海和新疆，另外四川、湖北与湖南也有种植，共计 21 个省，178 个县（府 / 州 / 厅）；其中以陕西最多，达 28 个县（府 / 州），山东次之，达 27 个县（州），甘肃居第三，达 20 个县（府 / 州），河北第四，达 19 个县，新疆第五，达 16 个县（厅 / 道），河南、山西分别为 15 个县和 14 个县，其余省种苜蓿的县较少。

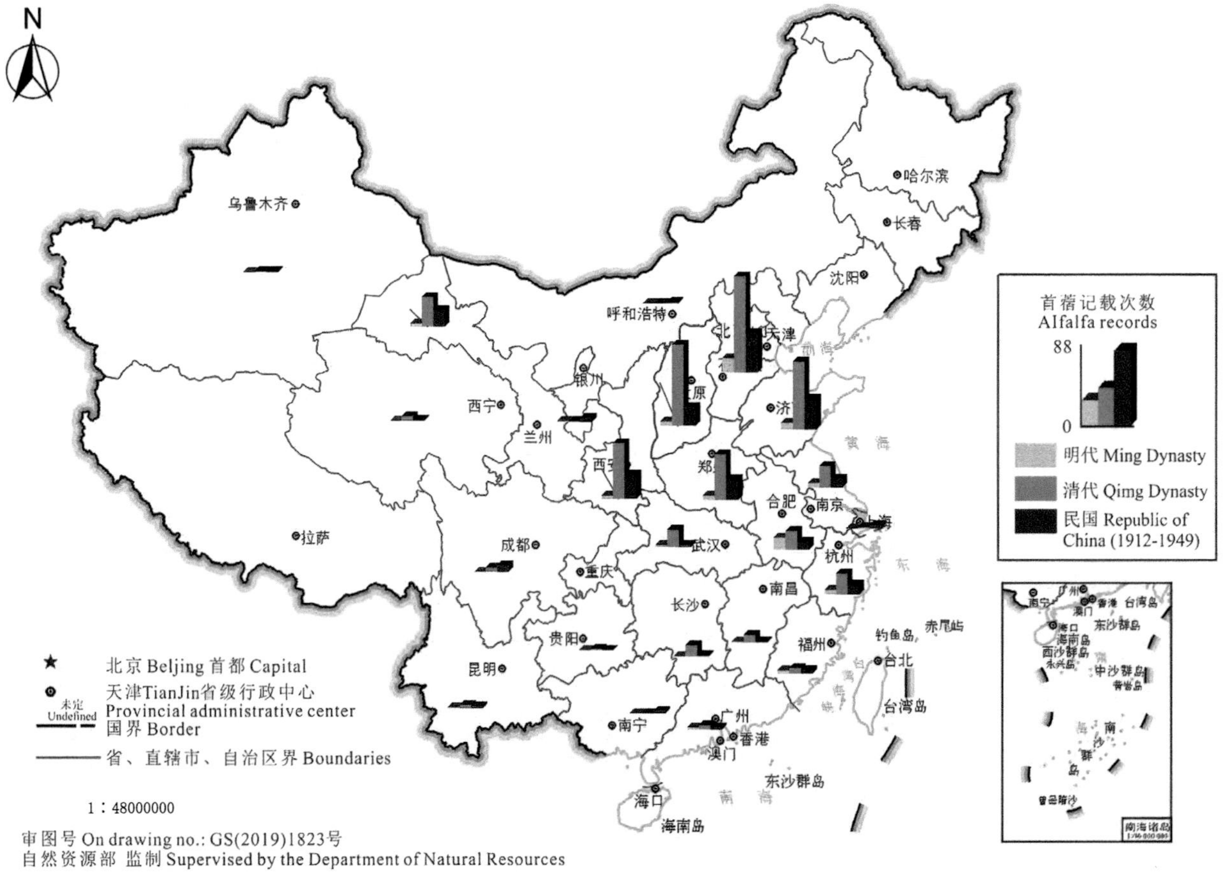

资料来源：刘爽，2021。

二、明清苜蓿种植状况

◆ 华东地区

清康熙二十三年（1684 年）《江南通志·食货志》记载，“凤阳府苜蓿郡邑皆产，相传种出大宛，由张骞带入中国”。

据《吴县志》记载，宣统三年之前：“苜蓿种类甚多，吴地所有二种。其一农家所植曰家苜蓿，开紫花者，其茎可食。俗名荷花郎。苗高尺肆拾，茎分叉而生，叶似豌豆而小，每三叶攒生一处。梢间开紫花，结弯角，角中有子，状如腰子，茶褐色。农人种植之，为肥田之用。史记大宛传马嗜苜蓿，汉使取其实来，于是天子始种苜蓿，即此。其一曰野苜蓿，又曰南苜蓿，土名或称金花菜。”1900 年前，苏北徐淮地区的涟水、淮阳、沭阳等县种苜蓿较多，每户 2~3 亩，多的可达 10 余亩，主要作为耕牛和猪的饲草。

《江南通志》

《吴县志》

◆ **华北地区并河南**

清代苜蓿已在中原及华北地区广泛种植。清代许多农书，如《农桑经》《救荒简易书》《农圃便览》《增订教稼书》等记述了山东、河北、河南、山西等地的苜蓿农事，如苜蓿的种植技术、盐碱地改良、轮作制度、饲喂技术、食用性、救荒性等。由此可见，清代苜蓿在该区域种植的广泛性和普遍性。在有些方志中对苜蓿的种植状况还作了记述。山东省种植苜蓿大约有千年以上的历史，主要产地在鲁西北的德州、聊城、滨州（惠民）和鲁西南的菏泽、聊城南部。无棣县是个种植苜蓿历史悠久的县，《无棣县志》记载，早在 1522 年就有苜蓿种植，迄今已有 470 多年了。光绪时山东《宁津县乡土志》曰："在土性之经雨胶黏者宜种之（苜蓿）"。

《农桑经》

据河北《巨鹿县志》记载，1644 年河北就有苜蓿种植，据《阳原县志》记载，1711 年河北种有苜蓿。说明这些地方种植苜蓿的历史至少在 300 年以上。光绪时《唐县志》说，当地"盈坡者苜蓿"。民国十四年（1925 年），《献县志》记载："邑人所谓独流酸者也，然邑人又有所谓薄地绛者，形似苜蓿，可饲马喜生硗薄地，故谓之薄地绛。”

乾隆四十四年（1779 年），《河南府志》有这样的记载：“苜蓿：述异记张骞苜蓿园在洛阳，骞始于西国得之。伽蓝记洛阳大夏门东北为光风园，苜蓿出焉。”河南《汲县志》记载，“苜蓿每家种二三亩，沃壤多不中种”。这说明苜蓿多被种在差地上。嘉庆十八年（1813 年）的河南滑县以政令的形式推广苜蓿种植，《抚豫恤灾录》记载了滑县苜蓿种植情况，“沙碛之地，既种苜蓿，草根盘结，土性渐坚，数年之间，即成膏腴，于农业洵为有益。”

◆ **东北地区**

大凌河牧厂为清代盛京有三大牧场之一，乾隆十二年（1747 年），大凌河牧厂有骒马 36 群，达 19 700 匹，如此多的骒马需要大量的饲草。《清史稿》记载，“乾隆年间，大凌河第十九大凌河，爽垲高明。被春皋，细草敷荣。擢纤柯，苜蓿秋来盛”。说明在清代大凌河流域就有苜蓿栽种，并且位于大凌河的苜蓿秋天长势旺盛。清代戴亨诗曰：“辽东东北数千里，连峰叠嶂烟云紫。中产苜蓿丰且肥，春夏青葱冬不死。”光绪二十七年（1901 年），俄国人将紫花苜蓿引种在大连，以后逐渐北移至辽阳、铁岭。在 1907—1908 年间，奉天（沈阳）农业试验场又在昌图分场试种美国苜蓿，生长及适应性良好。

《清史稿》

◆ **西北地区**

黄辅辰《营田辑要》曰：“苜蓿，西北种此以饲畜，以备荒，南人惜不知也。”《秦疆治略》记载：“（咸阳县）冬小麦加入苜蓿的长周期轮作，一般是种 5~6 年的苜蓿后，再连续种 3~4 年的小麦，以利用苜蓿茬的肥力”。杨一臣《农言著实》中有关苜蓿的种、锄、收、挖，成为农民的主要农事活路之一。清嘉庆七年（1802 年）陕西的《嘉庆重修延安府志》曰，“肤施、甘川、延长俱有苜蓿。”《子洲县志》特别提到作为饲草饲料的紫花苜蓿在当地“种植历史悠久，质量最好。”陕西省佳县、米脂县、绥德县和子洲县方志记载的枣、苜蓿（紫花苜蓿）等。《安塞县志》记载苜蓿，“……县境甚多，用饲牛马，嫩时人兼食之。”

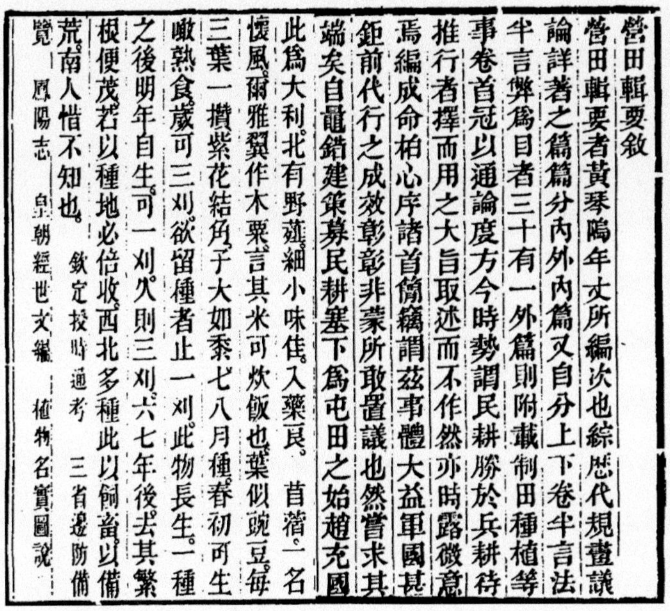

營田輯要敘
營田輯要者黃琴隖年丈所編次也綜歷代規畫議論詳著之篇篇分內外內篇又自分上下卷半言法半言弊爲目者三十有一外篇則附載制田種植等事卷首冠以通論度方今時勢謂民耕勝於兵耕待推行者擇而用之大旨取述而不作然亦時露微意焉編成命柏心序諸首僭竊謂茲事體大益軍國甚鉅前代行之成效彰彰非蒙所敢置議也然嘗求其端矣自鼂錯建策募民耕塞下爲屯田之始趙充國

此爲大利北有野蔬細小味佳入藥良。苜蓿一名懷風爾雅翼作木粟言其米可炊飯也葉似豌豆每三葉一攢紫花結角子大如黍七八月種春初可生噉熟食歲可三刈欲留種者止一刈此物長生一種之後明年自生可一刈次則三刈六七年後去其繁根便茂若以種地必倍收西北多種此以飼畜以備荒南人惜不知也
覽　鳳陽志　皇朝經世文編　欽定授時通考　植物名實圖說　三省邊防備

《营田辑要》

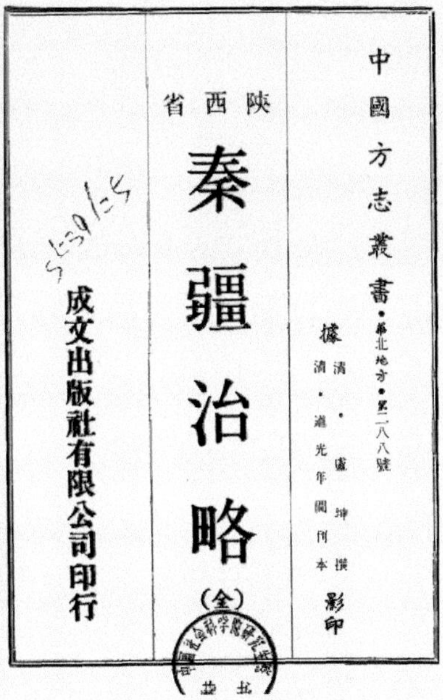

《秦疆治略》

乾隆《高台县志》记有“苜蓿甘、肃种者多，高台种者少。”光绪二十四年（1898 年），《循化厅志》记载：“韭、蒜、苜蓿、山药园中皆有之。”

光绪《新疆四道志》记载：“三道河在城西四十里，其源出塔勒奇山为大西，沟水南流，五十里有苜蓿。”据《清史稿》记载：道光九年（1829 年），叶尔羌喀拉布札什军台西至英吉沙尔察木伦军台，中隔戈壁百数十里，相地改驿，于黑色热巴特增建军台，开渠水，种苜蓿，士马大便。《新疆图志》记载，“厥田宜稻麦、粟、糜、高粱、豌豆、胡麻、苜蓿。”费正清《剑桥中国晚清史（上）》（1993 年）记载，吐鲁番粮食产量可能远较中国本土为低，农民种植苜蓿以肥田，不采用轮耕法。

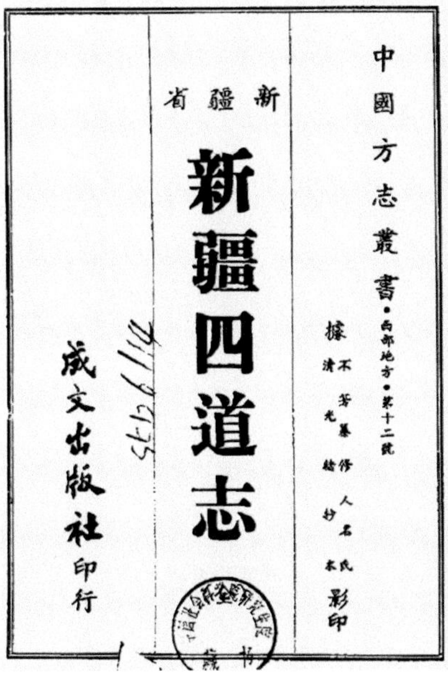

《新疆四道志》

《新疆图志》

咸丰十一年（1861 年）初，《古丰识略》将苜蓿归为草属，在《归绥识略》中对苜蓿有较为详细的记载："权黄华疏牛芸草也，似苜蓿。述异记苜蓿本胡中菜名，张骞使西域得之，今洛中有苜蓿园，苗嫩时可食，后即以饲马，与广文盘中异。"

◆ **鄂川陕毗邻地区**

严如熤《三省边防备览》讨论的区域主要包括四川的保宁府、绥定府、陕西的汉中府、兴安府和湖北的郧阳府、宜昌府，记述了三省之边防事务，分为舆图、民食、山货、策略、史论等，其中"民食"卷曰："苜蓿，李白诗云天马常衔苜蓿花是此。味甘淡，不可多食。"说明三省毗邻地区也有苜蓿种植。

三、苜蓿种植的政府管理

◆ **苜蓿官地**

明朝时期，有专门种植苜蓿的官田"城壖苜蓿地"；嘉靖年间，军队在九门之外种植大量苜蓿，主要用于喂养皇家御马。据记载："九门苜蓿地上，计一百一十顷有余。旧例：分拨东、西、南、北四门，每门把总一员，官军一百名，给领御马监银一十七两。赁牛佣耕，按月采集苜蓿，以供刍牧。九门苜蓿地有相当大的面积，为了合理利用土地资源，王轨等官员才提出将余地租佃给农民的策略，《明史》中曾载王轨"核九门苜蓿地，以余地归之民"。据《宪宗实录》记载，成化二十三年（1487 年）太监李良都督李玉等，在京城九门外有苜蓿官地 100 顷。

◆ **御马监**

明代南京御马监不同于北京御马监。"至永乐年间迁都北京，而南京御马监别无大马，原种苜蓿地土又被势要占去，本监仍要各卫出办苜蓿，因无所产，只得出办价银。"御马监送往北京的贡物是苜蓿种 40 扛，用船 2 只。成化时，南京诸臣奏请免除此项贡物，"南京御马监岁运苜蓿种子至京，皆南京养马军卫有司办纳，今北方已种六七十年，宜免运纳，以省科扰"，宪宗仍命依旧。

◆ **保护苜蓿之村规**

嘉庆八年（1803 年）澄城县韦家村社为了保护苜蓿，制定了如下村约："盗割苜蓿罚钱一百文。"道光元年（1821 年）澄城县的另一个村社其村规中也有保护苜蓿的内容："盗采苜蓿，罚钱一百文；纵放六畜，践踏青苗，骡马，罚钱四百文。"

四、苜蓿改良盐碱地

苜蓿耐盐改碱肥田特性早已为人们所熟知和利用，并已取得良好的效果。但记载其改良盐碱地的技术和效果到清代才出现。乾隆四十三年（1778 年）已出现种植苜蓿等绿肥，先行暖地，治盐改土的办法。

乾隆二十年（1755 年）河南的《汲县志》记载："苜蓿每家种二三亩，沃壤多。"盛百二《增订教稼书》（成书于乾隆四十三年，1778 年）曰："碱地有泉水可引种者，宜种杭稻。否则先种苜蓿，岁夷其苗食之，四年后犁去其根，改种五谷蔬果，无不发矣，苜蓿能暖地也。又碱喜日而避雨，或乘多雨之年耕种，往往有收。有一法：掘地方数尺，深之三、四尺，换好土以接地气，二、三年后，周围方丈之地变为好土矣。闻之济阳农家，则志新吾之言不谬。苜蓿方得之沧州老农，甚验。"在之后的许多地方都应用苜蓿绿肥治碱这一改土技术。

《增订教稼书》

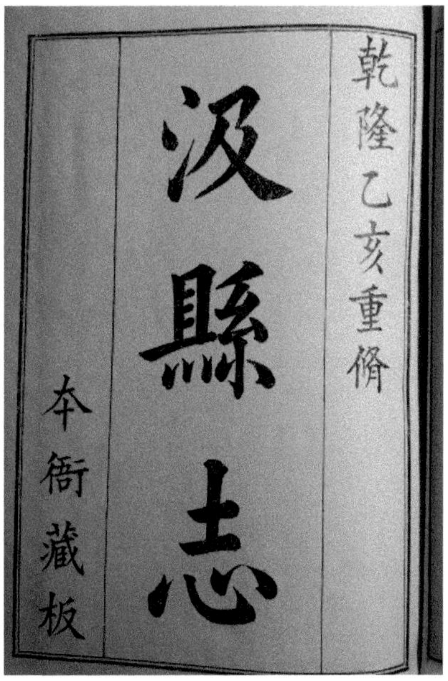

《汲县志》

据清嘉庆十九年（1814年），方受畴撰《抚豫恤灾录》记载："查苜蓿一项，易于滋长，不费耕耘，生发之后，牲畜既资喂养，贫民并可充食，物微利薄，费少功多。且沙碛之地既种苜蓿，草根盘结，土性渐坚，数年之内即成膏腴，于农业洵为有益。"

清道光十二年（1832年），《扶沟县志》记载："扶沟碱地最多，……唯种苜蓿之法最好，苜蓿能暖地，不怕碱，其苗可食，又可放牲畜，三四年后改种五谷。同于膏壤矣。"这种用作物（苜蓿）治碱方法，既能使土壤的碱性逐渐降低，又能利用耐碱植物作绿肥，以增加土壤的腐殖质，提高土壤的肥力。

道光《观城县志》卷十《杂事志·治碱》记载："碱地寒苦，苜蓿能暖地，性不畏碱，先种苜蓿数年，改艺五谷蔬果，无不发矣。又碱喜日而避雨，或乘多雨之年，栽种往往有收。又一法掘地方尺深之三四尺，换好土以接引地气，二三年后，则周围方丈之地变成好土矣。闻之济阳农家云，则知新吾之言不谬，以上诸法在老农勘验无疑。"

清同治元年（1862年），山东《金乡县志》记载："苜蓿能暖地，不畏碱，碱地先种苜蓿，岁刈其苗食之，三四年后犁去，其根改种他谷无不发矣，有云碱地畏雨，岁潦多收。"

在治碱改土方面，郭云升《救荒简易书》曰："祥符县老农曰：苜蓿性耐碱，宜种碱地，并且性能吃碱。久种苜蓿，能使碱地不碱。"

五、苜蓿利用领域的进一步扩展

◆ 苜蓿饲蔬两用性

王象晋《群芳谱》记载："开花时，刈取喂马、牛，易肥健，食不尽者，晒干，冬月铿喂。"《养余月令》记载："苜蓿花时，刈取喂马牛，易肥健食，不尽者，晒干，冬月铿喂。"徐光启《农政全书》曰：苜蓿"长宜饲马，马尤嗜之。"《山西通志》记载："苜蓿，史记大宛传马嗜苜蓿，汉张骞使大宛求蒲陶、苜蓿归，因产马。……长安中有苜蓿园，今止用之以供畜刍。"

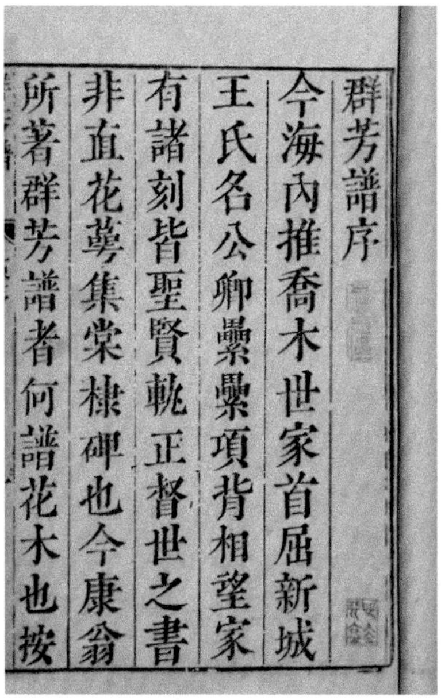
群芳譜序
今海內推喬木世家首屈新城
王氏名公卿纍纍項背相望家
有諸刻皆聖賢軌正督世之書
非直花蕚集棠棣碑也今康翁
所著群芳譜者何譜花木也按

《群芳谱》

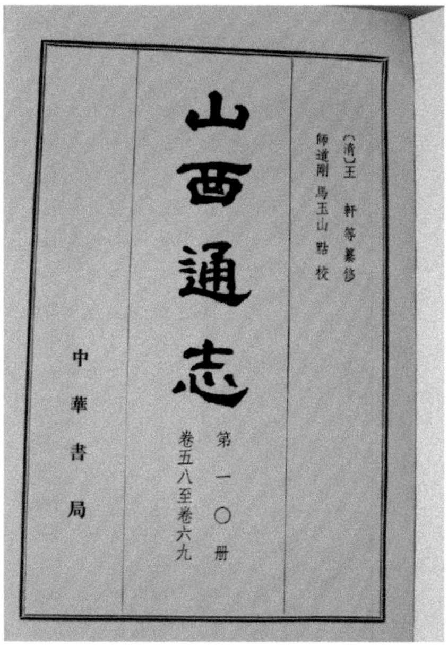
山西通志
〔清〕王 軒等纂修
師道剛 馬玉山 點校
第一〇册
卷五八至卷六九
中華書局

《山西通志》

王象晋《群芳谱》曰：“苜蓿，叶嫩时炸作菜，可食可作羹。忌同蜜食，令人下利。采其叶，依蔷薇露法蒸取馏水，甚芬香。”徐光启《农政全书》曰：“春初既中生啖，为羹甚香。”“玄扈先生曰尝过嫩叶恒蔬。救饥：苗叶嫩时，采取炸食。江南人不甚食；多食利大小肠。玄扈先生曰：尝过。嫩叶恒蔬。”《正德颍州志嘉靖颍州志校注》曰：“苜蓿苗可食”。明弘治明代《徽州府志》曰：“苜蓿汉宫所植，其上常有两叶册红结逐如穄，率实一斗者。舂之为米五升，有籼有糯，籼者作饭须熟食之，稍冷则坚，糯者可搏以为饵土人谓之灰粟。”《牧令书·卷十·农桑下》曰：“苜蓿者嫩可采食，老可饲马”。鲍山《野菜博录》记载：“苜蓿食法，采嫩苗叶，炸熟油盐调食。”即采摘苜蓿嫩苗叶，先漂洗干净，再用油炸熟，用盐调食之。

道光癸卯重刊
農政全書
曙海樓藏板

《农政全书》

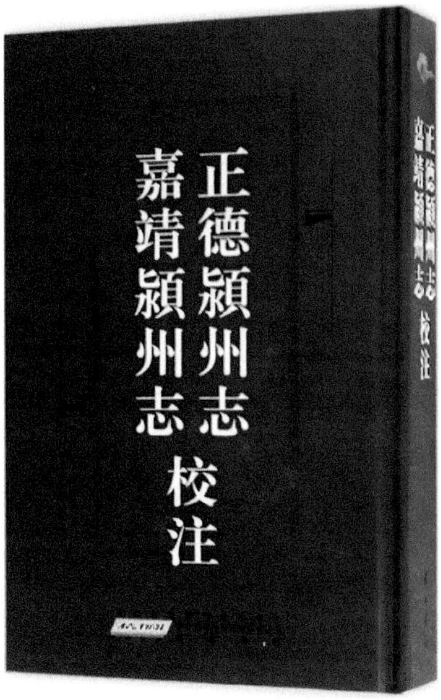

《正德颍州志嘉靖颍州志校注》

《徽州府志》

宣统二年（1910 年），河北的《晋县乡土志》曰：“苜蓿早春萌芽，人可食，四月开花时，马食之则肥。叶生罗网食之则吐，种者知之。”宣统三年（1911 年），陕西的《重修泾阳县志》记载：“苜蓿饲畜胜豆，春苗采之和面蒸食，贫者赖以疗饥。”

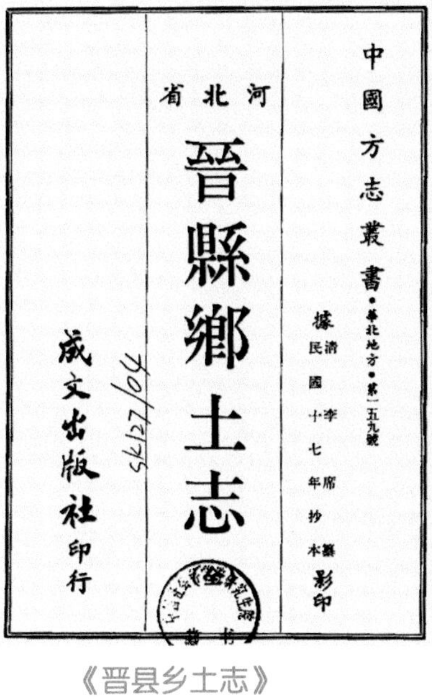

《晋县乡土志》

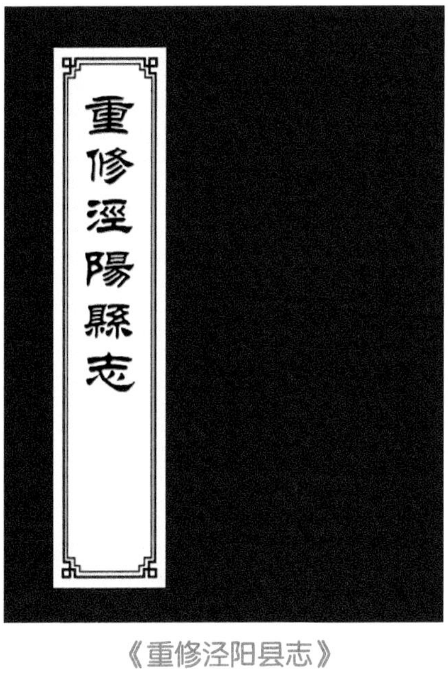

《重修泾阳县志》

◆ **在家畜中的广泛应用**

清乾隆十八年（1753 年），《山西蒲县志・卷之一地理・物产部》记载：“苜蓿，味甘。安胃。种自大宛国移来，故饲马最良。”《广群芳谱》有类似记载。清代近 300 年，关中得天独厚，渭河南北，村落栉比，种苜蓿喂牛，以图耕种。《豳风广义·畜牧大略》曰：“昔陶朱公语人曰：‘欲速富，畜五牸。’五牸者，牛、马、猪、羊、驴之牝者也。……惟多种苜蓿，广畜四牝（注：猪、羊、鸡、鸭），使二人掌管，遵法饲养，谨慎守护，必致蕃息。”

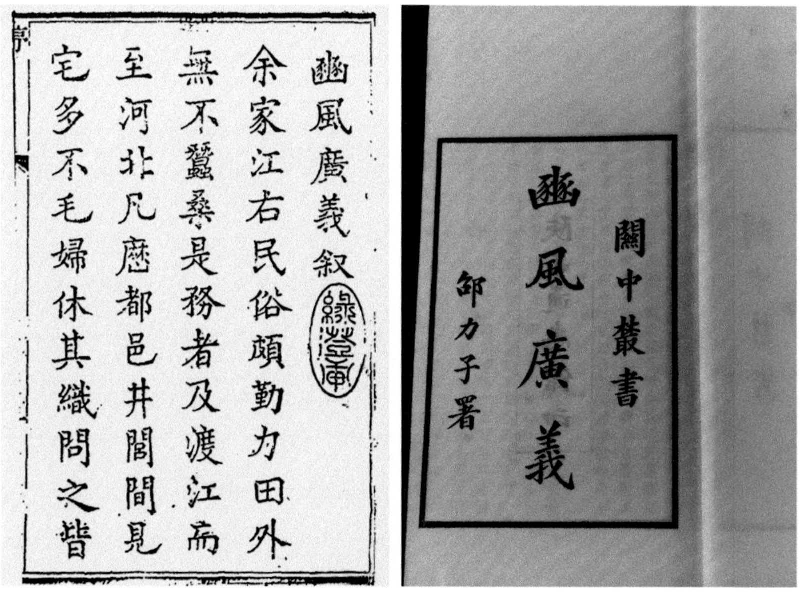

《豳风广义》

◆ **本草性**

缪希雍《本草经疏》记载：“苜蓿，酒疸非此不愈。疏：苜蓿草叶嫩时，可食，处处田野中有之，陕陇人有种者。木经云，苦、平、无毒，主安中利人。可食，久食然性颇凉，多食动冷气，不益人。根苦寒，主热病，烦满目黄，赤小便，黄酒疸，捣汁一升服，令人吐利，即愈。其性苦寒，大能泄湿热，故耳以其叶煎汁，多服专治酒疸大效。”

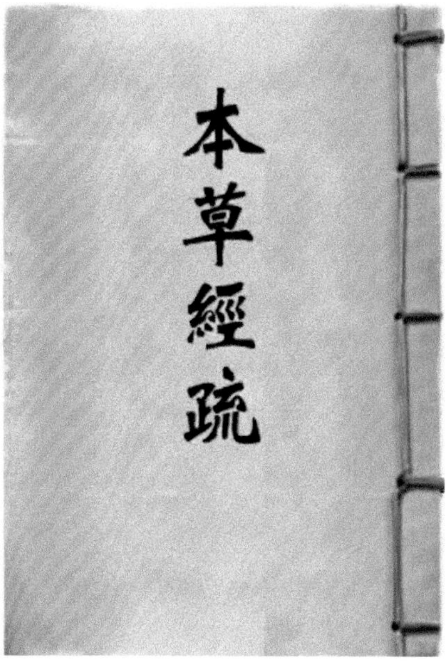

《本草经疏》

◆ 绿肥性

早在北魏时期我国就知道苜蓿能肥田，并且苜蓿的绿肥特性早已被利用。到了明代人们已经认识到并开始利用苜蓿根系的固氮作用进行肥田，王象晋《群芳谱》曰：（苜蓿）“若垦后次年种谷，必倍收，为数年积叶坏烂，垦地复深，故三晋人刈草三年即垦作田，亟欲肥地种谷也。”

徐光启《农政全书》曰：“江南三月草长，则刈以踏稻田，岁岁如此，地力常盛。”一语作注时说：“江南壅田者，如翘荛、陵苕，皆特种之，非野草也，苜蓿可壅稻”。可见徐光启对绿肥轮作的重视。

清代贺长龄辑《皇朝经世文编》曰：“草粪为翘荛陵苕，为苜蓿，为薹华。”

◆ 贡品

李东阳《大明会典》记有“明成化十二年（1476 年）奏准、马快船只柜扛、务要南京内外守备官员、会同看验、酌量数目开报。……香稻五十扛、实用船六只、苗姜等物一百五十五扛、实用船六只、十样果一百一十五扛、实用船五只★俱供用库☆、苜蓿种四十扛、实用船二只★御马监☆”。

谈迁《枣林杂俎》有类似记载：“南京贡船，内府供应库香稻五十扛，船六，……御马苜蓿四十扛，船二。”

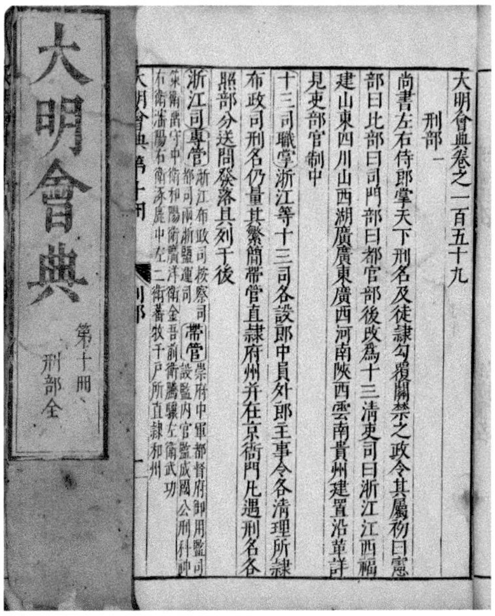
大明會典
第十冊
刑部全

大明會典卷之一百五十九
刑部一
尚書左右侍郎掌天下刑名及徒隸勾覆關禁之政令其屬初曰憲
部曰比部曰司門部曰都官部後改為十三清吏司曰浙江江西福
建山東四川山西湖廣廣東廣西河南陝西雲南貴州建置沿革詳
見吏部官制中
十三司職掌　浙江等十三司各設郎中員外郎主事令各清理所隸
布政司刑名仍量其繁簡帶管直隷府州并在京衙門凡遇刑名各
照部分送問發落具列于後
浙江司專管　帶管

《大明会典》

《枣林杂俎》

◆ 走上餐桌

薛宝辰《素食说略》曰：“干菜曰菹，曰诸。桃诸、梅诸是也。<说文>脯干肉，呼菜脯也。如胡豆、刀豆……苜蓿、菠菜之类，皆可作脯。”《素食说略》又曰：“秦人以蔬菜和面加油、盐拌匀蒸食，名曰麦饭。……麦饭以朱藤花、楮花、邪蒿、因陈、同蒿、嫩苜蓿，嫩香苜蓿为最上，余可作麦饭者多，均不及此数种也。”

《清宫琐记》曾记载了光绪年间慈禧太后的膳单（其一）：“饽饽四品：白糖油糕寿意，立桃寿意，苜蓿糕寿意，百寿糕。”

《素食说略》

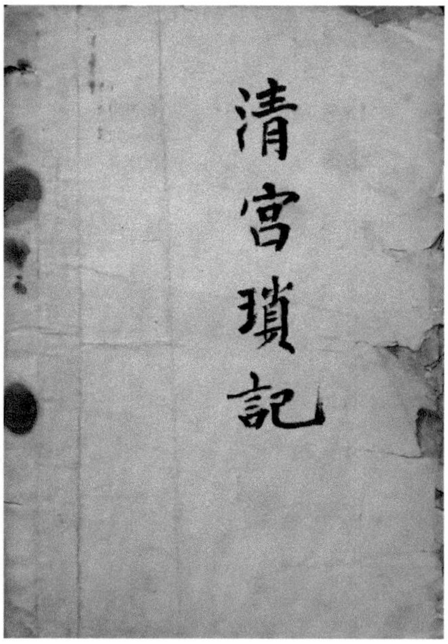

《清宫琐记》

◆ **园林性**

程敏政《月河梵院记》记载：“月河梵院在朝阳关南，苜蓿园之西，苑后为一粟轩，曾西墅道士所题，轩前峙以巨石，西辟小门，门隐花石屏，屏北为聚星亭，四面皆栏槛，亭东石盆高三尺。”

◆ **香料**

据明周嘉胄《香乘》记载：“合香泽法：鸡舌香、藿香、苜蓿、兰香，凡四种，以新绵裹而浸之，夏一宿，春秋二宿，冬三宿。”

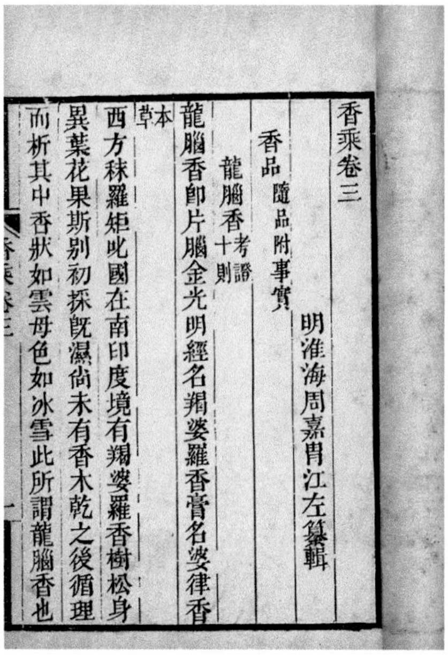
香乘卷三

明淮海周嘉胄江左纂輯

香品 隨品附事實

龍腦香 考證十則

龍腦香即片腦金光明經名羯婆羅香膏名婆律香

本草

西方秣羅矩吒國在南印度境有羯婆羅香樹松身異葉花果斯別初採既濕尚未有香木乾之後循理而析其中香狀如雲母色如冰雪此所謂龍腦香也

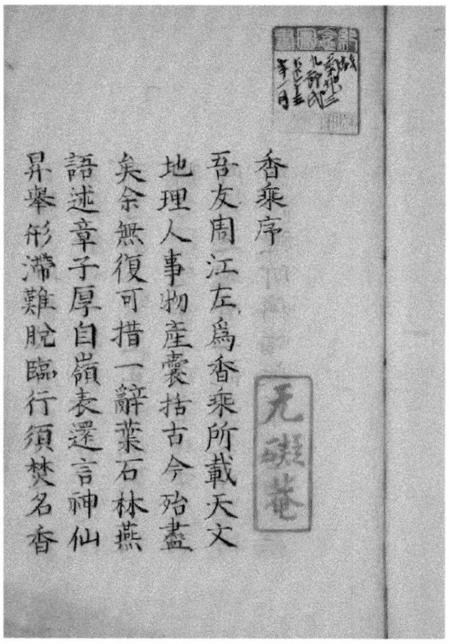
香乘序

吾友周江左爲香乘所載天文地理人事物産囊括古今殆盡矣余無復可措一辭葉石林燕語述章子厚自嶺表還言神仙昇舉形滯難脫臨行須焚名香

《香乘》

第四章 古代苜蓿科技发展

苜蓿出陕西，今处处有之。苗高尺余，细茎，分叉而生。叶似锦鸡儿花叶，微长；又似豌豆叶，颇小。每三叶攒生一处，梢间开紫花。结弯角儿，中有子，如黍米大，腰子样。

——明 · 朱橚《救荒本草》

第一节　苜蓿生态植物学

一、最早的苜蓿植物学记载

东汉许慎《说文解字》是目前发现的最早涉及与苜蓿植物形态学有关的典籍，《说文解字》云："芸，草也。似目宿。"清吴其濬《植物名实图考》曰："〈说文解字〉芸似目宿。"

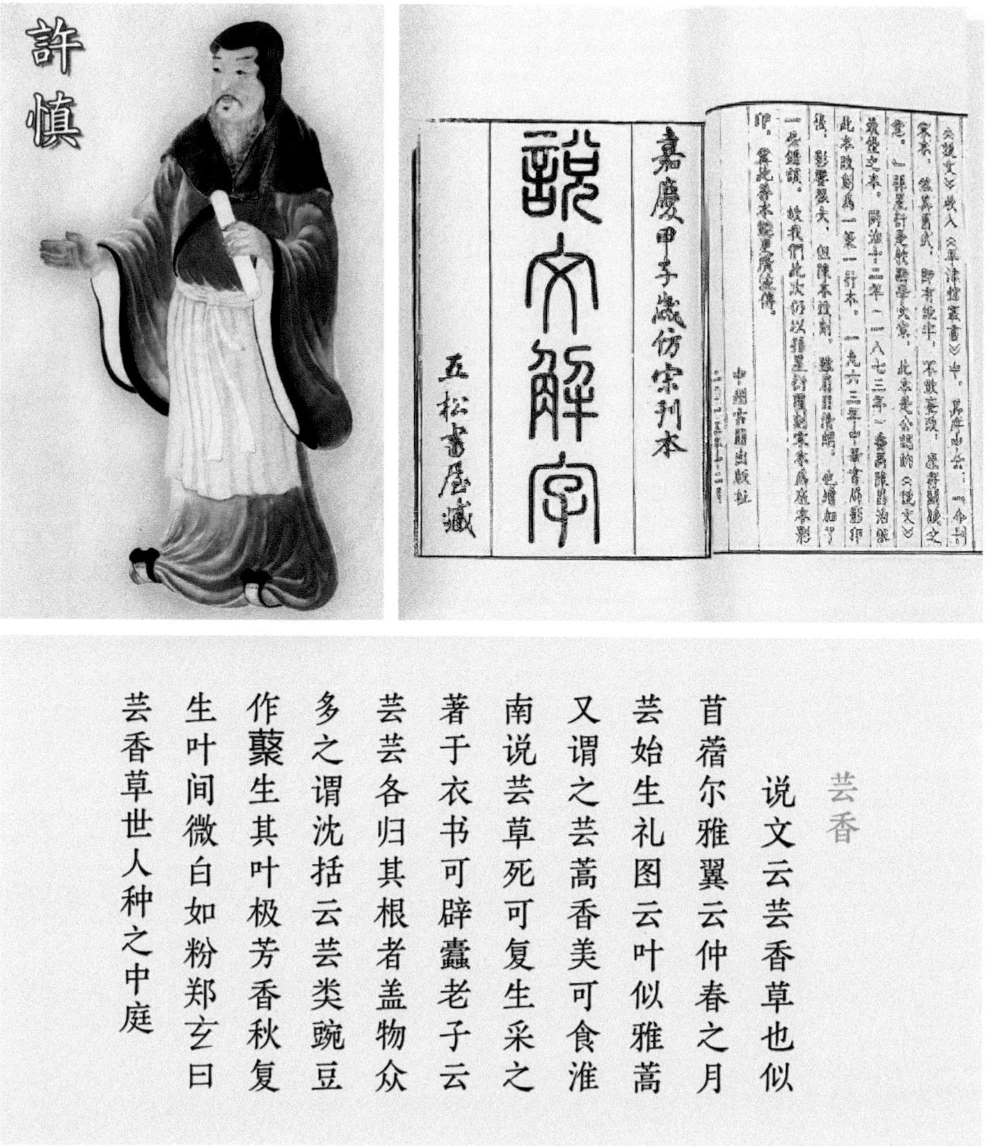

许慎与《说文解字》

《尔雅注疏》曰："权，黄华"。郭璞注："今谓牛芸草为黄华。华黄，叶似荍蓿。"

汉刘安《淮南子》说"云草，可以复生。"这说明古人早已认识到苜蓿的多年生的习性，不仅如此，还认识到了苜蓿的宿根习性和再生性。北魏贾思勰《齐民要术》曰："一年三刈。"又曰："此物（苜蓿）生长，种者一劳永逸。"即种一次生长多年，一年可以刈割三次。

堪舆鼻祖 郭璞
郭璞(pú)(276-324年)，字景纯，河东闻喜县人（今山西省闻喜县），西晋建平太守郭瑗之子。东晋著名学者，既是文学家和训话学家，又是道学术数大师和游仙诗的祖师，他还是中国风水学鼻祖，其所著《葬经》。西晋末年战乱将起，郭璞躲避江市、历任宣城、丹阳参军。晋元帝时期，升至著作佐郎，还尚书郎，又任将军王敦的记室参军。324年，力阻驻守荆州的王敦谋逆，被杀，时年49岁。事后，郭璞被追赐为“弘农太守”。晋明帝在玄武湖边建了郭璞的衣冠冢，名“郭公墩”。郭璞之子郭骜被封为临贺太守。郭璞风水界泰山北斗，风水：气乘风则散、界水则止、山主人丁、水主财，风生水起鱼水堂五行属水主管财富、智慧。
郭景純先生註
爾雅註疏
汲古閣藏板
郭璞

郭璞与《尔雅注疏》

二、唐宋元时期的苜蓿科技

唐韩鄂在《四时纂要校释》中写道：“（苜蓿）紫花时，大益马。”缪启愉（1981年）在注释中明确指出，从“紫花”，可知《四时纂要》所说是紫花苜蓿比较耐寒、耐旱，栽培于北方。《四时纂要》又云：“大如黍及大麻子，黄黑似豆。高五六尺，叶如细槐，如苜蓿枝间微刺”。这也是我国苜蓿开紫花的最早记载。

唐苏敬《新修本草》将云实植物特征与苜蓿有类似比较。

《四时纂要校释》

《新修本草》

宋陈景沂《全芳备祖》曰："决明夏初生苗，根带紫色，叶似苜蓿。"

宋苏颂《图经本草》云："（决明子）叶似苜蓿而阔大，夏花，秋生子作角。"

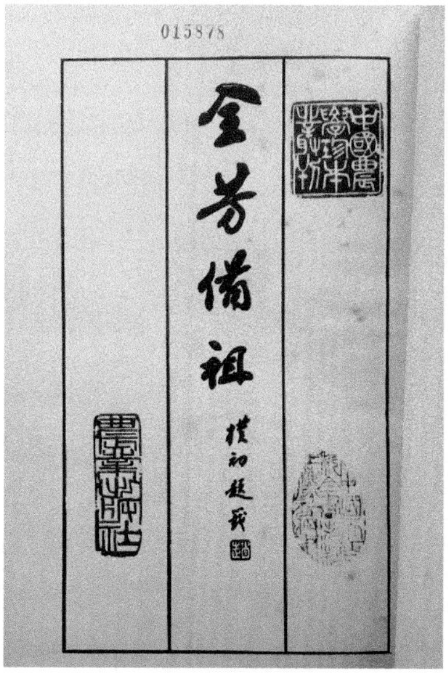

《全芳备祖》

《图经本草》

南宋罗愿《尔雅翼》对苜蓿的结实性进行了描述："秋后结实，黑房累累如穄子，故俗人因为之木粟。"是我国古代早期对苜蓿植物学特性的认识。

宋寇宗奭《本草衍义》曰："苜蓿有宿根，刈讫又生。"

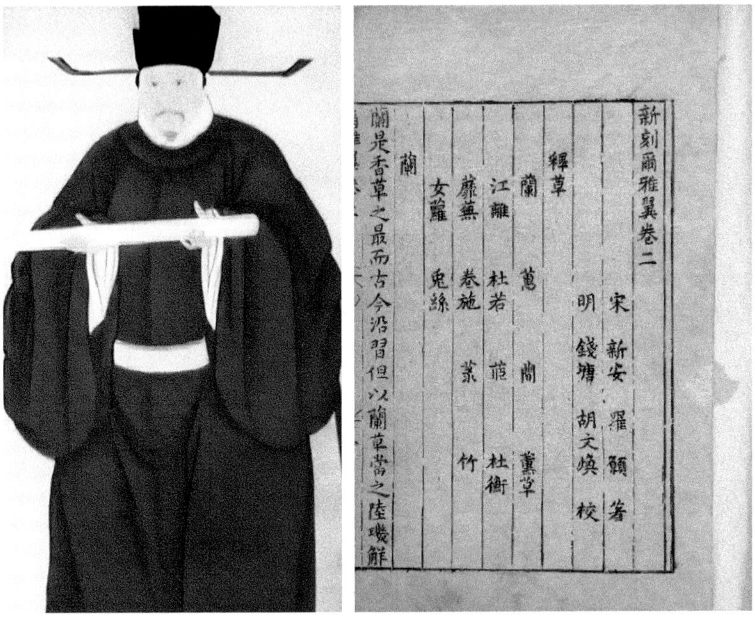

罗愿与《尔雅翼》

寇宗奭与《本草衍义》

宋郑樵在《昆虫草本略》写道“云实叶如苜蓿，花黄白，荚如大豆。”云实、野决明、苜蓿都是豆科植物，这3种植物的叶（羽状复叶）、果实（荚果）也极其相似。

郑樵

我国黄花苜蓿的最早记载出现在宋代梅尧臣《咏苜蓿》《唐书局后丛莽中得芸香一本》的两首诗中：

咏苜蓿（1038年）

北宋 · 梅尧臣

苜蓿来西域，蒲萄亦既随。
胡人初未惜，汉使始能持。
宛马当求日，离宫旧种时。
黄花今自发，撩乱牧牛陂。

唐书局后丛莽中得芸香一本（1059年）

北宋 · 梅尧臣

有芸如苜蓿，生在蓬藋中。
草盛芸不长，馥烈随微风。
我来偶见之，乃稚彼藭蒙。
上当百雉城，南接文昌宫。
借问此何地，删修多钜公。
天喜书将成，不欲有蠹虫。
是产兹弱本，莤尔发荒丛。
黄花三四穗，结实植无穷。
岂料凤阁人，偏怜葵叶红。

《梅尧臣诗选》

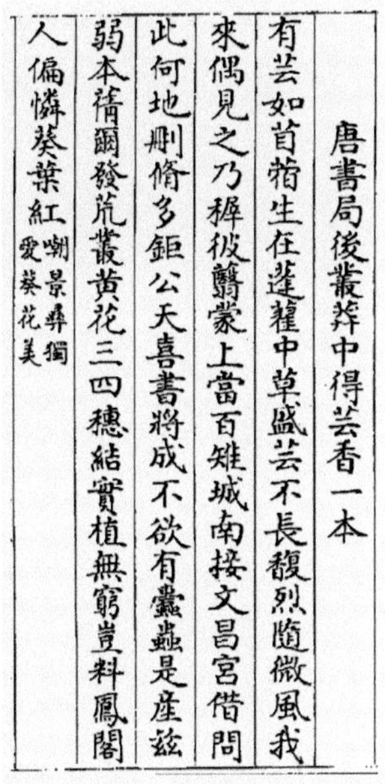
唐書局後叢莽中得芸香一本
有芸如苜蓿生在蓬藋中草盛芸不長馥烈隨微風我
來偶見之乃穉彼驕蒙上當百雉城南接文昌宮借問
此何地删脩多鉅公天喜書將成不欲有蠹蟲是産茲
弱本蒨蒨發荒叢黃花三四穗結實植無窮豈料鳳閣
人偏憐葵葉紅 嘲景彝獨愛葵花美

《唐书局后丛莽中得芸香一本》

三、明清时期的苜蓿科技

明代对苜蓿植物学有了更进一步的认识，并开展了较为系统的研究，如《救荒本草》《食物本草》《本草纲目》《群芳谱》和《农政全书》等典籍对苜蓿植物学特性有较为详细的研究记述。

•《救荒本草》中的苜蓿

《救荒本草》明永乐四年（1406 年）刊刻于开封，是一部专讲地方性植物并结合食用方面以救荒为主的植物志，作者是朱橚，是明太祖朱元璋的第五子，明成祖朱棣的胞弟。

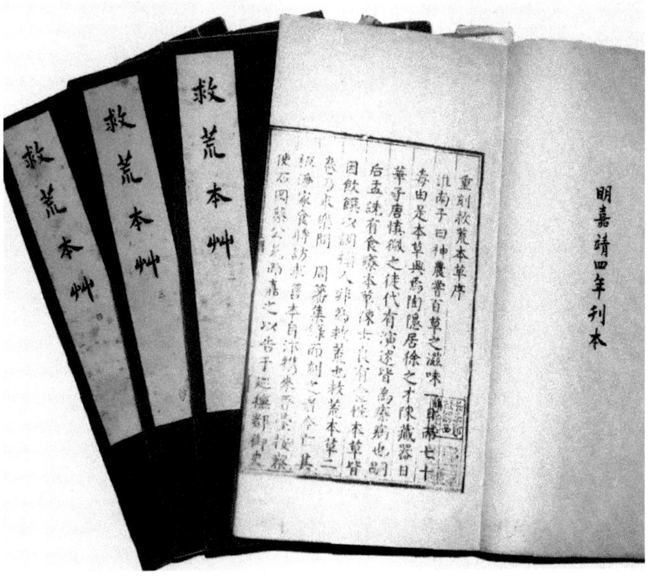

朱橚与《救荒本草》

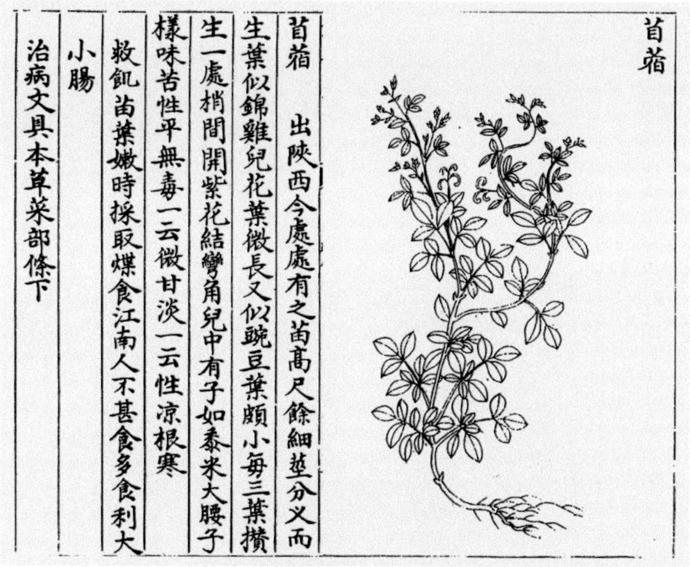
苜蓿

苜蓿　出陝西今處處有之苗高尺餘細莖分乂而生葉似錦雞兒花葉微長又似豌豆葉頗小每三葉攢生一處梢間開紫花結彎角兒中有子如黍米大腰子樣味苦性平無毒一云微甘淡一云性涼根寒

救飢　苗葉嫩時採取煠食江南人不甚食多食利大小腸

治病　文具本草菜部條下

《救荒本草》与苜蓿

《救荒本草》中苜蓿的特征特性

性状	性状描述
分布	出陕西，今处处有之
植株及茎	苗高尺余，细茎，分叉而生
叶	叶似锦鸡儿花叶，微长，又似豌豆叶，颇小，每三叶攒生一处
花	梢间开紫花
荚果及种子	结弯角儿，中有子如黍米大，腰子样
性味	味苦，性平，无毒。一云微甘淡，一雪性凉。根寒
救荒性	苗叶嫩时，采取炸食。江南人不甚食，多食利大小肠

《救荒本草》中苜蓿植物学特性与其他植物相似性的比较

植物名	考订植物名	拉丁名	植物学特性相似性描述
草零陵香	兰香草木樨	*Melilotus coerules*	叶似苜蓿叶而长大微尖，茎叶间开小淡粉紫花，作小短穗，其子小如粟粒
小虫儿卧单	地锦草	*Euphorbia humifusa*	苗拓地，叶似苜蓿叶而极小，又似鸡眼草叶小
铁扫帚	截叶铁扫帚	*Lespedeza cuneata*	苗高三四尺，叶似苜蓿叶而细长，又似细叶胡枝子叶，短小
胡枝子	胡枝子	*Lespedeza bicolor*	胡枝子叶似苜蓿叶而大，花色有紫白，结子如粟粒大
野豌豆	野豌豆	*Vicia sativa*	苗长二尺，叶似胡豆叶稍大，又似苜蓿叶大，开淡粉紫花
山扁豆	豆茶决明	*Cassia nomame*	根叶比苜蓿叶颇长，又似出生豌豆叶

●《群芳谱》

《群芳谱》全称《二如亭群芳谱》，是明代介绍栽培植物的一部巨著，王象晋编撰。

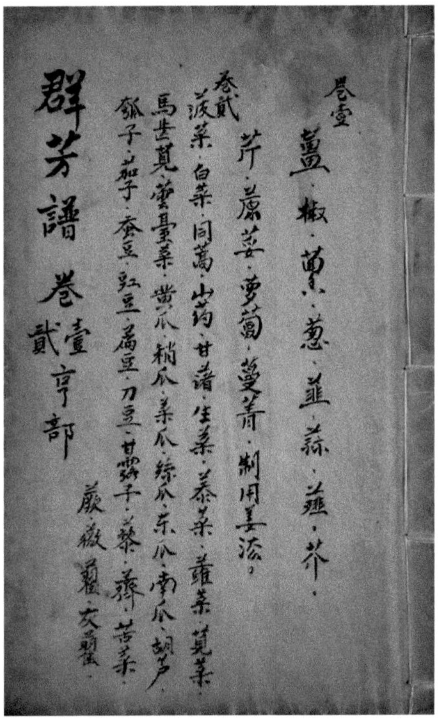

王象晋与《群芳谱》

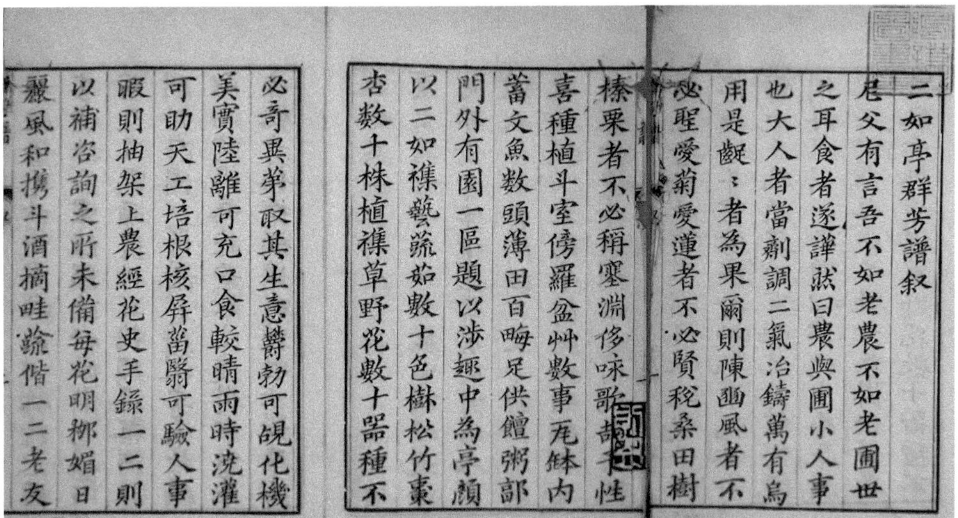

二如亭群芳譜叙

老父有言吾不如老農不如老圃世之耳食者遂諱訧曰農與圃小人事也大人者當剸調二氣治鑄萬有烏用是齪齪者為果爾則陳豳風者不必聖愛菊愛蓮者不必賢稅桑田樹榛栗者不必稱塞淵修咏歌者性喜種植斗室傍羅盆艸數事瓦鉢内蓄文魚數頭薄田百畮足供饘粥郭門外有園一區題以涉趣中為亭顏以二如襍蓺蔬茹數十色樹松竹棗杏數十株植襍草野花數十器種不必奇異第取其生意鬱勃可覘化機美實陸離可充口食較晴雨時澆灌可助天工培根核屛螽螣可驗人事暇則抽架上農經花史手錄一二則以補咨詢之所未備每花明柳媚日暖風和攜斗酒摘畦蔬偕一二老友

《群芳谱》

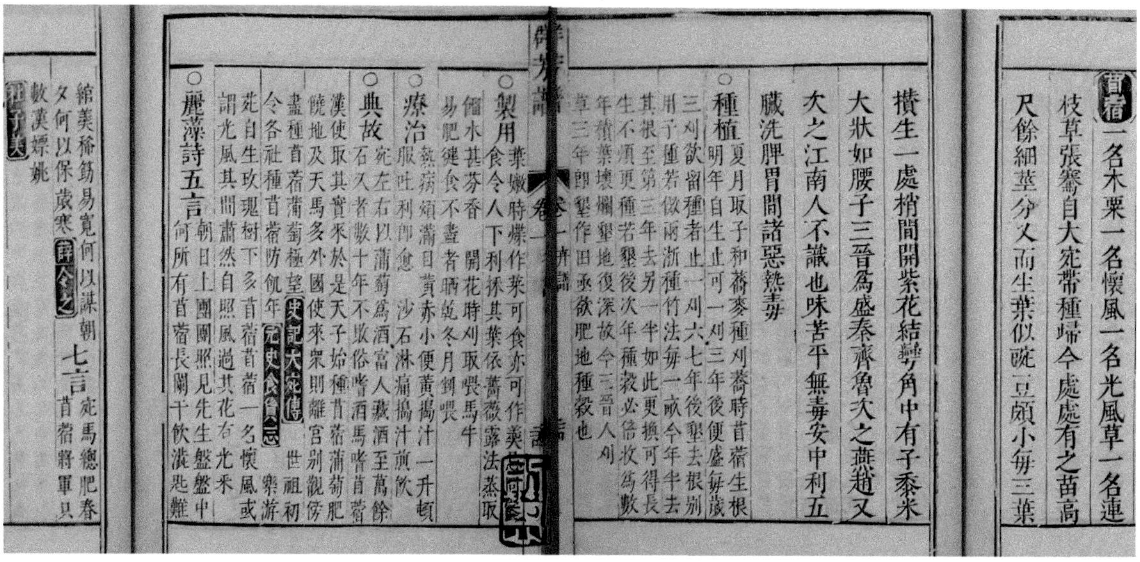
苜蓿 一名木粟一名懷風一名光風草一名連枝草張騫自大宛帶種歸今處處有之苗高尺餘細莖分叉而生葉似豌豆頗小每三葉攢生一處稍間開紫花結彎角中有子黍米大狀如腰子三晉爲盛秦齊魯次之燕趙又次之江南人不識也味苦平無毒安中利五臟洗脾胃間諸惡熱毒

《群芳谱》

《群芳谱》中苜蓿的特征特性

性状	性状描述
正名	苜蓿
别名	木粟，怀风，光风草，连枝草
来源	张骞自大宛带种归
分布	今处处有之。三晋为盛，秦、鲁次之，燕、赵又次之，江南人不识也
植株	苗高尺余
茎	细茎分叉而生
叶	叶似豌豆颇小，每三叶攒生一处
花	稍间开紫花
果实及种子	结弯角，中有子，黍米大，状如腰子
根	夏月取子，和荞麦种，刈荞时，苜蓿生根，明年自生，止可一刈
再生性	三年后便盛，每岁三刈
生长年限	六七年后垦去根
味性	味苦，平，无毒
主治	安中，利五脏，洗脾胃间诸恶

● **《本草纲目》中的苜蓿**

李时珍在《本草纲目》集解中谓苜蓿开黄花，而并非开紫花的苜蓿。《本草纲目》云："西京杂记言，苜蓿出大宛，汉使张骞带回中国，然今田野处处有之，陕陇人也有种者，年年自生，刈苗作蔬，一年可三刈，二月苗，一科十茎，茎颇似灰翟。一枝三叶，绿色碧艳，入夏及秋，开细黄花。结小荚圆扁，旋转有刺，数荚累累，老则黑色，内有米如穄，可为饭，又可酿酒。"

李时珍像

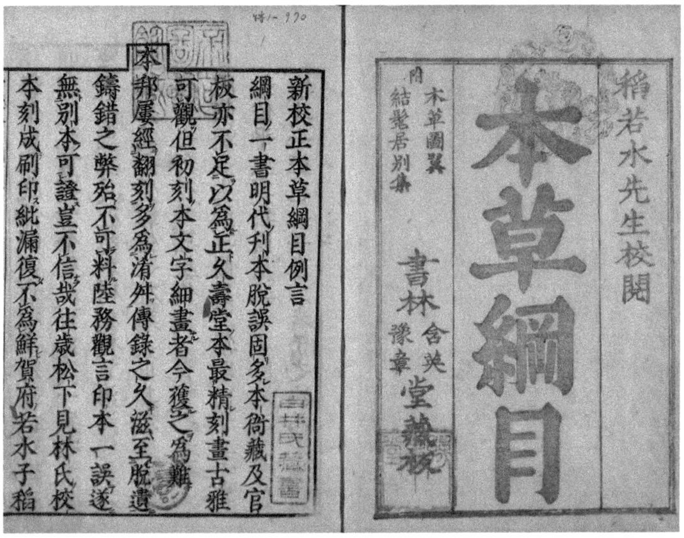

新校正本草綱目例言
綱目一書明代刊本脫誤固多本衙藏及官
板亦不足以為正久壽堂本最精刻畫古雅
可觀但初刻本文字細畫者今獲之為難
本邦屢經翻刻多為淆舛傳錄之久滋至脫遺
鑄錯之弊殆不可料陸務觀言印本一誤遂
無別本可證豈不信哉往歲松下見林氏校
本刻成刷印紕漏復不為鮮賀府若水子稻

稻若水先生校閱
本草綱目
本草圖翼
結髮居別集
書林 含英 豫章 堂藏板

《本草纲目》

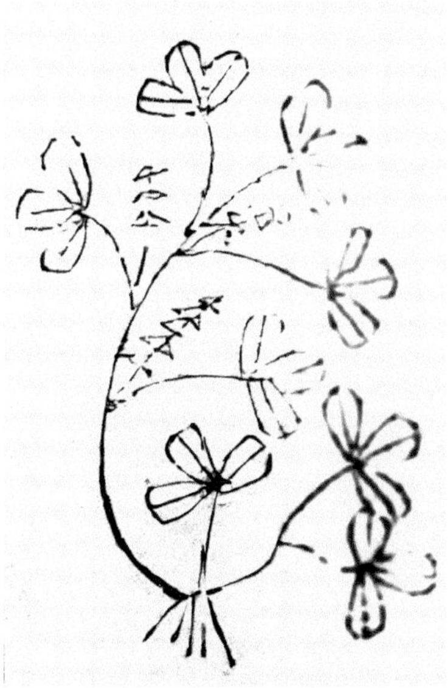

《本草纲目》中的苜蓿

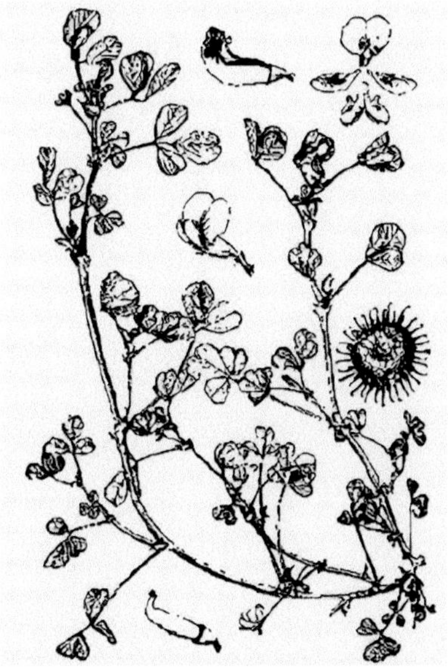

《江苏植物志》中的南苜蓿

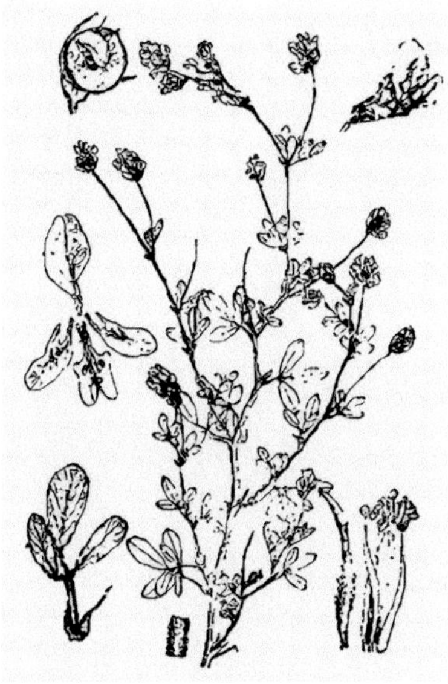

紫苜蓿

●《农政全书》

《农政全书》由明末徐光启（1562—1633 年）撰写。徐光启是明末杰出的科学家和农学家。明末西洋科学开始传入我国，徐光启不顾保守派的攻击，率先研究，并在天文历算方面，有相当高的成就，相关思想也正贯穿在《农政全书》中，该书不仅介绍了当时及前代的农业学识和经验，还转述了西方的水利科技知识。

徐光启与《农政全书》

《尔雅翼》曰：“木粟。言其米可炊饭也。郭璞作‘牧（苜）蓿’，谓其宿根自生，可饲牧牛马也。”《汉书·西域传》曰：罽宾有苜蓿、大宛马。武帝时，得其马，汉使采苜蓿种归。陆机《与弟书》曰：“张骞使外国十八年，得苜蓿归。”《西京杂记》曰：“乐游苑自生玫瑰树，下多苜蓿。苜蓿一名怀风，时人或谓光风草，风在其间萧萧然，日照其花有光彩，故名怀风。茂陵人谓之连枝草。（李时珍曰：二月生苗，一科（棵）数十茎。叶绿色。入夏及秋，开细黄花。结小荚，圆扁旋转，有刺。内有米如黍米，可为饭，可酿酒。）”

《齐民要术》曰：“地宜良熟。七月种之。畦种水浇，一如韭法。（玄扈先生曰：苜蓿，须先剪，上粪。铁杷掘之，令起，然后下水。）旱种者，重耧耩地，使垄深阔，窍瓠下子，批契曳之。每至正月，烧去枯叶，地液辄耕垄，以铁齿鎘楱鎘楱之，更以鲁斫劚其科土，则滋茂矣。（不尔，则瘦。）一年则三刈。留子者，一刈则止。春初既中生啖，为羹甚香。”

崔寔曰：“七月八月，可种苜蓿。”

玄扈先生曰：“苜蓿，七八年后，根满，地不旺。宜别种之。根中为薪。”

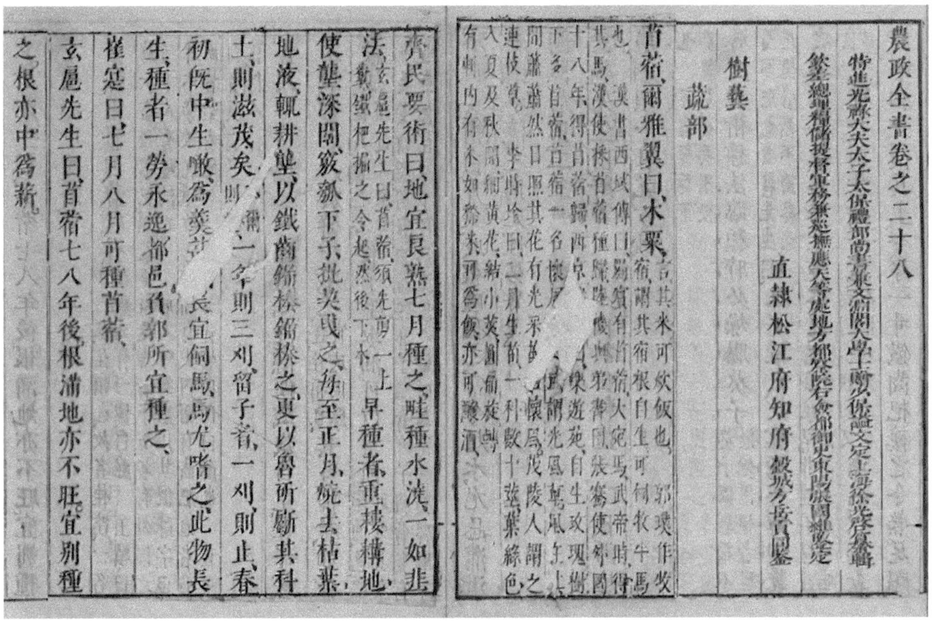

農政全書卷之二十八

特進光祿大夫太子太保禮部尚書兼文淵閣大學士贈少保謚文定上海徐光啓纂輯

欽差總理糧儲提督軍務兼巡撫應天等處地方都察院右僉都御史東陽張國維鑒定

直隸松江府知府穀城方岳貢同鑒

樹藝

蔬部

苜蓿、爾雅翼曰，木粟，言其米可炊飯也。郭璞作牧宿，謂其宿根自生，可飼牧牛馬也。漢書西域傳曰，罽賓有苜蓿、大宛馬，武帝時得其馬，漢使採苜蓿種歸，天子益種離宮館旁。陸璣言：張騫使外國十八年，得苜蓿歸。西京雜記曰：樂遊苑自生玫瑰樹，下多苜蓿，苜蓿一名懷風，時人或謂之光風，風在其間，常蕭蕭然，日照其花有光采，故名懷風，茂陵人謂之連枝草。李時珍曰：二月生苗，一科數十莖，葉綠色，入夏及秋，開細黃花，結小莢，圓扁旋轉有刺，內有米如穄米，可為飯，亦可釀酒。

齊民要術曰，地宜良熟，七月種之，畦種水澆，一如韭法。玄扈先生曰：苜蓿須先剪一上，鐵杷掘之，令起，然後下水。旱種者，重耬耩地，使壟深闊，竅瓠下子，批契曳之。每至正月，燒去枯葉，地液，輒耕壟，以鐵齒鎒榛鎒榛之，更以魯斫斸其科土，則滋茂矣。不爾，瘦矣。一年則三刈，留子者，一刈則止。春初既中生啖，為羹甚香。長宜飼馬，馬尤嗜之。此物長生，種者一勞永逸。都邑負郭，所宜種之。崔寔曰：七月八月，可種苜蓿。玄扈先生曰：苜蓿七八年後，根滿，地亦不旺，宜別種之。根亦中為薪。

《农政全书·树艺·蔬部》中的苜蓿

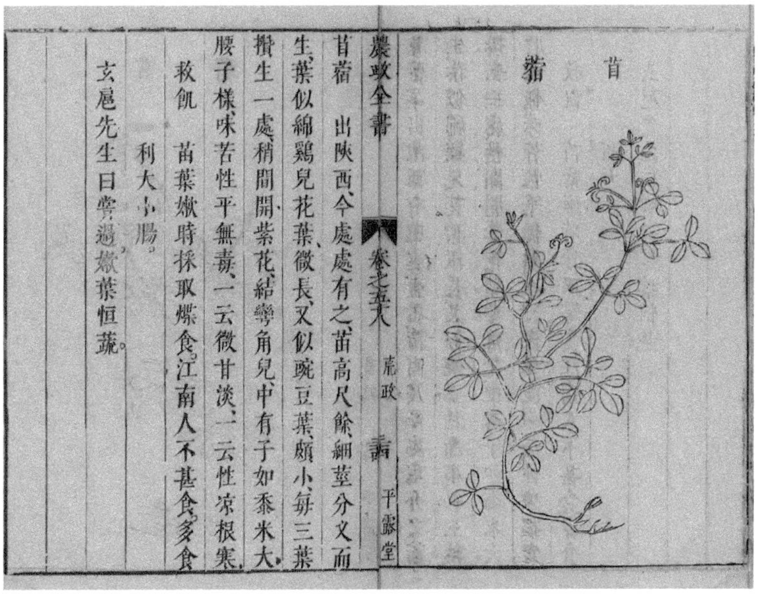

農政全書　卷之五十八　荒政　平露堂

苜蓿　出陝西，今處處有之。苗高尺餘，細莖分叉而生，葉似綿雞兒花葉，微長，又似豌豆葉，頗小，每三葉攢生一處。稍間開紫花，結彎角兒，中有子如黍米大，腰子樣。味苦，性平，無毒。一云微甘淡，一云性涼。根寒。

救飢　苗葉嫩時，採取煠食。江南人不甚食，多食利大小腸。

玄扈先生曰：嘗過，嫩葉恒蔬。

《农政全书·荒政·蔬部》中的苜蓿

● **《植物名实图考》**

《植物名实图考》是中国植物学史上一部十分重要的著作。成书于清道光二十八年（1848 年）刊行。作者吴其濬在完成这部世界闻名的植物学著作之前，先完成了一部巨著《植物名实图考长编》（简称《长编》）。

吴其濬像

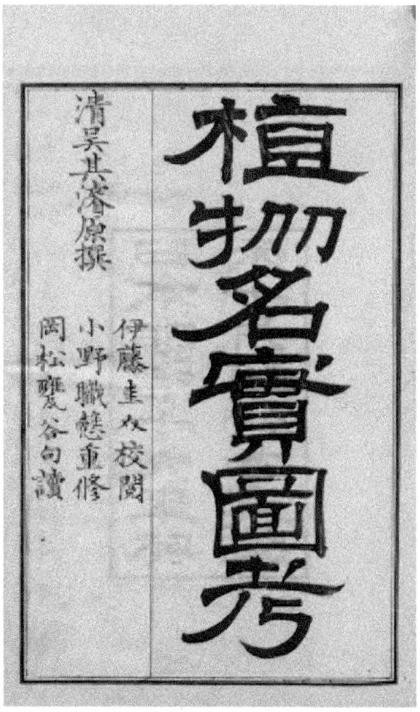

《植物名实图考》

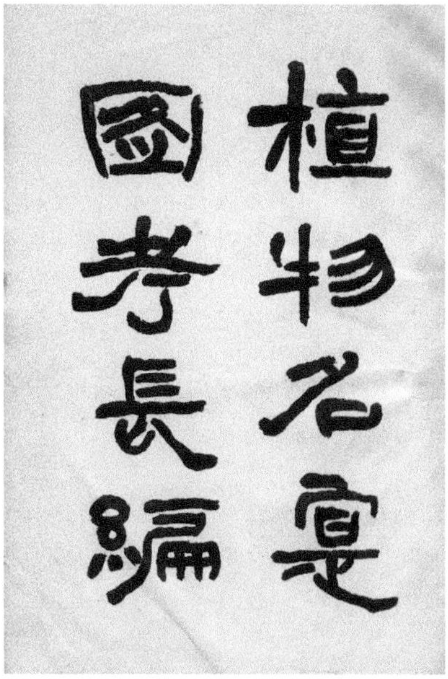

《植物名实图考长编》

在《植物名实图考》中吴其濬首次将苜蓿分为 3 种，即苜蓿、野苜蓿（一）和野苜蓿（二）进行记述，并附图。吴其濬在《植物名实图考长编》和《植物名实图考》中曰：“〈释草小记〉：艺根审实，叙述无遗，斥李说之误，褒群芳之核，可谓的矣。但李说黄花者，自是南方一种野苜蓿，未必即水木樨耳。”吴其濬曰：“（苜蓿）宿根肥雪，绿叶早春与麦齐浪。”即苜蓿是宿根植物（冬季茎叶枯死根不死），早春长出枝条返绿。在记述苜蓿植物学特征的同时，吴其濬又记述了 2 种野苜蓿的特征。野苜蓿一：俱如家苜蓿而叶尖瘦，花黄三瓣，干则紫黑。唯拖秧铺地，不能植立，移种然。《群芳谱》云紫花，《本草纲目》云黄花。野苜蓿二：生江西废圃中，长蔓拖地，一枝三叶，叶园有缺，茎际开小黄花，无摘食者。李时珍谓苜蓿黄花者当即此，非西北之苜蓿也。《中国高等植物图鉴》中将苜蓿分为紫苜蓿、野苜蓿和南苜蓿。

《植物名实图考》中 3 种苜蓿的特征特性

特征特性	苜蓿	野苜蓿（一）	野苜蓿（二）
别名	怀风		
原产地	张骞使西域，得苜蓿菜		
分布	西北		生江西废圃中
生境	种之畦中		
植株		唯拖秧铺地，不能植立	长蔓拖地
叶	绿叶早春与麦齐浪	如家苜蓿而叶尖瘦	一枝三叶，叶圆有缺
花	夏时紫萼颖竖	花黄三瓣	茎际开小黄花
果实及种子		干则紫黑	
根	宿根肥雪		
性味			

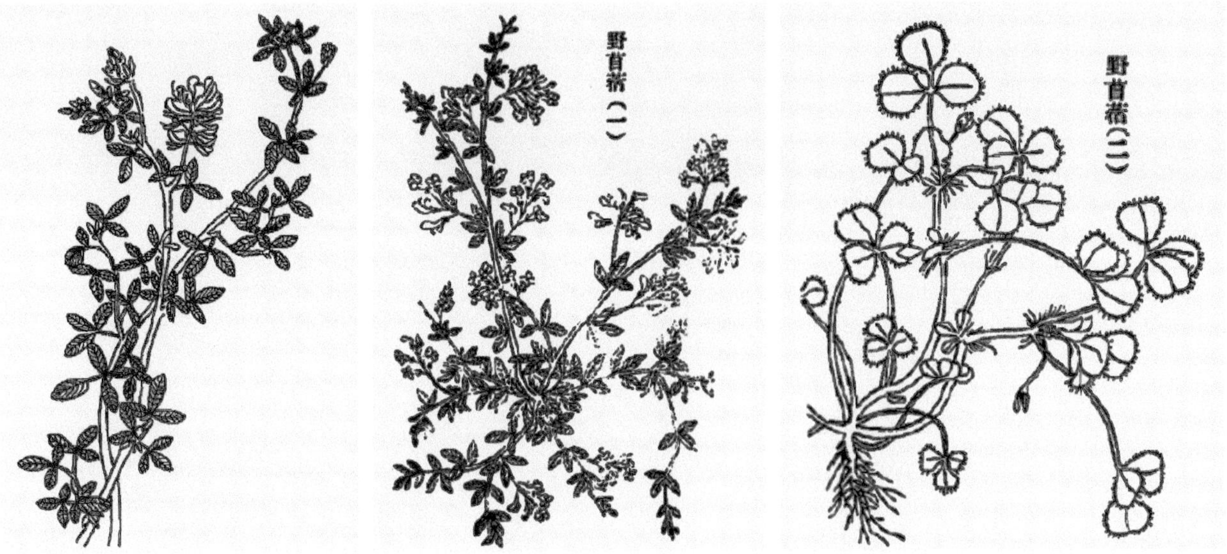

1　　2　　3

图1：果实种子：荚果螺旋形，有疏毛，先端有喙，有种子数粒，种子肾形，黄褐色

图2：果实种子：荚果扁，矩形，弯曲，有柔毛

图3：果实种子：荚果螺旋形，边缘具疏刺，刺端钩状

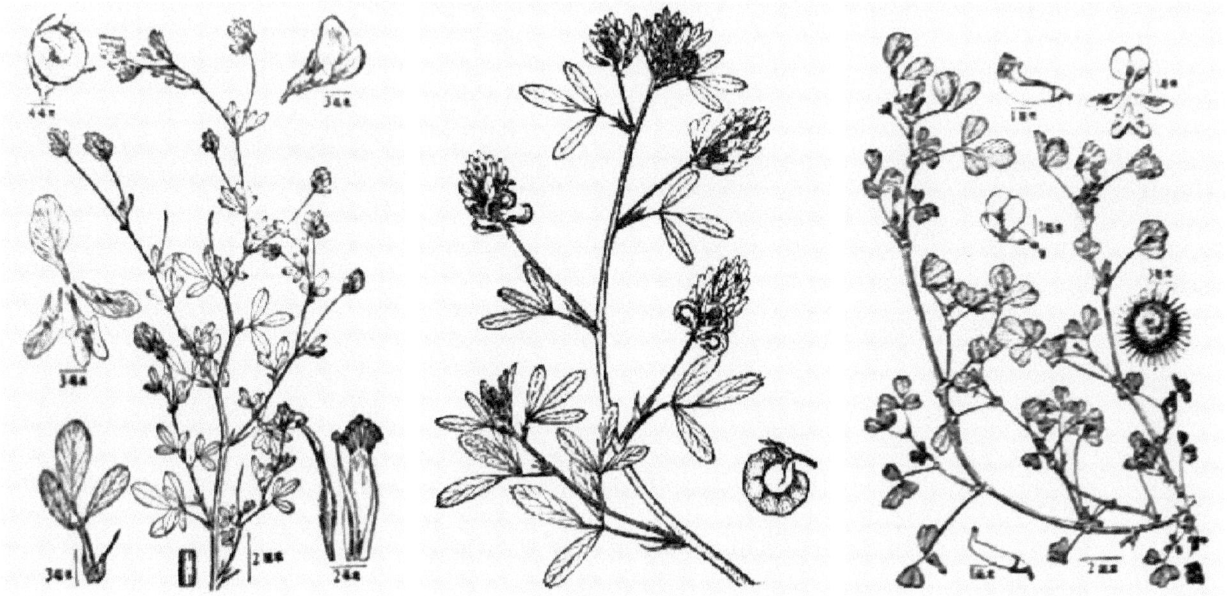

紫苜蓿　　野苜蓿　　南苜蓿

《中国高等植物图鉴》中紫苜蓿、野苜蓿和南苜蓿图

● 程瑶田与《释草小记》

《释草小记》由程瑶田撰著。程瑶田是乾嘉时期皖派经学的重要代表人物之一。程瑶田名物考证的著作主要有《九谷考》《释宫小记》《释草小记》《释虫小记》《考工创物小记》等，这些著作对古代经书中九谷、草虫、宫室、车舆、礼乐兵器等名物做了细致系统的考证。

程瑶田与《程瑶田全集》

《释草小记·莳苜蓿纪讹兼图草木樨》苜蓿与草木樨性状比较

特征特性	苜蓿	草木樨	相似性
名称	苜蓿	木樨	北人声音相似
花色	淡紫色	黄花	惟一开黄花，一开紫花，则大异
种子	形如腰子，似豆，又似沙苑蒺藜，而极小，仅如粟大。有薄衣，黄色。衣内肉，淡牙色。中坚而外光。衣肉相著，如麦之著皮，非若他谷有壳含米也	大如黍，圆扁而稍尖，皂色，不坚不滑	真苜蓿子，则与草木樨种子大异
茎和花	一茎分两叉，渐上，一股又分为两，如此又上至五六成皆然。长者二三尺。其作花也，于大茎每节叶尽处，生细茎如丝，攒生花四五枝，一簇顺垂，不四向错出。花中有心，作硬须靠大出，末有黄蕊	环绕一茎，茎寸许，着十余花，茎直上而花下垂	
果实	荚形曲而员，末与本相凑，如小荷包。数荚攒聚，如其作花时	七月渐结子，黑色，离离下垂	
梗	梗细甚，然已觉微硬。长者梗硬如铁线，屈曲横卧于地。间有一二挺出者，则其短者也，体柔而质刚		
叶	叶则一枝三出，叶末有微齿		
根	初生时，掘其根视之，一条独行。蓿根生苗		
植株	长茎百十为丛。互相缭结，竟区一片如乱发然。	如树成枝干	

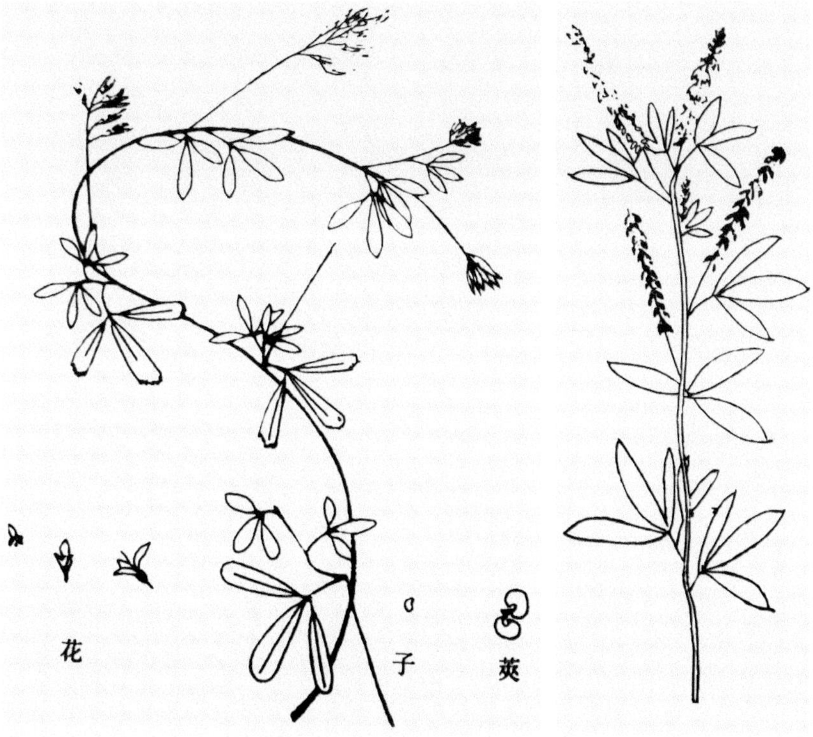

苜蓿与草木樨

程瑶田还发现，苜蓿“初年结单角，但如小荷包。明年则一荚旋绕，有叠至二三四五环者。兹复图以明之。”这与现代苜蓿植物学的研究结果十分吻合。

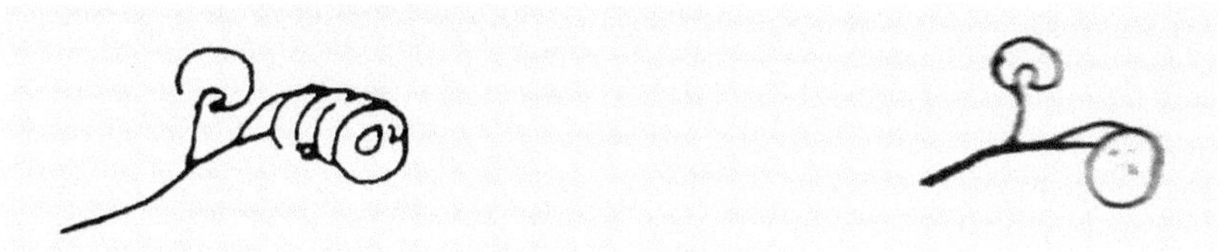

苜蓿荚果

第二节　苜蓿农艺技术

一、最早的牧草引种

苜蓿引种始于汉武帝时期，由张骞于公元前 126 年引种，已有 2 000 多年的历史。司马迁《史记》记载：“汉使取其实来，于是天子始种苜蓿、蒲陶肥饶地。及天马多，外国使来众，则离宫别观旁尽种蒲陶、苜蓿极望。”梁任昉的《述异记》和宋祝穆的《古今事文类聚后集》也记述了张骞引进苜蓿的史实。

嗜酒马嗜苜蓿汉使取其
实来于是天子始种苜蓿
蒲陶肥饶地及天马多外
国使来众则离宫别观旁
尽种蒲陶苜蓿极望自大

述异记卷下

梁 任昉 撰

张骞苜蓿园今在洛
中苜蓿本胡中菜也张骞
始于西戎得之

《述异记》

二、最早的苜蓿农事记载

我国最早的农书《氾胜之书》成书于汉成帝时，氾胜之根据当时黄河流域关中地区，农业生产技术的成就而写成的农书，在汉朝即享有盛誉，可以说是整个汉朝最杰出的农书。可惜《氾胜之十八篇》早已失传，目前的《氾胜之书》是根据《齐民要术》《太平御览》等文献中记载的内容汇合而成，书中虽然没有苜蓿记载，但我国著名农史学家王毓瑚认为，《氾胜之书》中不可能没有苜蓿记载，因为苜蓿是当时关中地区很重要的作物，只是因为《氾胜之书》失传，而目前仅有的资料没有苜蓿而已。

尽管残存的《氾胜之书》在介绍关中地区农事活动中，没有介绍当时在关中地区已广泛种植的苜蓿，幸运的是东汉崔寔（约 103—170 年）《四民月令》介绍了当时苜蓿的播种、刈割技术，成为最早记载苜蓿栽培技术的典籍。书中提到：“（正月）苜蓿子及杂蒜，可种；此二物皆不如秋。（七月）可种芜菁及芥、苜蓿……刈刍茭。（八月）种大、小蒜，芥，苜蓿。”

氾胜之像

氾胜之

氾胜之，山东曹县人，生卒年代不详，大约生于西汉末年，早年因学识渊博被举荐到长安任议郎。氾胜之在任议郎一职中对农业生产十分重视，通过研究西汉农业生产的发展历程，提出一系列提高农业生产水平的设想，后被汉成帝赏识，被西汉王朝任命为“劝农使者“负责“教田三辅”。在长期从事农业生产的实践中，氾胜之撰写了一部重要的农书《氾胜之书》，这是今天能见到的我国历史上最早的由个人独立撰写的农书。

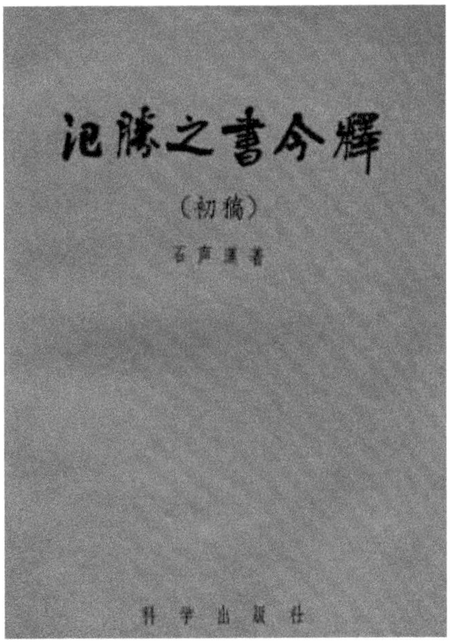

《氾胜之书今释》

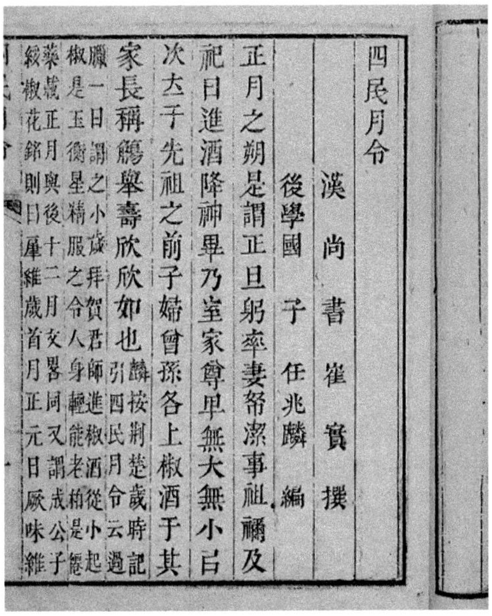

四民月令
漢　尚書崔寔撰
後學國子任兆麟編
正月之朔是謂正旦躬率妻帑潔事祖禰及
祀日進酒降神畢乃室家尊卑無大無小以
次坐于先祖之前子婦曾孫各上椒酒于其
家長稱觴舉壽欣欣如也 麟按荆楚歲時記引四民月令云過
臘一日謂之小歲拜賀君師耆老進椒酒從小起
椒是玉衡星精服之令人身輕能老柏是僊
藥歲正月與後十二月文略同又謂之成公子
綏椒花銘則曰犀維歲首月正元日厥味維

《四民月令》

三、《齐民要术》中的苜蓿种植技术

《齐民要术》是北魏时期的我国杰出农学家贾思勰所著的一部综合性农书，成书于北魏末年（约公元 533—534 年），是完整记载苜蓿农事活动的最早的农书之一，是中国现存的最完整的农书，也是世界科学文化宝库中的珍贵典籍。

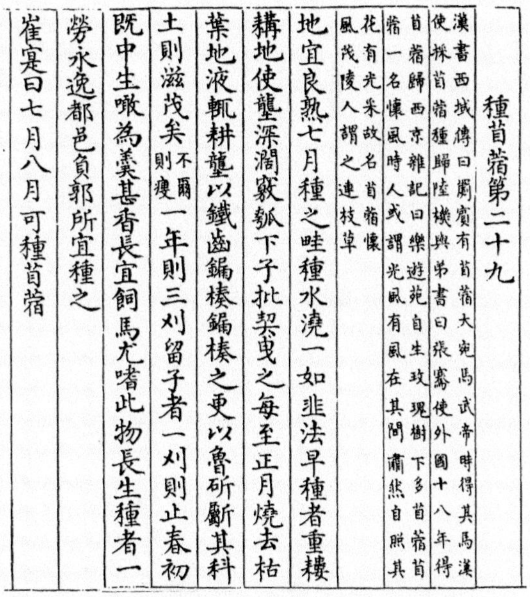

種苜蓿第二十九
漢書西域傳曰罽賓有苜蓿大宛馬武帝時得其馬漢使採苜蓿種歸陸機與弟書曰張騫使外國十八年得苜蓿歸西京雜記曰樂遊苑自生玫瑰樹下多苜蓿苜蓿一名懷風時人或謂光風光風在其間蕭然自照其花有光采故名苜蓿懷風茂陵人謂之連枝草
地宜良熟七月種之畦種水澆一如韭法早種者重耬
耩地使壟深闊竅瓠下子批契曳之每至正月燒去枯
葉地液輒耕壟以鐵齒鍋楱鍋楱之更以魯斫斸其科
土則滋茂矣不爾則瘦一年則三刈留子者一刈則止春初
既中生噉為羹甚香長宜飼馬尤嗜此物長生種者一
勞永逸都邑負郭所宜種之
崔寔曰七月八月可種苜蓿

《齐民要术》中的苜蓿

四、唐朝苜蓿种植技术

《四时纂要》由唐末或五代初期韩鄂撰，书中资料大量来自《齐民要术》。韩鄂《四时纂要》对苜蓿的种植管理、收获、利用等进行了记述，是最早记载苜蓿开紫花的书籍。

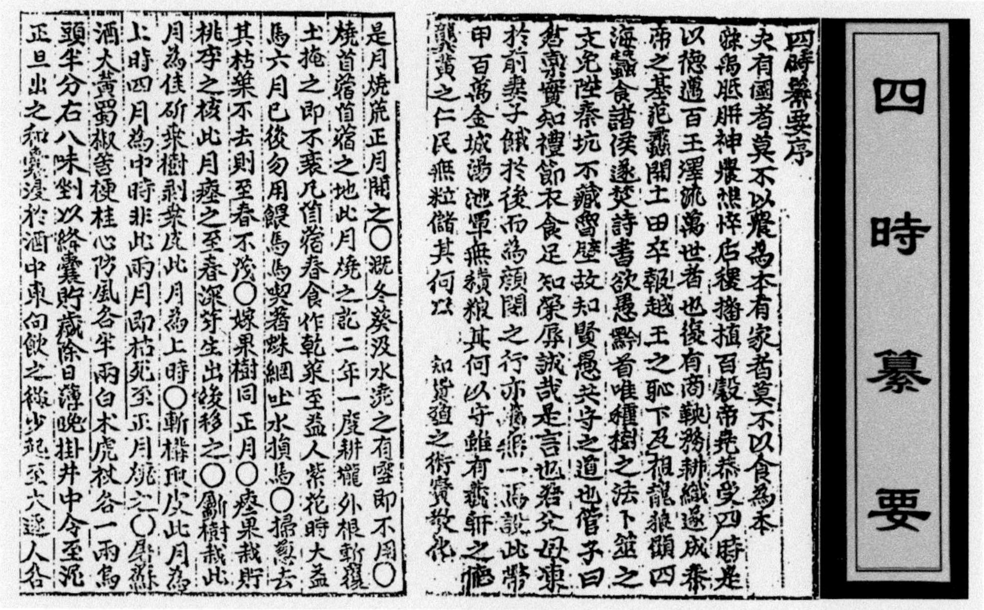

四時纂要

四時纂要序

夫有國者莫不以農為本有家者莫不以食為本雖禹胝胼神農憔悴后稷播植百穀帝堯恭受四時是以德邁百王澤流萬世者也後有商鞅務耕織遂成秦帝之基范蠡開土田卒報越王之恥下及祖龍猶顧四海黔食諸侯遂焚詩書欲愚黔首唯種樹之法不並之文免陛秦坑不藏魯壁故知賢愚共守之道也管子曰倉廩實知禮節衣食足知榮辱誠哉是言也君父母秉於前妻子餓於後而為顏閔之行亦萬無一焉設此帶甲百萬金城湯池軍無積粮其何以守雖有堯軒之德饑黃之仁民無粒儲其何以 知道之術實教化

是月燒荒正月開之○溉冬葵汲水澆之有蛩即不周○燒苜蓿苜蓿之地此月燒之訖二年一度耕壠外根斬覆土掩之即不衰凡苜蓿春食作乾菜至益人紫花時大益馬六月已後勿用餵馬馬喫著蛛網吐水損馬○掃葱去其枯葉不去則至春不茂○嫁果樹同正月○移果栽貯桃李之核此月瘞之至春深芽生出後移之○斸樹栽此月為佳斫桑樹剝桑皮此月為上時○斬樤取皮此月為上時四月為中時非此兩月即枯死至正月燒之○屠蘇酒大黃蜀椒苦梗桂心防風各半兩白朮虎杖各一兩烏頭半分右八味剉以絳囊貯歲除日薄晚掛井中令至泥正旦出之和囊浸於酒中東向飲之從少起至大遞人各

《四时纂要》

技术项目	技术措施要点
播种时间	尽二月上，可种瓜瓠、花葵、韭、大小葱。夏葱曰小，冬葱曰大，藜蘅、苜蓿子及杂蒜、芋；是月（注：七月）也可种芜菁、及芥苜蓿大小葱子、小蒜胡葱别韭岁韭菁刈
播种方式	种苜蓿：畦种一如韭法；若不作畦种，即和麦种之不妨。一时熟。老圃多解但肥地令熟，作垄种之，极益人
水肥管理	剪一遍，加粪，爬起，水浇。每一剪加粪，锄土拥之
收割	六月：收芥子、收花药子、收李核、收苜蓿、收槐花
田间管理	烧苜蓿：苜蓿之地，此月烧之，讫，二年一度，耕垅外，根斩，覆土掩之，即不衰
利用	凡苜蓿，春食，作干菜，至益人。紫花时，大益马。六月已后，勿用喂马；马吃著蛛网，吐水损马

《四时纂要》中苜蓿种植记载

五、元朝苜蓿种植技术

《农桑辑要》是元朝司农司撰写的一部农业科学著作，是我国第一部官方出版的农书。

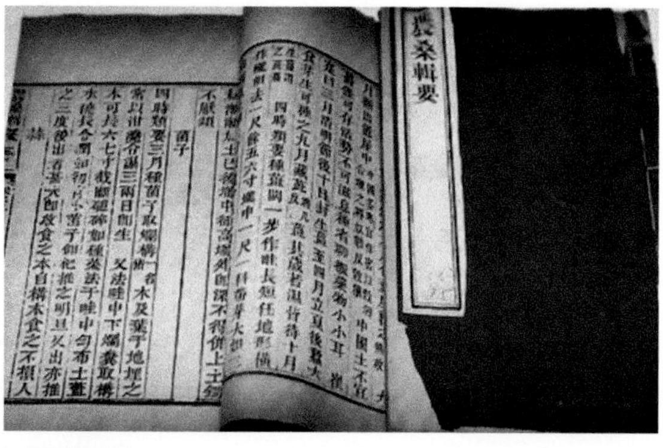

《农桑辑要》

农桑辑要卷六

元 司农司 撰

苜蓿

齐民要术地宜良熟七月种之畦种水浇一如韭法亦一剪一上粪铁杷耧土令起然后下水一年三刈留子者一刈则止春初既中生啖为羹甚香长宜饲马马尤嗜之此物长生种者一劳永逸都邑负郭所宜种之 崔寔曰七月八月可种苜蓿 四时类要苜蓿若不作畦种即和麦种之不妨 烧苜蓿之地十二月烧之讫二年一度耕垅外根即不衰凡苜蓿春食作干菜至益人

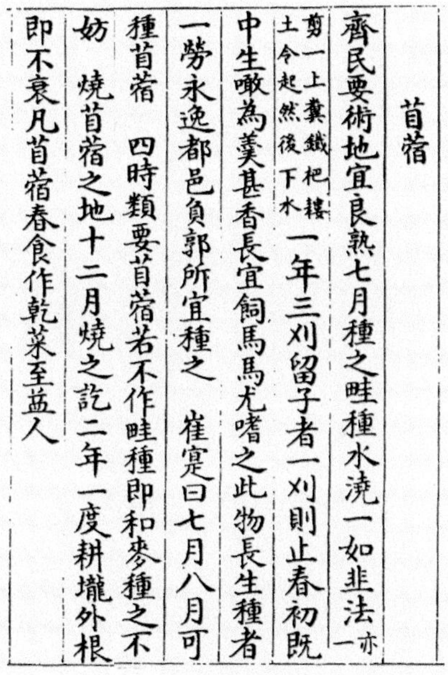

苜蓿

齊民要術地宜良熟七月種之畦種水澆一如韭法亦一剪一上糞鐵杷耬土令起然後下水一年三刈留子者一刈則止春初既中生噉為羹甚香長宜飼馬馬尤嗜之此物長生種者一勞永逸都邑負郭所宜種之 崔寔曰七月八月可種苜蓿 四時類要苜蓿若不作畦種即和麥種之不妨 燒苜蓿之地十二月燒之訖二年一度耕壠外根即不衰凡苜蓿春食作乾菜至益人

《农桑辑要》

六、明清苜蓿种植技术

《多能鄙事》明代初期刘基撰类书。书中对苜蓿种植技术进行了介绍。

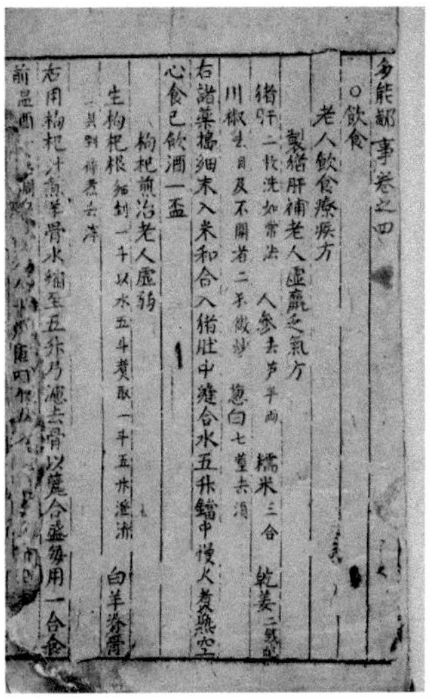

多能鄙事卷之四

○飲食

老人飲食療疾方

製猪肝補老人虛羸乏氣方

猪肝二枚洗如常法 人参去芦半兩 糯米三合 乾姜二錢炮

川椒去目及不開者二錢微炒 葱白七莖去須

右諸藥搗細末入米和合入猪肚中縫合水五升鐺中慢火煮熟空

心食已飲酒一盞

枸杞煎治老人虛弱

生枸杞根細剉一斗以水五斗煮取一斗五升澄清 白羊脊骨一具剉碎煮去滓

右用枸杞汁煮羊骨水縮至五升乃濾去骨以瓷合盛每用一合食

前温酒

刘基与《多能鄙事》

种苜蓿七月种之。畦种水浇，悉如韭法，一剪一上粪，耙搂立起，然后下水。每至正月，烧去枯叶，地液即搂明王晋象，更斫劚其科土，则不瘦。一年三刈，其留子者，一刈即止。此物长生，种不必再，尤宜食。

明·王晋象《群芳谱》对苜蓿种植技术颇有研究，并对其利用也进行了深入研究。

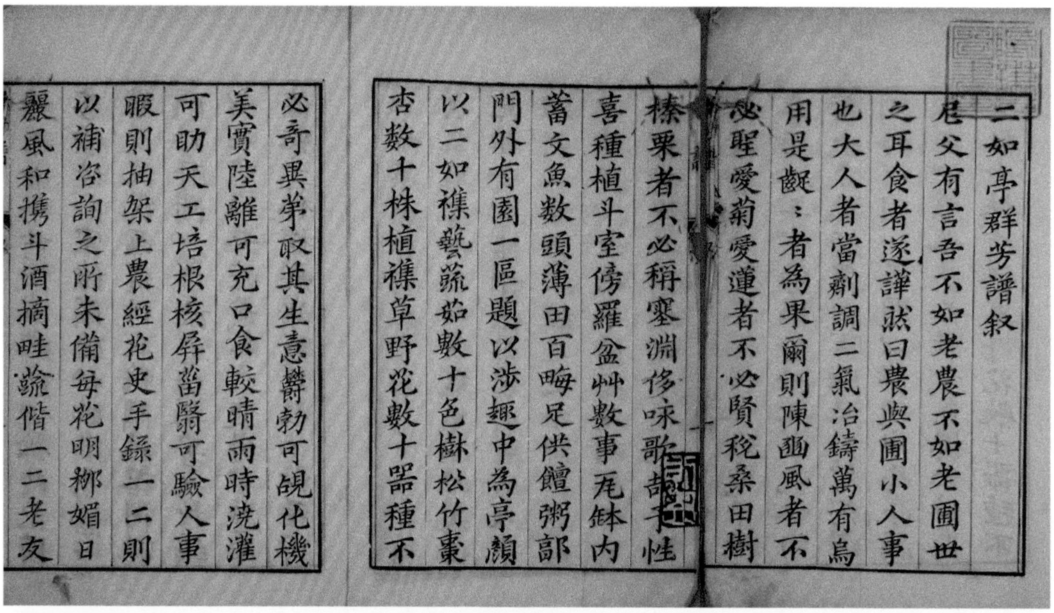
二如亭群芳譜叙
尼父有言吾不如老農不如老圃世之耳食者遂譁然曰農與圃小人事也大人者當劑調二氣冶鑄萬有烏用是齪齪者為果爾則陳豳風者不必聖愛菊愛蓮者不必賢稅桑田樹榛栗者不必稱塞淵修咏歌者于性喜種植斗室傍羅盆艸數事瓦鉢内蓄文魚數頭薄田百畮足供饘粥郭門外有園一區題以涉趣中為亭顏以二如襍藝蔬茹數十色樹松竹棗杏數十株植襍草野花數十器種不必奇異第取其生意鬱勃可覘化機美實陸離可充口食較晴雨時澆灌可助天工培根核穿蓝騐可驗人事暇則抽架上農經花史手錄一二則以補咨詢之所未備每花明鄉媚日麗風和攜斗酒摘畦蔬偕一二老友

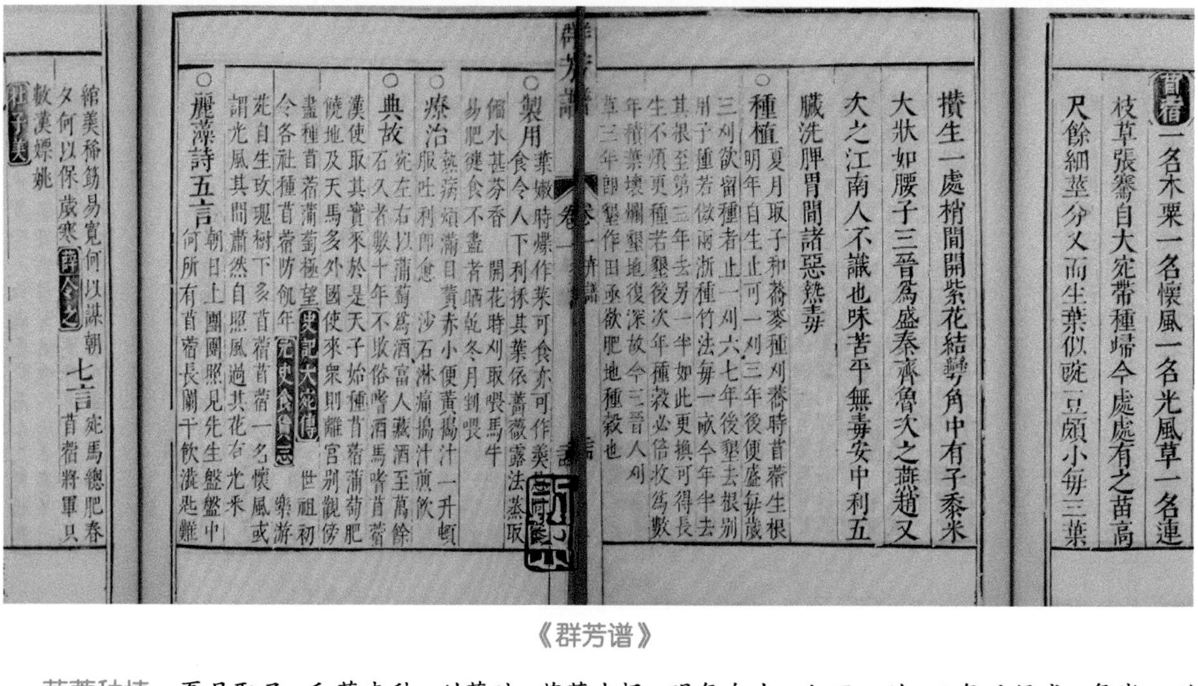
苜蓿 一名木粟一名懷風一名光風草一名連枝草張騫自大宛帶種歸今處處有之苗高尺餘細莖分叉而生葉似豌豆頗小每三葉攢生一處梢間開紫花結彎角中有子黍米大狀如腰子三晉為盛秦齊魯次之燕趙又次之江南人不識也味苦平無毒安中利五臟洗脾胃間諸惡熱毒

《群芳谱》

苜蓿种植 夏月取子，和荞麦种。刈荞时，苜蓿生根，明年自生，止可一刈，三年后便盛。每岁三刈，欲留种者，止一刈，六七年后垦去根，别用子种。若效两浙种竹法，每一亩今年半去其根，至第三年去另一半，如此更换，可得长生，不烦更种。若垦后次年种谷，必倍收，为数年积叶坏烂，垦地复深，故今三晋人刈草三年即垦作田，亟欲肥地种谷也。

制用 叶嫩时炸作菜，可食，可作羹。忌同蜜食，令人下利。采其叶，依蔷薇露法蒸取，馏水甚芬香。开花时，刈取喂马、牛，易肥健，食不尽者，晒干，冬月铡喂。

《养余月令》由明戴羲撰写。书中对苜蓿的种植利用进行了详尽的介绍。

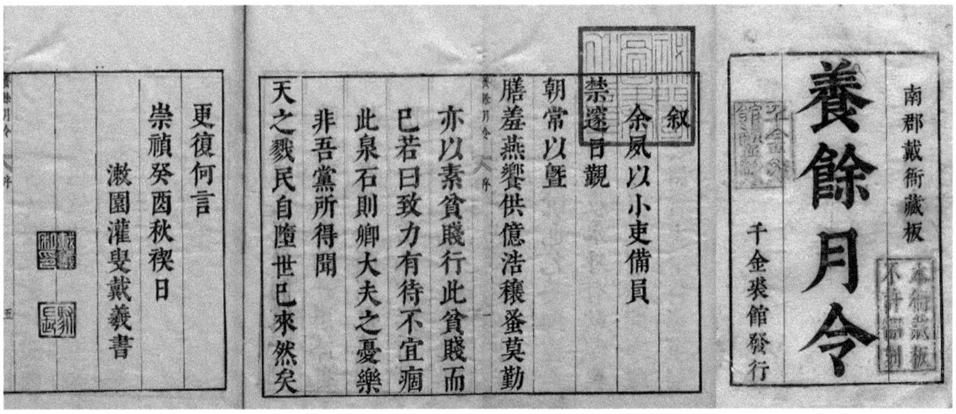
南郡戴衎藏板
養餘月令
千金裘館發行
本衙藏板 不許翻刻

敘
余夙以小吏備員
禁邇日覲
朝常以暨
膳羞燕饗供億浩穰蚤莫勤
亦以素貧賤行此貧賤而
已若曰致力有待不宜痼
此泉石則卿大夫之憂樂
非吾黨所得聞
天之戮民自墮世已來然矣
更復何言
崇禎癸酉秋稧日
漱園灌叟戴羲書

《养余月令》

苜蓿　是月（四月）取子，和荞麦种之。刈荞时，苜蓿生根，明年自生，三年极盛。留种者，每年止可一刈，或种二畦，以一畦今年一刈，柳为明年地，以一畦三刈。如此更换，可得长生，不须更种。

畜牧　是月（四月）已后，天气渐燥，凡用牛者，役使困乏，气喘涎流。或放之山，或逐之水。牛困得水，动辄移时，毛窍塞胨，因而乏食，以致疾病。其放山者，筋力疲竭，频蹶而僵，仆往往有之。皆不善养者也。苜蓿花，刈取喂马牛，易肥健。食不尽者，晒干，冬月铿喂。

艺种　种苜蓿，地宜良熟，七月种。水浇，一如韭法，一剪一上粪，铁杷耧土令起，然后下水。旱种者，重耧耩地，使垄深阔，窍瓠下子，批契曳之。每至正月，烧去枯叶，地液辄耕垄，以铁齿鍋榛鍋榛之，更砍劚其科土，则滋茂，不尔，瘦矣。一年三刈其苗，留子者，可一刈则止。春初既中生啖，为羹甚香美。偏宜饲马，马尤嗜之。此物长生，种者一劳永逸。都邑负郭，所宜种之。

《授时通考》是清鄂尔泰、张廷玉等纂的农书，修成于清朝乾隆初年，对历代苜蓿种植利用技术进行了总结。

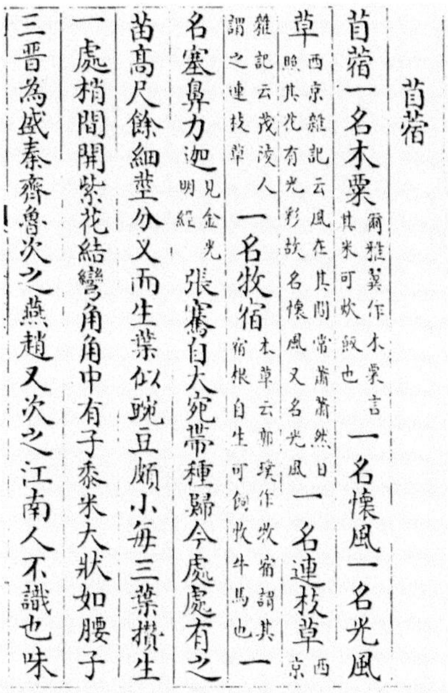
苜蓿
苜蓿一名木粟（爾雅翼作木粟言其米可炊飯也）一名懷風一名光風草（西京雜記云風在其間常蕭蕭然日照其花有光彩故名懷風又名光風）一名連枝草（西京雜記云茂陵人謂之連枝草）一名牧宿（本草云郭璞作牧宿謂其宿根自生可飼牧牛馬也）一名塞鼻力迦（見金光明經）張騫自大宛帶種歸今處處有之苗高尺餘細莖分叉而生葉似豌豆頗小每三葉攢生一處梢間開紫花結彎角角中有子黍米大狀如腰子三晉為盛秦齊魯次之燕趙又次之江南人不識也味

《授时通考》

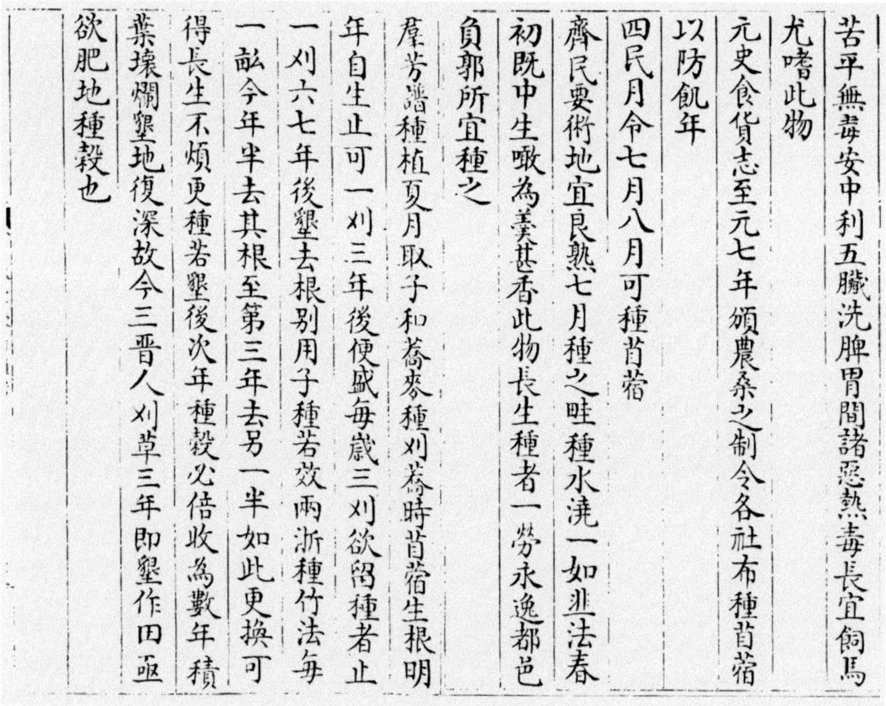

苦平無毒安中利五臟洗脾胃間諸惡熱毒長宜飼馬
尤嗜此物
元史食貨志至元七年頒農桑之制令各社布種苜蓿
以防飢年
四民月令七月八月可種苜蓿
齊民要術地宜良熟七月種之畦種水澆一如韭法春
初既中生噉為羹甚香此物長生種者一勞永逸都邑
負郭所宜種之
羣芳譜種植夏月取子和蕎麥種刈蕎時苜蓿生根明
年自生止可一刈三年後便盛每歲三刈欲留種者止
一刈六七年後墾去根別用子種若效兩浙種竹法每
一畝今年半去其根至第三年去另一半如此更換可
得長生不煩更種若墾後次年種穀必倍收為數年積
葉壞爛墾地復深故今三晋人刈草三年即墾作田亟
欲肥地種穀也

《授时通考》

《农圃便览》又名《西石梁农圃便览》，是清代丁宜曾撰写的农学书。

苜蓿，能洗脾胃诸恶热毒。开花时刈取喂马，易肥。夏月取子，和荞麦种之。刈荞麦时，苜蓿生根。

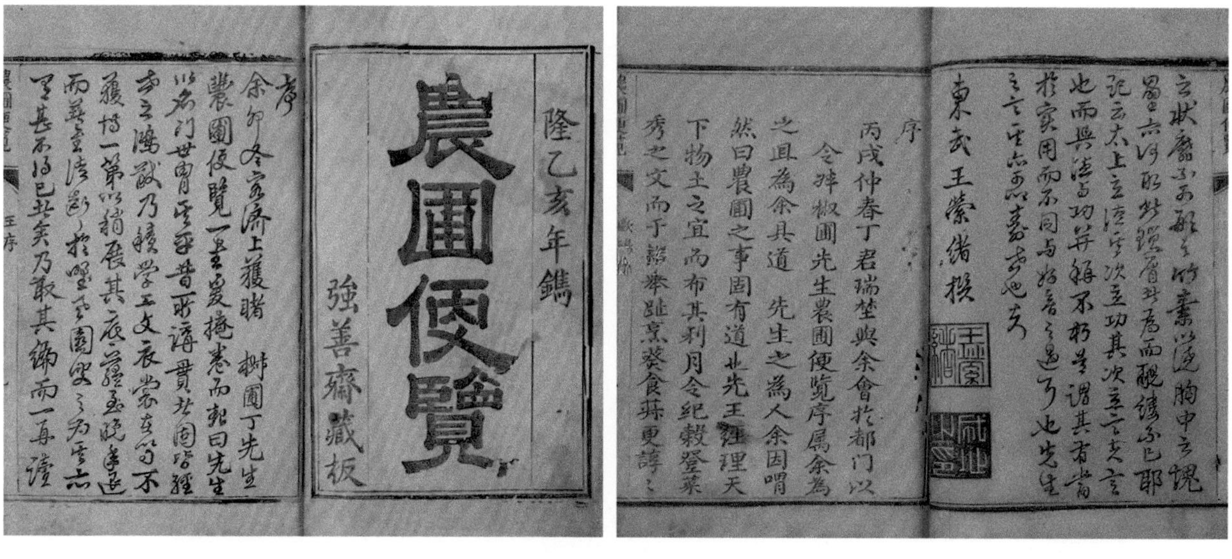

隆乙亥年鐫
農圃便覽
強善齋藏板

序
丙戌仲春丁君瑞楚與余會於都门以
令弟椒圃先生農圃便覧序屬余為
之且為余具道 先生之為人余因喟
然曰農圃之事固有道也先王經理天
下物土之宜而布其利月令紀穀登菓
秀之文而于豳率趾烹葵食菽更諄諄

東武王紫绪撰

《农圃便览》

《三农纪》由张宗法撰写，是清朝乾隆二十五年（1760 年）出版的一部农学巨著。

《三农纪》

（苜蓿）一年可三刈，易茂草也。隔一宿而长盛，起人之目也；隔十宿而援茂，快人之目也。故名苜蓿。芟之不歇。其根深，耐旱，盛产北方高厚之土，卑湿之处不宜其性也。

植艺 夏月收子，和荞并种，刈荞苗生。来年只可一刈，三年后更茂，每岁三刈，留种者只一刈，五六年后根结，宜垦去另植。法当用：每亩分三段，今年锄根一段，明年锄一段，至三年锄一段。去一段，长一段，不烦更种。每牲得种一亩，一岁足用。宜捕鼠除虫，其苗可茂。

《农桑经》由蒲松龄撰于康熙四十四年（1705年），书中有关于苜蓿种植技术的记载。

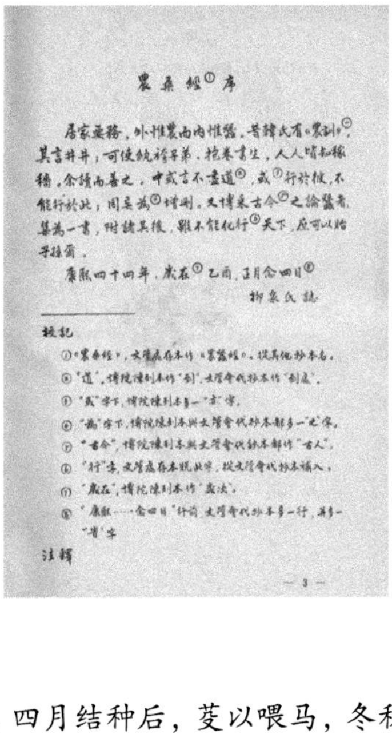

農桑經①序

居家要務，外惟農而內惟醫。昔韓氏有《農訓》②，其言井井，可使紈袴子弟、抱卷書生，人人皆知稼穡。余讀而善之，中或言不盡道③，或④行於彼，不能行於此，因妄為⑤增刪。又博采古今⑥之論醫者，集為一書，附錄其後，雖不能化行⑦天下，庶可以貽子孫爾。

康熙四十四年，歲在⑦乙酉，正月念四日⑧

柳泉氏誌

校記

注釋

— 3 —

蒲松龄与《农桑经》

苜蓿（二月耕田）野外有硗田，可种以饲畜。初生嫩苗，可食。四月结种后，芟以喂马，冬积干者，可喂牛、驴。

宜于七、八月种。一年三刈，留种者一刈。

苜蓿（六月）合荞麦种。荞刈，苜蓿生根，明年自生。可一刈，三年盛，岁三刈。欲留种，止一刈，六、七年去根另种。若垦而种谷，必大收。

清黄辅辰《营田辑要》刻于同治三年（1864 年），五年（1866 年）发行。该书是两千多年来我国农垦经验的总结，是我国古代论述屯田的最系统、完整的著作。

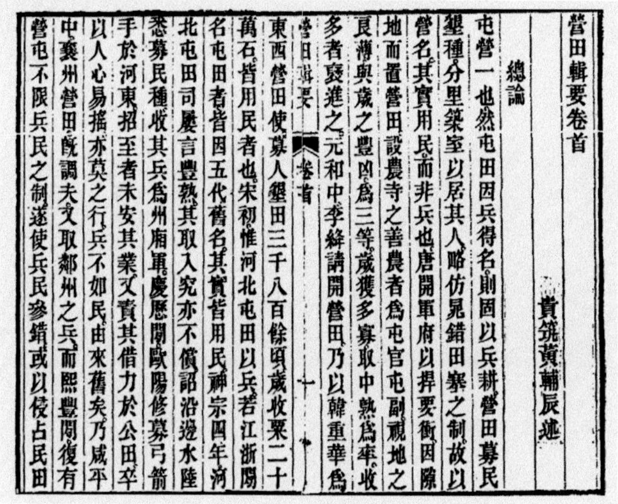
營田輯要卷首
總論
貴筑黄輔辰述
屯營一也然屯田因兵得名則固以兵耕營田募民
墾種分里築室以居其人略仿晁錯田塞之制故以
營名其實用民而非兵也唐開軍府以扞要衝因隙
地而置營田設農寺之善農者爲屯官屯副視地之
良薄與歲之豐凶爲三等歲獲多寡取中熟爲率收
多者褒進之元和中李絳請開營田乃以韓重華爲
營田輯要　卷首　十
東西營田使募人墾田三千八百餘頃歲收粟二十
萬石皆用民者也宋初惟河北屯田以兵若江浙閩
名屯田者皆因五代舊名其實皆用民神宗四年河
北屯田司屢言豐熟其取入究亦不償詔沿邊水陸
悉募民種收其兵爲州廂軍慶歷閒歐陽修募弓箭
手於河東招至者未安其業又責其借力於公田卒
以人心易搖亦莫之行兵不如民由來舊矣乃咸平
中襄州營田既調夫又取鄰州之兵而熙豐閒復有
營屯不限兵民之制遂使兵民參錯或以侵占民田

《营田辑要》

苜蓿，七八月种，春初可生啖、熟食。岁可三刈，欲留种者止一刈。此物长生，一种之后，明年自生，可一刈，久则三刈，六七年后，去其繁根便茂，若以种地必倍收。西北多种此以饲畜，以备荒，南人惜不知也。

《救荒简易书》由郭云升撰，是晚清时期的重要救荒类农书，全书吸收了中国传统农业科技和西方相关科技知识，以河南地区为中心介绍了多种实用农业技术减灾措施。

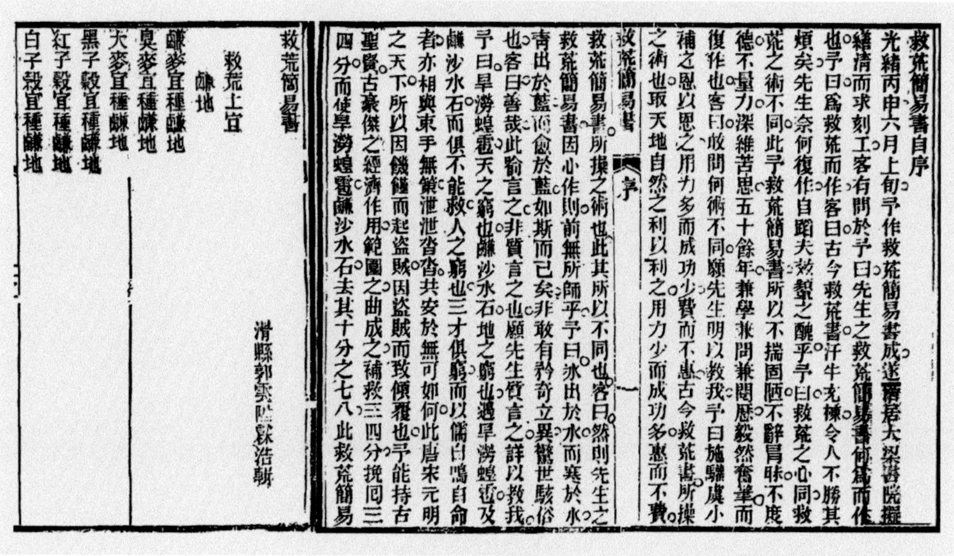
救荒簡易書自序
光緒丙申六月上旬予作救荒簡易書成遂爾居大梁書院擬
繕清而求刻工客有問於予曰先生之救荒簡易書何爲而作
也予曰爲救荒而作客曰古今救荒書汗牛充棟令人不勝其
煩矣先生奈何復作自蹈夫效顰之醜乎予曰救荒之心同救
荒之術不同此予救荒簡易書所以不揣固陋不辭冒昧不度
德不量力深維苦思五十餘年兼學兼問兼閱歷毅然奮筆而
復作也客曰敢問何術不同願先生明以教我予曰施驟廣小
補之恩以恩之用力多而成功少費而不惠古今救荒書所操
之術也取天地自然之利以利之用力少而成功多惠而不費
救荒簡易書　序　一
救荒簡易書所操之術也此其所以不同也客曰然則先生之
救荒簡易書因心作則前無所師乎予曰冰出於水而寒於水
青出於藍而愈於藍如斯而已矣非敢有矜奇立異驚世駭俗
也客曰善哉此論言之非質言之也願先生質言之詳以教我
予曰旱澇蝗雹天之窮也鹻沙水石地之窮也遇旱澇蝗雹及
鹻沙水石而俱不能救人之窮也三才俱窮而以儒自鳴自命
者亦相與束手無策泄泄沓沓共安於無可如何此唐宋元明
之天下所以因饑饉而起盜賊因盜賊而致傾覆也予能持古
聖賢古豪傑之經濟作用範圍之曲成之補救三四分挽回三
四分而使旱澇蝗雹鹻沙水石去其十分之七八此救荒簡易
救荒簡易書
救荒上宜
滑縣郭雲陞款浩輯
鹻地
鹻麥宜種鹻地
臭麥宜種鹻地
大麥宜種鹻地
黑子穀宜種鹻地
紅子穀宜種鹻地
白子穀宜種鹻地

《救荒简易书》

苜蓿救荒宜土

苜蓿菜宜种碱地解　祥符县老农曰，苜蓿菜性耐碱，宜种碱地，并且性能吃碱，久种苜蓿能使碱地不碱。

苜蓿菜宜种沙地解　苜蓿菜沙地能成，冀州及南宫县有种苜蓿于沙地者。

苜蓿菜宜种石地解　苜蓿菜性喜唅寒，宜种于又唅又寒石地。

苜蓿菜宜种淤地解　一劳永逸，生生不穷，苜蓿菜有此力量，种于刚硬淤地，刚硬不能为害也。

苜蓿菜宜种虫地解　苜蓿菜芽上无糖，虫不愿食也。

苜蓿菜宜种草地解　苜蓿菜宜于五六月种，假借草之阴凉以免烈日晒杀，使其因祸为福，化害为利。

苜蓿菜宜种阴地解　田地向阴，或山所遮，或林所蔽，农民辄叹棘手，若种苜蓿必能茂盛。

《豳风广义》由杨屾撰，是一部地方性劝民植桑养蚕的农书，是中国18世纪以蚕桑丝绸为主要内容介绍北方地区的农副业生产的技术专著。成书于清乾隆年间，于1742年刊行后，陕西、河南、山东都曾重刻，流传较广。

杨屾像

收食料法欲积冬月食料，须于春夏之间，待苜蓿长尺许，俟天气晴明，将苜蓿割倒，转入场中，摊开晒极干，用碌碡碾为细末，密筛筛过收贮。待冬月合糠麸之类，量猪之大小肥瘦，或二八相合，或三七相合，或四六，或停对，斟酌损益而饲之。且饲牧之人，宜常采杂物以代麸糠，拾得一分遂省一分食。稍有空间之处，即可放牧，放得一日，即省一日之费。总要慇勤细心掌管，自然其利百倍矣。

一收食料畜羊必积食料，若不预算，以至冬雪满地，或大雨连绵，不能出放，无物饲养，一致饿损，不唯不孳息，往往有断种者。须在三四月间以羊只多少，预种大豆，或小黑豆、杂谷，并草留之。不须锄治，八九月间带青色获取晒干，多积苜蓿好。

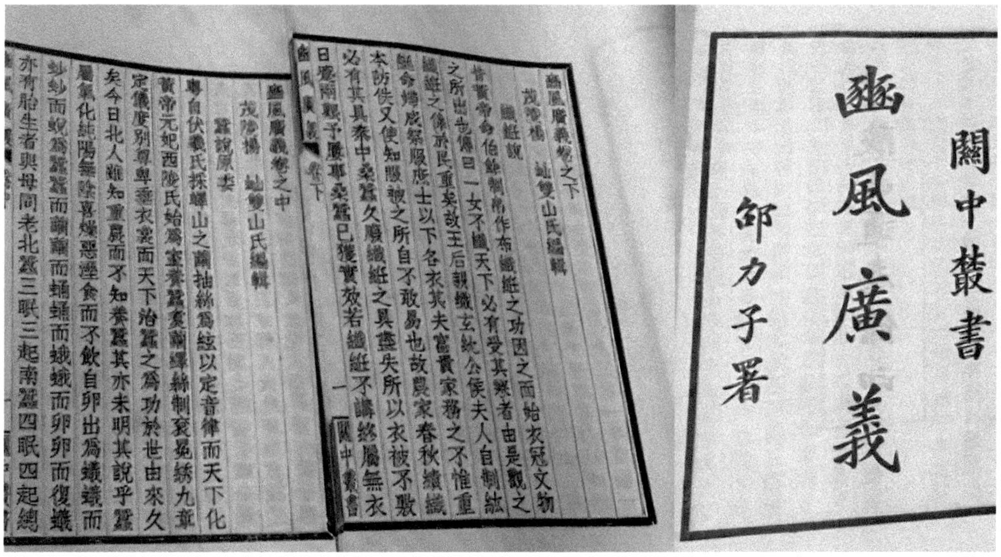

關中藏書
豳風廣義
郃力子署

《豳风广义》

第三节 苜蓿本草

一、最早的苜蓿本草性记载

《名医别录》由梁陶弘景撰，是有重要本草学文献价值的著作。

苜蓿 味苦，平，无毒。主安中，利人，可久食。

《本草经集注》是梁代陶弘景在《神农本草经》的基础上，增加魏晋及以前名医记录的资料注释而成，所以本书是《神农本草经》的最早注释本。

苜蓿 味苦，平，无毒。主安中，利人，可久食。长安中乃有苜蓿园，北人甚重此，江南人不甚食之，以无气味故也。外国复别有苜蓿草，以治目，非此类也。

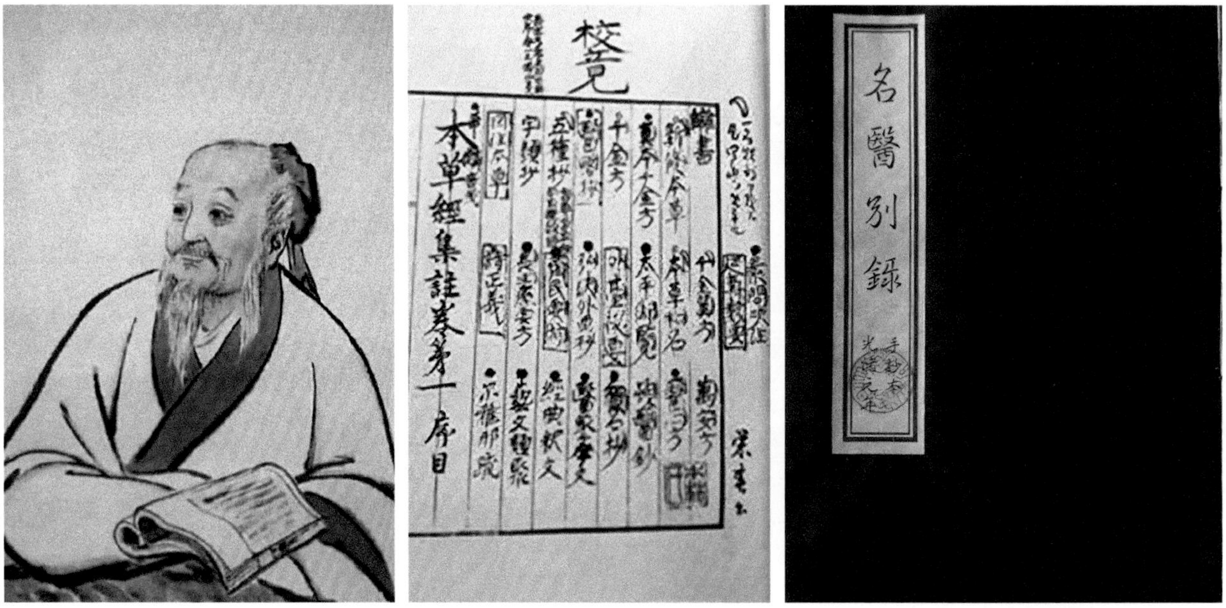

陶弘景像与《本草经集注》

二、国家第一部药典中的苜蓿

《新修本草》为药学著作，又称《唐本草》。显庆二年（657 年），苏敬等上疏朝廷，要求编修新的本草。唐高宗准允了此事，指派长孙无忌、李勣、许敬宗、李淳风、孔志约、蒋季琬、许弘、许弘直、曹孝俭等 22 人与苏敬一起集体修订新本草。《新修本草》于显庆四年（659 年）编成。《新修本草》是世界上第一部由国家颁布的药典，分为正文、图和图经三部分。

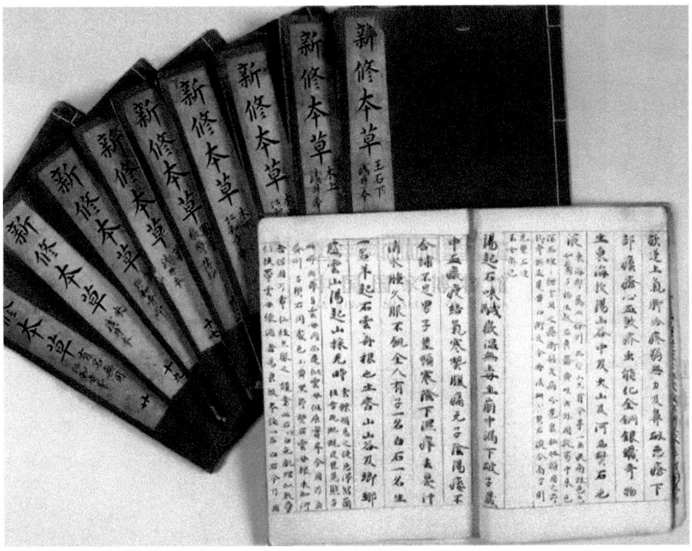

《新修本草》

苜蓿味苦，平，无毒。主安中，利人，可久食。长安中乃有苜蓿园，北人甚重此，江南人不甚食之，以无气味故也。外国复别有苜蓿草，以疗目，非此类也。〔谨案〕苜蓿茎叶平，根寒。主热病，烦满，目黄赤，小便黄，酒疸。捣取汁，服一升，令人吐利，即愈也。

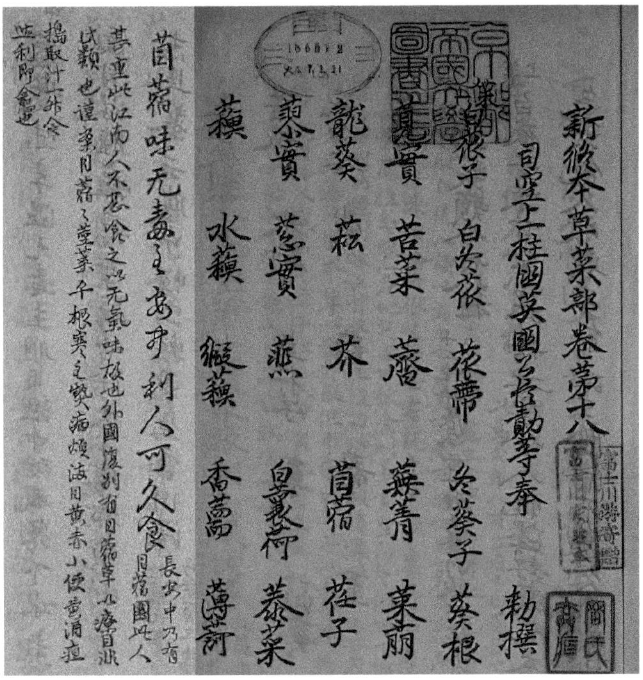

《新修本草》

三、宋代本草中的苜蓿

从宋到明末，是我国封建经济的高度发展期，也是本草学发展的极盛期。两宋时期，是我国封建文化高度发展的时期。在这个时期本草著作大量涌现，其代表作有苏颂的《本草图经》（也称《图经本草》）、唐慎微《经史证类备急本草》（现存政和重修本，《简称《证类本草》）。由于对本草著作的整理和修订，促进了人们对药用动植物的研究，推动了包括苜蓿在内的本草生物学的发展。

苏颂像

唐慎微所撰的《重修政和经史证类备用本草》。这本书不仅总结了过去本草书的特点并使之进一步发展外，并且具有近现代药物学书籍的组织形式，在当时的国际科学水平上，实在是首屈一指的。

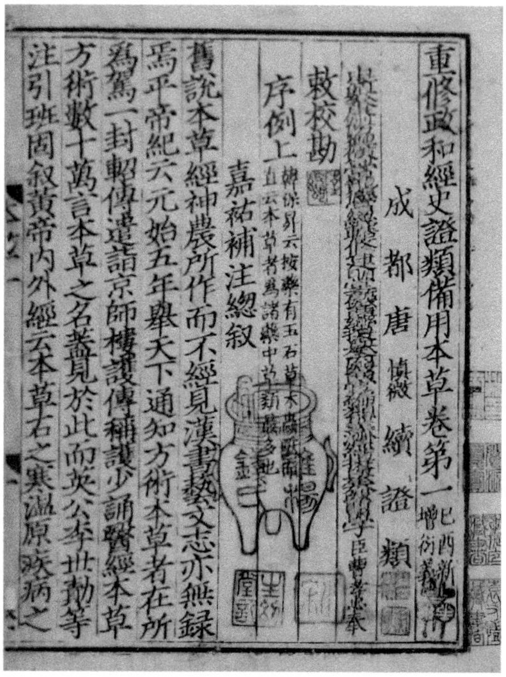

重修政和經史證類備用本草卷第一

成都唐慎微續證類

敕校勘

序例上

嘉祐補注總叙

舊說本草經神農所作而不經見漢書藝文志亦無録焉平帝紀云元始五年舉天下通知方術本草者在所爲駕一封軺傳遣詣京師樓護傳稱護少誦醫經本草方術數十萬言本草之名蓋見於此而英公李世勣等注引班固叙黄帝内外經云本草石之寒温原疾病之

《重修政和经史证类备用本草》

《重修政和经史证类备用本草》中的苜蓿记述

引用本草著作	征引内容
本草图经	味苦，平，无毒。主安中，利人，可久食。陶隐居云：长安中乃有苜蓿园，北人甚重此，江南人不甚食之，以无味故也。外国复别有苜蓿草，以疗目，非此类也。
新修本草	唐本注云：苜蓿茎、叶平，根寒。主热病，烦满，目黄赤，小便升，令人吐利，即愈。
食疗本草	臣禹锡等谨按孟诜云：患疸黄人，取根生捣，绞汁服之，良。又，利五脏，轻身；洗去脾胃间邪气，诸恶热毒。少食好，多食当冷气入健人，更无诸益。

续表

引用本草著作	征引内容
日华子本草	日华子云：凉，去腹脏邪气，脾胃间热气，通小肠。食疗：彼处人采根，作土黄芪也。又，安中，利五脏，煮和酱食之，作羹得。
本草衍义	衍义曰：苜蓿，唐·李白诗云：天马常衔苜蓿花，是此。陕西甚多，饲牛、马。嫩时，人兼食之，微甘淡，不可多食，利大小肠。有宿根，刈讫又生。

四、《本草纲目》中的苜蓿

《本草纲目》是伟大的医药学家李时珍（1518—1593 年），以毕生精力，亲历实践，广收博采，实地考察，对本草学进行了全面的整理总结，历时 27 年编成。全书共有 190 多万字，共 52 卷，记载了 1 892 种药物，分成 60 类。其中 374 种是李时珍新增加的药物。绘图 1 100 多幅，并附有 11 000 多个药方。它是几千年来祖国药物学的总结，被誉为“东方药学巨典”。

李时珍对苜蓿进行了系统的研究，研究涉及名称演变、植物学特性，栽培技术及本草特性等各个方面，是对历代苜蓿的全面总结与提炼。

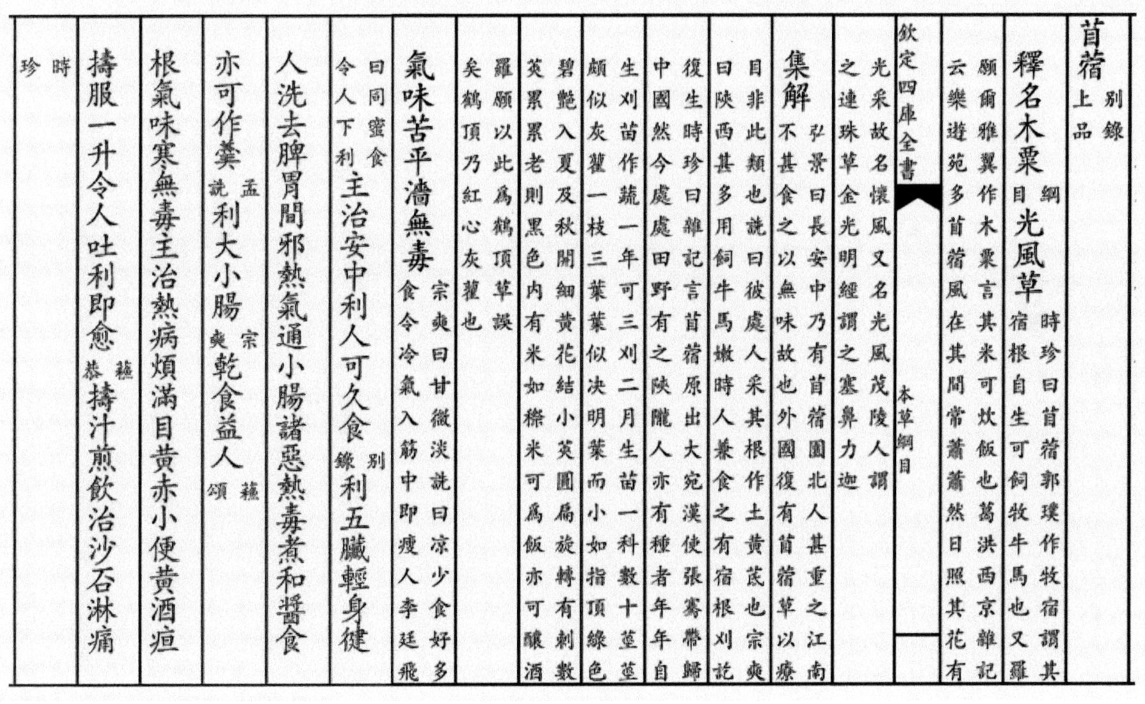
苜蓿 别錄上品
釋名 木粟 綱目 光風草 時珍曰苜蓿郭璞作牧宿謂其宿根自生可飼牧牛馬也又羅願爾雅翼作木粟言其米可炊飯也葛洪西京雜記云樂遊苑多苜蓿風在其間常蕭蕭然日照其花有光采故名懷風又名光風茂陵人謂之連珠草金光明經謂之塞鼻力迦
欽定四庫全書 本草綱目
集解 弘景曰長安中乃有苜蓿園北人甚重之江南不甚食之以無味故也外國復有苜蓿草以療目非此類也詵曰彼處人采其根作土黄芪也宗奭曰陝西甚多用飼牛馬嫩時人兼食之有宿根刈訖復生時珍曰雜記言苜蓿原出大宛漢使張騫帶歸中國然今處處田野有之陝隴人亦有種者年年自生刈苗作蔬一年可三刈二月生苗一科數十莖莖頗似灰藋一枝三葉葉似决明葉而小如指頂綠色碧豔入夏及秋開細黄花結小莢圓扁旋轉有刺數莢累累老則黑色内有米如穄米可爲飯亦可釀酒羅願以此爲鶴頂草誤矣鶴頂乃紅心灰藋也
氣味苦平濇無毒 宗奭曰甘微淡詵曰凉少食好多食令冷氣入筋中即瘦人李廷飛曰同蜜食令人下利
主治安中利人可久食 别錄 利五臟輕身健人洗去脾胃間邪熱氣通小腸諸惡熱毒煮和醬食亦可作羹 孟詵 利大小腸 宗奭 乾食益人 蘇頌
根 氣味寒無毒 主治熱病煩滿目黄赤小便黄酒疸擣服一升令人吐利即愈 蘇恭 擣汁煎飲治沙石淋痛 時珍

《本草纲目》

苜蓿（《别录·上品》）

【释名】木粟（《纲目》）光风草（时珍曰苜蓿。郭璞作牧宿，谓其宿根自生，可饲牧牛马也。又罗愿《尔雅翼》作木粟，言其米可炊饭也。《西京杂记》云：乐游苑多苜蓿。风在其间常萧萧然，日照其花有光彩，故名怀风，又名光风。茂陵人谓之连枝草。《金光明经》谓之塞鼻力迦。）

【集解】（弘景曰：长安中乃有苜蓿园。北人甚重之。江南不甚食之，以无味故也。外国复有苜蓿草，以疗目，非此类也。诜曰：彼处人采其根作土黄芪也。宗奭曰：陕西甚多，用饲牛马，嫩时人兼食之。

有宿根，刈讫复生。时珍曰：《杂记》言苜蓿原出大宛，汉使张骞带归中国。然今处处田野有之，陕、陇人有种者，年年自生。刈苗作蔬，一年可三刈。二月生苗，一科数十茎，茎颇似灰藋。一枝三叶，叶似决明叶，而小如指顶，绿色碧艳。入夏及秋，开细黄花。结小荚圆扁，旋转有刺，数荚累累，老则黑色。内有米如穄米，可为饭，可酿酒。罗愿以此为鹤顶草，误矣。鹤顶乃红心灰藋也。

【气味】苦，平，涩，无毒。(宗奭曰：微甘、淡。诜曰：凉，少食好，多食令冷气入筋中，即瘦人。李鹏飞曰：同蜜食，令人下利。

【主治】安中利人，可久食。(《别录》)利五脏，轻身健人，洗去脾胃间邪热气，通小肠诸恶热毒，煮和酱食，可作羹。（孟诜）利大小肠。（宗奭）干食益人。（苏颂）根〔气味〕寒，无毒。〔主治〕热病、烦满、目黄赤、小便黄、酒疸，捣服一升，令人吐利即愈。（苏恭）捣汁煎饮，治沙石淋痛。（时珍）

五、苜蓿救荒

我国本草原著重于医疗，从最早的《神农本草经》《唐本草》《嘉祐补注本草》《本草拾遗》《本草图经》，以至《本草纲目》，多记述医用的药材、药性及疗法。唐孟诜开始著《食疗本草》兼顾到医药与食粮，继而五代南唐陈仕良《食性本草》已接近救荒植物的探讨。明清两代学者对救荒本草之类的研究大为增多，除了李时珍的权威著作《本草纲目》因偏重于医疗不计外，主要著作有明代朱橚的《救荒本草》，鲍山的《野菜博录》、顾景星的《野菜赞》，及清代郭云升的《救荒简易书》。这些救荒书中或多或少都涉及苜蓿的内容。

记载苜蓿救荒的相关文献

作者	书名	简要内容
朱橚	救荒本草	【救饥】苗叶嫩时，采取取炸食。江南人不甚食，多食利大小肠
鲍山	野菜博录	【食法】采嫩苗叶，炸熟，油盐调食
顾景星	野菜赞	宠命苜蓿，字曰金花，玉环瑶柱，厥誉何加？宛马总肥，堆盘非奢。薄言采之，雁碛龙沙
郭云升	救荒简易书	苜蓿救荒月龄

《野菜博录》是我国明代一部考订野菜名物并注明性味食法的植物图谱，与朱橚《救荒本草》、王磐《野菜谱》和周履靖《茹草编》一起，并列为明代四部通行的植物图谱。

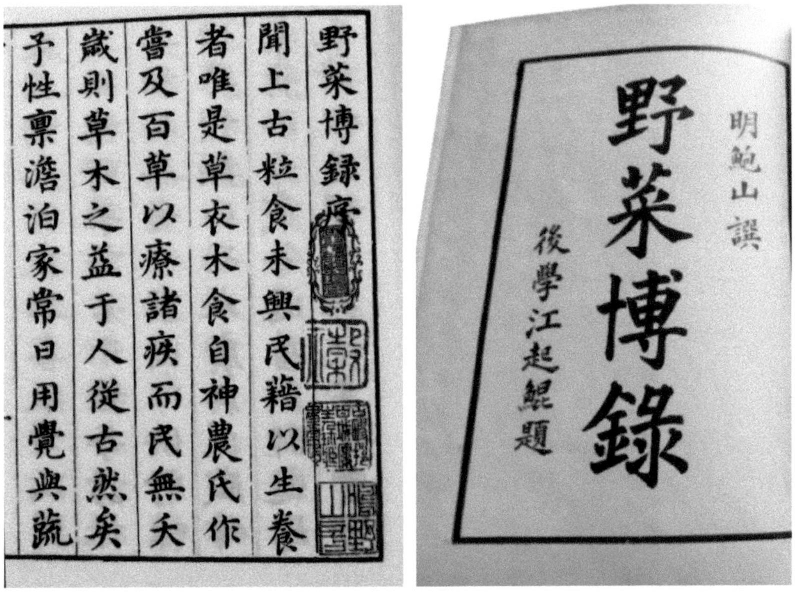
野菜博録序
聞上古粒食未興民藉以生養
者唯是草衣木食自神農氏作
嘗及百草以療諸疾而民無夭
歲則草木之益于人從古然矣
予性稟澹泊家常日用覺與蔬

明鮑山譔
野菜博錄
後學江起鯤題

《野菜博录》

【苜蓿】苗高尺余，细茎分叉生，叶似锦鸡儿花叶微长，每三叶攒生一处，梢间开紫花，结弯角儿，中有子如黍米大。味苦，性平，无毒。

【食法】采嫩苗叶，炸熟，油盐调食。

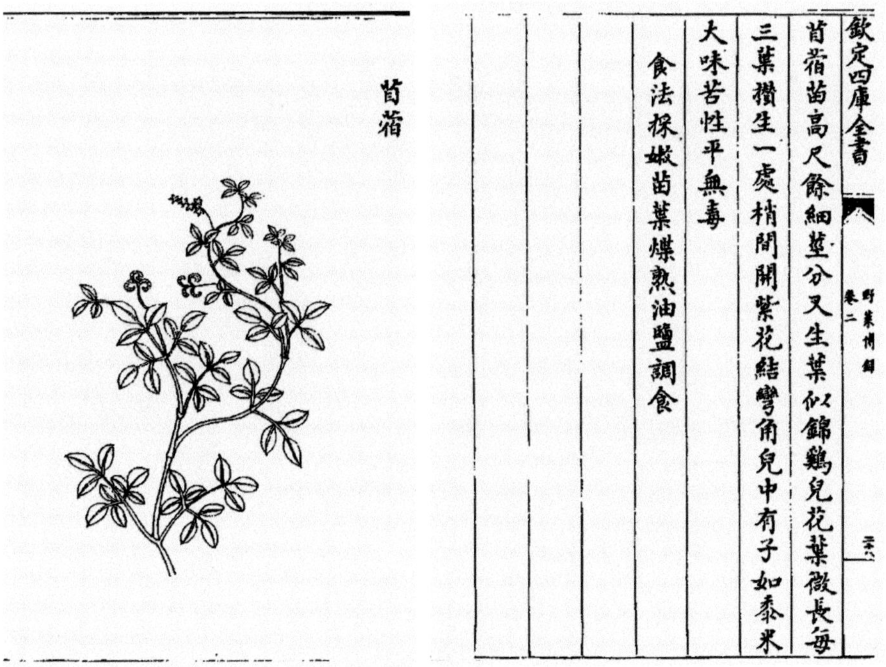

欽定四庫全書
苜蓿苗高尺餘細莖分叉生葉似錦鷄兒花葉微長每
三葉攢生一處梢間開紫花結彎角兒中有子如黍米
大味苦性平無毒
食法採嫩苗葉煠熟油鹽調食
野菜博錄 卷二

《野菜博录》

《救荒简易书》由郭云升撰，是晚清时期的重要救荒类农书，以河南地区为中心介绍了多种实用农业技术减灾措施。

苜蓿菜二月种解　（云）以为苜蓿菜二月种，三月即可食也。

苜蓿菜三月种解　苜蓿菜三月种，据《农政全书》而种之。

苜蓿菜四月种解　苜蓿菜四月种，据《农政全书》而种之。

苜蓿菜五月和黍种解　五月和黍种，闻直隶老农曰，苜蓿五月种，必须和黍种之，使黍为苜蓿遮阴，以免烈日晒杀。

苜蓿菜六月和荞麦种解　六月和荞麦种，闻直隶老农曰，苜蓿菜六月种，必须和荞麦种之，使荞麦为苜蓿遮阴，以免烈日晒杀。

苜蓿菜七月和秋荞麦种解　七月和荞麦种，闻直隶老农曰，苜蓿七月种，必须和秋荞麦而种之，使秋荞麦为苜蓿遮阴，以免烈日晒杀。

苜蓿菜八月种解　苜蓿菜八月种，据《农政全书》而种之。

苜蓿菜九月种解　苜蓿菜九月种，据《农政全书》而种之。

苜蓿菜十月种解　能在地过冬。

苜蓿菜十月种解　十月，十月种能在地过冬，苜蓿菜十月种，为其嫩苗深冬方尽，宿根早春即生也。

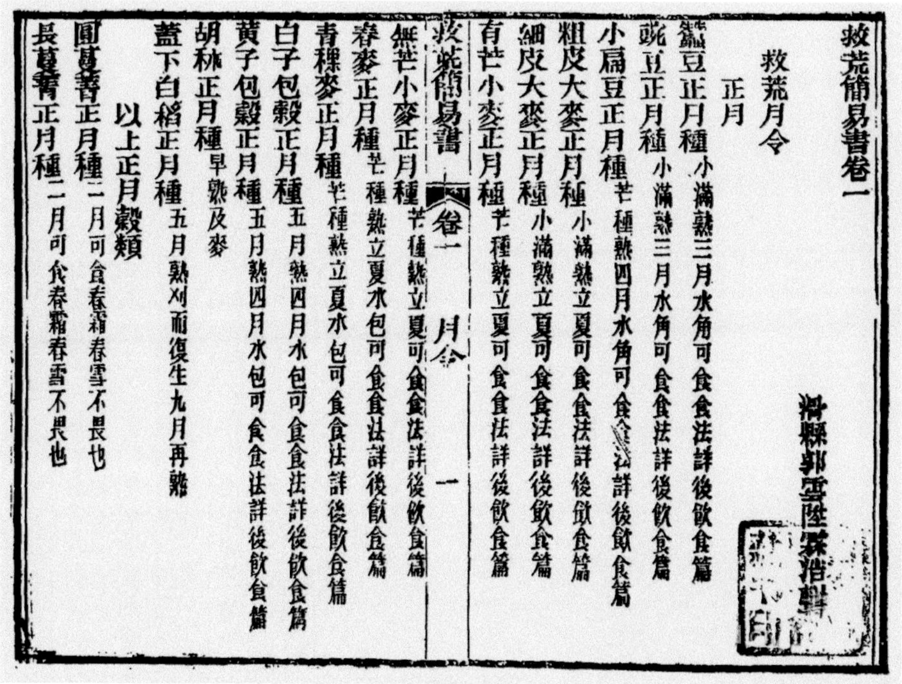
救荒簡易書卷一

滑縣郭雲陞子霖輯

救荒月令

正月

蠶豆正月種小滿熟三月水角可食食法詳後飲食篇

豌豆正月種小滿熟三月水角可食食法詳後飲食篇

小扁豆正月種芒種熟四月水角可食食法詳後飲食篇

粗皮大麥正月種小滿熟立夏可食食法詳後飲食篇

細皮大麥正月種小滿熟立夏可食食法詳後飲食篇

有芒小麥正月種芒種熟立夏可食食法詳後飲食篇

救荒簡易書　卷一　月令　一

無芒小麥正月種芒種熟立夏可食食法詳後飲食篇

春麥正月種芒種熟立夏水包可食食法詳後飲食篇

青稞麥正月種芒種熟立夏水包可食食法詳後飲食篇

白子包穀正月種五月熟四月水包可食食法詳後飲食篇

黃子包穀正月種五月熟四月水包可食食法詳後飲食篇

胡秫正月種早熟及麥

蓋下白稻正月種五月熟刈而復生九月再熟

以上正月穀類

圓蔓菁正月種二月可食春霜春雪不畏也

長蔓菁正月種二月可食春霜春雪不畏也

《救荒简易书》

第五章 近代苜蓿发展概要

我国现代苜蓿科学技术及生产发展始于近代。近代（1840~1949年）是我国社会重要的变革时期，特别是农业，随着“西学东渐”，西方近代农业科学技术传入我国，引起我国农业的变化，从而也引发了我国农业开始从传统农业向近现代农业的转变。我国苜蓿种植受其影响，也从传统种植向近现代种植转变。全国苜蓿种植范围和规模不断扩大，苜蓿绿肥和改良盐碱地的生态功能得到充分利用，鼓励种植苜蓿的政策不断出台，有识之士有关苜蓿种植的建议得到政府采纳，这些都为我国现代苜蓿的种植奠定了基础。

第一节 苜蓿种植

一、畜牧业变化

时入近代，受“西学东渐”的影响，西方先进的畜牧科技开始传入中国，传统畜牧相形见绌，但近代中国并没有广泛推行现代畜牧科技的条件。

西部农区对大家畜的饲养尤其细致，牛马饲料多用铡刀铡短或切碎的作物秸秆、青草，配以麸皮、大麦、豆类、玉米等精饲料。关中农谚云：“寸节草，截三刀，不加料，也长膘”。又云：“寸草铡三刀，无料也长膘。”冬无青草时，马驴骡多加精料。每天定时喂草饮水，饲喂方法是先饮水，次喂干草，然后拌入精料。拌料要少给勤添，先少后多，拌均匀。农谚云：“头盒草，二盒料，勤拌草，要拌少，槽的四周要拌到”。另外，农区养畜关键在于饲料来源问题，所以近代华北、西北农区仍保持草田轮作的优良传统，广种苜蓿，特别是陕甘一带农家一般都留有苜蓿地。

二、全国苜蓿种植分布

民国时期我国华东、华北和西北都有苜蓿种植，主要分布在安徽、江苏、察哈尔、河北、山东、山西、陕西、宁夏、甘肃、青海、新疆和辽宁、吉林、兴安南和黑龙江等省，其中安徽 5 个县、江苏 7 个县、山东 12 个县、察哈尔 3 个县、热河 1 个盟、河北 13 个县、河南 2 个县、山西 7 个县、绥远 3 个县、陕西 6 个县、宁夏 1 个道、甘肃 10 个县、青海 1 个县、新疆 4 个县和辽宁 6 个县、吉林 8 个县、兴安南 1 个旗、黑龙江 4 个县，共计 94 个县（道）。

民国时期方志中的苜蓿种植分布

省地	县（道）
安徽	宁国县、蒙城县、涡阳县、歙县、芜湖县
江苏	沛县、邳州、江阴县、栖霞县、吴县、阜宁县、句容县
山东	齐东县、高密县、莘县、阳信县、昌乐县、夏津县、德县、莱阳县、陵县、胶澳县、济阳县、滨州县
察哈尔	宣化县、张北县、怀安县
热河	昭乌达盟
河北	景县、威县、徐水具、新城县、广平具、束鹿县、柏乡县、交河县、蔚县、霸县、清苑县、顺义县、大名县
河南	洛宁县、南阳县
山西	临晋县、襄垣县、新绛县、介休县、翼城县、太谷县、虞乡县
绥远	萨拉齐、五原县、狼山县
陕西	神木县、咸阳县、澄成县、黄陵县、洛川县、绥德县、华县
宁夏	朔方道
甘肃	华亭县、灵台县、张掖县、民勤县、镇原县、天水、岷县、夏河、兰州、安西县

续表

省地	县（道）
青海	大通县
新疆	伊犁、塔城、乌鲁木齐、布尔津阿留
辽宁	大连、奉天、熊岳城、辽阳、铁岭、建平县
吉林	公主岭、郑家屯、延吉、辉南、图们、珲春、和龙、龙井
兴安南	扎赉特旗
黑龙江	佳木斯、克山、肇东、哈尔滨

◆ 西北苜蓿种植分布状况

西北民国时期，陕西、宁夏、甘肃、青海、新疆和绥远（西部）等省都有苜蓿种植。据不完全考查，约有 53 个县（地区）种植苜蓿，其中以陕西最多，达 24 个县，甘肃次之为 14 个县，新疆为 8 个县，绥远（西部，即绥西）为 3 个县，宁夏 2 个县（道）和青海 1 个县。民国二十五年（1936 年）安汉等在《西北农业考察》指出，苜蓿在甘肃中部、西部和青海的东部均有少量种植。

● 陕甘地区　民国时期，西北广种苜蓿，陕甘地区尤为突出，陕甘农家一般都有苜蓿地。民国十四年（1925 年）《安塞县志》记载：“苜蓿一名怀风，或谓之光风，茂陵人谓之连枝草（西京杂记），县境甚多……。”民国二十三年（1934 年）《续修陕西通志稿》记有“此（苜蓿）为饲畜嘉草，……种此数年地可肥，为益甚多，故莳者广，陕西甚多。”民国二十四年（1935 年）甘肃的《重修镇原县志》记载：“草之属茜草、马蔺、苜蓿其最多也。”

《续修陕西通志稿》

《重修镇原县志》

民国时期西北地区苜蓿种植分布

省地	县（道）
陕西	神木、咸阳、宝鸡、榆林、绥德、延安、安塞、甘泉、华县、保安（志丹）、安定、定边、靖边、延川、澄成、黄陵、洛川、富县、渭南、鄜县、蓝田、武功、盩屋
甘肃	天水、灵台、永昌、岷县、兰州、安西、镇原、华亭、民勤、张掖、灵台、陇东（庆阳）、环县、曲子
新疆	和田、皮山、于阗、墨玉、乌鲁木齐、伊犁、塔城、布尔津
绥远（西）	五原、狼山
宁夏	盐池、朔方道
青海	大通

1942 年，边区政府建设厅从关中区调运苜蓿种子，发给延安、安塞、甘泉、志丹、定边、靖边等县推广种植，边区政府推广种植苜蓿达 3 万亩（约 2 000.0 hm^2），其中靖边县种苜蓿 2 000 多亩（约 133.3 hm^2）。陇东分区为促进畜牧业生产发展，发动群众种植苜蓿 2.3 万亩（约 1 533.3 hm^2）。1942 年陕甘宁边区颁布“推广苜蓿实施办法”后，延川县种植苜蓿蔚然成风。据统计：1944 年，延川县紫花苜蓿保留面积 2.0 万亩。到 1949 年，陕西全省种植苜蓿约 98.49 万亩（约 6.6 万 hm^2），占全省耕地面积的 0.017%，役畜头均苜蓿地 0.484 亩（约 0.03 hm^2），主要分布在咸阳、宝鸡、渭南地区，榆林、绥德、延安地区有零星栽培。

1943 年，叶培忠教授在甘肃天水水土保持试验站引进 430 多个牧草材料，进行水土保持试验，其中包含多个苜蓿品种。

抗日战争以前，陕西、甘肃两省的一些地方，苜蓿种植面积占耕地面积的 5%~8%。在抗战以前，西北苜蓿栽培面积要比解放初期多，例如陕西黄陵、洛川县一带，抗战前苜蓿栽培面积占耕地面积的 5%~6%，由于大量的苜蓿地分布在国统区常被用于放马，农民收不到苜蓿，就被大量翻耕，到解放初期苜蓿的栽培面积已不及 1%；又如陕西绥德县在抗战前苜蓿栽培面积有 12 000 亩（约 800 hm^2），到解放初期只剩下 2 500 亩（约 166.7 hm^2），即减少了 80% 以上；甘肃河西一带（如安西县）在抗战前苜蓿栽培面积占耕地面积的 8% 左右，解放时减少到不及 1%。

● **新疆地区在汉代就有苜蓿种植。**民国三年（1914 年）由（新疆）财政厅定章，除与民有草场普通征牧税外，另收年租金。叶城之栏杆课、塔城之苜蓿课皆昔日官地，现各岁收达数百金以上。各项土地在未经变价以前，皆宜特别划出，作为官产办理，其收入即为官产收入，另案报解中央。竞等愚见，新省官产土地一类，如现征官地租、芦课、栏杆课、苜蓿课诸官地，尚可次第招民承售；或缴地价，以裕国流直接、临时收入。

在民国五年（1916 年）10 月谢彬（别号晓钟）以特派员身份，奉财政部之命赴新疆和阿尔泰特别区调查财政，民国六年（1917 年）12 月返回北京，最后形成《新疆游记》，在其中记载了疏附县、疏勒县有零星苜蓿地。

在民国二十三至二十四年（1934—1935 年），新疆从苏联引进猫尾草、红三叶、紫花苜蓿等草种，在乌鲁木齐南山种羊场、伊犁、塔城农牧场及布尔津阿滩等地试种，到 1949 年新疆苜蓿保留面积达 29 300 hm^2。

据 1940 年新疆部分经济作物的统计，有 12 个地区或县种有苜蓿，总产量达 5 107.8 万斤①，其中阿克苏最多，达 1 890.0 万斤，阿瓦提次之，达 1 500.0 万斤，库尔勒第三，达 1 005.0 万斤。

1940 年新疆部分经济作物产量

地区	苜蓿草（万斤）	棉花（万斤）	落花生（万斤）
阿克苏	1 890.0	50.5	
阿瓦提	1 500.0	20.0	
温宿	50.0	10.0	
柯坪	170.0	10.0	
乌什	60.5		
焉耆	25.0	40.0	
吐鲁番	350.0	2 000.0	300.0
库尔勒	1 005.0	256.4	300.0
托克逊	35.5	20.0	
尉犁	14.5	15.0	
乌苏	2.3		
轮台	5.0	3.0	
总计	5 107.8	2 424.9	600.0

● 绥远河套地区

1931 年，阎锡山派晋军进驻河套，即开始在河套地区实行屯垦。1933 年，河套垦区开始了农田生产，除进行农作物，如小麦、糜子、豌豆、谷子、扁豆等种植，还普遍种植了苜蓿，改善了牲畜饲草。

1932 年，绥远省五原农事试验场利用苜蓿试行粮草轮作，1933 年，五原农事试验场利用苜蓿试行粮草轮作在绥西得到推广。为了解决苜蓿种子问题，在五原份子地农场、狼山畜牧试验场建立了苜蓿采种基地。

1935 年，开封改良碱土试验场，引种苜蓿等 5 种作物进行耐碱性试验，并对改良土壤效果进行试验。

1937 年《绥远通志稿 · 物产》曰："苜蓿，野菜也，而绥地多种植者……今本省处处有之，以地当西北，盖自昔称陕、陇出产为多也。"

① 1 斤 = 0.5 kg，全书同。

《绥远通志稿》

◆ **华北及毗邻地区苜蓿种植分布状况**

近代华北及毗邻地区（河南、苏北）种苜蓿的省主要有察哈尔、北平、天津、河北、河南、山东、山西、绥远（中部）和江苏等，共计 73 个县（厅），其中山东最多，达 27 个县，其次河北，达 19 个县，山西次之，达 11 个县，其余均为 1~4 个县。

华北及毗邻地区近代苜蓿种植分布

省地	县（道）地区
察哈尔	怀安县、张北县、宣化县
北平	北平南郊、顺义县
天津	静海县
河北	阳原县、景州、深泽县、秦榆市（山海关）、乐亭县、晋县、鹿邑县、威县、广平县、景县、徐水县、新城县、柏乡县、束鹿县、交河县、霸县、蔚县、清苑县、大名县
河南	潼关（河南）、豫西、洛宁县、南阳
山东	陵具、齐河、乐陵、临邑、商河、陵县、惠民地区（阳信、惠民、无棣、沾化、博兴县）、聊城、菏泽、宁津县、金乡县、阳信、临清、济南、齐东县、莘县、高密县、昌乐县、德县、夏津县、莱阳县、济阳县、胶澳县
山西	沁源县、晋中地区、晋南盆地、霍山、虞乡县、临晋县、新绛县、襄垣县、介休县、太谷县、翼城县
绥远（中）	萨拉齐县、清水河厅
苏北地区	沭阳县、涟水县、邳州、淮阴县

种植状况自唐以来，山西、豫西、陕西等地区农牧业很发达，多有牧苑畜马之处，广种苜蓿。因此苜蓿在该区域种植历史悠久，在长期的栽培过程中，形成了不少适应该地区自然条件的地方品种，

如晋南苜蓿可以追溯到千年以上。河北省蔚县有的乡叫“苜蓿乡”，蔚县高家烟村在 20 世纪 50 年代即有生长 40 年以上的苜蓿。在河北蔚县小五台山发现有苜蓿已成野生状，可见历史之悠久。由于蔚县苜蓿种植历史悠久，所以形成了蔚县苜蓿品种。

山东《陵县续志》（1935 年）统计：每年苜蓿约占地 1.5%，苜蓿地共计 15 375 亩。1940 年前后紫花苜蓿在山东省北部接近河南省境的各县更多。在惠民、阳信、无棣、沾化等县已经超过了试作阶段，每户都进行栽培，多数用于青割，早晚收割喂养牛。据《无棣县志》记载，苜蓿在 1522 年就有种植，到新中国成立前仍有种植，无棣苜蓿品种的形成与其长期种植分不开。

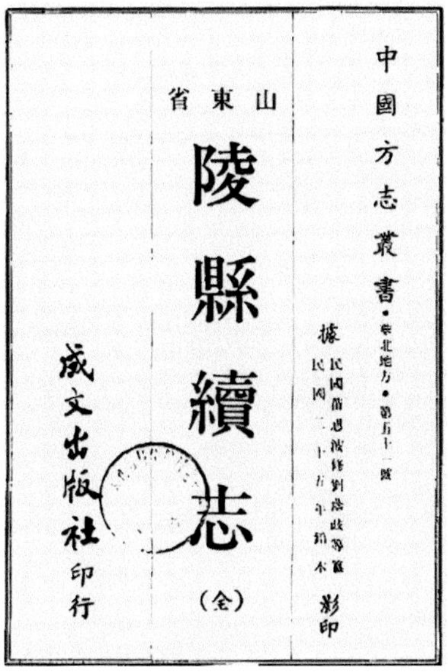

《陵县续志》

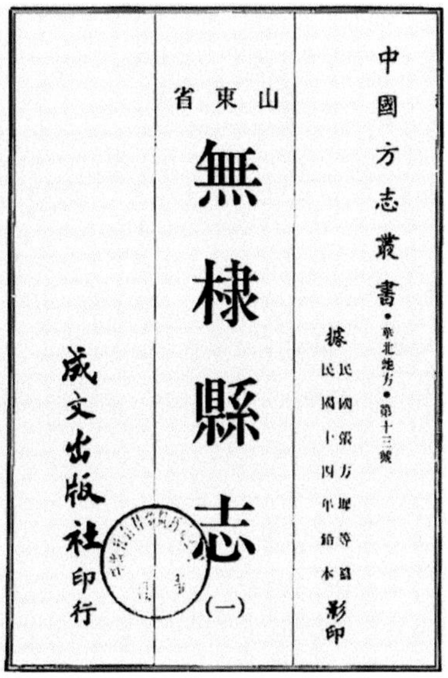

《无棣县志》

苏北徐淮地区涟水、淮阴、沭阳的农民，在 1900 年前每家种植苜蓿 2~3 亩，多至 10 余亩，饲喂耕牛和猪。经过较长时间栽培、利用和驯化，逐渐形成一个适应徐淮地区环境条件的苜蓿品种类型，耐寒、耐热，开花结实多，成熟早、抗病力强，俗称淮阴苜蓿或涟水苜蓿。

◆ **东北苜蓿种植分布状况**

近代东北地区的辽宁、吉林、黑龙江和内蒙古东部均有苜蓿种植，约有 42 个县（道 / 州），其中辽宁 11 个县、吉林 12 个县、黑龙江 14 个县，内蒙古东部 5 个县。

近代东北地区苜蓿种植分布

省地	县（道）
辽宁	大连、旅顺、辽阳、铁岭、鞍山、锦州、熊岳、建平县、昌图、旅顺、哈达河（岫岩县）、盘山县
吉林	公主岭、双辽（郑家屯）、辉南、珲春、图们、龙井、和龙、延吉、吉林、舒兰县、桦甸县、吉林
黑龙江	克山县、佳木斯、拜泉县、海伦、宁安县、肇东县、哈尔滨、安达、昂昂溪、齐齐哈尔、牡丹江（桦林）、桦南县（弥荣村）、通北县（今北安市）、绥棱县（王荣庙）
内蒙古东部	扎兰屯、扎赉特旗、牙克石、大雁、海拉尔

1901 年大连从俄罗斯引进的紫花苜蓿北移至辽阳和铁岭的种畜场进行大面积推广种植，并扩展到锦州、熊岳等地。

1931 年伪满洲国在延吉、辉南、图们、佳木斯、克山、肇东、哈尔滨等地的农牧业试验站、畜牧场和“开拓团”，大面积种植苜蓿。在伪满时期，珲春、和龙、龙井等地种有大面积的苜蓿，辉南县种畜场的一个队为日伪“义和乳牛场”种苜蓿、红三叶和胡枝子等，辽宁省建平县沙海乡四家子村日伪时期种苜蓿 30 亩。公主岭农事试验场畜产系的 3 000 亩饲料地，在 1933—1945 年，经常保持 25% 的耕地种植苜蓿与无芒雀麦的混播草地，同大田作物进行轮作，以保持地力。

1937 年，伪满在关东州普及果树特别是苹果栽培，奖励烟草、棉花、苜蓿种植。

1942 年，仅三江地区种植的紫花苜蓿就近万亩。滨州和滨绥铁路沿线两侧的 10 km 以内，种有紫花苜蓿、无芒雀麦、白三叶等。

1949 年 4 月东北行政委员会农业部公主岭农事试验场苜蓿种植面积达 87.4 hm^2。

三、苜蓿主产区的形成

自古以来，黄河流域及其以北的广大地区，包括西北、华北大部，东北的中部、南部，以及黄淮海平原北部地区，大致在北纬 35°~43° 已成为我国苜蓿种植的主要分布区，这一区域的年降水量为 450~800 mm，平均气温 5~12 ℃，≥ 0℃的积温为 3 000~5 000 ℃，日照时数为 2 200~3 600 h。

新中国成立以后，苜蓿栽培草地在我国得到了快速发展，苜蓿种植面积不断扩大，由 20 世纪 50 年代的 50.8 万 hm^2，发展到 80 年代 133.1 万 hm^2，其中甘肃、陕西、新疆、内蒙古、宁夏、山西、河北、河南和山东等苜蓿种植面积居前九位，约占全国苜蓿种植面积的 97.7%，这些省区大多在我国的西北和华北或黄河流域，与我国古代或近代苜蓿主产区基本吻合。

西北地区既是我国苜蓿发源地，又是我国苜蓿的主要产区，在 20 世纪 80 年代西北 5 省区（甘肃、陕西、新疆、内蒙古、宁夏）的苜蓿种植面积居全国前 5 位，达 104.4 万 hm^2，约占全国苜蓿种植面积（133.1 万 hm^2）的 78.4%。到 2011 年我国苜蓿种植面积虽然扩大为 377.5 万 hm^2。从 2001 年至 2011 年的苜蓿种植面积，甘肃、内蒙古、宁夏、陕西和新疆 5 省区的种植面积仍然居全国前 5 位，到 2011 年 5 省区的苜蓿总面积达 255.4 万 hm^2，约占全国苜蓿面积的 67.7%。

第二节　苜蓿绿肥性与盐碱地改良

一、苜蓿的绿肥性

美国国家土壤局局长、土壤学家富兰克林·金（Franklin King）1909年专程来中国考察农业，1911年出版了*Farmers of Forty Centuries: Organic Farming in China, Korea and Japan*（中译本：《四千年农夫》），在书中对中国的苜蓿绿肥作了详尽的记载。

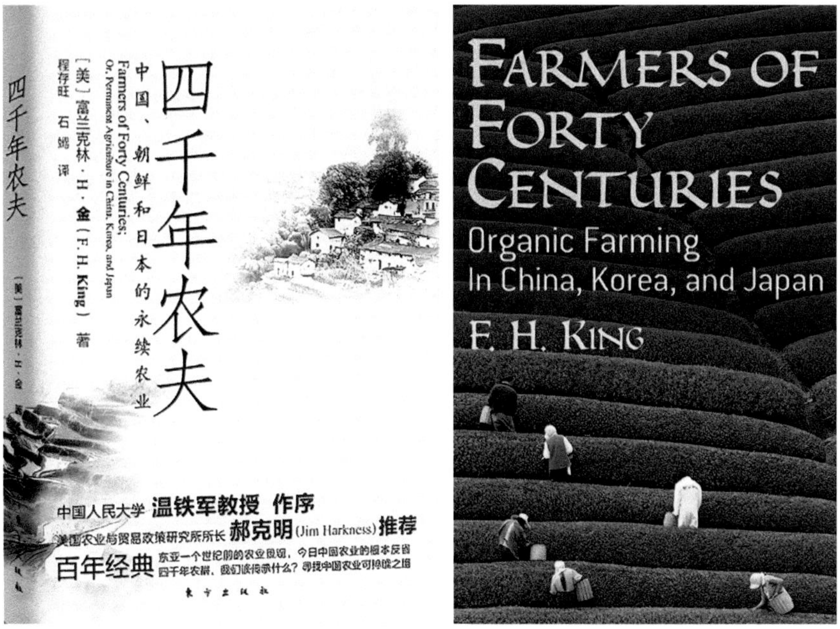

《四千年农夫》

“到那时（到水稻插秧时节），苜蓿要么被直接翻到地里，要么被（用）从运河底挖出的泥土浸湿之后堆放在运河的边上，发酵 20 ~ 30 d，再将发酵好的苜蓿运到地里。之前我们认为这些农夫很无知，但事实上，这些农夫很早就认识到豆科作物（苜蓿）的重要性，并将苜蓿列入轮作作物之列，作为一种不可或缺的作物”。

“冬小麦或大麦与一种作绿肥的中国苜蓿并排生长，此种苜蓿翻耕后作为棉花的肥料。棉花播种成行与大麦相对。”

“在稻田的垄上种有作为绿肥的苜蓿，在秋季收割水稻之后播种苜蓿，在稻田被犁耕的时候它们（苜蓿）就成熟了，并且能被割下来埋在地里作为绿肥。这里种植的苜蓿产量每英亩 8 ~ 20 t（每亩 1.34 ~ 3.29 t）。”

二、华北苜蓿治碱改土

清道光二十年（1840 年）山东《巨野县志》记载：碱地苦寒，惟苜蓿能暖地，不畏碱。先种苜蓿，岁夷其苗食之，三年或四年后犁去其根，改种五谷蔬果，深四五尺换好土以接引地气，二三年后则周围方丈地皆变为好土矣。

民国二十一年（1932 年）河北《景县志》记载：邑人往往与碱地种之（苜蓿），宿根至三年以上则硗瘠可变肥沃。以碱地其下层有 硬沙坚如石，水不能渗，故泛而为卤。苜蓿根长而硬，且直下如锥，宿根至三年以 上则其根将硬沙触破，而水得渗下。此亦物理学之不可不研究者。

民国二十一年（1932 年），河北的《柏乡县志》记载：“苜蓿硗地不殖五地间或生之，物之有主权者。”

民国二十三年（1934 年），河北《完县志》记载：“苜蓿一年可三刈，县人往往于硗瘠地种之。”山东的《济阳县志》记载苜蓿，多播种于碱地。

三、绥西苜蓿改良碱性地

民国二十三年（1934 年），《寒圃》刊发了法天“碱土的几项改善法”，在文中提到了用耐碱植物改良之方法，“适宜植物之栽培——许多植物皆不宜于碱性土壤，受其碱性毒害，而不能发育也，但苜蓿、甜菜等植物，而有抵抗此碱性之能力，且将土壤中之钾素渐次吸收而可减轻其碱性之毒害也。”

民国二十五年（1936 年），《绥农》载李树茂的“绥远土壤碱性之初步研究”中指出，绥远省之耐碱植物，野生牧草中耐碱力甚强者，有黄金花菜，紫花苜蓿，野苜蓿（豆科）等。牧草之中，有许多抗碱力之甚强之品种，如豆科中之紫苜蓿，黄金花菜等，皆为抗碱力最强之种。紫苜蓿根深数丈，可利用下层之水分，虽酷旱之年，无所畏；金花菜则为美国许多试验证明之耐碱力最强的牧草，常用作绿肥以改良碱土，最相宜。

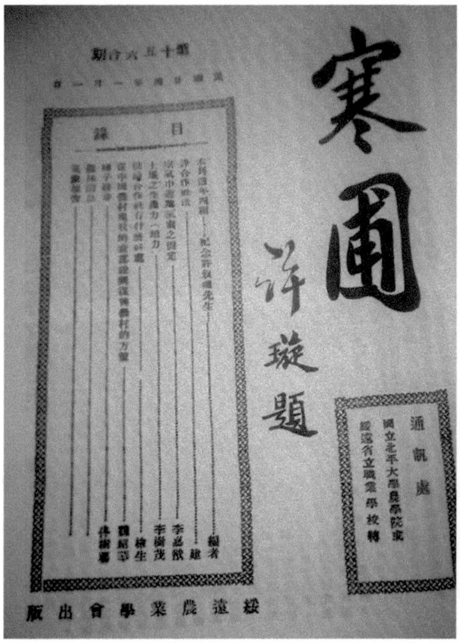

《寒圃》

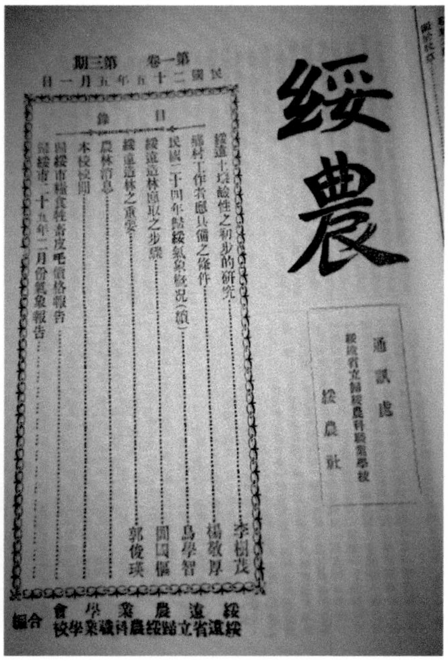

《绥农》

第三节　近代苜蓿相关政策

一、伪满政府产业开发中的苜蓿行动

民国二十年（1931 年），日本占领全东北，加快了掠夺东北资源的步伐。在民国二十六年（1937 年）之前，在实施“家畜之改良”计划中，将苜蓿改良纳入其中，在“民国二十三年之后，开始分配苜蓿种子，使各地种植，用充家畜之饲料。”

民国二十六年（1937 年），伪满开始实行“第一次产业开发五年计划”（1937—1941 年），制定了马、绵羊、牛和猪的发展目标，为实现其目标，提供和保障充足的饲草是必须的。计划规定“为圆满供应家畜饲料，计划增植苜蓿草，利用荒地及蒙人之垦地，尽量种植。”

民国三十一年（1942 年），伪满又开始了“第二次产业开发五年计划”，增加了“牧野及饲料方略”，计划产苜蓿 414.3 万 t，其措施为：“第一确保家畜增殖上必要之牧野，并指导牧野之经济管理及改良；第二为确保饲料资源，奖励饲料之增产、培植，奖励种苜蓿草，……将饲料作物（苜蓿）纳入军需饲料，列入‘物资动员’计划中，……对种苜蓿者支给奖金，并代为斡旋输入饲料作物（苜蓿）种子，努力于粗饲料作物增产。”

二、哈萨克苏维埃政府苜蓿发展计划

在 1931 年，《哈萨克苏维埃社会主义自治共和国政府关于共和国苏维埃、经济和文化建设状况的报告所作的决议》中要求：“在每个集体农庄设置牧场，扩大苜蓿和其他饲草的种植面积”；政府在三年计划中“提倡草料类作物（如苜蓿）之推广种植，以改善并充足牲畜饲料，由政府向国外订购各种子种，分发民间，以资推广”。

三、西北畜牧中的苜蓿发展计划

在 1934—1935 年，西北的经委会在青海甘坪寺设置“西北畜牧改良场”，作为改良西北畜牧事业的中心机关。决定沿黄河中游支干，广植苜蓿。现已于绥远萨拉齐、河南潼关及西北畜牧改良总分场，各设苜蓿采种圃。宁夏陕西两省，拟各设一圃。最近即可成立。又与黄河水利委员会会同调查沿黄土质，以为推广种植苜蓿之准备。

四、发展苜蓿治理黄河

1934 年，民国全国经济委员会制定的《治理黄河工作纲要》主张沿着黄河大堤内外以及河滩、山坡等地种植苜蓿，纠结土质。1935 年大水灾时，行政院曾综合各方专家的意见提出一套治黄方案，于黄河上游至郑州为止之沿河植树造林，兼种苜蓿，使两岸泥沙固结。

五、边区种草（苜蓿）政策

在延安时期，毛泽东就指出：“牲畜的最大敌人是病多与草缺，不解决这两个问题，发展是不可能的。首先，疾病的破坏力很大。……再则牧草不足，又极大地阻碍牲畜的繁殖。”为此，毛泽东要求推广牧草种植，指出：“边区牲畜大多数是放牧，牧草不佳，容易生病。因此应该普遍推广苜蓿的种植。”

1941 年 4 月，陕甘宁边区政府采取发展畜牧业的主要措施之一，就是推广牧草种植，主要是种植苜蓿、割秋草等。为了发展畜牧业，边区政府建设厅还会同植物学会的有关同志，进行了边区牧草生产的调查，在此基础上于 1941 年 5 月 26 日发布了大量种贮牧草的指示，划定延安、安塞、甘泉、志丹、鄜县、靖边、定边、盐池、曲子、环县、庆阳等县为推广种植牧草的中心区域。推广种植的牧草主要是苜蓿。1941 年 9 月边区政府公布了《陕甘宁边区政府建设厅关于种牧草的指示信》，信中第三条“关于种植苜蓿的办法”指出，“（一）山谷地、河滩地、山屹崂等都可种，以及准备要荒芜的熟地，和已荒芜一年者可种植。（二）在荞麦地里带种或规定农户在荞麦地里带种一至三亩，在交通要道附近或设运输站区域，更应发动群众多种。（三）增开荒地种植苜蓿更好。……”1942 年靖边县种苜蓿 2 000 多亩，全县产的 6 万多只羊羔大都成活。

1942 年，边区政府又颁布了《陕甘宁边区卅一年度推广苜蓿实施办法》，边区政府建设厅从关中分区调运苜蓿种子，发给延安、安塞、甘泉、志丹、富县、定边靖边等县推广种植。其中当年陇东区种植苜蓿 2.3 万亩。

1943 年，将延安、安塞、甘泉、志丹、富县、靖边、定边等县划为苜蓿推广中心。边区政府还特别号召农民自备种子，并对种植苜蓿成绩优良者给以奖励，增加牧草饲料，使边区畜牧业生产得到了稳步发展。

1944 年 8 月 7 日，陕甘宁边区政府为号召广种苜蓿颁布命令。《命令》要求边区各机关、部队“皆须大量种植苜蓿”，“并要积极倡导，推动人民”广为种植。陕甘宁边区时常从关中运进苜蓿种子鼓励农民种植。

六、苜蓿发展条例

冀南解放区，针对畜力短缺问题，1948 年 8 月下旬，冀南行署颁发保护与奖励增殖耕畜的四项办法，其中第四条规定，“保护并提倡大量种植苜蓿，以保证牲畜的饲料。”1949 年 6 月，为解决家畜饲草问题，临清县在大力提倡广种苜蓿的同时，还提出 10 亩以上的地需种 1 亩苜蓿，并规定苜蓿地第一年不纳负担。

1945 年，华北政务委员会施政纪要（畜牧兽医部分），山西省政府施政纪要畜牧兽医部分第六条记有：“奖励牧草之栽培：本年全省预计栽培苜蓿 21 000 亩，并利用之堤防两侧奖励栽培 2 000 余亩，预计 7—8 月可以播种。”1946 年，太原县实施了苜蓿工程。同年，河南省政府施政纪要畜牧兽医部分第四条记有：“推广苜蓿种子事宜。”

七、建立苜蓿种子圃

为方便采集苜蓿种子，西北畜牧改良场还在各地设置了采种圃，计有八角城、崧山、潼汜区、萨韩区，泾渭区采种圃。

萨韩区采种圃，该区系与绥远省立萨拉齐新农试验场所合办，面积 2 000 亩，计沿平绥铁路千亩，大青山中 500 亩，新村附近 510 亩……将来所采种子，可推广于萨拉齐韩城之间沿黄各地；潼汜区采种圃，该区系与黄河水利委员会所合办，由该会在潼关、博爱两苗圃拨地 130 亩，繁殖苜蓿，现已将苜蓿种子寄往准备种植，将来所收种子，可供潼关以上各地沿黄推广之用；泾渭区采种圃，现正与陕西武功西北农林专校接洽合办事宜，俟陕西畜牧分厂成立时，即可开始工作，将来所收种子，即可推广于天水平凉以东，沿泾渭两河流域各地。”自 1935 年西北畜牧改良场种植苜蓿以来，收获种子较多，西北各处索取籽种者甚多，1936 年春季，将收到苜蓿牧草各种，分赠各处种植，请其试验以资比较。

民国二十二年（1933 年），绥远五原农事试验场场长张立范（解放后曾任绥远省农林厅厅长），利用苜蓿试行粮草轮作，绥远西得到推广。为解决苜蓿种子问题，在份子地农场、狼山畜牧试验场建立苜蓿采种基地。

第四节 苜蓿发展建议

一、为西北畜牧发展提供优质牧草

1927 年，畜牧专家崔赞丞在《改良西北畜牧意见书》中提出西北畜牧业发达与否取决于十条准绳，其中之一就是“牧草须繁盛也”，他认为紫花苜蓿在西北遍地皆是，发育程度也胜于他草，所以以之饲养牛羊最为适宜。

1936 年，张建基指出，种植牧草以解决牲畜在冬季食物不足的问题是发展畜牧业必须解决的问题。青海土壤多碱性且富含石灰质，适合栽培苜蓿、燕麦等高质量的饲料，且这些饲料也比较符合家畜口味，产量高，耐寒，生长期长，还可以制成干草或青贮以供冬季使用。

1938 年，沙凤苞在《陕西关中沿渭河一带畜牧初步调查报告》中有不少关于牧草的结论值得重视，一是陕西牲畜体型瘦小的缘由是牧草质量不佳，并认为紫花苜蓿为牛羊的最佳牧草，应大力推广育栽。

二、种苜蓿培植草原之提议

1942 年 10 月 29 日，李烛尘在兰州考察农业改进所时发现该所种植了苜蓿，11 月 2 日提出，西北土地，并不是不能生草木。眼下宜研究何种草木适于耐旱，再将培植草木之地，据近来此地农业改进所之研究，谓苜蓿根入土深，且能耐旱，去年（1941 年）试种后，天旱时枯黄，旋得秋雨，即转现青色。

1944 年，耿以礼、耿伯介父子对甘肃、青海草地类型和草地利用进行了考察。在着重对草地利用和草地改良进行了全面的分析研究后指出：山坡牧草质量欠佳，系放牧过度所致，平原优良草类显著，面积有限；改良牧草先要清除有害的醉马草、极恶草等毒草，然后用苜蓿和芫香草替代“极恶草”。

三、种苜蓿救荒与治水土流失

1931 年，即陕西连遇 3 年大旱之后，李仪祉在任陕西省建设厅厅长时，在向政府提出的《救济陕西旱荒议》中，把广种苜蓿列为议案的第一条措施。他认为：“查苜蓿为耐旱之植物，人畜皆可食。故美国经营四方，首先广种苜蓿。不惟可供食料，可改良土质。关中农人，向来种苜蓿，不少，……宜急由政府督促，令人民广种苜蓿，以备旱荒。……苜蓿为牛马最嗜之品，牛马为农人必具之力，而乃自绝养畜之源，无怪乎一遇旱年，牲畜无食，只得卖掉，以致农耕无力，用事草率，五谷不登。……近年来，苜蓿减少 95%，而养蜂之业歇矣。”所以李仪祉提出：“宜急由政府督办，令人民广种苜蓿，以备旱荒。”建议：①由县及建设厅负责采购佳种散与人民。②凡家有旱地 10 亩，即责令以 1 亩种苜蓿；有 50 亩必须以 4 亩种苜蓿；百亩者种 8 亩；10 亩以下，任之。③凡种苜蓿之地，除征粮外，免除一切附加税。④凡不肯种而偷刈别人苜蓿者，处以重罚。

1931 年李仪祉指出，“黄河之患，在乎泥沙……防止冲刷，论者多以宜在西北遍植森林。”然而“但森林之效颇不易获”，“窃以为与其提倡森林，不如提倡畜牧，与其提倡植树，不如提倡种苜蓿（alfalfa）。……诚能使西北黄土坡岭，尽种苜蓿，余敢断言黄河之泥至少可减三分之二。”李仪祉提倡种植苜蓿以解决黄河的泥沙问题。

李仪祉对种植苜蓿的好处颇有认识。首先，苜蓿抗旱，不需要灌溉，只需要种植一次以后就可以年年生长，并且苜蓿人畜都可以食用，在干旱年中可以为灾民提供食物，使人不至于因饥饿而死，而且牛马等牲畜酷爱食用苜蓿，广种苜蓿可以增加饲料产量，能够使农民不至于在旱年中由于没有饲料喂养进而卖掉牛马而失去耕作的有力工具；其次，种植苜蓿可以改良土壤性质，在贫瘠的土地上种植苜蓿 4~5 年之后就可以使土质得到改良，之后再种植其他农作物就可以得到好的收成。还有，苜蓿生长快，覆盖地面好，既能有效防冲减沙，又能发展畜牧，而且由于苜蓿的根入土深，还能固定土壤，比树木更能防止河流、雨水的冲刷力。拟订了《沿黄支干种植苜蓿之初步实施计划》于 1936 年 5 月 7 日令饬河南、陕西、山西、甘肃、宁夏省政府“积极提倡，以期普及”。陕西潼关苗圃被指定为苜蓿引种繁殖的基地之一。

李仪祉

四、发展苜蓿绿肥

为解决人烟稀少的偏远地区肥料不足的问题，罗振玉（1900 年）在《农事私议·卷之上》提议：“用绿肥，……取植物枝叶沤腐以供肥壅，一切植物皆可用，而以豆科植物为尤，若豌豆、若紫云英、若苜蓿之类是也。”他在《农事私议·卷之下》又指出：“为五大林区至七月更增为六大林区至七月，劝农民购买英国小麦、马铃薯、苜蓿等佳种，改驹场农学校试业科。”

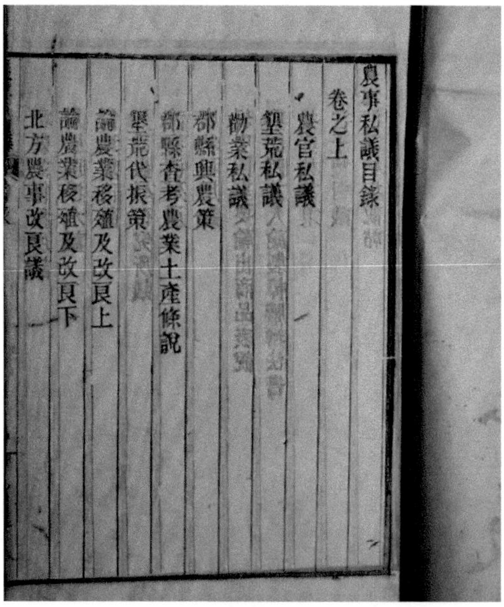
農事私議目錄
卷之上
農官私議
墾荒私議
勸業私議
郡縣興農策
郡縣查考農業土產條說
墾荒代振策
論農業移殖及改良上
論農業移殖及改良下
北方農事改良議

《农事私议》

五、粮草轮作

民国二十三年（1934 年），李树茂在“畜产与农业”中提出，“且经营畜产，可以栽培豆科之牧草与禾本科之牧草，互相轮作；或以深根之作物与短根之作物可轮作，以吸收土壤深层之养料。如豆科牧草中之紫苜蓿（alfalfa）其根常有二三丈，最长有达七八丈者，是为一般作物根中之最长者；而此种作物生长力强，出产量最多，若土壤性质与气候条件适宜时，几为牧场中不可少之作物，是经营畜产可以善尽地力也。”

抗战期间，《陕甘宁边区的黄土》一文中指出：“为了维持地力，应采用轮作法。在轮作上有两点值得注意：一是提倡与豆科作物（苜蓿、大豆之类）轮作，二是让山地合理休闲，如耕耘而不种植，或以种苜蓿的办法替代放任丢荒的耕耘法。”这就是说，要采用豆谷轮作或粮草轮作乃至合理休闲的办法，来培肥地力。在倾斜农田上方的坡地上，挖缓冲沟，培植防风定沙草木，种苜蓿以进行轮作。

六、加强苜蓿生产与研究

1945 年 10 月，中国向美国政府提出农业技术合作之建议。1946 年 6 月，中美两国农业专家组成联合考察团，从以下 3 方面对当时农业现状与全国经济有关之问题进行考察。一是农业教育研究与推广之机构及事业；二是农业生产、加工及运销情形；三是苜蓿调查与研究建议与农村生活及水土利用有关之各项经济及技术问题。考察历时十一周。考察结束后形成了《改进中国农业之途径》的技术报告。报告明确指出，依据各国草地饲养牲畜经验所示，补充饲草如苜蓿干草等极为重要。在甘肃河西走廊，苜蓿、紫云英均生长良佳，放牧或制干草两者咸宜。目前似亟应举行试验，以研究收割野生牧草及豆科牧草干制之法。此等试验应包括牧草之品种、灌溉、种植、收割及储制等事项。在甘肃河西走廊耕作土地常有因人工肥料及水源之不足而休闲者，似可以此项土地之一半用以种植苜蓿。盖栽培苜蓿需要极少之人工与灌溉，而所长苜蓿以之喂养牲畜不仅可生产更多之家畜，并可以其肥料用以肥田。河西农民乐于栽植苜蓿，其所以不能栽植者因限于下列二原因：一是农民难以得到苜蓿种子，政府所设各场所应代其收购；二是耕地税甚重，荒弃不种可申请免税，而栽植苜蓿其税率与耕种作物相同，但苜蓿之收入极微不足以负此重税。为鼓励充分利用土地种植苜蓿发展畜牧，政府对于以耕地栽培苜蓿似应减免其税率也。

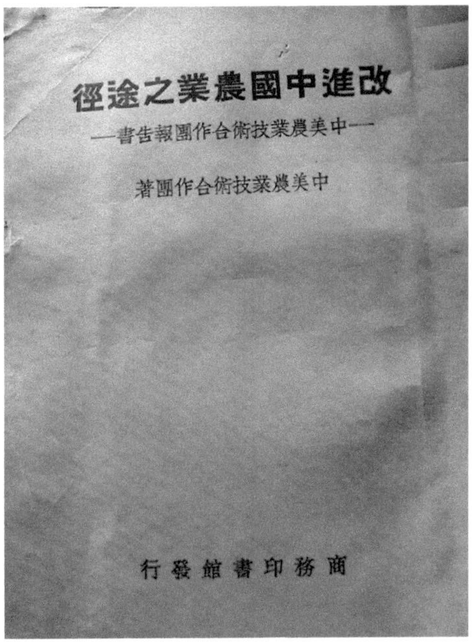

《改进中国农业之途径》

七、棉花—苜蓿轮作

1937 年，杨春度在调查报告中指出，浙江余姚冬季棉田栽种苜蓿，为下一年的棉花作绿肥。

浙江余姚棉田轮作制度

方式	第一年		第二年		第三年		第四年		土壤类型
	冬作	夏作	冬作	夏作	冬作	夏作	冬作	夏作	
一	蚕豆	棉花	苜蓿	水稻	小麦	黄豆		棉花	普通地土
二	豌豆	甘薯	大麦	瓜类	蚕豆	高粱	苜蓿		近海地土
三	小麦	棉花	苜蓿	水稻					普通地土
四	蚕豆	玉米	豌豆	大麻	苜蓿	高粱	油菜		微盐地土
五	苜蓿	水稻	小麦	棉花	苜蓿	早稻 油豆			大古塘南

资料来源：棉作学，孙逢吉，1948（民国三十七年）。

民国三十七年（1948 年），孙逢吉研究报道：

◆ **中棉苜蓿绿肥**

水稻、裸麦二年制作。此制可改为三年轮作制，即多播一次中棉，在二次中棉之间，再种一次苜蓿绿肥，三年中有二次棉，一次水稻，一次裸麦。

◆ **美棉苜蓿**

苜蓿绿肥，美棉、苜蓿绿肥，美棉、蚕豆、大豆三年制轮作。

苜蓿绿肥，美棉、蚕豆、玉米、小麦、大豆三年制轮作。

苜蓿绿肥，美棉、蚕豆、大豆二年制轮作。

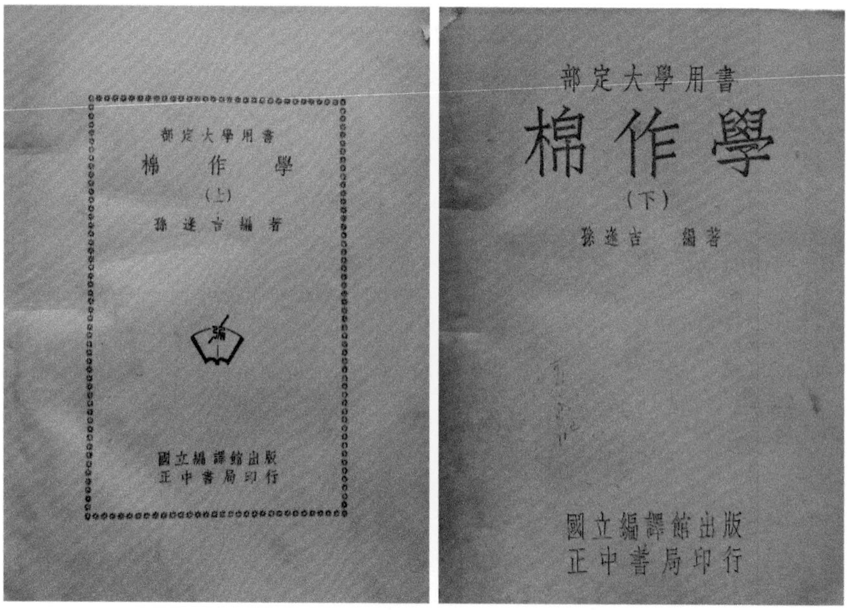

《棉作学》

第六章 近代苜蓿科技发展

随着“西学东渐”，西方近代农业科学技术便开始传入我国，从而引起了我国的农业科技发展，出现了传统农业科技向近代农业科技转变的历史性变化，苜蓿科技发展也紧随其后。采用西方先进的技术与理论，进行植物学、生态学和生物学等的研究，广泛开展苜蓿资源调查、苜蓿的科学引种试验研究，以及品种特性、根瘤菌、播种技术、生长发育、病虫害调查与防治、加工青贮等苜蓿栽培生物学与技术的研究。苜蓿科学与技术得到广泛的普及，国外先进研究成果与技术得到了及时引进与传播。

第一节　古代苜蓿物种考证

一、对我国古代苜蓿起源的考证

1911 年，黄以仁在《东方杂志》发表了“苜蓿考”，从苜蓿的起源、种类、栽培利用等方面，对我国古代苜蓿引种和栽培历史进行了研究考证。黄以仁依据典籍（如《史记》《汉书》《博物志》和《述异记》）认为，我国汉代苜蓿的原产地为西域的大宛和罽宾，携带苜蓿的汉使为张骞。他指出，在古代，我国北方既栽培有黄苜蓿（*Medicago falcata*），也栽培有紫苜蓿（*Medicago sativa*），二者合称苜蓿，来自西域。

《东方杂志》

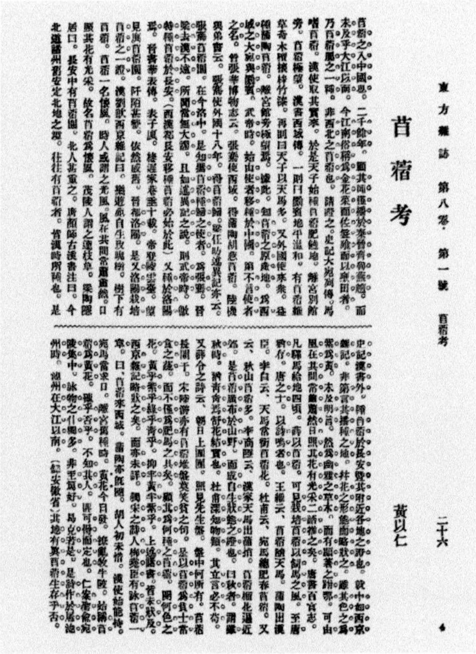

東方雜誌　第八卷　第一號　苜蓿考

苜蓿考

黃以仁

二十六

《苜蓿考》

1945 年，谢成侠的《中国马政史》根据《史记·大宛列传》和《汉书·西域传》等史料汗血马和苜蓿的记载指出，第一考苜蓿传入我国的年代，可能是在张骞回国的这一年，即 126 年（武帝元朔三年）；第二考汉代苜蓿的来源地为大宛和罽宾两国。罽宾汉时在大宛东南，当今印度西北部克什米尔地区，这些地方均有过汉使的足迹，所以可以肯定地说中国的苜蓿应该是由大宛带回来的。

二、对我国古代苜蓿物种的考证

1911 年，黄以仁在《东方杂志》发表了“苜蓿考”认为，《植物名实图考》中关于苜蓿的三幅图，第一图即紫苜蓿，第二图即黄苜蓿，第三图为金花菜（*Medicago denticulata*）。黄以仁认为我国苜蓿属植物已知者有 5 种，除紫苜蓿、黄苜蓿和金花菜（称野苜蓿）外，还有小苜蓿（*Medicago minima*）和天蓝苜蓿（*Medicago lupulina*）。

三、苜蓿标本的鉴定

在清末民初，国内缺资料少标本的条件下，要将采集来的植物鉴定出种属，还是有一定困难的，所以有些标本不得不寄往国外求助，如有些苜蓿标本寄送日本植物学家松田定久鉴定，1908 年松田定久于《植物学杂志》发表了“从中国北部采集的苜蓿属植物标本”。他指出，近来从中国北部采集的苜蓿属植物腊叶标本如下：

（1）*Medicago sativa* 紫花肥马草（苜蓿），采于甘肃省兰州附近的平原；

（2）*Medicago lupulina* 麦粒肥马草（中名为天蓝苜蓿），采于同上地点的田间；

（3）*Medicago minima* 小肥马草（中名为小苜蓿），采于陕西省西安南门外。

松田定久进一步指出，本杂志去年 12 月发行刊上记载了 *Medicago sativa* 在中国西北部有分布，现在在兰州找到该标本，该地区称其为苜蓿，他认为（2）*Medicago lupulina* 作为田间杂草分布广泛，（3）的标本相当受损，暂且定为 *Medicago minima*，（1）和（2）均确定了新的分布地区，同一地尚未采到普通肥马草（野苜蓿）即 *Medicago denticulata*。

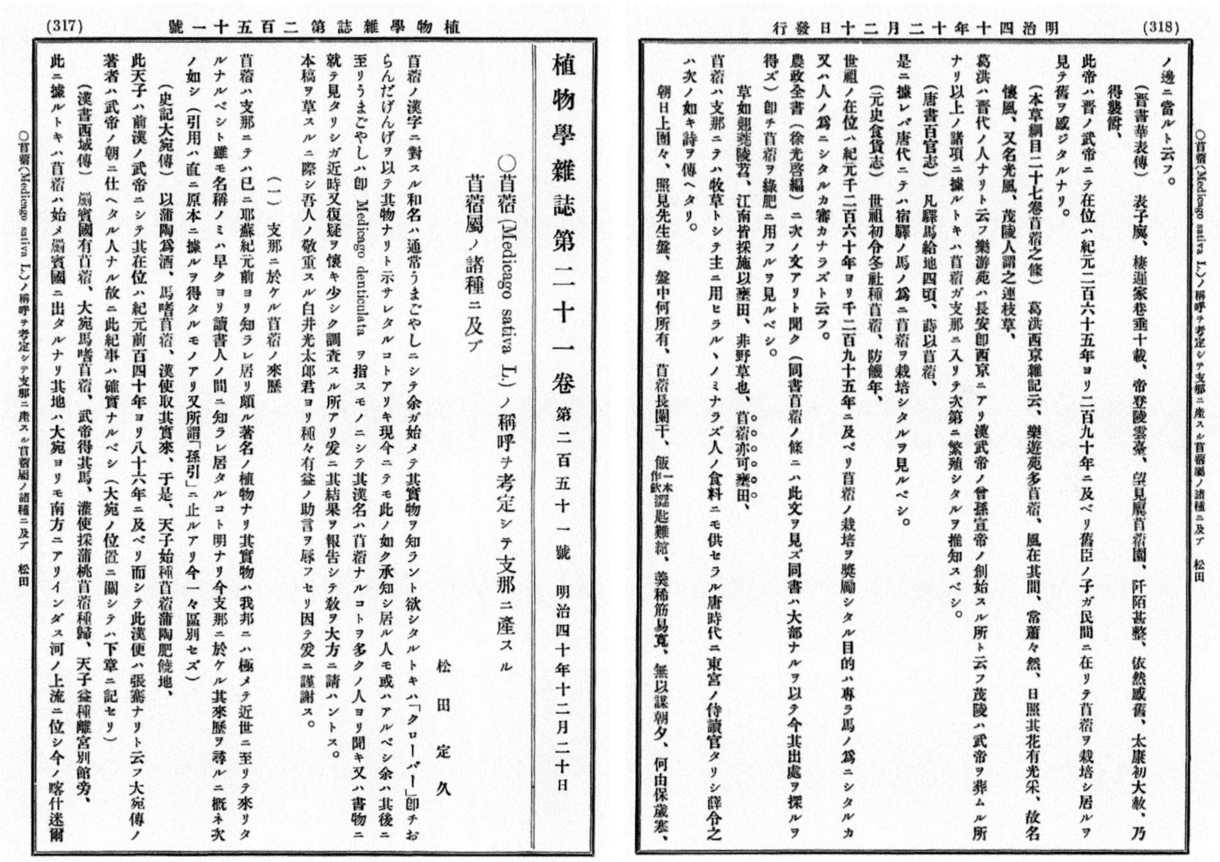
(317)　植物學雜誌第二百五十一號

植物學雜誌第二十一卷　第二百五十一號　明治四十年十二月二十日

○苜蓿 (Medicago sativa L.) ノ稱呼ヲ考定シテ支那ニ產スル苜蓿屬ノ諸種ニ及ブ

松田定久

苜蓿ノ漢字ニ對スル和名ハ通常うまごやしニシテ余ガ始メテ其實物ヲ知ラント欲シタルトキハ「クローバー」卽チおらんだげんげヲ以テ其物ナリト示サレタルコトアリキ現今ニテモ此ノ如ク承知シ居ル人モ或ハアルベシ余ハ其後ニ至リうまごやしハ卽 Medicago denticulata ヲ指スモノニシテ其漢名ハ苜蓿ナルコトヲ多クノ人ヨリ聞キ又ハ書物ニ就テ見タリシガ近時又復疑ヲ懷キ少シク調査スル所アリ爰ニ其結果ヲ報告シテ教ヲ大方ニ請ハントス。本稿ヲ草スルニ際シ吾人ノ敬重スル白井光太郎君ヨリ種々有益ノ助言ヲ辱フセリ因テ爰ニ謹謝ス。

（一）支那ニ於ケル苜蓿ノ來歷

苜蓿ハ支那ニテハ已ニ耶蘇紀元前ヨリ知ラレ居リ頗ル著名ノ植物ナリ其實物ハ我邦ニハ極メテ近世ニ至リテ來リタルナルベシト雖モ名稱ノミハ早クヨリ讀書人ノ間ニ知ラレ居タルコト明ナリ今支那ニ於ケル其來歷ヲ尋ルニ概ネ次ノ如シ（引用ハ直ニ原本ニ據ルヲ得タルモノアリ又所謂「孫引」ニ止ルアリ今一々區別セズ）

（史記大宛傳）以蒲陶爲酒、馬嗜苜蓿、漢使取其實來、于是、天子始種苜蓿蒲陶肥饒地、

此天子ハ前漢ノ武帝ニシテ其在位ハ紀元前百四十年ヨリ八十六年ニ及ベリ而シテ此漢使ハ張騫ナリト云フ大宛傳ノ著者ハ武帝ノ朝ニ仕ヘタル人ナル故ニ此紀事ハ確實ナルベシ（大宛ノ位置ニ關シテハ下章ニ記セリ）

（漢書西域傳）罽賓國有苜蓿、大宛馬嗜苜蓿、武帝得其馬、遣使採蒲桃苜蓿種歸、天子益種離宮別館旁、

此ニ據ルトキハ苜蓿ハ始メ罽賓國ニ出タルナリ其地ハ大宛ヨリモ南方ニアリインダス河ノ上流ニ位シ今ノ喀什迷爾

○苜蓿 (Medicago sativa L.) ノ稱呼ヲ考定シテ支那ニ產スル苜蓿屬ノ諸種ニ及ブ　松田

明治四十年十二月二十日發行　(318)

ノ邊ニ當ルト云フ。

（晉書華表傳）表子廙、棲遲家巷垂十載、帝登陵雲臺、望見廙苜蓿園、阡陌甚整、依然感舊、太康初大赦、乃得襲爵、

此帝ハ晉ノ武帝ニテ在位ハ紀元二百六十五年ヨリ二百九十年ニ及ベリ舊臣ノ子ガ民間ニ在リテ苜蓿ヲ栽培シ居ルヲ見テ舊ヲ感ジタルナリ。

（本草綱目二十七卷苜蓿之條）葛洪西京雜記云、樂遊苑多苜蓿、風在其間、常蕭々然、日照其花有光采、故名懷風、又名光風、茂陵人謂之連枝草、

葛洪ハ晉代ノ人ナリト云フ樂遊苑ハ長安卽西京ニアリ漢武帝ノ曾孫宣帝ノ創始スル所ト云フ茂陵ハ武帝ヲ葬ムル所ナリ以上ノ諸項ニ據ルトキハ苜蓿ガ支那ニ入リテ次第ニ繁殖シタルヲ推知スベシ。

（唐書百官志）凡驛馬給地四頃、蒔以苜蓿、

是ニ據レバ唐代ニテハ宿驛ノ馬ノ爲ニ苜蓿ヲ栽培シタルヲ見ルベシ。

（元史食貨志）世祖初令各社種苜蓿、防饑年、

世祖ノ在位ハ紀元千二百六十年ヨリ千二百九十五年ニ及ベリ苜蓿ノ栽培ヲ奬勵シタル目的ハ專ラ馬ノ爲ニシタルカ又ハ人ノ爲ニシタルカ審カナラズト云フ。

農政全書（徐光啓編）ニ次ノ文アリト聞ク（同書苜蓿ノ條ニハ此文ヲ見ズ同書ハ大部ナルヲ以テ今其出處ヲ探ルヲ得ズ）卽チ苜蓿ヲ綠肥ニ用フルヲ見ルベシ。

草如翹蕘陵苕、江南皆採施以壅田、非野草也、苜蓿亦可壅田、

苜蓿ハ支那ニテハ牧草トシテ主ニ用ヒラル、ノミナラズ人ノ食料ニモ供セラル唐時代ニ東宮ノ侍讀官タリシ薛令之ハ次ノ如キ詩ヲ傳ヘタリ。

朝日上團々、照見先生盤、盤中何所有、苜蓿長闌干、飯（一本作飲）澀匙難綰、羹稀筋易寬、無以謀朝夕、何由保歲寒、

○苜蓿 (Medicago sativa L.) ノ稱呼ヲ考定シテ支那ニ產スル苜蓿屬ノ諸種ニ及ブ　松田

《植物学杂志》

第二节　苜蓿资源调查

一、绥远苜蓿调查

1934年，绥远农业学会组织绥远农业考察团，对绥远省农林现状及农业经营情形进行考察，考察项目包括作物、土壤、森林、经济、水利、畜牧等项，考察区域包括包头、萨县、五原、归绥、丰镇五县。

1936年，李松如在《绥远几种牧草调查及改进本省畜产业的意见》一文中介绍了绥远地区家畜所食用的牧草，包括紫花苜蓿、黄花苜蓿、酸苜蓿（酸金花菜）、黄三叶草（或称野苜蓿）、菊科牧草，对这些牧草的属性、特点、地位等做了详细介绍。李松如对紫苜蓿有较为详细的记述：

（1）营养价值高而味美；

（2）收获量多；

（3）根深，不畏旱害；

（4）生长年龄长；

（5）质甚柔软，乳牛极喜食之；

（6）紫苜蓿在牧草中占首要之地位。

1936年，国立西北农林专科学校也专门开展过牧草资源的调查活动，调查了陕西渭河流域的武功、咸阳、泾阳、富平等18县，采集到杂草标本240余种。两年后，该校沙凤苞又再次调查了陕西渭河流域的23个县及彭阳、陇县两县内的畜牧与牧草，在《陕西关中沿渭河一带畜牧初步调查报告》中，认为紫花苜蓿为牛羊的最佳牧草，应大力推广育栽。

二、东北苜蓿调查

1939年，《满洲农业概况》中指出，中外产的苜蓿牧草，最适于满洲，苜蓿性耐干及寒气，所以适于在满洲种植，并且非常旺盛，外国产牧草中适于满洲气候风土者，首举苜蓿。

三、甘青藏牧草资源调查

1944年，耿以礼对青海、甘肃进行了考察。他们重点对甘肃、青海的草地利用改良进行研究后指出：对草地上的有毒有害牧草如醉马草（*Achnatherum inebrians*）、极恶草等要进行清除，建议用苜蓿和芫香草替代“极恶草”，用“鹅冠草”（*Roegneria kamoji*）替代“羽毛属植物群”，用“粗穗野麦”替代“醉马草”。

耿以礼

马鹤天

1947年，马鹤天（1887—1962年）在《甘青藏边区考察记》中记录着黄河流域藏族郭密部落牧草种类较丰富，如“山坡中野花盛开，以黄花为最多，次为蓝花白花，如球如穗，又有紫花类苜蓿”。

《甘青藏边区考察记》

第三节 近代苜蓿引种与技术示范

一、绥远及西北地区

据1922—1928年，绥远地区的实业档案记载，苜蓿为绥远地区牧畜的主要农作物，其根深入土有改良土壤的作用，可做饲料；绥附近设农业试验总场，面积在十顷左右，改良各种农作物并试种苜蓿、甜菜等。

1929年，绥远省政府在“自养”“自卫”“自治”的口号下，通过组织模范新村以资推进西北农垦工作，于萨拉齐县设立了新农农业实验场。实验场还与全国经济委员会（简称经委会）合办苜蓿采种圃。经委会在青海和甘肃的开办分场，试验表明了苜蓿的防风固沙、饲养牲畜的作用。因此，经委会向黄河水利委员会建议，将黄河流域划为潼汜、泾渭以及萨韩（萨拉齐至韩城）三大区，各设苜蓿采种圃一处，其中萨韩一区即希望与本试验场合作。

1932年，绥远省五原农事试验场利用苜蓿试行粮草轮作。

1933年，五原农事试验场场长张立范利用苜蓿试行粮草轮作在绥西得到推广。为了解决苜蓿种子问题，在五原份子地农场、狼山畜牧试验场建立了苜蓿采种基地。

1935年，开封改良碱土试验场，引种苜蓿等5种作物进行耐碱性试验，并对改良土壤效果进行试验。

1936年10月，在大青山牧场场址附近暂定5顷，1939年制定了《萨拉齐县新农实验场利用计划书》。即在可耕地内栽培高粱、糜子、莜麦、大豆等普通民需的耐旱性作物及饲料作物燕麦、紫花苜蓿等。20世纪40年代，绥远省先后成立省农事试验场、萨拉齐新农农事试验场、农业改进所等机构，从事农、牧、林、果树等科研和生产，下设农场、苗圃、果园、畜牧试验场、林业试验场，并试种苜蓿等。

1946 年，绥远省增产委员会曾计划推广绿肥，4 月向农林部的工作报告计划在临河县四区 70 户农民麦地播种绿肥（紫花苜蓿）3 000 亩，并在世成西农业改进所建示范区。6 月月报中报道，已种绿肥压青面积达 120 亩。

1934—1935 年，新疆在从苏联引进紫苜蓿、红三叶、猫尾草等，分别在塔城、伊犁、乌鲁木齐南山种羊场和布尔津阿留滩地区试种。

1934 年 6 月，全国经济委员会在甘肃夏河县甘坪寺设立西北畜牧改良场，主要职责是家畜繁殖与改良、家畜纯种的饲养与保护、家畜杂交育种试验，畜种比较试验、饲料营养试验、饲料作物栽培、民间畜配种、种畜推广及指导、畜产调查研究、牲畜产品运销合作等。

第三年 8 月，该场被实业部接管，改名为西北种畜场。西北种畜场的主旨有六端，其第四条规定：

> 饲料及饲养之方法，均须有切实之改良，方可生产优良之畜种，故牧草种类之增加、耕种培植之方法，与夫青饲干料之储藏，均有改良推广之必要。

从 1940 年起，甘肃省农业改进所致力向美国、澳大利亚及国内各方收集优良牧草资源，截至抗战结束前夕，共收集了牧草品种禾本科者 161 种，豆科者 39 种，其他科属 24 种，合 224 种（其中由美国华莱士副总统赠送者计 42 种），经在皋兰、河西、甘坪寺等地试验观察，结果为具有耐旱能力生长优良而适于本省者为禾科披碱草、冰草以及豆科苜蓿、草木樨等牧草。

在 1942 年，甘肃天水水土保持实验区，由美国引来包括紫苜蓿在内的一批牧草种子在天水试种。美国副总统华莱士在 1944 年 6 月 30 日访问中国时，带来包括紫苜蓿在内的 92 种牧草种子赠送甘肃省建设厅张心一，并在天水水土保持试验站进行了试种。经 3 年试验观察，苜蓿不适应高寒地区，但在永昌关东和低洼地带种植较为成功，每公顷收获苜蓿 15 000~22 500 kg，收种子 187.5~225 kg，可以大量推广。同时，陇南绵羊改良推广站在岷县野人沟试播苜蓿，生长不良。农林部天水水土保持试验站将华莱士带来的牧草种子赠予西北羊毛改进处 88 种，其中就有格林苜蓿。

1943—1948 年，叶培忠先生参加西北水土保持考察团工作结束后，被留在农林部天水水土保持实验区工作，直至 1948 年在天水工作的 5 年多时间里，做了大量水土保持与牧草试验研究。从引种的 300 多个牧草中，筛选出包括苜蓿在内的 60 多个在西北地区有推广价值的优良草种。其中有来自德国、美国、以及我国新疆、甘肃和青海等地的苜蓿品种或材料 30 个，如德国苜蓿、格林苜蓿、新疆苜蓿、黄花苜蓿等，均分别种植，为多年生草本，根深入土中等，为最普通之牧草。

叶培忠

1947 年，河西草原改良试验区苜蓿栽培获得成功。试验表明，6 月中旬播种，灌溉水 4 次，生长普遍高度 78 cm，8 月中旬开始放花，约在 10 月上旬收割。

1948 年，岷县闾井、野人沟栽培的牧草有燕麦（*Avena sativa*）、苜蓿等。同年 11 月陇东站在甘盐池草原先后采集野生草标本 98 种，其中有豆科野苜蓿等 16 种。当年向农民贷放苜蓿种子 182.5 kg。

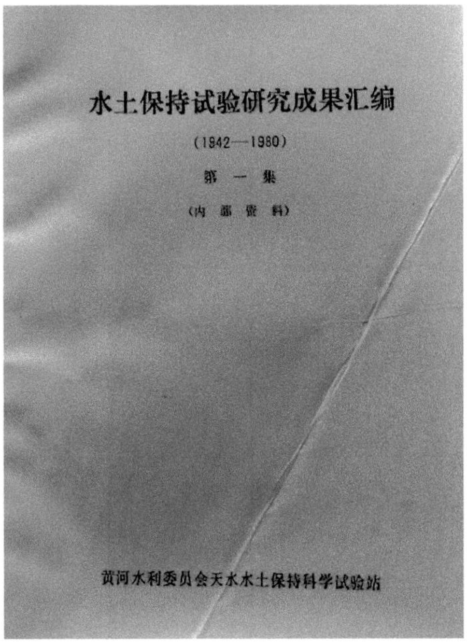

《水土保持试验研究成果汇编》

二、华东地区

20 世纪 30 年代至 1949 年，我国曾从美国、日本、苏联引进了一些牧草。在华东地区，前中央农业实验所和中央林业实验所，由美国引进 100 多份豆科和禾本科牧草种子，主要有紫花苜蓿、杂三叶（*Trifolium hybridum*）等，在南京进行引种试验。

1945—1948 年，胡兴宗进行苜蓿研究，在金陵大学和中央农业实验所牧草组进行包括苜蓿在内的牧草引种、育种和山坡草地改良研究。

1946 年，联合国救济总署援助中国 21 个牧草种或品种的种子，总重量达 15 t，分配给全国 78 个农业试验站、畜牧试验场（站）和教育机构，供其栽培试验用，其中有 2 个苜蓿品种，一是两年生苜蓿（约 900.7 kg），另一个是 Grimma 苜蓿（约 908 kg）。南京中央农业试验所、中央畜牧实验所、中央农业试验所北平工作站等都进行了苜蓿引种试验。1946—1947 年我国曾从美国引进苜蓿品种 12 个试种。

三、东北地区

清光绪二十七年（1901 年），俄国人将紫花苜蓿引入大连中央公园试种，不久又将从俄罗斯引进的紫花苜蓿北移至辽阳和铁岭的种畜场进行大面积推广种植，并扩展到锦州、熊岳等地。日本人又于 1908 年将苜蓿引进大连民政署广场附近种植。随后苜蓿在民间得到推广。

据《辽宁省志·畜牧业志》记载，光绪三十二年（1906 年），奉天官牧场（今黑山县）试种苜蓿 40.5 亩，当年收获干草 7 500 kg，平均每亩产干草 185 kg。同年，奉天农业试验场，铁岭种马场等官办牧场均有苜蓿种植，总面积达 100.5 亩，用于调制干草饲喂马、牛等种畜。

1907 年，秋奉天省留学美国农科毕业生陈振先回国，被委任为奉天农事试验场监督。奉天农业试验场在 1907—1908 年间试种的外国品种达 185 种，其中牧草 37 种；昌图分场曾试种美国苜蓿草，“生育甚良”。1908 年日本人将苜蓿引种在大连民政署广场附近种植，之后又在大连星浦公园和熊岳城苗圃栽植。

陈振先（1 877—1 938 年）

公主岭农业试验场

吴青年（1950 年）指出，通过从 37 年（1914—1950 年）的苜蓿引种栽培试验，各地得到试验结果表明，除在强酸性与强碱性土壤及低湿地等局部地区外，苜蓿皆能生育繁茂，并具有抗寒耐旱丰产质优的特点。1922 年公主岭农事试验场又将美国苜蓿品种“格林（Grimm）”引入，经过连续 26 年 10 多次多代的大面积的风土驯化，自然淘汰后的群体作为育种材料，于 1948—1955 年通过表型选择抗寒性强、成熟期一致和高产性能稳定的单株，进行连续 4 代的选优去劣，最后形成今天的公农 1 号苜蓿。

1926 年，公主岭农业试验场开展了牧草试验栽培研究。先后从外国引进的紫花苜蓿、鸭茅（*Dactylis glomerata*）、猫尾草（*Phleum alpinum*）等牧草 40 种。大部分牧草因干旱和严寒，发芽不良和生长不好。而紫花苜蓿表现出了较好的适应性，生长良好，产量也较高，得到广泛种植。20 余年间，试验场出版发行了《紫花苜蓿的栽培》《紫花苜蓿——栽培法》等一批图书和刊物。

1931 年，伪满洲国在延吉、辉南、图们、佳木斯、克山、肇东、哈尔滨等地的农牧业试验站、畜牧场和“开拓团”，大面积种植苜蓿。在伪满时期，珲春、和龙、龙井等地种有大面积的苜蓿，辉南县种畜场的一个队为日伪“义和乳牛场”种苜蓿、红三叶和胡枝子等，辽宁省建平县沙海乡四家子村日伪时期种苜蓿 30 亩。公主岭农事试验场畜产系的 3 000 亩饲料地，在 1933—1945 年间，经常保持 25% 的耕地种植苜蓿与无芒雀麦的混播草地，同大田作物进行轮作，以保持地力。

1932 年，黑龙江地区沦陷之后，伪满在哈尔滨、佳木斯、克山、肇东等地的农业试验站和开拓团所在地曾进行种植。

1937 年，在关东州普及苜蓿种植，至 1942 年，仅三江地区种植的紫花苜蓿就近万亩。滨州和滨绥铁路沿线两侧的 10 km 以内，种有紫花苜蓿、无芒雀麦、白三叶等。1949 年 4 月东北行政委员会农业部公主岭农事试验场苜蓿种植面积达 87.4 hm^2。

1938 年，日本人又引进美国格林苜蓿等牧草在公主岭农业试验场试种。Kawase 总结了苜蓿在东北地区的适应性、物候期、产草量和栽培技术等。

20 世纪 30 年代，黑龙江肇东县从外地将紫花苜蓿引种到原肇东种马场，形成了今天的肇东苜蓿。

20 世纪 40 年代，内蒙古扎赉特旗图牧吉军马场种有苜蓿。

1940 年，《北满及东满植生调查报告》中记载：伪满三江省种紫花苜蓿 195 hm^2，每公顷平均收获量 3 154 kg，总收获量 615 t。1945 年依克明安（富海）、海伦、苇河、宁安、瑷珲、孙吴等 14 个县（旗）种紫花苜蓿 481 hm^2。

四、华北地区

1946 年，孙醒东在保定开展包括苜蓿在内的牧草与绿肥引种栽培研究。

五、南方苜蓿引种

1942 年，张仲葛在广西某牧场进行包括苜蓿在内的牧草栽培利用试验。其中包括有马唐草（*Digitaria dahuricus*）、狗尾草（*Setaria viridis*）、猫尾草、苜蓿等。试验结果表明，紫花苜蓿发芽速度最快，平均 3.7 d。通过这一试验，得出的结论是豆科牧草以紫花苜蓿最优。

孙醒东

张仲葛

第四节 苜蓿栽培生物学特性

一、苜蓿的品种类型与特性

1947 年，汤文通研究指出，紫苜蓿有耐寒品系、土耳其斯坦品系、德国品系、美国品系、阿拉伯品系和秘鲁品系及 Baltic 品系等。他认为，耐寒品系（如 Grimm 苜蓿）有耐寒性，即含有抗寒黄花苜蓿（*Medicago falcata*）之几分血统。Grimm 系耐寒品系，Grimm 苜蓿确具杂种特性，亲本系紫苜蓿及黄花苜蓿。

1949 年，黄绍绪研究指出，苜蓿的品种，颇多耐旱、耐寒、耐碱及抗病的种类。此类特异的品种，单就形态上看，与普通品种均无甚差异，若仔细区别，可分为 5 大类：

（1）普通种（commcon group）此种指茎叶光滑，开紫花及其他显著特征的品种而言。割刈后再生能力较速，产量较多，丛株数较小，自土面直生，耐寒力较弱。美国西部栽培最多。

（2）土耳其种（Turkestan group）此种原产于土耳其，也是开紫色花。若仅种几株，很不易与普通种辨别，惟本种丛株较矮而扩张，茎叶微有毛。性耐旱、耐寒，以充饲料，较普通种为佳。

（3）斑花种（variegated group）此种紫花种与黄花种杂交所育成，有各种花色，如褐色、绿色、绿黄色、烟灰色等，而以紫色较为显著，但也间有纯黄色的。果旋圆形，螺旋较疏散。耐旱耐寒的能力也很强。

（4）黄色种（yellow flowered group）此种呈黄色，荚呈半月形或镰刀形。丛株多伏卧生，缺乏主根，但根系分枝甚多，根冠自地下发生。原产于西伯利亚。甚能耐旱耐寒。

（5）不耐寒种（non-hardy）此种再生力极强，生长期较长，惟不能耐寒，只适于南方种植。

二、苜蓿的生长需水量

民国二十三年（1934 年），杨景滇对比了几种作物的需水量指出，作物需水量之最经济者谓粟、玉米、甜菜，次为小麦、大麦、燕麦，红花苜蓿（注：红三叶）、紫花苜蓿等。

作物需水量之比较

作物	平均需水量（L/亩）	作物	平均需水量（L/亩）
粟	310	甜菜	397
玉米	322	马铃薯	636
小麦	513	大豆	571
大麦	534	红花苜蓿	797
燕麦	597	紫花苜蓿	831

1947 年，汤文通也做了同样的对比研究，从表中可以看出，2 种苜蓿需水量最大。汤先生指出，“紫花苜蓿生长虽然需要较多的水分，但能抵抗旱热，此乃其根系深长，能吸收较下土层之水分也。”

紫花苜蓿与其他作物需水量之比较

作物	作物需水量（L/亩）	作物	作物需水量（L/亩）
粟	310	燕麦	597
高粱	322	马铃薯	636
玉蜀黍	368	苜蓿 *Peruvian S.P.L.*	651
小麦	513	紫花苜蓿 *Grimm S.P.L.*	963

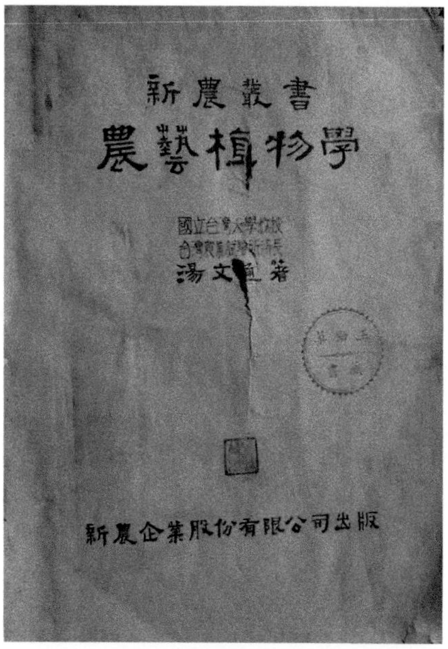

《农艺植物学》

三、栽培苜蓿生长特性

王栋

1942 年，王栋从英留学回国后，1943—1947 年在武功陕西国立西北农学院任教期间，一直从事牧草的栽培与利用、加工与贮藏研究，主要内容有：

（1）苜蓿种子田间及室内发芽试验之比较研究：包括 3 份苜蓿种子，结果表明苜蓿种子室内发芽率较田间发芽率高出 4 倍之多。在苜蓿种子不同储藏期的发芽试验中，苜蓿种子发芽率无论在田间还是在室内，储藏 2 年的要比储藏 1 年的高；并且在发芽速度上表现出不同，储藏 1 年的苜蓿种子其发芽速度明显慢于储藏 2 年的苜蓿种子，储藏 2 年的苜蓿种子的发芽速度与储藏 3 年的相当。

（2）苜蓿幼苗时期根茎生长之比较：试验结果为苜蓿苗期根的发育较早较快，而茎的发育则较迟较缓。苜蓿在不同时期表现出不同的生长速度，一般在幼苗期苜蓿植株增长较慢，而在发育期则表现出较快的增长速度；花期后由于种子发育需要养分供应，因此种子成熟期苜蓿植株高增长较为慢，而在种子成熟后植株又表现出较快增长，但此时苜蓿植株纤维含量明显增加并老化。鉴于此，王栋建议苜蓿宜在盛花期收割。此时苜蓿草营养丰富，并且产量高。通过做苜蓿叶、茎、花、荚果等各器官比例的统计，结果发现苜蓿愈老，茎的营养成分愈低。

（3）苜蓿产量与刈割次数关系：结果表明，春播苜蓿当年的产草量随着刈割次数的不同表现出不同的反应。间隔 56 d 刈割 1 次，虽然对苜蓿生长发育影响较小，但比间隔 42 d 刈割 1 次产量要低，以间隔 42 d 刈割 1 次为最高；间隔 14 d 收割 1 次，则连割两次引发较多的植物死亡；间隔 28 d 刈割 1 次，也影响苜蓿生长，并产量也较低。

（4）苜蓿产量年际之间的变化：苜蓿播种后，生长两年的产量较高，生长 3~4 年产草量逐渐降低，至生长 5 年则降低甚多。苜蓿在一年中，各月份产量表现出不同：其中以 4 月产量为最高，约占全年的 1/3，5 月和 9 月次之，产量在夏季较低，到 10 月苜蓿停止生长直至翌年 2 月。

苜蓿在不同高度刈割对次年产量的影响

刈割高度 (cm)	株高 (cm)	产鲜草（斤 / 亩）	草百分百 (%)	量风干草（斤 / 亩）	百分百 (%)
植株 20 cm 刈割	65	1 540.83	100.00	503.33	100.00
植株 30 cm 刈割	70	1 948.00	126.43	679.33	134.79
植株 40 cm 刈割	75	3 263.33	211.79	1 200.83	240.06
盛花期刈割	80	4 296.66	278.85	1 377.67	259.82

（5）1943 年，栽种的苜蓿当年青草产量达 831.67 kg/ 亩，1944 年为 2 069.13 kg/ 亩，至 1950 年，生长第八年的苜蓿产量仍有 1 439.60 kg/ 亩。

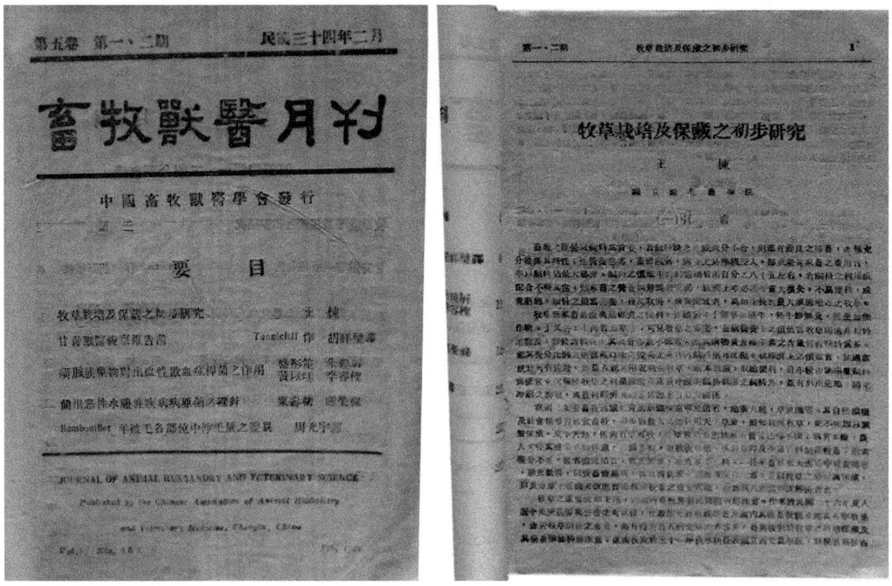
第五卷 第一、二期 民國三十四年二月

畜牧獸醫月刊

中國畜牧獸醫學會發行

要 目

牧草栽培及保藏之初步研究 王 棟

JOURNAL OF ANIMAL HUSBANDRY AND VETERINARY SCIENCE

第一、二期 牧草栽培及保藏之初步研究 1

牧草栽培及保藏之初步研究

王 棟

王栋发表的研究论文

1947 年，汤文通指出，苜蓿生长年限视环境及品种而异，平均 5~7 年，在半干燥地有生长 20~25 年者，并已认识到了不同苜蓿品种间的抗寒差异，他认为在苜蓿近地面处有一短而坚实之茎(冠部 Crown，即现在称之为根颈）生 20~25 分枝。冠部之性质与耐寒性有密切关系，不耐寒之紫苜蓿有一直立生长之冠部，只有少数的芽及枝条自地下开始发育，而耐寒性之冠部较开展，从地面下发出的芽及枝条甚多。在后一情形下，幼芽及枝条遂为土壤所保护而免于冻害，如 Grimm 及 Baltic 皆系耐寒品系。

四、苜蓿根瘤菌

1931 年，我国的秦含章从以下 4 方面对苜蓿根瘤及其根瘤杆菌的形态进行了研究：

一是苜蓿的根瘤；

二是苜蓿根瘤杆菌的接种与培养；

三是苜蓿根瘤杆菌的检查；

四是苜蓿根瘤杆菌的形态及其变化。

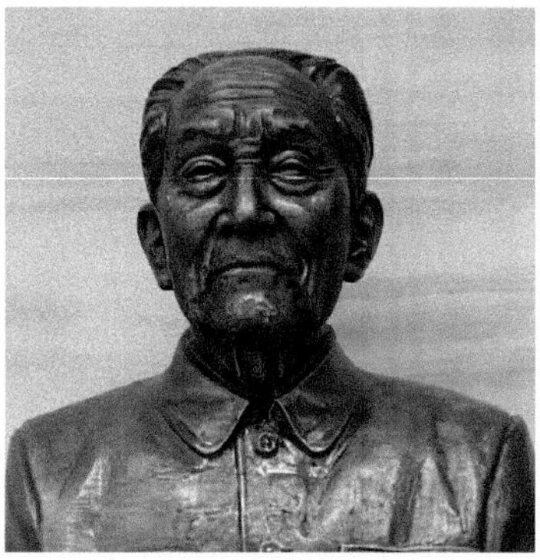
秦含章像

根据试验研究，秦含章得出如下结论：

（1）苜蓿根瘤是受到苜蓿根瘤杆菌的寄生所分泌的一种毒素刺激而膨胀起的，根瘤着生于苜蓿根上的方法，是以根瘤基点连贯于根的柔膜组织内，初起由维管束相通，赖维管束以吸取寄主的养液，后来到本身能制造养分时，靠细胞膜的渗透作用，就供给寄主生长出必需的氮素。所以苜蓿根瘤杆菌和苜蓿本身是相互为利的。

（2）苜蓿根瘤内部白色的浆汁是苜蓿根瘤杆菌生长的结果。普通自根瘤直接取出汁液来检查，大多为一种分叉状的菌体；唯此分叉状的，就有吸收固定空气中游离氮的能力。最后，此分叉状菌再由无生变化作用而成淡白的黏液物质，大约豆科植株的营养特殊处，就是同化此富有氮化物的细菌产物。

（3）将苜蓿根瘤杆菌接种于人工的各种培养基中，细菌就要变异原来的状态，自杆状，而丝状，再至于分叉状或黏汁，甚至杆状（在苜蓿结实以后的根瘤中，取出菌体培养），这样循环变化，以延续其生命。

（4）苜蓿根瘤杆菌的体积较小，需要放大至 1 500 倍下，才能看清目标物，同时要进行染色，以复红染剂染色，颇为简便，如取碘液为染剂，菌体虽不受染，但其他物质，则多变为黄色或褐色，看可明白苜蓿根瘤的细菌。

研究根瘤杆菌的重要性。一是因为它有直接固定游离氮素的能力，给寄主充分的养料，让寄主枝叶扶疏，结实丰满，以增加苜蓿栽培收益；二是应用它来蓄积肥分，改良农田，以扩张农地耕种的面积；三是利用苜蓿根瘤杆菌以缩短农地休闲的时间，如将苜蓿根瘤杆菌人工繁殖，和砂土拌成一起，分装玻璃瓶中，在农地需氮作物已连作数年，非休闲二三年不能恢复地力的情势之下，马上栽培一季苜蓿，加入适量人工苜蓿根瘤杆菌，不需任何肥料，不费任何资本，一年后，就可抵得休闲三年的效果，而农地不致休闲过久而减少收益。

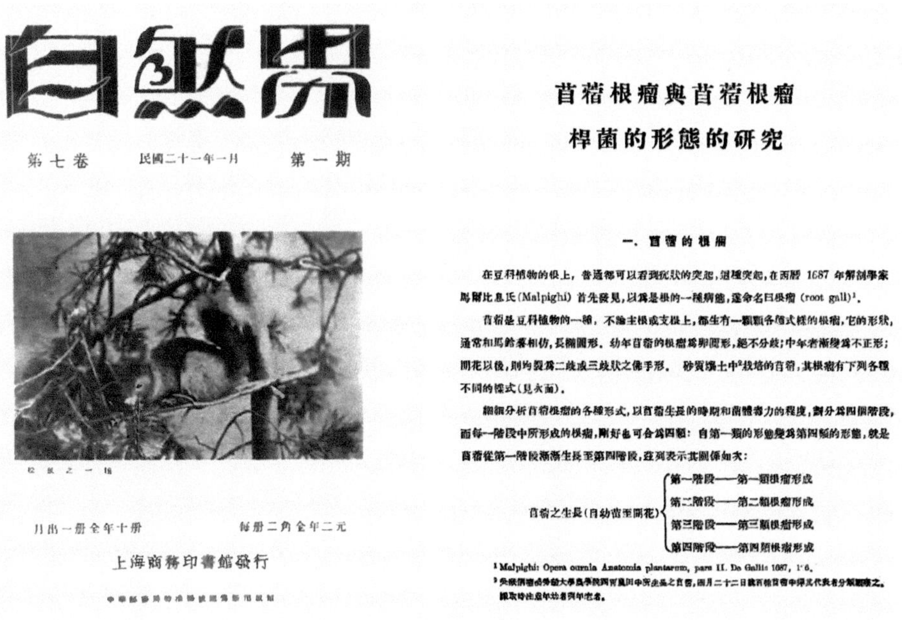
自然界

第七卷　民國二十一年一月　第一期

月出一册全年十册　每册二角全年二元

上海商務印書館發行

苜蓿根瘤與苜蓿根瘤桿菌的形態的研究

一、苜蓿的根瘤

在豆科植物的根上，普通都可以看到瘤状的突起，這種突起，在西曆 1687 年解剖學家馬爾比息氏(Malpighi)首先發見，以為是根的一種病態，遂命名曰根瘤 (root gall)[1]。

苜蓿是豆科植物的一種，不論主根或支根上，都生有一顆顆各種式樣的根瘤，它的形狀，通常和馬鈴薯相仿，長橢圓形。幼年苜蓿的根瘤為卵圓形，絕不分歧；中年者漸變為不正形；開花以後，則均裂為二歧或三歧狀之佛手形。砂質壤土中[2]栽培的苜蓿，其根瘤有下列各種不同的樣式(見次面)。

細細分析苜蓿根瘤的各種形式，以苜蓿生長的時期和菌體勢力的程度，劃分為四個階段，而每一階段中所形成的根瘤，剛好也可合為四類：自第一類的形態變為第四類的形態，就是苜蓿從第一階段漸漸生長至第四階段，茲列表示其關係如次：

苜蓿之生長(自幼苗至開花)
- 第一階段——第一類根瘤形成
- 第二階段——第二類根瘤形成
- 第三階段——第三類根瘤形成
- 第四階段——第四類根瘤形成

[1] Malpighi: Opera omnia Anatomia plantarum, pars II. De Gallis 1687, 1·6.

《自然界》

五、饲料植物及肥料植物

1913 年，杜亚泉在《共和国教科书植物学》中指出，苜蓿既是饲料植物又是肥料植物，苜蓿茎高一、二尺，黄色，荚果螺旋状。以菌瘤中之淡（应：氮）素同化作用，故为淡（氮）素肥料，又为家畜之饲料。农家兼营畜牧者或栽苜蓿，于生长中刈取一、二次，以充饲料，后则犁入田。

1933 年，原颂周在《中国作物论》中亦认为，豆科植物种类甚繁，其较宜轮作当属苜蓿，苜蓿还有利于饲畜。

《植物学》与《中国作物论》

六、苜蓿病虫害

1922年，邹钟琳首次记载了南京地区紫花苜蓿的霜霉病（*Peronospora aestivalis*），其后朱凤美（1927）、涂治 & 贺俊峰（1934）、刘慎谔（1935）、戴芳澜（1936）、凌立（1938）、沈恩才（1942）等在研究中国各地植物病原真菌区系时，也都涉及苜蓿的病原真菌，如霜霉病、锈病（*Uromyces striatus*）和褐斑病（*Pseudopeziza medicaginis*）。与此同时，日本学者（1905—1944）也陆续在我国东北、台湾等地发现了一些苜蓿病害，但只是一些零星报道，没有系统的研究。

邹钟琳（农业昆虫学家）

朱凤美（植物病理学家）

涂治（植物病理学家）

第五节 苜蓿栽培与加工

一、苜蓿栽培试验

1926 年，公主岭农事试验场开展了饲料牧草栽培试验，对包括梯牧草、鸭茅草等 28 种禾本科牧草和紫花苜蓿等 12 种豆科牧草进行试验，紫花苜蓿表现出良好的生长性能和产量，被扩大种植面积。1928 年，根据在公主岭农事试验场进行的试验结果撰写了《满洲紫花苜蓿栽培方法》，并对不同花色（紫花种、杂花种、黄花种）的苜蓿适应性进行了研究，在公主岭试验场表现最好的为 Gurimuserecutedde，其次为 Montanagraon 和 Canadagraon，土耳其种表现最差。在黄花系中黄花苜蓿（*Medicago falcate*）的表现最好。

1932—1942 年，公主岭农事试验场重点对苜蓿的播种期、播种量、施肥管理、刈割期、刈割次数等栽培技术进行了试验研究。公主岭、郑家屯、铁岭、辽阳和大连等苜蓿的返青期大约在4月中下旬，返青状况良好，公主岭和郑家屯一年内仅能刈割 2 次，而铁岭和辽阳一年内能刈割 3 次。苜蓿在公主岭、郑家屯、铁岭和辽阳初花期株高分别为 57.0~65.0 cm、72.4 cm、81.0 cm 和 80.0~110.0cm。苜蓿干草产量以铁岭和辽阳较高，分别为 109.4 kg / 亩和 105.8 kg / 亩，大连苜蓿干草产量居中，为 87.2 kg / 亩，而公主岭和郑家屯苜蓿干草产量较低，分别为 66.5 kg / 亩和 62.6kg / 亩。1937 年 9 月在伪满公主岭农事试验场举办 25 周年纪念业绩展览会和农机实际表演展览会上，进行了苜蓿干草捆包实地表演。1946 年，国民党政府接管伪公主岭农业试验场，在东北地区对苜蓿、白三叶、红三叶、猫尾草等多种牧草进行了引种适应性试验研究，其中苜蓿已在公主岭、铁岭、辽阳、爱河、大连等地生长良好。

1936 年，《绥农》报道了“绥远省立归化农科职业学校农场民国二十四年度作业报告书”，其中“绥远省立归化农科职业学校农场民国二十四年作物试种记录表”中记载了 4 种牧草试种情况。紫苜蓿的播种面积较大，达 2.5 亩，在 4 月 23 日播种，播种当年生长良好。同年归化农科职业学校在牧场种植苜蓿 50 亩。

1948 年，为推动西北畜牧业发展，在甘肃岷县设立了西北羊毛改进处。

在岷县陇南牧场利用广大山坡进行苜蓿栽培试验，观察其生长情形以便于推广；岷县闾井设立苜蓿栽培示范区 2 个；在河西站栽培之苜蓿及宁夏站播种之高粱、苜蓿等均生长旺盛，并分别于抽穗或开花时刈割，贮为冬草，以备种羊越冬季节时饲用。

二、苜蓿改良碱地试验

1936 年，《绥农》载李树茂《绥远土壤碱性之初步研究》中指出，野生牧草中耐碱力甚强者，有黄金花菜、紫苜蓿、野苜蓿等。紫苜蓿根数丈，可利用下层之水分，虽酷旱之年，也无所畏。

1936 年，尊卣提议河西地区要进行牧草栽培试验。首先，是碱地试种苜蓿。

三、苜蓿水土保持试验

1. 径流小区试验

1943 年，开展径流小区试验，地点为甘肃天水南山实验场梁家坪，全部计划用 4 年完成。1944 年 6 月开始，筑成受水槽 19 个，水泥积水沉积池 2 个，积水沉泥缸 35 个。当年，通过对 5 次径流记录的分析，其中研究认为：同一坡度，各种作物对水土流失的影响不同，以荞麦区为最大，以苜蓿区最小。

1945—1953 年，试验场设于天水市郊藉河南岸的梁家坪，进行以苜蓿为主的混播草地试验，试验结果表明，苜蓿混播草地的径流量很少。

2. 梯田沟洫试验

1943 年，试验区在天水吕二沟口西坡试验场范围内，划出 10 hm^2 地作各项蓄水保土工程试验，开掘蓄水沟 981 m，筑地埂 238 m，挖排水沟 69 m，同时在新筑地埂之上种植苜蓿做保土试验。1946 年，试验区各实验场站整修旧沟 2 742 m，开挖新沟 9 684 m，并沿梯田沟洫田岸种植保草类草带。试验发现，以草木樨、苜蓿、高粱及糜子等混合播种，淤土护岸，既能保持水土又不减生产。

3. 沟冲控制试验

1944 年，试验区在天水南山试验场大柳树沟沟内筑成柳篱坊堰，沟身两坡冲蚀控制则种植各种保土植物，以观察保持水土的效果。为此，试验区先后在土坡石壁上播撒鸡眼草、胡枝子、苜蓿、草木樨、芨芨草等草籽，试验发现以苜蓿、草木樨固土效果较好。

通过上述研究表明，种植作物每年每亩地上流失了水分 18.54 t，冲去土壤 2.78 t；种植苜蓿的同样坡地，每年每亩仅流失水分 1.16 t，冲去土壤 0.32 t。两者相比，种作物的地，水的流失比苜蓿地大 16 倍，土壤流失大 9 倍，由此可见苜蓿对保存水土流失的作用要大于作物。

四、苜蓿等饲草研究计划

1946 年，中央农业实验所北平工作站起草了“饲料作物草地及草地管理研究大纲”，其中主要研究计划：

（1）研究引进禾本科牧草、紫云英、苜蓿及当地品种之适应性。

（2）研究引进之新品种，包括农林部为北方、西北及东北所定购者。

（3）技术方面。

- 在雨季可移植期前 6~8 个星期，于平坦地及温室开始播种。
- 移种于小盆内，每盆只种一株。
- 其在盆内将根部发育完成后，移植于地上。
- 禾本科行距株距约为 60 cm，苜蓿及紫云英各约为 76 cm。

（4）试验各种牧草之混合栽培，如禾本科、苜蓿、紫云英等，研究其干草收量及干物质收量，并进行营养成分分析。

五、苜蓿种植与管理

1949年，黄绍绪在《作物学》（中册）介绍了苜蓿（*Medicago sativa*）的风土、播种、管理及病虫害。

◆ 风土　苜蓿最适于干热气候，在湿热气候下，难以繁盛。美国以半旱之区能行灌溉的栽培苜蓿最多。在湿热区域，苜蓿的寿命，不过 6~10 年，若在干燥区域，至少可达 50 年。寒冷气候，于苜蓿有害。黏重土栽种苜蓿遇结冰时，苗株易壅出土外。土壤如过潮湿，虽老株也易腐烂；若完全浸水，2~3 日即可使全田枯死。最适宜的土壤，自排水佳良为宜，尤不宜含酸性。如酸性太重，可施放石灰改良；如碱性太重可用灌溉及排水法改良。土质最初必须肥沃，以后的发育方能良好。肥料宜用充分腐熟的堆肥。整地宜精细，耕地之后，宜反复细耙。心土也宜深翻，因苜蓿的根极深，最长有大 1 丈以上的。

◆ 播种 苜蓿的播种，每与一种保护作物如小麦或燕麦之，同时下播。在干旱区域的播种量每亩约需种子 3 斤，湿润区域每亩约需 4~5 斤。若行散播并曾覆土的，或行条播覆土的 1 寸半深而土壤又含黏质较少的，可无须另种保护作物。播种期在春季至夏末秋初谷类收获之后播种。

◆ 管理 第一夏季杂草繁生，应加以除去。第一冬季的霜害，也应加以防护。土壤中如缺乏根瘤菌，宜用旧植苜蓿的土壤耙入新田，惟此法运搬甚费工力，且当有害草种子杂于其间。如需自行留种，须另择干燥肥沃地行条播。在早春间苗及第一次割刈以后，可用五齿中耕器之类在行间中耕。

◆ 病虫害 苜蓿的病虫害甚多，但是最主要的不过 1~2 种。最剧烈的病害为菟丝子（dodder or love vine）。此为一种无叶的蔓生植物，常附生于苜蓿，而吸取其养分。菟丝子由种子繁殖，春季发芽，附着于苜蓿后根即枯死。蔓延极速。防治法，为将受害之苗株割刈焚烧。其他尚有叶斑病（leaf spot）及根腐病（root rot）等，为害均不剧，发现后立即割刈。虫害最重要的为象虫（leaf weevil）幼虫常为害初栽培的幼苗，每每数最甚多，一有发现，也当立即割刈，以后再将土壤仔细耕耙，以破坏一切地下巢窟。仔细耕耙不独可杀灭象虫，并可铲除残株，减少它们的食物。

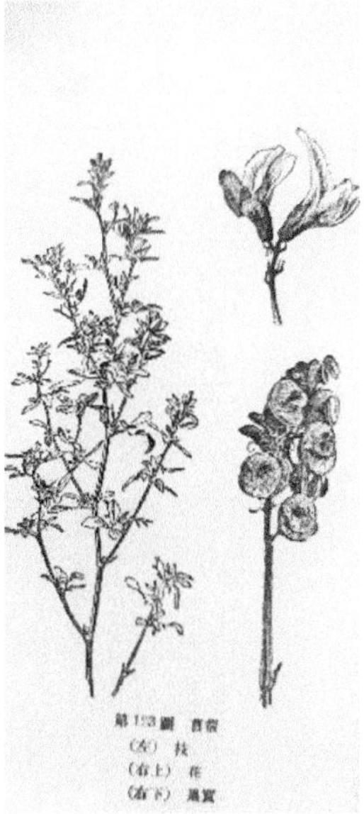

《作物学》与苜蓿图

六、苜蓿种子生产

1. 苜蓿种子圃的建立

1935 年，西北畜牧改良场种植苜蓿以来，收获种子较多，西北各处索取籽种者甚多。1936 年春季，将收到苜蓿牧草各种，分赠各处种植，请其试验以资比较。

1936 年，为了方便采集苜蓿种子，西北畜牧改良场还在各地设置了采种圃，计有八角城、崧山、潼汜区、萨韩区采种圃，泾渭区采种圃计划与西北农林专科学校合办。

2. 影响苜蓿种子产量之因素

1947 年，汤文通指出，苜蓿为异花授粉植物，故授粉昆虫繁多者可增加种子产量，但授粉昆虫较少的地方，也有获得较高产量的。在湿润地区通常种子产量较少，当苜蓿花期时过多的灌水会降低种子产量。苜蓿荚形成视花粉能否发挥正常功能而定，花粉需要一定的水量以发芽，当花粉落于柱头上时，其所获水分与柱头水分之供给及空气湿度有关，唯其发芽所需水分供给量可由增加土壤水分或植物空气附近的空气湿度而改变。

七、苜蓿加工调制

1940 年，洪明佑在《畜牧学》饲料（第六章）粗饲料中指出：

● 青饲料　密播作物种子于田中，使其充分发育，于结实前刈割而藏之，如苜蓿是也。

● 干草　植物未至黄熟即刈而干之，不致霉烂，可以久藏，而青色、养分、滋味及消化量则依然如故，故饲养价值甚高。豆科干草之重要者有苜蓿、大豆、花生等。

● 贮藏饲料　青饲料之保藏于窖或塔内者也。供制贮藏饲料之种类有玉蜀黍、苜蓿、大豆、五谷等，而以玉蜀黍为最佳。

《畜牧学》

1. 苜蓿干草调制

1943 年，夏秋之季，王栋教授在陕西武功进行了苜蓿干草调制试验，试验的主要目的是探讨使苜蓿鲜草含水量降至 20%，同时必须力求营养物质损失之减少，保持其高度之营养价值，及芳香气味之浓烈，以增进其优美之口味。通过试验测定的结果，“在调制干草时，需薄铺草层，多行翻转，如逢天气晴热干燥，则上午刈割，当时即可调制成功；若逢阴雨，则须数日，方可蒸发至适宜程度。”

2. 苜蓿青贮试验

1943—1946 年，王栋教授在武功进行了 4 次苜蓿与玉米的青贮试验。不过前两年因青料未经切碎，不易压紧，有一部分草料发生霉烂。后将玉米先行切碎，然后积贮，效果上佳。据王栋本人评价：“青料色泽棕黄，气味芳香，略带酸味，各种家畜甚喜食。诚可推广于西北各处地势高燥之区域，以供冬春时期各种家畜之辅助饲料”。

1949 年，国立广西大学教授翁德齐出版了《青贮饲料论》，全书讨论了与青贮饲料相关的 14 个问题，其中也对苜蓿青贮饲料进行了阐述。

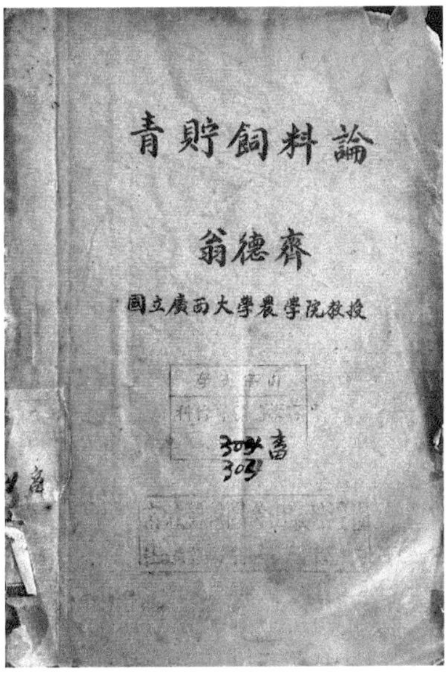

青貯飼料論

翁德齊

國立廣西大學農學院教授

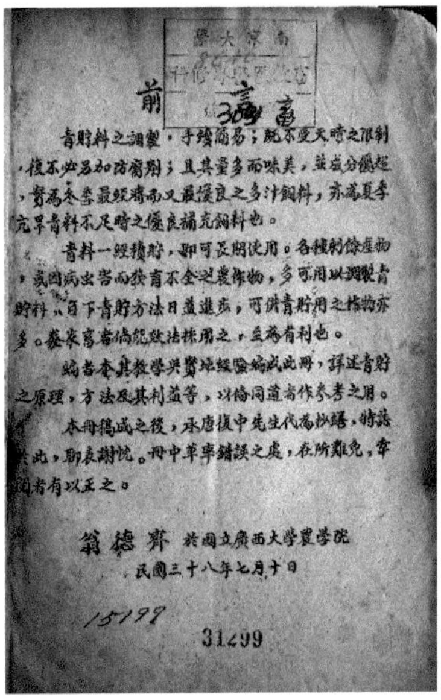

前言

青貯料之調製，手續簡易；既不受天時之限制，復不必另加防腐劑；且其量多而味美，並富分優越，實為冬季最經濟而又最優良之多汁飼料，亦為夏季亢旱青料不足時之優良補充飼料也。

青料一經積貯，即可長期使用。各種剩餘產物，或因病虫害而發育不全之農作物，多可用以調製青貯料。目下青貯方法日益進步，可供青貯用之作物亦多。養家畜者倘能效法採用之，至為有利也。

編者本其教學與實地經驗編成此冊，詳述青貯之原理，方法及其利益等，以備同道者作參考之用。

本冊稿成之後，承唐復中先生代為抄錄，特誌於此，聊表謝忱。冊中草率錯誤之處，在所難免，幸閱者有以正之。

翁德齊 於國立廣西大學農學院

民國三十八年七月十日

15197

31299

《青贮饲料论》

在《青贮饲料论》中，「适宜青贮之作物」和「苜蓿青贮料」有这样的论述：

苜蓿本适于调制干草，倘若非因气候恶劣不宜调制干草时，多不用以调制青贮。用苜蓿调制青贮料时，宜混入玉蜀黍或蜀黍等作物。据王栋与卢得仁二氏称，苜蓿与玉蜀黍按照1：3的比例，逐层相隔，积贮于土窖中，结果甚佳。

苜蓿青贮料　青贮之苜蓿，宜于开花盛期以后刈割。刈后散铺于地面，略使凋萎，然后积贮之；因于水分减少后，在比例上其碳水化合物可较多，藉生足量之酸，以防止腐烂。

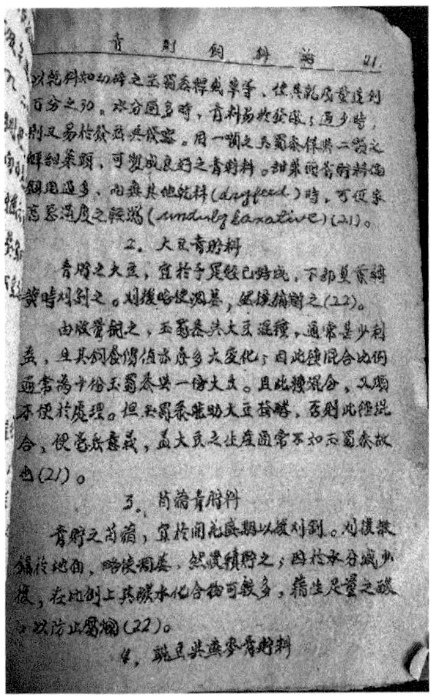

青貯飼料論 21

以乾料如切碎之玉蜀黍稈或草等，使其乾物質達到百分之30。水分過多時，青料易於發酸；過少時，則又易於發霉與成窖。用一份之玉蜀黍與其二份之鮮割菜類，可製成良好之青貯料。甜菜頭青貯料倘餵用過多，而無其他乾料(dry feed)時，可使家畜患過度之輕瀉(unduly laxative)(21)。

2. 大豆青貯料

青貯之大豆，宜於子實已將成，下部葉實將黃時刈割之。刈後略使凋萎，然後積貯之(22)。

由經驗觀之，玉蜀黍與大豆混種，通常甚少利益，且其飼養價值亦無多大變化；因此種混合比例通常為二份玉蜀黍與一份大豆。且此種混合，又頗不便於處理。但玉蜀黍能助大豆發酵，否則此種混合，便覺無甚意義，蓋大豆之生產通常不如玉蜀黍故也(21)。

3. 苜蓿青貯料

青貯之苜蓿，宜於開花盛期以後刈割。刈後散鋪於地面，略使凋萎，然後積貯之；因於水分減少後，在比例上其碳水化合物可較多，藉生足量之酸，以防止腐爛(22)。

4. 豌豆與燕麥青貯料

《青贮饲料论·苜蓿青贮料》

3. 饲料价值

1949年，黄绍绪在《作物学》中指出：

苜蓿最大的用途，在供给饲料。种苜蓿的田地，为最佳的牧场，放牧猪群最宜。若放牛，有易致牲畜膨胀的危险，普通于播种时搀以一半别种牧场，此种弊病即可减少。此作物又合于作青刈饲料，普通皆以与淀粉饲料混用。其滋养价值较野苜蓿为优。并以代替乳牛食粮中的麦麸。苜蓿的蛋白质1磅(1磅≈0.45公斤)或1.5磅约等于麦麸所含蛋白质1磅，惟鲜有人以作青贮饲料。此作物与其他豆科作物混合覆入土中，可以改良土肥，也有不覆土中的。

八、苜蓿饲喂

1. 苜蓿营养成分分析

1945年，农林部中央畜牧实验所报道，1942—1943年完成之农粗饲料计共81种，其中紫花苜蓿样品17份，样品水分含量4.32%~9.62%、累计全氮1.48%~3.38%、蛋白质12.38%~ 21.13%、灰分8.54%~13.10%、粗脂肪1.53%~2.01%、粗纤维22.33%~37.51%。

2. 苜蓿饲喂

日伪时期，东北地区在进行引种苜蓿试验外，还进行了苜蓿利用试验研究。在猪的饲养试验中进行：

（1）高粱、豆饼及苜蓿喂猪早期肥育试验，用土种猪作对照进行杂交猪或改良猪的肥育试验，结果表明秋天出生的猪仔配合苜蓿干草和90%高粱及10%豆饼则最经济。

（2）苜蓿草粉的给量试验，以95%的高粱及5%的豆饼作基础饲料，分别配合10%、15%、20%的苜蓿草粉作对比试验，结果表明以15%的苜蓿草粉为最适宜，其次为20%，10%最差。

第六节　苜蓿知识的普及与传播

一、广播报刊

1937年4月14日、16日、18日和19日，孙醒东教授在中央广播电台作了4次苜蓿育种问题的专题讲座，孙先生主要介绍了苜蓿的价值、植株生长发育特点、结荚习性、根部生长特性和苜蓿刈割的最佳时期，以及与苜蓿育种相关的问题。

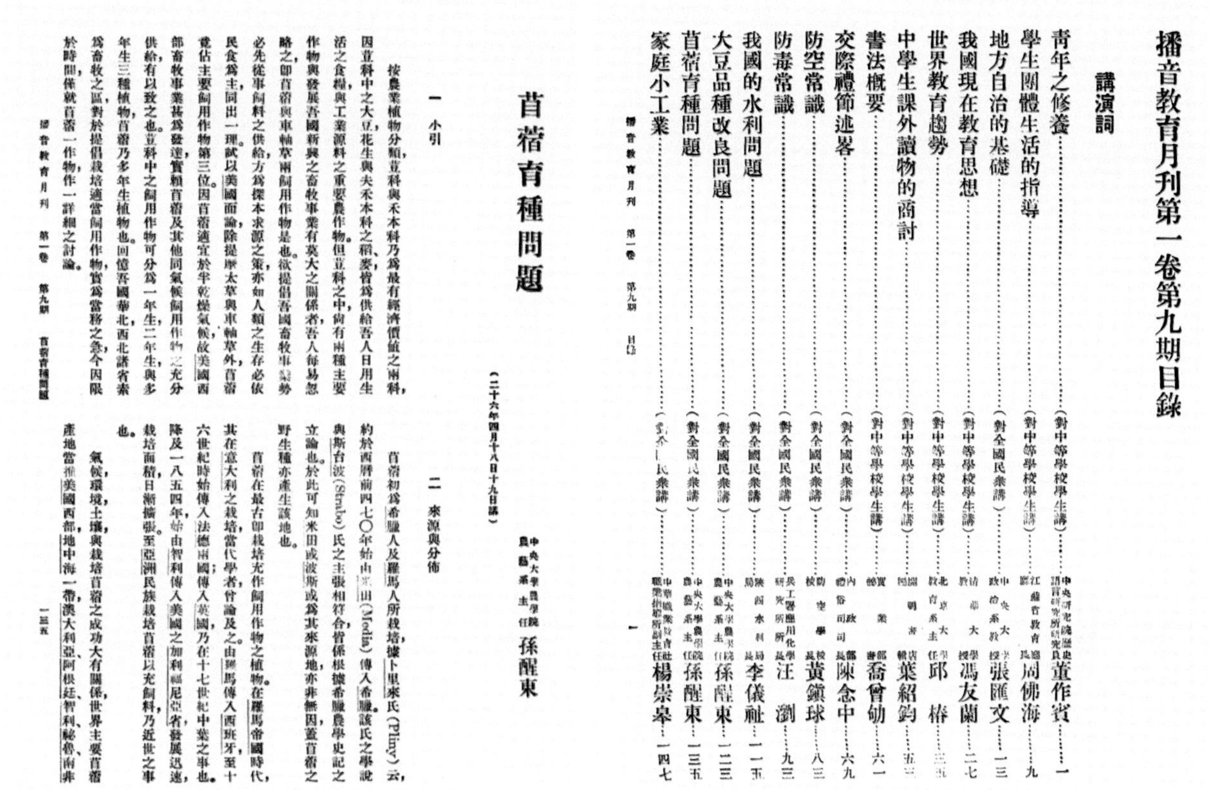

播音教育月刊第一卷第九期目錄

講演詞

苜蓿育種問題

（二十六年四月十八日十九日講）

中央大學農學院農藝系主任　孫醒東

一　小引

按農業植物分類，荳科與禾本科乃爲最有經濟價值之兩科，因荳科中之大豆花生與夫禾本科之稻、麥，皆爲供給吾人日用生活之食糧，與工業源料之重要農作物。但荳科之中尙有兩種主要作物與發展吾國新興之畜牧事業有莫大之關係者，吾人每易忽略之，即苜蓿與車軸草兩飼用作物是也。欲提倡吾國畜牧事業勢必先從事飼料之供給，方爲探本求源之策，亦如人類之生存必依民食爲主，同出一理。試以美國而論，除提摩太草與車軸草外，苜蓿竟佔主要飼用作物第三位。因苜蓿適宜於半乾燥氣候，故美國西部畜牧事業甚爲發達，實賴苜蓿及其他同氣候飼用作物之充分供給有以致之也。荳科中之飼用作物可分爲一年生，二年生，與多年生三種植物，苜蓿乃多年生植物也。回憶吾國華北，西北諸省素爲畜牧之區，對於提倡栽培適當飼用作物實爲當務之急，今因限於時間，僅就苜蓿一作物作一詳細之討論。

二　來源與分佈

苜蓿初爲希臘人及羅馬人所栽培，據卜里來氏(Pliny)云，約於西曆前四七〇年始由米田(Media)傳入希臘。該氏之學說與斯台波(Strabo)氏之主張相符合，皆係根據希臘農學史記之立論也。於此可知米田或波斯或爲其來源地，亦非無因，蓋苜蓿之野生種亦產生該地也。

苜蓿在最古即栽培充作飼用作物之植物。在羅馬帝國時代，其在意大利之栽培，當代學者曾論及之。由羅馬傳入西班牙，至十六世紀時始傳入法德兩國；傳入英國乃在十七世紀中葉之事也。降及一八五四年，始由智利傳入美國之加利福尼亞省，發展迅速，栽培面積日漸擴張。至亞洲民族栽培苜蓿以充飼料，乃近世之事也。

氣候環境土壤，與栽培苜蓿之成功大有關係，世界主要苜蓿產地當推美國西部，地中海一帶，澳大利亞、阿根廷、智利、秘魯、南非

苜蓿育种讲座内容

孙醒东苜蓿育种专题主要内容

主题	主要内容
小引	欲提倡吾国畜牧事业势必先从事饲料之供给，方为探本求源之策，如人类之生存必依民食为主，同出一理。试以美国而论，除提摩太草与车轴草外，苜蓿竟占主要饲用作物第三位。回忆吾国华北，西北诸省素为畜牧之区，对于提倡栽培适当饲用作物，实为当务之急，今因限于时间，仅就苜蓿一作物作一详细之讨论。
来源与分布	苜蓿初为希腊人及罗马人所栽培，据卜里来氏（Pliny）云，约于西历前 470 年始由米田（Media）传入希腊。 苜蓿在最古即栽培充作饲用作物之植物。在罗马帝国时代，其在意大利之栽培，当代学者，曾论及之。由罗马传入西班牙，至 16 世纪时始传入法德两国；传入英国乃在 17 世纪中叶之事也。降及 1845 年，始由智利传入美国之加利福尼亚省，发展迅速，栽培面积，日渐扩张。至亚洲民族栽培苜蓿以充饲料，乃近世之事也。
苜蓿之品种	（1）普通苜蓿（Common 或 Ordinary Alfalfa）；（2）土耳其苜蓿（Turkestan Alfalfa）；（3）阿拉伯苜蓿（Arabian Alfalfa）；（4）秘鲁苜蓿（Peruvian Alfalfa）；（5）杂色苜蓿（Variegated Alfalfa）；（6）格润母苜蓿（Grimm Alfalfa）；（7）考色克苜蓿（Cossack Alfalfa）；（8）西伯利亚苜蓿（Yellow，sickle 或 Siberian Alfalfa）。
苜蓿之用途与西北畜牧事业	苜蓿所以为重要饲用作物者，不外其具有下列各种特性所致。 （1）营养价值及适口性高；（2）每亩产量大；（3）主根深长具有抗旱性；（4）植物寿命长；（5）可消化蛋白质高。

续表

主题	主要内容
苜蓿之用途与西北畜牧事业	苜蓿在欧、美各国之主要用途： （1）乳牛饲料；（2）肉牛饲料；（3）猪饲料；（4）马饲料；（5）羊饲料；（6）鸡鸭饲料；（7）制蜂蜜原料；（8）营养平衡功用。 在西北提倡苜蓿之栽培，于气候颇适宜，有下列 4 种意义： （1）提倡西北畜牧事业，饲料问题必先解决；（2）苜蓿为抗旱作物之一；（3）苜蓿为多种牲畜所喜悦之饲料，较其他饲料用途为广；（4）过旱之区域，若能施以人工灌溉，能加增苜蓿之产量。
苜蓿育种问题	（1）植物寿命长；（2）优良种子之条件；（3）抗旱力强；（4）冬杀与抗寒性；（5）天然杂交百分率；（6）自然之影响；（7）花朵脱落情形；（8）授粉情形；（9）育种之目的与方法；（10）田间布置；（11）刈割次数与产量之关系；（12）计算产量标准；（13）种子产量问题。

资料来源：孙醒东，1937。

二、期刊

自 1897 年《农学报》创刊以来，苜蓿科技知识就得到了广泛的传播，如 1900 年《农学报》就刊登了“论种苜蓿之利”的文章，在之后的几年中《农学报》也发表了不少有关苜蓿的文章。除《农学报》发表苜蓿文章外，也有不少其他报刊发表了苜蓿文章，如《东方杂志》《自然界》《农科季刊》《农智》《农事月刊》《农林新报》和《西北农林》及《畜牧兽医月刊》等都对介绍和传播苜蓿科技知识发挥了积极的作用。这些论文有的是翻译文章，有的是试验研究报告，无论哪种文章对今天的苜蓿研究乃至苜蓿生产都有现实指导意义。

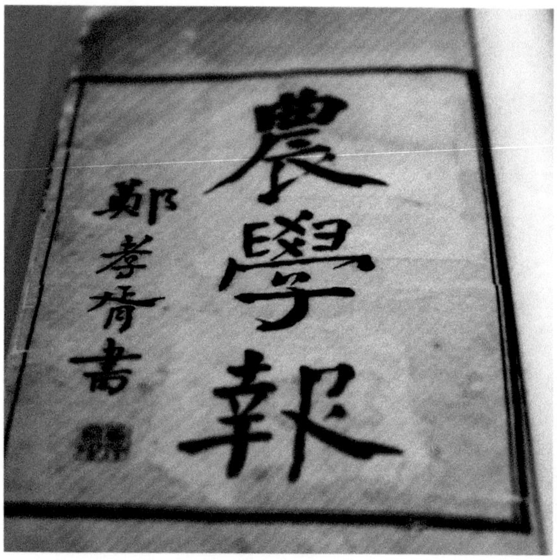

《农学报》

《寒圃》

近代苜蓿研究论文

作者	发表时间	题目	报刊
不详	1899	放羊于嫩草时注意第十五	农学报(0059 期)
藤田丰八，译	1900	论种苜蓿之利	农学报
不详	1900	轮栽法(第二杂种)	农学报(0118 期)
不详	1900	重要饲料之成分及其消化量	农学报(0119 期)
不详	1900	诸植物及农产制造物之主要灰成分及窒素	农学报(0119 期)
罗振玉	1900	僻地粪田说	农学报(0122 期)
吉川佑辉，藤田丰八，译	1901	苜蓿说	农学报(0133 期)
不详	1901	植物肥料	农学报(0135 期)
不详	1901	豆科植物之研究	农学报(0138 期)
不详	1901	循环法轮作	农学报(0143 期)
不详	1902	论栽培苜蓿之有利	农学报(0200 期)
不详	1903	绿肥植物之一种	农学报(0214 期)
不详	1905	农学津梁	农学报(0280 期)
不详	1905	种苜蓿(第六十章)	农学报(0281 期)
黄以仁	1911	苜蓿考	东方杂志
冯其焯，王廷昌	1922	亚路花花草	农智
纪利巴著，唐鸿基，译	1922	法尔法牧草种植简要	农事月刊
霍席卿	1925	苜蓿收割次数的研究	农林新报
凌文之	1926	豆科植物之记载	自然界
薛树薰	1927	苜蓿	养蜂报
向达	1929	苜蓿考	自然界
路仲乾	1929	爱尔华华草(alfalfa)之研究(上)	农科季刊
路仲乾	1930	爱尔华华草(alfalfa)之研究(下)	农科季刊
不详	1930	苜蓿之栽培与农家的利益	农译
秦含章	1931	苜蓿根瘤与苜蓿根瘤杆菌的形态的研究	自然界
王高才	1933	改良西北畜牧之管见	寒圃(第 3、4 合期)
佟树蕃	1934	关于牧草，寒圃	寒圃(第 3、4 合期)
李树茂	1934	畜产与农业，寒圃	寒圃(第 3、4 合期)
尊白	1936	改良西北畜牧业应当注意之苜蓿	新青海(第 4 卷第 5 期)
李树茂	1936	绥远土壤碱性之初步的研究	绥农(第一卷第四期)
未署名	1936	绥远省立归化农科职业学校 农场民国二十四年度作业报告书	绥农(第一卷第 7~8 期)

续表

作者	发表时间	题目	报刊
李松如	1936	绥远几种牧草调查及改进本省畜产业的意见	绥农（第一卷第 14~15 期）
孙醒东	1937	苜蓿育种问题	播音教育月刊
沙凤苞	1938	陕西畜牧初步调查	西北农林
顾谦吉	1942	西北畜牧调查报告之设计	西北农林
张仲葛	1942	牧草引种试验	西北农林
王栋	1943	牧草之重要	西北畜牧（第 1 卷第 2 期）
王栋	1945	牧草栽培及保藏之初步研究	畜牧兽医月刊
王栋	1945	牧草栽培及保藏之初步研究（续）	畜牧兽医月刊
王栋	1945	牧草栽培及保藏之初步研究（续完）	畜牧兽医月刊
卢德仁	1946	第二年牧草栽培试验报告	畜牧兽医月刊
王栋	1947	牧草栽培与保藏试验之简要报告	畜牧兽医月刊

三、苜蓿相关著作

1900 年，罗振玉在《农事私议·僻地肥田说（卷之上）》倡导苜蓿绿肥的使用。

1911 年，北洋马医学堂与陆军经理学校合译并出版了《牧草图谱》，对苜蓿进行了介绍。

1918 年，商务印书馆出版了《植物学大辞典》介绍了苜蓿植物学特征。

罗振玉

北洋马医学堂

陆军军官学校

《牧草图谱》　　《植物学大辞典》

1931 年，郑学稼出版《养马学》，介绍苜蓿在马的饲养中的作用及饲喂方法。

1936 年，曾问吾在《中国经营西域史》对汉代苜蓿的起源、传入路径等进行了考证研究。

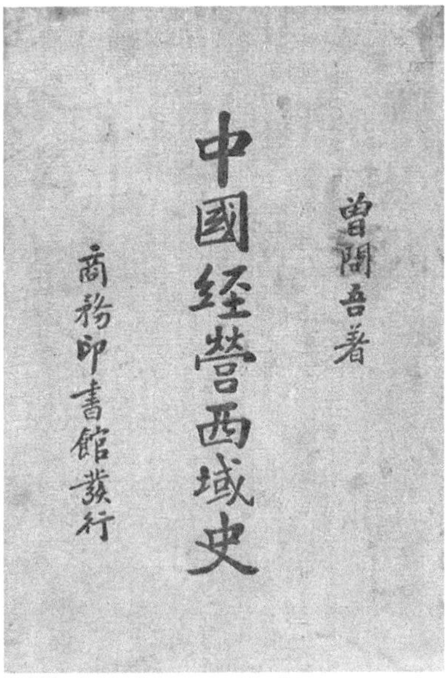

《养马学》　　《中国经营西域史》

1941 年，孙醒东出版《中国食用作物》，将苜蓿纳入其中。

1945 年，谢成侠《中国养马史》，书中介绍了西汉时代大宛马和苜蓿种子传入中国的历史，及其对我国畜牧业乃至农业所起的贡献，还考证了苜蓿传入我国的年代，苜蓿种子带归者、苜蓿的确实来源、苜蓿名词来源和汉代苜蓿是紫花苜蓿，并非开黄花的苜蓿，同时也介绍了 2 000 多年来我国苜蓿的栽培利用研究。

《中国食用作物》

《中国养马史》

1947 年，中美农业技术合作团将其对中国农业考察结果形成了《改进中国农业之途径》技术报告，在发展畜牧业章节中提出以发展苜蓿为重点饲料作物种植的建议，同年，1947 年汤文通《农艺植物学》，在其中介绍了紫花苜蓿品种的类型与特性及适应性，苜蓿对环境条件的要求和苜蓿的收割制度与营养物质含量变化，以及苜蓿的用途等。

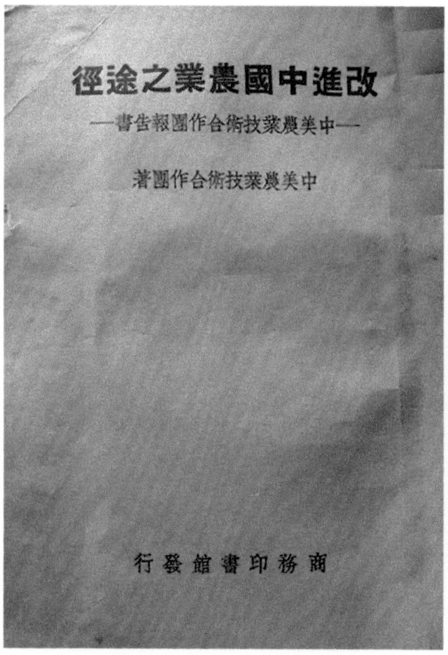

《改进中国农业之途径》

《农艺植物学》

第七节　苜蓿技术引进

一、介绍国外先进技术的《农学报》

清末由罗振玉创办的《农学报》，最根本的目的便是引进并广泛传播欧美及日本的先进农业科学技术，选取西方优良的物种（品种）移植本国以改良国内物种（品种），并建立农事试验场进行实践检验。在《农学报》上先后发表了不少与苜蓿有关的翻译文章，如「苜蓿说」「谈栽培苜蓿之有利」「豆科植物之研究」「绿肥植物之一种」「种苜蓿（第六十章）」（孙启忠，2024）。

二、《河南中山大学农科季刊》的苜蓿介绍

创办于民国时期的《河南中山大学农科季刊》，为当时国内农学名刊之一，首期刊登了路葆清（路仲乾）所撰写的「爱尔华华草 (alfalfa) 之研究（上下）」文章。文章分 15 部分介绍了美国苜蓿生产农艺技术。

- 爱尔华华草之历史及其栽培面积
- 适于爱尔华华草栽培之气候
- 爱尔华华草之饲养价值
- 其他种饲料作物之比较
- 爱尔华华草适于牧场牧草之用
- 爱尔华华草改良土壤之功能
- 适于爱尔华华草栽培之土壤
- 砖瓦排水法对于土壤之重要
- 爱尔华华草之播种量
- 爱尔华华草播种时间与方法
- 爱尔华华草播种时间与方法
- 爱尔华华草之收获
- 爱尔华华草之调制
- 褐色干草之制法
- 自然焚烧之危险

三、*SINO-IRANICA*

SINO-IRANICA（《中国－伊朗编》）由美国东方学者劳费尔所著，于 1919 年出版。1929 年向达翻译了 *SINO-IRANICA-Alfalfa* 部分，并在《自然界》发表了“苜蓿考”。劳费尔考证了我国典籍约 15 部，主要介绍了中国在内的苜蓿的起源与传播，指出宛马食苜蓿，骞因于元朔三年（西元前 126 年）移大宛苜蓿种归中国，张骞所携回者初名目宿，后

贝特霍尔德·劳费尔
（Berthold Laufer, 1874—1934）

向达
（1900—1966）

世加草头，成为苜蓿，且对苜蓿名称的来历作了详细的论述。古代关于苜蓿的产地记载甚少，而《汉书》则对此有弥补。据《汉书》所记，大宛之外，罽宾（今克什米尔）产苜蓿，此为古代苜蓿地理分布的重要史料。

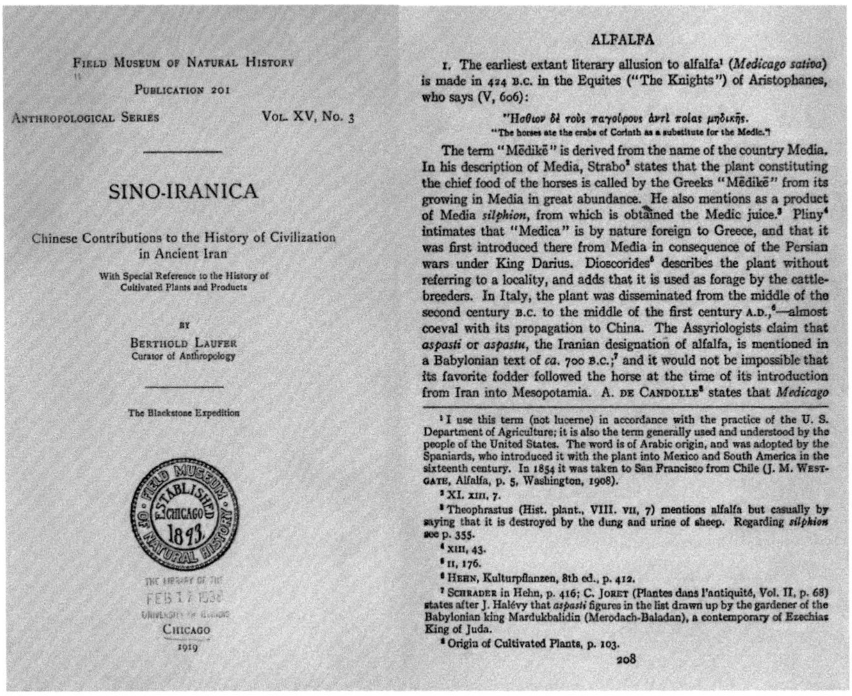

FIELD MUSEUM OF NATURAL HISTORY

PUBLICATION 201

ANTHROPOLOGICAL SERIES VOL. XV, No. 3

SINO-IRANICA

Chinese Contributions to the History of Civilization in Ancient Iran

With Special Reference to the History of Cultivated Plants and Products

BY

BERTHOLD LAUFER

Curator of Anthropology

The Blackstone Expedition

CHICAGO

1919

ALFALFA

1. The earliest extant literary allusion to alfalfa[1] (*Medicago sativa*) is made in 424 B.C. in the Equites ("The Knights") of Aristophanes, who says (V, 606):

"Ηαθιον δὲ τοὺς παγούρους ἀντὶ πολας μηδικῆς.

"The horses ate the crabs of Corinth as a substitute for the Medic."

The term "Mēdikē" is derived from the name of the country Media. In his description of Media, Strabo[2] states that the plant constituting the chief food of the horses is called by the Greeks "Mēdikē" from its growing in Media in great abundance. He also mentions as a product of Media *silphion*, from which is obtained the Medic juice.[3] Pliny[4] intimates that "Medica" is by nature foreign to Greece, and that it was first introduced there from Media in consequence of the Persian wars under King Darius. Dioscorides[5] describes the plant without referring to a locality, and adds that it is used as forage by the cattle-breeders. In Italy, the plant was disseminated from the middle of the second century B.C. to the middle of the first century A.D.,[6]—almost coeval with its propagation to China. The Assyriologists claim that *aspasti* or *aspastu*, the Iranian designation of alfalfa, is mentioned in a Babylonian text of *ca.* 700 B.C.;[7] and it would not be impossible that its favorite fodder followed the horse at the time of its introduction from Iran into Mesopotamia. A. DE CANDOLLE[8] states that *Medicago*

[1] I use this term (not lucerne) in accordance with the practice of the U. S. Department of Agriculture; it is also the term generally used and understood by the people of the United States. The word is of Arabic origin, and was adopted by the Spaniards, who introduced it with the plant into Mexico and South America in the sixteenth century. In 1854 it was taken to San Francisco from Chile (J. M. WESTGATE, Alfalfa, p. 5, Washington, 1908).

[2] XI. XIII, 7.

[3] Theophrastus (Hist. plant., VIII. VII, 7) mentions alfalfa but casually by saying that it is destroyed by the dung and urine of sheep. Regarding *silphion* see p. 355.

[4] XIII, 43.

[5] II, 176.

[6] HEHN, Kulturpflanzen, 8th ed., p. 412.

[7] SCHRADER in Hehn, p. 416; C. JORET (Plantes dans l'antiquité, Vol. II, p. 68) states after J. Halévy that *aspasti* figures in the list drawn up by the gardener of the Babylonian king Mardukbalidin (Merodach-Baladan), a contemporary of Ezechias King of Juda.

[8] Origin of Cultivated Plants, p. 103.

208

SINO-IRANICA-Alfalfa

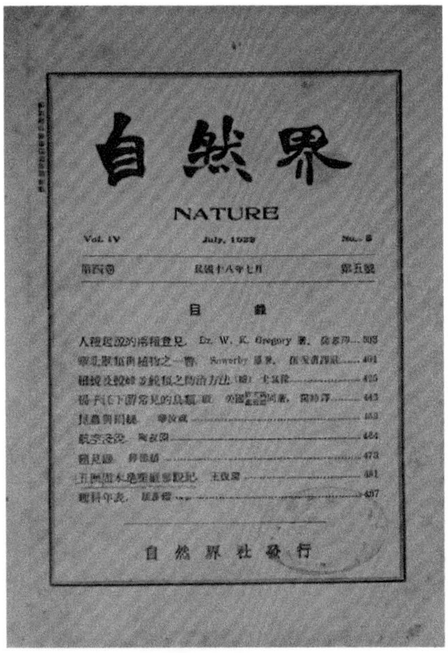

自然界

NATURE

Vol. IV No. 5

第四卷 民國十八年七月 第五號

目錄

自然界社發行

《自然界》

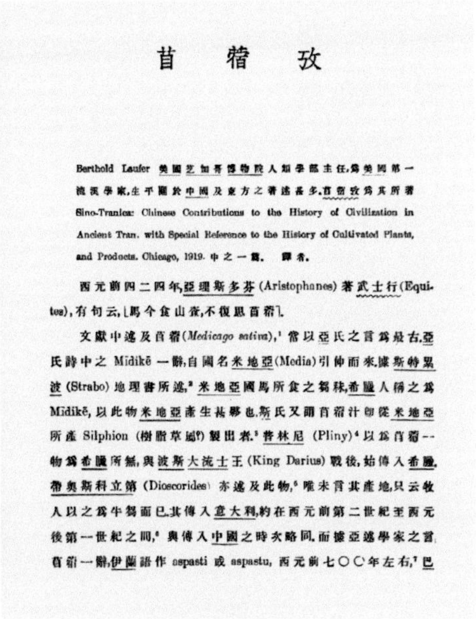

苜 蓿 考

Berthold Laufer 美國芝加哥博物院人類學部主任，爲美國第一流漢學家，生平關於中國及東方之著述甚多。苜蓿考爲其所著 Sino-Tranica: Chinese Contributions to the History of Civilization in Ancient Tran. with Special Reference to the History of Cultivated Plants, and Products. Chicago, 1919. 中之一篇。譯者。

西元前四二四年，亞理斯多芬(Aristophanes)著武士行(Equites)，有句云，「馬今食山蟹，不復思苜蓿」。

文獻中述及苜蓿(*Medicago sativa*)，[1] 當以亞氏之言爲最古。亞氏詩中之 Midikē 一辭，自國名米地亞(Media)引伸而來。據斯特累波(Strabo)地理書所述，[2] 米地亞國馬所食之芻秣，希臘人稱之爲 Midikē，以此物米地亞產生甚夥也。斯氏又謂苜蓿汁卽從米地亞所產 Silphion (樹脂草屬?)製出者。[3] 普林尼 (Pliny)[4] 以爲苜蓿一物爲希臘所無，與波斯大流士王(King Darius)戰後，始傳入希臘。帶奥斯科立第(Dioscorides)亦述及此物，[5] 唯未言其產地，只云牧人以之爲牛芻而已。其傳入意大利，約在西元前第二世紀至西元後第一世紀之間，[6] 與傳入中國之時亦略同。而據亞述學家之言，苜蓿一辭，伊蘭語作 aspasti 或 aspastu，西元前七〇〇年左右，[7] 巴

《苜蓿考》

劳费尔 *SINO-IRANICA-Alfalfa* 征引或涉及载有苜蓿的中国典籍

典籍	作者	朝代
史记	司马迁	西汉
汉书注	颜师古	唐
名医别录	陶弘景	南朝梁
齐民要术	贾思勰	北魏
政和经史证类备用本草	唐慎微	宋
汉书	班固	东汉
本草纲目	李时珍	明
金光明经	义净	唐
翻译名义集	释法云	南宋
述异记	任昉	梁
太平御览	李昉　李穆　徐铉	北宋
西京杂记	刘歆	汉
洛阳伽蓝记	杨衒之	北魏
本草衍义	寇宗奭	宋
植物名实图考	吴其濬	清

四、*Feeds and Feeding*

Feeds and Feeding（《饲料与饲养》）英文原版由美国亨利（Henry W.A.）与莫礼逊著（Morrison F.B）1898 年出版，1915 年进行增订出版，1922 年进行了第二次重订。中文版由陈宰均翻译，1939 年商务印书馆出版。《饲料与饲养》（上册、中册、下册）在第十四章豆科植物饲料中，重点介绍了美国紫花苜蓿品种、生态生产、饲喂价值、干草调制、青贮和饲喂等，这或许是我国现代苜蓿科技全面系统启蒙的开端。

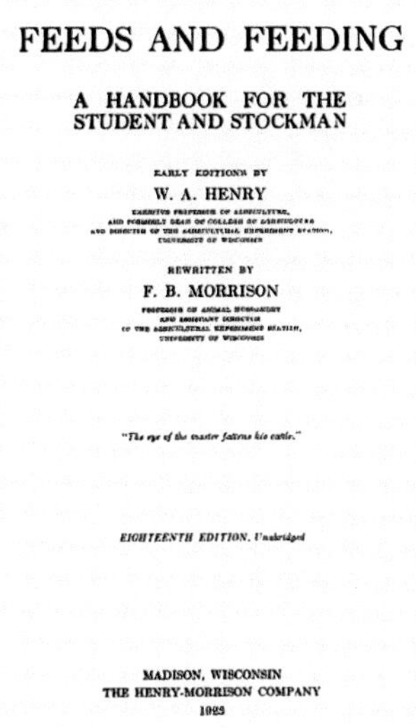

FEEDS AND FEEDING

A HANDBOOK FOR THE STUDENT AND STOCKMAN

EARLY EDITIONS BY

W. A. HENRY

REWRITTEN BY

F. B. MORRISON

"The eye of the master fattens his cattle."

EIGHTEENTH EDITION. Unabridged

MADISON, WISCONSIN
THE HENRY-MORRISON COMPANY
1923

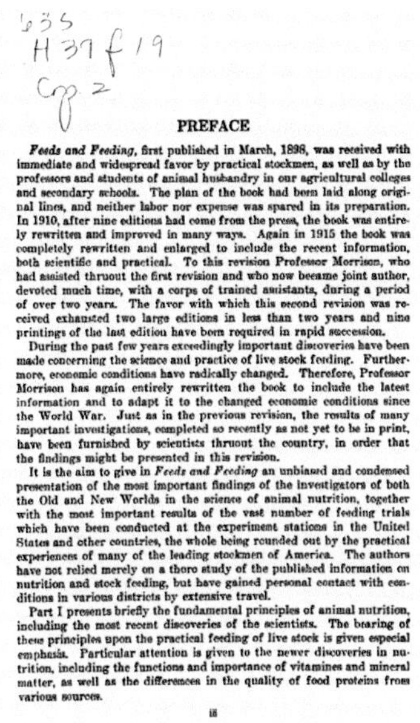

635
H37f19
Cop 2

PREFACE

Feeds and Feeding, first published in March, 1898, was received with immediate and widespread favor by practical stockmen, as well as by the professors and students of animal husbandry in our agricultural colleges and secondary schools. The plan of the book had been laid along original lines, and neither labor nor expense was spared in its preparation. In 1910, after nine editions had come from the press, the book was entirely rewritten and improved in many ways. Again in 1915 the book was completely rewritten and enlarged to include the recent information, both scientific and practical. To this revision Professor Morrison, who had assisted thruout the first revision and who now became joint author, devoted much time, with a corps of trained assistants, during a period of over two years. The favor with which this second revision was received exhausted two large editions in less than two years and nine printings of the last edition have been required in rapid succession.

During the past few years exceedingly important discoveries have been made concerning the science and practice of live stock feeding. Furthermore, economic conditions have radically changed. Therefore, Professor Morrison has again entirely rewritten the book to include the latest information and to adapt it to the changed economic conditions since the World War. Just as in the previous revision, the results of many important investigations, completed so recently as not yet to be in print, have been furnished by scientists thruout the country, in order that the findings might be presented in this revision.

It is the aim to give in *Feeds and Feeding* an unbiased and condensed presentation of the most important findings of the investigators of both the Old and New Worlds in the science of animal nutrition, together with the most important results of the vast number of feeding trials which have been conducted at the experiment stations in the United States and other countries, the whole being rounded out by the practical experiences of many of the leading stockmen of America. The authors have not relied merely on a thoro study of the published information on nutrition and stock feeding, but have gained personal contact with conditions in various districts by extensive travel.

Part I presents briefly the fundamental principles of animal nutrition, including the most recent discoveries of the scientists. The bearing of these principles upon the practical feeding of live stock is given especial emphasis. Particular attention is given to the newer discoveries in nutrition, including the functions and importance of vitamines and mineral matter, as well as the differences in the quality of food proteins from various sources.

iii

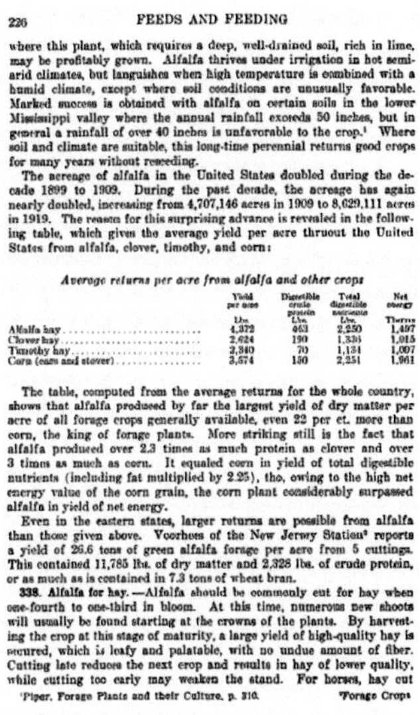

226 FEEDS AND FEEDING

where this plant, which requires a deep, well-drained soil, rich in lime, may be profitably grown. Alfalfa thrives under irrigation in hot semi-arid climates, but languishes when high temperature is combined with a humid climate, except where soil conditions are unusually favorable. Marked success is obtained with alfalfa on certain soils in the lower Mississippi valley where the annual rainfall exceeds 50 inches, but in general a rainfall of over 40 inches is unfavorable to the crop.[1] Where soil and climate are suitable, this long-time perennial returns good crops for many years without reseeding.

The acreage of alfalfa in the United States doubled during the decade 1899 to 1909. During the past decade, the acreage has again nearly doubled, increasing from 4,707,146 acres in 1909 to 8,629,111 acres in 1919. The reason for this surprising advance is revealed in the following table, which gives the average yield per acre thruout the United States from alfalfa, clover, timothy, and corn:

Average returns per acre from alfalfa and other crops

	Yield per acre	Digestible crude protein	Total digestible nutrients	Net energy
	Lbs.	Lbs.	Lbs.	Therms
Alfalfa hay	4,372	463	2,250	1,497
Clover hay	2,624	190	1,336	1,015
Timothy hay	2,340	70	1,134	1,007
Corn (ears and stover)	3,574	150	2,251	1,961

The table, computed from the average returns for the whole country, shows that alfalfa produced by far the largest yield of dry matter per acre of all forage crops generally available, even 22 per ct. more than corn, the king of forage plants. More striking still is the fact that alfalfa produced over 2.3 times as much protein as clover and over 3 times as much as corn. It equaled corn in yield of total digestible nutrients (including fat multiplied by 2.25), tho, owing to the high net energy value of the corn grain, the corn plant considerably surpassed alfalfa in yield of net energy.

Even in the eastern states, larger returns are possible from alfalfa than those given above. Voorhees of the New Jersey Station[2] reports a yield of 26.6 tons of green alfalfa forage per acre from 5 cuttings. This contained 11,785 lbs. of dry matter and 2,328 lbs. of crude protein, or as much as is contained in 7.3 tons of wheat bran.

338. Alfalfa for hay.—Alfalfa should be commonly cut for hay when one-fourth to one-third in bloom. At this time, numerous new shoots will usually be found starting at the crowns of the plants. By harvesting the crop at this stage of maturity, a large yield of high-quality hay is secured, which is leafy and palatable, with no undue amount of fiber. Cutting late reduces the next crop and results in hay of lower quality, while cutting too early may weaken the stand. For horses, hay cut

[1] Piper, Forage Plants and their Culture, p. 310. [2] Forage Crops

Feeds and Feeding

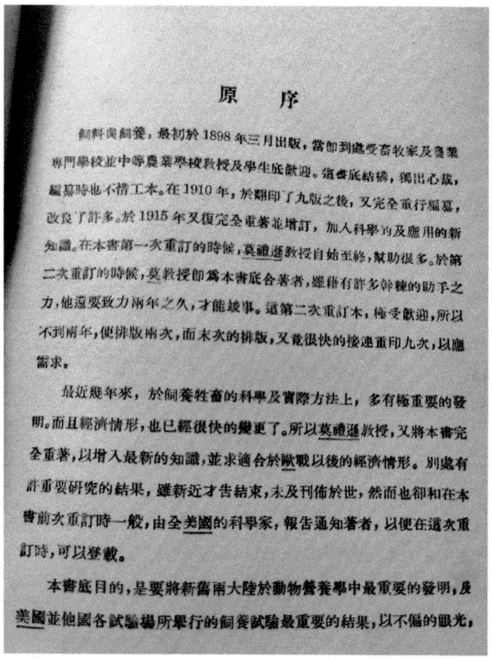

原　序

飼料與飼養，最初於1898年三月出版，當即到處受畜牧家及農業專門學校並中等農業學校教授及學生底歡迎。這書底結構，獨出心裁，編纂時也不惜工本。在1910年，於翻印了九版之後，又完全重行編纂，改良了許多。於1915年又復完全重著並增訂，加入科學的及應用的新知識。在本書第一次重訂的時候，莫禮遜教授自始至終，幫助很多。於第二次重訂的時候，莫教授即爲本書底合著者，雖備有許多幹練的助手之力，他還要致力兩年之久，才能竣事。這第二次重訂本，極受歡迎，所以不到兩年，便排版兩次，而末次的排版，又竟很快的接連重印九次，以應需求。

最近幾年來，於飼養牲畜的科學及實際方法上，多有極重要的發明。而且經濟情形，也已經很快的變更了。所以莫禮遜教授，又將本書完全重著，以增入最新的知識，並求適合於歐戰以後的經濟情形。別處有許重要研究的結果，雖新近才告結束，未及刊佈於世，然而也卻和在本書前次重訂時一般，由全美國的科學家，報告通知著者，以便在這次重訂時，可以登載。

本書底目的，是要將新舊兩大陸於動物營養學中最重要的發明，及美國並他國各試驗場所舉行的飼養試驗最重要的結果，以不偏的眼光，

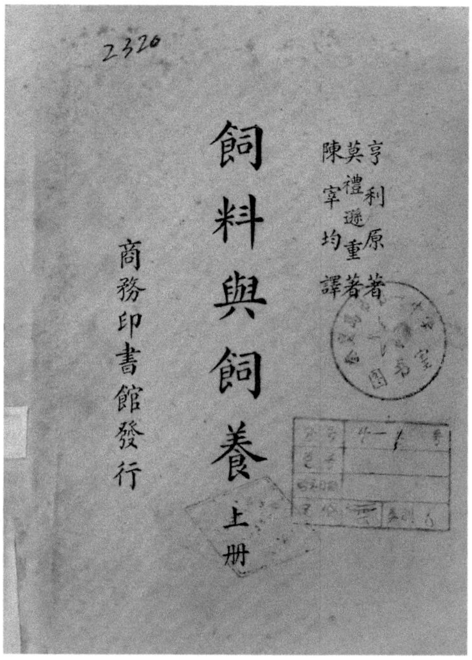

2320

飼料與飼養

上册

亨利原著

莫禮遜重著

陳宰均譯

商務印書館發行

《饲料与饲养》（上册）

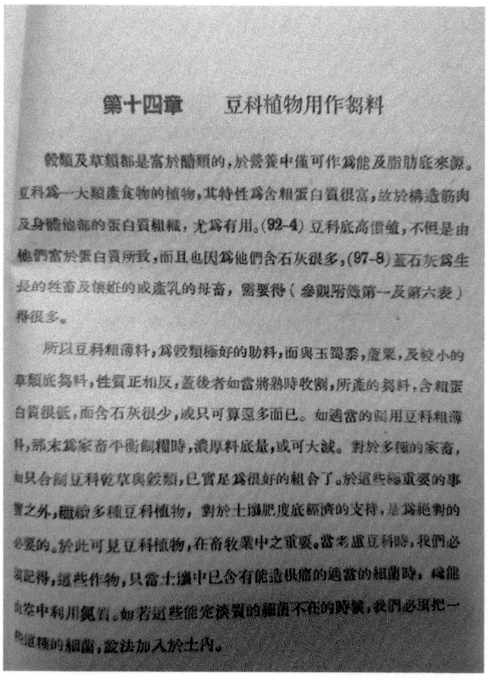

第十四章　豆科植物用作芻料

穀類及草類都是富於醣類的，於營養中僅可作爲能及脂肪底來源。豆科爲一大類產食物的植物，其特性爲含粗蛋白質很富，故於構造筋肉及身體他部的蛋白質組織，尤爲有用。(92-4) 豆科底高價值，不但是由他們富於蛋白質所致，而且也因爲他們含石灰很多，(97-8) 蓋石灰爲生長的牲畜及懷妊的或產乳的母畜，需要得（參觀附錄第一及第六表）特很多。

所以豆科粗滿料，爲穀類極好的助料，而與玉蜀黍，蘆粟，及較小的草類底芻料，性質正相反，蓋後者如當將熟時收割，所產的芻料，含粗蛋白質很低，而含石灰很少，或只可算還多而已。如適當的飼用豆科粗滿料，那末爲家畜平衡飼糧時，濃厚料底量，或可大減。對於多種的家畜，如只合飼豆科乾草與穀類，已實足爲很好的組合了。於這些極重要的事實之外，繼續多種豆科植物，對於土壤肥度底經濟的支持，是爲絕對的必要的。於此可見豆科植物，在畜牧業中之重要。當考慮豆科時，我們必須記得，這些作物，只當土壤中已含有能造根瘤的適當的細菌時，纔能由空中利用氮素。如若這些能定淡質的細菌不在的時候，我們必須把一些這種的細菌，設法加入於土內。

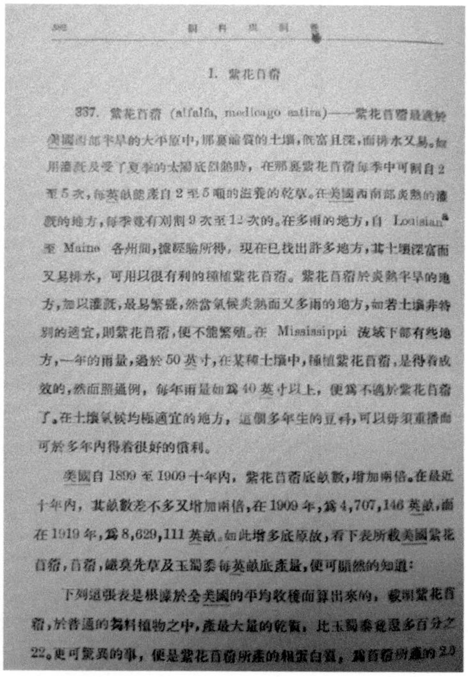

302　飼料與飼養

1. 紫花苜蓿

337. 紫花苜蓿 (alfalfa, medicago sativa)——紫花苜蓿最適於美國西部半旱的大平原中，那裏肥質的土壤，既富且深，而排水又易。如用灌溉及受了夏季的太陽底烈熱時，在那裏紫花苜蓿每季中可割自2至5次，每英畝能產自2至5噸的滋養的乾草。在美國西南部炎熱的灌溉的地方，每季竟有刈割9次至12次的。在多雨的地方，自 Louisiana 至 Maine 各州間，據經驗所得，現在已找出許多地方，其土壤深富而又易排水，可用以很有利的種植紫花苜蓿。紫花苜蓿於炎熱半旱的地方，加以灌溉，最易繁盛，然當氣候炎熱而又多雨的地方，如若土壤非特別的適宜，則紫花苜蓿，便不能繁殖。在 Mississippi 流域下部有些地方，一年的雨量，過於50英寸，在某種土壤中，種植紫花苜蓿，是得着成效的，然而照通例，每年雨量如爲40英寸以上，便爲不適於紫花苜蓿了。在土壤氣候均極適宜的地方，這個多年生的豆科，可以毋須重播而可於多年內得着很好的獲利。

美國自1899至1909十年內，紫花苜蓿底畝數，增加兩倍。在最近十年內，其畝數差不多又增加兩倍，在1909年，爲4,707,146英畝，而在1919年，爲8,629,111英畝。如此增多底原故，看下表所載美國紫花苜蓿，苜蓿，梯牟先草及玉蜀黍每英畝底產量，便可顯然的知道：

下列這張表是根據於全美國的平均收穫而算出來的，表明紫花苜蓿，於普通的芻料植物之中，產最大量的乾質，比玉蜀黍竟還多百分之22。更可驚異的事，便是紫花苜蓿所產的粗蛋白質，爲苜蓿所產的2.0

《饲料与饲养》第十四章

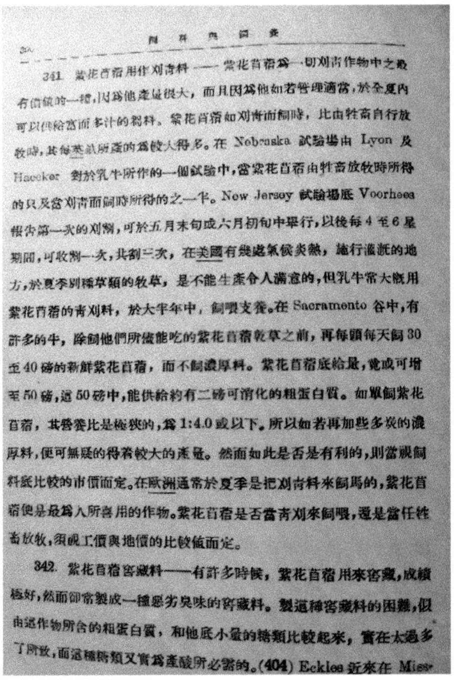

飼　料　與　飼　養

341. 紫花苜蓿用作刈青料——紫花苜蓿為一切刈青作物中之最有價值的一種，因為他產量很大，而且因為他如若管理適當，於全夏內可以供給富而多汁的飼料。紫花苜蓿如刈青而飼時，比由牲畜自行放牧時，其每英畝所產的為較大得多。在 Nebraska 試驗場由 Lyon 及 Haecker 對於乳牛所作的一個試驗中，當紫花苜蓿由牲畜放牧時所得的只及當刈青而飼時所得的之一半。New Jersey 試驗場底 Voorhees 報告第一次的刈割，可於五月末旬或六月初旬中舉行，以後每 4 至 6 星期間，可收割一次，共割三次，在美國有幾處氣候炎熱，施行灌溉的地方，於夏季別種草類的牧草，是不能生產令人滿意的，但乳牛常大概用紫花苜蓿的青刈料，於大半年中，飼喂支養。在 Sacramento 谷中，有許多的牛，除飼他們所儘能吃的紫花苜蓿乾草之前，再每頭每天飼 30 至 40 磅的新鮮紫花苜蓿，而不飼濃厚料。紫花苜蓿底給量，儘或可增至 50 磅，這 50 磅中，能供給約有二磅可消化的粗蛋白質。如單飼紫花苜蓿，其營養比是極狹的，為 1:4.0 或以下。所以如若再加些多炭的濃厚料，便可無疑的得着較大的產量。然而如此是否是有利的，則當視飼料底比較的市價而定。在歐洲通常於夏季是把刈青料來飼馬的，紫花苜蓿便是最為人所喜用的作物。紫花苜蓿是否當青刈來飼喂，還是當任牲畜放牧，須視工價與地價的比較值而定。

342. 紫花苜蓿窖藏料——有許多時候，紫花苜蓿用來窖藏，成績極好，然而卻常製成一種惡劣臭味的窖藏料。製這種窖藏料的困難，似由這作物所含的粗蛋白質，和他底小量的糖類比較起來，實在太過多了所致，而這種糖類又實為產酸所必需的。(404) Eckles 近來在 Mis-

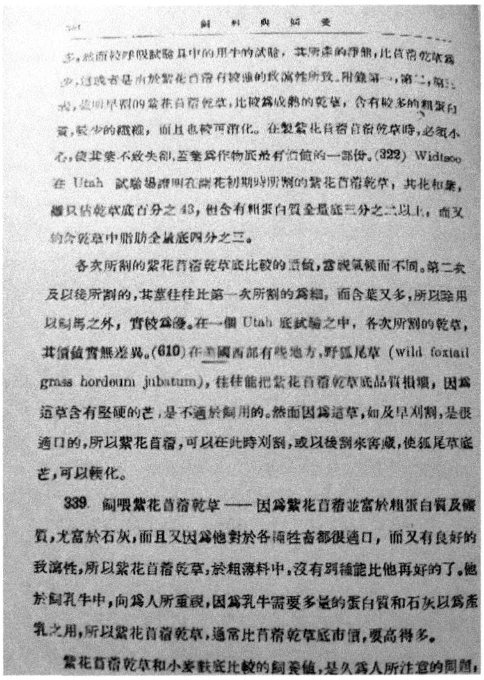

飼　料　與　飼　養

多，然而較呼吸試驗且中的用牛的試驗，其所產的淨能，比苜蓿乾草為少，這或者是由於紫花苜蓿有較強的致瀉性所致。附錄第一，第二，第三表，證明早割的紫花苜蓿乾草，比較為成熟的乾草，含有較多的粗蛋白質，較少的纖維，而且也較可消化。在製紫花苜蓿乾草時，必須小心，使其葉不致失卻，蓋葉為作物底最有價值的一部份。(322) Widtsoe 在 Utah 試驗場證明在開花初期時所割的紫花苜蓿乾草，其花和葉，雖只佔乾草底百分之 43，但含有粗蛋白質全量底三分之二以上，而又約含乾草中脂肪全量底四分之三。

各次所割的紫花苜蓿乾草底比較的價值，當視氣候而不同。第二次及以後所割的，其莖往往比第一次所割的為細，而含葉又多，所以除用以飼馬之外，實較為優。在一個 Utah 底試驗之中，各次所割的乾草，其價值實無差異。(610) 在美國西部有些地方，野狐尾草 (wild foxtail grass hordeum jubatum)，往往能把紫花苜蓿乾草底品質損壞，因為這草含有堅硬的芒，是不適於飼用的。然而因為這草，如及早刈割，是很適口的，所以紫花苜蓿，可以在此時刈割，或以後割來窖藏，使狐尾草底芒，可以軟化。

339. 飼喂紫花苜蓿乾草——因為紫花苜蓿並富於粗蛋白質及礦質，尤富於石灰，而且又因為他對於各種牲畜都很適口，而又有良好的致瀉性，所以紫花苜蓿乾草，於粗糙料中，沒有別種能比他再好的了。他於飼乳牛中，向為人所重視，因為乳牛需要多量的蛋白質和石灰以為產乳之用，所以紫花苜蓿乾草，通常比苜蓿乾草底市價，要高得多。

紫花苜蓿乾草和小麥麩底比較的飼養值，是久為人所注意的問題，

《饲料与饲养》第十四章

《饲料与饲养》与苜蓿的相关内容

特性	相关内容
品种	除了美国广植的普通紫花苜蓿之外，还有多品种，在各地是极重要的。土耳其斯坦苜蓿在生长时与通常的紫花苜蓿，是无差别的。它比普通紫花苜蓿，稍微的较能御寒，然而多雨的地方，每英亩的产量却较少。 阿拉伯及秘鲁紫花苜蓿，生长极速，却不易御寒，而生长期非常之长。在美国西部灌溉地方，这两种是有价值的。 黄花苜蓿或称西伯利亚苜蓿，其中几种具下茎，现已输入美国北部平原一带，非常能御寒，但产量很低，故并不广植。大家所称的格林苜蓿就属于此种。
生态生物	紫花苜蓿最适于美国西部半干旱的大平原的碱质的土壤，如用灌溉及受了夏季太阳的烈热时，每季中可割 2~5 次，每英亩（1 英亩≈ 6.07 亩）能产 2~5 t 的干草。在美国西南部炎热且有灌溉的地方，每季竟有刈割 9~12 次。在密西西比河流域下游有些地方，年降水量超过 50 英寸（1 英寸 = 25.4 mm），在某种土壤中，种植紫花苜蓿是可得到成效的。然而照通例，年降水量如为 40 英寸以下，便为不适于紫花苜蓿生长。在土壤、气候均适宜的地方，紫花苜蓿可以无须重播，而可于多年内得到很好的效益。
生产发展	美国自 1899 年至 1909 年的 10 年内，苜蓿种植面积增加了 2 倍。在最近的 10 年内，其种植面积差不多又增加了 2 倍，1909 年苜蓿面积为 4 707 146 英亩，而到了 1919 年苜蓿面积为 8 629 111 英亩。
用作干草	紫花苜蓿当 1/4 ~ 3/4 开花时，当割来制为干草。在这个时候，有许多的嫩枝已在根颈茁生出来。在此时，将紫花苜蓿的上部割去，可以得到一种上等品质的干草，此时干草含叶既多又很适口，其纤维量又不过多。 若割得过晚，那么第二次的产量便要减少，而所得的干草，品质又将恶劣，然而如若割得太早，以后的紫花苜蓿枝条数，又将太弱少。如若用以饲马，过于迟割的干草，比过于早割的为佳，因为前者较为少且有致泻性。

续表

特性	相关内容
饲喂干草	紫花苜蓿富含蛋白质、矿物质，尤富含石灰，而且适口性好，又有良好的致泻性，因此，在粗饲料中没有任何一种牧草再比紫花苜蓿干草好的。它在饲喂奶牛中，向为人们所重视，因为奶牛需要多量的蛋白质及石灰以为产奶所用。 在美国西部肥育牛羊中，由于使用了紫花苜蓿干草而起了革命性变化，因为这种富含蛋白质的粗饲料，如和多碳水和化合物的谷物及窖藏的蔓菁渣相合饲喂时，其效果大增。 紫花苜蓿干草，对于种牛、种羊及幼畜，再没有比他好的牧草了。育种的牛，可以单独饲喂紫花苜蓿，不再饲喂谷类，可健康地过冬，若再加一些青贮玉米会更好；对于种羊，紫花苜蓿干草，也是非常之好的。 紫花苜蓿对于育种的母猪，在冬季是极有价值的。对肥育猪，饲喂一定的紫花苜蓿草粉也是非常经济的。
放牧	紫花苜蓿为非放牧型牧草，因为苜蓿的再生是从靠地面较近的根颈出产生叶芽（新枝条），而不像禾草从地下茎产生叶芽，在降雨较多的地方，放牧尤易损坏苜蓿的枝条，在苜蓿地放牧牛羊易得臌胀病。苜蓿地放牧牛羊产生臌胀病的危险，因气候及其他因素而不同，在美国西南的灌溉区，因臌胀病产生的危害却极低。羊比牛更易得臌胀病。
青贮	有许多时候，紫花苜蓿用于青贮（窖藏），成绩极好，但有时候也常制成恶臭的窖藏料。制青贮苜蓿的困难，似在苜蓿所含的粗蛋白质较高，而糖类碳水化合物较低，这种糖类又是产酸所必需的。在苜蓿青贮时，若能与含糖类物质较高的玉米混合青贮，便可成为较好的青贮料。 因为上等的苜蓿干草非常适口，所以如能把苜蓿制成干草时，便无理由再把他制成青贮了。因为玉米青贮已成为美国非常可靠的青贮饲料了。
粉及饲料	美国近来制造紫花苜蓿粉（即研碎的苜蓿干草），及制造含苜蓿粉的各类饲料，发达得很。苜蓿粉的研细度，大有不同，最细的差不多与玉米粉一样，而最粗的实为一种切断的干草，其断片竟有长至半英寸（约 1.27 cm）的。和干草比较起来，草粉是较易运输的，在饲喂时也损失较少，而且对于牙齿不好的家畜，或每日工作很久的马，这样的研碎无疑是有益的。这种体积很大的干草粉，在渗淡浓厚时，也是有用的，如浓厚料喂的不小心，便易致消化病。因为这些原因，紫花苜蓿粉在饲料中有合法的地位。

五、*Origin of Cultivated Plants*

Origin of Cultivated Plants（《农艺植物考源》，作者德康多尔）一书，出版于 1882 年。该书考证栽培植物的演流，各种植物产地及栽培的起始年代，以及后来如何传播各地的情况。共论及栽培植物 249 种。《农艺植物考源》对苜蓿的起源传播进行了考证，特别对中国的苜蓿进行了记述。1936 年，俞德浚、蔡希陶根据英文版本翻译，由胡先骕校订，1940 年商务印书馆发行。

俞德浚

蔡希陶

胡先骕

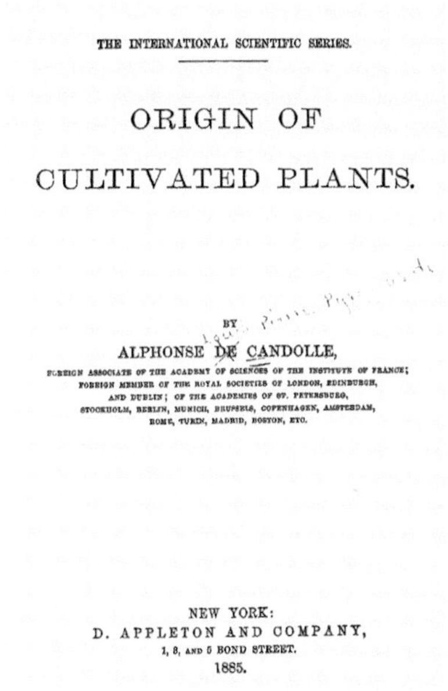
THE INTERNATIONAL SCIENTIFIC SERIES.

ORIGIN OF
CULTIVATED PLANTS.

BY
ALPHONSE DE CANDOLLE,
FOREIGN ASSOCIATE OF THE ACADEMY OF SCIENCES OF THE INSTITUTE OF FRANCE;
FOREIGN MEMBER OF THE ROYAL SOCIETIES OF LONDON, EDINBURGH,
AND DUBLIN; OF THE ACADEMIES OF ST. PETERSBURG,
STOCKHOLM, BERLIN, MUNICH, BRUSSELS, COPENHAGEN, AMSTERDAM,
ROME, TURIN, MADRID, BOSTON, ETC.

NEW YORK:
D. APPLETON AND COMPANY,
1, 3, AND 5 BOND STREET.
1885.

Origin of Cultivated Plants

《农艺植物考源》

在《农艺植物考源》[牧草类]部分，德康多尔考证了苜蓿在欧洲的起源与传播：

苜蓿，学名 *Medicago sativa* Linn. 英名 Lucern 或 Alfalfa。苜蓿为豆科植物，古希腊及罗马人已深知之。其希腊名为 medicai，拉丁名为 madica，盖于纪元前四百七十年波斯战争时自米太（Media）传入也。最晚在第一或第二世纪以后，罗马人即已广加栽培。伽图氏（Cato）虽未述及其名，然发罗氏（Varro）等固皆已提及之。意大利种苜蓿之由来大概已甚古。然今日之希腊则甚少种植之也。法国农家多讹呼之为 sainfoin，实为 *Onobrychis sativa* 之误。Lucern 之名，有人以为系来自琉瑟恩（Lucerne）地方之故。然吾人并不信其为确实之原产地也。西班牙人有一古名为 eruye，加塔兰人（Catalans）呼之为 userdas，法国南部有一部分土名称为 Laouzerdo，与 Luzerne 一字同意。苜蓿在西班牙种植尤为普遍，意大利人竟呼之为 herbaspagna（即西班牙草之意）。西班牙之土名中，更有呼苜蓿为 mielga 或 melga 者，则显系源自拉丁语 medica，然通常多沿用阿拉伯语——alfafa，alfasafat，alfalfa，即系波斯语 isfist 转音而出者。由此可知苜蓿产于西班牙、彼得蒙特（Piedmont）或波斯。今复自植物学本身以证实其原产地何在。在安那托利亚（Anatolia）之数省区，在高加索之南，在波斯、阿富汗、俾路芝以及在克什米尔等地域，皆发现有正真野生之苜蓿。至在欧洲南部及俄国南部所见，人皆为系出于人工栽培者。故苜蓿之传布，恐系希腊人由小细亚西及印度携入欧洲者。

然古代梵语中既无苜蓿之名，又无车轴草之称，殆雅利安人不知培植牧草之乎？

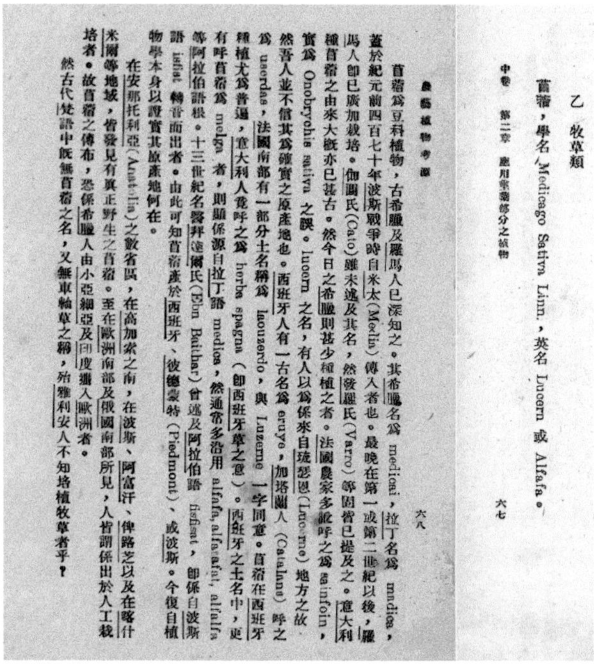

乙 牧草類

苜蓿，學名 Medicago Sativa Linn.，英名 Lucern 或 Alfafa。

中卷 第二章 應用莖葉部分之植物 六七

農藝植物考源 六八

苜蓿為豆科植物，古希臘及羅馬人已深知之。其希臘名為 medicai，拉丁名為 medica，蓋於紀元前四百七十年波斯戰爭時自米太(Media)傳入者也。最晚在第一或第二世紀以後，羅馬人即已廣加栽培。伽圖氏(Cato)雖未述及其名，然發羅氏(Varro)等固嘗已提及之。意大利種苜蓿之由來大概亦已甚古。然今日之希臘則甚少種植之者。法國農家多誤呼之為 sainfoin，實為 Onobrychis sativa 之誤。lucern 之名，有人以為係來自琉瑟恩(Lucerne)地方之故；然吾人並不信其為確實之原產地也。西班牙人有一古名為 eruye，加塔蘭人(Catalans)呼之為 userdas，法國南部有一部分土名稱為 laouzerdo，與 Luzerne 一字同意。苜蓿在西班牙種植尤為普遍，意大利人竟呼之為 herba spagna（即西班牙草之意）。西班牙之土名中，更有呼苜蓿為 melga 者，則顯係源自拉丁語 medica，然通常多沿用 alfafa, alfasafat, alfalfa 等阿拉伯語根。十三世紀名醫拜達爾氏(Ebn Baithar)曾述及阿拉伯語 fisfisat，即係自波斯語 isfist 轉音而出者。由此可知苜蓿產於西班牙、彼德蒙特(Piedmont)、或波斯。今復自植物學本身以證實其原產地何在。

在安那托利亞(Anatolia)之數省區，在高加索之南，在波斯、阿富汗、俾路芝以及在喀什米爾等地域，皆發見有真正野生之苜蓿。至在歐洲南部及俄國南部所見，人皆謂係出於人工栽培者。故苜蓿之傳布，恐係希臘人由小亞細亞及印度攜入歐洲者。

然古代梵語中既無苜蓿之名，又無車軸草之稱，殆雅利安人不知培植牧草者乎？

《农艺植物考源·中卷·牧草类》

中国在汉武帝遣张骞通西域（纪元前二世纪）以前，即已有数千年繁荣之农业园艺。《本草》谓张骞携带之物品中有蚕豆、苜蓿、红蓝花、胡麻等多种此前中土所无之物。张骞非普通钦使可比，彼实使中国人士地理知识广为扩充，经济状况大为改进。氏居留西域者先后十载，厥功甚伟，且中国古代帝皇当纪纪元前2700年固已知教民艺植谷物也。

——俞德浚，1940，《农艺植物考源》

第七章 苜蓿植物学特性与生长发育

苜蓿广泛的地理分布，意味着对各种环境条件都有一定的适应性。这是一种独特的有价值的特性，也可以看作苜蓿的唯一特性。生长在田间的苜蓿，处于一个不断变化的环境之中，苜蓿要经历春、夏、秋、冬四季变化，要忍受干旱、高温、低温、水涝和盐碱等不良环境的胁迫，还要忍受病虫害的危害。在变化的环境中，苜蓿要完成不同的发育阶段，如幼苗生长、分枝、现蕾、开花、结荚、种子成熟等生长发育过程，在外部表现出不同的形态特征特性，如根、根颈、叶、枝条、花蕾、开花、荚果、种子等的形成发育。

第一节 中国苜蓿种类

一、苜蓿种类与分布

我国苜蓿属植物有 13 种 2 个变种，分布于西北、华北、东北及西南等地（中国植物志编辑委员会，1998）。苜蓿是多年生或一年生草本，少有木质。从经济栽培来讲，总括可分为三大系统：紫花种、黄花种和杂花种（孙醒东，1954）。黄花种和杂花种比紫花种抗寒性强，但紫花种栽培最普遍、经济价值最高，是栽培区域最广泛的一种（胡先骕，1953；崔友文，1959）。

我国苜蓿属（*Medicago*）植物种

中文名	拉丁名	生长年限	花色荚果种子
天蓝苜蓿	*M. lupulina* L.	一二年生或多年生草本	花冠黄色、荚果肾形、无刺、有种子 1 粒、种子卵形
阔荚苜蓿	*M.platycarpos*（L.）Trautv.	多年生草本	花冠黄色带紫色条纹，荚果长圆状镰形至近半圆形，有种子（5）8~12 粒，种子阔卵形
青海苜蓿	*M.archiducis-incolai* Sirij.	多年生草本	花冠橙黄色，中央带紫红色晕纹，荚果长圆状半喙，有种子 5~7 粒，种子阔卵形
花苜蓿	*M.ruthenica*（L.）Trautv.	多年生草本	花冠黄褐色，中央深红色至紫色条纹，荚果长圆形或卵状长圆形，有种子 2~6 粒，种子椭圆状卵形
毛荚苜蓿	*M.edgeworthii* Sirij	多年生草本	花冠鲜黄色，荚果长圆形，有种子 10~12 粒，种子椭圆状卵形
野苜蓿	*M.falcata* L.		
野苜蓿（原变种）	*Var. falcata*	多年生草本	花冠黄色，荚果镰形，有种子 2~4 粒，种子卵状椭圆形
草原苜蓿（变种）	*Var. rumanica*		荚果挺直
紫花苜蓿	*M.sativa* L.	多年生草本	花冠紫色，荚果螺旋形，有种子数粒，种子肾形
杂交苜蓿	*M.varia* Martyn	多年生草本	花冠各色，花期逐渐变化，由灰黄色转蓝色、紫色至深紫色，荚果螺旋 1~1.5（2）圈，有种子 3~10 粒，种子卵形
小苜蓿	*M.minima*（L.）Grufb.	一年生草本	花冠淡黄色，荚果盘曲成球，有刺、有种子数粒，种子长肾形
早花苜蓿	*M.praecox* DC.	一年生草本	花冠黄色，荚果卵状盘形，种子长肾形
南苜蓿	*M.polymorpha* L.	一、二年生草本	花冠黄色，荚果盘形，种子肾形
褐斑苜蓿	*M.araibica*（L.）Huds.	一年生草本	花冠鲜黄色，荚果短圆柱形或近球形，种子长圆状椭圆形
木本苜蓿	*M.arborea* L.	灌木	花冠橙黄色，荚果扁平螺旋形转曲 0.5~1.5 圈，种子肾形

资料来源：中国科学院中国植物志编辑委员会 .1998；中国科学院植物研究所，1955；1972。

《中国植物志》

《中国主要植物图说》

二、东北苜蓿种类

东北苜蓿种类

中文名	俗名	拉丁名	本区域分布
天蓝苜蓿	天蓝	*M. lupulina* L.	生于湿草地及稍湿草地，常见于河岸、路旁及田边，微碱地见有生长。东三省常见有生长
野苜蓿		*M. falcata* L.	生于砂质地、干旱草地、草甸草原、河岸、湖边、杂草地
苜蓿	紫苜蓿	*M. sativa* L.	在东北各地多栽培，常伴生于路旁、田边、沟边和空地之间

资料来源：辽宁省林业土壤研究所，1976。

《东北草本植物志》

三、冀蒙晋苜蓿种类

（一）河北苜蓿种类

1953 年，崔友文在冀北小五台山，发现到处可见自生（野生）的紫花苜蓿，此系由栽培者野化而来，抑系自然分布到此，尚成一问题（崔友文，1953）。1959 年，崔友文进一步研究指出，冀北小五台山紫花苜蓿，似乎不是由栽培种野化而来（崔友文，1959）。

河北苜蓿种类

中文名	俗名	拉丁文	本区域分布
紫花苜蓿	苜蓿、宿草	*M. sativa* L.	河北、北京、天津
天蓝苜蓿	天蓝	*M.lupulina* L.	产河北、北京、天津各地，生田边、路旁、林缘地
野苜蓿	黄花苜蓿	*M. falcata* L.	产河北迁西、蔚县小五台山、涞源百石山。生山坡、干旱草地、沙质地、河岸、路边草地

资料来源：河北植物志编辑委员会，1989。

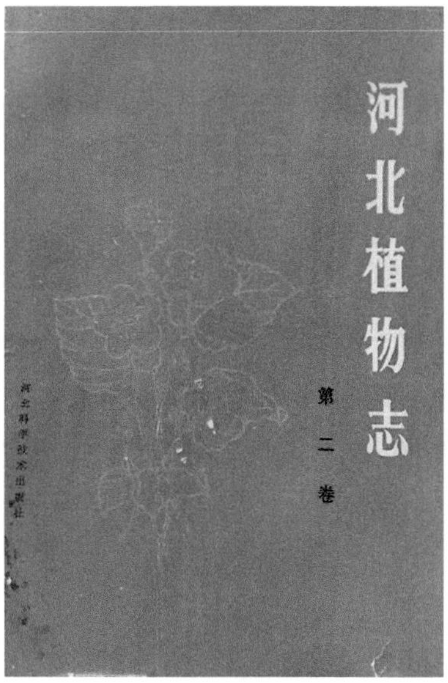

《河北植物志》

《华北经济植物志要》

（二）内蒙古苜蓿种类

内蒙古有 4 种，其中 1 栽培种。

内蒙古苜蓿种类

中文名	俗名	拉丁名	本区域分布
紫花苜蓿	紫苜蓿、苜蓿	*M. sativa L.*	为栽培牧草。原产于亚洲西南部的高原地区。阴山山脉以南和大兴安岭以东栽培效果良好。阴山山脉以北及大兴安岭西麓地区虽有较广泛的试验栽培，但越冬尚有一定困难
天蓝苜蓿	黑荚苜蓿	*M.lupulina L.*	草原带的草甸常见伴生种。多生于微碱性草甸、砂质草原、田边、路旁等处。见于兴安北部、科尔沁、兴安南部、岭西、呼锡高原、阴山、阴南丘陵、鄂尔多斯等

续表

中文名	俗名	拉丁名	本区域分布
黄花苜蓿	野苜蓿、镰荚苜蓿	*M. falcata L.*	耐寒的旱中生植物。在森林草原及草原带的草原化草甸群落中可形成伴生或优势种，草甸化羊草草原的亚优势成分。喜生于砂质或砂壤质土，多见于河滩、沟谷的低湿生境。见于兴安北部、科尔沁、兴安南部、岭西、呼锡高原等
阿拉善苜蓿		*M. alaschanica*	旱中生植物。为荒漠特有，中生于荒漠中的绿洲。见于东阿拉善。产于阿拉善盟（阿拉善左旗）。分布于我国宁夏（贺兰山东坡山谷及山前河滩）

资料来源：内蒙古植物志编辑委员会，1989；赵一之，赵利清，曹瑞，2019。

《内蒙古植物志》

（三）山西苜蓿种类

山西苜蓿种类

中文名	拉丁名	本区域分布
紫花苜蓿	*M. sativa* L.	产中条山地区陵川、晋城、芮城大王、双庙、太岳山介苗林场梅沟、七沟、太原东山流家河、店上、娄烦县汾河水库、五台耿镇、阳高县城及丘陵山区均有栽培或野生于荒地、路旁
南苜蓿	*M. hispida* Gaertn.	产五台山镇杨林街，生路旁、地边以及排水良好的壤土和砂质土上
小苜蓿	*M. minima* Lamk.	产中条山区垣曲县南河边、生于沙地、荒坡
天蓝苜蓿	*M. lupulina* L.	产中条山区晋城火星、陵川马武寨、太岳山介苗林场梅沟、灵空寺北杉村、七里峪水库，太原地区汾河两岸、上兰村及东山店上清徐、古交、娄烦、五台砂岸乡、耿镇、阳高守口堡、长成乡、重兴镇等地
野苜蓿	*M. falcata* L.	产阳高县南部边山峪山、生于山坡、干旱草地、砂质地、路边草地

资料来源：山西植物志编辑委员会，1998。

山西植物志
第二卷
《山西植物志》编辑委员会

《山西植物志》

四、陕甘宁苜蓿种类

1. 陕西苜蓿种类

陕西苜蓿种类

中文名	俗名	拉丁名	本区域分布
苜蓿	紫花苜蓿、紫苜蓿、蓿草	*M. sativa* L.	秦岭北坡普遍栽培，南坡有栽培
天蓝苜蓿	天蓝、黑荚苜蓿、杂花苜蓿	*M. lupulina* L.	秦岭南北坡均产；生于海拔 400~1 400 m 间的山谷或山坡草地，常见于水边或湿地，往成群丛生长
南苜蓿	刺苜蓿	*M. hispida* Gaertn.	秦岭南坡有少量分布
小苜蓿		*M. minima*（L.）Grufb.	秦岭南北坡均产，较常见；生于海拔 300~1 200 m 间山谷、低山或平川，耐干旱。喜生宅旁、路边及田间

资料来源：中国科学院西北植物研究所，1981；乐天宇，徐纬英，1957。

《秦岭植物志》

2. 甘肃苜蓿种类

甘肃苜蓿种类

中文名	拉丁名
紫花苜蓿	*M. sativa* L.
南苜蓿	*M. hispida* 或 *M. polymorpha*
小苜蓿	*M. minima*
天蓝苜蓿	*M. lupulina*
多变苜蓿	*M. varia*
青海苜蓿	*M. archiducis-incolai*
花苜蓿	*M. ruthenica*

3. 宁夏苜蓿种类

宁夏苜蓿种类

中文名	俗名	拉丁名	本区分别
紫花苜蓿		*Medicago sativa* L.	全境普遍栽培
野苜蓿	黄花苜蓿	*M.falcata*	产于贺兰山，多生于山谷和河滩地
天蓝苜蓿		*M.lupulina*	全区普遍分布，多生于荒地、路边、渠旁及农田中

资料来源：马德滋等，2007。

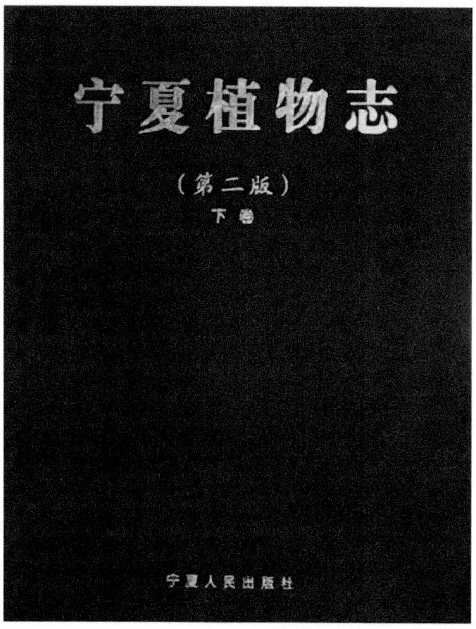

《宁夏植物志》

五、新疆苜蓿种类

新疆苜蓿产 7 种，2 变种及 6 变型，分别是阔荚苜蓿 [*M. platycarpa*（L.）Trautv.]、克什米尔苜蓿 [*M. cachemiriana*（Camb.）D.F.Cui]、镰荚苜蓿（*M. falcata* L.）、多变苜蓿（*M. varia* Martyn.）、紫花苜蓿（*M. sativa* L.）、小苜蓿 [*M. minima*（L.）Grufb.]、天蓝苜蓿（*M. lupulina* L.）。镰荚苜蓿有（原变种，*var. falcata* L.）、卷果黄花苜蓿（变种）（*var. revolata* Sumn.）、罗马苜蓿（变种）[*Var. romanica*（Brandza）hayek]。

新疆苜蓿种类

中文名	俗名	拉丁名	本区域分布
阔荚苜蓿	宽果苜蓿、黑荚豆	*M. platycarpa*（L.）Trautv.	生于新疆阿尔泰山和天山的林缘、草甸及草原灌丛中，海拔 1 200~2 200 m；产于新疆阿尔泰、青河、富蕴、福海、布尔津、哈巴河、塔城、托里、温泉、霍城、特克斯、昭苏、伊吾、巴里坤
克什米尔苜蓿	克什米尔胡卢巴、帕米尔扁蓿豆	*M. cachemiriana*（Camb.）D.F.Cui	生于新疆帕米尔高原山地石坡和高山河谷乱石滩，海拔 3 000~4 000 m；产于新疆塔什库尔干
镰荚苜蓿	黄花苜蓿、野苜蓿	*M. falcata* L.	
镰荚苜蓿（原变种）		*var. falcata* L.	生于新疆北疆地区的平原及天山、阿尔泰山和准噶尔西部山地，海拔 400~2 000 m；产于新疆阿尔泰、青河、富蕴、福海、布尔津、哈巴河、奇台、阜康、乌鲁木齐、玛纳斯、石河子、沙窝、塔城、裕民、博乐、新源、昭苏

续表

中文名	俗名	拉丁名	本区域分布
卷果黄花苜蓿（变种）		*var. revolata* Sumn.	生于山地草甸或灌木丛中，海拔 600~1 600 m；产于新疆阿尔泰和福海
罗马苜蓿	草原苜蓿（变种）	*Var. romanica*（Brandza） hayek	生于新疆天山和准噶尔西部山地的草原和草甸草原，海拔 600~1 600 m，在其生长地常成为亚优势种或伴生种；产于新疆塔城、裕民、新源、昭苏
多变苜蓿	杂花苜蓿、杂交苜蓿	*M. varia* Martyn.	生于新疆阿尔泰山、天山和准噶尔西部山地的草甸草原、草原、荒漠草原、低地草甸及昆仑山北坡的山前冲积扇和平原河谷、成为多种类型草地的伴生种，在北疆作为亚优势种出现在草甸草原群落中；产于新疆北疆各地的平原至中山及昆仑山北坡
紫花苜蓿		*M. sativa* L.	生于新疆山地草甸、草甸草原、山地和平原河谷灌丛草甸中；作为栽培牧草在新疆广泛种植
小苜蓿		*M. minima*（L.） Grufb.	生于新疆前山带山地草原和荒漠草原的沟谷或凹地，适生于干旱土壤和石质坡地；产于新疆新源
天蓝苜蓿		*M. lupulina* L.	生于新疆平原绿洲及天山、阿尔泰山和准噶尔西部山地中山带的草甸草原、河谷草甸、农田边缘、撂荒地、弃耕地、盐碱地和低湿地；产于新疆富蕴、阿尔泰、布尔津、奇台、阜康、乌鲁木齐、玛纳斯、石河子、乌苏、塔城、裕民、博乐、温泉等

资料来源：新疆植物志编辑委员会，2011；冯肇南，1954。

多变苜蓿是黄花苜蓿和紫花苜蓿的杂交后代及其杂交后代之间又与亲本回交的后代所形成的杂交复合体，在新疆有 6 个类型。

多变苜蓿的 6 种类型特征特性

多变苜蓿	俗名	拉丁名	叶片	花色	荚果	分布
大花苜蓿（变型）	蓝花苜蓿	*Medicago×varia f. ambigua*（Trautv.）D.F.Cui.	长圆状倒楔形	花冠紫色至蓝紫色	窄镰状弯曲	生于新疆天山、阿尔泰山山前荒漠、草原及河漫滩草甸，海拔 600~1 500 m；产于新疆阿勒泰、布尔津、哈巴河、木垒、奇台、吉木萨尔
西锡金苜蓿（变型）	扭果苜蓿、阿拉善苜蓿	*Medicago×varia f. schischkinii*（Sumn.）D.F.Cui.	倒卵形或长倒卵形	花冠淡黄色	螺旋状盘曲 1～2 圈	生于新疆阿尔泰山和准噶尔西部山地的山地河谷草甸、草原及草甸草原，海拔 620~1 500 m；产于新疆阿勒泰、布尔津、哈巴河、塔城、托里、温泉、霍城、伊宁

续表

多变苜蓿	俗名	拉丁名	叶片	花色	荚果	分布
小花苜蓿（变型）	坐垫苜蓿	*Medicago × varia* f. *rivularis*（Vass.）D.F.Cui.	倒卵形至矩圆形	花冠黄色带白色或黄白色、蓝色	螺旋状盘曲 2～3圈	生于新疆天山海拔 2 000 m 以下山地河谷至山前平原农区及水渠旁；产于新疆伊宁、昭苏
密序苜蓿（变型）	家苜蓿	*Medicago × varia* f. *agrojretorum*（Vass.）D.F.Cui.	长圆形、长圆状楔形或长圆状倒卵形	花冠蓝色至紫色	螺旋状盘曲 3～4圈	生于新疆昆仑山山前荒漠草原、溪谷及碎石坡地，海拔 1 000~1 800 m；产于新疆乌恰、阿克陶
伊犁苜蓿（变型）		*Medicago × varia* f. *subdicycla*（Trautv.）D.F.Cui.	矩圆形至楔形	花冠蓝紫色	螺旋状盘曲 1~1.55圈	生于新疆东天山西部北坡，海拔 800~1 400 m，山前冲积扇形成的洼地和盐化草甸及平原河谷；产于新疆伊宁、尼勒克、新源、特克斯、巩留和昭苏
天山苜蓿（变型）		*Medicago × varia* f. *tianschanica*（Vass.）D.F.Cui.	倒卵形或长倒卵形	花冠黄绿色或黄色带紫色、紫红色、蓝紫色、紫色带白色等	螺旋状盘曲 1～2圈	生于新疆天山北坡前山荒漠草原至中山带河谷草甸及草甸草原，海拔 850~1 800 m；产于新疆奇台、吉木萨尔、乌鲁木齐、昌吉、玛纳斯、石河子、沙湾、乌苏、精河、博乐、霍城、伊宁、尼勒克、新源和巩留

第二节 苜蓿形态特征

一、苜蓿组成结构

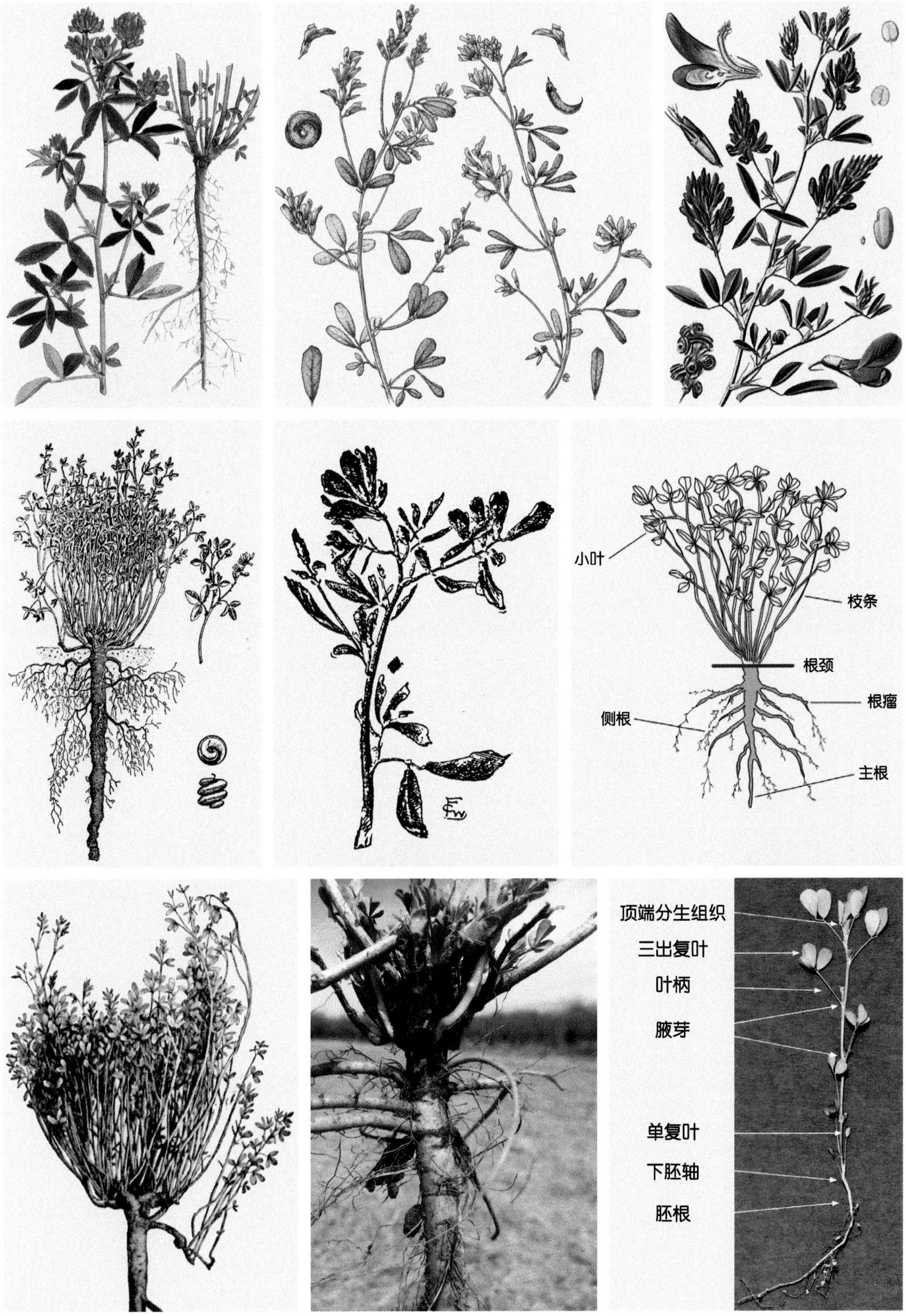

苜蓿组成结构

二、苜蓿的根与根颈

● 苜蓿根系模式图与土壤中的实景图

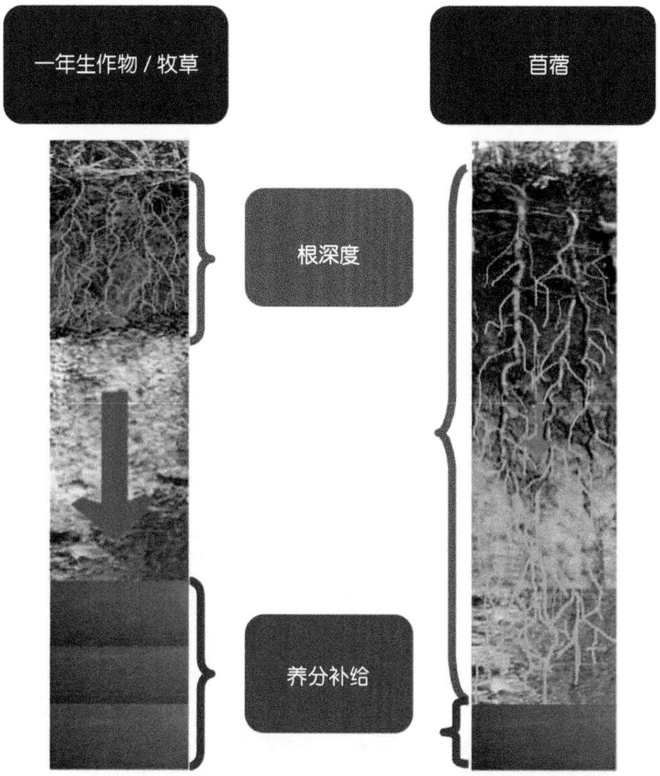

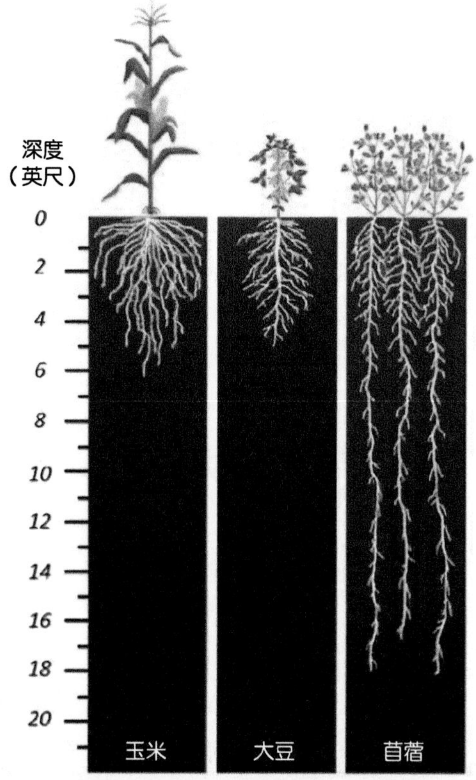

苜蓿根与根颈

● 轴根型（主根明显）

苜蓿的根

苜蓿的根颈

轴根型

● 侧根型（侧根发达，主根不明显）

侧根型

● 根蘖型（具横走的根）

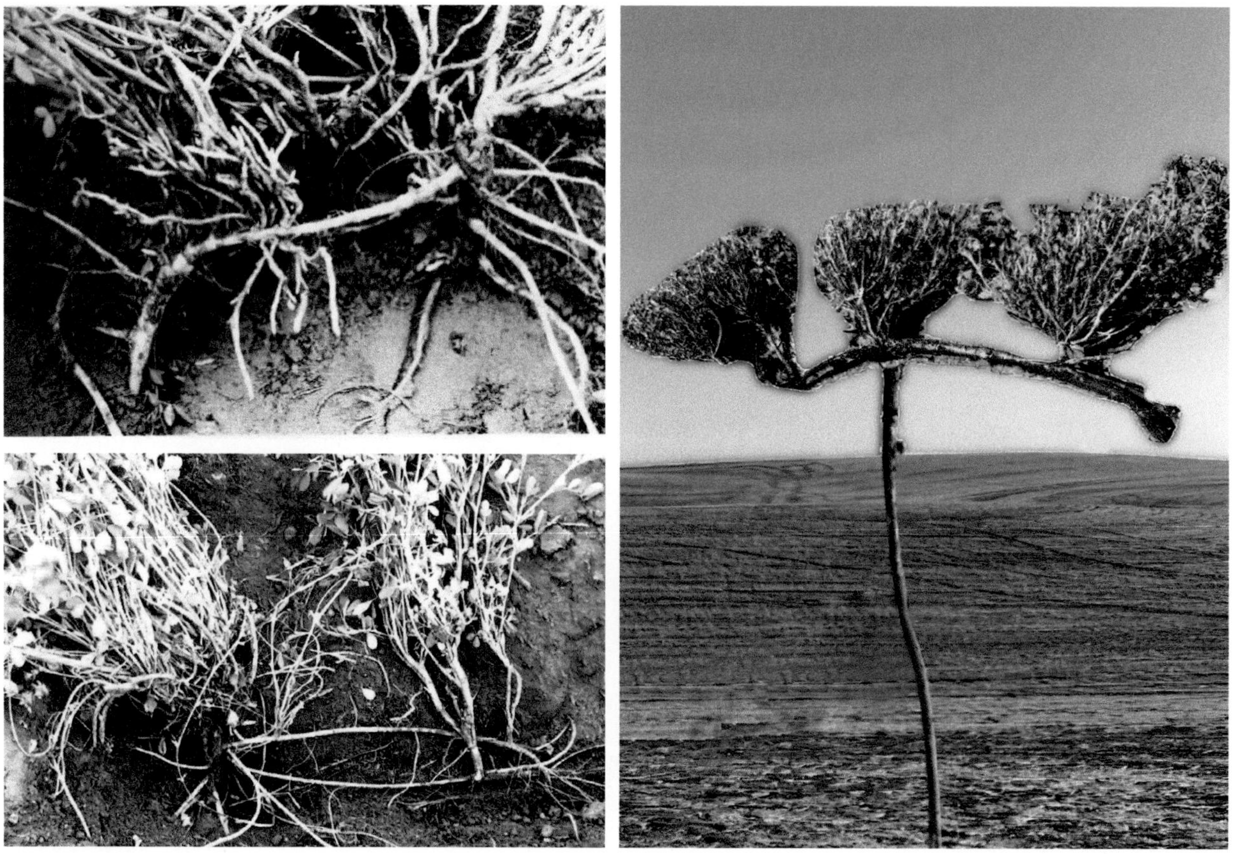

根蘖型

三、苜蓿的根瘤

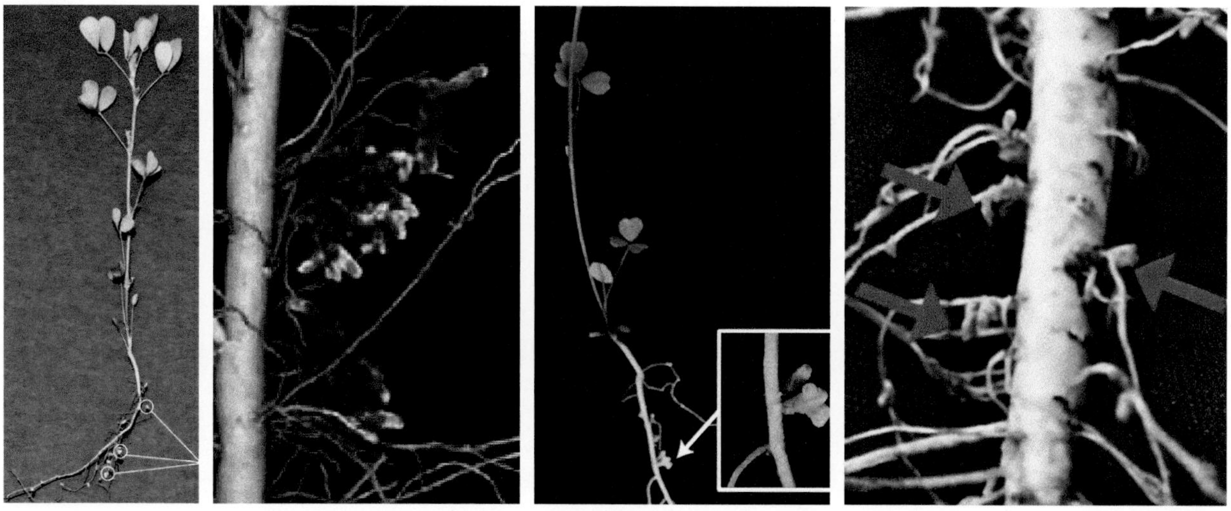

苜蓿根瘤

四、苜蓿的茎与叶

苜蓿茎与叶

五、苜蓿的花

苜蓿花

甘农 8 号白花苜蓿

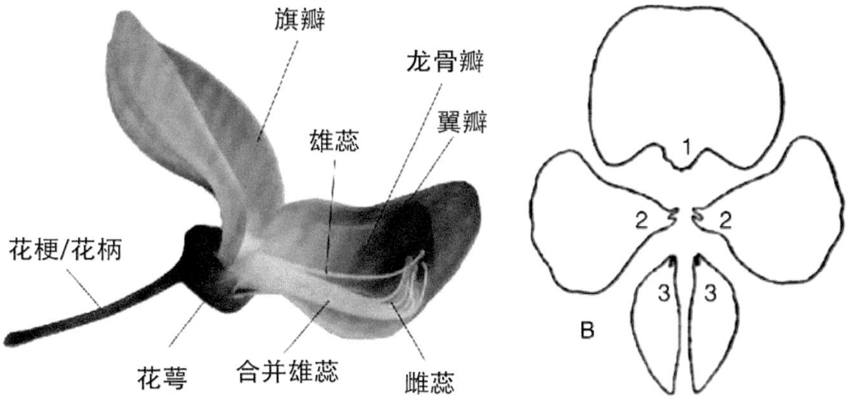

1. 旗瓣；2. 翼瓣；3. 龙骨瓣

苜蓿花的结构

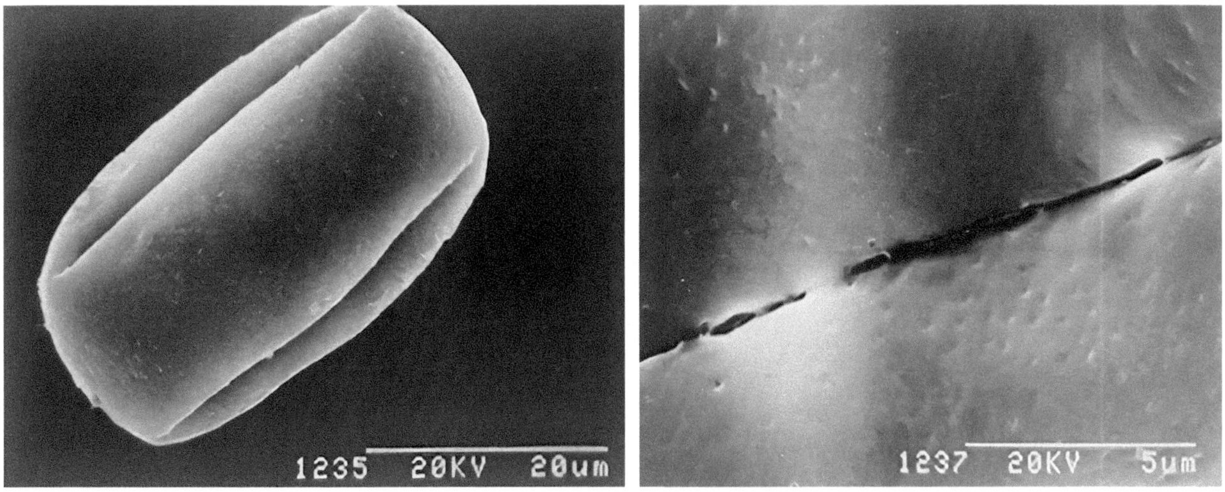

苜蓿花粉

六、苜蓿的荚果

苜蓿荚果

七、苜蓿的种子

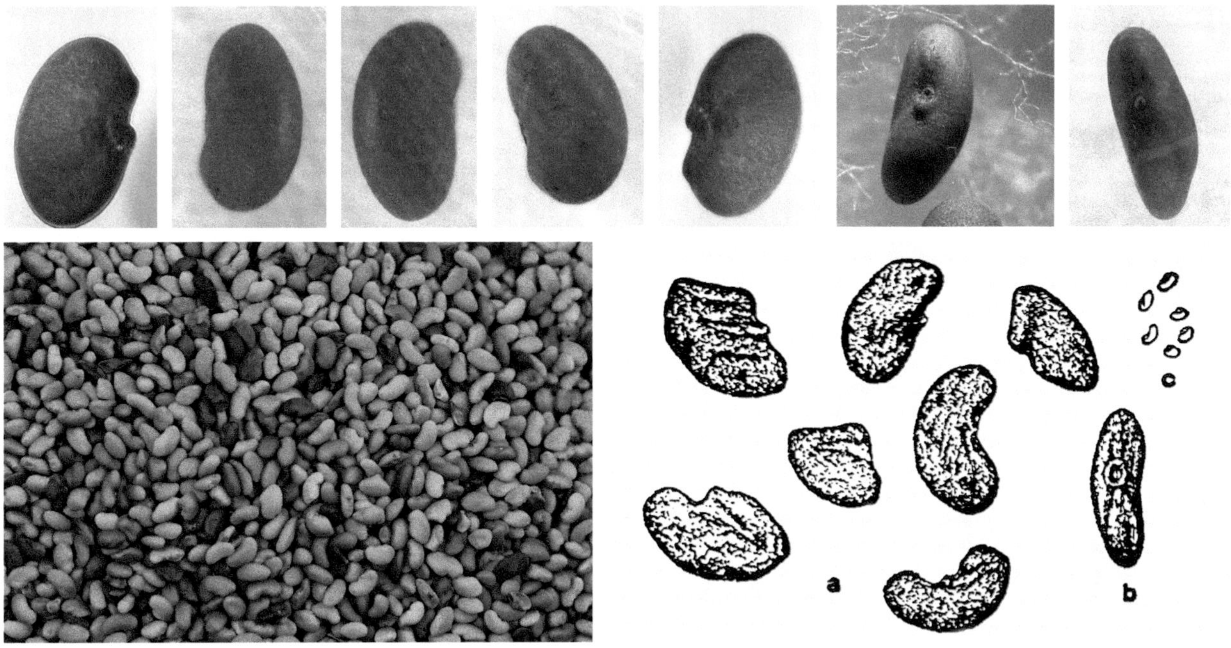

苜蓿种子

第三节　苜蓿生长发育

一、苜蓿的一生

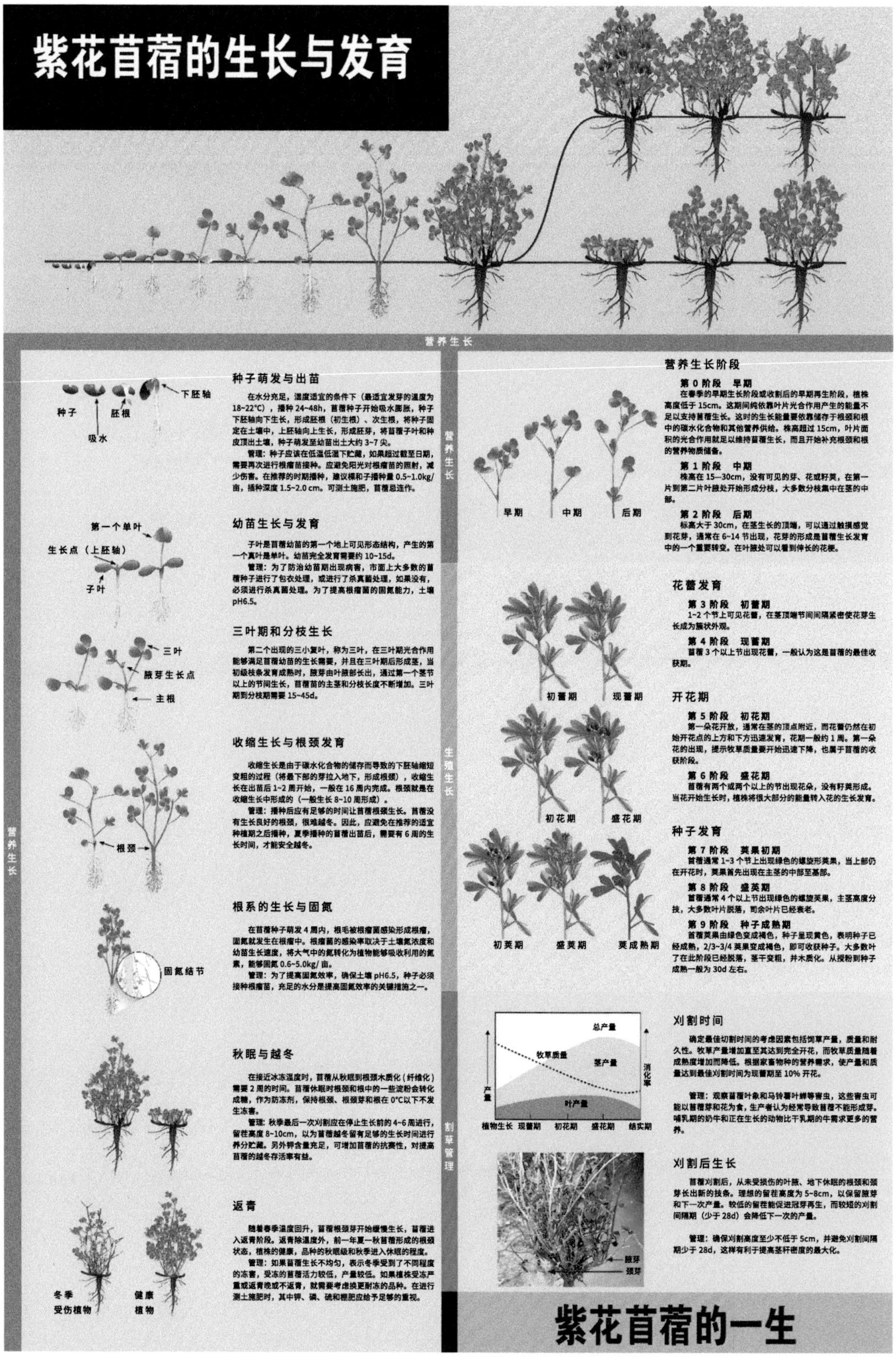

苜蓿生长发育过程图

注：新疆塔里木大学席琳乔教授提供。

二、苜蓿生长解析

（一）幼苗形成

1. 种子结构

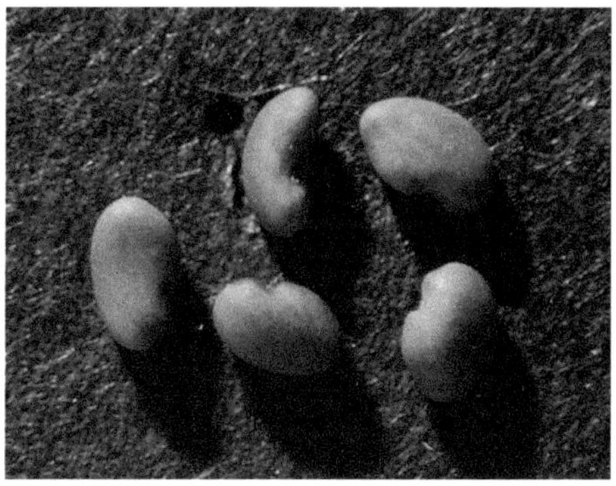

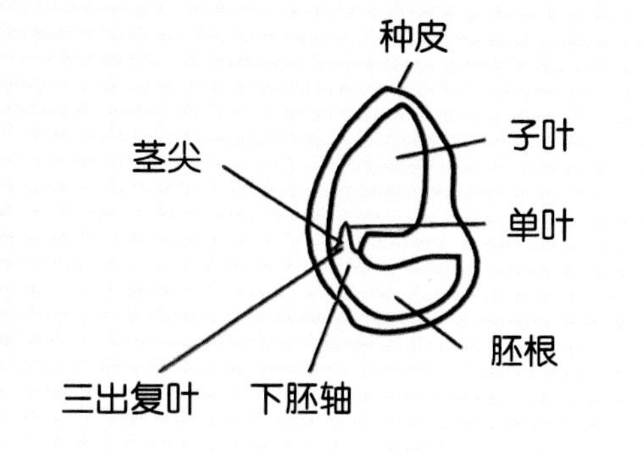

苜蓿种子解剖结构

2. 发芽和出苗

苜蓿种子发芽

右边的种子状态是种子萌发的第一步。适宜条件下，吸水开始于种植后 24~48 h。

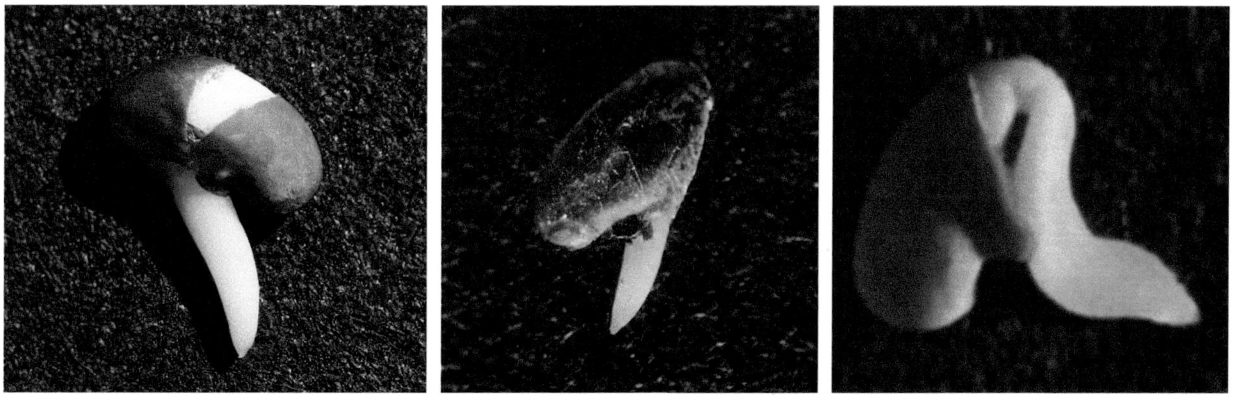

苜蓿种子胚根

幼苗的第一部分冒出的是根。胚根将幼苗固定在土壤中总是向下生长。下胚轴变得活跃，并形成一个穿透土壤的拱。

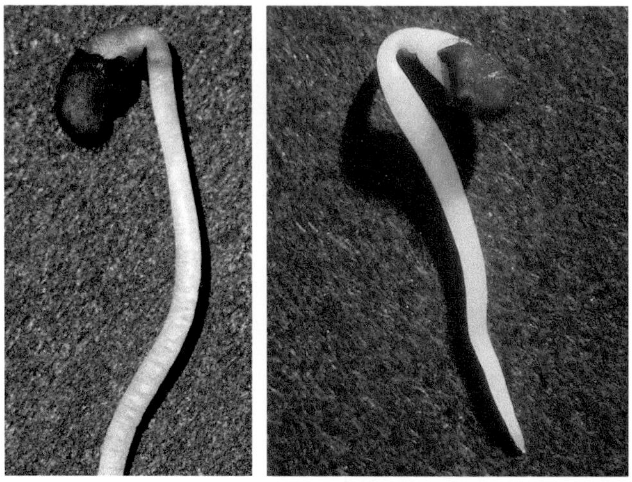

苜蓿种子出苗

随着胚根的生长离种子最近的部分扩大并形成钩。它向上推穿过土壤表面，拖动子叶和种皮。

3. 幼苗生长与植株构建

子叶

子叶通常是苜蓿的第一个可见部分。

单叶

第一片真正的叶子，苜蓿幼苗上只有一个小叶，称为单叶。

首个三叶期（三叶的叶子）

第二个要出现的首个三出复叶，这叫作第一个三出复叶期。一些品种生产带有四个或每片叶子有更多的小叶，这些被称为多叶的叶子。

二叶期

这株植物是在二叶期，即两个三出复叶。在这个阶段，幼苗可以进行光合作用。

五叶期（具有五个三出复叶）

这株苜蓿是在五叶期。

4. 根颈形成与发展

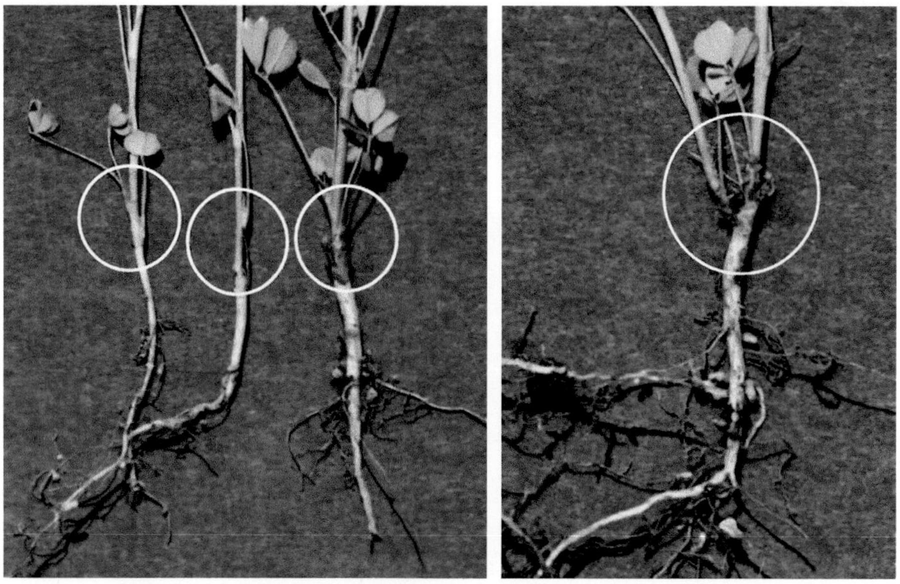

根颈形成与发展

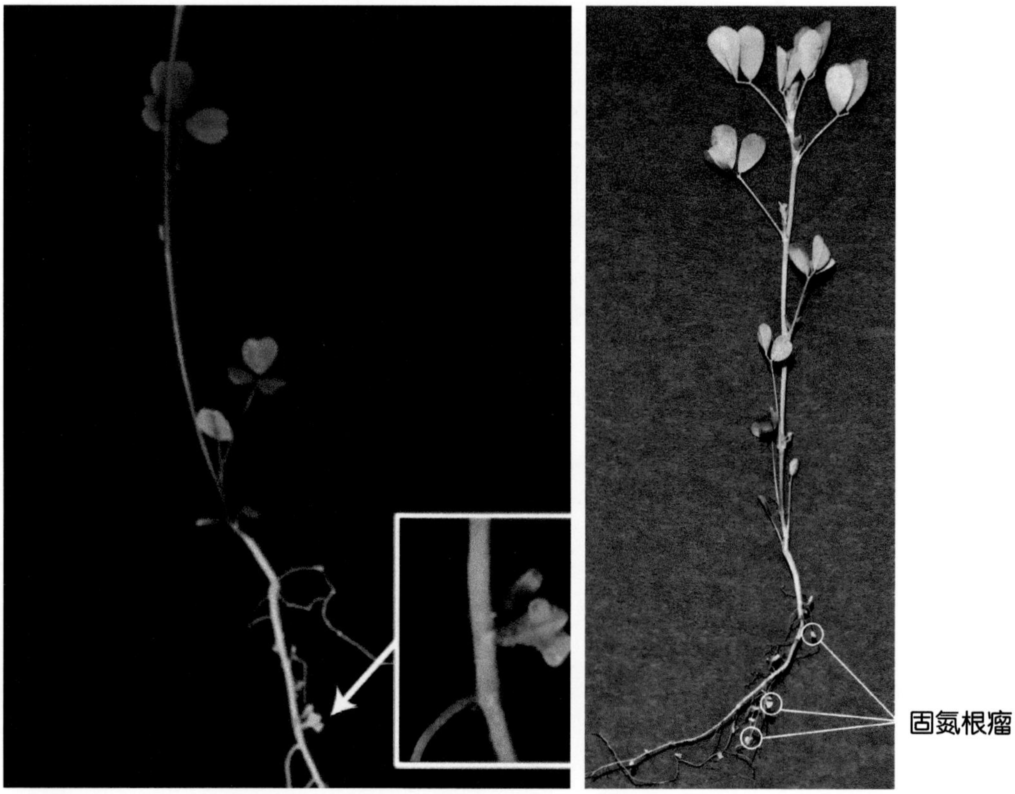

根瘤菌帮助苜蓿利用氮从空气中分离固氮

5. 收缩性生长

紫花苜蓿，出苗 6~8 周后即开始收缩性生长。收缩性生长是由于幼苗的下胚轴和上部的初生根细胞侧向生长，使其变短变粗，导致幼苗与子叶相连的第一节逐渐收回到土表以下。这种生长习性叫收缩性生长。

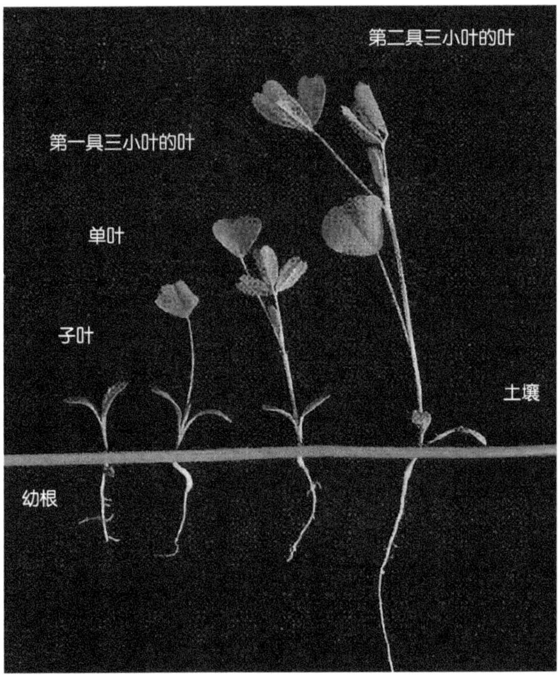

幼苗发育

收缩性生长

6. 苜蓿生长全过程

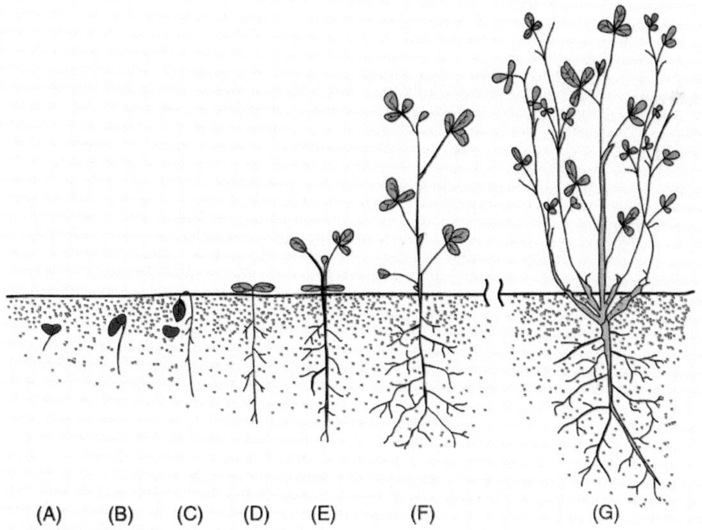

（A）种子吸水，主根露出。

（B）下胚轴变得活跃，并形成一个穿透土壤的拱。

（C）下胚轴的伸长在拱到达光时停止。

（D）拱门变直，子叶开放进行光合作用，摆出在土壤中移动时受到保护的上胚轴。

（E）主根继续伸长和扩大，形成一些次（分支）根。一片单小叶发育，随后是第一片三小叶。

（F）子叶脱落，子叶节处的芽膨大，发育成新的芽。茎继续伸长，在每个节上产生一片叶子。

（G）已经发生收缩生长，形成树冠，主根形态正在发育。树冠正在形成，在子叶节处的芽以及单小叶和第一三叶的叶腋处明显可见分枝。树冠将继续扩大，因为每一个新的分枝在接近或低于土壤水平的地方都有未伸长的节间，这些节间的叶子和腋芽不完整；这些为切割后的再生长提供了场所。

（二）营养生长阶段

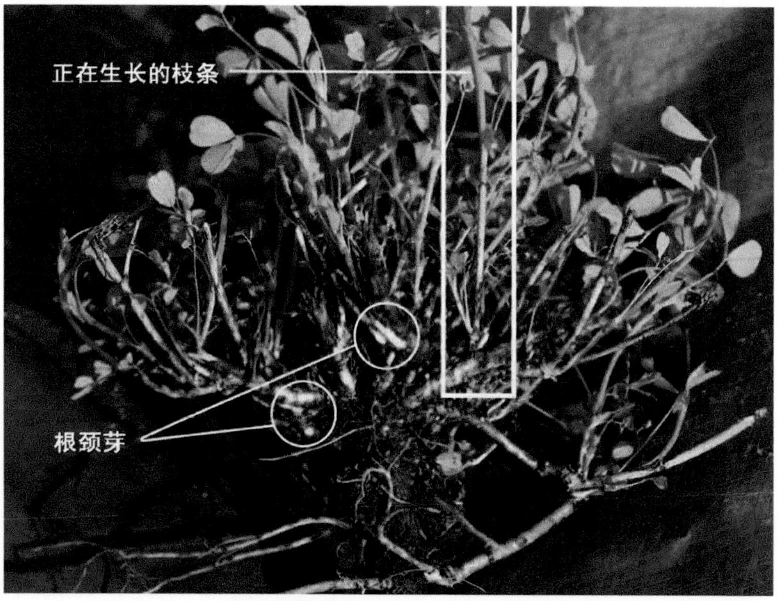

苜蓿营养生长阶段

开花期的苜蓿

紫花苜蓿的现蕾期和开花期

（三）生殖生长阶段

1. 现蕾期

现蕾初期（早期萌芽）

开花过程开始于顶部一个或两个叶腋。

现蕾期（中芽）

在花蕾中期，开花芽更大，更容易察觉。有些花蕾开始变长。

现蕾盛期（晚芽）

在花蕾晚期，开花芽大且迅速伸长。

2. 开花期

开花期（花）

苜蓿花为附着在茎上的簇（总状花序）。最常见的花色是紫色。

开花期（花）

大多数苜蓿都是紫色的花，但也有其他颜色的。

初花期（10% 开花）

开花期（50% 开花）

开花盛期（100% 开花）

（四）结荚期

结荚期

（五）小花发育与种子形成

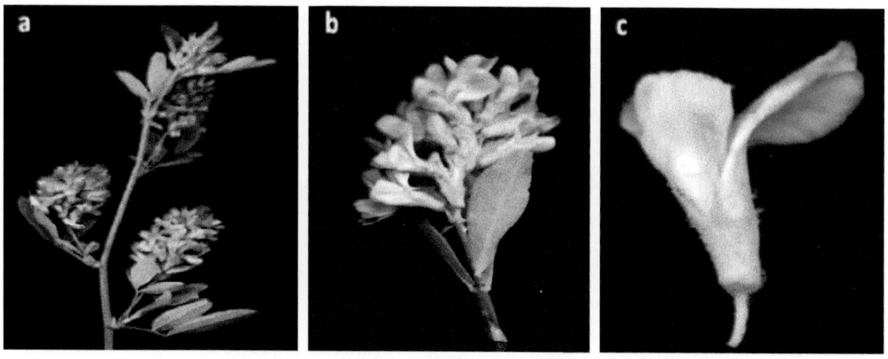

紫花苜蓿花序花的排列

（a）植物分枝中的总状花序，（b）花序上的小花排列，（c） 盛开的小花。

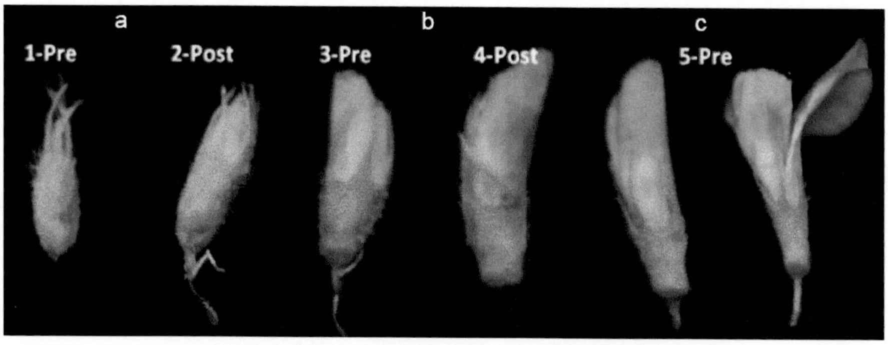

苜蓿花盛开前

（a）萌芽阶段：1个和2个花萼包裹花瓣，（b）开花中期：3个和4个花瓣出现在花萼之间花萼高于花瓣，（c）盛开阶段：5朵小花开放，龙骨暴露在翅膀之间。

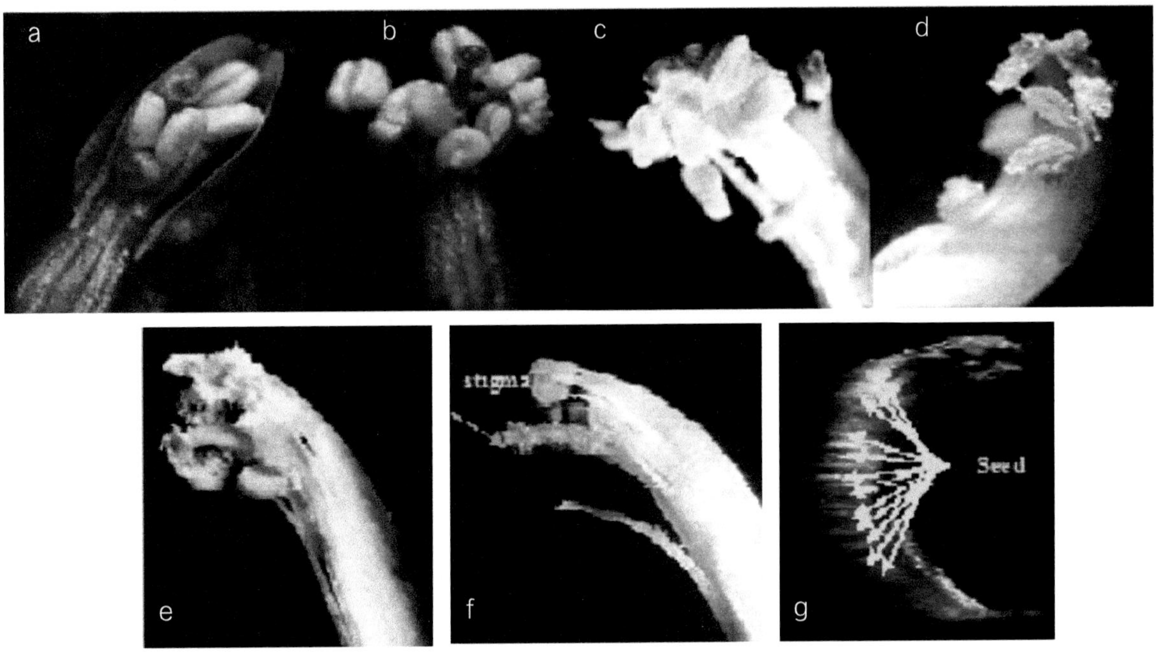

苜蓿小花发育

苜蓿小花在（a和b）萌芽期、（c和d）开花中期和（e和f）花粉粒的性部分穿透柱头和（g）种子在子房内发育。

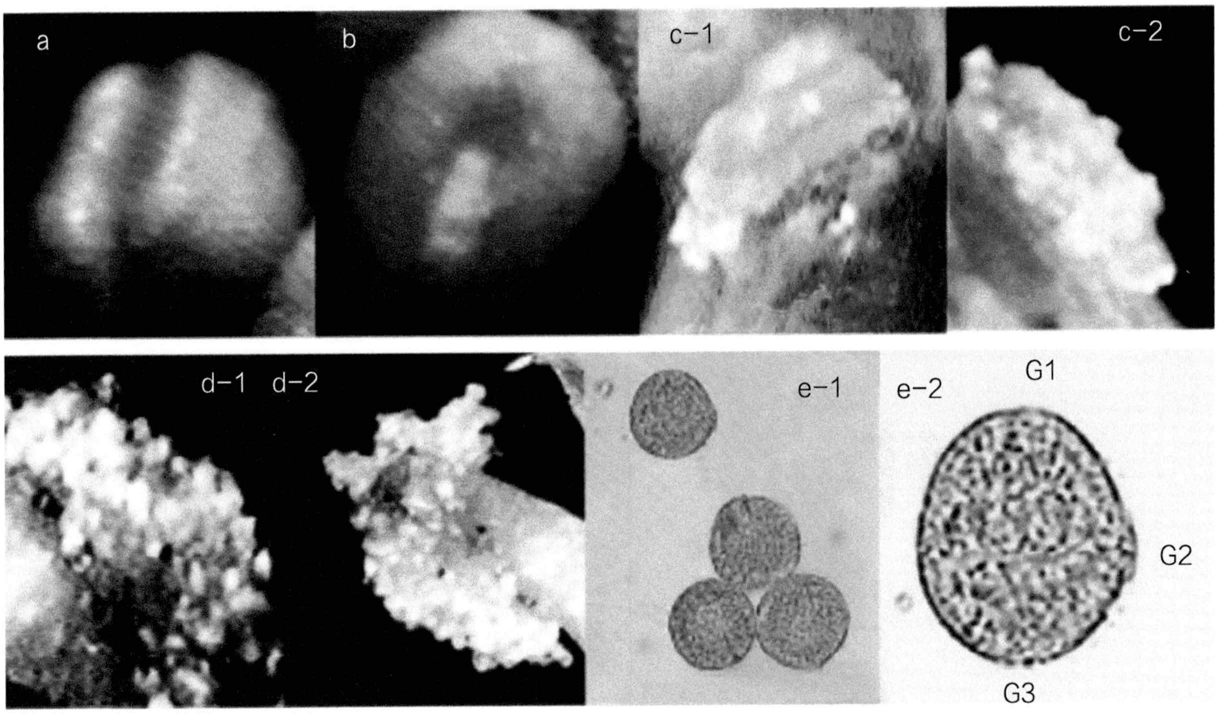

花粉成熟阶段

小花发育阶段的花粉粒成熟度：（a）萌芽期，（b）开花中期，（c）开花中期后阶段，（d）充分开花和（e）重要的花粉粒。

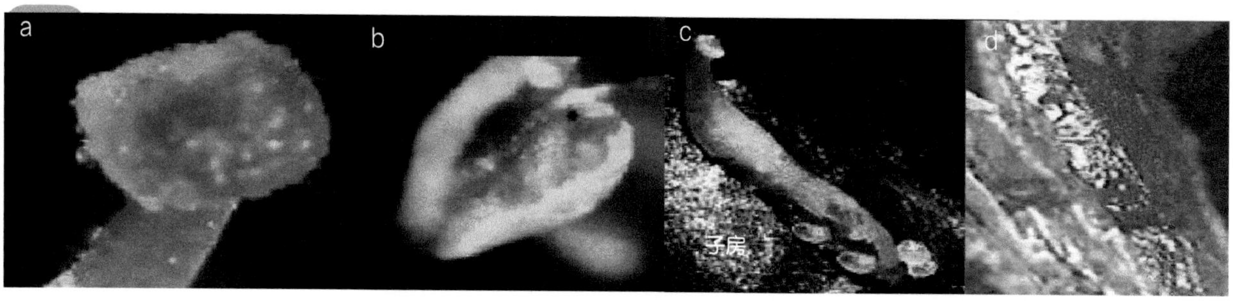

苜蓿种子发育

从授粉、受精到可育种子的种子发育：（a）接收枯萎花粉粒的柱头，（b）空花粉囊，子房内的（c）成熟胚珠和（d）荚内的种子。

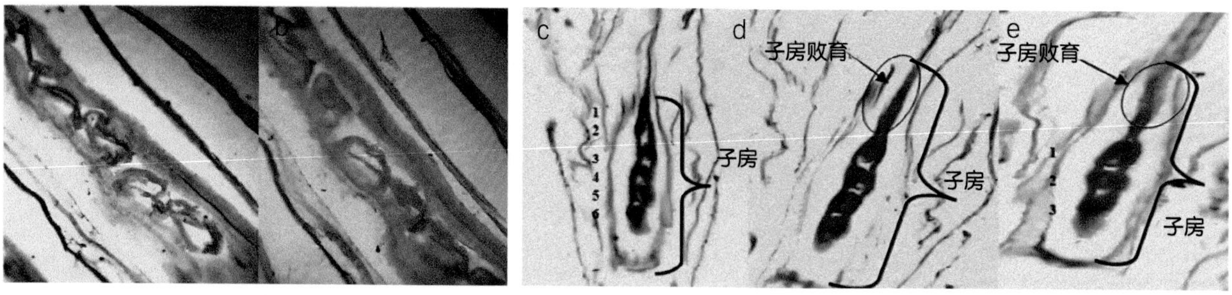

苜蓿子房

紫花苜蓿小花子房的纵向截面，显示了低结实率基因型的胚珠受精和结实率。（a）花粉管穿透胚珠和（b）结实种子，（c，d和e）种子结实和胚珠在子房内败育（l=40x）。

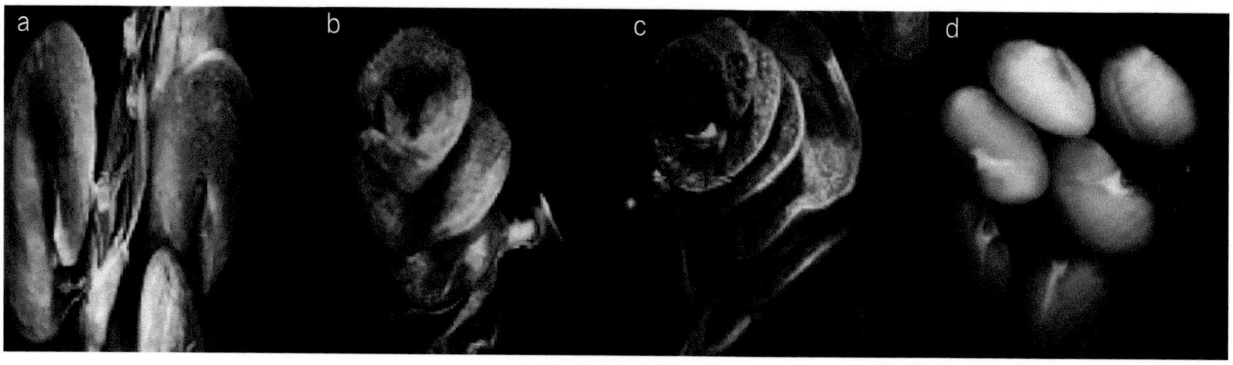

苜蓿花荚

花序轮生中的荚位置和轮次：（a）局部小花的主题荚（1~2轮次），（b）中部荚轮生的中间小花（2~3轮次），（c）初级轮生的下部小花的底部荚（4~6轮次）和（d）成熟种子。

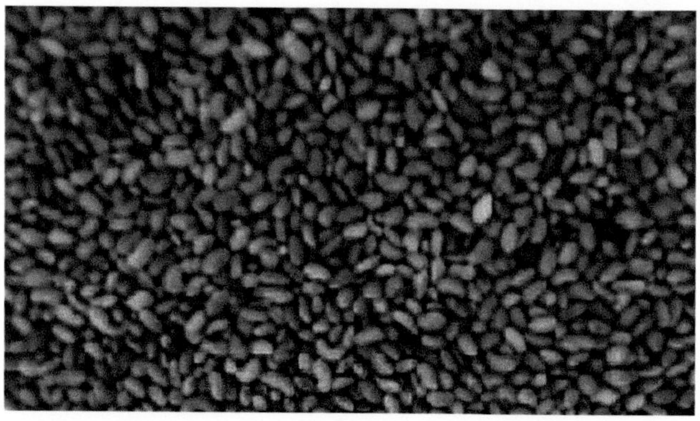

种子

三、苜蓿生长发育全景图

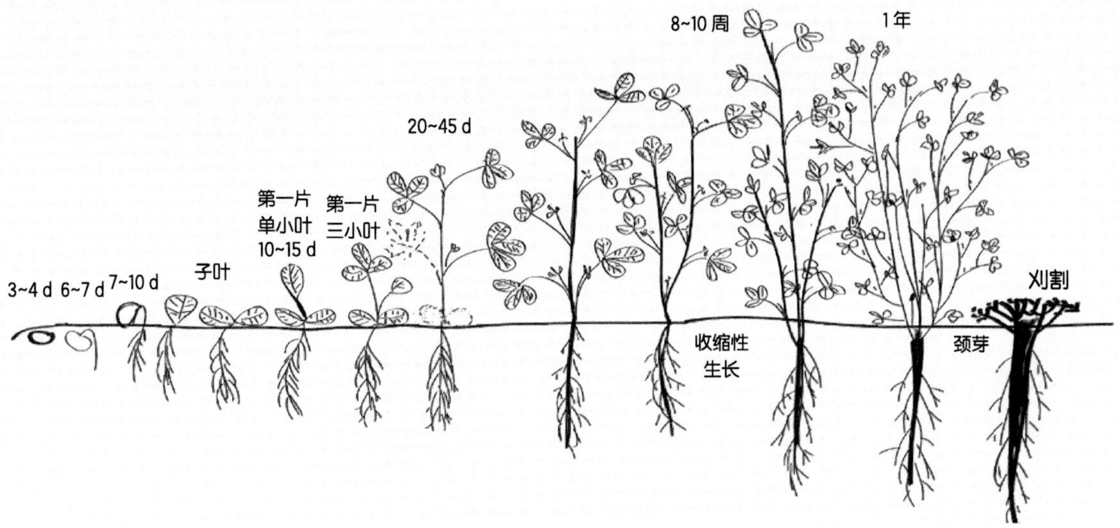

苜蓿生长进程

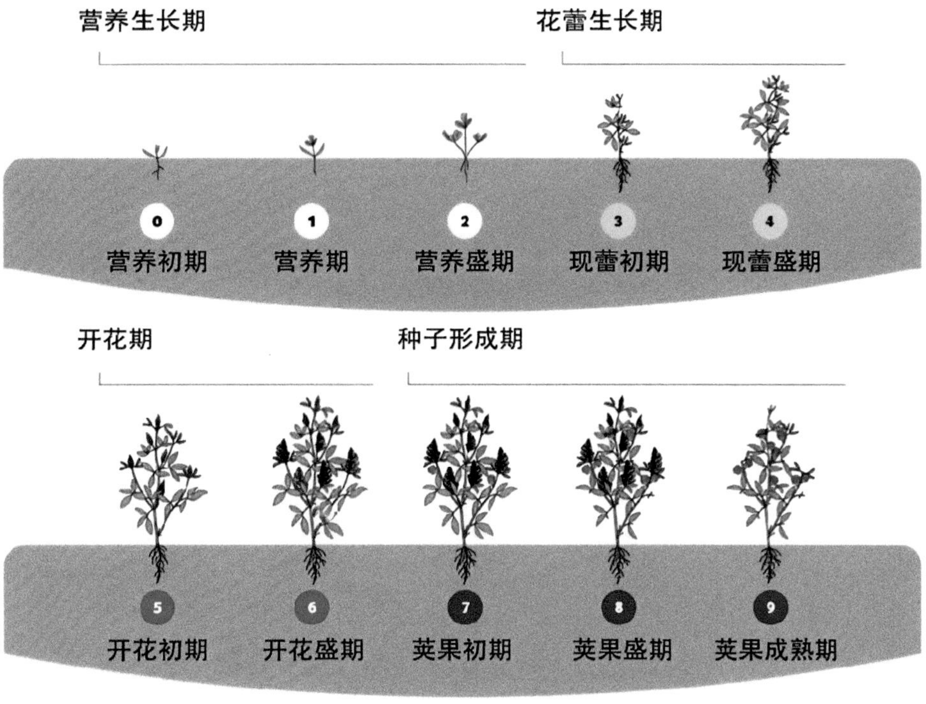

苜蓿生长发育阶段

第八章 苜蓿种质资源与育种

苜蓿，《别录》上品。西北种之畦中，宿根肥雪，绿叶早春与麦齐浪，被陇如云，怀风之名，信非虚矣。夏时紫萼颖竖，映日争辉。《西京杂记》谓花有光采，不经目验，殆未能作斯语。《释草小记》：艺根审实，叙述无遗，斥李说之误，褒《群芳》之核，可谓的矣。但李说黄花者，亦自是南方一种野苜蓿，未必即水木樨耳。亦别图之。滇南苜蓿，秜生圃园，亦以供蔬，味如豆藿，讹其名为龙须。

野苜蓿，俱如家苜蓿而叶尖瘦，花黄三瓣，干则紫黑，唯拖秧铺地，不能植立，移种亦然。《群芳谱》云紫花，《本草纲目》云黄花，皆各就所见为说。《释草小记》斥李说，以为黄花是水木樨。按水木樨，园圃所植，妇稚皆知，李氏不应孤陋如此，或程征君偶为人以水木樨相诳耳。

野苜蓿又一种，野苜蓿，生江西废圃中，长蔓拖地，一枝三叶，叶圆有缺，茎际开小黄花，无摘食者。李时珍谓苜蓿黄花者，当即此，非西北之苜蓿也。宜为《释草小记》所诃。

——清·吴其濬《植物名实图考·卷三蔬类》

第一节　苜蓿种质资源

一、早期的苜蓿种质资源调查

1950—1953 年，中国农业科学院陕西分院组织 20 余人，对陕西、甘肃、青海、宁夏、新疆等地的苜蓿进行了专项调查研究，初步总结了西北紫花苜蓿栽培的经验及存在的问题，1954 年出版了《西北的紫花苜蓿》。从 1953 年后，西北农业科学研究所在原有基础上对苜蓿又进行了深入的调查研究，对收集到西北地区的 33 个苜蓿地方品种，在武功进行种植观察研究，并将其分为 7 个生态类型。同时结合西北各试验站的研究结果，于 1958 年出版了《西北紫花苜蓿的调查及研究》。

西北紫花苜蓿产量

单位：斤 / 亩

苜蓿类型	1953 年		1954 年		1955 年		三年总计	
	鲜草	风干草	鲜草	风干草	鲜草	风干草	鲜草	风干草
关中苜蓿	2 280.1	635.5	7 550.8	1 491.5	5 023.3	1 181.9	14 854.2	3 311.9
陇东苜蓿	2 129.1	567.7	7 280.0	1 657.0	5 266.7	1 344.6	14 675.8	3 569.3
陇中苜蓿	2 411.0	675.8	6 626.3	1 544.7	5 292.5	1 317.4	14 229.8	3 537.9
河西苜蓿	2 149.4	583.4	5 585.0	1 269.7	3 840.0	1 172.3	11 574.4	3 025.4
陕北苜蓿	2 055.3	572.2	4 372.0	1 119.0	3 924.0	986.5	10 351.3	2 677.7
新疆大叶苜蓿	1 997.8	603.2	5 155.8	1 242.5	4 413.3	1 209.7	11 566.9	3 055.4
新疆小叶苜蓿（北疆）	2 026.7	632.7	4 840.0	1 265.3	4 106.7	1 134.5	10 973.4	3 032.5

《西北的紫花苜蓿》

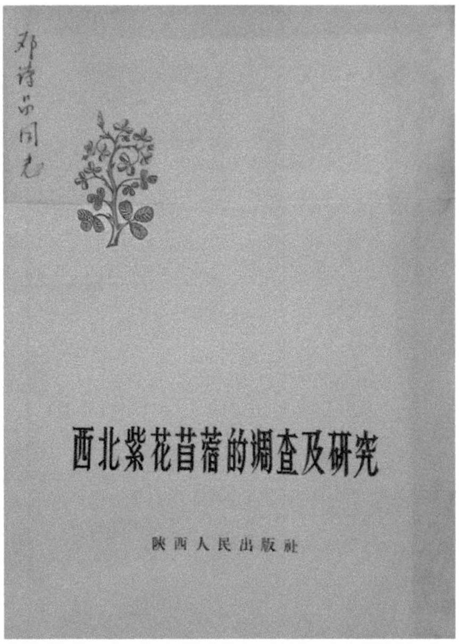

《西北紫花苜蓿的调查及研究》

二、早期的野生苜蓿种质资源调查收集

1952 年 6 月中央农业部和内蒙古农牧部联合组建牧区调查团，赴内蒙古锡林郭勒盟调查牧业经济、草原利用及家畜饲养管理等问题。草场调查组由南京农学院王栋、许令妊、梁祖铎，中央农业部杨洪春，中国科学院李世英、汤彦承，内蒙古农牧部拉苏荣等组成。在锡林郭勒草原调查历时 50 多天，采集 40 多种牧草标本，其中有黄花苜蓿（*Medicagao falcata*）。根据调查资料，王栋、许令妊、梁祖铎在 1955 年出版了《内蒙锡林郭勒盟草场概况及其主要牧草的介绍》。书中介绍了 40 多种牧草的分布、形态特征、生长习性、营养成分及利用率等。

王栋

许令妊

内蒙錫林郭勒盟草場概况
及其主要牧草的介紹

王 棟 許令妊 梁祖鐸 合著

畜牧獸醫圖書出版社出版

《内蒙锡林郭勒盟草场概况及其主要牧草的介绍》

1953 年，孙醒东在《生物学通报》“中国的牧草”研究指出，苜蓿属中种类很多，欧、亚、非共有 60 多种，多是野生豆科植物。紫花苜蓿（*Medicago sativa* L.）是紫花类型中栽培最普遍经济价值最高的，并且是栽培区域最广的一种植物。因为它营养丰富，各种家畜都喜欢吃，适应性很广，尤其在华北、东北、西北各地区栽培很广。

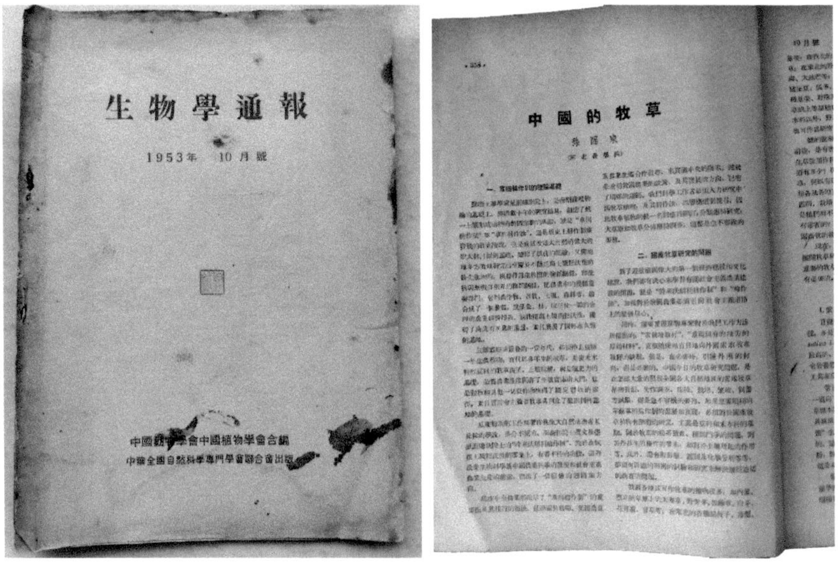

《生物学通报》

1954 年，冯肇南对新疆的野生豆科牧草进行了调查研究，紫花苜蓿在其中。

1959 年，崔友文在《中国北部和西北部重要饲料植物和毒害植物》中指出，紫花苜蓿（*Medicago sativa*）（简称苜蓿）各书都认为原产地是伊朗的 *Media*，牧野富太郎（Makino）则认为紫花苜蓿原产欧洲，但我国河北小五台山区，就见有野生种，似乎不是由栽培种野化而来。

《中国北部和西北部重要饲料植物和毒害植物》

1961—1964 年，内蒙古宁夏综合考察队对内蒙古自治区及其东西毗邻地区的天然草场进行了综合考察，1980 年出版了《内蒙古自治区及其东西部毗邻地区天然草场》。在考察中对苜蓿的生物学积温进行了鉴定，并对苜蓿的适宜种植区进行了区划。苜蓿适宜在温和、温暖和温热区种植，主要品种有：蔚县苜蓿、呼盟苜蓿、沙湾苜蓿、公农一号苜蓿、苏联 36 号苜蓿。从返青到开花，需要≥ 10 ℃的积温 600~650 ℃，约需 54~65 d；从返青到种子成熟，需要≥ 10 ℃的积温 1 820~1 920 ℃，约需 120 ~125 d。

《内蒙古自治区及其东西部毗邻地区天然草场》

1961—1964年，内蒙古宁夏综合考察队对内蒙古的植被进行了综合考察，1985年出版了《内蒙古植被》。书中对内蒙古阿拉善苜蓿（*Medicago alashanica*）、野苜蓿（*M.falcata*）、天蓝苜蓿（*M.lupunina*）和苜蓿（紫苜蓿）（*M.sativa*）的生态特性，地理分布及可栽培性进行了阐述。其中对苜蓿进行了这样的描述：多年生旱中生草本，耐旱、适应性强，是优良的牧草，世界各地都有栽培。我国河北小五台山有野生种。

《内蒙古植被》

三、早期的全国苜蓿品种资源征集

1974—1976年，中国农业科学院在全国范围征集牧草、饲料作物品种资源，并编写了我国第一个《全国牧草、饲料作物品种资源名录》。

1981—1983年，随着牧草、饲料作物品种资源考察、收集和鉴定工作的展开，国外引种工作的加强，新品种培育工作的深化，《全国牧草、饲料作物品种资源名录》需要进一步补充和修订。为此。农牧渔业部畜牧局下达了修订《全国牧草、饲料作物品种资源名录》科研任务。在中国农业科学院草原研究所主持下，由提供种子、编号和材料的单位组成《全国牧草、饲料作物品种资源名录》修订组；并由中国农业科学院草原研究所、中国农业科学院畜牧研究所、中国农业科学院兰州畜牧研究所和广西壮族自治区畜牧研究所组成《全国牧草、饲料作物品种资源名录》常务修订小组，负责补充征集和常务修订工作。于1983年出版了《全国牧草、饲料作物品种资源名录》（修订本），其中收录了国内苜蓿158个编号的品种资源材料。

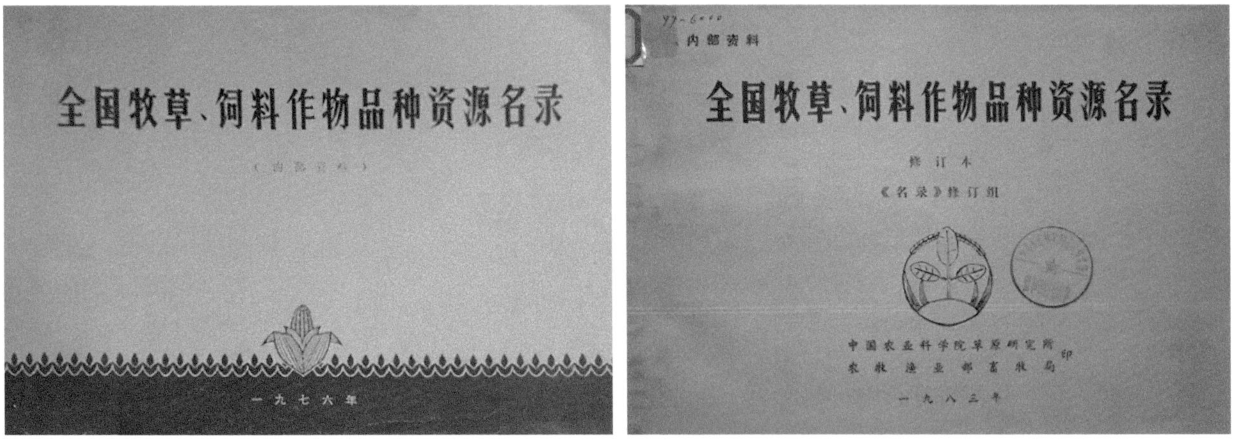

《全国牧草、饲料作物品种资源名录》

长期以来，我国高度重视苜蓿种质资源研究，已建立3个牧草资源库，收集和保存3 000多份苜蓿种质资源，其中1/3以上的种质资源已通过遗传评价（Lu，2018）。

第二节 苜蓿育种

一、概述

1922年，吉林农业科学院畜牧研究所从引进的格林苜蓿品种中，在吉林公主岭连续26年，10多代的大面积风土驯化，最终培育出公农1号、公农2号两个苜蓿新品种，但真正广泛开展包括苜蓿在内的育种工作，始于20世纪80年代初。

20世纪50年代初，浙江省金华畜牧兽医学校《牧草栽培（油印稿）》指出，可以采用选种方法育种改良或创造优良苜蓿品种。苜蓿种类很多，欧、亚、非洲共有50多种，多为野生草。从经济栽培角度来讲，可分为三大类：紫花种、黄花种和杂花种。后两种抗寒性比第一种强，但是紫花种栽培最普遍，经济价值最高，是栽培区域最广的一种。

苜蓿依据农艺作物（性状）分类约有下列8个类型，这是根据地区、生态、形态、生长习性、耐寒性和抗冬特性等因子来划分的。

- 普通苜蓿
- 土耳其苜蓿

- 阿拉伯苜蓿
- 秘鲁苜蓿
- 克色克苜蓿
- 西伯利亚苜蓿
- 格林苜蓿
- 杂花苜蓿

在苜蓿的每个类型中都有适应某个地区的重要品种，有的适应于北方，有的适应于南方，唯采用选种方法育种试验，才能改良或创造出适应于我国某些地区的优良品种。我国东北区，在苜蓿栽培的历史上已有 50 多年了，有很多的品种，若是能加以选择、分类、繁殖，将对我国经济建设和种子供给发挥巨大作用。

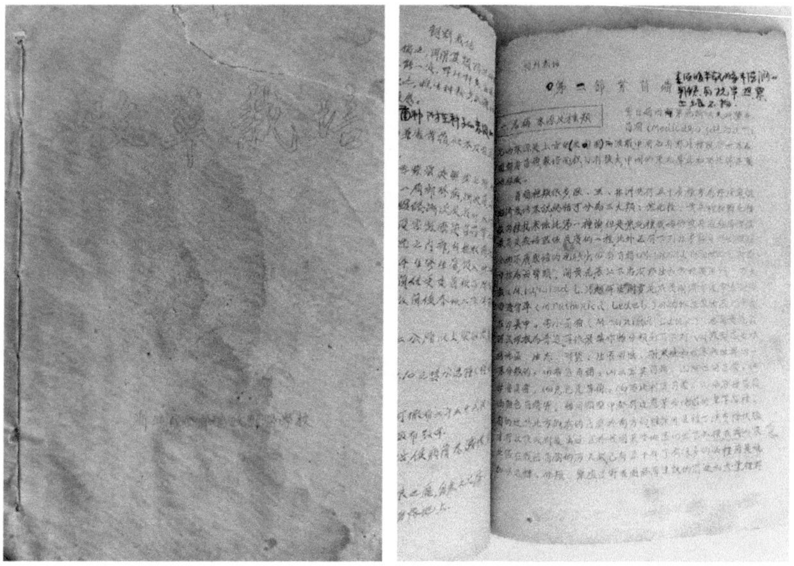

《牧草栽培》

1953 年，胡先骕在《经济植物学》中指出，【紫苜蓿之类型】紫苜蓿为一多型种，有很多型或变种或亚种。有些耐寒品种其耐寒性或得之于耐寒开黄花的弯荚苜蓿。若此两种苜蓿并生于一处，则发生很多的杂交型。此类杂交型性质不固定。常与普通紫苜蓿杂交多次。此类杂交型称为彩花苜蓿。沙苜蓿（*Medicago media*）有人认为它是紫苜蓿与弯荚苜蓿的自然杂交种，有人认为是另一种。沙苜蓿的花为淡蓝色、紫色或黄色，有多种中间色。其种子比紫苜蓿者轻。此种为耐寒种。其他著名类型为土耳其斯坦型、德国型、美洲型、阿拉伯型与秘鲁型。

- 土耳其斯坦型需要水少，能忍耐严酷气候。植物较小，叶较窄而有较多毛。
- 德国型类似土耳其斯坦型，但较美洲型不耐寒，产量亦较小。
- 阿拉伯型不耐寒，只能在温暖区域栽种。
- 秘鲁种产量高，适宜于冬季不严酷而能灌溉的区域，较普通的紫苜蓿高，分枝较少，生长较快，恢复也较快，花较长；花苞比萼齿或萼管长。

1955 年，陈唯真翻译的《提高牧草的收获量》指出，紫花苜蓿现状分成 5 种，其中分布最广的是两种：亚洲的和欧洲的。

A. 花紫色或深紫色。荚 2.5~4.0 旋，平均大小（3.0~4.4 mm，小叶椭圆形或倒卵形，下面有稀、短和紧贴的茸毛。亚洲紫苜蓿。

B. 花淡紫色，或淡紫一杂色，或一黄杂色。荚 1.0~3.5 旋，有时镰刀形。小叶长椭圆形，倒卵形，稀有倒披针形，下面有稀或中等的，离开的或紧贴的茸毛。欧洲紫苜蓿。

欧洲苜蓿可分为 3 个品种型。

● **紫花杂种**　花淡紫色且杂有不同的花色，荚 1.0~3.0 旋，形大（3.7~4.8 mm），小叶椭圆形或倒卵形，下面有稀茸毛。

● **杂花杂种**　花大部分为淡紫一杂色，混有土黄、暗蓝色、淡浅蓝色黄绿色或几乎白色的花。荚大（3.3~4.4 mm），有 3/4~1.5 旋，间有 2.0~3.0 旋，小叶长椭圆形，狭或广披针形，下面有中等或密毛茸。

● **黄花杂种**　花黄一杂色，混有淡的或深的浅蓝色、土黄色或几乎白色的花。荚果镰刀形，小叶狭披针形、椭圆形或倒剑形，下面有密毛茸。

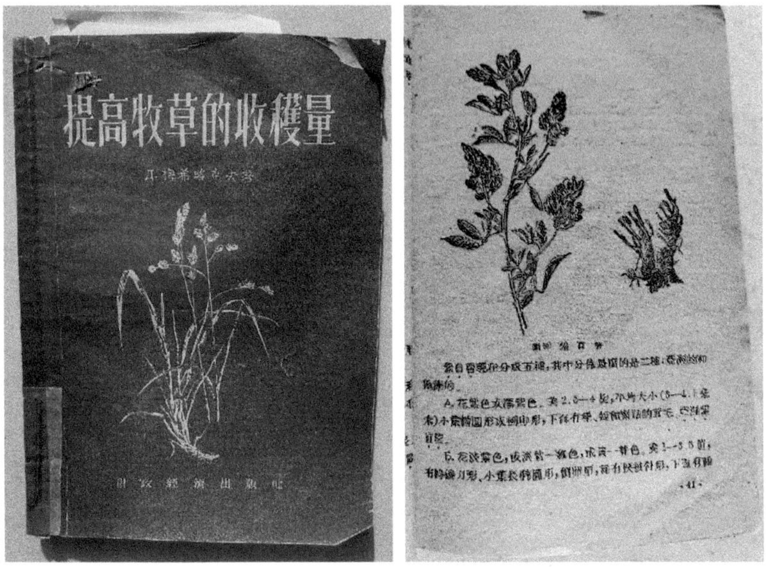

《提高牧草的收获量》

1957 年，周叔华 & 李振声研究指出，多年生苜蓿计有黄花种，紫花种及杂化种。紫花种及紫花杂种在北京地区生长最好，紫花种又可分为不抗寒种（生长快的类型），生长中等类型和生长慢点类型：

● **不耐寒型**　来源于美国，有秘鲁种、印第安种、智利种等 3 个品种，缺点是抗寒力弱，在北京地区栽培常有缺株现象，返青较晚，比生长慢的类型迟半个月；优点是生长迅速，再生力强，比生长慢的种可能多割一茬，茎直立分枝较少，5 月中旬开花。

● **生长势中等型**　主要由苏联引进的品种，收割后恢复力比前种稍慢，分枝较多，叶大色黄绿，雨季黑茎病严重，如一年刈割 4 次，第 4 茬只能高达尺许。

● **生长慢的类型**　主要由陕西、山西各县引进的农家种。陕西武功种为早熟种，5 月初即初花，6 月下旬即有部分可成熟；山西种成熟期多与前两种相似，5 月中初花，7 月才开始成熟。这些农家种的特征多为茎细、叶小深绿色，花深紫色，刈割后恢复力弱，一年能刈割 3~4 茬，但早春返青约早半个月，是其优点。

杂花型苜蓿，分黄紫杂交种及深浅紫花杂交种。在北京地区以深浅紫花杂种及性状偏紫花的黄紫花的杂交种产量较高，可以与紫花种相比。

1980 年，中国草原学会成立，1981 年末召开第一次全国牧草育种、引种、良种繁育学术会议。为适应牧草育种工作发展的需要，全国牧草品种审定委员会从 1983 年开始筹备，于 1987 年 7 月 23 日农牧渔业部发文正式成立。1986 年 11 月由筹备组召开第一次品种审定会议。

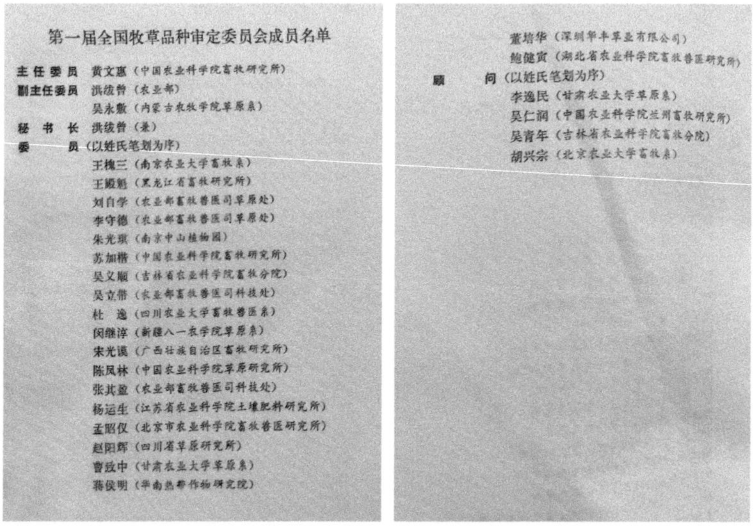
第一届全国牧草品种审定委员会成员名单

主任委员 黄文惠（中国农业科学院畜牧研究所）
副主任委员 洪绂曾（农业部）
吴永敷（内蒙古农牧学院草原系）
秘书长 洪绂曾（兼）
委员（以姓氏笔划为序）
王槐三（南京农业大学畜牧系）
王殿魁（黑龙江省畜牧研究所）
刘自学（农业部畜牧兽医司草原处）
李守德（农业部畜牧兽医司草原处）
朱光琪（南京中山植物园）
苏加楷（中国农业科学院畜牧研究所）
吴义顺（吉林省农业科学院畜牧分院）
吴立带（农业部畜牧兽医司科技处）
杜 逸（四川农业大学畜牧兽医系）
闵继淳（新疆八一农学院草原系）
宋光谟（广西壮族自治区畜牧研究所）
陈凤林（中国农业科学院草原研究所）
张其盈（农业部畜牧兽医司科技处）
杨运生（江苏省农业科学院土壤肥料研究所）
孟昭仪（北京市农业科学院畜牧兽医研究所）
赵阳辉（四川省草原研究所）
曹致中（甘肃农业大学草原系）
蒋侯明（华南热带作物研究院）
董培华（深圳华丰草业有限公司）
鲍健寅（湖北省农业科学院畜牧兽医研究所）
顾问（以姓氏笔划为序）
李逸民（甘肃农业大学草原系）
吴仁润（中国农业科学院兰州畜牧研究所）
吴青年（吉林省农业科学院畜牧分院）
胡兴宗（北京农业大学畜牧系）

第一届全国牧草品种审定委员会成员名单

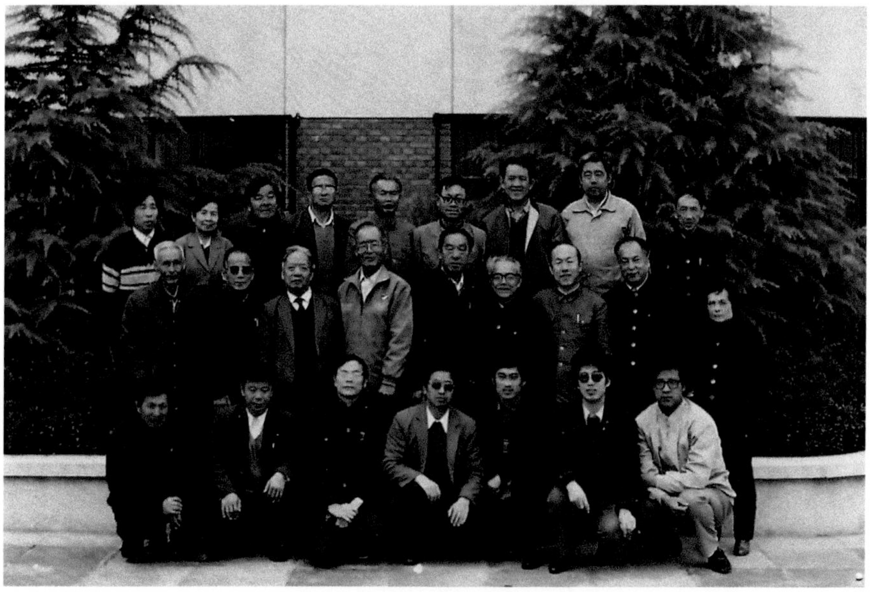

第一届全国牧草品种审定委员会会议代表

前排左起：王殿奎　陈凤林　苏加楷　曹致中　高振声　刘自学　米富贵

中排左起：杨运生　李逸民　吴仁润　胡兴宗　张其盈　杜　逸　董培华　闵继淳　吴立带

后排左起：吴义顺　黄文惠　孟昭仪　赵阳辉　王槐三　吴永敷　马鹤林　鲍健寅　宋光谟

1987—2018 年，我国已累计登记各类苜蓿品种达 101 个，其中苜蓿地方品种 21 个，野生栽培品种 5 个，引进苜蓿品种 28 个，应用多种方法，选育出各类苜蓿品种 47 个。其中：1987—1991 年，审定苜蓿品种 35 个。1999—2006 年，审定苜蓿品种 22 个。2007—2016 年，审定苜蓿品种 25 个。

《中国牧草登记品种集》

《中国审定登记草品种集》

《中国审定草品种集》

2008 年，农业部（现改为农业农村部）启动了“国家农作物品种区域试验草品种试验”项目，旨在全国 9 个草种栽培区的 40 个亚区，逐步建立 120 个国家级草品种试验点，形成草品种测试网络和评价体系，开展全国统一的草品种区域试验工作，实现对草品种的科学、客观和公正评价，从而为草品种审定登记提供可靠依据。

二、早期苜蓿引种与育种

1950—1953 年，西部农业科学研究所收集西部地区 33 个苜蓿地方品种，在陕西武功县进行试种。

1950—1965 年，黄河水利委员会天水水土保持科学试验站引种苜蓿品种或材料 19 个（份），如亚洲苜蓿、阳高苜蓿、公农 1 号苜蓿、陕西苜蓿、通渭苜蓿等。

1951—1956 年，吴仁润在武汉引种苜蓿 45 个品种，其中紫花苜蓿 37 个。引自华北的苜蓿品种最多，达 19 个，此为华东 9 个，其余为西北、东北等地。研究报告发展在此 1956 年《华中农业科学》。

吴仁润

《华中农业科学》

1953 年，华中农研所发现华东种紫花苜蓿中有很多复叶具有 4~5~6 小叶的。其小叶一般呈长椭圆形，中间小叶梗稍长，旁边二小叶柄稍短，但彼此相等（陈布圣，1959）

1953 年，内蒙古昭乌达盟（现改为赤峰市）敖汉旗，从甘肃省引进苜蓿试种，开启了敖汉苜蓿的试种，1956 年全旗苜蓿种植面积达 340 hm^2。经过长期种植驯化形成了地方品种——敖汉苜蓿。

1953 年，新疆大叶苜蓿选育。新疆生产建设兵团农二师农科所曹延英、胡伯供等，在当地大叶苜蓿和小叶苜蓿混杂的大田中，选出 100 个大叶苜蓿单株。1960 年定植于选种圃内，再次进行单株选择，在淘汰劣株的情况下，自然授粉，采收单株种子。1961—1962 年进行株系比较，在入选的 3 个株系中，进行 2 次单株选择，选叶椭圆形（占 60%）、圆形 2 种类型的无性株，经隔离定植、混合采种选育而成。本品种叶大、叶量多、高产、耐阴、耐水淹。但抗白粉病、叶斑病性能较差。1966 年农三师生产办公室鉴定，1978 年获新疆维吾尔自治区科技创新大会奖。

1953—1955 年，吉林省农业科学院畜牧研究所引种观察了多年生豆科牧草 91 个品种，其中苜蓿 41 个品种。结果表明在公主岭苜蓿可以安全越冬，在 1955 年能够越冬的牧草中，公农 1 号、公农 2 号苜蓿的综合形态最好。

1953—1955 年，吉林省农业科学院畜牧研究所进行了“优良牧草性状鉴定”，供试 10 个牧草，以苜蓿的综合性状和生产价值最高。“东北区牧草区域化试验”课题，对 10 种优良牧草在熊岳、赤峰、锦州、公主岭、哈尔滨、克山和佳木斯的 7 个地区，按统一方案进行。结果表明，公主岭以苜蓿、无芒雀麦、野大麦最佳。此外，还进行了“牧草播种期”“牧草混播组合”“牧草混播比例”“牧草施肥”“苜蓿冻害”等多项研究，综合历史资料分析，吉林省比较优良的多年生栽培牧草主要是苜蓿、无芒雀麦、羊草等。

1954 年，新疆八一农学院（现改名为新疆农业大学）冯肇南教授收集来自西北甘新两省及华北、东北各地的 27 个紫花苜蓿品种进行试种。

1959 年，黑龙江省畜牧研究所对肇东军马场的紫花苜蓿进行提纯筛选复壮，选育成“肇东苜蓿”。

1959 年，陈布圣指出，紫花苜蓿在我国西北青海海拔 3 000 m 的海晏县试种成功，那里冬季最低气温达 -30~-28 ℃，假若用春播并采用覆盖物，则毫无冻害现象（陈布圣，1959）。

1960—1962 年，黄文惠、苏加楷等在北京马连洼研究了 11 个紫花苜蓿品种的生物学和经济学特性，内容包括：

- 紫花苜蓿生育日数、高度与各茬草产量的关系；
- 紫花苜蓿茎、叶的鲜重比例及草丛结构；
- 紫花苜蓿的根系分布；
- 紫花苜蓿的营养成分。

《草原资料汇编》

1960 年，内蒙古农牧学院将锡林郭勒盟野生的黄花苜蓿引种到呼和浩特市播种栽培，经过两年之后于 1962 年用该黄花苜蓿作母本，分别与苏联 1 号、伊盟、武功、府谷、公农 1 号等紫花苜蓿品种杂交，获得约 70%~95% 的杂交结实率。

1962—1977 年，吴永敷等用锡林郭勒盟黄花苜蓿作母本，栽培紫花苜蓿作父本，进行远缘有性杂交。杂交方法采用了人工杂交与自由传粉杂交两种。人工杂交组合（锡林郭勒盟黄花苜蓿 + 准格尔旗紫苜蓿）暂定名为草原一号群体品种；自由传粉杂交组合（锡林郭勒盟黄花苜蓿 + 亚洲苜蓿 + 武功苜蓿 + 准格尔苜蓿 + 苏联一号苜蓿 + 府谷紫花苜蓿）现暂定名为草原二号群体品种。

《苜蓿远缘有性杂交育种研究报告》

1962—1963 年，苏加楷在北京马连洼进行了 30 个苜蓿品种比较预备试验，内容包括：

- 苗期株数调查、每茬刈割时分枝数、茎叶鲜重、风干重、茎叶比；
- 鲜草产量、株高；
- 病虫害调查。

1964—1965 年，辽宁省畜牧兽医研究所在黄土丘陵区的建平县引种紫花苜蓿 7 个品系。

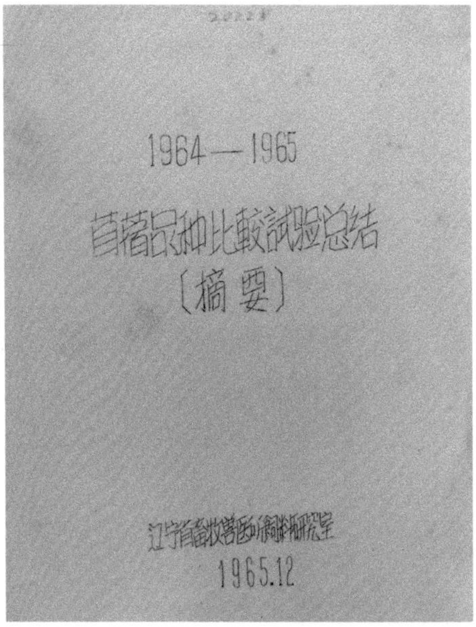

《1964—1965 苜蓿品种比较试验总结（摘要）》

1964—1974 年，白城畜牧试验站通榆三家子进行了牧草品种的观察，在 60 多个苜蓿材料中，筛选出 8 个适于吉林西部地区种植的品种。吉林省农业科学院在 1958 年评选的东北地区优良牧草为：公农 1 号、公农 2 号等 8 种牧草。1973—1979 年，吉林省农科院畜牧所承担了国家交给的“国外引进牧草试验观察”项目，先后观察了100多个试验材料，以美国及加拿大的苜蓿品种表现较好。

1966年前后，甘肃农业大学草原系郭博、李逸民、陈宝书等从新疆引进和田苜蓿等品种，在武威黄羊镇试种成功。

1966年，牟新待教授引入1种杂种苜蓿至天祝草原站，20多年后仍生长着少量残存植株（曹致中，1991）。

20世纪70年代，我国从国外引进大量的紫花苜蓿品种，来自19个国家，共105个品种。

1970年，内蒙古从新疆引入新疆大叶苜蓿、新疆沙湾苜蓿，不仅在内蒙古东部能越冬，而且干草产量也较高。

1974年，新疆从内蒙古农牧学院引入草原1号、草原2号苜蓿，新疆八一农学院朱懋顺、罗中和等种在海拔1 620 m天山北坡南山羊场试种成功。

1974—1976年，新疆农业科学院畜牧兽医研究所在巩乃斯种羊场河南河谷盐渍化草甸撂荒地，引种185个优良牧草品种，筛选出宏特河苜蓿、勘利甫杂交苜蓿等24个高产品种。

1974年，东北农学院选育出东农一号苜蓿。

1974—1975年，李逸民等在甘肃武威地区引种52个苜蓿品种（其中我国地方品种30个），根据生育期长短，将其分为早熟、中熟、中晚熟和晚熟4类。

苜蓿引种试验

1974—1976年，内蒙古自治区草原工作站将11个苜蓿品种引种在锡林郭勒盟东乌珠穆沁旗、锡林郭勒盟中国农业科学院草原研究所试验场、正蓝旗、正白旗、乌兰察布盟（现改为乌兰察布市）察哈尔右翼后旗、四子王旗、达茂联合旗、呼和浩特市、巴彦淖尔盟（现改为巴彦淖尔市）乌拉特中后联合旗（现改为乌拉特中旗、乌拉特后旗）、伊克昭盟（现改为鄂尔多斯市）鄂托克旗和杭锦旗等地区，进行了苜蓿物候期、越冬性和生产性能等性状的观察。

内蒙古自治区
牧草及饲料作物品种区域
引种试验总结
第一期
（1974—1976年）
内蒙古自治区草原工作站印
一九七七年七月

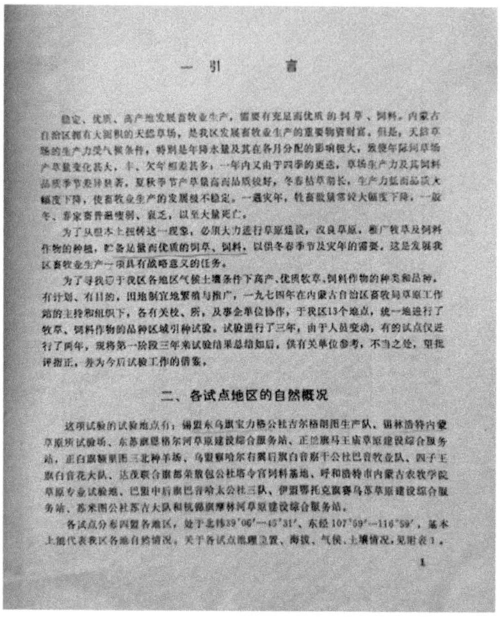
一 引 言

稳定、优质、高产地发展畜牧业生产，需要有充足而优质的饲草、饲料。内蒙古自治区拥有大面积的天然草场，是我区发展畜牧业生产的重要物资财富。但是，天然草场的生产力受气候条件，特别是年降水量及其在各月分配的影响很大，致使年际间草场产草量变化甚大，丰、欠年相差甚多；一年内又由于四季的更迭，草场生产力及其饲料品质季节差异显著，夏秋季节产草量高而品质较好，冬春枯草期长，生产力低而品质大幅度下降，使畜牧业生产的发展极不稳定。一遇灾年，牲畜数量常较大幅度下降，一般冬、春家畜普遍瘦弱、衰乏，以至大量死亡。

为了从根本上扭转这一现象，必须大力进行草原建设，改良草原，推广牧草及饲料作物的种植，贮备足量而优质的饲草、饲料，以供冬春季节及灾年的需要。这是发展我区畜牧业生产一项具有战略意义的任务。

为了寻找适于我区各地区气候土壤条件下高产、优质牧草、饲料作物的种类和品种，有计划、有目的，因地制宜地繁殖与推广，一九七四年在内蒙古自治区畜牧局草原工作站的主持和组织下，各有关校、所，及事企单位协作，于我区13个地点，统一地进行了牧草、饲料作物的品种区域引种试验。试验进行了三年，由于人员变动，有的试点仅进行了两年，现将第一阶段三年来试验结果总结如后，供有关单位参考，不当之处，望批评指正，并为今后试验工作的借鉴。

二、各试点地区的自然概况

这项试验的试验地点有：锡盟东乌旗宝力格公社吉尔格朗图生产队、锡林浩特内蒙草原所试验场、东苏旗恩格尔河草原建设综合服务站、正兰旗马王庙草原建设综合服务站，正白旗额里图三北种羊场、乌盟察哈尔右翼后旗白音察干公社巴音牧业队、四子王旗白音花大队、达茂联合旗都荣敖包公社塔令宫饲料基地、呼和浩特市内蒙古农牧学院草原专业试验地、巴盟中后旗巴音哈太公社三队、伊盟鄂托克旗赛乌苏草原建设综合服务站、苏米图公社苏吉大队和杭锦旗摩林河草原建设综合服务站。

各试点分布四盟各地区，处于北纬39°06′—45°31′、东经107°59′—116°59′，基本上能代表我区各地自然情况。关于各试点地理位置、海拔、气候、土壤情况，见附表1。

1

《内蒙古自治区牧草及饲料作物品种区域引种试验总结》

1974—1975年，黄文惠研究员引入22个苜蓿材料在天祝草原站试种，其中黄花苜蓿6个，紫花及杂花苜蓿16个，同时进行了平播覆土、开沟播种、分期播种等试验内容（曹致中，1991）。

1975—1976年，甘肃农业大学牧草育种教研室在河西走廊对55个苜蓿品种进了两年的试验，将其分为早熟品种、中熟品种和晚熟品种。早熟品种从春季萌发到种子成熟第一个生活期需要114 d，中熟品种125~130 d，晚熟品种140 d。

1975—1978年，新疆畜牧科学研究所任继生、贾光寿在巩乃斯羊场试种红特河苜蓿（又称猎人河苜蓿，Hunter River）（注：1974年从澳大利亚引进）等牧草，鲜草产量达8万~9万 kg/hm^2。

1975—1978年，吴永敷教授进行了苜蓿雄性不育系的选育工作。1975年选出2株雄性完全不育的植株和2株雄性部分不育的植株，1976年已繁殖到近100株。1978年又在锡林浩特牧草种子繁殖场60亩杂种苜蓿（锡盟黄花苜蓿♀ × 伊盟紫花苜蓿♂）的繁殖地上，选出6株雄性完全不育的植株，平均7万~10万植株选出1株。国外所选到的苜蓿雄性不育系植株多是开白花的，吴先生所选到的6株雄性不育系植株，其中有5株是黄绿色花，1株为淡绿色花。该6株雄性不育系植株，当年用根颈繁殖技术，已繁殖到30株。

1978年，我国从澳大利亚、新西兰、加拿大等国引进猎人河紫花苜蓿、杂种苜蓿等牧草品种在各地试验。

1978—1985年，新牧一号杂花苜蓿新品种培育。新疆八一农学院草原专业牧草育种教研室闵继淳、牧草栽培教研室肖风等，从天山野生黄花苜蓿与紫花苜蓿天然杂交的杂种后代中经单株选择，分系比较优选，通过品系、品种比较试验及多点生产区域试验选育而成。该品种与新疆大叶苜蓿、北疆苜蓿相比，表现出干草、种子产量高，早熟，粗蛋白质含量高（达20.12%），抗寒、抗旱、抗病，具有根茎，根蘖特性及耐牧性强等特点。

1979年，《中国草原》（创刊号）发表了内蒙古农牧学院吴永敷教授的“黄花苜蓿与紫花苜蓿中间杂交育种研究报告”。报告指出，为了培育出适合内蒙古锡林郭勒盟、乌兰察布后山的高寒牧区栽培、安全越冬、种子成熟好、高产优质的杂种苜蓿，从 1962 年开始用锡林郭勒盟野生黄花苜蓿作母本，栽培紫花苜蓿做副本，进行了中间有性杂交育种研究。所得杂种，经 10 余年来的培育与试验，证明适合于内蒙古锡林郭勒盟、乌兰察布后山等高寒牧区栽培。

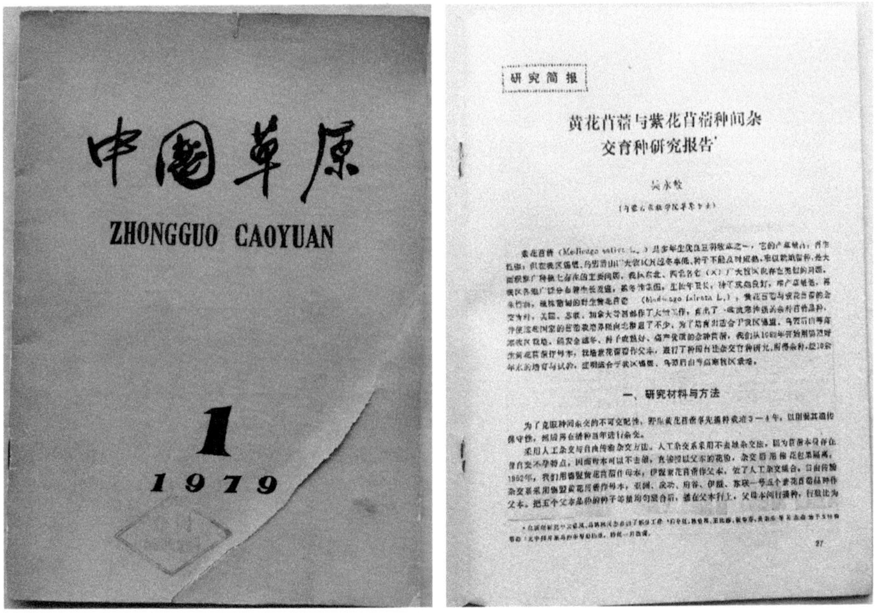

“黄花苜蓿与紫花苜蓿种间杂交育种研究报告”发表在《中国草原》

1979—1980 年，全国有 14 所农业院校和科研单位对杂种苜蓿、红豆草等 10 个国产牧草品种进行了引种、选育，两年来，内蒙古农牧学院培育繁殖杂种苜蓿种子 500 多千克。

1979—1980 年，中国农业科学院草原研究所丁文江、包来晓在内蒙古锡林浩特中国农业科学院草原研究所试验基地进行牧草引种试验，共引牧草 172 种（品种），其中苜蓿材料有 76 份，在内蒙古锡林浩特均能越冬的苜蓿有 A009 号蔚县苜蓿、A024 号察北苜蓿、A034 号紫苜蓿、A044 号澳洲紫苜蓿、A062 公农 2 号苜蓿、A064 号新疆抗旱苜蓿、A067 号清水河苜蓿、A068 号多叶苜蓿等长势良好、植株高大，越冬率也高。

1979—1980 年，宁布、傅世敏、海淑珍在内蒙古锡林浩特中国农业科学院草原研究所试验基地对公农 1 号紫苜蓿、苏联 36 号紫苜蓿、肇东紫苜蓿和阳高紫苜蓿及黄花苜蓿进行了抗旱性鉴定，初步认为这 5 种苜蓿的抗旱差异不显著。

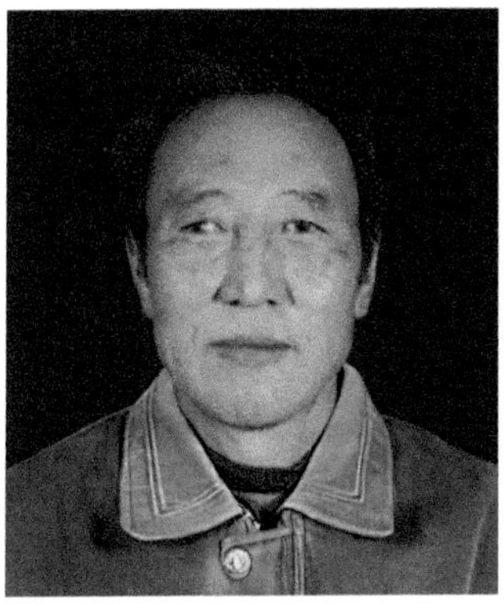
宁布研究员

1979—1980 年，中国农业科学院草原研究所王承斌、王保国在内蒙古锡林浩特中国农业科学院草原研究所试验基地引种国外 56 个牧草种（或品种），其中紫花苜蓿品种 10 个，在内蒙古锡林浩特均不能安全越冬。

1979—1981 年，曹致中教授引种 14 个豆科牧草材料，其中紫花苜蓿 3 个，黄花苜蓿 6 个，杂种苜蓿 2 个，通过 3 年引种观察和 2 年越冬率测定，以草原 1 号苜蓿越冬率最高 2 年平均越冬率为 43.6%），黄花苜蓿（锡林郭勒盟）次之（40.2%）。

在 20 世纪 70 年代末期，新疆为了解决生长上苜蓿种子不足的困难，曾先后从山西、陕西、甘肃调进大量的苜蓿种子，由于未经引种试验，品种抗寒力差，越冬率低，生长 2~3 年后即大量死亡（闵继淳，1987）。

1979—1982 年，新疆八一农学院（现改名为：新疆农业大学）闵继淳教授等，在乌鲁木齐市本院教学实习农场，引种 35 个苜蓿品种，其中国内品种 21 个，国外品种材料 14 个。试验主要对苜蓿品种的牧草产量、生育期、越冬率、抗病性和形态特征及干鲜比、茎叶比等进行了观察，结果表明：

（1）国内品种和田苜蓿、玛纳斯苜蓿、石河子苜蓿、喀什苜蓿、塔城苜蓿、东风苜蓿、肇东苜蓿、佳木斯苜蓿、公农 1 号苜蓿、巴盟苜蓿，以及国外品种苏联 1 号、苏联 0134、苏联 36 号，有的可直接调种应用于生产中，有的可以作为优良的原始育种材料。

（2）供试的新疆农家苜蓿品种总计 7 个，其中就有 6 个品种表现优良，说明加速搜集研究整理新疆的农家苜蓿品种资源，对提高新疆苜蓿产量、促进苜蓿育种工作的开展，是最有希望的途径。

（3）在冬季十分严寒的地区，研究评定苜蓿的优劣，必须要考虑 3~4 年的表现，特别是在越冬性上及产量上的表现尤为重要。而不能以 1~2 年的试验结果作为结论，否则容易在生产上及产量上造成不良后果。联邦德国苜蓿的表现可以充分说明这一点。

（4）试验证明，新疆冬季特别寒冷，今后苜蓿的引种宜从纬度比本地区高、气候特点与本区相似或更寒冷的地区引种，容易收到较满意的效果。如我国东北地区的良种、苏联中亚及北部的苜蓿以及美国北部、加拿大的苜蓿品种。相反，从纬度较低地区引种，无论国内或国外的苜蓿品种，都表现不良，越冬性差，不可能达到预期目的，而造成生产上的损失。

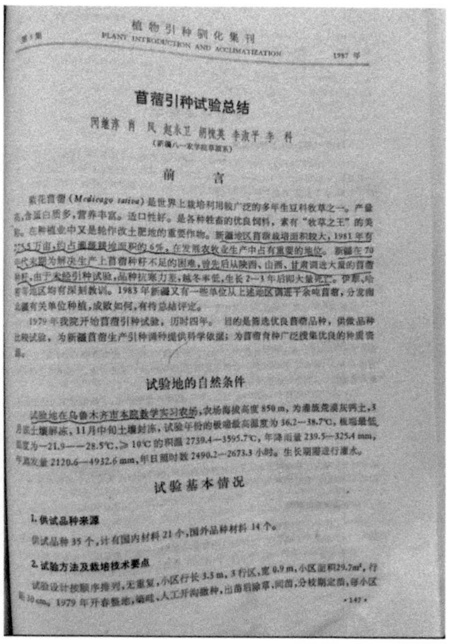

《植物引种驯化集刊》

1979 年，朱懋顺用紫花苜蓿营养体进行繁殖获得成功。

1980 年，吴永敷教授进行了苜蓿杂交种遗传现象的研究，他指出 1962—1977 年采用种间有性杂交技术，培育出了草原 1 号和草原 2 号两个苜蓿品种。草原 1 号是用野生的锡林郭勒盟黄花苜蓿（*Mddicago falcata*）作母本，准格紫花苜蓿（*M. sativa*）作父本，采用人工杂交技术选育而成。草原 2 号是用锡林郭勒盟黄花苜蓿作母本，亚洲苜蓿、武功苜蓿、府谷苜蓿、准格尔紫花苜蓿和苏联 1 号苜蓿等 5 个品种作父本，在隔离区内采用天然杂交技术选育而成。

● **花色呈现数量遗传**　黄花苜蓿与紫花苜蓿中间杂种，F_1 代株型半直立，荚果有 1~2 个螺旋，小花主要为黄绿色，大部分性状为黄花苜蓿与紫花苜蓿的中间类型。F_2 代以后各代，苜蓿杂交种换上遗传表现为数量性状遗传现象，具备有数量性状遗传的 3 个基本特征：

◆ **呈连续性变异**　黄花苜蓿与紫花苜蓿的中间杂交种在花色上呈连续性变异。大体上分离出 8 种花色，即金黄、淡黄、黄绿、暗黄绿（或紫黄绿）、白色、淡紫、深紫等。

◆ **呈正态分布**　数量性状呈正态分布。草原 1 号和草原 2 号杂种苜蓿花色遗传呈略向紫色方向偏态。

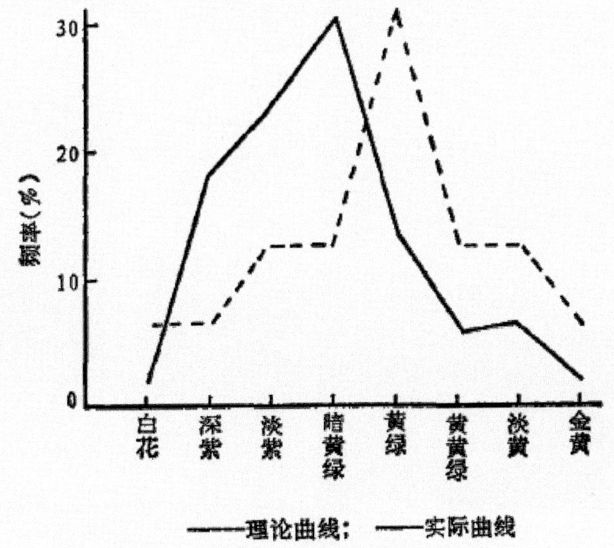

苜蓿杂交种花色遗传频率分布图

◆ **对环境变化反应比较敏感**　苜蓿杂交种在不同地区种植及不同生态条件影响下，杂种种群中不同花色植株出现的频率易于发生变化。

● **群体遗传**　苜蓿杂种植株主要按花色类型、并结合其他性状的不同，划分为杂种紫花、杂种杂花和杂种黄花三类，它们彼此间有区别。

亲本及三种类型杂种植株的区别

植株种类	株型	花色	荚果螺旋数	根系
紫花苜蓿	直立	紫色	2~4	主根粗、侧根少
杂种紫花	半直立 - 直立	淡紫、深紫	1~2	主根粗、侧根少
杂种杂花	半直立	暗黄绿、黄绿 黄绿、白花	1~2	主根细、侧根多
杂种黄花	半匍匐	淡黄、金黄	0.5~1	主根细、侧根多
黄花苜蓿	匍匐	金黄	0.5	主根细、侧根多

1980—1985 年，新疆八一农学院畜牧兽医系草原专业牧草育种教研室闵继淳等，在老满城校园牧草试验田，对新疆玛纳斯苜蓿、塔城苜蓿、和田苜蓿、新疆苜蓿等品种进行了干草产量、种子产量、

茎叶比、干鲜比等对比试验。

1981 年，吴永敷从育种的目标、品种资源、育种方法（人工选择、杂交育种、复合杂种选育、杂种优势利用、诱变育种、无性系建立）等方面阐述了我国苜蓿的育种目标和方法。

1982 年，苏加楷、张玉发等翻译出版了《加拿大禾本科和豆科栽培牧草品种登记手册》，书中介绍了 31 个苜蓿（*Medicago* ssp.）品种。

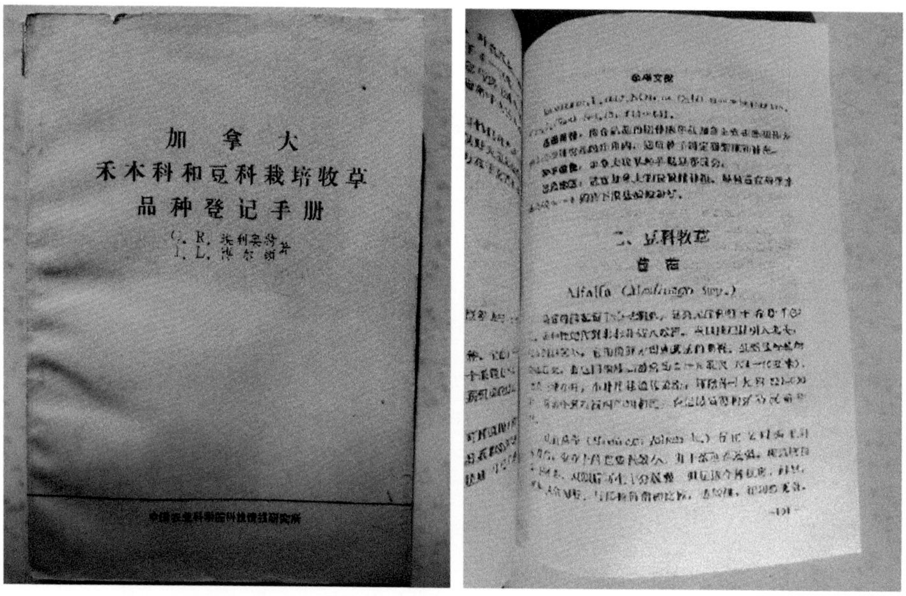

《加拿大禾本科和豆科栽培牧草品种登记手册》

1984—1986 年，曹致中教授从吉林农业科学院畜牧研究所和中国农业科学院北京畜牧研究所，分别引进国外根蘖型苜蓿品种 9 个，进行引种和抗寒育种。

1985—1987 年，吴永敷教授进行了苜蓿花芽分化及小孢子发育及不育原因的研究。

1986 年，何咏颂、吴仁润对苜蓿自交不亲和性进行了研究。

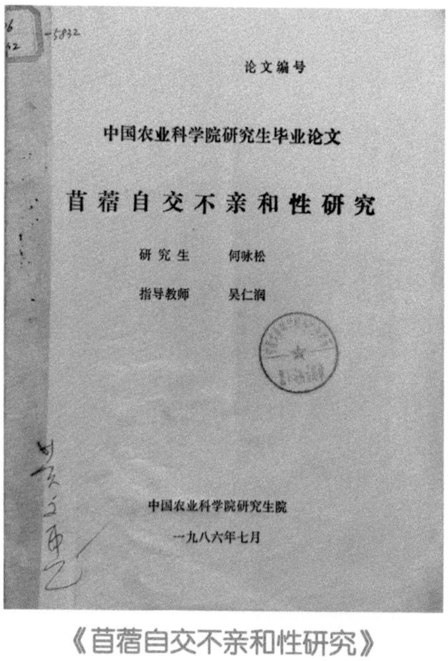

《苜蓿自交不亲和性研究》

1987 年，吴永敷教授对苜蓿雄性不育原因进行了研究。

1987—1988 年，温振海在张北县小二台乡引种 13 个苜蓿品种，经过两年的试验观察，越冬较好，产量高的品种有杂花苜蓿、苏联 36 号苜蓿和蔚县苜蓿，这种苜蓿的越冬率和干草产量分别为 92.8% 和 176.0 kg/ 亩、68.2% 和 186.3 kg/ 亩、68.7% 和 140.5 kg/ 亩。

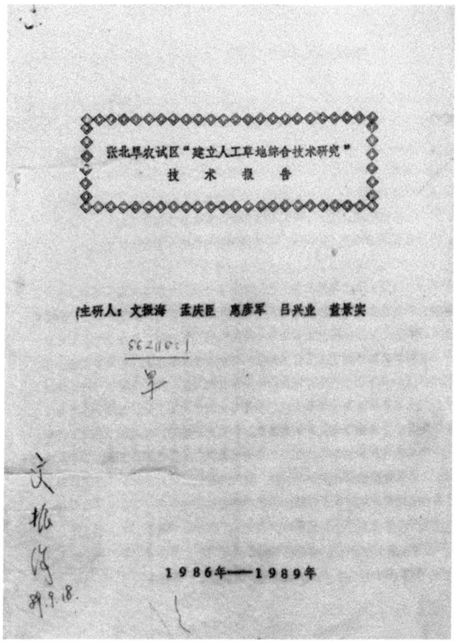

《张北旱农试区"建立人工草地综合技术研究"技术报告》

三、早期的生物技术应用

1979—1980 年，据《中国农业科学院草原研究所科学研究年报（1980）》记载，何茂泰开展苜蓿花粉培养试验，选用 20 个苜蓿品种进行接种，共诱导出苜蓿愈伤组织 2 387 块。

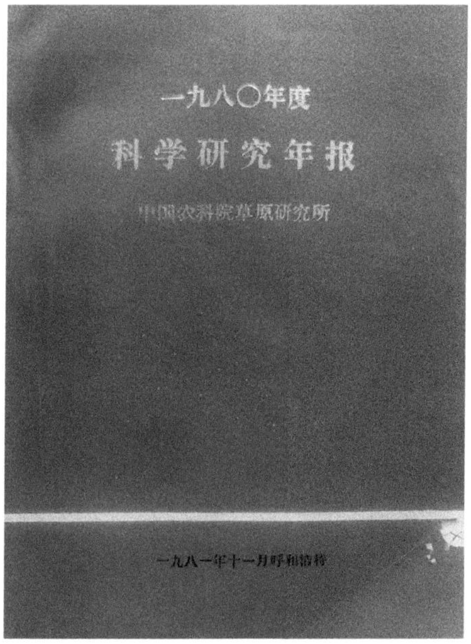

《中国农业科学院草原研究所科学研究年报（1980）》

20 世纪 80 年代，我国生物技术率先在苜蓿上得到广泛研究与应用，组织培养、花药培养、离体繁殖、原生质培养、细胞培养等取得成功。

牧草生物技术研究的进展

牧草种类	方法	培养结果
紫花苜蓿、黄花苜蓿、沙打旺、鹰嘴紫云英、草木樨状黄芪、毛冰草、串叶松香草、碱茅、红豆草、花苜蓿、羊草、山野豌豆、羊紫	组织培养	再生植株
紫花苜蓿、黄花苜苜、草木樨状黄芪、羊柴、偃麦草、百脉根、红豆草、鹰嘴紫云英	花药培养	花粉植株
紫花苜蓿、百脉根、红豆草、紫云英、鹰嘴紫云英	离体繁殖	繁殖系数高的幼苗
紫花苜蓿、黄花苜蓿、多花黑麦草、苇状羊茅	原生质体培养	再生植株、愈伤组织、白化苗
金花菜	细胞培养	再生小细胞团

四、苜蓿辐射生物学

20 世纪 90 年初，内蒙古农牧学院（现改名为：内蒙古农业大学）马鹤林先生开始系统研究苜蓿不同品种的辐射敏感性、适宜辐射剂量、半致死剂量、染色体变异等辐射生物学效应，得到不少有益的结果：

- 用电子顺磁共振波谱检测发现，苜蓿品种随辐射剂量的加大，敏感型自由基振幅增高大于迟钝型的苜蓿品种；
- 首次发现生长在太阳辐射强、生态条件恶劣的我国西北地区的苜蓿品种耐辐射，表明生态条件对辐射敏感性有重要影响；
- 首次发现苜蓿育成品种的半致死量要高于地方品种，野生种又比育成品种和地方品种更耐辐射。

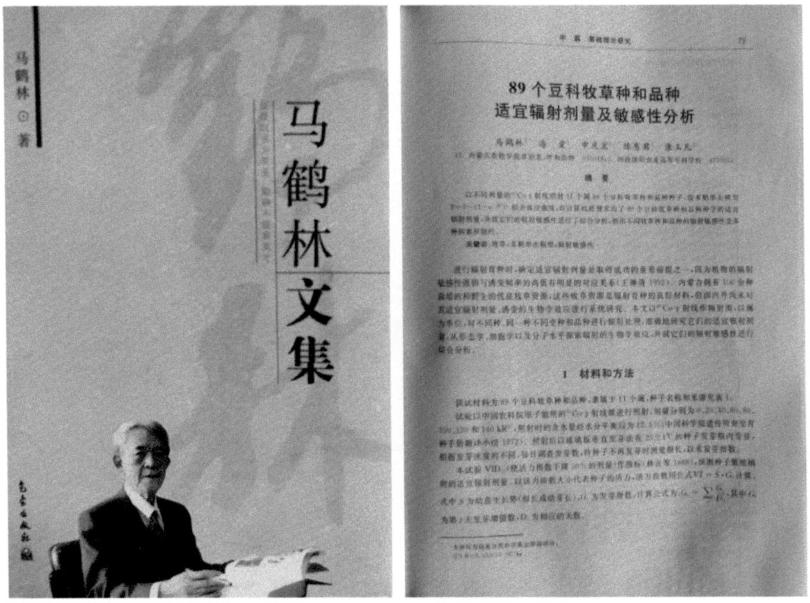

《马鹤林文集》

五、苜蓿育种学的形成

1979 年 1 月，在甘肃省武威市召开了全国高等农业院校试用教材《牧草育种学》审稿会议。

参加《牧草育种学》教材审稿会议的专家

前排左起：郭景文　吴永敷　朱懋顺　李逸民　刘义德　云锦凤

后排左起：曹致中　李　琪　陈哲忠　苏加楷　顾双顺　马振宇

1980 年，由甘肃农业大学李逸民教授主编的我国第一部全国高等农业院校试用教材《牧草育种学》问世，将苜蓿育种以单章（第十三章）的形式出现在书中。

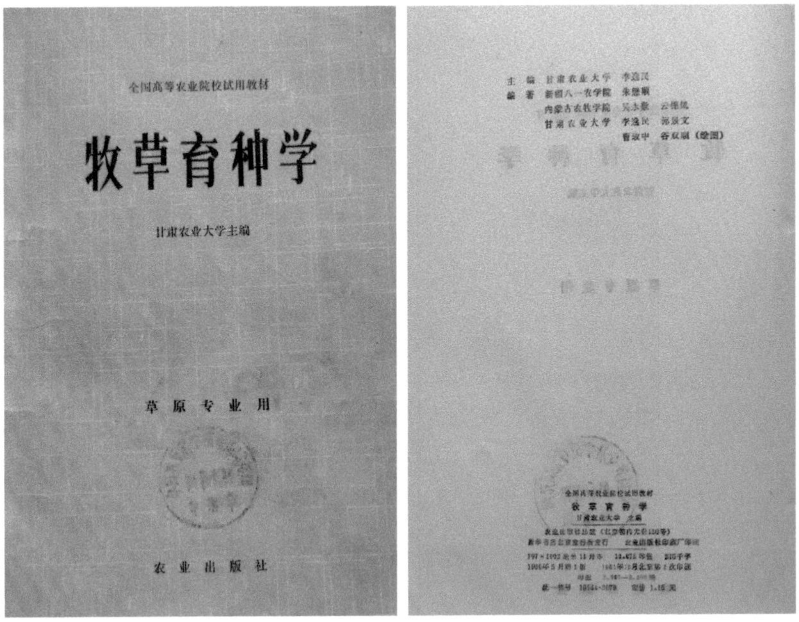

《牧草育种学》

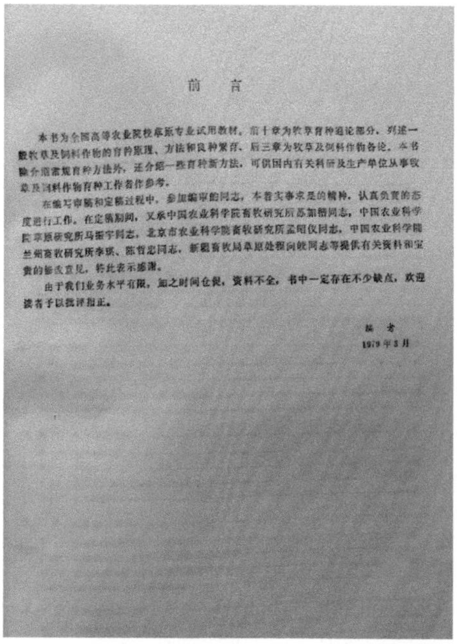

前　言

本书为全国高等农业院校草原专业试用教材。前十章为牧草育种通论部分，叙述一般牧草及饲料作物的育种原理、方法和良种繁育。后三章为牧草及饲料作物各论。本书除介绍常规育种方法外，还介绍一些育种新方法，可供国内有关科研及生产单位从事牧草及饲料作物育种工作者作参考。

在编写审稿和定稿过程中，参加编审的同志，本着实事求是的精神，认真负责的态度进行工作。在定稿期间，又承中国农业科学院畜牧研究所苏加楷同志，中国农业科学院草原研究所马鹤宇同志，北京市农业科学院畜牧研究所孟昭仪同志，中国农业科学院兰州畜牧研究所李琪、陈哲忠同志，新疆畜牧局草原处程向晚同志等提供有关资料和宝贵的修改意见，特此表示感谢。

由于我们业务水平有限，加之时间仓促，资料不全，书中一定存在不少缺点，欢迎读者予以批评指正。

编　者

1979年3月

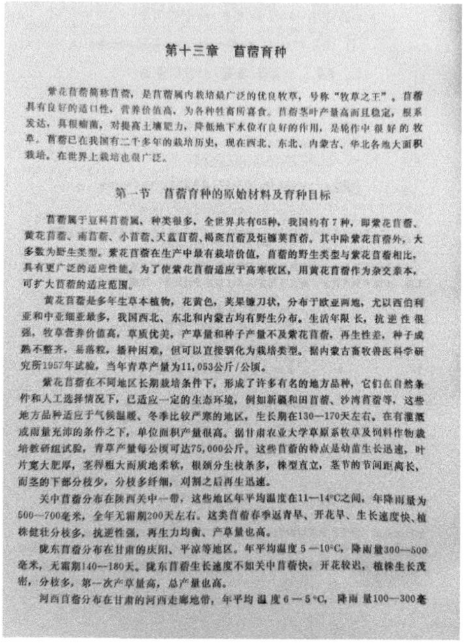

第十三章　苜蓿育种

紫花苜蓿简称苜蓿，是苜蓿属内栽培最广泛的优良牧草，号称"牧草之王"。苜蓿具有良好的适口性，营养价值高，为各种牲畜所喜食。苜蓿茎叶产量高而且稳定，根系发达，具根瘤菌，对提高土壤肥力，降低地下水位有良好的作用，是轮作中很好的牧草。苜蓿已在我国有二千多年的栽培历史，现在西北、东北、内蒙古、华北各地大面积栽培。在世界上栽培也很广泛。

第一节　苜蓿育种的原始材料及育种目标

苜蓿属于豆科苜蓿属，种类很多，全世界共有65种，我国约有7种，即紫花苜蓿、黄花苜蓿、南苜蓿、小苜蓿、天蓝苜蓿、褐斑苜蓿及矩镰荚苜蓿。其中除紫花苜蓿外，大多数为野生类型。紫花苜蓿在生产中最有栽培价值，苜蓿的野生类型与紫花苜蓿相比，具有更广泛的适应性能。为了使紫花苜蓿适应于高寒牧区，用黄花苜蓿作为杂交亲本，可扩大苜蓿的适应范围。

黄花苜蓿是多年生草本植物，花黄色，荚果镰刀状，分布于欧亚两地，尤以西伯利亚和中亚细亚最多，我国西北、东北和内蒙古均有野生分布。生活年限长，抗逆性很强，牧草营养价值高，草质优美，产草量和种子产量不及紫花苜蓿，再生性差，种子成熟不整齐，易落粒，播种困难，但可以直接驯化为栽培类型。据内蒙古畜牧兽医科学研究所1957年试验，当年青草产量为11,053公斤/公顷。

紫花苜蓿在不同地区长期栽培条件下，形成了许多有名的地方品种，它们在自然条件和人工选择情况下，已适应一定的生态环境，例如新疆和田苜蓿、沙湾苜蓿等，这些地方品种适应于气候温暖、冬季比较严寒的地区，生长期在130—170天左右。在有灌溉或雨量充沛的条件之下，单位面积产量很高。据甘肃农业大学草原系牧草及饲料作物栽培教研组试验，青草产量每公顷可达75,000公斤。这些苜蓿的特点是幼苗生长迅速，叶片宽大肥厚，茎秆粗大而质地柔软，根颈分生枝条多，株型直立，茎节的节间距离长，而茎的下部分枝少，分枝多纤细，刈割之后再生迅速。

关中苜蓿分布在陕西关中一带，这些地区年平均温度在11—14°C之间，年降雨量为500—700毫米，全年无霜期200天左右。这类苜蓿春季返青早、开花早、生长速度快、植株健壮分枝多，抗逆性强，再生力均衡、产草量也高。

陇东苜蓿分布在甘肃的庆阳、平凉等地区。年平均温度5—10°C，降雨量300—500毫米，无霜期140—180天。陇东苜蓿生长速度不如关中苜蓿快，开花较迟，植株生长茂密，分枝多，第一次产草量高，总产量也高。

河西苜蓿分布在甘肃的河西走廊地带，年平均温度6—5°C，降雨量100—300毫

《牧草育种学》

我国第一部全国高等农业院校试用教材《牧草育种学》主要编写人员

左起：曹致中　李逸民　朱懋顺　吴永敷

我国第一部全国高等农业院校试用教材《牧草育种学》主要编写人员

左起：薇　玲　吴永敷　朱懋顺　曹致中　云锦凤

2001 年，由内蒙古农业大学云锦凤教授主编的《牧草及饲料作物育种学》问世，苜蓿育种仍以单章（第二十一章）的形式出现在书中。

《牧草及饲料作物育种学》

六、苜蓿基因组

2020 年 5 月 19 日，《自然通讯》在线发表我国地方特有品种新疆大叶紫花苜蓿的四倍体基因组，并成功将四倍体基因组组装到了 32 条染色体上。该成果由西北工业大学、中国科学院昆明动物研究所以及中国科学院西双版纳植物园联合攻关，获得了高质量的紫花苜蓿基因组图谱。在此基础上，该团队进一步开发出基于 CRISPR/Cas9 的高效的基因编辑技术体系，成功培育获得了一批多叶型紫花苜蓿新材料，其杂交后代表现出稳定的多叶型性状且不含转基因标记。

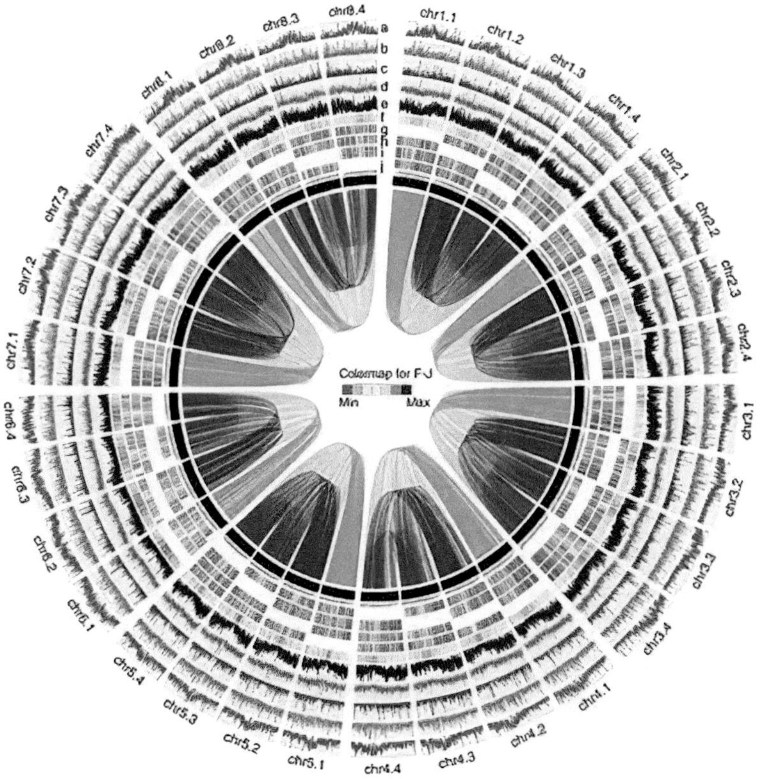

染色体水平的紫花苜蓿基因组组装

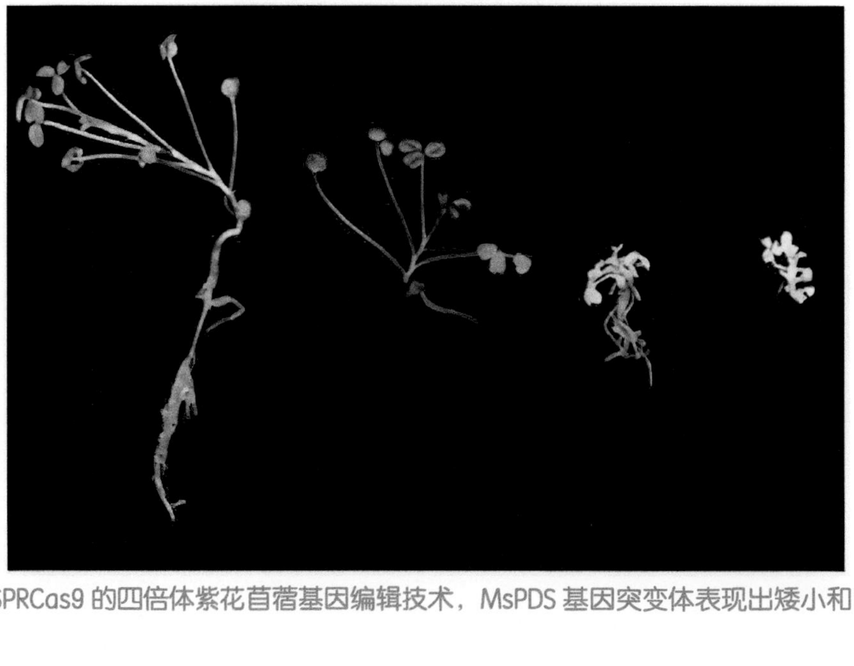

基于 CRISPRCas9 的四倍体紫花苜蓿基因编辑技术，MsPDS 基因突变体表现出矮小和白化表型

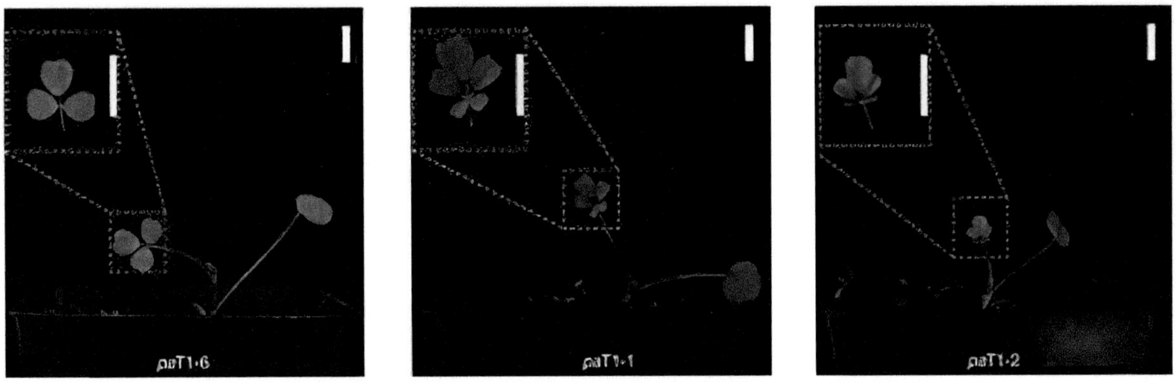

基因编辑 MsPALM1 基因表现出多叶性状

第三节 苜蓿品种

一、地方品种整理

20 世纪 60 年代，各地经过引种试验选育出很多的苜蓿品种，如新疆沙湾苜蓿、河北蔚县苜蓿、山西晋南苜蓿、陕西渭南苜蓿等。黑龙江肇东苜蓿引至齐齐哈尔，经过多年选育，已成为我国一个抗寒性很强的龙牧 1 号苜蓿品种。

1974—1975 年，李逸民教授通过对 52 个苜蓿品种（其中我国地方品种 30 个）的引种及性状观察，根据返青、开花及返青至成熟的生育期的长短，将这些苜蓿品种划分为早熟、中熟、中晚熟、晚熟四大类型。并在甘肃省黄羊镇生态条件下，提出了各生育期类型的具体生育天数。

1976—1983 年，我国已登记 125 个苜蓿地方品系，在苜蓿育种工作中，进行了苜蓿的雄性不育系的研究。苜蓿育种研究已走向黄花苜蓿抗旱、越冬，高产品系以及适应。此外，利用花粉初步进行了组织培养的研究。苜蓿种质资源保存份数已由 1976 年至 1981 年为止，增长率达 221%（吴仁润，1987）。

1979—1981 年，张玉发研究员广泛搜集了 175 份国内外苜蓿品种材料（其中国内材料 74 份），通过对这些材料的研究，根据生育期、花色、抗寒性、株高、茎数、青草产量、种子产量、茎叶比、抗病性及营养成分等诸多性状的观察结果，将我国苜蓿地方品种初步分为新疆大叶苜蓿、关中苜蓿、华北苜蓿、东北苜蓿、高寒一干旱区苜蓿等 6 个生态类型，并对各生态型的地理分布、代表品种及主要特征作了说明。

1979—1983 年，全国苜蓿地方品种与栽培品种共计 147 个，其中黄土高原长期栽培种植的品种就有 86 个（吴仁润，1989）。

1982—1990 年，在农牧渔业部畜牧局的支持下，从 1982 年起在全国苜蓿主要产区，各省分两批对当地苜蓿地方品种进行了系统深入的研究。1986 年 8 月 15—16 日在兰州举行的中国草原学会牧草育种学组第二次学术讨论会上，一致同意成立以中国农业科学院畜牧研究所、内蒙古农牧学院为牵头单位的苜蓿农家品种整理协作组，协作组由黄文惠、耿华珠等人负责，制定了统一的研究方案和观察记载标准。第一批新疆、陕西、山西、吉林等省（区）率先完成研究任务，有关品种通过国家牧草品种审定委员会审查并登记注册。1990 年，第二批甘肃、山西（续）、河北、山东、内蒙古、江苏等省区的研究任务也完成。

1984 年，曹致中教授对搜集和整理我国苜蓿地方品种提出建议。根据我国苜蓿地方品种的现状及存在问题，曹先生从苜蓿地方品种的搜集、研究、整理和登记 4 个方面提出规范性建议。

1990 年，吴仁润研究表明，在我国苜蓿的地方品系中，以紫花苜蓿为最多，计 116 个（占 94.4%）。

地方品种的类型

品种类型	分布范围	主要品种及适宜区域
南疆绿洲生态型	新疆南部。气候极端干旱，昼夜温差大，日照充分，有灌溉条件	新疆大叶苜蓿。适宜在南疆、甘肃河西走廊灌区、宁夏灌区以及河北平原
黄土高原生态型	甘肃中部和东部。温带半干旱或半湿润气候区，气候温和，雨量适中，日照充足，土层深厚	陇东苜蓿、陇中苜蓿、天水苜蓿。适宜黄土高原及长城以内的北方种植
汾、渭河谷生态型	陕西中部、山西南部，为温带湿润气候区，夏季温度较高，雨量较多	关中苜蓿、晋南苜蓿。适宜在黄土高原南和北方较温暖地区种植
华北平原生态型	河北中、南部，为温暖半湿润气候区，冬季雨雪少，比较干旱，夏季降雨多，年降水量 600 mm 左右	保定苜蓿、沧州苜蓿
蒙古高原生态型	蒙古高原南部，海拔 600~1 000 m 左右的地方，包括陕西北部、内蒙古南部及河北北部，为北温带半干旱季风气候区，年平均气温 6~7 ℃，无霜期 140 d	陕北苜蓿、蔚县苜蓿、敖汉苜蓿等
苏北平原生态型	长江以北淮河流域，江苏北部平原，为暖温带湿润半湿润季风气候区，年降水量较多，夏季温度高，时间长	江阴苜蓿。适宜江淮地区种植
松嫩平原生态型	黑龙江南部，寒温带温湿和半湿润气候区，四季分明，冬季寒冷漫长，最低气温可达零下 30 ℃	肇东苜蓿。适宜黑龙江、吉林、辽宁较寒冷地区种植

内蒙古准格尔苜蓿：早期从陕北引进，栽培有 100 多年的历史，主要分布在内蒙古准格尔旗，适宜在内蒙古中、西部、陕北等地栽种。

敖汉苜蓿：早期从甘肃省引进，已有 50 多年的历史，主要分布在赤峰市的敖汉旗，在我国东北、华北和西北各省均适宜栽种。

肇东苜蓿：20 世纪 30 年代，从日本引进种到肇东军马场的紫花苜蓿，50 年代又从苏联随军马引入一些苜蓿种子，60 年代定名为肇东苜蓿，至今已有 40 多年的栽培历史。适宜在东北大部分地区以及内蒙古东部较寒冷地区，是一个耐寒品种。

新疆大叶苜蓿：栽培历史悠久，在南疆广泛种植，和田地区种植时间较长，适宜在新疆天山以南、塔里木盆地、焉耆盆地种植，较抗寒。

北疆苜蓿：栽培有 50 余年的历史，又称小叶苜蓿，抗寒性强、产草量高，主要分布在准噶尔盆地、天山北麓农区、伊犁河谷及东疆，在中国北方地区种植均表现优良。

陇东苜蓿：栽培历史已有 2 000 年之久，主要分布在甘肃庆阳、平凉，产草量高、草地持久性强、长寿是其主要特性。

陇中苜蓿：栽培历史悠久，主要分布在六盘山以西、乌鞘岭以东，包括甘肃省定西、临夏、兰州郊县以及平凉地区的庄浪、静宁两县，属于黄土高原西部之丘陵沟壑区。特点是抗旱性强、耐瘠薄等优点。

天水苜蓿：主要分布在甘肃天水地区及陇南地区北部的黄土丘陵沟壑区，产草量优于前二个甘肃地区的地方品种，刈割后生长快是其主要特性。

河西苜蓿：主要分布在乌鞘岭以西的河西走廊、武威、张掖、酒泉等地区，特点是耐寒、耐旱，缺点是易感白粉病。

关中苜蓿：是分布在陕西关中及渭河北旱原的地方品种，其栽培历史已有千年以上，宜种植在陕西渭水流域及渭北旱原、晋南、豫西、华北平原、甘肃泾、渭河流域等。其特点是生长速度快、再生能力强、较抗旱、抗寒。

陕北苜蓿：主要分布在陕西北部黄土丘陵沟壑区及风沙滩地以及陕西榆林和延安等地区。特点是抗寒、耐旱、耐瘠薄。陕北苜蓿适宜种植区，包括陕西北部、甘肃陇东、宁夏盐池以及内蒙古准格尔旗等毛乌素沙地边缘、黄土高原北部等地区。

晋南苜蓿：是分布在山西南部的老地方品种，适宜在山西晋南、晋中、晋东南地区低山丘陵以及平川农田、华北平原。该品种具有早熟性、再生能力强等特点，每年可刈割 4~5 次。

蔚县苜蓿：已有 300 多年栽培历史。主要分布在太行山和燕山浅山区，本品种适宜在河北北部、华北平原、黄土高原地区也适宜种植。其特点是抗旱性较强。

沧州苜蓿：已有 300 多年栽培历史，是一个老的地方品种。主要分布在河北省东南低平原地区，适宜种植区域，包括长城以南低平原区、低山丘陵区以及山东西北部、河南北部均可种植。特点是耐旱、耐干热风、耐盐碱。

偏关苜蓿：主要分布在晋西北高原丘陵地带，适宜种植区域包括晋西北及西部丘陵地区、东部丘陵区和吕梁南部。其特点是抗寒、抗旱性较好。

无棣苜蓿：是一个老的地方品种，距今已有 400 多年的栽培历史。主要分布在鲁西北德州及惠民两个地区。适宜在无棣、信阳、惠民、沾化、滨县、济阳等地区。特点是较耐盐碱。

淮阴苜蓿：已有 200 多年的老地方苜蓿品种，主要分布在江苏北部的淮阴、徐州、盐城及沿海地区。适宜种植区包括江淮地区及长江中下游地区。在云贵高原、江西、武汉等地种植表现好。本品种的特点是耐热、耐湿能力强，武汉地区夏季 40 ℃的高温下，只有淮阴苜蓿能度过酷夏。

保定苜蓿：1951 年采自河北省保定市的农家品种，经多年整理评价而成。主要分布在京津地区、河北、山东、山西、甘肃宁县、辽宁、吉林等地，抗寒、耐旱性好，抗病虫较好。

已登记注册的地方品种（1987—2002 年）

品种名称	登记日期	选送单位	适应地区
新疆大叶苜蓿	1987 年	新疆农业大学	南疆塔里木盆地
北疆苜蓿	1987 年	新疆农业大学畜牧分院	新疆伊犁哈萨克自治州、我国北方地区
肇东苜蓿	1989 年	黑龙江畜牧研究所	北方寒冷半干旱地区
晋南苜蓿	1987 年	山西苜蓿兽医研究所 山西省连城农牧局牧草站	晋南、晋中、晋东
敖汉苜蓿	1990 年	内蒙古农牧学院、赤峰敖汉草原站	东北、华北地区
关中苜蓿	1990 年	西北农业大学	陕西渭北流域
沧州苜蓿	1990 年	张家口草原畜牧研究所、沧州饲草饲料站	渭北、渭中、黄土高原
陕北苜蓿	1990 年	西北农业大学	鲁西北、渤海湾一带
淮阴苜蓿	1990 年	南京农业大学	黄淮海平原及沿海地区
内蒙古准格尔苜蓿	1991 年	内蒙古农牧学院、内蒙古草原站	内蒙古中西部地区
河西苜蓿	1991 年	甘肃农业大学、甘肃饲草料工作总站	黄土高原
陇东苜蓿	1991 年	甘肃农业大学、甘肃饲草料工作总站	黄土高原
陇中苜蓿	1991 年	甘肃农业大学、甘肃饲草料工作总站	黄土高原
蔚县苜蓿	1991 年	张家口草原牧畜研究所 河北蔚县畜牧局、阳原县畜牧局	河北北部、西部，山西省北部，内蒙古中西部
天水苜蓿	1991 年	甘肃省畜牧厅、天水市北道区草原站	黄土高原、我国北方地区
偏关苜蓿	1993 年	山西省农业科学院畜牧兽医研究所、偏关畜牧局	黄土高原、晋西北
无棣苜蓿	1993 年	中国农业科学院北京畜牧研究所 山东省无棣县畜牧局	鲁西北渤海湾一带以及类似地区
保定苜蓿	2002 年	中国农业科学院北京畜牧研究所	京津地区、河北、山东、山西、甘肃宁县、辽宁、吉林

二、国外引进品种

公元前 126 年，西汉汉武帝时期，张骞奉命出使西域，在回汉时，从大宛带回了苜蓿，自此开启了我国 2 000 多年的苜蓿种植史，苜蓿成为我国牧草的先驱，张骞成为我国苜蓿引种的第一人，成为我国苜蓿之父。

1922 年，日伪公主岭农业试验场从美国引进的“格林”苜蓿品种，不仅在当地安了家，还大面积种植。

1972 年，中国农业科学院草原研究所从加拿大引进的综合品种‘润布勒杂花苜蓿’，成为我国第一个引入的苜蓿品种直接应用于生产中，增产效果显著。

1973—1979 年，中国农业科学院草原研究所从欧洲、亚洲、美洲、澳大利亚等 12 个国家引进 34 个苜蓿品种，锡林浩特中国农业科学院草原研究所试验地试种。

1983—1986 年，1983 年洪绂曾从加拿大引进 6 个具有根蘖特性的苜蓿品，于当年至 1986 年进行引种试种研究。试种研究表明，6 个引进品种具有明显的根蘖型，其轴根性和根蘖型明显。土壤 1~3 cm 处与根相连形成根颈，根颈上有更新芽，并由此向上生长形成大量分枝。在土表 5~30 cm 深处，从垂直主根上长出许多水平侧根，水平侧根辐射分布距离不等地形成许多根蘖节，这些根蘖节上形成的芽向上生长出地面就形成新的枝条。由于试验地耕层土壤厚达 15~20 cm，垂直根入土约为 50 cm，水平侧根则相当发达，有的长达 200 cm, 直径粗细不等，一般为 0.5~1.5 cm。水平根上的根蘖芽一般在夏季或春季形成，分布在水平侧根分叉处或根蘖节上，在地下越冬后第二年春季长出土表形成枝条。

2002年，曹致中报道，从20世纪50年我国共引进国外苜蓿品种408个，分属于美国、加拿大、苏联、匈牙利、捷克、罗马尼亚、法国、英国、荷兰、日本、澳大利亚、印度、阿根廷等国家。

曹致中教授

2010 年，马鹤林先生指出，从 20 世纪至今，已从六大洲 30 多个国家引进苜蓿品种和样本 715 个，其中大部分是育成品种，我国栽种苜蓿的地区，均处在干旱、寒冷的北方地区，引种地大部分还是从苏联、美国、加拿大等国，占全部 50% 以上。我国已登记注册的 13 个引进品种就是从大批引进品种中，经各地栽培后所获得的（马鹤林，2010）。

马鹤林教授

国外引种概况

国别	数目（个）	国别	数目（个）
美国	331	日本	12
加拿大	83	蒙古国	2
苏联	55	印度	2
法国	13	土库曼斯坦	3
荷兰	21	乌兹别克斯坦	3
捷克	13	叙利亚	3
瑞典	7	伊拉克	3
匈牙利	7	澳大利亚	92
英国	6	新西兰	13
意大利	3	秘鲁	2
德国	2	阿根廷	6
丹麦	6	苏丹	3
波兰	4	坦桑尼亚	3
保加利亚	2	利比亚	3
阿尔巴尼亚	1	俄罗斯	2
也门	1	埃及	8
合计		715	

已登记注册的引进苜蓿品种（1988—2006 年）

登记日期	品种名称	原产国	申报单位	适应地区
1988 年	润布勒杂花苜蓿	加拿大	中国农业科学院草原研究所	黑龙江、吉林东北部、内蒙古东部、山西、甘肃、青海高寒地区
2002 年	三得利紫花苜蓿	法国	百绿国际草业有限公司	我国华北大部分地区及西北华中部分地区
2003 年	德宝紫花苜蓿	法国	百绿（天津）国际草业有限公司	华北大部分地区及西北、华中部分地区
2003 年	维多克紫花苜蓿	加拿大	中国农业大学	华北、华中地区
2003 年	金皇后紫花苜蓿	美国	北京克劳沃草业技术开发中心、北京格拉斯草业技术研究所	我国北方有灌溉条件的干旱、半干旱地区
2003 年	赛特紫花苜蓿	法国	百绿（天津）国际草业有限公司	华北大部分地区、西北东部、新疆部分地区
2004 年	牧歌 401+Z	美国	北京克劳沃草业技术开发中心、北京格拉斯草业技术研究所	华北大部分地区、西北、东北、华中部分地区
2004 年	皇冠紫花苜蓿	加拿大	北京克劳沃草业技术开发中心、北京格拉斯草业技术研究所	华北大部分地区、西北、东北、华中部分地区
2004 年	维多利亚紫花苜蓿	加拿大	北京克劳沃草业技术开发中心、北京格拉斯草业技术研究所	华北、华中、苏北及西南部分地区
2004 年	WL232 HQ 紫花苜蓿	美国	北京中种草业有限公司	北方干旱、半干旱地区
2004 年	WL323ML 紫花苜蓿	美国	北京中种草业有限公司	河北、河南、山东、山西等省
2005 年	阿尔冈金杂花苜蓿	加拿大	北京克劳沃草业技术开发中心、北京格拉斯草业技术研究所	我国西北、华北、中原、苏北以及东北南部
2006 年	游客紫花苜蓿	澳大利亚	江西畜牧技术推广站、百绿（天津）国际草业有限公司	长江中下游丘陵地区

三、育成品种

从 20 世纪 70 年代末，我国广大牧草育种工作者，在整理登记大批地方品种，引进国外优良品种的同时，不失时机地采用常规育种手段，诸如选择育种、近缘杂交、远缘杂交、多系杂交、综合品种、雄性不育等手段，培育出一大批高产、高抗的育成品种，截至 2018 年，苜蓿育成品种已达 47 个。在我国登记的育成品种中，选育类型以抗寒、高产、耐盐、耐牧根蘖型和抗病等为主，形成了公农、草原、中苜、甘农、新牧和龙牧等系列苜蓿品种。

苜蓿品种选育

材料圃

苜蓿母本种子生产圃

1. 抗寒品种选育

内蒙古农牧学院和黑龙江省农业科学院畜牧研究所，分别利用抗寒抗旱很强的野生黄花苜蓿、扁蓿豆与紫花苜蓿进行种间或属间杂交，经多代选育，育成了能在 −43 ℃的地区种植的草原 1 号苜蓿和草原 2 号苜蓿，以及能在 −35 ℃和 −45 ℃能很好越冬的龙牧 801 苜蓿和龙牧 803 苜蓿。甘肃农业大学育成的甘农 1 号杂花苜蓿，新疆农业大学畜牧分院育成的新牧一号杂花苜蓿，内蒙古图牧吉草地所育成的图牧 1 号杂花苜蓿、公农 3 号苜蓿、呼伦贝尔黄花苜蓿等均有较强耐寒、抗旱特点。

耐寒性评估

2. 耐盐品种选育

中国农业科学院畜牧研究所开展耐盐苜蓿的筛选工作，先后选育出中苜 1 号苜蓿、中苜 2 号苜蓿、中苜 3 号苜蓿、中苜 4 号苜蓿耐盐高产的品种。

耐盐苜蓿选育

耐盐苜蓿

3. 耐牧根蘖型品种选育

吉林省农业科学院畜牧研究所以国外引进的根蘖型苜蓿为材料，在吉林省西部半干旱地区穴播、单株定植，将根蘖性状突出的无性系组配成综合品种，育成公农 3 号耐牧根蘖型品种。该品种具大量水平根、根蘖株率达 30% 以上，抗寒、耐旱、耐牧，在与羊草混播放牧条件下比公农 1 号苜蓿增产 13%。

甘肃农业大学以类似的方法，育成甘农 2 号杂花苜蓿，其开放传粉后代根蘖株在 20% 以上，有水平根的株率在 70% 以上，扦插并隔离繁殖后代的根蘖株率在 50%~80%，水平根率在 95% 左右，由于根系强大、扩展性强，适宜在黄土高原区用于水土保持、防风固沙、护坡固土。

轴根型苜蓿

根蘖型苜蓿

甘农 2 号（根蘖型苜蓿）

4. 高产品种选育

1978—1986 年，经北京市农林科学院畜牧兽医研究所进行的品种比较试验及区域试验，证明公农 1 号苜蓿为适宜北京地区推广的最佳品种，在灌溉条件下，可刈割 4 次，干草产量 12 150~18 750 kg/hm^2，从 1984—1992 年连续 9 年对公农 1 号苜蓿产量动态研究，每年仅在越冬前及返青后各浇一次水，试验期不施肥，刈割 4 次，9 年平均干草产量为 14 712 kg/hm^2。表明公农 1 号苜蓿为良好的丰产性品种。

公农 1 号苜蓿

5. 抗病品种选育

据中国农业科学院兰州畜牧与兽药研究所调查，甘肃省南部和中部苜蓿地方品种霜霉病危害严重，常与褐斑病、黄斑病同时发生，严重时可使产量减少 27%~40%。该所应用国内外 69 份紫花苜蓿为材料，通过多年接种致病性鉴定，选出 31 个抗病系，经配合力测定，从中选出 5 个高产抗病系，在隔离区内开放授粉，最终育成了中兰 1 号综合品种。该品种无病株率达 95%~100%、中抗褐斑病，产草量比对照的地方品种陇中苜蓿提高 22.4%~39.9%。

6. 育成品种特性及方法

抗病品种选育试验

我国育成品种的特点及育成方法

品种名称	登记日期	选育方法	品种特点
草原 1 号苜蓿	1987 年	以内蒙古锡林郭勒盟野生黄花苜蓿作母本，内蒙古准格尔苜蓿为父本，杂交而成	花杂色、生育期 110 d、能在 -43 ℃低温下越冬
草原 2 号苜蓿	1987 年	以内蒙古锡林郭勒盟野生黄花苜蓿为母本，内蒙古准格尔、武功、府谷和苏联 1 号 5 个紫花苜蓿为父本，在隔离区进行天然杂交	耐寒、耐旱
公农 1 号苜蓿	1987 年	以引进的“格林”品种为材料，经 26 年的风土驯化，经表型选择育成	高产、耐寒
公农 2 号苜蓿	1987 年	以蒙大拿普通苜蓿、特普 28 号苜蓿、加拿大普通苜蓿、格林 19 和格林选择品系为材料，经混合选择育成	抗寒
甘农一号苜蓿	1991 年	以黄花苜蓿和紫花苜蓿多个杂交组合，在高寒地区，以改良的混合选择出 82 个无性繁殖系，在隔离区开放授粉育成的综合品种	抗寒、抗旱
甘农二号苜蓿	1996 年	以国外引进的 9 个根蘖型苜蓿为材料，在高寒地区从中选出 7 个无性繁殖系形成的综合品种	抗寒、抗旱
图牧一号杂花苜蓿	1992 年	以当地野生黄花苜蓿为母本，苏联亚洲、日本、张掖等 4 个紫花苜蓿为父本，进行种间杂交，经 3 次混合选择育成	抗寒、在 -45 ℃的条件下能越冬、高产、抗霜霉病
甘农 3 号紫花苜蓿	1996 年	以捷克、美国引进的 9 个品种和新疆大叶苜蓿、短苜蓿等 14 个品种为材料，选出 78 个优良单株，淘汰不良株，在保留的 32 个无性系，经配合力测定，选出 7 个无性系，隔离授粉配制成的综合品种	在灌溉条件下，草产量高，可作为集约型品种
龙牧 801 苜蓿	1993 年	以野生二倍体扁蓿豆作母本，四倍体肇东苜蓿为父本，进行的种间杂交育成	抗寒，冬季少雪 -35 ℃和冬季有雪 -45 ℃以下仍能安全越冬
龙牧 803 苜蓿	1993 年	以四倍体肇东苜蓿为母本，野生二倍体扁蓿豆为父本，进行的种间杂交育成	再生性好、较耐盐碱

续表

品种名称	登记日期	选育方法	品种特点
图牧二号杂花苜蓿	1991年	以苏联0134号、印第安、匈牙利和武功4个品种同当地紫花苜蓿进行多父本杂交育成	抗寒，在 −48 ℃条件下，能安全越冬
新牧2号紫花苜蓿	1993年	以85个苜蓿为材料，以抗寒、抗旱、耐盐、高产为目标，选出9个优良无性系，种子等量混合成的综合品种	再生快、耐寒、耐旱、耐盐、高产，干草产量可达9 000~15 000 kg/hm^2
中苜1号苜蓿	1997年	以保定苜蓿、秘鲁苜蓿、南皮苜蓿、RS苜蓿及细胞耐盐筛选的优株为材料，在0.4%盐碱地上，开放授粉，经四代混合选择育成	耐盐，在0.3%盐碱地上比一般栽培品种增产10%以上，干草产量7 500~13 500 kg/hm^2，同时耐旱、耐瘠薄
中兰1号苜蓿	1998年	以69个苜蓿为材料，通过多年的接种苜蓿霜霉病进行致病性鉴定，选出31个抗病系，经配合力测定，选出5个高产、抗病系，在隔离区内，开放授粉而成的综合品种	抗霜霉病，同时抗褐斑病和锈病，高产，干草产量可达25 500 kg/hm^2
阿勒泰杂花苜蓿	1993年	以当地高大野生直立型黄花、紫花苜蓿为材料，经多年混合选择的育成品种	抗旱、抗寒、耐盐碱
新牧1号杂花苜蓿	1988年	以野生黄花为主的天然杂种为材料，选择植株高大、抗病、花黄色、产量高，经混合选择而成的育成品种	抗寒、抗旱、抗病
新牧3号杂花苜蓿	1998年	以Speador2为原始材料，在严寒条件下，经三年的自然选择，选出11个优良无性系，经开放授粉而成的综合品种	抗寒，在 −43 ℃的条件下能安全越冬，高产，干草产量可达11 250 kg/hm^2
甘农4号紫花苜蓿	2005年	以从欧洲引进的安达瓦、普列洛夫卡、尼特拉卡、塔保尔卡、巴拉瓦、霍廷尼科等6个品种为材料，经母系选择法育成	生长速度快，较抗寒、抗旱
中苜2号苜蓿	2003年	以101个国内外苜蓿品种为材料，以主根不明显、分枝根强大、叶片大、分枝多为目标，经三代混合选择育成	耐寒、抗病虫害、耐瘠薄
中苜3号苜蓿	2006年	以耐盐中苜1号苜蓿为材料，通过表型选择，经配合力测定后，相互杂交，育成的综合品种	返青早、再生性强、耐盐，含盐量达0.18%~0.3%的盐碱地上，比中苜1号苜蓿增产10%
龙牧806苜蓿	2002年	以肇东苜蓿与扁蓿豆远缘杂交的F_3群体为材料，以越冬率、粗蛋白含量为目标，经单株混合选择育成	抗寒，在 −45 ℃的严寒条件下能安全越冬
草原3号杂花苜蓿	2002年	以草原2号苜蓿为材料，选择杂种紫花、杂种杂花、杂种黄花为目标，采用集团选择法育成	抗旱、抗寒性强，高产，干草产量达12 330 kg/hm^2
赤草1号杂花苜蓿	2006年	以当地野生黄花苜蓿与当地品种敖汉苜蓿在隔离区内，进行天然自由授粉杂交而成	抗寒、抗旱
公农3号苜蓿	1999年	以阿尔冈金杂花苜蓿、海恩里奇斯、兰杰兰德、斯普里德、公农1号五个品种为原始材料，选择具有根蘖优良单株，建立无性系，经一般配合力测定后，组配成综合品种	抗寒、较耐旱

续表

品种名称	登记日期	选育方法	品种特点
呼伦贝尔黄花苜蓿	2004 年	以呼伦贝尔鄂温克旗草原采集的野生黄花苜蓿为材料，经多年栽培驯化而成	抗寒、抗旱、防病虫害
陇东天蓝苜蓿	2002 年	以甘肃灵台县等地，采集的野生种子，经栽培驯化而成	耐寒、耐旱

第四节 苜蓿主要系列品种

一、公农系列苜蓿品种

由吉林省农业科学院畜牧分院吴青年研究员于 1987 年创建。1922 年从美国引进“格林”苜蓿品种，经过在吉林省公主岭连续 26 年 10 多代的大面积的风土驯化，自然淘汰后的群体作为基础材料，于 1948—1955 年通过选育，率先于 1987 年培育出公农 1 号和公农 2 号，并通过国家牧草品种审定委员会审定。自此形成了公农系列苜蓿品种。目前审定登记的品种有公农 1 号苜蓿、公农 2 号苜蓿、公农 3 号杂花苜蓿、公农 4 号杂花苜蓿、公农 5 号紫花苜蓿、公农 6 号杂花苜蓿等。

吴青年研究员

二、草原系列苜蓿品种

由内蒙古农牧学院（现改为内蒙古农业大学）吴永敷教授于 1987 年创建。1962—1977 年期间，采用人工授粉技术，进行野生黄花苜蓿（母本）与紫花苜蓿（内蒙古准格尔苜蓿，父本）远缘杂交，形成草原系列苜蓿品种的基础材料，经过十几年的选育，于 1987 年培育成草原 1 号苜蓿和草原 2 号苜蓿，并通过国家牧草品种审定委员会审定。该系列品种以抗寒耐旱著称。目前审定登记的品种有草原 1 号苜蓿、草原 2 号苜蓿、草原 3 号杂花苜蓿、草原 4 号苜蓿等。

测定草原 1 号苜蓿的生长高度

左起：马鹤林教授 吴永敷教授 云锦凤教授

吴永敷教授教学生苜蓿授粉

三、新牧系列苜蓿品种

闵继淳教授

由新疆八一农学院（现改名为：新疆农业大学）闵继淳教授 1988 年创建。1978—1988 年，以新疆天山野生黄花苜蓿为原始材料，在单株选择，分系比较选优的基础上，又经过一次集团选择后，历经 3 年品比试验，3 年多点试验及生产试验，率先育成新牧 1 号杂花苜蓿，于 1988 年通过国家牧草品种审定委员会审定。目前审定登记的品种有新牧 1 号杂花苜蓿、新牧 2 号紫花苜蓿、新牧 3 号杂花苜蓿等。

四、甘农系列苜蓿品种

曹致中教授

由甘肃农业大学曹致中教授 1991 年创建。1966—1987 年通过苜蓿育种材料的引种筛选及杂交，以呼伦贝尔黄花苜蓿为主要母本，通过黄花苜蓿与紫花苜蓿的多个人工杂交组合和开放传粉杂交组合，获得甘农系列苜蓿品种的基础材料，1991 年率先培育出甘农 1 号杂花苜蓿，并通过国家牧草品种审定委员会审定。目前审定登记的品种有甘农 1 号杂花苜蓿、甘农 2 号紫花苜蓿、甘农 3 号紫花苜蓿、甘农 4 号紫花苜蓿、甘农 5 号紫花苜蓿、甘农 6 号紫花苜蓿、甘农 7 号紫花苜蓿、甘农 8 号杂花苜蓿、甘农 9 号紫花苜蓿、甘农 10 号紫花苜蓿、甘农 11 号紫花苜蓿、甘农 12 号紫花苜蓿等。

曹致中教授在田间指导学术

五、龙牧系列苜蓿品种

由黑龙江省畜牧研究所王殿魁研究员于 1993 年创建。1976—1992 年，以野生二倍体扁蓿豆为母本，地方良种肇东苜蓿为父本，进行有性杂交，率先培育出龙牧 801 苜蓿，并通过国家牧草品种审定委员会审定。目前审定登记的品种有龙牧 801 苜蓿、龙牧 802 苜蓿、龙牧 803 苜蓿、龙牧 804 苜蓿、龙牧 805 苜蓿、龙牧 806 苜蓿、龙牧 807 苜蓿、龙牧 808 苜蓿等。

六、中苜系列苜蓿品种

由中国农业科学院北京畜牧兽医研究所耿华珠研究员于 1997 年创建。从 1984 年起，采用植物组织培养的细胞分离技术，从紫花苜蓿耐盐诱变的体细胞筛选中获得了耐盐的优良植株，之后将作为原始亲本之一，以保定苜蓿、秘鲁苜蓿、南皮苜蓿、RS 苜蓿及细胞耐盐筛选的优株为材料，在 0.4% 盐碱地上，开放授粉，经田间混合选择 4 代，率先培育成耐盐中苜 1 号苜蓿品种，并于 1997 年通过国家牧草品种审定委员会审定。目前审定登记的品种有中苜 1 号苜蓿、中苜 2 号苜蓿、中苜 3 号紫花苜蓿、中苜 4 号紫花苜蓿、中苜 5 号紫花苜蓿、中苜 6 号紫花苜蓿、中苜 7 号苜蓿、中苜 8 号苜蓿等。

耿华珠研究员

七、图牧系列苜蓿品种

由内蒙古图牧吉草地研究所程渡于 1991 年创建。1976 年，以当地散逸的紫花苜蓿（系 20 世纪 40 年原图牧吉军马场牧草地种植的苜蓿）为母本，武功苜蓿、苏联 0134、印第安和匈牙利 4 个紫花苜蓿为父本。采用多父本，从 1977—1982 年共进行 3 次混合选择，率先培育成图牧 1 号杂花苜蓿，并于 1991 年通过国家牧草品种审定委员会审定。目前审定登记的品种有图牧 1 号苜蓿和图牧 2 号苜蓿。

八、中兰系列苜蓿品种

由中国农业科学院兰州畜牧研究所马振宇研究员于 1998 年创建。1986—1997 年，以抗霜霉病为主要育种目标，采用多元杂交法，应用国内外 69 份以紫花苜蓿为主的苜蓿品种或材料，通过多年接种致病性鉴定，由 5 个选系杂交育成中兰 1 号苜蓿，于 1998 年通过国家牧草品种审定委员会审定。目前审定登记的品种有中兰 1 号苜蓿、中兰 2 号苜蓿。

马振宇研究员

马振宇研究员（右一）与学生检查苜蓿生长情况

九、中草系列苜蓿品种

由中国农业科学院草原研究所 1998 年创建的登记牧草品种系列，2021 年于林清研究员登记了系列中的第一个苜蓿品种——中草 3 号紫花苜蓿（国审品种），随后在内蒙古自治区草品种委员会审定登记了中草 4 号紫花苜蓿、中草 5 号紫花苜蓿、中草 6 号紫花苜蓿、中草 8 号紫花苜蓿、中草 10 号紫花苜蓿、中草 13 号苜蓿、中草 35 号紫花苜蓿、中草 46 号紫花苜蓿等。

中草 13 号苜蓿

中草 35 号紫花苜蓿

十、中育系列苜蓿品种

中育系列苜蓿品种由中国农业科学院农业资源与农业区划研究所徐丽君博士 2023 年审定登记中育 1 号杂花苜蓿时创建。中育 1 号杂花苜蓿该品种俄罗斯杂花苜蓿与内蒙古呼伦贝尔野生四倍体黄花苜蓿杂交而成。2023 年通过国家牧草品种审定委员会审定。该品种适宜在内蒙古东部及东北寒冷地区旱作栽培的抗寒、丰产的苜蓿新品种。

中育系列苜蓿品种

第五节　我国苜蓿育种新趋势

一、利用生物技术开展苜蓿靶向改良与育种

（一）利用生物技术提升新品种创新能力

未来苜蓿品种的改良或许必将包括基因组技术和转基因技术的发展。转基因涉及将特定的和有用的基因转移到所选择的作物中，有时也被称为基因工程。尽管将基因组学用于基础研究目的是没有争议的，但围绕着将转基因用于苜蓿改良，特别是在两个不相关的生物体之间进行基因转移时，存在着巨大的争议。这造成了一种非常昂贵的监管环境，以及为了将转基因引入苜蓿种子市场而获得使用该基因和改良技术的操作自由的固有成本。

在过去的 20 多年里，我国苜蓿的种植面积、产量呈增长态势，苜蓿的重要性正在增强，因为不仅我国苜蓿需求量在增加，而且世界苜蓿的需求量也在增加，因为全球奶牛的数量和奶制品数量也在呈增加态势。面对如此机会和诸多挑战，苜蓿产业如何应对？研究利用新技术、新性状进行改良苜蓿，以增加苜蓿产品价值和提供新产品，主要是在提高产量、改善饲草品质和改良适应新环境能力等方面进行突破。

（二）利用生物技术重新设计苜蓿作为家畜饲草

理想的苜蓿应该含有更好平衡的蛋白质和快速发酵的碳水化合物。在最佳 NDF（可消化中性洗涤纤维）浓度约为 40%（DM 基础）时，粗蛋白质含量约为 18%，灰分较少。蛋白质中氨基酸的平衡或瘤胃中较慢的降解速度也将有助于减少其作为氨的损失。将脂肪含量提高到 4% 也可能对奶牛有能量上的好处。与其他饲草相比，苜蓿纤维的消化和传代速度是极好的，不应采取任何措施来降低这些特性。然而，通过改变木质素含量或特性来提高纤维的潜在消化程度是可取的。为了放牧去除或抑制引起肿胀的特性将是有益的。

饲草质量是改善动物健康和生产性能的一个重要指标。我国奶牛养殖企业一直要求高质量的苜蓿。改良的品质性状取决于许多因素，如牛的品种及其营养需求、苜蓿的生长、收获、贮藏和饲养方式等。用于放牧的苜蓿的理想特性可能不同于用于干草生产的特性。提高纤维消化率、蛋白质品质和降低蛋白质在瘤胃中的降解率是苜蓿品质改良的主要研究领域。

在过去的 50 年里，我国在培育耐旱抗寒性的品种方面取得了较大的进展，为现代苜蓿生产系统提供了更大的潜在利用能力。在培育符合高产奶牛生理生化特性需要的苜蓿品种【即：细胞壁消化率高，青贮过程中蛋白质降解少，增加过瘤胃蛋白（by-pass protein），产量高而无品质损失，抗虫抗病原体，耐除草剂，减少胀气】，目前还没有过多地涉及，这可能是我国今后苜蓿品种创新的方向。

采用传统遗传选择方法、精确育种和其他生物技术手段的策略，可能需要及时将理想的性状转移到优质种质中。目标是培育能够满足奶牛养殖企业需求的苜蓿品种，同时最大限度地利用它们在提高苜蓿环境效益（固氮、优质营养库、植株寿命等）的农业系统中。通过减少刈割、提高产量和提高水分利用效率，开发能保持高营养品质的苜蓿，将是提高苜蓿生产—经济效益的重大举措。

（三）利用生物技术提高苜蓿产量及品质改良

1. 苜蓿的理想属性

增加单位面积或每吨的产奶潜力、增强消化 NDF、提高蛋白质含量和氨基酸平衡；并改善农艺性

状，以保护昆虫（更安全的饲料供应）、耐除草剂、抗病毒、耐旱、耐寒、改善矿物利用和提高产量。获得和测试这些属性的进展将随着生物技术的使用而加速。家畜和干草生产企业将受益于苜蓿，它不容易含有真菌毒素或有毒杂草，或诱发肿胀；提高牛奶和肉类生产中营养物质的利用率；减少动物粪便的产生，从而提高效率、盈利能力和改善环境。苜蓿的增值性状是为生产者提供新的高价值产品所必需的，转基因苜蓿中的植酸酶已经在家禽和猪粮中进行了测试，发现可以提高动物的生产性能。

利用地方品种或野生资源开发、筛选和具有抗各种疾病、昆虫和线虫病害的高效配置。深挖苜蓿高效农艺性状，如秋眠性，耐盐性，冬季耐受性，相对饲料价值和放牧耐受性等。将这些复杂的性状引入目前的多发病虫、秋眠特异品种中，培育耐盐品种、抗寒抗旱品种、高品质品种、耐牧品种、低膨胀潜力品种和抗蓟马品种及耐除草剂、抗病毒品种。

判断最近的品种改良是否成功，只需考察其所在地区的生产性能试验，就可以估计出大多数新品种的表现都优于老品种（通常在产量上提高 20% 以上，但美国的标准是产量提高 40%）。虽然苜蓿种植面积有减少的趋势，但每公顷产量和整体产量有所增加，这种整体产量的增加被认为是由于使用了改良品种以及新的栽培技术和更好的管理系统。

2. 牧草产量

虽然苜蓿的品质有所改善，但产量的增长仍赶不上玉米。随着土地、劳动力和能源成本的持续上涨，从收获的苜蓿中获得足够价值的负担越来越大，这将成为一个越来越严重的问题。开发具有更强的抗虫性和抗寒性的种质，并在频繁刈割制度下选择提高质量的种质，伴随着产量的增长。减少叶片损失具有提高生物量和质量的潜力。如果植物在经历了衰老之后仍能保持叶片，这将增加总生物量。增加叶片附着的机械强度也可以提高叶片的收获回收率。用传统的干草调制设备和技术，苜蓿叶片通常损失达 6%~19%。

3. 纤维消化率与木质素

纤维是饲草的重要组成部分，它影响着奶牛的采食量和消化率。木质素是一种在大多数植物次生细胞壁中发现的酚类化合物，它是不可消化的，并与其他细胞壁成分交联，导致纤维素消化率下降。随着苜蓿植株的成熟，木质素含量增加，细胞壁消化率降低。提高消化率的一种方法是有选择性地增加组成苜蓿细胞壁的特定碳水化合物，如果胶。苜蓿茎中通常含有 10%~12% 的果胶，果胶是细胞壁基质的组成成分。果胶多糖被瘤胃微生物快速降解产生乙酸和丙酸，但不会像快速发酵的淀粉那样导致酸中毒。美国奶牛饲料研究中心在选择苜蓿茎中果胶含量高的材料，通过两轮回交，总果胶含量提高了 15%~20%。初步结果表明，体外总干物质消化率提高。

4. 降低苜蓿木质素含量

在过去的几年中，通过传统育种和转基因分子操作两种不同的方法来降低木质素来提高苜蓿质量。传统的育种工作是基于使用木质素含量较低的亲本植物，以及较强的农艺性状，如高产、高秋眠级品种（6级以上）、茎叶浓密，木质素含量减少 7%~10%，其抗倒伏能力与常规品种相似。这些品种的苜蓿具有高消化率、高摄入量和每吨苜蓿产奶量，产量高，收获弹性可达 7d。转基因技术是另一种用于降低木质素的方法，包括对植物 DNA 的靶向操作。自 2007 年以来，由诺布尔基金会、饲料遗传国际公司、美国乳制品饲料研究中心、孟山都公司和先锋公司组成的苜蓿研究联盟已经合作开发了减少木质素的性状。这些努力的产物是“减少木质素”特性，商标名为 HarvXtra™。分子调控的重点是木质素生物合成途径中的两个步骤的下调。因此，苜蓿植物产生结构功能所需的木质素水平，但不足以维持高饲料品质。

5. 蛋白质品质与利用

苜蓿被认为是一种很好的蛋白质来源，不仅因为它的粗蛋白质含量高，而且还因为大多数粗蛋白质部分由真正的蛋白质组成。然而，饲喂动物时，蛋白质在瘤胃内降解过快。这就是为什么含苜蓿的乳制品中所含的蛋白质要多于所需的蛋白质，以弥补苜蓿蛋白质的低效利用。为了最大限度地利用饲料蛋白质，必需氨基酸的摄取量必须相互平衡。因此，提高蛋氨酸和半胱氨酸含量可以改善苜蓿的蛋白质品质。

二、基因技术与传统技术融合培育耐盐抗旱苜蓿新品种

盐胁迫是世界性的严重环境问题，培育耐盐品种可以在一定程度上缓解这一问题。植物育种技术培育能在轻度盐碱地（全盐含量 0.2%~0.4%）到中度盐碱地（0.4%~0.6%）保持一定产量的品种，为解决盐碱地问题提供一个相对经济有效的短期解决方案。

Flowers & Yeo（1995）提出了培育耐盐苜蓿的途径，包括挖掘耐盐苜蓿野生资源；利用种间杂交提高现有苜蓿的耐盐性；利用现有苜蓿资源已经存在的变异；通过反复选择、组织培养诱变等方法在现有苜蓿种植资源中产生变异；以产量而非耐盐性进行品种培育。

苜蓿耐盐性的发展最终取决于两个因素：通过筛选和选择那些在盐胁迫下表现优异的植物来获得遗传变异是非常重要的；苜蓿品种存在耐盐表型变异。因此，品种间和品种内耐盐基因型的选择可能为进一步的育种和实验比较提供有用的材料。

耐盐耐旱遗传变异的来源，自然条件下的进化或驯化其基本特征是相同的。二者都有两个基本要求：一是在一个种群中，所期望的性状必须有遗传稳定的变异；二是必须有一种方法来选择具有最佳性状表达。苜蓿育种家可以利用一些有用的变异，来提高培育耐盐耐旱苜蓿品种的成功率。主要包括：

- 地方 / 外来种质品种间变异的筛选；
- 单株变异材料的筛选—品种内变异、种间杂交；
- 属间杂交；
- 诱导突变；
- 体细胞无性系变异。

除传统的选育技术外，组织培养、原生质体融合和重组 DNA 技术等现代基因工程技术可能对提高苜蓿耐盐耐旱性有一定的作用。传统选择苜蓿通常被认为是一种中度盐敏感的物种。苜蓿萌发、成株和成熟期耐盐性由不同的遗传机制决定。为了提高苜蓿对盐碱地条件的适应性，需要在两个阶段进行多次循环的选择。在适当施用的情况下，在水介质或土壤介质中进行萌发和幼苗生长的循环选择，然后在多次扦插中进行产量选择，可显著改善田间环境。

分子标记辅助选择：DNA 标记在提高植物育种效率方面的巨大潜力得到了广泛认可，美国许多农业研究中心和植物育种机构已经采用了标记开发和标记辅助选择（MAS）的能力。新墨西哥州立大学合作一个项目，利用分子标记在缺水灌溉农田条件下提高饲草产量。这些标记在一个定位群体中被识别出来，被用来将可能的耐旱基因转移到优秀的苜蓿品种中，并可能消除消极基因。

转基因的解决方案：不同的转基因策略可以显著提高苜蓿的耐盐性。一种策略包括使用转录因子，

这是一种控制遗传信息流动或传递的强大的调节元件，从而调节细胞生化活动，以应对一系列生物和非生物胁迫。使用的转录因子提供了对多种胁迫的耐受性。人们对其中一个基因进行了广泛的研究，并提高了对盐胁迫、营养有效性和干旱胁迫的耐受性。此外，这种特殊的基因已经显示出多效性效应，并已被证明在没有压力的情况下提高生产力。在重复生长室生物试验和田间研究中，当施加盐分、养分有效性和干旱胁迫时，转基因事件产生的产量比对照高 30%~60%。在没有胁迫的情况下，这些事件也比对照组产生了超过 50% 的饲料产量。

三、国产苜蓿品种创新提速

（一）苜蓿品种国产化的紧迫性

随着我苜蓿产业的快速发展，对适应不同区域生态条件下的多元苜蓿品种要求越来越高，特别是优质高产苜蓿品种。目前在我国苜蓿产业生产中，国外品种占据主导。虽然国外苜蓿品种优良性状突出，但这些优良性状只有在良好的生长环境和高肥高水的条件下才能表现出来。目前我国苜蓿种植的条件都相对较差，因大面积种植国外苜蓿品种，也给我国苜蓿产业带来巨大的损失，如苜蓿冻害时有发生，特别是 2000 年冬季海拉尔 4 000 多公顷的国外苜蓿被冻死，造成巨大的损失。由此可见，我国苜蓿产业品种必须走国产化的道路，加快苜蓿品种国产化的步伐，实现苜蓿品种国产化，国产品种区域化、多样化，区域品种优质化、高产化，优高品种良种化，因此加快发展国产苜蓿品种优良种子生产已刻不容缓。

（二）区域性丰产品种培育加快

培育适合本地区秋眠性、抗寒性、病虫性的苜蓿品种至关重要。苜蓿育种目标经常面临着是培育广泛适应性品种，还是区域适应性丰产品种的两难选择。即在育种中或是采取苜蓿品种抗性广泛适应策略，或是采用丰产区域适应策略。随着我国苜蓿产业区域化、片区化的发展，苜蓿生产逐步转向基于农业生态学原理，需要更多高度适应区域性的丰产品种，适应特定农业区域的主要气候、土壤、耕作方式和管理特征，旨在充分发挥基因型 × 环境相互作用（Genotype X Environment Interaction，GEI）效应实现品种与环境资源的高效耦合，每一个品种在目标区域内的特定分区域或苜蓿管理系统中表现良好，使区域农业环境的苜蓿产量潜力最大化。目前我国抗逆性强的广泛适应性苜蓿品种居多，在已审定的苜蓿品种中，秋眠级大部分为 1~2 级。

国产苜蓿品种秋眠级

秋眠级	品种
1	公农 1 号、公农 2 号、公农 3 号、新牧 1 号、中草 13 号、公农 5 号、龙牧 801、龙牧 803、龙牧 806、龙牧 808、草原 3 号、敖汉苜蓿、肇东苜蓿、润布勒、准格尔苜蓿、草原 2 号
2	中苜 1 号、中苜 3 号、淮阴苜蓿、中苜 2 号、新牧 2 号、鲁苜 1 号
3	甘农 1 号
4	中兰 1 号
5	渝苜 1 号、甘农 5 号
6	凉苜 1 号

秋眠性是最具地区性的一个特性，也是苜蓿区域性的一个极好指标。我国应加强中等秋眠、非秋

眠或极不秋眠苜蓿品种的培育，构建我国区域性苜蓿品种体系，形成苜蓿品种的区域性差异化发展，在这方面美国的经验值得我国借鉴。美国为了实现苜蓿品种的区域性差异化发展，更准确地评价苜蓿产量潜力与抗寒性，育种家采用秋眠性等级（Fall Dormancy Rating， FDR）和越冬存活指数（Winter Survival Index，WSI）或抗寒性指数（Winterhardiness Index，WHI）两种系统评价苜蓿品种的适应性。越冬存活指数（Winter Survival Index， WSI） 分为 1~6 级（极抗寒 ~ 不抗寒）。在威斯康星州 30 多年进行的 300 多次试验中，最高产量的品种平均比最低产量的品种多 2.3 t / 年。可见选择适合本地区秋眠期、抗寒性、病虫性的苜蓿品种的重要性。

苜蓿秋眠等级（FDR）

等级	秋眠组	特性
1	极秋眠	极抗寒，秋季或冬末不生长
2，3	秋眠	抗寒，秋季或冬末少量生长
4，5，6	中等秋眠	抗寒中等，秋季或冬末部分生长
7，8	非秋眠	无抗寒能力，秋季或冬末生长良好
9，10，11	极不秋眠	对冬季条件极敏感，秋季或冬末生长非常好

资料来源：孙启忠，2014。

第六节 国外苜蓿育种概况和动态

一、以美国和加拿大为代表的北美洲育种概况

北美洲美国和加拿大的苜蓿育种始于 20 世纪初，育种的目标是：可消化营养物质产量，产量的季节分布，植株的持久性、适口性、易于繁殖和管理。

早期的育种方法有引种驯化、集团选择、杂交育种、回交等手段。随着苜蓿栽培从温度较高南部向寒冷北部的转移，着重抗寒品种的选育。加拿大西部利用黄花苜蓿根颈部位深的特点，将其与紫花苜蓿杂交，选育具根蘖型、抗寒、抗旱的新类型，先后育成 10 多个抗寒新品种。

北美洲苜蓿的病虫害较多，如细菌枯萎病、镰刀菌枯萎病、真菌枯萎病、根腐病、炭疽病以及苜蓿蚜虫等。通过鉴定抗病基因、测定抗病遗传性以及室内和田间的人为或天然接种和筛选技术，培育了许多抗病品种。

在 20 世纪 50 年代前后，加拿大就已着手苜蓿品质育种，如发现叶色暗系植株含蛋白质多，蛋白质含量和胡萝卜素含量相关，出叶性又与这二者密切相关，因此生长初期选择出叶性好的植株，并进行化学测定，有利于高蛋白品种的选育。

在品质方面，曾经一度追求多叶苜蓿，现状重点从单一追求低纤维素构成组分，培育低木质素、较高可降解中性洗涤纤维（DNDF）、高消化率的苜蓿品种的同时，追求培育高蛋白质苜蓿到注重改善蛋白质组成分构成与结构，育种热点为克隆家畜过瘤胃蛋白的牧草控制基因，通过提高苜蓿过瘤胃蛋白含量，以提高家畜对蛋白质的利用效率。

多叶苜蓿

同时，美国苜蓿育种呈现明显的多方向特征，适合不同区域和满足不同应用需要的苜蓿新品种，立足于培育各种秋眠级苜蓿品种和生产力稳定的高产优质品种，以及抗病虫、抗逆境、抗除草剂（除草剂 Pursuit）苜蓿品种，还利用基因工程手段，研发延迟苜蓿开花技术；利用染色体原位杂交、分子标记技术筛选苜蓿与禾草（混播）日期开花控制技术，以提高豆-禾混播草地牧草产量和质量；也培育适宜与燕麦等禾草混播、套作保护播种技术以及不同秋眠级苜蓿在各区域的越冬性研究，探讨秋眠级与越冬率间的关系，使用秋眠级与越冬率双重指标评价苜蓿适应性与生产性能。

牧草遗传国际组织（Forage Genetic International，FGI）应用传统苜蓿育种手段，采用多类型组合、综合品种、大批量杂交、规模性筛选等选育方法的同时，广泛应用生物技术进行育种，成功育成转基因抗除草剂苜蓿品种（Roundup Ready）已被美国农业部批准投放市场。与孟山都公司合作，利用孟山都公司克隆开发的基因资源，大量进行转基因苜蓿培育和田间生物技术性状鉴定评价，已占领世界苜蓿基因资源开发利用高地，每年以育成 70 余个苜蓿新品种的速度进行品种贮备，未来进入市场的转基因苜蓿品种将会不断增加。

苜蓿育种

苜蓿育种

威斯康星大学（UW）开展包括苜蓿在内的豆科牧草根瘤菌共生固氮与禾本科牧草真菌联合固氮方面的植物同源基因探索性研究，实现苜蓿与禾本科植物的根瘤菌共生固氮。在构建牧草群体遗传图谱等基础研究的同时，采用染色体原位杂交、转基因等技术，改进苜蓿品质、降低木质素，以抗除草剂、抗病、抗逆为主要目标。

二、以法国为中心的西欧地区育种概况

西欧是栽培苜蓿较多的国家——包括法国、英国、荷兰、丹麦和北欧的瑞典等国，苜蓿育种已有百余年的历史，初始阶段的育种手段主要是对当地和引进品种的驯化、集团选择、杂交育种等。从 20 世纪 30 年代至今，育种手段主要是选育综合品种。

在法国育种机构由国立农业科学院及所属的“路增阳”和“蒙彼利埃”两个育种站完成育种工作。育种的目标特别注重增加苜蓿的饲草产量以及抗病、抗虫品种。改良苜蓿饲用品质，增加干物质和蛋白质含量，培育不倒伏的早熟和适宜多次刈割的品种。

抗倒伏可多次刈割苜蓿

法国北部地区苜蓿凋萎病比较严重，这种病主要危害苜蓿根系，严重时可使产草量减少 50%，在英国、瑞典、丹麦的参与下，已选育出高抗和中度低抗的新品种，如 Lutece 苜蓿综合品种。在选育抗苜蓿炭疽病、苜蓿褐斑病已获得阶段性成果。

法国在利用雄性不育系以控制苜蓿杂种已获得成功。在应用雄性不育系配制杂种时必须三系（即雄性不育系、不育系的保持系和恢复系），在这三系中，保持系很难找到。法国“路增阳”饲料作物育种站，利用法国品种已选出不育系及其保持系，同时也获得了从美国、波兰和俄罗斯来源的不育性材料的保持系，以配置三系配套的具有杂交优势的雄性不育的杂交种。

法国的“路增阳”饲料育种站同时研究了提高苜蓿饲草可消化性的可能，进行了提高鲜草中蛋白质浸出物含量的苜蓿育种方法，已进行了 23 种不同基因型苜蓿的蛋白质浸出实验，这些基因型的苜蓿是欧洲、亚洲和美洲很多国家比较好的育成品种。

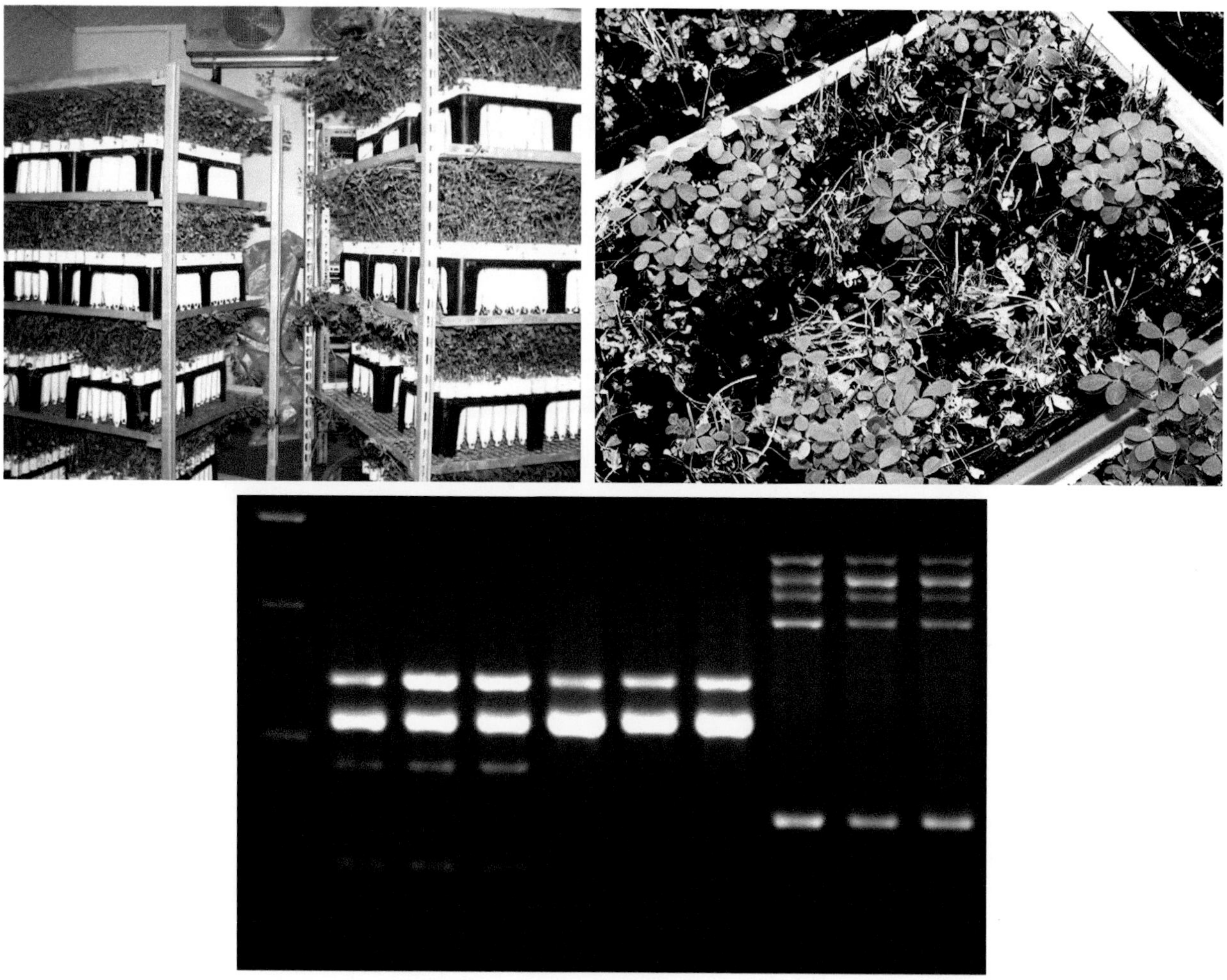

法国育种工作

在法国还进行了苜蓿固氮菌的育种以及苜蓿抗豌豆蚜的育种工作。最大成果是，他们已培育出 20 多个集约型苜蓿综合品种，其产草量达到 15 t / hm^2 干物质，最近又获得了不倒伏以及对炭疽病和凋萎病有抗性的苜蓿新品种。

三、澳大利亚和新西兰育种概括

澳大利亚已有 150 多年栽培苜蓿的历史。主要种植从法国引进的并适于本地区的，被称作猎人河的品种。进入 20 世纪 70 年代，猎人河苜蓿品种遭受大范围的蚜虫为害，为此，育种学家从美国和西亚地区引进的品种进行杂交，获得了对蚜虫具有高度抗性的新品种。

进入 20 世纪 80 年代，澳大利亚苜蓿病害严重，主要是叶斑病，仍然是采用从国外引进的抗病品种与当地品种进行杂交，所获杂种在病虫害严重发生的温室内进行筛选，获得了对病虫害都具有抗性的品种。

在澳大利亚苜蓿育种工作，由澳大利亚发展研究所（SARDI）来完成。为了培育抗盐碱、病虫害、干旱、过度放牧、严重霜冻、热带暴雨、极端酷热，其中特别是盐碱和干旱是育种学家们考虑的重点。在澳大利亚培育一个苜蓿新品种，要经过 8 个阶段，费时 10 年，需花费 100 万 ~120 万澳元（折合人民币 400 万 ~500 万元人民币）。他们培育苜蓿新品种的启示是：培育品种不要急于求成、立竿见影；所需经费比较高、培育的新品种的质量要全面，这是我国苜蓿育种工作所缺少的。

新西兰的苜蓿育种工作是 20 世纪 60 年代开始的。由新西兰科学工业部（DSIR）和农业渔业部（MAF）直接领导。新西兰的苜蓿主要是病虫害严重，其中病害有细菌性凋萎病、苜蓿褐斑病；虫害主要有茎线虫、蛴螬、蓝缘蚜虫、豌豆蚜等病虫害。

针对上述情况，新西兰育种家们采用引进国外抗病虫害的新品种，采用选择育种手段，以及同美国、瑞典、澳大利亚等国合作进行苜蓿抗病虫害及在放牧条件下表现良好，持久性强的品种的选育，到目前为止，新西兰已列入国家名录的品种有 9 个。

四、苏联（俄罗斯）育种概况

苏联及现在的俄罗斯是苜蓿栽培大国，苏联时代苜蓿育种工作已有百余年的历史。爱沙尼亚始于 1920 年、立陶宛始于 1922 年、白俄罗斯始于 1930 年、拉脱维亚始于 1931 年。当时在苏联时代已有 120 多个科研单位和院校从事包括苜蓿、三叶草、猫尾草和无芒雀麦等草种的育种工作，其中主要有全苏威廉斯饲料研究所、全苏瓦维洛夫作物栽培研究所、全苏遗传育种研究所、白俄罗斯农业研究所、季米里亚捷夫农学院。为培育高产的集约化类型的苜蓿新品种，当时有 26 个牧草育种中心（6 个专业的、20 个综合的）。

苏联自 1921—1971 年，50 年间已有 400 多个选育品种进行了区域化，其中苜蓿有 72 个，1971—1975 年间有 128 个区域化的品种，其中苜蓿 17 个，当时所培育的品种具有高产性，如中亚细亚科研机关所培育的苜蓿品种干物质产量为 24~26 t/hm^2，而非区域化的地方品种仅为 10~15 t/hm^2，在中亚地区灌溉条件下达 35~38 t/hm^2，种子产量 0.3~0.4 t/hm^2。区域化的北方杂种苜蓿干草的蛋白质含量达 20% 以上，全苏饲料研究所育种中心培育多次刈割的高产苜蓿复合杂种群体品种，粗蛋白质总量提高了 20%~30%。

苏联初期（1930—1950 年）苜蓿育种工作主要是对老的地方品种进行整理和野生群体的驯化和国外品种的引进，其中苜蓿地方品种有 559 个、野生驯化品种 21 个、国外引进品种 23 个。

苏联和俄罗斯苜蓿的育种方法有以下几种：

选择育种：其中包括①生态型选择，②混合选择一片选，③混合选择一穗选，④集团生物型选择，

⑤单株家系选择。苏联在 20 世纪 70 年代 82 个区域化的苜蓿品种中有 37 个品种（44.9%）采用生态型选择和混合选择法育成的。

人工杂交：包括品种间杂交和种间杂交，在苏联和现在的俄罗斯杂交是多年生牧草育种的主要方法。80 个区域化的苜蓿品种有 45 个（55.1%）是上述品种间杂交和种间杂交育成的。全苏饲料研究所利用胚培养方法，已获得 400 多个属和种间杂交种。

多系杂交或多元杂交：是创造综合品种和复合杂种群体品种的方法，培育综合品种时，作为基因可以利用各种原始材料——近亲繁殖系、无性系、品系、生物型，在隔离区内自由异花授粉而得到的。由俄罗斯培育的综合品种伊斯兰卡干物质产量达 26 000 kg/hm^2，种子产量达 530 kg/hm^2。

多倍体诱导和诱发突变在苏联时代以及俄罗斯时代均做了不少的工作。

雄性不育系：苏联第一个苜蓿雄性不育系植株是 1964 年在全苏瓦维洛夫作物所库班试验站由洛别茨教授育成的。第一个具有杂种优势的杂种是用中熟的不育株与来自墨西哥、印度、伊拉克、秘鲁早熟、多次刈割能育的植株杂交获得的，那时还没找到不育系的保持系。俄罗斯与保加利亚等国家合作，用 100 个苜蓿品种与苜蓿雄性不育系配制杂交种，其产草量比一般紫花苜蓿优良品种提高 18%~39%，1979 年俄罗斯学者 Petkov、Tereshehenko 在利用雄性不育系进行杂交育种的同时，发现了不育系的保持系，这样苜蓿的不育系、保持系和恢复系均找到了，通过雄性不育系配置的苜蓿杂交种，杂交优势强势、产量大幅提高，产草量比对照品种提高了 30% 以上。

五、跨国合作制育种

商业育种主体以企业为主导。20 世纪前期，美国和澳大利亚等国家的苜蓿育种工作主要由公共部门或高校完成，如美国农业部、加州大学和澳大利亚州政府部门。20 世纪 60 年代，孟山都、陶氏和先锋等公司开始收购从事农作物培育的种子公司，逐渐成为苜蓿品种的研发主体，并形成了各自发展特色。进入 21 世纪，大型种子企业兼收并购频繁。与此同时，作为大公司种子生产替补型的小微企业发展快速，进一步巩固了以企业为主导的育种格局，公共机构则逐渐转向基础研究或开展商业前研究。例如，美国科迪华农业科技（Corteva Inc）等大型企业主要通过兼收并购等方式进行全产业链布局（繁育、制种和分销一体化），培育优质高产的苜蓿品种；Dairyland Seed 和 Alforex Seed 等小微企业则主打苜蓿专用品种或特定抗性品种，以形成优势互补。企业之间还订立了技术或产品的交叉许可协议，极大提升了美国苜蓿产品的全球竞争力。如今，在苜蓿产业链上游的育种环节，美国科迪华农业科技、美国国际牧草遗传有限责任公司（Forage Genetics International）和德国拜耳集团（Bayer AG）等企业占据了制高点，培育出大量抗性或专用品种，实现了对苜蓿种业的垄断。

美国部分代表性苜蓿种子企业

企业名称及主要隶属机构	企业特色	品种特性	秋眠级别
科迪华农业科技 Pioneer	科迪华全球旗舰品牌。拥有多款 HarvXtra with RoundupReady 组合性状转基因苜蓿品种	高产、抗病虫害、抗除草剂和低木质素	3~5
Dairyland Seed	科迪华中北部区域品牌。最早引入雄性不育系杂交技术 msSunstra	高度易消化、抗病虫害、耐盐	4~9

续表

企业名称及主要隶属机构	企业特色	品种特性	秋眠级别
Alforex Seeds	科迪华中西部区域品牌。引入 Hi-Gest 技术，投放业内首款高度易消化非转基因苜蓿	高度易消化、抗病虫害、耐盐	3~10
S&W Seed	拥有业内首款免监管基因组编辑苜蓿产品	抗病虫害、耐盐和低木质素	4~10
国际牧草遗传有限责任公司	与孟山都公司合作开发的转基因苜蓿最早实现商业化	抗除草剂和低木质素	2~11
诺贝尔研究所	蒺藜苜蓿 (*Medicago truncatula*) 基因组研究处于国际领先水平	正在开展基因编辑苜蓿品种研发	

资料来源：NAFA 和各企业网站。

跨国合作制育种成为新常态。美国和澳大利亚等国家的苜蓿育种十分注重研发合作和品种许可。南澳大利亚研究与发展研究院与美国部分拥有育种项目的高校长期保持密切联系；同时，美澳之间的许多育种企业也通过股权或许可协议保持密切关系，以互换或获得某些育种种质材料。此外，国际苜蓿制种企业还与适宜苜蓿生长的南澳大利亚东南部的苜蓿种子生产企业合作，开展跨国制种。例如，由于南澳大利亚东南部与美国加利福尼亚州帝国谷的气候相似，一些美国苜蓿种子企业与澳大利亚当地种子企业签订合同，生产与帝国谷具有相同秋眠期的苜蓿种子，生产的种子既可在美国分销，也可直接运往其他出口市场（AgriFutures，2017）。

六、转基因苜蓿品种研发

转基因技术的主要目的是改善生物的原有性状或赋予其新的优良性状。目前，转基因苜蓿商业化性状主要是除草剂耐受性、抗生素耐药性和低木质素含量。其中，除草剂耐受性是应用最多的性状。根据 ISAAA（The International Service for the Acquisition of Agri-biotech Applications）网站数据，全球共有 5 例苜蓿转基因事件获批，涉及的商品名称分别为抗草甘膦苜蓿（Roundup Ready™ Alfalfa）以及低木质素苜蓿（HarvXtra™）（KK179），育成机构均来自美国。其中，抗草甘膦苜蓿具有抗倒伏和控制杂草的特点，进而提高产量潜力和饲草品质；低木质素苜蓿含有较低的木质素和较高的可消化纤维，可以使饲草品质提高 15%~20%（Successful Farming，2020）。这些商业化品种已在全球多个国家获得授权（ISAAA，2021）。近年来，全球转基因苜蓿种植面积呈逐年上升的趋势（ISAAA，2020），2019 年达到 1.3×10^6 hm^2，主要种植国为美国。2019 年美国转基因苜蓿种植面积高达 1.28×10^6 hm^2，全球占比超过 98%，占美国当年苜蓿收获面积的 19%，比 2013 年提高 6%（USDA-ERS，2016）。

苜蓿转基因事件

转基因事件	商品名称	育成机构	性状导入方法	转基因特性	授权国家
名称：J101 代码：MON-ØØ1Ø1-8	Roundup Ready™ Alfalfa	孟山都公司和国际遗传学公司	农杆菌介导的植物转化	除草剂耐受性	美国、加拿大、墨西哥、日本、菲律宾、澳大利亚、新西兰、韩国和新加坡

续表

转基因事件	商品名称	育成机构	性状导入方法	转基因特性	授权国家
名称：J101 x J163 代码：MON-ØØ1Ø1-8 x MON-ØØ163-7	Roundup Ready™ Alfalfa	孟山都公司和国际遗传学公司	常规育种	除草剂耐受性	日本、韩国和墨西哥
名称：J163 代码：MON-ØØ163-7	Roundup Ready™ Alfalfa	孟山都公司和国际遗传学公司	农杆菌介导的植物转化	除草剂耐受性	美国、加拿大、墨西哥、日本、菲律宾、澳大利亚、新西兰、韩国和新加坡
名称：KK179 代码：MON-ØØ179-5	HarvXtra™	孟山都公司和国际遗传学公司	农杆菌介导的植物转化	抗生素耐药性和低木质素含量	美国、加拿大、澳大利亚、新西兰、墨西哥、日本、韩国、新加坡和菲律宾
名称：KK179 x J101 代码：MON-ØØ179-5 x MON-ØØ1Ø1-8	无	孟山都公司	常规育种	除草剂耐受性、抗生素耐药性和低木质素含量	墨西哥、日本、韩国、阿根廷和菲律宾

基因编辑苜蓿品种研发取得重要突破。近年来，有望创造突破性性状的基因编辑技术愈发受到育种家的青睐。2017 年，美国 S&W Seed 和 Calyxt 公司联合开发的基因编辑苜蓿品种获得美国农业部监管豁免（S&W，2017），成为全球苜蓿产品中首个获得豁免的基因编辑产品。该产品采用 Calyxt 专有的基因编辑技术 TALEN，使木质素生物合成途径中的 1 个基因失活以降低木质素含量，从而提高消化率，改善苜蓿品质。此外，美国诺贝尔研究所也正在开展基因编辑苜蓿品种研发。基因编辑技术有望为饲料行业创制更高品质的苜蓿新种质。

第九章 苜蓿栽培管理

苜蓿种植，夏月取子，和荞麦种。刈荞时，苜蓿生根，明年自生，只可一刈，三年后便盛。每岁三刈，欲留种者，只一刈，六七年后垦去根，别用子种。若效两浙种竹法，每一亩，今年半去其根，至第三年去另一半，如此更换，可得长生，不烦更种。若垦后次年种谷，必倍收，为数年积叶坏烂，垦地复深，故今三晋人刈草，三年即垦作田，亟欲肥地种谷也。

——明·王象晋《群芳谱》。

第一节　早期的苜蓿栽培管理

一、苏联苜蓿栽培管理先进经验学习与引进

苏联土壤学家威廉姆斯院士经过 20 多年的研究，创造了草田耕作制和草田轮作法，这是历史上耕作制度发展的最高阶段，1948 年 10 月经苏联部长会议和苏共（布）中央通过实行后已成为社会主义农业经营规定的法规。根据莫索洛夫院士报告：“紫苜蓿所需要的氮，约比小麦多 2 倍，磷多 2 倍，钾多 3 倍。因此，在种植苜蓿的田地里，必须好好地有计划性地多施肥。”紫苜蓿具有固氮能力，但施用厩肥，对它的作用很大。

1952 年 8 月 9 日，中央人民政府农业部颁发的《国营机械农场农业经营规章》中明确指出：“国营农场必须学习苏联成功经验，实行先进的农业制度—草田轮作制和草田耕作法。”苜蓿是草田轮作制中最重要的牧草。

1952 年，孙醒东在《大众农业》（第 11 期）发表了“从米丘林学说谈到牧草栽培学的重要性”，并于 1954 年在《生物学通报》（第 5 期）发表了“草田耕作制及其在我国试行的情况”。

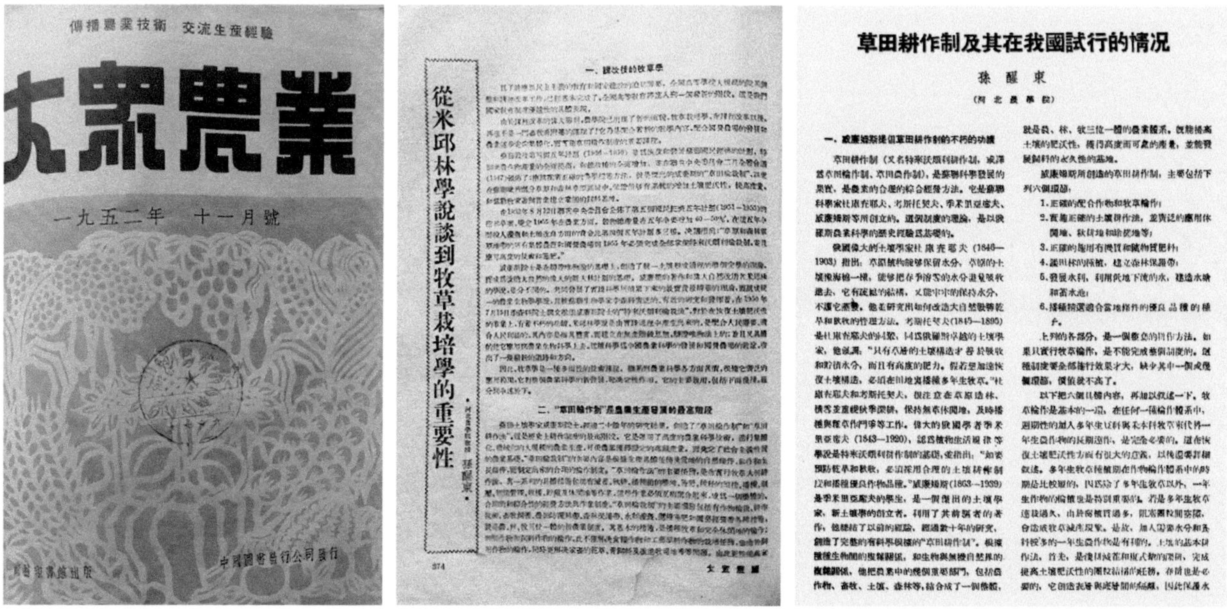

孙醒东发表的文章

1953 年，《农业科学通讯》发表了“特来沃颇利耕作法通”的系列讲座，包括涉及苜蓿内容的讲座有：牧草栽培上的问题（中国科学院遗传选种实验馆牧草工作组）、中国北部和西北部原产的重要牧草（崔友文）、根瘤菌接种问题（胡济生）、牧草的栽培（叶培忠）、实行草田轮作中的几个具体问题（刘大同）。

1953 年，已力金在《机械化农业》（4 月号）发表了“苏联苜蓿栽培技术”。

1953 年，《苏联农业科学》先后发表了“草田棉谷轮作的施肥制定”“不同年龄的牧草层对于韧皮作物产量和变更土壤肥沃条件的影响”“夏播苜蓿的生物学特性”“不翻耕苜蓿栽培冬小麦的新方法”。

1955 年，《苏联农业科学》（第 8 期）介绍了“在棉花苜蓿轮作中苜蓿的长期保留，对于棉花的毒害作用”。

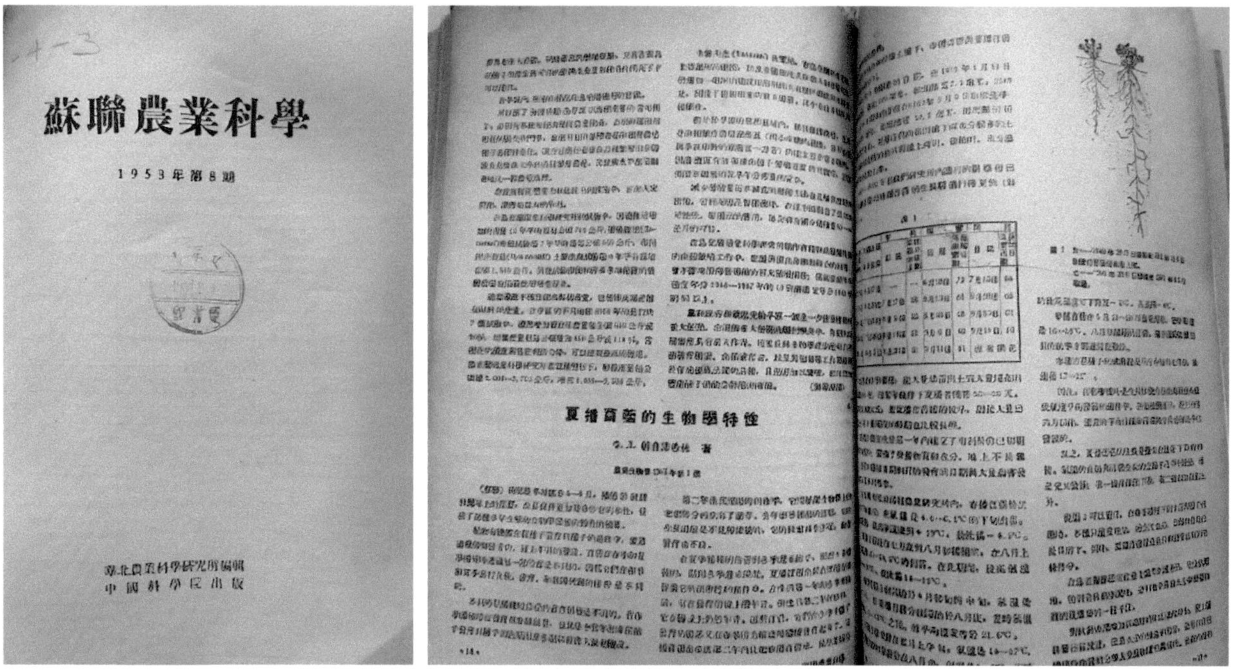

《苏联农业科学》与苜蓿研究

20 世纪 50 年代，为配合学习和实践苏联牧草栽种的先进经验，引进了苏联不少相关的技术并出版成册。

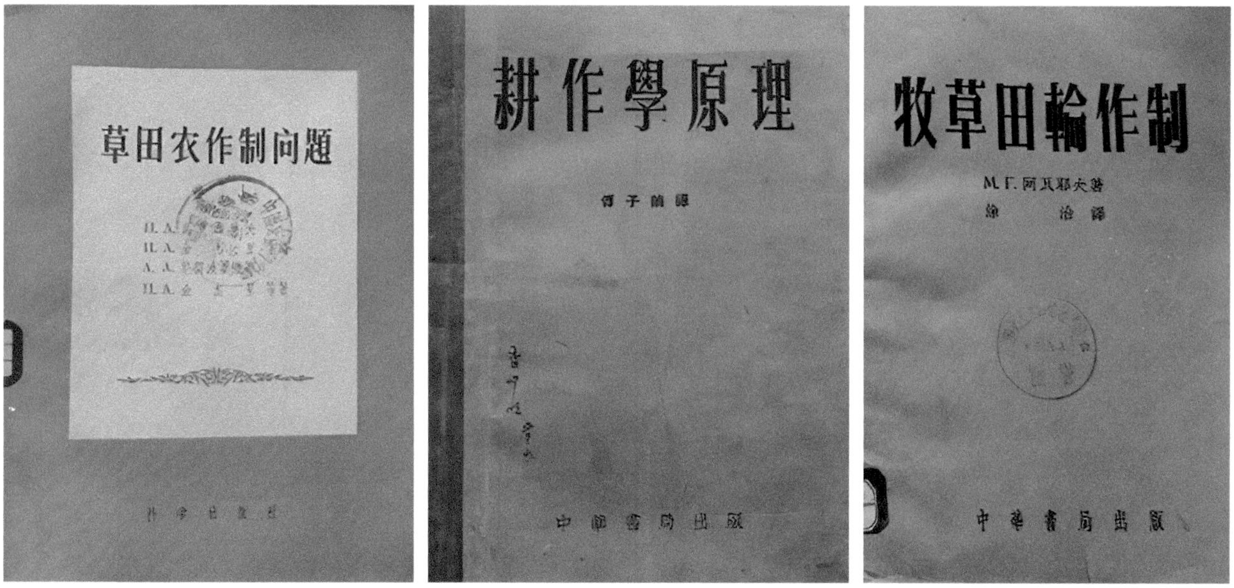

苏联牧草栽培相关书籍

苏联牧草栽培相关书籍

1956 年，中国共产党中央委员会在《1956 年到 1967 年全国农业发展纲要》提出：“应当因地制宜地积极发展各种绿肥作物，并且把城乡的粪便，可作肥料的垃圾和其他杂肥尽量利用起来。中央和地方都应当积极发展化学肥料的制造工业，争取到 1962 年生产化学肥料 500 万 ~ 700 万 t，1967 年生产 1 500 万 t 左右。积极发展细菌肥料，包括大豆、花生、紫云英、苜蓿根瘤菌。”

二、苜蓿绿肥的广泛应用

1950 年，孙育万编写的《绿肥植物栽培法》介绍了包括苜蓿（南苜蓿）、紫苜蓿和黄花苜蓿在内的三种苜蓿的植物学、生物学特征特性、气候及土壤适应性、栽培要点及绿肥特性。

《绿肥植物栽培法》

1951 年，徐方干的《绿肥作物》对苜蓿栽培地产生的氮素及有机物进行了研究。

苜蓿之肥效　苜蓿为豆科植物，因根瘤菌作用，故其栽培地迹肥沃。又同时产生有机物质，有利于分解土壤中残留肥料。

苜蓿含氮素量及有机物

单位：%

苜蓿部位	干物质	氮素	有机物
地上部分	19.30	2.99	
地下部分	14.93	2.60	
全株			73.26

资料来源：徐方干，1951。

苜蓿肥效之价值　苜蓿氮素、磷及钾含量均高于紫云英，由此可见，苜蓿肥效之价值。

苜蓿与紫云英肥料价值之比较

单位：%

绿肥作物	N	P	K
苜蓿	0.729	0.113	0.395
紫云英	0.459	0.104	0.355

资料来源：徐方干，1951。

《绿肥作物》

1951 年，辽宁省引入苜蓿作绿肥，主要分布在昭盟（今赤峰市）、朝阳地区，其中以建平县、敖汉旗的种植面积最大。如建平县沙海公社前四家生产队，有一块生长 14 年的苜蓿地，耕翻种谷子，比施肥地增产 5.8 倍，次年增产 3 倍。敖汉旗新惠公社将 5 年生苜蓿地耕翻后种高粱，较对照的施肥地增产 58%，种谷子较对照的施肥地增产 96.8%（锦州市农业局，锦州市农业科学研究所，1975）。

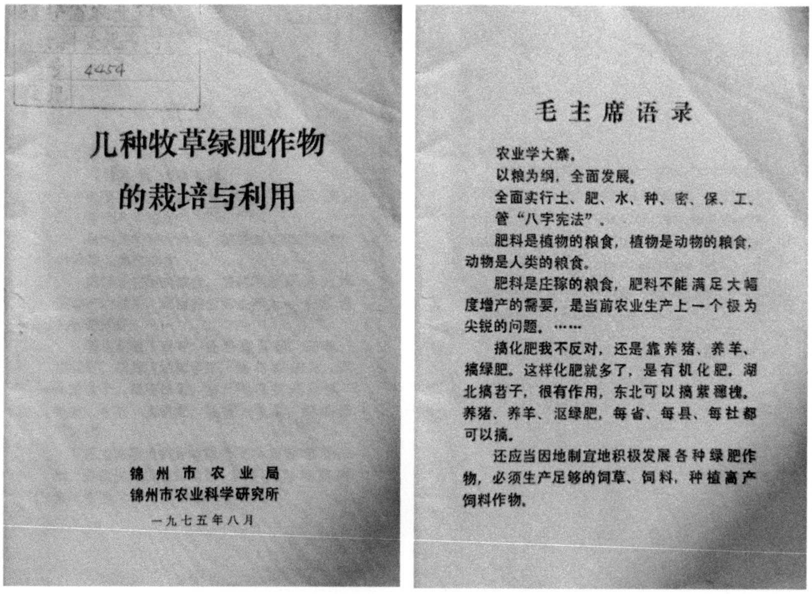
几种牧草绿肥作物的栽培与利用

锦州市农业局
锦州市农业科学研究所
一九七五年八月

毛主席语录

农业学大寨，
以粮为纲，全面发展，
全面实行土、肥、水、种、密、保、工、管"八字宪法"。
肥料是植物的粮食，植物是动物的粮食，动物是人类的粮食。
肥料是庄稼的粮食，肥料不能满足大幅度增产的需要，是当前农业生产上一个极为尖锐的问题。……
搞化肥我不反对，还是靠养猪、养羊、搞绿肥，这样化肥就多了，是有机化肥，湖北搞苕子，很有作用，东北可以搞紫穗槐。养猪、养羊、沤绿肥，每省、每县、每社都可以搞。
还应当因地制宜地积极发展各种绿肥作物，必须生产足够的饲草、饲料，种植高产饲料作物。

《几种牧草绿肥作物的栽培与利用》

1953 年，根据山西农林厅报告，山西农民利用紫花苜蓿改良土壤或作绿肥是有历史的。运城、临汾、榆次三专区共有紫花苜蓿栽培面积 59.08 万亩，其中运城一专区即达 50.18 万亩，相当于三专区总面积的 84.90%；又等于运城专区面积的 4.0%。总之，在平川地区，紫花苜蓿占总栽培面积的 8.0%。可见山西晋中、晋南的紫花苜蓿，多分布在平川地带（孙醒东，1958）。

《重要绿肥作物栽培》

《1956 年到 1967 年全国农业发展纲要》

1953—1958 年，中国农业科学院土壤肥料研究所在晋南运城县做施用磷肥后在豌豆地、绿肥压青地、苜蓿茬口地栽种小麦的试验。结果表明，苜蓿茬栽种小麦对磷肥有特强的利用能力。在多年栽培苜蓿茬以后，土壤里消耗了大量磷素而又大量累积氮素，增施磷肥具有极为显著的增产效果。由于苜蓿栽培多年，大量吸收了土壤中磷素，因此苜蓿茬口地是缺磷的，增施磷肥来平衡每年由于苜蓿栽培大量遗留在土壤中的氮素，或为苜蓿茬施磷增产有效的原因。

1954 年，山西绿全省肥作物面积达到 37 万亩，1961 年发展到 145 万亩，绿肥品种主要是草木樨、豆类、箭筈豌豆、苜蓿等。

1956 年，王栋在《牧草学各论·绪论》指出：“我国对于牧草的栽种向来很不重视。在草原区皆利用天然生长的野草，且牧民只知利用，不加保养和管理。在农耕区也很少栽种牧草，即有种植，大多皆作绿肥。这几年来，在党和政府的正确领导下，牧草栽种已为大家所重视，且获得了一定的成绩。”

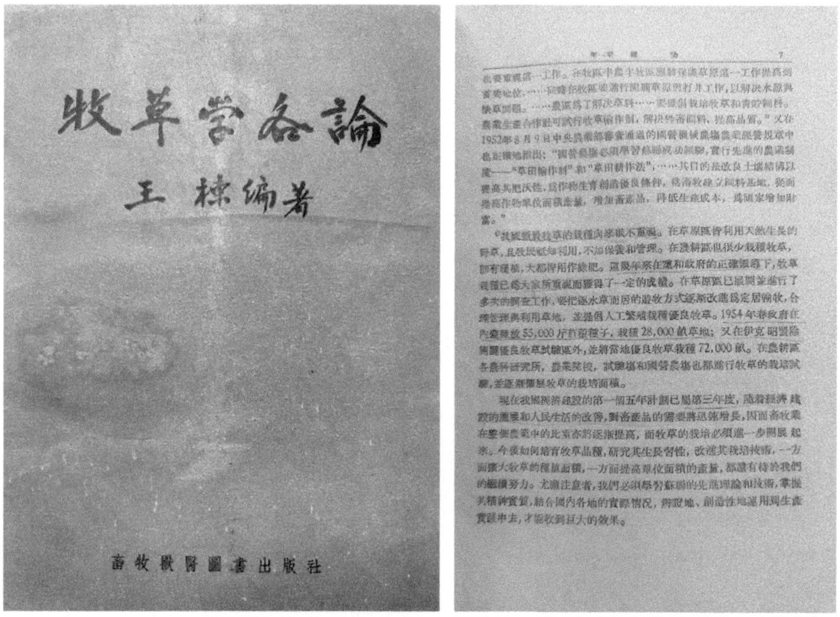

《牧草学各论》

1958 年，宁夏永宁县农业试验场开始研究旱地苜蓿绿肥，一般每 1 000 kg 鲜草，月增产稻谷 75 kg，或小米 52 kg。

● 稻田越冬绿肥

在宁夏平原的中卫、中宁、青铜峡、灵武、吴忠、永宁等县市的稻旱轮作区种植。苜蓿和草木樨混种或谷子套种，主要作物收割后，让苜蓿、草木樨绿肥继续生长，9 月底 10 月初割草留茬过冬，翌年返青后，利用种水稻播前一段空隙让绿肥生长，种水稻时压青，种植苜蓿、草木樨，小麦在灌头水前与谷子播种同期进行。绿肥产量：越冬前每亩 300 ~ 500 kg，种水稻前 750 ~ 1 000 kg。

● 两粮一肥

在宁夏平原及宁南山区的部分川水地区种植。主要是进行小麦、玉米的带状套种，小麦带宽 1.5 m，玉米带宽 0.5 m，麦带（或玉门带）中套种苜蓿、草木樨。

● 果园绿肥

在果树行间种植苜蓿、草木樨、箭筈豌豆等，刈割后用作牧草，或直接压青做绿肥。

1959 年，孙醒东在《牧草及绿肥作物》中重点介绍了苜蓿在我国的栽培史、分布及在国民经济中的意义，同时也介绍了苜蓿的植物学特征和生物学特性以及栽培技术。

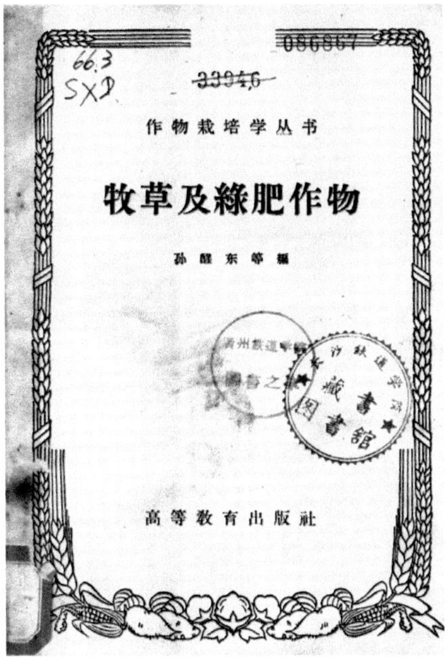

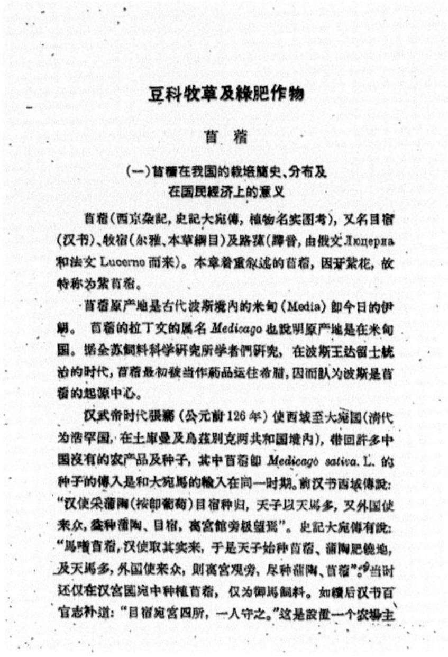
豆科牧草及綠肥作物

苜 蓿

(一)苜蓿在我国的栽培簡史、分布及在国民經济上的意义

苜蓿(西京杂記，史記大宛傳，植物名实图考)，又名目宿(汉书)、牧宿(尔雅、本草綱目)及路蓀(譯音，由俄文 Люцерна 和法文 Lucerne 而来)。本章着重叙述的苜蓿，因开紫花，故特称为紫苜蓿。

苜蓿原产地是古代波斯境内的米甸(Media)即今日的伊朗。苜蓿的拉丁文的属名 *Medicago* 也說明原产地是在米甸国。据全苏飼料科学研究所学者們研究，在波斯王达留士統治的时代，苜蓿最初被当作葯品运往希腊，因而認为波斯是苜蓿的起源中心。

汉武帝时代張騫(公元前126年)使西域至大宛国(清代为浩罕国，在土庫曼及烏玆別克两共和国境内)，带回許多中国沒有的农产品及种子，其中苜蓿即 *Medicago sativa*. L. 的种子的傳入是和大宛馬的輸入在同一时期。前汉书西域傳說："汉使采蒲陶(按即葡萄)目宿种归，天子以天馬多，又外国使来众，益种蒲陶、目宿，离宫館旁极望焉"。史記大宛傳有說："馬嗜苜蓿，汉使取其实来，于是天子始种苜蓿、蒲陶肥饒地，及天馬多，外国使来众，则离宫观旁，尽种蒲陶、苜蓿"。当时还仅在汉宫園宛中种植苜蓿，仅为御馬飼料。如續后汉书百官志补道："目宿宛宫四所，一人守之。"这是設置一个农場主

《牧草及绿肥作物》

1959 年，陈布圣指出，苜蓿为深根作物，根系发达，残留的根可增加土壤有机质及氮素含量，对后作产量有显著的提高。苜蓿残留在土壤中的根重，据东北农科所的调查，播种一年的苜蓿地，每公顷能生产 8 800 kg 的青根，可以增加土壤中 66 kg 的氮肥，第五年青根有 40 t，可以增加土壤中 285 kg 的氮肥。苜蓿残留在土壤中的根重，一般均超过地上部重量（陈布圣，1959）。

《牧草栽培》

1965 年，辽宁省农业厅、中国农业科学院辽宁分院介绍了建平县七年来发展苜蓿等绿肥作物的经验和效果。

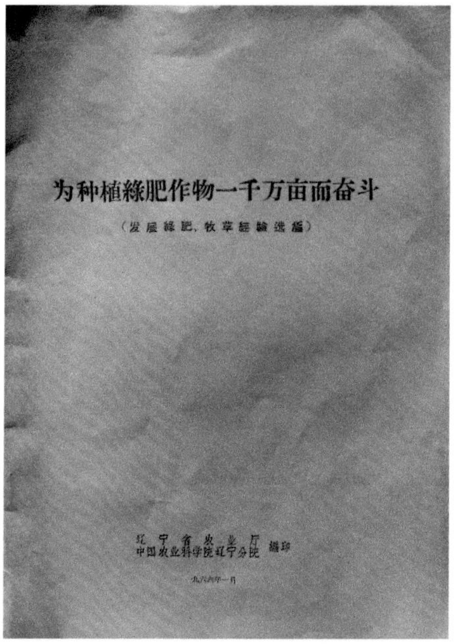

《为种植绿肥作物一千万亩而奋斗》

1966 年，新疆维吾尔自治区农业区划委员会编写了《库车、沙雅、新和、拜城地区绿肥、苜蓿区划》。

《库车、沙雅、新和、拜城地区绿肥、苜蓿区划》

1975 年，山西绿肥作物面积仅剩 34 万亩，主要是一些苜蓿和草木樨等多年生绿肥和少量柽麻。

1979 年，内蒙古昭乌达盟（现为赤峰市）科学技术协会介绍了敖汉旗种植以苜蓿为主的绿肥牧草的成功经验及其改良土壤的效果。

《牧草绿肥》

1983 年，山西全省种植绿肥面积达 153 万亩，绿肥品种主要以苜蓿为主。中、南部及晋东南平川地区以柽麻和豆科苜蓿等为主，利用方式主要是实行夏季休闲麦田复播，秋季种麦前直接翻压入土，作秋播小麦的底肥。

1986 年，焦彬《中国绿肥》报道，苜蓿作绿肥在宁夏黄灌区应用很普遍，平均占稻田面积的 42.7%，在中宁、中卫一带绿肥占水稻面积的 70% 左右。这一地区很有规律地进行水、旱轮作，其轮作次序有：

- 春小麦 + 大豆 »» 春小麦 + 苜蓿 »» 苜蓿（压青）+ 水稻
- 春小麦 + 苜蓿 »» 苜蓿（压青）+ 水稻

据宁夏农业科学院土肥研究所多点调查，500 kg/ 亩苜蓿绿肥与施农家肥料比较，每亩净增产稻谷 50 kg 左右。宁夏一些国营农场，有机肥很少，多在稻田附近种植苜蓿，刈割后就近作水稻底肥。据宁夏灵武农场测定，苜蓿产鲜草 2 500 kg/ 亩，第一茬 1 500 kg/ 亩，可供 2 亩地施用，第二、第三茬草晒干作次年水稻绿肥，又可解决 1.5 亩稻田施用，因此种 1 亩苜蓿可以解决 3.5 亩稻田用肥。苜蓿作绿肥不仅肥效好，而且成本也较低。因此，该农场从 20 世纪 70 年代开始种苜蓿绿肥，降低了生产成本（焦彬，1986）。

1996 年，新疆维吾尔自治区地方志编纂委员会在《新疆通志（畜牧志）》中指出，苜蓿是培肥土壤、提高地力的优良前作。种植 3 年苜蓿的茬地，每公顷积累落叶根系干残体 30.74 t，折合氮素 466 kg、全磷 95 kg、全钾 1 481 kg，相当于 15 kg 优质厩肥的肥效。并提高土壤有机质 0.39%，团粒结构比种其他作物多 1.2 ~ 1.4 倍。

三、苜蓿栽培育种技术

20 世纪 50 年代，为了更好地学习苏联先进的作物（牧草）育种栽培技术，国家出版了大量与之有关的俄文翻译著作，其中都涉及苜蓿的育种原理、方法技术和良种繁育，以及苜蓿的栽培管理与利用等内容。

1953 年，《苏联农业科学》第 8 期和第 9 期分别刊发了《夏播苜蓿的生物学特性》和《不翻耕苜蓿栽培冬小麦的新方法》。

俄文翻译著作

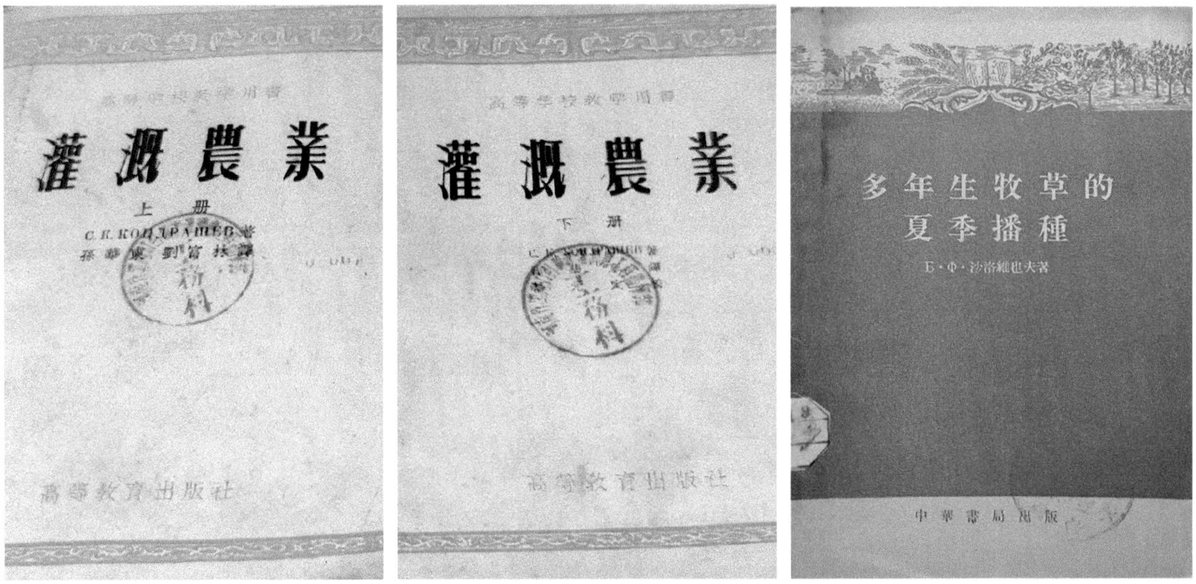

俄文翻译著作

1953 年，农业部总结华北紫苜蓿以夏播（8 月初）最佳。这符合李森科院士所提倡的“紫苜蓿夏播法”。在苏联南部为了获得苜蓿种子的高额而稳定的产量，广泛地采用了李森科院士所提倡的“紫苜蓿夏播法”。

1955 年，章祖同翻译的《青饲料轮替》介绍了包括苜蓿在内的多年生牧草及混合牧草、一年生牧草及混合牧草的轮作意义、轮替种植的农业生物学特性和青饲料轮替种植的效果实例。

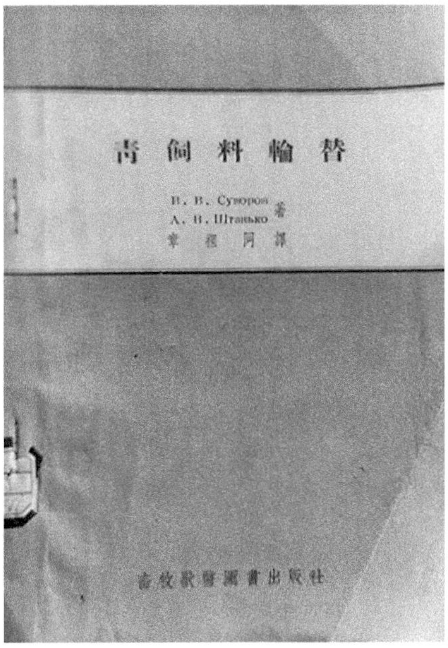

《青饲料轮替》（章祖同翻译）

四、早期的苜蓿种植调查

1950—1953 年，西北农业科学研究所先后组织 20 余人，对陕西、宁夏、甘肃、青海和新疆西北 5 省区的苜蓿栽种情况进行了专项调查。截至 1952 年，西北地区共有苜蓿 313.0 万亩，其中陕西省为

94.0 万亩，占全省耕地面积的 1.55%；甘肃 148.0 万亩，占耕地面积的 2.70%；宁夏（即银川专区）3.0 万亩，占耕地面积的 0.70%；青海 0.12 万亩，占耕地面积的 1.03%；新疆 65.0 万亩，占耕地面积的 2.98%。到 1955 年，西北苜蓿栽种面积比 1 952 年增加了 35.7%，总面积已达 426.62 万亩，其中以甘肃省最多，苜蓿栽培面积达 192.77 万亩，陕西次之，栽培面积达 166.26 万亩，新疆为 65.97 万亩，青海 1.63 万亩。

据农业部 1952 年统计，山西苜蓿栽培面积 53.0 万亩（运城、忻县、雁北、临汾、榆次等专区），陕西 94.0 万亩（咸阳、宝鸡、渭南、商洛、延安、绥德、榆林等专区），甘肃 145.0 万亩（天水、平凉、庆阳等专区），此外，宁夏黄河沿岸、青海和新疆，亦有少量种植（崔友文，1959）。

1953 年，据山西省农林厅《山西省苜蓿栽培情况调查》显示，运城、临汾、榆次紫花苜蓿栽培面积共 59.08 万亩，其中运城苜蓿栽培面积就达 50.18 万亩，相当于三区总面积的 84.9%，可见山西晋中、晋南的紫花苜蓿，多分布在平川地带。

据估计 1952 年，全国苜蓿栽培面积达 500 万亩（王栋，1956），主要分布在秦岭以北，在华北、东北也有零星分布（孙醒东，1958），西北苜蓿约占全国总面积的 62.0%，到 1955 年西北苜蓿约占全国总面积的 80% 以上（西北农业科学研究所，1958）。

1955 年，西北农业科学研究所陇东工作组在《甘肃陇东董志塬小麦生产调查报告》报道，在当地（注：陇东董志塬）种植苜蓿相当普遍，一般占耕地面积的 5.0% 上下，但群众种苜蓿的主要目的是解决饲料问题，种植多在 7 ~ 8 年以上，甚至有到 15 ~ 30 年翻耕者。因此苜蓿在轮作上的意义不大。另一方面，由于苜蓿翻耕后三年内小麦生长不好，也是限制苜蓿面积不能扩充的原因。关于苜蓿耕翻后小麦生长不良的原因，可能是苜蓿生长年代过久，而引起某一营养元素的缺乏。如将苜蓿种植年限缩短到 4 ~ 5 年，是否可以得到克服，尚待研究。即使单从解决饲料问题出发，苜蓿种植年限也不宜过久。据今年（1955 年）在庆阳县李家寺附近的调查，苜蓿产草量到 5 ~ 6 年后即开始下降，至 8 ~ 9 年，青草产量每亩只有 1 500 多 kg，其每年收益远不如种粮食作物，若将苜蓿生长年限缩短至 4 ~ 5 年，牧草产量即可提高，既有利于解决饲料不足的困难，也有利于培肥地力。因此缩短苜蓿栽培年限，适当扩大苜蓿面积，利于苜蓿倒茬，是增加土壤肥力的有效途径之一。

不同栽培年限苜蓿青草产量调查

农户姓名	栽培年限	产草量（斤/亩）		
		第一茬（夏割）	第二茬（秋割）	全年总产
孙金魁	2	3 140	—	—
李应江	3	3 300	870	4 170
李子房	3	3 000	1 740	4 740
李子房	4	4 000	1 401	5 401
孙金魁	4	3 800	1 490	5 290

资料来源：西北农业科学研究所陇东工作组，1955。

续表

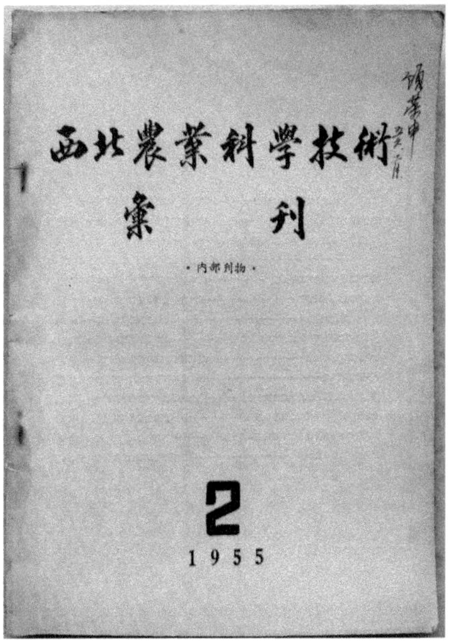

《西北农业科学技术汇刊》

1957 年，李笃仁《土壤镇压在农业生产上的意义》一文，对苜蓿播种前镇压进行了调查研究。1954 年在双桥农场苜蓿轮作区（938 亩），进行调查研究，前作为燕麦，因收割较晚，播种前未施肥亦为镇压。1953 年 9 月下旬用拖拉机带 48 行播种机播种苜蓿，机轮对地面压力为 1 826 g/cm^2，播种量 2.5 斤 / 亩，行距 7.5 cm。1954 年春返青后，看到凡是拖拉机轮压过的地方，苜蓿返青早，植株整齐，没有冻死苗，无杂草；未压过的地方，则完全相反，镇压的效果很显著，在总越冬苗数上，镇压为不镇压的两倍弱。

（1）镇压与不镇压对土壤紧实度有显著的差异。镇压的 0~3 cm，土壤比较松软，下面则很紧实；不镇压的 0~12 cm 皆是松土。凡是苜蓿生长好的地方，都是经过拖拉机轮压过的，也就是播种前被压紧的地方；苜蓿生长不好的地方，都是没有压过的，在土壤比重上，差异很显著。

（2）镇压与不镇压对苜蓿生长、产量影响都很大。无论第一茬草或第二茬草，镇压的在株高都高出 10 cm 之多，单位面积茎数，多出三分之一，青草及干草，镇压为不镇压的两倍多。同时，镇压的杂草很少，不镇压的因为苗稀，杂草较多，且第一茬收割后，镇压的再生力显著旺盛，生长速度快，远较不镇压的占优势。

（3）镇压与不镇压对苜蓿第三茬草的生长势及罹病情况显著。镇压的第三茬草生长势强，株高仍高出 10 cm 之多，同时因为生长势强，抗病能力也强。苜蓿在北京地区，6—7 月间，常发生一种病害，叶子及茎有黑斑，严重影响苜蓿生长甚至死亡，在罹病率上，两者皆为 100%，但在严重程度上，则有显著差异。镇压过的叶子，虽因病害有黑枯破碎，下部叶子虽呈枯黄，但上部叶子仍呈绿色；未镇压过的则全株变为灰黄色，下部叶子枯焦，顶部叶子少有绿色，呈卷缩状，在草的品质上，当然更差。这说明了镇压的植株密，生长健壮，增加了对病害的抵抗力，不镇压的植株稀，生长不良，罹病严重，主要是看生长势与恢复来决定对病害的抵抗力。

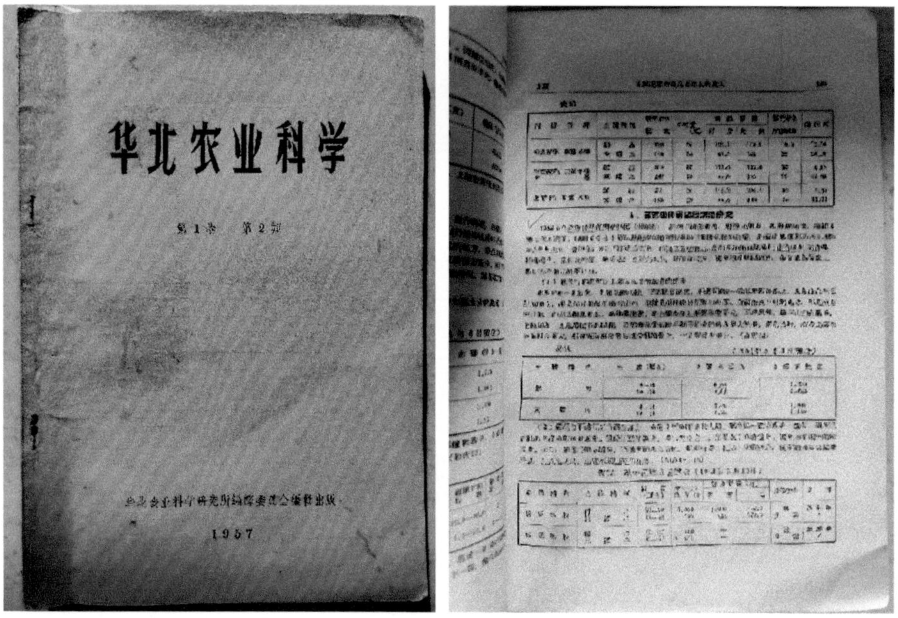

《华北农业科学》

五、早期苜蓿栽种技术介绍

《华北农业科学研究所 1949—1955 年主要资料研究简编》（1956 年）以简报的形式刊载了谭超夏、李笃仁等专家的苜蓿栽培加工技术研究。

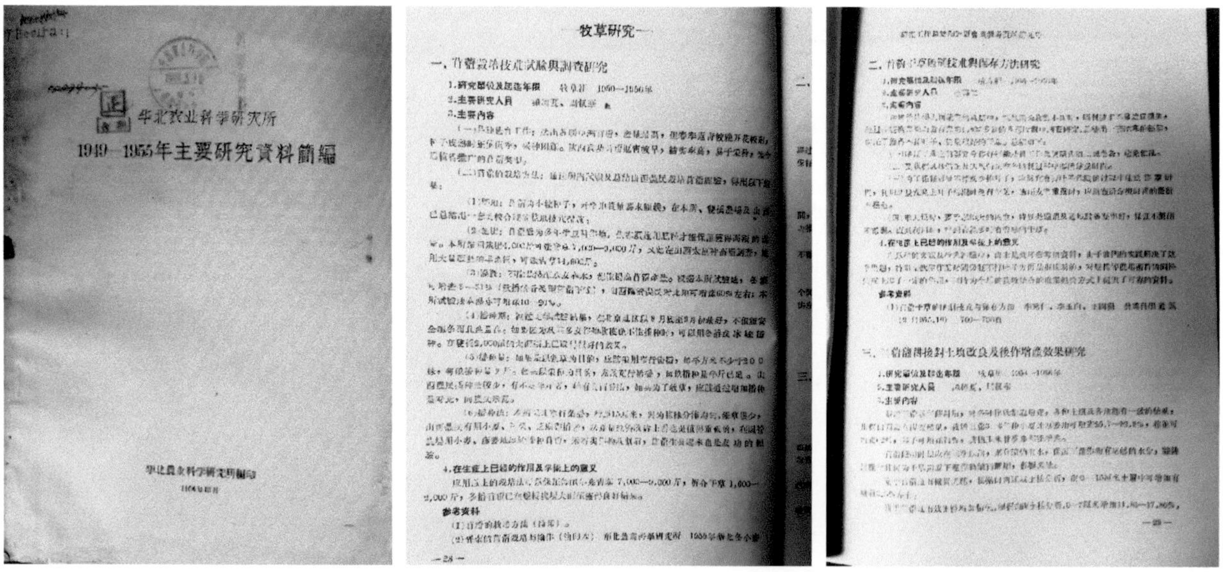

《华北农业科学研究所 1949—1955 年主要研究资料简编》

1950—1955 年，谭超夏、周叔华开展了苜蓿栽培技术试验与调查研究，主要进行品种选育、苜蓿德栽培方法，苜蓿干草产量达 800~1 000 kg/ 亩，冬播苜蓿在双桥农场大面积获得良好结果。

1951—1956 年，谭超夏、周叔华开展了苜蓿翻耕后对土壤改良及后作增产效果的研究，苜蓿栽培数年翻耕后，对各种作物都能增产，各种土壤及各地都有一样的结果。根据山西省基地调查，栽培 3 年的苜蓿地种小麦比原小麦地可增加产量 25.7%~82.2%，棉花可增产 62.0%，谷子可增产 71.0%，其他玉米甘薯亦能增产。

1950 年，王春溥在《东北农业》（6 月号）发表了“苜蓿栽培法”。

1952 年，孙醒东在《大众农业》（12 号）发表了“重要牧草的介绍”。

重要牧草的介紹

（一）荳科

一、紫苜蓿

一九五二年　十二月號

《大众农业》

1953 年，唐乾若在《农业科学通讯》（第 1 期）发表了“苜蓿的栽培管理”，周叔华发表了“几种豆科牧草种子及幼苗形态上的区别”（第 5 期）。

《农业科学通讯》

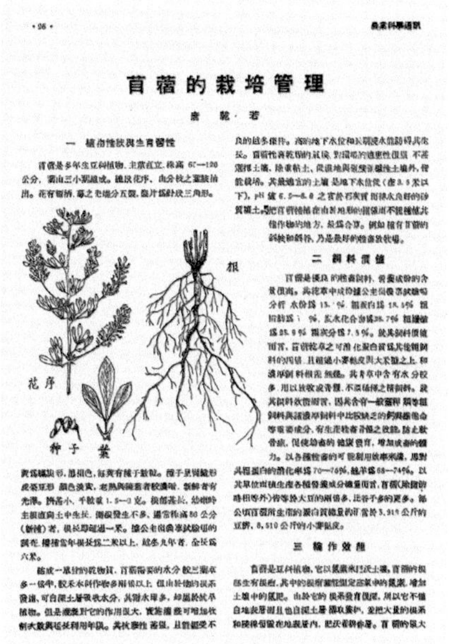
農業科學通訊

苜蓿的栽培管理

唐乾若

一　植物性狀與生育習性

二　飼料價值

三　輪作效種

苜蓿的栽培管理（唐乾若）

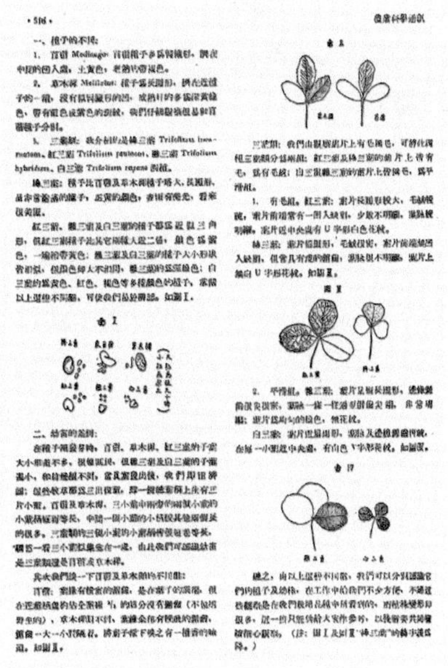
農業科學通訊

几种豆科牧草种子及幼苗形态上的区别（周叔华）

1953—1954 年，周叔华、李振声在北京牧草根系地中发现：

● 苜蓿的剖面形态　苜蓿为深根型植物，主根发达，入土很深，侧根较少。

● 根系分布　苜蓿根在第一年深 2.0 m 左右，第二年 3.5 m，第三年则达 4.5 m。由东北调查老苜蓿根深有达 6.0 m 者。

播种当年苜蓿根系分布与其他豆科牧草比较

牧草种 / 品种	根系分布（cm）	牧草种 / 品种	根系分布（cm）
亚洲苜蓿	165	红三叶	95
陕西苜蓿	165	杂三叶	90
公农 1 号苜蓿	170	百脉根	120
白花草木樨	100 以上	野豌豆	100
红豆草	150	胡枝子	110

注：播种期：1953 年 3 月 28 日；挖根时间：1954 年 5 月 28 日开花盛期。

资料来源：周叔华 & 李振声，1957。

● 根量比较　在北京地区豆科牧草根系产量以苜蓿最多。

播种当年苜蓿根量与其他豆科牧草的比较

牧草种 / 品种	根量（kg / 苜蓿）	牧草种 / 品种	根量（kg / 苜蓿）
匈牙利苜蓿	638.5	野豌豆	230.5
克利末苜蓿	656.5	晚熟红豆草	269.5
智利苜蓿	568.0	早熟红豆草（美国）	194.5
咸阳苜蓿	369.5	早熟红豆草（丹麦）	125.0
苏联红豆草	356.0	杂三叶	188.0
百脉根	296.0	白三叶	58.0

注：播种期：1953 年 3 月 28 日；测定时间：1954 年 6 月。

资料来源：周叔华 & 李振声，1957。

● 根系品种　苜蓿根系随着生长年限的增加而引起的品质变化是在苜蓿栽培与耕作条件作用下而变化的。苜蓿根系在比较幼龄阶段，中轴部分是比较鲜嫩容易腐烂，随着生长年限的增加，中轴部分木质素增加，到老年则几乎全部成为木质而不易腐烂；第二年苜蓿根的中轴部分的组织较细，皮层亦较肥厚，第四年的根中轴组织甚粗，木质化严重，皮层腐烂，苜蓿根很老后，不仅品种变劣，而且粗达 2~3 cm，在翻耕上是非常困难的。

1954—1956 年，孙醒东、胡叔良等在“重要牧草植物根系发育的研究”中，对紫花苜蓿的根进行了如下研究：

● 根系发育

● 根系分布

● 根颈

● 根瘤与越冬芽

1954 年，吴祖堂、张揩、周叔华在《农业科学通讯》（第 7 期）发表了“苜蓿栽培与推广上的一些实际问题”。

苜蓿栽培與推廣上的一些實際問題

吳祖堂　張　揩　周叔華

種植苜蓿，是培養地力解决牲畜飼草的有效方法之一。華北一帶，土壤有機質與牲畜飼料的普遍缺乏，故歷年在河北山西兩省，由於農民自發的要求與政府的推動，苜蓿的種植面積，已在逐步擴大中。但在新種苜蓿的地區，幹部與羣衆，缺少經驗，因此我們將近來在各地區進行苜蓿調查中，所了解到的有關栽培技術上的一些問題，提出以下幾點意見，以供參考：

一　推廣苜蓿的適宜範圍

苜蓿是耐旱同時又是喜濕的植物，又能耐鹽鹼，因此可以利用沙、荒、鹼地種植。

如晉南的塿土（粉沙黏土）地，羣衆利用小麥、油菜、芝蔴等爲掩護作物，在第1年與苜蓿間播或混播，在栽培的第3年，可獲得800斤以上的乾草收益。晉北定襄一帶的山地，水位在6丈以上，羣衆在山頭瘠薄的沙土上，第1年用糜子、蕎麥等帶苜蓿，第3年的乾草產量，可達500斤左右。河北省南部的沙河縣，有好多地下面完全是沙子，以麥子等爲掩護作物和苜蓿混播，在栽培第3年，每畝可穫得400斤以上的乾草；同地區有一塊種莊稼不長的沙地上，發現於此單播苜蓿，仍然可以成活，且生長了3年半，很少缺苗，根子已扎下1丈多深。在衡水縣鹼地上種苜蓿，多於7月底與蔓菁混播，第3年可穫得600斤的乾草；該縣的堤埝陡坡及公路兩側，亦同樣種了苜蓿。由於羣衆種苜蓿播種量都很低，因此苜蓿在栽培的第4年、第5年，產量是要比第3年更高些。

由於在以上這類土地種苜蓿，都可穫得大量飼料經濟收益比種一般莊稼爲高，並且後作產量的提高很顯著，在棉、糧區，爲不影響棉、麥的栽培面積，在這些土地上，推廣種苜蓿，是相當適宜的。但是在流動的沙丘或重鹼地，由於種苜蓿出苗保苗都很困難，不宜推廣。

在肥料缺乏的直麥地（一年種一茬麥子），爲從培養地力出發，於麥收後種綠肥作物，對增加小麥產量，有顯著效果，故仍以大力推廣綠肥作物，比苜蓿爲宜。

但在土地面積較大的農業生產合作社，劃出部分土地種植苜蓿，仍然是有條件的，因此應該有重點的掌握一些社，藉以從種植苜蓿來解决牲畜飼料，並逐

有掩護作物的播種，可以幫助苜蓿出土，掩護苜蓿幼苗期間的生長，此外最主要的，是在栽培的當年，仍可收一茬莊稼，增加了一定的收益，而第2年，苜蓿也長起來了。

但在不利的一方面，即掩護作物，當年生長迅速，掩蓋了苜蓿，使之生長上受到一定的抑制，這樣也會造成了苜蓿的缺苗斷壟。因此掩護作物的播種量，要比單播時少些（以減少三分之一爲宜），苜蓿的播種量，應比羣衆現有基礎適當增加爲宜。

在衡水一帶的鹼土地，苜蓿的播種時期，一般在7月初與蔓菁一齊混播，鹼性較大的地，要事先串

《苜蓿栽培与推广上的一些实际问题》（吴祖堂、张揩、周叔华）

1955 年，周叔华在《农业科学通讯》（第 9 期）发表了“老苜蓿地间播小麦试验介绍”。

1955 年，《西北农业科学技术会刊》发表了刘忠堂的“谈苜蓿播种问题”和甘肃永宁农业试验站“甘肃川银灌区苜蓿栽培技术介绍”。

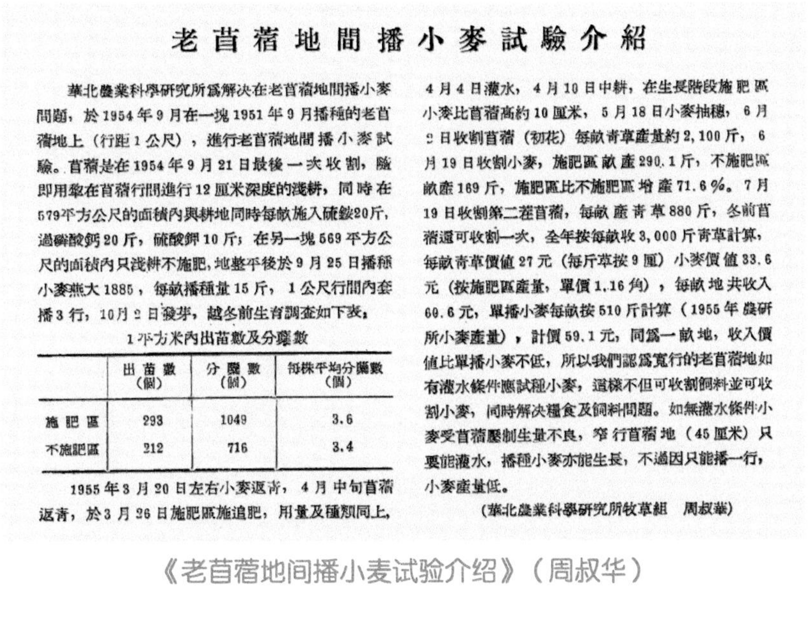

老苜蓿地間播小麥試驗介紹

華北農業科學研究所爲解决在老苜蓿地間播小麥問題，於1954年9月在一塊1951年9月播種的老苜蓿地上（行距1公尺），進行老苜蓿地間播小麥試驗。苜蓿是在1954年9月21日最後一次收割，隨即用犂在苜蓿行間進行12厘米深度的淺耕，同時在579平方公尺的面積內與耕地同時每畝施入硫銨20斤，過磷酸鈣20斤，硫酸鉀10斤；在另一塊569平方公尺的面積內只淺耕不施肥，地整平後於9月25日播種小麥燕大1885，每畝播種量15斤，1公尺行間內套播3行，10月2日發芽，越冬前生育調查如下表：

1平方米內出苗數及分蘗數

	出苗數（個）	分蘗數（個）	每株平均分蘗數（個）
施肥區	293	1049	3.6
不施肥區	212	716	3.4

1955年3月20日左右小麥返靑，4月中旬苜蓿返靑，於3月26日施肥區施追肥，用量及種類同上，4月4日灌水，4月10日中耕，在生長階段施肥區小麥比苜蓿高約10厘米，5月18日小麥抽穗，6月2日收割苜蓿（初花）每畝靑草產量約2,100斤，6月19日收割小麥，施肥區畝產290.1斤，不施肥區畝產169斤，施肥區比不施肥區增產71.6%。7月19日收割第二茬苜蓿，每畝產靑草880斤，冬前苜蓿還可收割一次，全年按每畝收3,000斤靑草計算，每畝靑草價值27元（每斤草按9厘）小麥價值33.6元（按施肥區產量，單價1.16角），每畝地共收入60.6元，單播小麥每畝按510斤計算（1955年農研所小麥產量），計價59.1元，同爲一畝地，收入價值比單播小麥不低，所以我們認爲寬行的老苜蓿地如有灌水條件應試種小麥，這樣不但可收割飼料並可收割小麥，同時解决糧食及飼料問題。如無灌水條件小麥受苜蓿壓制生長不良，窄行苜蓿地（45厘米）只要能灌水，播種小麥亦能生長，不過因只能播一行，小麥產量低。

（華北農業科學研究所牧草組　周叔華）

《老苜蓿地间播小麦试验介绍》（周叔华）

1955—1956 年，李笃仁对苜蓿干草晒制技术与保存方法进行了研究，针对国营农场大面积栽培苜蓿，往往因为刈割不及时，晒制技术不当造成损失。经过在双桥农场和丰台农场 1 800 亩的苜蓿收割中调查研究，总结出一套晒制干草的经验，保证了不掉叶子、质量很好的干草，总结如下：

- 晒制干草前要做好组织动员工作及突击性的思想准备，避免忙乱；
- 要根据具体情况和天气情况，在晾晒过程中灵活掌握时间；
- 为了保证不掉或少掉叶子，应该在有掉叶子危险的过程中主要作业时间，利用早晨或晚上绵润时进行，遇雨或重露时，应该灵活掌握时间的提前或退后；
- 堆大垛时，要予以极大的注意，特别是垛顶及通风设备要做好，保证不漏雨、不霉烂，直到利用时，得到青绿多叶有香味的干草。

1959 年，王世昌报道了河北省蔚县吉家庄公社高家烟大队种植苜蓿的经验。

1959—1960 年，西北畜牧兽医研究所在兰州进行了提高苜蓿单位面积产量的研究。

苜蓿丰产试验总结

中国农业科学院西北畜牧兽医研究所

1960年1月

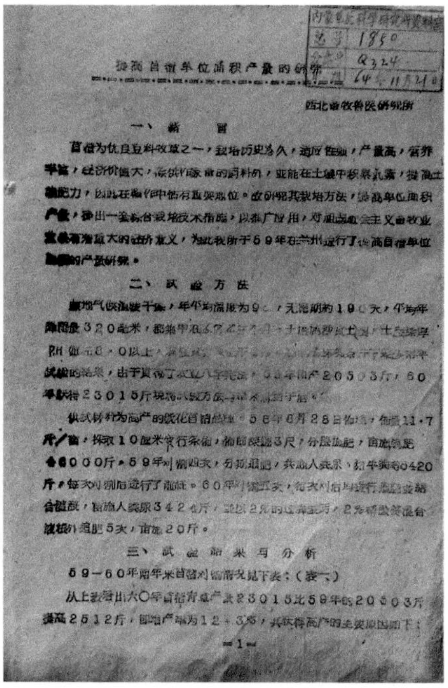
提高苜蓿单位面积产量的研究

西北畜牧兽医研究所

一、绪　言

二、试验方法

三、试验结果与分析

59－60年两年来苜蓿刈割情况见下表：（表一）

－1－

《苜蓿丰产试验总结》

1960 年，新疆生产建设兵团第三十团种植苜蓿达 45 000 余亩，其中有 3 000 种子田。主要苜蓿种植经验有：

播种前：一年四季均可播种苜蓿，但以早春和临冬播种效果最好。

播种方法：冬麦地带雪撒播、冬麦地春耙前撒播、冬麦地春耙后条播、糜故（谷）苜蓿混播、单播、临冬播等 10 余种。其中以冬麦地春耙后播种和临冬播种效果较好，出苗整齐，节省种子，麦收后地面有苜蓿覆盖，能防止地下盐碱上升。

行距：收草苜蓿的行距宜在 15 cm，收种子苜蓿的行距宜在 30~45 cm，收种子的行距，30 cm 比 15 cm 行距种子产量提高 20%，其原因是行距宽有利于株间通风透光，荚果成熟度高，种子粒大饱满，品质好。

播种量：苜蓿种子千粒重一般在 1.4~2.0 g，每 500 g 苜蓿种子有 25.0~35.0 万粒，若按种子利用率 95% 计算，单播地 500 g/ 亩，混播地 750 g/ 亩。

田间管理：苜蓿田间管理主要是浇水。收草的苜蓿。每刈割一次随即浇水一次，这样一年可刈割 4 次；收种子的苜蓿，在花序形成期和出花期各浇水一次（大约间隔 18~20 天）。浇水 2 次的苜蓿种子产量比浇水一次产量增加 54%，但在盛花期停止浇水，以避免枝条茂盛，降低种子产量和品质。

1965 年，辽宁省畜牧兽医研究所在辽西进行了苜蓿播种期的试验研究。

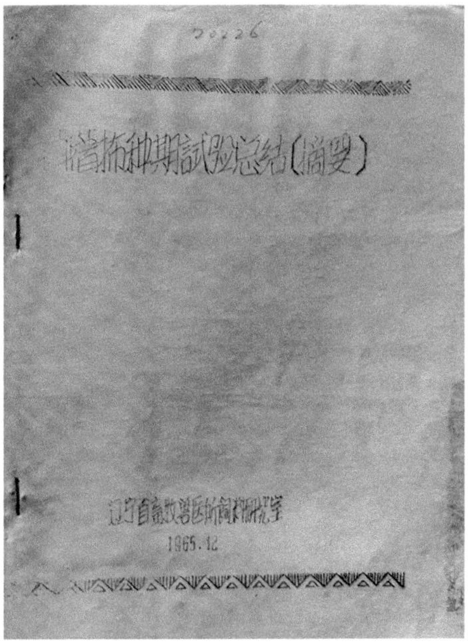

《苜蓿播种期试验总结［摘要］》

六、苜蓿轮作栽培技术

1. 轮作

1951 年，朱富藻在《西北农林》（12 卷）报道了“关于苜蓿轮栽的经济效用问题”。西北农林不技术研究室发表了“关于推广苜蓿轮作的意见《西北农林》（12 卷）”。

1952 年，俞启葆研究了西北区苜蓿轮栽问题。

1953 年，王栋出版了《草田轮作的理论与实践》。王栋教授一方面系统地介绍了苏联在草田轮作中的先进理论和经验，另一方面对牧草栽培怎样结合国内实际情况配合到草田轮作制中的体会提供了具体意见，还就草田轮作制在国内推行时可能出现的问题和解决的途径亦加以讨论。书中就苜蓿的生长习性和在轮作中的地位作了介绍。王栋先生指出，苜蓿生长期颇长，种后第一年生长较其他豆科牧草为快，第二、第三年生长最盛，产量最高，放在轮作制中的苜蓿栽种年限以三四年为宜。而在种草较短的作物轮作制中亦宜栽种苜蓿。又以苜蓿的适应性较广且有改良土壤的作用，所以在斜坡地区，或因土质瘠薄而未划入轮作区的地上可种植苜蓿以改良之。

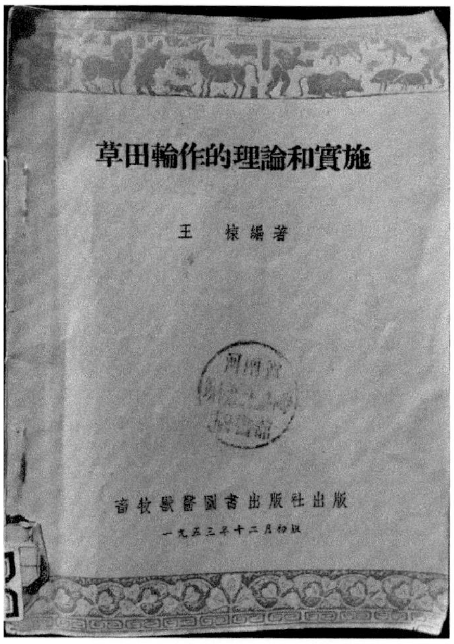

《草田轮作的理论与实施》

1955 年，华北农业科学研究所进行了晋南苜蓿栽培与轮作的研究。

1955 年，中国科学院植物研究所指出，紫苜蓿在轮作制中占极重要的地位。它多和保护作物间作，间作在冬季作物或春季作物中均可。紫苜蓿若和多年生禾本科牧草混播，乃是春麦、棉花、麻和粟的良好前作。在轮作中，尤其是在灌溉区和饲料轮作中，紫苜蓿占有的时间通常为 2~4 年。

2. 北方冬麦区

实行一年一熟轮作的地区主要在太行山以西，包括甘肃东部、陕西秦岭以北、山西大部及河南西部丘陵地区的旱作区，也就是我国的主要黄土高原地区。这一地区年降水量为 400~600 mm，大多集中在 7—9 月，冬、春常有干旱，而夏、秋降雨较多。在深厚的黄土地上，只要在雨季前后做好深耕蓄水和耙耱保墒工作，冬小麦产量则比较高而稳定。因此，小麦就成为本区最主要的粮食作物，一般占耕地面积的 60% 以上。该区在耕作中十分重视夏季休闲期间的蓄水保墒，以便为秋播小麦创造良好条件。其他作物的安排都以小麦为转移，当小麦连种数年地力减低，才在麦茬地上安排一季晚秋作物，晚秋作物收获后一般都播种豌豆或扁豆，不作为小麦前茬。在甘肃平凉及陕西洛川一带的黄土高原上，地势高、气温低，生长期也较短，一般以春播谷类作物与小麦轮作。各地苜蓿—小麦主要轮作方式如下：

- 苜蓿 (5~8 年后夏翻) →秋播小麦 3~5 年后转为第 (1) 种轮作方式 (陕西关中、山西南部)
- 苜蓿 (5~8 年后春翻) →芝麻、高粱粟→小麦 (3~5 年) →小麦间种苜蓿 (山西南部)
- 苜蓿 (5~10 年后春翻) —春播粟、糜→春播高粱或糜、粟小麦 (4~8 年) →春播粟、糜 (2 年) →春豌豆→小麦 (2~3 年)(甘肃平凉、陕西洛川)

这一地区种植紫花苜蓿有着悠久的历史，面积也很广。如甘肃省东部黄土高原区，苜蓿种植面积一般占耕地面积的 5%~10%，陕西关中旱地也在 4% 以上，而山西省运城地区苜蓿种植面积多达 40 余万亩。苜蓿不仅是牲畜的良好饲料，对于增进地力、改良土壤也有很大的作用，因为种植苜蓿以后大量残枝落叶增加了土壤有机质，同时苜蓿根深可达 3m 以上，能够吸收深层钙质，有促进形成土壤团粒的作用。因此，苜蓿茬地的土壤结构良好，而且苜蓿根系能够固定大量氮素，据估计每年可以固定空气中游离氮素每亩 11.5~15 kg，因而苜蓿茬土壤肥力很高，是小麦良好的前作。在陕西关中和山西晋南地区，苜蓿一般进行春翻或夏翻，春翻时翻后随即种芝麻等作物，然后种小麦，夏翻后一般直接种小麦；陕西渭北和甘肃陇东高原地区，翻耕苜蓿后习惯先种 1~2 年粟、糜等作物，然后再种小麦，不论何种方式，苜蓿茬种麦都能显著增产。

苜蓿倒茬对增加土壤腐殖质和团粒的作用

处理	腐殖质（%）	7.25mm 团粒（%）	土壤类别
苜蓿翻耕 2 年地	1.216	37.87	黏壤土
小麦连作 8 年地	0.743	16.36	黏壤土
苜蓿翻耕 2 年地	1.051	29.61	黏壤土
小麦连作 8 年地	0.759	15.15	黏壤土
苜蓿翻耕 2 年地	0.621	27.04	砂壤土
小麦连作 8 年地	0.542	11.77	砂壤土

资料来源：华北农业科学研究所，1956。

苜蓿茬地肥效时间的长短与苜蓿生长年限有关，晋南农民认为"种几年好苜蓿，可收几年好麦"。据华北农业科学研究所在山西省解虞县调查，苜蓿翻耕后 2~3 年内增产效果最显著，但至 10 年以上种植小麦仍有一定的增产作用。以往种植苜蓿主要是为了解决牲畜的饲料，由于种植苜蓿初期产草量较低，加之挖掘苜蓿费工太多，一般不愿翻耕，因而使苜蓿种植年限拖长，难以在轮作中发挥作用。事实上苜蓿生长 5 年以上则田间杂草丛生，产草量也逐年下降。实现人民公社化以后，为进行苜蓿倒茬提供了有利条件，因而可以有计划地建立新苜蓿地，翻耕老苜蓿地，缩短苜蓿栽培年限，进行有计划的检翻，这对培养地力，提高小麦品质和产量，解决牲畜饲料，都有重大意义。

苜蓿翻耕后不同年限种麦的增产效果（旱地）

前茬	施肥情况	小麦产量（斤/亩）	增产（%）
苜蓿翻耕 3 年地	/	416.0	137.3
连茬麦地	/	303.0	100.0
苜蓿翻耕 3 年地	未施肥	220.0	186.4
苜蓿翻耕 6 年地	未施肥	175.0	148.3
连茬麦地	施肥 1.5 年	1118.0	100.0
苜蓿翻耕 2 年地	未施肥	160.8	119.6
连茬麦地	施肥 2 年	134.4	100.0
苜蓿翻耕 13 年地	未施肥	212.0	109.3
连茬麦地	未施肥	194.0	100.0

资料来源：华北农业科学研究所，1953—1955。

由于苜蓿根系发达，耗水量多，特别是种植年限过久，翻耕初期常感土壤水分不足。华北农业科学研究所 1954 年在山西解虞县调查发现，连茬麦田土壤水分含量显然高于苜蓿茬麦田；西北农业科学研究所和甘肃省平凉农业实验站 1956—1958 年在甘肃西肇调查也得到同样结果。上述情况与苜蓿的翻耕时期关系很大，如在雨季前及早翻耕，土壤经过晒垡蓄墒，水分情况即有所改善；如在临近小麦播种前耕翻，土壤得不到充分曝晒和蓄水，苜蓿残根不能完全腐烂，往往影响小麦出苗和生长。

苜蓿茬麦田与连茬麦田土壤水分的比较

土壤深度（cm）	8 月 14 日测定土壤水分（%）		9 月 6 日测定土壤水分（%）	
	苜蓿茬田	连茬麦田	苜蓿茬田	连茬麦田
0~10	14.7	17.2	16.1	16.5
10~20	19.9	18.2	18.2	17.8
20~30	14.6	19.9	16.3	16.6
30~40	14.7	20.7	14.2	21.4
40~50	16.2	20.0	14.4	18.7
50~60	18.4	19.8	16.1	18.5

资料来源：华北农业科学研究所，1954。

苜蓿是豆科植物，苜蓿茬地一般在土壤里积累了大量氮素，但因苜蓿需用磷肥较多，连续种植苜蓿多年后，土壤里磷素最感缺乏，翻耕初期种植小麦时，常表现出青晚熟现象，这时补施磷肥增产效果十分显著。据西北农业科学研究所在甘肃西肇试验结果，苜蓿生长不同年限翻耕后第一年种植小麦时，施用磷肥比不施磷肥的增产 40.6%~105.1%。

苜蓿茬麦田施磷肥的增产效果（旱地）

苜蓿种植年限	处理	小麦产量（斤 / 亩）	施磷增产（%）
苜蓿种植 2 年翻耕地	施磷	274.7	153.2
	不施磷	179.3	100
苜蓿种植 6 年翻耕地	施磷	225.0	205.1
	不施磷	117.3	100
苜蓿种植 8 年翻耕地	施磷	77.5	151.1
	不施磷	11.77	100
苜蓿种植 15 年翻耕地	施磷	195.0	140.6
	不施磷	138.7	100

资料来源：金善宝，1961。

苜蓿在西北各省种植较多，由于苜蓿播种后第一年发苗慢，土地利用率不高，因此多与小麦等作物混播。苜蓿种子小，与小麦等作物同时播种，小麦有促进苜蓿出土掩护幼苗生长的作用，这样混作并不影响苜蓿生长，同时可多收一季小麦。小麦、苜蓿混作的方法是先播小麦，然后在同一行内播种苜蓿，苜蓿播种要浅，播种后宜略加镇压，另外，也有采取先播小麦，再撒播苜蓿，然后覆土的方法，但不如前者出苗整齐，也不便于田间管理。小麦与苜蓿混作时小麦播种量要减少 1/4~1/3，否则小麦生长过密，容易使苜蓿幼苗受到过度的郁蔽，不能正常生长。

《中国小麦栽培学》

3. 苜蓿保护播种

1954 年，孙醒东教授在河北农学院利用夏玉米为保护作物，在夏玉米地的行距中，条播夏紫苜蓿（8 月中旬）。在正常的玉米产量下，得到苜蓿鲜草 3 000 kg/ 亩（折合干草 750 kg/ 亩，刈割 3 次）。

1997 年，中国农业科学院草原研究所牧草栽培创新团队，在内蒙古赤峰地区开展旱地荞麦 + 苜蓿的保护播种获得成功。

旱地荞麦 + 苜蓿保护播种

4. 苜蓿混播

1955—1956 年，孙醒东教授在河北农学院选择无芒雀麦、鹅观草、狐茅、鸭茅和燕麦等牧草与苜蓿进行混播试验，两年的试验观察，在 8 种混播组合中，以紫苜蓿 + 无芒雀麦隔行混播，生长最旺、产量也最高。在保定和北京地区这是一个很好的混播组合。

1956 年，陈清硕进行了苜蓿和黑麦草混比例的研究。

苜蓿混播

1957 年，周叔华、李振声研究指出，在苜蓿与鸭茅的混播中，最初鸭茅比苜蓿生长快，而苜蓿很快追上，以后就相伴生长，这样的牧草类混播，无疑是会生长良好的；而湾穗鹅观草则虽然初期生长稍超过苜蓿，而中期和后期的生长就比苜蓿相差得太远，长期在苜蓿的荫蔽下，死亡是必然的，像这一类苜蓿在北京的条件下是不能与牧草混播的。

5. 苜蓿轮作制

20 世纪 50 年代，占宝鸡市耕地总面积近 40% 的黄土台原区主要以苜蓿、豌豆为倒茬作物，其中以苜蓿为主的倒茬方式为小麦和苜蓿九年八熟制：头一年小麦混种苜蓿 — 苜蓿四年（刈割三年苜蓿）开挖苜蓿后头一年种芝麻 — 三年小麦。

1957 年，河南省灵宝县峭底社社员齐光择，土改前沟坡地 3.6 亩种苜蓿 5 年，换茬小麦，每年产小麦 550.0 kg（平均 152.5 kg/ 亩），连收 3 年。土地和耕作条件相同的 3 亩地，每年产小麦 227.5 kg。这样对比实行轮作后的 3 年产量，等于没轮作的 6 年产量。种苜蓿不但不减少粮食产量，同时每亩地还能多产 4 500 kg 苜蓿草。

1959 年中国农业科学院陕西分院出版的《西北的紫花苜蓿》中指出，陕西关中地区苜蓿轮作次序有：

《西北的紫花苜蓿》

- 苜蓿（5~6 年）「挖冬」— 棉花（或芝麻）— 小麦— 小麦（5~6 年）— 荞麦 + 油菜 — 小麦（2~3 年）
- 苜蓿（3~4 年）「夏翻」— 小麦（2~4 年）— 谷子、豌豆（或扁豆）— 小麦
- 苜蓿（3~4 年）「夏翻」— 小麦（3 年）— 小麦、谷子— 棉花（2~3 年）— 豌豆（或扁豆）— 小麦（2 年）

陕北地区

- 苜蓿（11~12 年）「春挖」— 糜子—洋芋 — 谷子 — 高粱 — 谷子

甘肃平凉、庆阳地区

- 苜蓿（20~30 年）「春挖」— 禾草（2~3 年）— 胡麻 — 小麦（4~5 年）
- 苜蓿（15~17 年）— 禾草（2 年）— 洋芋 — 小麦（4~5 年）
- 苜蓿（5~8 年）— 禾草（1 年）— 糜子（或谷子）— 小麦（4~5 年）

1959 年，陕西省水利厅、黄河水利委员会西北工程局出版的《草田轮作》中总结了陕西省草田轮作制度及方法。

《草田轮作》

1965 年，据山西省水利厅水土保持局调查山西省群众利用苜蓿倒茬轮作的程序，一般多为 8~10 年一个周期，作物的轮换次序主要有以下几种方式：

- 苜蓿 + 冬麦 »» 苜蓿（4 年）»» 谷子 »» 冬麦；
- 苜蓿 + 谷子 »» 苜蓿（4 年）»» 小麦 »» 小麦
- 苜蓿（4 年）»» 谷子 »» 小麦 »» 小麦
- 苜蓿（5~6 年）»» 谷子 »» 小麦（2 年）»» 棉花
- 苜蓿（6 年）»» 谷子 »» 小麦（5~6 年）»» 玉米
- 苜蓿（6~7 年）»» 谷子（或高粱）»» 小麦或其他作物

《牧草水土保持措施》

6. 苜蓿轮作政策

1953 年，陕西省出台了《陕西省一九五三年推广苜蓿轮作计划》，1953 年计划全省苜蓿种植面积在 1952 年 103 602 亩的基础上，扩大至 302 157 亩。

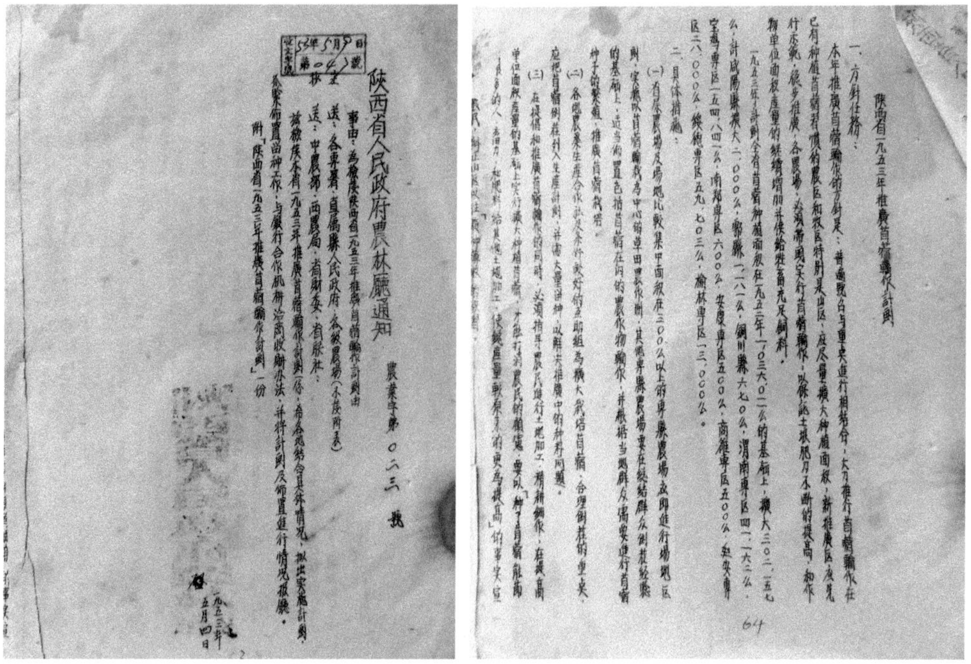
陕西省人民政府农林厅通知

陕西省一九五三年推广苜蓿轮作计划

《陕西省一九五三年推广苜蓿轮作计划》

七、苜蓿水土保持

1953 年，西北农业科学研究所与陕西省农业综合试验站、陕西绥德水土保持站、甘肃永宁农业试验站、天水水土保持站等，开展了苜蓿混播试验研究。

1954—1957 年，天水水土保持站在试验场设于天水市郊藉河南岸的梁家坪，开展径流小区种植模式试验。

种植模式试验

年份	1954 年	1955 年	1956 年	1957 年
种植模式	苜蓿 + 高牛尾草	苜蓿 + 高牛尾草	苜蓿 + 高牛尾草	苜蓿 + 高牛尾草
	玉米黄豆间垄作	扁豆苜蓿 – 苜蓿	苜蓿	苜蓿
种植模式	玉米黄豆间垄作	扁豆苜蓿 – 苜蓿谷子	苜蓿间种谷子	苜蓿间种谷子
	冬小麦条播 / 黑豆谷子 / 苜蓿	玉米黄豆间作垄作 / 苜蓿谷子	扁豆青稞 / 苜蓿间种谷子	冬小麦条播 / 玉米黄豆间作

1956—1957 年，天水水土保持站在试验场设于天水市郊藉河南岸的梁家坪，进行沟壑陡坡水土流失试验，结果表明，1956 年苜蓿的径流量仅为荞麦的 11%~17%，冲刷量仅为荞麦的 2%~3%；而苜蓿间作谷子由于植被良好未发生水土流失。1957 年玉米黄豆间作水土流失量甚大，而苜蓿和苜蓿间作谷子未发生水土流失。

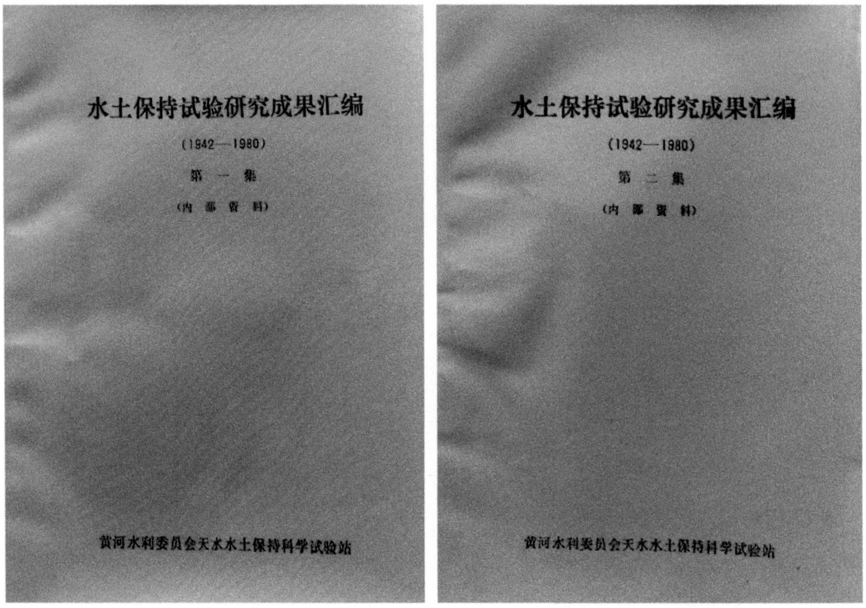

《水土保持试验研究成果汇编·第一集》《水土保持试验研究成果汇编·第二集》

1957 年 7 月，河南省灵宝县连续降雨半个多月，种植苜蓿的山坡保持原状，没有种植苜蓿的沟坡，冲刷倒塌过甚。苜蓿的特点之一是适应性强，全县种植 36 000 余亩，80% 都是利用河边、埝边、沟坡、山荒等废地。峭底社 642 亩在 45° 以下的占 20%，45 ~ 60° 的占 40%，60 ~ 75° 的占 40%。从实际生长看，这样的坡度并不影响苜蓿的生长。每亩苜蓿在正常年景下，每年每亩可产 750 kg 左右的干苜蓿草，改变了杂草地的面貌。凡种过 4~5 年的苜蓿地，换茬播种小麦，一般可连续增产 3 年。

第二节 苜蓿盐碱地改良与耐涝性

一、早期的盐碱地改良

1953年，中国农业科学院农田灌溉研究所，在河北省芦台农场进行苜蓿改良盐碱地技术与效果的研究发现，轮作中两种苜蓿土壤全氮由0.102%增加到0.165%，有机质由1.21%增加到1.58%，速效氮由66.4%增加到92.4%，苜蓿茬水稻较连作水稻增产100~150 kg/亩。

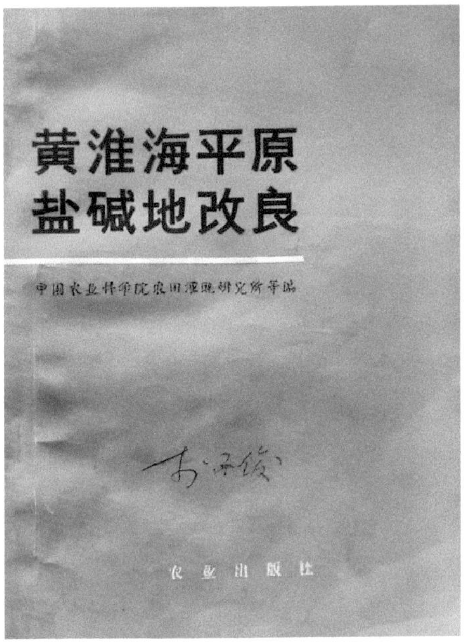

《黄淮海平原盐碱地改良》

1956年，甘肃省水利局银川分局《怎样防止土壤盐碱化和改良盐碱地》指出，建立良好的土壤团粒结构能减轻水分与盐分上升到土层表面的毛细管作用，能减少土壤蒸发，改善土壤的通透性。盐碱地建立良好的土壤团粒结构，必须通过农艺措施，最根本的办法是实行草田轮作，其次是施用有机肥料。轮流种植牧草和各种农作物，一般需要7～8年一个轮回。种植多年生混播牧草可使绿色植物长期覆盖于地表面，这样就可以减少地面水分蒸发，从而就降低了盐分向土壤表层移动的可能性，使土壤表层盐分含量下降。其次实行草田轮作可使土壤具有稳定的细小团粒结构。

宁夏中卫、中宁等地农民在稻旱轮作地里种旱作物时带苜蓿，第二年夏季翻压，作为稻田的肥料，增加稻子的产量，还可多收获牧草。用这种方法改良盐碱地，是符合科学道理的，因为苜蓿具有一定的耐盐碱性，可使土壤逐渐脱盐。另外苜蓿具有固氮能力可以增加土壤肥力；苜蓿生长茂密，枝叶覆盖地面能力强，能减少地表水分的蒸发；苜蓿的散发力大，可降低地下水位；苜蓿的产量高，每年可多次刈割；苜蓿根系发达，收获后大量的根系留于土壤，土壤因此得到有机质肥料可变得更肥沃，并形成团粒结构，所以应提倡盐碱地种植苜蓿。

《怎样防止土壤盐碱化和改良盐碱地》

1956 年，魏永纯、余开德在《盐碱地的改良》中提出，在冲洗过的盐碱地上种植（密植，10 ~ 15 cm）苜蓿，可取得非常好的效果，因为它可以大大提高土壤肥力，建立良好的土壤团粒结构，并防止土壤盐碱化。土壤经种植 2 ~ 3 年的苜蓿以后，可以使小麦或棉花的产量达到更高的水平。

《盐碱地的改良》

1957 年，河北省农业厅出版的《盐碱地改良法》中记载，庆云县全县约有盐碱地 25 982 亩，占全县耕地面积的 40%，该县用种苜蓿的办法改良了土壤，也解决了牲畜饲草问题。苜蓿每年可收割 3 次，亩产 550 kg。据 1952 年调查，通过种植苜蓿全县共改良了 5 500 亩盐碱荒地，扩大了粮食作物的种植面积。如邓家河 200 亩红砂碱地，种 8 年苜蓿后，完全变成了肥沃的良田。

1960 年，辽宁省盐碱地利用研究所进行了种植苜蓿等绿肥作物对盐碱地改良效果的研究。

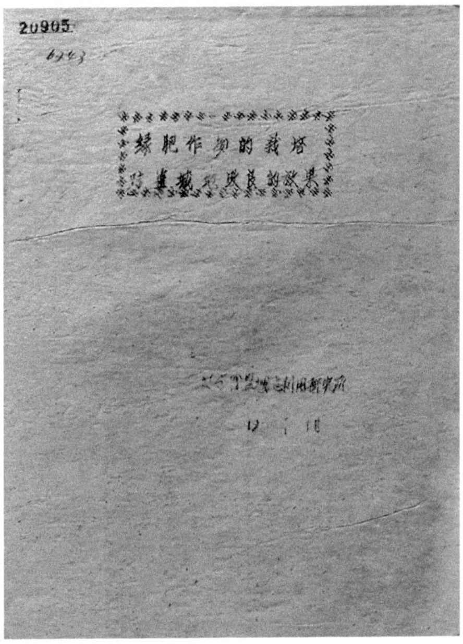

《绿肥作物的栽培对盐碱地改良的效果》

1962 年，黄荣翰、魏永纯开展了利用苜蓿轮作对改良盐碱地效果的研究，《盐碱地改良》提出了盐碱地水稻水旱轮作制度：

水稻—春小麦回茬糜子—春小麦间种青豆带苜蓿

水稻—春小麦间种青豆—春小麦回茬糜子带苜蓿

水稻—蚕豆（翻晒）—春小麦间种青豆带苜蓿

水稻—冬小麦间种苜蓿—棉花（玉米）

水稻—冬小麦（第二年间种苜蓿）—第二年收麦后种高粱（高粱收后留着苜蓿，第三年翻入作水稻的绿肥）

《盐碱地改良》

1971年，山东省曹县革命委员会在《用毛泽东哲学思想改造盐碱地》中记载，山东省曹县安蔡公社苗庄大队党员干部在长期盐碱地改造中发现“碱往上处爬”的规律，研究出“开沟起垄，沟底播种”的办法，在绿肥（苜蓿）种植中获得成功。

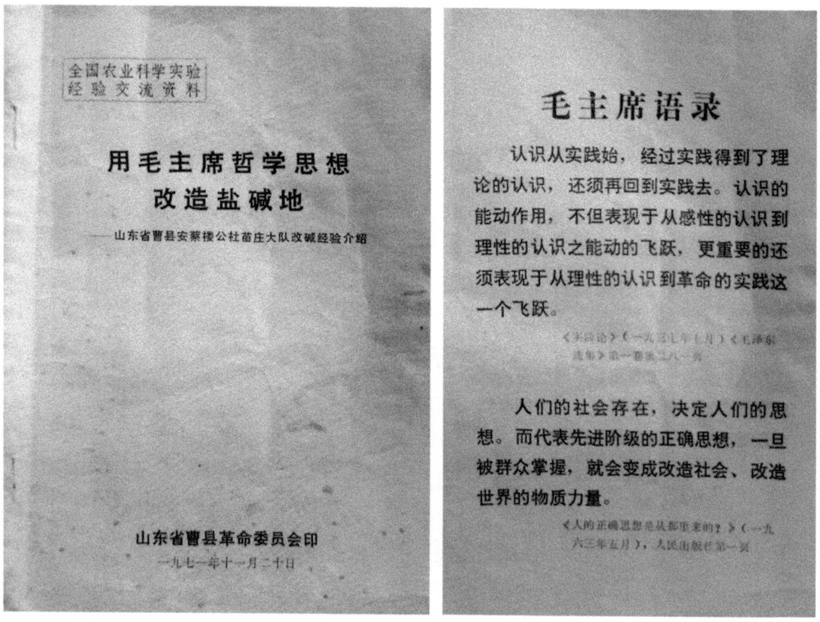

《用毛泽东哲学思想改造盐碱地》

1973年，中国科学院南京土壤研究所进行了“紫花苜蓿改良瓦碱的改良效果”研究。

1973—1984年，辛德惠、李维炯等在河北省邯郸地区曲周试验站，对苜蓿改良盐碱地的效果进行了长期研究。

《浅层咸水型盐渍化低产地区综合治理与发展》

1988年，李述刚开展了苜蓿对荒漠碱土的培肥改良效果的研究。

《荒漠碱土》

二、苜蓿耐盐性评价

1957 年，黄佩民对几种农作物发芽期的抗盐性进行了研究，结果表明苜蓿在土壤中的发芽阈值是土壤含盐量 0.3%。

发芽期的抗盐性

土壤含盐量 (Nacl%)	玉米	高粱	青麻	小麦	苜蓿	棉花	大豆	谷子	大麻	洋麻	花生
0.0	100	100	100	100	100	100	100	100	100	100	100
0.2	104	93	91	102	113	91	71	99	104	71	35
0.3	100	98	101	104	108	90	98	93	75	77	0
0.4	102	88	86	78	73	51	62	51	49	16	0
0.5	100	63	1	4	14	20	1	1	0	0	0
0.6	64	37	0	0	0	0	0	0	0	0	0

1990 年，耿华珠研究员采用种子发芽法和盆栽鉴定法对 72 份苜蓿材料的耐盐性进行了鉴定。

1993 年，王遵亲《中国盐渍土》研究了主要作物（包括苜蓿）苗期耐盐阈值。其中苜蓿的耐盐阈值因生态环境和盐分类型不同有所差异，一般苜蓿的耐盐阈值在 0.30%~0.35%。

主要作物苗期耐盐范围

作物	土壤溶液渗透压（X10^5帕）				土壤含盐量（%）			
生长情况	生长正常	轻抑制	重抑制	不出苗	生长正常	轻抑制	重抑制	不出苗
滨海苏北								
田菁	7.0	7.0~7.5	7.5~8.5	9.0	0.33	0.33~0.35	0.35~0.40	0.40
草木樨	6.5	6.5~7.0	7.0~8.0	8.0	0.30	0.30~0.33	0.33~0.37	0.37
柽麻	6.0	6.0~6.5	6.5~7.0	7.5	0.28	0.28~0.30	0.30~0.33	0.35
紫花苜蓿	6.0	5.0~6.5	6.5~7.0	7.5	0.28	0.28~0.30	0.30~0.33	0.33
苕子	4.5	4.5~6.0	6.0~7.0	7.0	0.22	0.22~0.28	0.28~0.33	0.33
箭筈豌豆	4.0	4.0~5.5	5.5~6.0	6.0	0.20	0.20~0.26	0.26~0.28	0.28
蚕豆	3.0	3.0~3.5	3.5~4.5	5.0	0.15	0.15~0.18	0.18~0.20	0.24
大豆	6.5	3.0~3.5	3.5~4.5	8.5	0.15	0.15~0.18	0.18~0.20	0.24
高粱	3.0	6.5~7.0	7.0~8.0	5.0	0.30	0.30~0.33	0.33~0.37	0.40
大麦	6.5	6.5~7.0	7.0~8.0	8.0	0.30	0.30~0.33	0.33~0.37	0.37
黑麦草	6.0	6.0~6.5	6.5~7.5	7.5	0.28	0.28~0.30	0.30~0.35	0.35
玉米	5.0	5.0~6.0	6.0~7.0	7.0	0.24	0.24~0.28	0.28~0.33	0.33
小麦	3.0	3.0~3.5	3.5~5.5	6.0	0.15	0.15~~0.17	0.17~0.26	0.28
棉花	6.5	6.5~7.5	7.5~8.0	8.0	0.30	0.30~~0.35	0.35~0.37	0.37
向日葵	6.5	6.5~7.5	7.5~8.0	8.0	0.30	0.30~0.35	0.35~0.37	0.37
宁夏西大滩平罗								
二黄糜子	5.0	5.0~7.0	7.0~8.0	8.0	0.26	0.26~0.35	0.35~0.40	0.40
5号胡麻	5.0	5.0~7.0	7.0~8.0	8.0	0.26	0.26~0.35	0.35~0.40	0.40
5号高粱	4.0	4.0~7.0	7.0~8.0	8.0	0.21	0.21~0.35	0.35~0.40	0.40
油葵	4.0	4.0~7.0	7.0~8.0	8.0	0.21	0.21~0.35	0.35~0.40	0.40
新疆草木樨	4.0	4.0~7.0	7.0~8.0	8.01	0.21	0.21~0.35	0.35~0.40	0.40
白麻	4.0	4.0~6.0	6.0~7.0	7.0	0.21	0.21~0.31	0.31~0.35	0.35
固始麻子	4.0	4.0~6.0	6.0~7.0	7.0	0.21	0.21~0.31	0.31~0.35	0.35
斗地小麦	4.0	4.0~6.0	6.0~7.0	7.0	0.21	0.21~0.31	0.31~0.35	0.35
沙打旺	4.0	5.0~6.0	6.0~7.0	6.0	0.21	0.21~0.26	0.26~0.31	0.31
紫花苜蓿	4.0	4.0~5.0	5.0~6.0	6.0	0.21	0.21~0.26	0.26~0.31	0.31
多年生草木樨	3.0	3.0~4.0	4.0~5.0	5.0	0.17	0.17~0.21	0.21~0.26	0.26
甜菜	3.0	3.0~4.0	4.0~~5.0	5.0	0.17	0.17~0.21	0.21~0.26	0.26
新丹玉米	3.0	3.0~4.0	4.0~5.0	5.0	0.17	0.17~0.21	0.21~0.26	0.26
牧交水稻	3.0	3.0~4.0	4.0~5.0	5.0	0.17	0.17~0.21	0.21~0.26	0.26
箭筈豌豆	2.0	2.0~3.0	3.0~4.0	5.0	0.13	0.13~0.17	0.17~0.24	0.24
荞麦	2.0	2.0~3.0	3.0~4.0	5.0	0.13	0.13~0.17	0.17~0.24	0.24

河北不同作物的耐盐度（耕层 0~20 cm 含盐量）　单位：%

耐盐能力	作物	苗期	生育盛期
强	甜菜	0.50~0.60	0.60~0.80
	殆子	0.50~0.60	0.60~0.80
	向日葵	0.40~0.50	0.50~0.60
	蓖麻	0.35~0.40	0.45~0.60
	稳子	0.30~0.40	0.40~0.50
轮强	高粱	0.30~0.40	0.40~0.55
	棉花	0.25~0.35	0.40~0.50
	黑豆	0.30~0.40	0.35~0.45
	苜蓿	0.30~0.40	0.40~0.55
中等	冬小麦	0.22~0.30	0.30~0.40
	玉米	0.20~0.25	0.25~0.35
	谷子	0.15~0.20	0.20~4.25
	大麻	0.25	0.25~0.30
弱	绿豆	0.15~0.18	0.18~0.23
	大豆	0.18	0.18~0.25
	马铃薯	0.10~0.15	0.15~0.20
	花生	0.10~0.15	0.15~0.20

苜蓿的耐盐阈值实验数据

《中国盐渍土》

1991—1995 年，孙启忠在内蒙古河套灌区盐碱地引种 32 个苜蓿品种，通过连续 5 年观察研究出苗率、越冬率、存活率、生长速度、再生速度、植株高度和产量等性状，综合评价了 32 个苜蓿品种的耐盐适应性。

试验地

2016 年 9 月 1 日，加拿大农业与农业食品部魁北克研发中心专家参观中国农业科学院草原研究所土默特左旗盐碱地苜蓿。

2016 年加拿大农业与农业食品部魁北克研发中心 Annick Bertrand 教授和 Annie Claessens 教授在呼和浩特海流参观盐碱地苜蓿

三、早期的苜蓿耐涝性调查

1954 年，王栋教授在南京附近试验研究，南京夏季雨季时间长，雨量大，苜蓿生长期间长期积水，大部分苜蓿都被淹死。

1954—1956 年，孙醒东教授根据河北保定 3 年的牧草掘根试验发现，在 1954 年夏季大水时期，淹水两周紫苜蓿烂根植株死亡率在 50% 以上。他认为，年降水量 1 000 mm 的地区不适宜紫苜蓿生长。潮湿地区因受热湿交迫，不利于紫苜蓿生长。

四、近期的苜蓿耐涝性调查

2018年10月4日，孙启忠研究员赴山东调查，第18号台风“温比亚”（2018年8月18日凌晨起）对东营苜蓿的影响。

受雨涝的苜蓿试验地

受雨涝的3 000亩苜蓿地

2019年9月6日，孙启忠、李峰、陶雅赴黑龙江省甘南县调查雨涝后苜蓿受水灾情况。

黑龙江省甘南县受涝苜蓿地

2022 年 8 月 15 日，孙启忠、陶雅调查土默特左旗受雨涝苜蓿地。

土默特左旗受雨涝的苜蓿地

第三节　苜蓿栽培区划

一、黄河中游苜蓿栽培区划

1959 年，崔友文在《黄河中游植被区划及保土植物栽培》提出，黄河水土流失区依照自然，既划分为 15 个大区和 30 个亚区，同时水土流失措施，又可分为农业、林业和水利三方面。这里仅辑录与苜蓿相关的部分农业区划与措施。

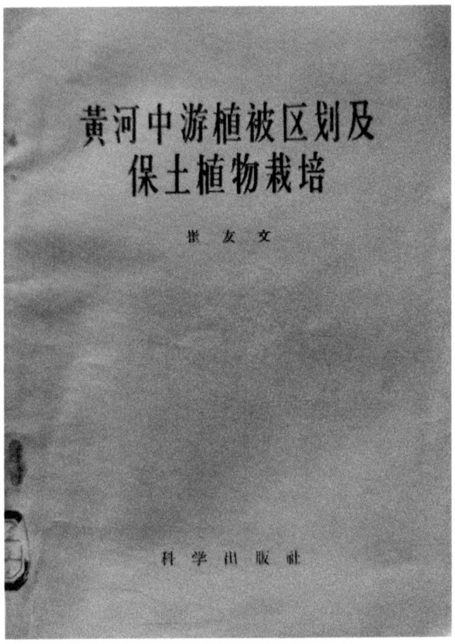

《黄河中游植被区划及保土植物栽培》

黄河中游水土流失区依照分区和农业措施选择中草一览表（摘录部分内容）

区域			农业改良措施			
			草田轮作	刈草场	人工草场	灌草带
草原和干草原区带	陕北晋西区	南部	苜蓿、鸡脚草、草木樨	苜蓿、鸡脚草、光雀麦、胡枝子	碱草、花苜蓿、白草	杞柳、桑条、苜蓿、大油芒
		北部	花苜蓿、扁穗鹅观草、沙芦草	苜蓿、披碱草、扁穗鹅观草、光雀麦	碱草、花苜蓿、白草	杞柳、桑条、苜蓿、大油芒
	六盘山东区	南部	苜蓿、草木樨、披碱草、甘肃鹅观草	苜蓿、披碱草、光雀麦	碱草、白草、芦苇	杞柳、桑条、苜蓿、黄花
		北部	苜蓿、草木樨、碱草、老芒麦、甘肃鹅观草	苜蓿、甘肃鹅观草、扁穗鹅观草	碱草、白草、花苜蓿	杞柳、圣柳、苜蓿、黄花
	六盘山西区	南部	苜蓿、草木樨、碱草、老芒麦	苜蓿、甘肃鹅观草、光雀麦	碱草、芦苇、白草、花苜蓿	杞柳、圣柳、苜蓿、黄花
		北部	花苜蓿、芦豆苗、甘肃鹅观草、老芒麦、披碱草	苜蓿、甘肃鹅观草、扁穗鹅观草	碱草、芦苇、花苜蓿	杞柳、圣柳、苜蓿、黄花
	白于山区	南部	芦豆苗、花苜蓿、甘肃鹅观草、老芒麦、披碱草	花苜蓿、扁穗鹅观草、沙芦草	碱草、白草、花苜蓿	杞柳、沙柳、花苜蓿、芨芨草
		北部	芦豆苗、花苜蓿、披碱草、扁穗鹅观草、沙芦草	花苜蓿、扁穗鹅观草、沙芦草	碱草、白草、花苜蓿	杞柳、沙柳、花苜蓿、芨芨草
	苦水区	南部	花苜蓿、披碱草、老芒麦、沙芦草	花苜蓿、扁穗鹅观草	碱草、香茅草、花苜蓿	枸杞、沙柳、花苜蓿、芨芨草
		北部	花苜蓿、披碱草、老芒麦、沙芦草	花苜蓿、扁穗鹅观枸杞	碱草、香茅草、花苜蓿	圣柳、沙柳、花苜蓿、芨芨草

续表

区域			农业改良措施			
			草田轮作	刈草场	人工草场	灌草带
草原和干草原区带	陇中区	南部	苜蓿、花苜蓿、披碱草、扁穗鹅观草、沙芦草	苜蓿、光雀麦、披碱草、甘肃鹅观草	碱草、花苜蓿、胡枝子、白草	杞柳、桑条、圣柳、苜蓿、黄花
		北部	花苜蓿、甘肃鹅观草、老芒麦、沙芦草、扁穗鹅观草	花苜蓿、甘肃鹅观草、老芒麦、光雀麦	碱草、花苜蓿、牛枝子、白草	杞柳、桑条、苜蓿、黄花
	伊盟区	南部	花苜蓿、扁穗鹅观草、沙芦草	花苜蓿、扁穗鹅观草、沙芦草	碱草、花苜蓿、白草	杞柳、沙柳、圣柳、花苜蓿、芨芨草
		北部	花苜蓿、沙芦草、扁穗鹅观草	花苜蓿、扁穗鹅观草、沙芦草	碱草、花苜蓿、白草、光雀麦	杞柳、沙柳、圣柳、花苜蓿、芨芨草
	河套区	银川平原	苜蓿、花苜蓿、扁穗鹅观草、沙芦草、披碱草	苜蓿、花苜蓿、扁穗鹅观草、沙芦草、披碱草	碱草、芦苇、花苜蓿、白草	杞柳、沙柳、圣柳、芨芨草、花苜蓿
		河套平原	苜蓿、花苜蓿、扁穗鹅观草、披碱草	苜蓿、花苜蓿、扁穗鹅观草、沙芦草、披碱草	碱草、芦苇、花苜蓿、白草	杞柳、沙枣、圣柳、芨芨草、花苜蓿
森林草原区带	泾河中游区	南部	苜蓿、光雀麦、披碱草、扁穗鹅观草	苜蓿、披碱草、老芒麦、扁穗鹅观草、鸡脚草	甘肃鹅观草、天蓝苜蓿、野苜蓿	杞柳、圣柳、桑条、苜蓿、黄花
		北部	苜蓿、披碱草、扁穗鹅观草、老芒麦	苜蓿、披碱草、鸡脚草、扁穗鹅观草、老芒麦	甘肃鹅观草、天蓝苜蓿、野苜蓿	杞柳、圣柳、桑条、苜蓿、黄花
	渭河上游区	东部	苜蓿、鸡脚草、扁穗鹅观草、披碱草	苜蓿、鸡脚草、扁穗鹅观草、披碱草	白草、天蓝苜蓿、野苜蓿	杞柳、圣柳、桑条、苜蓿、黄花
		西部	苜蓿、鸡脚草、扁穗鹅观草、披碱草	苜蓿、鸡脚草、扁穗鹅观草、披碱草	白草、天蓝苜蓿、野苜蓿	杞柳、圣柳、桑条、苜蓿、黄花
	洛河中游区	南部	鸡脚草、鹅观草、苜蓿、披碱草	鸡脚草、披碱草、苜蓿	碱草、白草、芦豆苗	杞柳、圣柳、桑条、苜蓿、马牙草
		北部	扁穗鹅观草、光雀麦、披碱草、苜蓿	鹅观草、披碱草、苜蓿	碱草、白草、马牙草、芦豆苗	杞柳、圣柳、桑条、苜蓿
	渭汾谷地	渭河谷地亚区	鸡脚草、鹅观草、苜蓿、披碱草	鸡脚草、苜蓿、披碱草	碱草、白草、马牙草、芦豆苗	杞柳、圣柳、桑条、苜蓿
		汾河谷地亚区	脚草、鹅观草、苜蓿、披碱草	鸡脚草、苜蓿、披碱草	碱草、白草、马牙草、芦豆苗	杞柳、圣柳、桑条、苜蓿

续表

<table>
<tr><th colspan="3" rowspan="2">区域</th><th colspan="4">农业改良措施</th></tr>
<tr><th>草田轮作</th><th>刈草场</th><th>人工草场</th><th>灌草带</th></tr>
<tr><td rowspan="6">森林草原区带</td><td rowspan="2">伊洛及沁河区</td><td>伊洛河流域亚区</td><td>鸡脚草、鹅观草、苜蓿、披碱草</td><td>鸡脚草、苜蓿、披碱草</td><td>碱草、白草、马牙草、芦豆苗</td><td>杞柳、圣柳、桑条、苜蓿、葛藤</td></tr>
<tr><td>沁河流域亚区</td><td>鸡脚草、鹅观草、苜蓿、披碱草</td><td>鸡脚草、苜蓿、披碱草</td><td>碱草、白草、马牙草、芦豆苗</td><td>杞柳、圣柳、桑条、苜蓿</td></tr>
<tr><td rowspan="2">六盘山区</td><td>南部</td><td>大油芒、马牙草、披碱草、苜蓿</td><td>鹅观草、大油芒、苜蓿、对叶藤</td><td>打油芒、马牙草芦豆苗</td><td>杞柳、胡枝子、大叶藤</td></tr>
<tr><td>北部</td><td>大油芒、马牙草、披碱草、苜蓿</td><td>鹅观草、大油芒、苜蓿、对叶藤</td><td>打油芒、马牙草、芦豆苗</td><td>杞柳、胡枝子、大叶藤</td></tr>
<tr><td rowspan="2">吕梁山区</td><td>南部</td><td>大油芒、马牙草、披碱草、苜蓿</td><td>鹅观草、大油芒、苜蓿、对叶藤</td><td>打油芒、马牙草、芦豆苗</td><td>杞柳、胡枝子、大叶藤</td></tr>
<tr><td>北部</td><td>大油芒、马牙草、披碱草、苜蓿</td><td>鹅观草、大油芒、苜蓿、对叶藤</td><td>打油芒、马牙草、芦豆苗</td><td>杞柳、胡枝子、大叶藤</td></tr>
</table>

资料来源：崔友文，1959。

二、全国多年生栽培牧草栽培区划

（一）全国栽培牧草区域规划的提出

长期以来，栽培牧草无科学区划，盲目地引种及栽培，给生产带来较大的损失。党的十一届三中全会以后，全国种草形势很好，为了适应新的发展趋势，在农业部畜牧局直接组织领导下，收集各地种草经验及教训，第一次提出我国栽培牧草区域规划。规划要求按自然生态条件、水、热、土、光、牧草生物学特性及利用方式等原则来制定，并参照各地试验及生产过程中的经验及教训，从理论到实践，再从实践返回理论的过程中制定。

（二）牧草种子繁殖场（或种子基地）规划

从1979年开始，全国先后建立了36处牧草种子繁殖场（或种子基地），并有计划地指导了全国大面积人工种草。这个区划于1980年首次公布，在1982年南方及北方两次全国畜牧业工作会议上正式印发，并作为会议文件在全国试行。这个区划对全国种草起到了显著的指导作用，根据区划规定紫花苜蓿种子基地建在新疆南疆、甘肃河西、庆阳一带；红豆草种子基地建在甘肃省定西及河西走廊一带；沙打旺种子基地建立在河南商丘、开封地区、山东潍坊、辽宁阜新、陕西延安、榆林等地区（洪绂曾，1989）。

1980年11月13日，农业部畜牧总局发布了《全国牧草种子区域规划》，将全国优良牧草分为七大区域，其中四大区域涉及苜蓿：

- 温带地区：包括东北三省大部分，内蒙古、宁夏全部，甘肃大部分及新疆北部。其中黑龙江紫花苜蓿（肇东）、吉林紫花苜蓿（公农1号）、辽紫花苜蓿、内蒙古紫花苜蓿、杂种苜蓿、宁夏紫花苜蓿、新疆北部紫花苜蓿（大叶）、新疆南部紫花苜蓿（和田）、甘肃紫花苜蓿。

● 暖温带：包括辽宁东部、山东半岛、华北大平原、黄土高原、新疆东部和塔里木盆地。其中山东紫花苜蓿、河北紫花苜蓿（蔚县）、河南紫花苜蓿、山西晋中及晋东南紫花苜蓿、陕西紫花苜蓿、北京紫花苜蓿、天津紫花苜蓿。

● 半亚热带：秦巴山和长江中、下游两岸平原。其中湖北淮阴苜蓿、江苏苏北紫花苜蓿、安徽北部紫花苜蓿。

● 青藏高寒区：包括青海、西藏及四川西北部和甘南西南部。其中青海东部农区以紫花苜蓿为主。

（三）全国主要多年生栽培草种区划研究启动

根据牧草种子基地区域规划，全国建立了一批种子繁殖场（或种子基地），也开展了大面积人工种草，通过生产实践，发现苜蓿区划是切实可行的。在此基础上，1984 年农牧渔业部畜牧局下达了“全国主要多年生栽培草种区划研究”的重点科研项目。并于 1984 年 12 月 28 日召开“全国多年生栽培草种区划协作研究牧草饲料作物阈值筹备委员会成立会议”。

全国多年生栽培草种区划协作研究牧草饲料作物育种筹备委员会成立会议留念

1986 年底，首先完成了省一级草种区划研究任务。在此基础上，由全国协作组进行反复调研、归并和综合，最后完成了全国草种区划任务，于 1988 年由成都地图出版社出版了《中国多年生栽培草种区划图》。并于 1989 年出版了《中国多年生栽培草种区划》《中国多年生草种栽培技术》。

《中国多年生栽培草种区划》

《中国多年生草种栽培技术》

据不完全统计，全国有 350 个科研、教学、生产单位的 1 128 人参加了此项科研工作，搜集和查阅整理有关牧草科研和生产的历史资料 4 157 份。工作过程中，分别对 330 个生产单位进行了实地考察，同时在全国安排小区辅助试验点 328 个，参试草种 1 912 种次，试验面积达 3 142 亩，提出的省级专题报告共计 283 份。

洪绂曾

1989 年，洪绂曾在《中国多年生栽培草种区划》中，将全国苜蓿栽培区划为七大区和 26 个亚区。苜蓿栽培区域的规划，为我国苜蓿的区域化发展提供了理论保障。

全国苜蓿栽培区划与当家品种

区	亚区	当家品种
东北苜蓿栽培区	大兴安岭苜蓿亚区	肇东苜蓿、公农 1 号苜蓿、公农 2 号苜蓿、图牧 1 号杂花苜蓿、图牧 2 号紫花苜蓿、龙牧 801、龙牧 806 等
	三江平原苜蓿亚区	
	松嫩平原苜蓿亚区	
	松辽平原苜蓿亚区	
	东部长白山山区苜蓿亚区	
	辽西低山丘陵苜蓿亚区	
内蒙古高原苜蓿栽培区	内蒙古中南部苜蓿栽培亚区	敖汉苜蓿、草原 1 号苜蓿、草原 2 号苜蓿、图牧 1 号杂花苜蓿、图牧 2 号紫花苜蓿、中草 13 号苜蓿、赤杂 1 号
	内蒙古东南部苜蓿亚区	
	河套 ~ 土默川平原苜蓿亚区	中草 13 号、润布勒苜蓿、中苜 1 号
	内蒙古中北部苜蓿亚区	草原 1 号苜蓿、草原 2 号苜蓿
	鄂尔多斯苜蓿亚区	内蒙古准格尔苜蓿、中草 13 号、草原 3 号
	宁甘河西走廊	河西苜蓿、甘农 1 号杂花苜蓿、甘农 2 号杂花苜蓿、甘农 3 号紫花苜蓿
黄淮海苜蓿栽培区	北部西部苜蓿亚区	蔚县苜蓿、中苜 1 号苜蓿、中苜 2 号紫花苜蓿、偏关苜蓿、保定苜蓿、沧州苜蓿
	华北平原苜蓿亚区	
黄淮海苜蓿栽培区	黄淮平原苜蓿亚区	无棣苜蓿、淮阴苜蓿、保定苜蓿、鲁苜 1 号
	胶东低山丘陵苜蓿亚区	
黄土高原苜蓿栽培区	晋东豫西丘陵山地苜蓿亚区	晋南苜蓿、关中苜蓿
	汾渭河谷苜蓿亚区	
	晋陕甘宁高原丘壑苜蓿亚区	陕北苜蓿、内蒙古准格尔苜蓿
	陇中青东丘陵沟壑苜蓿亚区	陇中苜蓿、陇东苜蓿、天水苜蓿、甘农 3 号苜蓿
西南苜蓿栽培区	川陕甘秦巴山地苜蓿亚区	凉苜 1 号、渝苜 1 号
	云贵高原苜蓿亚区	

续表

区	亚区	当家品种
青藏高原苜蓿栽培区	藏南高原河谷苜蓿亚区	凉苜 1 号、渝苜 1 号
	藏东川西河谷山地苜蓿亚区	
	柴达木盆地苜蓿亚区	
新疆苜蓿栽培区	北疆苜蓿亚区	北疆苜蓿、阿勒泰杂花苜蓿、新牧 1 号杂花苜蓿、新牧 2 号紫花苜蓿
	南疆苜蓿亚区	新疆大叶苜蓿

2014 年，辛小平、徐丽君等根据气候及相关数据，通过 GIS 技术计算获得了苜蓿的适宜性分布图。

《中国主要栽培牧草适宜性区划》

三、甘肃苜蓿栽培区划

1991 年，王无怠在《甘肃省种草区划》将全省划分为 5 个一级牧草栽培区，14 个二级栽培区。

甘肃省苜蓿栽培分区

一级区	二级区
河西走廊高平原紫花苜蓿栽培区	中部高平原苜蓿栽培亚区
陇东黄土高原紫花苜蓿栽培区	北部山塬志华亩苜蓿栽培亚区
	东南部山地紫花苜蓿栽培
陇中黄土丘陵紫花苜蓿栽培区	北部梁峁山间盆地紫花苜蓿栽培亚区
	中部丘陵沟谷紫花苜蓿栽培亚区
	西南部山地丘陵紫花苜蓿栽培亚区

续表

一级区	二级区
陇南山地紫花苜蓿栽培区	西北部山地紫花苜蓿栽培亚区
	东北部盆地紫花苜蓿栽培亚区
	南部山地紫花苜蓿栽培亚区
甘南高原老芒麦、垂穗披碱草、无芒雀麦、燕麦栽培亚区	东部山地紫花苜蓿栽培亚区

《甘肃省种草区划》

四、内蒙古苜蓿栽培区划

1. 苜蓿适宜种植区划

1961—1964 年，中国科学院组织内蒙古宁夏综合考察队，对内蒙古及东西毗邻地区的草原进行多学科、多专业的综合考察。1971—1974 年，又进行补充考察。其中《内蒙古自治区及其东西部毗邻地区天然草场》一书于 1980 年由科学出版社出版，书对苜蓿进行了生物学积温的决定和适宜种植的区划。蔚县苜蓿、呼盟苜蓿、沙湾苜蓿、公农 1 号苜蓿和苏联 36 号苜蓿的适宜种植区为：温和、温暖和温热区。

《内蒙古自治区及其东西毗邻地区天然草场》

1989 年，在《内蒙古草地资源》一书中提出了内蒙古紫花苜蓿适宜种植地区。紫花苜蓿喜欢温暖干燥气候，耐寒性中等，在年降水量 200~800 mm，无霜期 100 d 以上的地区均可种植。

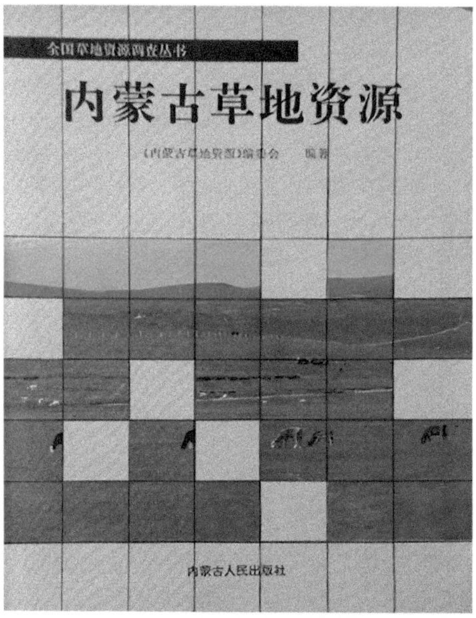

《内蒙古草地资源》

1987 年，吴渠来、王建光等根据牧草生态地理适应性，结合内蒙古农牧业气候资源和内蒙古综合农业区划等有关资料，以及前人所做的工作，对内蒙古主要多年生栽培牧草进行了区划，共划分为 7 个区，其中 4 个区适宜苜蓿种植，即：

- 大兴安岭中北部羊草、无芒雀麦、苜蓿区；
- 内蒙古中部羊草、老芒麦或披碱草、苜蓿区；
- 内蒙古东南部苜蓿、羊草、沙打旺、草木樨区；
- 河套—土默特平原苜蓿、草木樨区。

2. 苜蓿栽培区划与品种选择

2010 年以来，随着内蒙古畜牧业的强势发展，特别是奶业的高质量发展，目前已形成以阿鲁科尔沁旗为中心的科尔沁沙地苜蓿片区、以土默特左旗为中心的土默川苜蓿片区、以达拉特旗为中心的库布齐沙漠 — 毛乌素沙地苜蓿片区。经过多年的发展，内蒙古出现一批适宜不同生态区的苜蓿品种，也形成了一套科学的苜蓿品种选择标准。

2022 年，中国农业科学院草原研究所陶雅博士，根据多年的试验研究，制定了《内蒙古自治区优质苜蓿品种选择规范》。主要内容如下：

品种生态生物学特性要求：适应不同自然环境。

优质苜蓿品种生态生物学特性要求

特性	品种要求
适应性	在不良生长环境中能正常生长，并获得高产
抗寒性、越冬率	根颈收缩性生长良好，入土深，在高寒区越冬性好
秋眠性	极秋眠，半秋眠，非秋眠
抗旱性	根系发达，主根深长，侧根生长旺盛
抗病虫	具有一定的抗病虫害的能力，如根腐病感染率低，不易受蓟马侵害
再生性	刈割后，再生草生长速度快，产量高
生长寿命长	生长年限不少于 5 年
生长期	内蒙古东部偏北 120~150 d；内蒙古东部偏南 150~180 d；内蒙古中西部 200~210 d
生育期	100~115 d
耐贫瘠	良好
耐土壤酸碱性	适宜土壤 pH 值 6.5~8.2
抗风沙、耐沙埋	良好

种子要求：选择的品种其种子产地要明确，要求环境条件（如气候、土壤）尽量与所在苜蓿生产区域相近。在我国北方地区，若选择引进品种（国外品种）要关注其耐寒性及对生产条件的要求，一般国外苜蓿品种都要求在较好的水肥条件下，其优良性状才能表现出来，而国产品种适应性强，抗性良好。同时，也要十分重视种子产量。

优质种子要求

特性	品种要求
真实	种子与本品种名副其实，不含其他品种的种子
净度高	种子中无杂物，包括有生命杂质与无生命杂质
纯度高	不含同种类的其他品种的种子
生活力强	具有较强的发芽势，发芽率高
种子用价	具有高纯度和高发芽率

营养品质要求：具有叶量丰富，适口性好，营养价值高等特性。

优质苜蓿品种营养品质要求

特性	品种要求
适口性好	各种家畜均喜食
叶量丰富	叶部繁盛，茎直立，茎叶比较低
营养价值高	可消化蛋白质含量高，中性洗涤纤维含量低，RFV 值≥ 150

3. 品种种植区与选择

将内蒙古优质苜蓿种植分为两个一级，15 个二级分区，并提出了各苜蓿种植区内苜蓿品种选择要求。

内蒙古苜蓿种植区与苜蓿品种选择

一级区域	二级区域	气候特征	品种选择要求
丘陵平原区	1. 岭东丘陵平原区	北温带向寒温带过渡地带，年平均温 -1~2.5 ℃，无霜期 90~130 d，≥ 10℃积温为 2 000~2 400 ℃，日照时数约 2 800 h。年平均降水量 450~530 mm，多集中于秋季	适应性强，抗寒性强、在极寒 -30℃下越冬率不小于 90%、耐旱（在干燥度 1.3~1.5 条件下能正常生长）、耐瘠薄、耐风沙、耐粗放管理、国产品种、秋季植株斜生枝条多、秋眠级 1；抗病虫害力强和生长寿命长；以及再生速度快，种子质量高、真实性强、纯度高及生活力强；适口性好，营养价值高
	2. 岭东南丘陵平原区	温带半干旱季风气候，年平均温 2.5~5 ℃，无霜期 95~150 d，≥ 10 ℃积温 2 400~2 800 ℃，日照时数 2 800 h。年降水量 400~ 500 mm，多集中于夏秋，冬春蒸发量大于降水量 10 倍左右，春旱严重	适应性强，抗寒性强、在极寒 -30℃下越冬率不小于 85%、耐盐碱（在含盐量 0.20%~0.30% 条件下能正常生长）、国产品种、秋眠级 1~2；抗病虫害力强和生长寿命长；以及再生速度快，种性质量高、真实性强、纯度高及生活力强；适口性好，营养价值高
	3. 岭南丘陵区	水热分布差异较悬殊，年平均温 4~8 ℃，≥ 10 ℃积温 2 800~3 500 ℃，无霜期 95~150 d，年日照时数 2 800~3 200 h，年降水量 320~420 mm	适应性强，抗寒、越冬率不小于 95%、耐盐碱（在含盐量 0.30%~0.35% 条件下能正常生长）、秋眠级 1~3、株型直立、适宜机械刈割，再生速度快；抗病虫害力强和生长寿命长；种性质量高、真实性强、纯度高及生活力强；适口性好，营养价值高
	4. 西辽河平原区	东部比较湿润，西部干旱，年平均温为 5.7~6.1℃，≥ 10℃积温为 3 000~3 200℃，无霜期 140~145 d。年降水量 320~480 mm，年际年内变率大，春旱较重	适应性强，耐旱、抗寒、越冬率不小于 95%、耐盐碱（在含盐量 0.3%~0.35% 条件下能正常生长）、秋眠级 1~3、再生性强；抗病虫害力强和生长寿命长；种性质量高、真实性强、纯度高及生活力强；适口性好，营养价值高

续表

一级区域	二级区域	气候特征	品种选择要求
丘陵平原区	5. 科尔沁坨甸区	气候条件与西辽河平原区相近。年平均温5~7 ℃，≥10℃积温2 800~3 100℃，无霜期140 d左右，年平均降水量300~450 mm，南部比北部偏多	适应性强，耐旱性强（在干燥度3.0~3.5条件下能正常生长）、抗寒、越冬率不小于85%、耐瘠薄、耐风沙、耐粗放管理、国产品种、秋季植株斜生枝条或半斜生枝条多、秋眠级1~2；抗病虫害力强和生长寿命长；种性质量高、真实性强、纯度高及生活力强；适口性好，营养价值高
	6. 燕北丘陵区	该区因地形复杂，起伏较大，水热分布很不一致，大体上热量是由东南向西北递减，年平均温度6~7 ℃，≥10℃活动积温2 500~3 200°。无霜期约130~150 d。大部地区降水量350~450 mm，由南向北递减，70%降水分布于6—8月，降水集中，强度大	适应性强，耐旱、抗寒、越冬率不小于90%、耐盐碱（在含盐量0.3%~0.35%条件下能正常生长）、秋眠级1~2、再生性强；抗病虫害力强和生长寿命长；种性质量高、真实性强、纯度高及生活力强；适口性好，营养价值高
	7. 后山丘陵区	该区海拔较高，光能条件充足，热量资源较少，无霜期90~120 d，年平均温1.3~3.1℃，≥10℃积温为1 800~2 200℃，年降水量250~400 mm，由东向西渐少，蒸发量2 400~2 800 mm，由东向西渐多，冬春季降水量少，蒸发强烈，加之风大沙多，春旱严重	适应性强、耐旱（在干燥度1.6~3.0条件下能正常生长）、抗寒、越冬率不小于85%、耐瘠薄、耐风沙、耐粗放管理、国产品种、秋季植株斜生枝条或半斜生枝条多、秋眠级1；抗病虫害力强和生长寿命长；种性质量高、真实性强、纯度高及生活力强；适口性好，营养价值高
	8. 前山丘陵区	该区年平均温3~5℃，≥10 ℃活动积温约2 200~2 800℃，无霜期100~150 d，光照资源丰富。年降水量350~400 mm，变率大，强度大，多暴雨和冰雹，蒸发一般大于200 m，湿度低，尤其是春旱严重	适应性强，耐旱性强（在干燥度3.0~3.5条件下能正常生长）、抗寒、越冬率不小于85%、耐瘠薄、耐风沙、耐粗放管理、国产品种、秋季植株斜生枝条或半斜生枝条多、秋眠级1~2；抗病虫害力强和生长寿命长；种子质量高、真实性强、纯度高及生活力强；适口性好，营养价值高
	9. 河套~土默特平原区	该区热量资源丰富，年平均温4~7℃，≥10 ℃积温约2 600~3 200 ℃，无霜期140~170 d，降水量由西部的150 mm左右到东部的400 mm，蒸发强烈，全年平均2 200~2 600 mm。该区常处于干旱威胁之下，西部的后套平原属无灌溉即无农业区	适应性强，耐旱（在干燥度大于3.5条件下能正常生长）、抗寒、越冬率不小于95%、耐盐碱（在含盐量0.30%~0.35%条件下能正常生长）、秋眠级2~3（4）、株型直立、适宜机械刈割，再生速度快；抗病虫害力强和生长寿命长；种子质量高、真实性强、纯度高及生活力强；适口性好，营养价值高
高原牧区垦区	1. 呼伦贝尔高原东部区	该区冬季严寒，夏季温凉，1月平均温普遍在−24 ℃以下，7月均温在17~20 ℃。饲草返青期一般5月上旬，无霜期100~120 d，年降水量300~400 mm	适应性强、耐旱（在干燥度1.6~3.0条件下能正常生长）、抗寒、越冬率不小于85%、耐瘠薄、耐风沙、耐粗放管理、国产品种、秋季植株斜生枝条或半斜生枝条多、秋眠级1；抗病虫害力强和生长寿命长；种性质量高、真实性强、纯度高及生活力强；适口性好，营养价值高

续表

一级区域	二级区域	气候特征	品种选择要求
高原牧区垦区	2. 呼伦贝尔高原西部区	该区气候干旱，年降水量少，风沙大，夏季凉爽，冬季严寒。年平均气温在 -2~0 ℃，一月平均气温为 -22~-26 ℃，夏季比较凉爽，7月平均气温18~20 ℃，年降水量300 mm左右，多集中于夏季	适应性强、抗寒性强、在极寒 -30 ℃下越冬率不小于 85%、耐旱（在干燥度 1.3~1.5 条件下能正常生长）、耐瘠薄、耐风沙、耐粗放管理、国产品种、秋季植株斜生枝条多、秋眠级 1；抗病虫害力强和生长寿命长；种子质量高、真实性强、纯度高及生活力强；适口性好，营养价值高
	3. 锡林郭勒区	该区水分比较充足，年降水量在 300~400 mm，但集中于夏季，春旱比较严重；冬季较为寒冷，1月平均气温 -18~-12 ℃，最低 -34 ℃；夏季凉爽，7月平均温度在 18~20 ℃，无霜期 90~120 d	适应性强、耐旱（在干燥度 1.6~3.0 条件下能正常生长）、抗寒、越冬率不小于 85%、耐瘠薄、耐风沙、耐粗放管理、国产品种、秋季植株斜生枝条或半斜生枝条多、秋眠级 1；抗病虫害力强和生长寿命长；种性质量高、真实性强、纯度高及生活力强；适口性好，营养价值高
	4. 乌兰察布半荒漠草原区	该区气候干旱温和，年降水量 150~300 mm。降水集中于 7—9 月，春旱严重，十年九旱，苜蓿生产不稳定。≥ 10 ℃积温 1 800~2 200 ℃，无霜期 95~120 d	适应性强，耐旱性强（在干燥度 3.0~3.5 条件下能正常生长）、抗寒、越冬率不小于 85%、耐瘠薄、耐风沙、耐粗放管理、国产品种、秋季植株斜生枝条或半斜生枝条多、秋眠级 1~2；抗病虫害力强和生长寿命长；种子质量高、真实性强、纯度高及生活力强；适口性好，营养价值高
	5. 黄土丘陵区	该区降水量250~450 mm，集中于7—9月，冬春季干旱少雨雪，夏秋之交多暴雨，时间短，强度大，水土流失严重，年平均气温 5~8 ℃	适应性强，耐旱、抗寒、越冬率不小于 90%、耐盐碱（在含盐量 0.30%~0.35% 条件下能正常生长）、秋眠级 1~2（3）、株型直立、适宜机械刈割、再生性强、优质高产、干草产量不低于 10 000 kg/hm^2；抗病虫害力强和生长寿命长；种子质量高、真实性强、纯度高及生活力强；适口性好，营养价值高
	6. 毛乌素沙区	该区降水量 300~400 mm，集中在夏季，并多暴雨，春季雨水少，春旱严重。热量条件好，> 5 ℃积温 3 000~3 400 ℃，无霜期较长，可达 130~150 d	适应性强，耐旱（在干燥度大于 3.5 条件下能正常生长）、抗寒、越冬率不小于 95%、耐盐碱（在含盐量 0.30%~0.35% 条件下能正常生长）、秋眠级 2~3；抗病虫害力强和生长寿命长；种子质量高、真实性强、纯度高及生活力强；适口性好，营养价值高

资料来源：陶雅，2022。

五、新疆苜蓿栽培区划

2003 年，高永贵指出新疆属于干旱荒漠区，主要包括新疆大部分地区和与新疆接壤的甘肃西部及青海南部的少数干旱荒漠地区。新疆干旱荒漠区又可划分为山区和平原（低丘陵）生态区。根据新疆自然条件和农业资源分布特点，苜蓿适宜种植区可划分为：

- 山地自然放牧场区
- 山地林场种植区
- 平原或丘陵自然牧场区
- 平原或低山丘陵人工草地种植区
- 平原或低丘陵粮草轮作区

六、宁夏苜蓿栽培区划

1987 年，宁夏草种区划协作组，根据宁夏自然条件、农业生长资源及牧草生长特性，将宁夏多年生牧草种植划分为 4 个一级区：

- 六盘山沙打旺、无芒雀麦、紫花苜蓿、燕麦区
- 宁南黄土高原紫花苜蓿、沙打旺区
- 宁中北沙打旺、蒙古冰草、苏丹草区
- 引黄灌区紫花苜蓿、湖南稷子区

根据紫花苜蓿的生物学特性，结合宁夏各地不同气候特点和试验资料及生产实践，紫花苜蓿在年降水量 300 mm 的宁夏中北部没有灌溉条件的广大地区，尽管日照充足，气温高，但因水分条件的制约，使播种、保苗即产草量受到很大的限制。因此，除局部小气候条件下能少量种植外，不能成为这些地区的当家草种。宁夏南端的六盘山地区海拔高，热量条件差，紫花苜蓿也只能作为搭配草种。宁夏南部降水量 300~500 mm 的黄土高原旱作农业区，栽培苜蓿历史悠久，经验丰富；宁中北黄灌区气温高，水分条件好，中紫花苜蓿产量高，因此，紫花苜蓿一直是这一地区的当家草种。

《宁夏回族自治区主要栽培草种区划》

七、陕西苜蓿栽培区划

2009 年，李化龙、赵西社、刘新生等依据陕西省自然条区划，以地理、地貌、降水、越冬温度条件为主，结合牧草生长特点采用综合指标法进行区划。分区采用地形、地貌加牧草温湿生物特性法命名，根据分区依据及指标将全省划分成五大区域：

- 长城沿线风沙滩地耐寒旱生牧草生长区

人工栽培的牧草主要有沙打旺、白花草木樨、黄花草木樨、毛绍子、红豆草、披碱草、紫花苜蓿及少量的羊草、多变小冠花等耐严寒旱生类。

- 黄土高原丘陵沟壑耐寒旱中生牧草生长区

该区适宜种植的多年生人工牧草以耐寒旱中生牧草为主，主要有紫花苜蓿、草木樨、沙打旺、红豆草、小冠花、白三叶等。

- 关中川原耐冷中生牧草生长区

人工栽培的多年生牧草主要以紫花苜蓿、白三叶、老芒麦、草地羊茅、串叶松香草、聚合草等耐冷中生型为主，其越冬耐冷温度 −25℃左右，年降水 450~800 mm 即可满足其生长要求。

- 秦巴山地耐冷中湿生牧草生长区

牧草人工栽培的牧草有多年生黑麦草、无芒雀麦、紫花苜蓿、金花菜、紫云英、葛藤、红三叶、白三叶、百脉根等耐冷中湿型草类。该区降水充足，有利于牧草的营养生长，但因光照不足，牧草质量相对较差。该区草场资源丰富，牧草种类多，产量高，粮食生产薄弱。根据粮少草多的实际加快发展食草畜牧业的发展，是该区畜牧业发展的根本出路。

- 汉中安康盆地喜温中生牧草生长区

人工牧草有紫花苜蓿、沙打旺、草木樨、木兰子、饲用玉米、红三叶、白三叶、 多年生黑麦草等温中生牧草。

2021 年，曹馨悦基于 GIS 的陕西省栽培牧草区划，研究选取紫花苜蓿、红豆草两种豆科牧草和多年生黑麦草、冰草两种禾本科牧草作为代表性样例进行模型验证与分析。

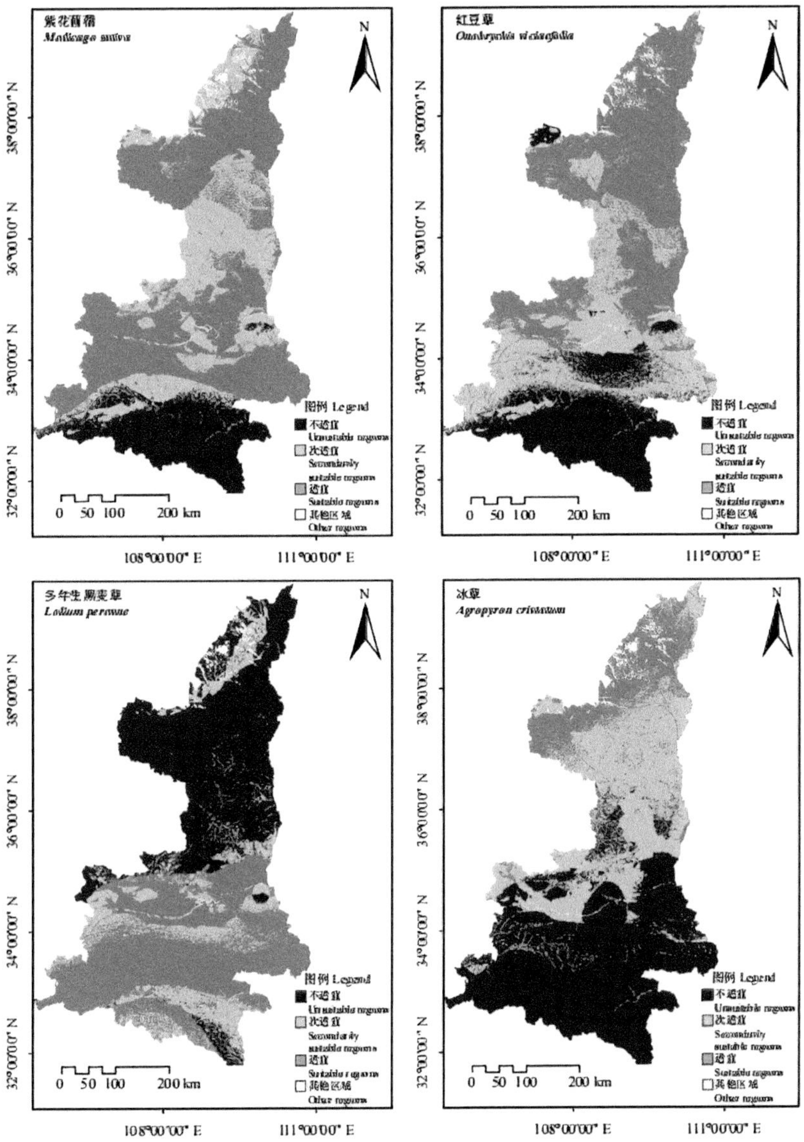

4 种牧草在陕西省的适宜性区划分布

资料来源：梁剑芳等，1996。

八、山西苜蓿栽培区划

1987 年，万淑贞等根据适应山西生长主要栽培牧草的生物学特性、利用方式和山西的自然条件、耕作制度等综合特征，参照《山西省简明综合农业气候区划初稿》《山西省简明农业气候区划》，将山西省主要栽培牧草自然划分为三大区六分区，其中三大区适宜苜蓿种植：

- 中部盆地区

晋南盆地：适于本地区种植的主要优良牧草及饲料作物，豆科有紫花苜蓿、沙打旺、小冠花、百脉根、鹰嘴紫云英、紫穗槐，禾本科有无芒雀麦、苇状羊茅、早熟禾、鸡脚草、猫尾草、高燕麦草。

晋中盆地：豆科有沙打旺、紫花苜蓿、润布勒苜蓿、小冠花、无味草木樨、百脉根等。

晋北盆地：豆科有沙打旺、草木樨、红豆草、杂种苜蓿、和田苜蓿、山野豌豆、达乌里胡枝子、公农一号苜蓿等。

- 东山地区

太行山区：豆科有沙打旺、红豆草、和田苜蓿、润布勒苜蓿、公农一号苜蓿等。

- 西山地区

晋西一晋西北高原丘陵区：豆科牧草有沙打旺、红豆草、草木樨、百脉根、小冠花、扁蓄豆、和田苜蓿、苏联一号苜蓿等。

吕梁山区：豆科牧草有沙打旺、红豆草、草木樨、杂种苜蓿、和田苜蓿等。

九、山东苜蓿栽培区划

1987 年，陈维真将山东省牧草区划为四大区，苜蓿除鲁中南山地丘陵区没有外，其余三区均适宜苜蓿种植。

- 鲁东丘陵紫苜蓿、百脉根、黑麦草区
- 鲁中南山地丘陵沙打旺、草木樨、苇状羊茅区
- 鲁西南平原紫苜蓿、沙打旺、无芒雀麦区
- 鲁北平原苜蓿、沙打旺、冰草区

十、河南苜蓿适栽培区划

2002 年，郭孝根据当家草种应具备的条件、草种区划的原则以及河南省自然条件的多样性，将河南省划分为 6 个牧草栽培区，其中有 3 个区适宜苜蓿种植：

- 豫东北平原牧草种植区

该区的行政区域主要包括郑州市、焦作市、新乡市、安阳市、鹤壁市及濮阳市的南部和东部的平原地区。首选草种主要有紫花苜蓿、沙打旺、苇状羊茅、多年生黑麦草；辅助草种为聚合草、籽粒苋、鲁梅克斯、苦荬菜、朝鲜碱茅、星星草、苏丹草、甜高粱等。

- 豫西北黄土丘陵、太行山地种植区

主要包括焦作北部、鹤壁西部以及洛阳、三门峡西部及北部和济源，南至伏牛山北坡，东与黄淮海平原接壤。首选草种主要有紫花苜蓿、沙打旺、小冠花、苇状羊茅；辅助草种为鸭茅、红豆草、披碱草、草木樨、紫穗槐等。

- 豫东平原种植区

该区在京广铁路以东、豫东北平原以南地区，行政区域包括商丘市、开封市等。首选草种主要有沙打旺、小冠花、紫花苜蓿、紫穗槐、苇状羊茅等；辅助草种为红三叶、鸭茅、黑麦草、籽粒苋、黑麦、高羊茅、冰草等。

十一、河北苜蓿栽培区划

1996 年，梁剑芳等在全面分析种草历史与现状的基础上参考农牧业区划资料采用地理方位加草种名称的双名法以草种的重要性为序进行草种区划命名将全省的多年生栽培牧草划分为 6 个区，其中苜蓿主要分布在：

- 燕山山地丘陵苜蓿、红豆草、披碱草区

- 太行山山地丘陵沙打旺、苜蓿、葛藤区
- 山麓平原苜蓿、沙打旺区
- 黑龙港低平原沙打旺 、苜蓿、披碱草区
- 滨海平原苜蓿、沙打旺 、紫穗槐区

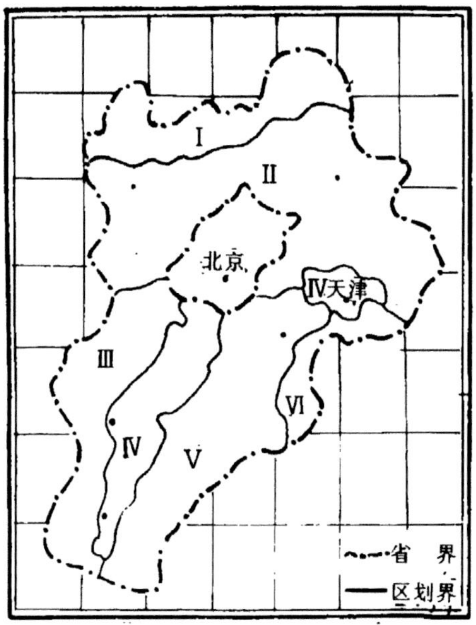

附图河北省多年生栽培牧草区划

1. 坝上高原羊草、披碱草、野大麦区

I. 燕山山地丘陵苜蓿、红豆草、披碱草区 N. 太行山山地丘陵沙打旺、苜蓿、葛藤区 IV. 山麓平原苜蓿、沙打旺区

V. 黑龙港低平原沙打旺、苜蓿、披碱草区 V. 滨海平原、沙打旺、紫穗槐区

河北苜蓿适宜种植区

资料来源：梁剑芳等，1996。

十二、吉林苜蓿栽培区划

1987 年，吉林省牧草课题协作组，根据自然气候及土壤类型，参考畜农业、畜牧业综合区划，以及主要多年生牧草栽培分布，历史和生产现状，将吉林省多年生当家草种分区为：

- 西部平原羊草、苜蓿区
- 中部平原苜蓿、无芒雀麦区
- 东部山区和半山区胡枝子、苜蓿、无芒雀麦区

分 区	地区、州 (6 个)	县、市 (46 个)	备注
西部平原羊草、苜蓿区	白城地区 四平地区	通榆、前郭、大安、长岭、乾安、洮安、镇赉、白城市 双辽	6 个县市
中部平原苜蓿、无芒雀麦区	长春地区 四平地区 白城地区	农安、榆树、双阳、九台、德惠、长春市、 公主岭 、梨树、伊通、四平市、东丰、辽源、 扶余	13 个县市
东部山区、半山区、胡枝子、苜蓿、无芒雀麦区	通化地区 延边自治州 吉林地区	通化市、集安、长白、抚松、柳河、站宇、 海龙、辉南、浑江、通化 汪清、和龙、 珲春、安图、图们、延吉、龙井、敦化 永吉、舒兰、吉林市郊、磐石、桦甸、蛟河	24 个县市

吉林苜蓿种植分区范围

十三、黑龙江苜蓿栽培区划

1991 年，柴凤久，郭宝华通过历史资料调查，生产现状考察和小区辅助试验，依照当家草种应具备的条件，综合分析紫花苜蓿、羊草、无芒雀麦等主要草种的适宜种植分区，将黑龙江紫花苜蓿等草种种植分为 4 个区：

- 松嫩平原羊草、紫花苜蓿、沙打旺、无芒雀麦区
- 北部山区紫花苜蓿、无芒雀麦、披碱草区
- 东部半山区羊草、无芒雀麦、紫花苜蓿区
- 三江平原无芒雀麦、紫花苜蓿区

第四节 苜蓿冻害

一、紫花苜蓿之死

2001 年 8 月 15 日，新华网发表了“紫花苜蓿之死”一文，文中写道：“当呼伦贝尔大草原上的牧草返青并且茁壮生长的时候，落户这里三年的紫花苜蓿，没有经受住倒春寒的袭击，7 万亩的苜蓿几乎全部死亡”。消息一经传出，震惊全区，影响全国。从报道中可知，被冻死的苜蓿主要分布在内蒙古呼伦贝尔市海拉尔区、鄂温克旗和陈巴尔虎旗，分布之广、面积之大、受损之巨实属罕见。2001 年 8 月 20 日，人民网也对此事件进行了报道。

当呼伦贝尔大草原上的牧草返青并且茁壮生长的时候，落户这里三年的紫花苜蓿，却没有经受住倒春寒的袭击，7万亩的苜蓿几乎全部死亡——

紫花苜蓿之死

新华网呼和浩特8月15日电（记者张云龙） 近日，记者来到内蒙古自治区鄂温克旗境内种植紫花苜蓿的一号基地，蓬勃生长的蒿草夹杂着已经枯死的紫花苜蓿。偶尔找到几株瘦弱的“幸存者”，拔出根来，不过几个毫米粗细，长度也不超过50厘米。而正常生长3年的紫花苜蓿，草根已如成人的食指，根长也可达到5至6米。

1999年，内蒙古海拉尔市中新苜蓿草业公司开始在呼伦贝尔盟的海拉尔市、鄂温克旗和陈巴尔虎旗大面积种植从美国引进的13个品种的紫花苜蓿，当年表现各物候期生长发育良好。2000年春季返青率达70%以上，长势良好。这一年，紫花苜蓿普遍收割了两茬，最多的地收了四茬，共产干草8000吨。

苜蓿大面积死亡以后，中国农学院草原研究所的专家来做了鉴定，据该所所长马志广介绍，主要是外部气候的影响，而不是种子本身的问题。目前认定的死亡原因是去冬气温太低，最低达到了摄氏零下50度左右，而一般品种的紫花苜蓿在冬季只能耐摄氏零下20度到30度的低温。今春牧草返青时，又遇罕见的倒春寒，气温骤降至零下十几度，并且如此反复几次，致使苜蓿根系被冻死，造成死亡。此外，苜蓿死亡还跟过度的刈割有关，部分地方去年最后一次收割时间太晚，收割次数过多，使苜蓿越冬所需养分存储不足。

刚刚从鄂温克旗草原站站长的位置上退下来的蒋永平，对苜蓿的死亡提出了自己的看法。他认为，除气候因素外，中新公司引进这些紫花苜蓿时，只进行了1年的小区试验，而且搞的还是温室试验，没有经过中间试验就进行大面积引种。一般情况下，引进外地品种，这个试验期限最低不应少于3年。

记者从海拉尔物价工商局企业科了解到，中新公司1999年正式成立，注册资金5000万元。另据了解，该公司从国外购买了120吨的紫花苜蓿种子，种植面积8万亩左右，还引进了国外最先进的收割、打捆、脱水等设备。在公司所做的《引种美国苜蓿改良呼伦贝尔退化草场、推进饲料工业产业化可行性论证报告》中提道：“保守计算，1999年可创产值238万美元，2000年到2003年每年产值3706万美元，利润极其可观”。“本项目引进的品种是获得美国专利的‘美国一号’，产量高，品质好。偶尔出现的异常低温，可能造成对苜蓿生长的不利影响以至损伤。……根据当地历年气象资料的分析，上述情况的发生及其严重程度都是机率很低的。即使出现这种情况，通过抢收、补播、灌溉等补救措施，还是能够降低损失，挽回不利后果的延后影响。”

然而，项目实施之后，中新公司却没有发挥其所说的“企业运作的高效率和独立运营的优势”，而是陷入了一种混乱的状态。公司董事长频繁更换，以至于和他们直接打交道的鄂温克旗巴彦托海镇政府都搞不清到底谁是董事长。还有更让人莫名其妙的事：大旱天施化肥，下雨天又搞收割。

作为技术顾问的马志广对公司也颇有微词：“专家组的意见很多时候是不被采纳的。”牧草刚刚长成2年，还没有进入高产期，公司就进行了掠夺性的收割。一般来说，苜蓿要达到亩产400到600公斤才有效益，可公司的苜蓿平均亩产就在150公斤左右。在陈巴尔虎旗陶海地区种植的2万亩苜蓿因收割了三四茬，全部冻死，损失最为惨重。

紫花苜蓿到底能不能在呼盟种植？个人种植大户杜涌自有他的见解。杜涌去年从中新公司购买种子，种植了7000多亩的紫花苜蓿，其中没有收割的和在洼地阴坡生长的大部分存活了下来。这使他对种苜蓿有了信心，而且还总结出两点经验：一要豆科和禾本科混播，二要搞节水喷灌，小面积播种，不适宜大面积种植。

草原所的副研究员赵来喜说，苜蓿的适应性有个范围，这里的地理气候条件已到了其适应范围的边缘，偶遇异常就会造成大的损失，最好是培育适合当地的种子。蒋永平也认为，要努力开发广布于牧区的野生黄花苜蓿资源，因为它可耐受摄氏零下60度的低温，而且比紫花苜蓿抗旱。还要积极开发其它适宜呼盟牧区生长的豆科牧草，不断提高豆科牧草在草场中的比重，使之部分取代无法越冬的紫花苜蓿，像沙打旺、草木樨、扁蓿豆和野生红三叶、白三叶等。当地的技术人员研究苜蓿引种驯化已有较长的时间，能够为政府决策提供很有价值的参考，尤其是科技含量高、风险性大的项目。他认为，种草是一项长远的工程，需要长期的投入和精心的管理，任何急功近利的行为只会损害草业的发展。企业以追求利润为目的，因此就要求政府在审查项目时必须谨慎、严格，项目实施后，还要发挥宏观调控和监督作用，克服企业的短期行为。

新华网《紫花苜蓿之死》

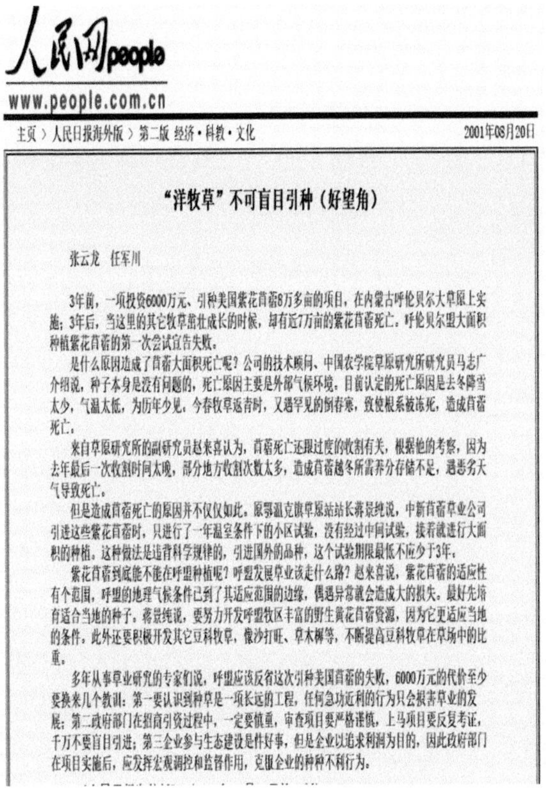

人民网people

www.people.com.cn

主页 > 人民日报海外版 > 第二版 经济·科教·文化　　2001年08月20日

“洋牧草”不可盲目引种（好望角）

张云龙　任军川

3年前，一项投资6000万元、引种美国紫花苜蓿8万多亩的项目，在内蒙古呼伦贝尔大草原上实施；3年后，当这里的其它牧草茁壮成长的时候，却有近7万亩的紫花苜蓿死亡。呼伦贝尔盟大面积种植紫花苜蓿的第一次尝试宣告失败。

是什么原因造成了苜蓿大面积死亡呢？公司的技术顾问、中国农学院草原研究所研究员马志广介绍说，种子本身是没有问题的，死亡原因主要是外部气候环境。目前认定的死亡原因是去冬降雪太少，气温太低，为历年少见。今春牧草返青时，又遇罕见的倒春寒，致使根系被冻死，造成苜蓿死亡。

来自草原研究所的副研究员赵来喜认为，苜蓿死亡还跟过度的收割有关，根据他的考察，因为去年最后一次收割时间太晚，部分地方收割次数太多，造成苜蓿越冬所需养分存储不足，遇恶劣天气导致死亡。

但是造成苜蓿死亡的原因并不仅仅如此。原鄂温克旗草原站站长蒋景纯说，中新苜蓿草业公司引进这些紫花苜蓿时，只进行了一年温室条件下的小区试验，没有经过中间试验，接着就进行大面积的种植。这种做法是违背科学规律的，引进国外的品种，这个试验期限最低不应少于3年。

紫花苜蓿到底能不能在呼盟种植呢？呼盟发展草业该走什么路？赵来喜说，紫花苜蓿的适应性有个范围，呼盟的地理气候条件已到了其适应范围的边缘，偶遇异常就会造成大的损失。最好先培育适合当地的种子。蒋景纯说，要努力开发呼盟牧区丰富的野生黄花苜蓿资源，因为它更适应当地的条件。此外还要积极开发其它豆科牧草，像沙打旺、草木樨等，不断提高豆科牧草在草场中的比重。

多年从事草业研究的专家们说，呼盟应该反省这次引种美国苜蓿的失败，6000万元的代价至少要换来几个教训：第一要认识到种草是一项长远的工程，任何急功近利的行为只会损害草业的发展；第二政府部门在招商引资过程中，一定要慎重，审查项目要严格谨慎，上马项目要反复考证，千万不要盲目引进；第三企业参与生态建设是件好事，但是企业以追求利润为目的，因此政府部门在项目实施后，应发挥宏观调控和监督作用，克服企业的种种不利行为。

中国牧业通讯　　主持人　粟胜兰　联系电话　64194619

广东“瘦肉精”中毒事件
将移交司法机关处理

据广东饲料办公室透露，备受关注的怀疑是“瘦肉精”引起的“8月22日信宜市群体食物中毒事件”将如何处理，广东省饲料工作办公室张其昌副主任说：一、在肇事猪场提取的猪内脏（肺、肝），化验结果是盐酸克伦特罗呈阳性反应；二、责成信宜市畜牧水产局就“8月22日信宜市群体食物中毒事件”立专案，彻底追查违禁药“盐酸克伦特罗”源头；三、本案将移交司法机关处理；四、肇事人仍被公安机关拘留。

新疆安格斯牛借
北京奥运会闯市场

食网近期发布消息　新疆安格斯牛欲借北京奥运会打品牌、拓市场。

安格斯牛原产苏格兰，黑色无角，是目前世界上公认的肉质最好的肉牛之一。2008年北京举办奥运会，为新疆安格斯牛拓展市场提供了一次难得的机遇，特克斯县目前已经筹划争取为奥运会提供安格斯牛肉。因为特克斯地区没有任何工业污染，这里饲养的安格斯牛提供的牛肉是符合“绿色奥运”的绿色环保食品。新疆安格斯牛完全有可能借助2008年北京奥运会的举办，打出中国优秀的品牌，并打开国内、外市场。

有关专家认为，2008年运动会期间总计要消耗牛肉75吨，仅需500头安格斯肉牛就可以满足需要。现在距北京奥运会还有7年时间，新疆畜牧科学院在特克斯县实行胚胎移植技术的同时结合纯种繁殖方式，届时完全可以做到提供奥运会需要的牛肉数量。

呼盟引进“洋苜蓿”死亡过八成

据中国饲料工业信息网消息　3年前，一项投资6000万元，引种美国紫花苜蓿8万多亩的项目，在内蒙古呼伦贝尔大草原上实施；3年后，当其它牧草茁壮成长的时候，却有近7万亩的紫花苜蓿死亡。

是什么原因造成了苜蓿大面积死亡呢？公司的技术部门、中国农学院草原研究所研究员马志广介绍说，种子本身没有问题的，死亡原因主要是外部气候环境。目前认定的死亡原因是去冬降雪太少，气温太低，为历年少见。牧草返青时，又遇罕见的倒春寒，致使根系被冻死，造成苜蓿死亡。

来自草原研究所的副研究员赵来喜认为，苜蓿死亡还跟过度的收割有关，收割次数太多，会造成苜蓿越冬所需养分存储不足，遇恶劣天气导致死亡。

原鄂温克旗草原站站长蒋景纯说，中新苜蓿草业公司引进这些紫花苜蓿时，只进行了一年温室条件下的小区试验，没有经过中间试验，接着就进行大面积的种植。这种做法是违背自然规律的，引进国外的品种，这个试验期限最低不应少于3年。

多年从事草业研究的专家们说，呼盟应该反省这次引种美国苜蓿的失败，6000万元的代价至少要换来几个教训。一要认识到种草是一项长远的工程，任何急功近利的行为只会损害草业的发展；第二政府部门在招商引资过程中一定要慎重，审查项目要严格谨慎，上项目要反复考证，千万不要盲目引进；第三企业参与生态建设是件好事，但是企业以追求利润为目的，因此政府部门在项目实施后，应发挥宏观调控和监督作用，克服企业的种种不利行为。

我国肉类加工比重
五年内将增长6%

近期，国家经贸委公布的肉类食品工业“十五”规划。到2005年，肉类加工比重由目前的4%左右提高到10%，肉类加工量达到640万吨。据悉，2000年中国肉类总产量6250万吨，肉类加工制品280万吨左右。内容如下：

1、肉类食品从单一品种向多样化发展，产品由初加工向深加工、由大包装或无包装向小包装发展。重点是发展分割肉、冷却肉、包装肉。

2、2005年末，中国熟肉制品达400万吨。同时开展禽畜内脏、肥膘、皮、毛、骨、血等的综合利用，发展生物制品。

3、对具有方便、风味、营养特色的地方肉制食品，鼓励改进包装，扩大出口。

4、在结构调整和提高质量的前提下，重点发展若干个国际知名品牌，建立一批技术创新能力强的现代食品工业大集团。

73

人民网《“洋牧草”不可盲目引种（好望角）》

二、早期苜蓿冻害的发生

1953年，青海省三角城羊场从甘肃省引进苜蓿品种，连续试种，因冻害苜蓿无法越冬而未能成功。

1964—1965年，辽宁省建平、北票、阜新和彰武等县的13万亩苜蓿发生了不同程度的冻害，特别是北票、阜新等地所发生的苜蓿冻害，造成大面积苜蓿越冬死亡。

1962年，耿华珠对河北坝上察北牧场的蔚县苜蓿、肇东苜蓿的越冬率调查，发现2种苜蓿的越冬率均在80%以上。

1963—1965年，吴仁润等为首的科技工作者，在祁连山区的皇城研究了沟作与平作对苜蓿安全越冬的影响，沟作比平作可显著提高苜蓿的越冬存活率。

1964年，耿华珠又对锡林浩特种畜场35份苜蓿材料的越冬性进行了研究，发现杂花苜蓿的越冬率最高，达80%以上，而印第安苜蓿、北京苜蓿、陕西苜蓿等越冬率在30%以下。

1976年，内蒙古自治区草原工作站对锡林浩特、蓝旗（马王庙）、白旗（额里图）、达茂旗（塔令宫）、四子王旗（白音花）、乌拉特中旗（白音哈太）、呼和浩特、杭锦旗（摩林河）、鄂托克旗（赛乌素）等地播种（1974年播种）后第二个春天的11个苜蓿品种的越冬率进行了调查，结果表明：

- 渭南苜蓿在内蒙古各地均不能安全越冬或越冬率很低，新疆大叶苜蓿在锡林浩特、蓝旗、白旗、达茂旗等越冬率也很低，甚至在鄂托克旗新疆大叶苜蓿也不能安全越冬；
- 锡林浩特地区，杂种苜蓿、蔚县苜蓿越冬率最高，分别为95.0%和91.6%，肇东苜蓿次之，为89.5%；蓝旗、白旗以杂种苜蓿（90.0%~93.7%）、肇东苜蓿（90.0%~93.1%）、公农1号苜蓿（79.0%~98.0%）的越冬率为好。

● 达茂旗，蔚县苜蓿越冬率最高，达 94.5%，其次为肇东苜蓿（82.4%）、杂种苜蓿（83.0%）、公农 1 号苜蓿（87.4%）等。

● 乌拉特中旗，除渭南苜蓿，其余苜蓿越冬良好，尤以肇东苜蓿（100.0%）、公农 1 号苜蓿（100.0%）、蔚县苜蓿（99.0%）、杂种苜蓿（97.5%）、准格尔苜蓿（96.0%）、沙湾苜蓿（99.0%）越冬率最高。

● 伊盟地区（鄂托克旗、杭锦旗），亚洲苜蓿（100.0%）、杂种苜蓿（98.0%~100.0%）、公农 1 号苜蓿（96.0%~100.0%）、肇东苜蓿（95.0%~99.0%）等苜蓿越冬良好，准格尔苜蓿的越冬率为（82.0%~94.0%）。

● 呼和浩特，除渭南苜蓿越冬率（20.0%）较低外，其余 10 种苜蓿均能安全越冬，特别是肇东苜蓿、公农 1 号苜蓿、杂种苜蓿、佳木斯苜蓿、蔚县苜蓿的越冬率均在 100.0%，其次沙湾苜蓿（95.0%）、亚洲苜蓿（95.0%）、苏联 1 号苜蓿（98.0%）、准格尔苜蓿（98.0%）和新建大叶苜蓿（90.0%）越冬率也较高。

三、苜蓿冻害调查

1996—2021 年，中国农业科学院草原研究所牧草栽培团队，先后对内蒙古呼伦贝尔、兴安盟、赤峰、锡林郭勒、乌兰察布、呼和浩特、鄂尔多斯、巴彦淖尔，宁夏贺兰山和甘肃的河西走廊、甘南等地区的苜蓿越冬性进行了调查研究。

1997 年 5 月上旬敖汉旗受冻苜蓿

2001 年呼伦贝尔未返青苜蓿

2002 年兴安盟 3 000 亩未返青苜蓿

2002 年赤峰受冻苜蓿

2002 年 5 月中旬中国农业大学韩建国教授、中国农业科学院草原研究所孙启忠研究员、全国畜牧总站李存福研究员在赤峰调查苜蓿冻害

2015 年赤峰（阿鲁科尔沁旗）受冻苜蓿

2015 年 5 月中旬巴彦淖尔（五原县）受冻非秋眠苜蓿与未受冻秋眠苜蓿

2016 年 5 月下旬，孙启忠、陶雅在武川调查苜蓿冻害

2019 年 5 月 23 日赤峰（阿鲁科尔沁旗）受冻苜蓿

2019 年 5 月 7 日鄂尔多斯苜蓿返青情况

2019 年 4 月 24 日甘肃酒泉（玉门）苜蓿返青情况

2019 年 4 月 26 日青海门源县（海拔 2 900 m）苜蓿返青情况

2021 年 4 月 15 日达拉特旗苜蓿返青情况

2021 年 4 月 30 日土默特左旗未返青苜蓿

2023 年 4 月，受“倒春寒”等因素影响内蒙古多地苜蓿返青不理想。4—5 月中国农业科学院草原研究所苜蓿创新团队孙启忠研究员等先后赴土默特左旗、达拉特旗、敖汉旗、阿鲁科尔沁旗和林西等进行苜蓿越冬调查。

2023 年 4 月 18 日孙启忠研究员（右）在土默特左旗进行苜蓿越冬调查

2023 年 4 月 20—21 日孙启忠研究员在达拉特旗进行苜蓿越冬调查

2023 年 5 月 13 日孙启忠、陶雅、李文龙在敖汉旗进行苜蓿返青调查

2023 年 5 月 15 日在阿鲁科尔沁旗进行苜蓿返青调查

2023 年 5 月 16 日孙启忠研究员（左一）、陶雅博士（右一）赤峰林西县进行苜蓿返青调查

四、苜蓿冻害诊断（苜蓿冻害研究）

2001—2015 年，孙启忠研究员带领苜蓿创新团队对我国东北、华北、西北苜蓿冻害进行了系统的调查研究，从苜蓿冻害发生的原因、影响因素、受冻症状与类型及对高纬度地区种植苜蓿冻害等方面进行了长期的研究，2001 年，提出了苜蓿冻害诊断标准，2014 年在《旱区苜蓿》中进一步阐明了苜蓿适应寒冷的多样性、对寒冷的生理响应、苜蓿品种耐寒性综合评价、苜蓿冻害管理策略及其冻害防御等，并阐明了影响苜蓿安全越冬的主要因素。

受冻后的苜蓿根颈

苜蓿受冻害后的根颈症状

受冻种类	受冻症状	成活
根颈上端受冻	膨大的根颈上端受冻变黑、腐烂，根颈大部和根保持鲜嫩状，根颈下端四周可再产生新芽	推迟返青 15~20 d

续表

受冻种类	受冻症状	成活
根颈全部受冻	膨大的根颈全部受冻变黑、腐烂，下端的根保持鲜嫩，但已不能再生新芽	不能返青
根颈和根受冻	根颈和根全部受冻呈干枯状或变黄腐烂而死亡	不能返青

资料来源：孙启忠，2001。

影响苜蓿安全越冬的因素有许多，但主要的因素包括生物和非生物因素，主要有苜蓿品种、根颈入土深度、气候、农艺措施、刈割制度、地块条件等。

影响苜蓿安全越冬的主要因素

因素类型	主要因素	影响性
生物因素	品种	黄花苜蓿较紫花苜蓿更耐寒，黄花苜蓿和苜蓿的杂交中鉴于二者之间
	根颈入土深度	根颈入土越深越有利于苜蓿安全越冬
	病害	根颈 / 根腐病对苜蓿越冬有显著的影响
非生物因素	低温	极端低温（-30 ℃以下）对苜蓿越冬危害极大
	降雪	北方冬季寒冷干旱少雪，或无雪严重影响苜蓿的安全越冬
	地块状况	主要包括旱地、水浇地、土壤质地、坡向、海拔高度和纬度等。 旱地对苜蓿越冬影响较大，特别是高纬度、高海拔干旱地块冬季寒冷干旱，给苜蓿冬季生存带来极为不利的影响，若无雪覆盖常常使苜蓿受冻而发生冻害；与旱地相比，水浇地冬季条件要好于旱地，特别是可浇上冻水的地，对苜蓿越冬极为有利 坡向主要是指阴坡地和阳坡地等，阳坡地冬季的雪融化较早，与阴坡相比雪对苜蓿的覆盖时间较短，昼夜温差变化也较大，特别是在早春，苜蓿萌动返青要早于阴坡苜蓿，容易受冻发生冻害
	坡向	—
	海拔	—
	纬度	—
	土壤质地	主要是指砂地、壤土、黏土地等，由于不同质地的土壤保水性有差异，所以在苜蓿越冬性方面也存在一定的差异，沙地保水性较差，昼夜温差变化较大，特别是在春季苜蓿萌动返青期间，白天夜晚温差变化较大，容易引起苜蓿冻害发生
农艺措施	播种期与播种方式	播种期越早越有利于越冬。平播根颈入土浅，易受冻；沟播根颈入土较深，可减缓根颈受冻风险
	秋冬春季管理	秋季培土显著提高苜蓿的越冬率，初冬季冻水灌溉可提高苜蓿的越冬率，春季适当灌溉有预防倒春寒的作用
刈割制度		刈割制度对苜蓿的安全越冬影响较大，特别是高纬度寒旱区尤为明显，最后一次刈割后，苜蓿要有 35~40 d 的生长时间，使苜蓿有足够储备营养物质和越冬保护物质的时间，以提高苜蓿的越冬能力和为第二年返青生长提供足够的营养

资料来源：孙启忠，2001。

2009 年，王宗礼、孙启忠、常秉文在《草原灾害》一书中，通过分析研究草原地区苜蓿冻害发生的原因、类型、危害，将苜蓿冻害归为草原灾害的一种。冻灾既是苜蓿生产管理中的常见问题，也是苜蓿品种与地域资源环境的适配度问题。内蒙古处于干旱、半干旱区，冬季寒冷、干旱少雪（甚至无雪），并且常有倒春寒出现，苜蓿受此影响，发生冻害是不可避免的。一旦发生苜蓿冻害，轻者引起产量下降，重者造成毁灭性损失。

《草原灾害》

草原区受冻苜蓿

草原区未返青的受冻苜蓿

第五节 苜蓿秋眠级评定

一、苜蓿秋眠性的概念引进

1921 年，美国苜蓿专家发现苜蓿具有秋眠现象。1991 年，卢欣石和申玉龙在《国外畜牧学 · 草原与牧草》期刊上发表“苜蓿秋眠性研究与利用”，首次将苜蓿秋眠性的概念引进我国，并进行了详细介绍。

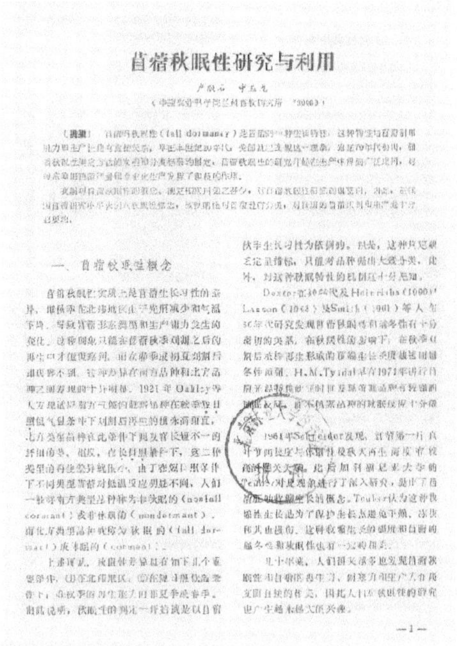

苜蓿秋眠性研究与利用

卢欣石 申玉龙

一、苜蓿秋眠性概念

《苜蓿秋眠性研究与利用》

1998 年，卢欣石对中国已审定苜蓿品种的秋眠性进行了研究。

卢欣石教授接受采访

二、苜蓿秋眠级评定

2013—2018 年，中国农业科学院草原研究所牧草栽培创新团队，在我国率先采用 3 区（3 种生态区域）技术，分别在内蒙古河套灌区、土默平原土默特左旗、阴山北麓武川县，对 180 多个苜蓿品种的秋眠级和抗寒指数进行了评定。

2014 年 9 月 5 日（武川，寒旱区）

2014 年 9 月 14 日（土左旗，半干旱区）

2014 年 9 月 23 日（五原，干旱区）

抗寒指数 1 级　　抗寒指数 2 级

抗寒指数 3 级　　抗寒指数 4 级　　抗寒指数 5 级

抗寒指数（国内标准）

2016 年 59 个苜蓿品种在五原地区的秋眠级数评定结果

编号	品种	第一次	第二次	第三次	平均
D1	雪豹	2.2	2.5	2.2	2.3
D2	大银河	4.0	4.0	4.0	4.0
D3	劲能 806 紫花苜蓿	2.1	2	2.1	2.1
D4	劲能 5010 紫花苜蓿	4.8	4.9	4.4	4.7
D5	劲能 301 紫花苜蓿	3.1	2.4	2.3	2.6
D6	WL366HQ 紫花苜蓿	5	4.7	4.2	4.6
D7	WL298HQ 紫花苜蓿	3.4	3.1	3.2	3.2
D8	HF2110 紫花苜蓿	6.7	7	5.7	6.5
D9	A203220 紫花苜蓿（柏拉图）	4.7	4.7	4.2	4.5
D10	天水苜蓿	−1.2	−1.6	−1.4	−1.4
D11	肇东苜蓿（甘肃农业大学曹致中）	1.8	1.9	1.6	1.7
D12	关中苜蓿	0	0	0.1	0
D13	陇中紫花苜蓿	−1.2	−1.5	−1.4	−1.4
D14	新疆大叶苜蓿（新疆维吾尔自治区草原总站闵继淳）	3.3	3.4	2.9	3.2
D42	新疆大叶苜蓿（和田）	−0.9	−1.7	−1.6	−1.4

续表

编号	品种	第一次	第二次	第三次	平均
D15	晋南紫花苜蓿	0.7	0.5	0.8	0.6
D16	察北苜蓿	−0.1	0	0.4	0.1
D17	Vernal（2）	1.2	1.6	1.9	1.6
D18	Legend（4）	5.0	4.6	4.5	4.7
D19	5262	4.4	4.8	4.1	4.4
D20	Maverick（1）	0.5	0.6	0.6	0.6

2017 年 63 个苜蓿抗寒指数与越冬率（五原）

编号	名称	抗寒指数	越冬率（%）
D44	肇东苜蓿（齐齐哈尔罗新义）	3.1	79.17
D45	新牧 1 号杂花苜蓿	3.1	78.33
D46	中苜 6 号	3.5	69.17
D47	草原 4 号紫花苜蓿	2.5	90.83
D48	无棣苜蓿	3.3	72.5
D49	赤草 1 号杂花苜蓿	2.3	86.67
D50	清水紫花苜蓿	3.4	76.67
D52	陇东紫花苜蓿	3.2	80.83
D53	德钦紫花苜蓿	4.5	40.0
D54	甘农 1 号杂花苜蓿	3	76.67
D55	甘农 6 号	3.6	66.67
D56	甘农 4 号	3.7	65.83
D57	甘农 3 号	3.5	69.17
D58	楚雄南苜蓿	5	0
D59	中草 3 号	3	85.0
D60	农 5 号	2.7	93.33
D61	中苜 4 号	3.5	68.33
D62	甘农 5 号紫花苜蓿	4.9	9.17
D63	甘农 7 号紫花苜蓿	3.3	75.0

三、全国苜蓿秋眠级区划

1. 不同苜蓿品种生产力测定（四川 · 西昌）

紫花苜蓿冬季生长情况　　翌年春天萌发情况

生长第三年陇中紫花苜蓿（低秋眠）冬季生长情况

生长第三年 55VV12（半秋眠）冬季生长情况

生长第三年凉苜 1 号紫花苜蓿（高秋眠）冬季生长情况

生长第三年冬季生长情况

2. 不同苜蓿品种生产力测定（湖南·常德）

不同苜蓿品种生产力测定

3. 不同苜蓿品种生产力测定（青海省·门源县—2017 年 5 月 14 日播种）

苜蓿中试（青海省门源县青石咀镇红沟村，海拔：2 900 m）

2017 年门源县泉口镇后沟村（海拔：3 100 m）

4. 不同苜蓿品种生产力测定（内蒙古·五原）

内蒙古五原

5. 不同苜蓿品种生产力测定（内蒙古·呼和浩特）

内蒙古土默特左旗

内蒙古武川县

6. 全国苜蓿秋眠级适宜种植区

通过在内蒙古、河北、山东、甘肃、新疆、黑龙江、吉林、四川、湖南、海南等省区 28 个县（旗）市进行苜蓿秋眠级适宜性试验，2018 年中国农业科学院草原研究所苜蓿创新团队提出并绘制了《全国苜蓿秋眠级适宜种植区划图》。

四、苜蓿秋眠性分级评定标准

2018 年，卢欣石教授制定了《苜蓿秋眠性分级评定（GB/T 37060—2018）》。

ICS 65.020.20
B 25

GB

中华人民共和国国家标准

GB/T 37069—2018

苜蓿秋眠性分级评定

Rules for alfalfa fall dormancy rate evaluation

2018-12-28 发布　　2019-07-01 实施

《苜蓿秋眠性分级评定（GB/T 37060—2018）》

第六节　苜蓿病虫草害研究

一、早期的病虫害调查

1953 年，西北农业科学研究所在对西北地区紫花苜蓿调查时，发现该地区紫花苜蓿有 6 种病 / 草害（褐斑病、黄斑病、霜霉病、锈病、黑茎病和菟丝子）和 4 种虫害（蚜虫、盲蝽、蛴螬和苜蓿籽蜂）。

二、对苜蓿病害的研究

1956 年，南京农学院的刘经芬、方中达，首次对苜蓿的病害作了系统的研究，报道南京地区栽培苜蓿的病害组合（病原菌—寄主）32 个，其中紫花苜蓿、南苜蓿、天蓝苜蓿、小苜蓿各有 8 个，涉及 8 种病原真菌。

甘肃农业大学刘若教授

1966 年，戚佩坤等报道了吉林省紫花苜蓿的 19 种病害，其中有不少新纪录，在很大程度上丰富我国苜蓿病原真菌资料。

1979 年，我国植物病理学家戴芳澜在《中国真菌总汇》中，介绍了 26 种紫花苜蓿真菌病害。

1976 年，刘若在甘肃河西走廊东部灌溉区调查苜蓿霜霉病时，发现此病在当地可造成严重减产，1983 年与南志标报道了当地苜蓿的 8 种病害，1984 年又与侯天爵总结了以往国内的苜蓿病害，共有 36 个病原 - 寄主组合。

1978—1980 年，侯天爵研究员对内蒙古锡林浩特地区苜蓿褐斑病的发生特点、品种抗性和药剂防治等进行了研究，1986 年报道了内蒙古、宁夏和甘肃三地牧草病害调查结果，共发现苜蓿的 12 种病原菌（13 种病原 - 寄主组合）。

侯天爵研究员

1985 年，南志标院士报道了锈病对紫花苜蓿营养成分的影响和陇东地区紫花苜蓿 6 种真菌病害在当地的发生特点，1990 年又评估了不同品种苜蓿在田间的抗锈性。

南志标院士

1989 年，陈耀报道了对苜蓿根腐病的研究，并对苜蓿丛枝病的病原进行了研究。

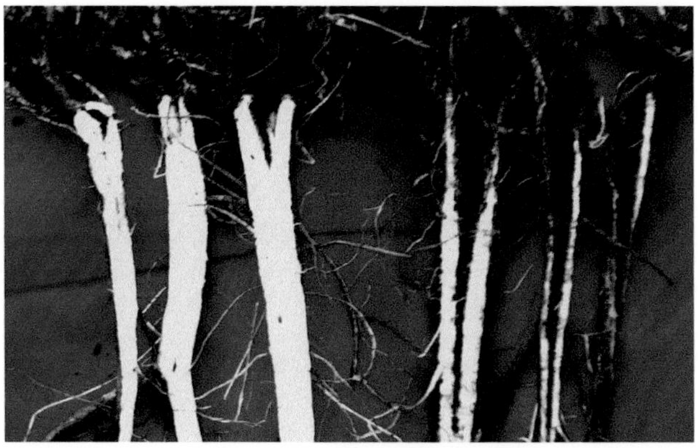

根（颈）腐病　（颈腐病评估：植株根颈损伤超过 50%，第二年很难越冬）

细菌性枯萎病

- 染病的植株矮小，变黄，主要发生在老苜蓿植株上，一般发在春季或者秋季
- 大部分品种抗性都较强

细菌性枯萎病

黄萎病

- 一般发生在 2 ~ 3 年的苜蓿地，春季和秋季易发生
- 会通过收获机械和害虫传播
- 大部分现代品种都有抗性

黄萎病

三、对苜蓿虫害的研究

1961 年，张学祖对苜蓿籽蜂进行了初步研究。

1961 年，张学祖对新疆苜蓿籽蜂进行了研究。

1962 年，张学祖对新疆苜蓿害虫进行了调查。

1962 年，张学祖对新疆苜蓿害虫及其防治进行了研究，对苜蓿籽蜂专文进行了介绍。

1964 年，王廷铨对新疆苜蓿籽象甲进行了研究。

1970 年，能乃扎布报道了苜蓿籽蜂及其防治措施。

1981—1983 年，鲁挺对甘肃河西走廊大面积的苜蓿草地害虫进行了调查，共发现重要害虫 91 种。

1988 年，中国农业科学院草原研究所对我国北方主要栽培牧草的害虫进行多年研究，报道了苜蓿害虫 100 余种，并指出籽蜂、芫菁、叶象甲是最主要的为害种类。同年，吴永敷也报道了苜蓿的重要害虫蓟马的种类、分布、为害症状、减产情况及防治方法。

1989 年，冯光翰对苜蓿害虫作了大量的研究，共报道为害苜蓿的鳞翅目昆虫 70 余种。

1991 年，《草地学报》（创刊号）发表了内蒙古农牧学院吴永敷教授的“苜蓿蓟马的研究”。

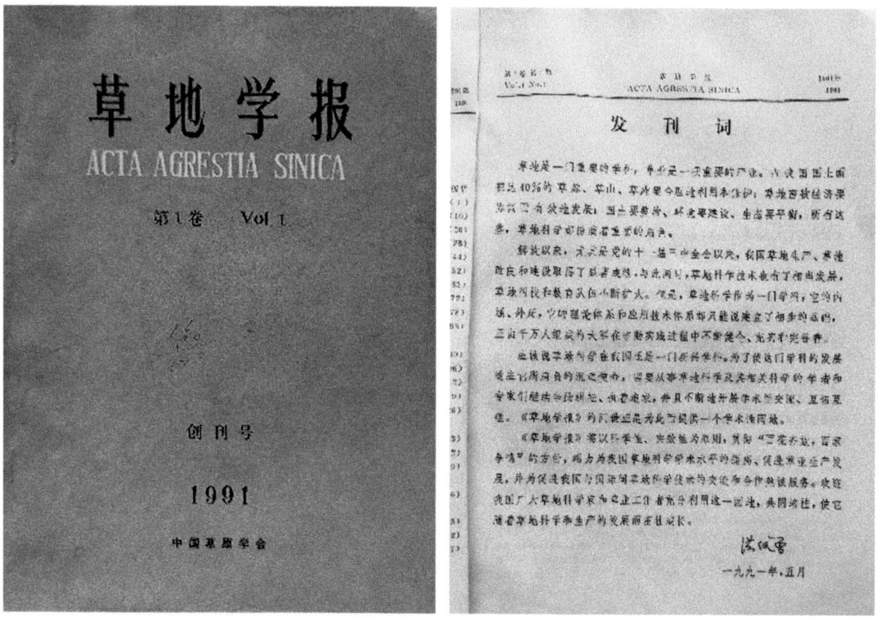

第1卷第1期 Vol.1 No.1　草地学报 ACTA AGRESTIA SINICA　1991年 1991

发刊词

草地是一门重要的学科，草业是一项重要的产业。占我国国土面积近40%的草原、草山、草坡要合理地利用和保护；草地畜牧经济要持续、稳定、协调发展；国土要整治、环境要建设、生态要平衡，所有这些，草地科学都肩负着重要的角色。

解放以来，尤其是党的十一届三中全会以来，我国草地生产、草地改良和建设取得了显著成绩，与此同时，草地科学技术也有了相当发展，草地科技和教育队伍不断扩大。但是，草地科学作为一门学科，它的内涵、外延，它的理论体系和应用技术体系都只能说建立了初步的框架，尚有千万人组成的大军在长期实践过程中不断综合、充实和完善着。

应该说草地科学在我国还是一门新兴学科。为了使这门学科的发展适应它所肩负的历史使命，需要从事草地科学及其有关科学的学者和专家们继续进行研究、执着追求，并且不断地开展学术上交流、互相切磋。《草地学报》的问世正是为此而提供一个学术性园地。

《草地学报》将以科学性、实践性为原则，贯彻"百花齐放，百家争鸣"的方针，竭力为我国草地科学学术水平的提高、促进草业生产发展，并为促进我国与国际间草地科学技术的交流和合作热诚服务。欢迎我国广大草地科学家和专业工作者充分利用这一园地，共同浇灌，使它随着草地科学和生产的发展而茁壮成长。

洪绂曾
一九九一年，五月

"苜蓿蓟马的研究"发表在《草地学报》

四、杂草研究

2009年，孙启忠苜蓿创新团队对林西县苜蓿地土壤种子库进行了研究，发现杂草有15种，隶属于11个科。2014年，孙启忠、王宗礼、徐丽君在《旱区苜蓿》介绍了内蒙古苜蓿草地主要杂草的种类、为害及其防除措施。内蒙古苜蓿草地杂草共计119种，其中单子叶（禾本科、莎草科）杂草26种，占全区苜蓿草地杂草总数的21.8%，其余为双子叶杂草，占78.2%。

苜蓿杂草研究试验

第七节　苜蓿根瘤菌筛选及应用

一、苜蓿根瘤菌研究

1953 年，《苏联农业科学》（第 12 期）介绍了根瘤菌剂的应用是提高作物产量的保障，文中对苜蓿根瘤菌剂及使用效果做了介绍。

1963 年，陈华癸出版了《豆类 - 根瘤菌的共生关系及其农业利用》。本书辑录了陈华癸院士 1947—1962 年有关豆类 - 根瘤菌的共生关系及其农业利用的翻译文献。书中有许多涉及苜蓿根瘤菌及其固氮的内容。书中指出，大多数根瘤菌的最适生长温度为 25 ~ 30 ℃，但苜蓿根瘤菌的最适温度则为 35 ℃。美国纽约州的伊锡卡（Ithaca）进行的 10 年连作苜蓿试验指出，每年每英亩苜蓿固氮 268 磅（约合 19.67 kg/ 亩，作者注）。

陈华癸院士“苜蓿疲乏”的提出。Vandecaveye 和 Moodie（1944）从一越冬的冻结苜蓿地中分离出一株对苜蓿根瘤菌有强烈的食菌体。陈华癸院士指出，认识根瘤菌食菌体在农业中的重要性已经几十年了，Rasumovskaja（1933）最先证明在土壤中加食菌体，能降低苜蓿根瘤菌的数量，这可从苜蓿减产和结瘤数量下降看出，但是根瘤菌以后能够产生抗性类型。同年，Demolon 和 Dunez（1933）开始发表了一系列的文章，强调食菌体是“苜蓿疲乏”的主要原因。

根据法国研究者 15 年的实验和田间试验结果，苜蓿疲乏是在感染了食菌体的土壤上连续种植苜蓿的必然结果。苜蓿疲乏表现为，植物生长势微弱，叶色淡，根瘤小而无效，牧草产量低和品质下降等。

陈华癸院士提出了四种改良苜蓿疲乏的土壤方法：

- 当地暂时停种苜蓿；
- 暂时用其他作物（最好是非豆科植物）代替；
- 选育抗食菌体的苜蓿品种；
- 接种多种抗食菌体的根瘤菌菌株。

《豆类 - 根瘤菌的共生关系及其农业利用》

1973 年，宁国赞在山东盐碱地上采集根瘤，从编号为苜蓿 2 号和苜蓿 9 号菌株中分离出 ACCC17512 和 ACCC17513 菌株。1982 年，在我国北方飞播苜蓿时，采用了这两株菌生产的菌剂接种。

1981 年，据中国农业科学院草原研究所《一九八零年度科学研究年报》记载，袁品坦、张文淌研究了“根瘤菌的接种以及某些环境条件对苜蓿产草量和结瘤固氮的影响”。

1985 年，新疆农业科学院微生物研究所，筛选出适宜新疆苜蓿接种的根瘤菌 030 和 042B 等菌株，这些菌株具有较强的耐盐性和耐热性，1988 年在新疆开始大面积应用。

1987 年，宁国赞从东北、华北、西北采集 23 个苜蓿品种的根瘤，从中分离出 200 个苜蓿根瘤菌，通过筛选，获得 3 株结瘤性、固氮性良好的菌株，1988 年已做成菌剂在生产上得到应用。

1990 年，宁国赞从甘肃采集 15 个苜蓿地方品种的根瘤，分离筛选出 10 株新菌株。

1982—1990 年，我国东北、华北、西北及南方一些地区，共计 600 万亩苜蓿播种时接种了根瘤菌。在当时，我国苜蓿根瘤菌菌种选育、菌剂生产及接种技术、推广应用体系已初步形成，为我国更大面积地应用苜蓿接种创造了条件。

苜蓿根瘤菌

苜蓿根瘤菌

二、苜蓿根瘤菌包衣

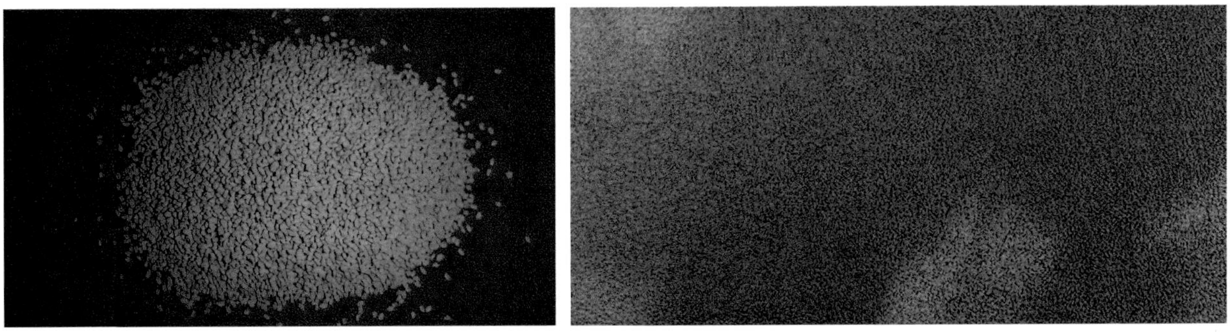

苜蓿包衣种子

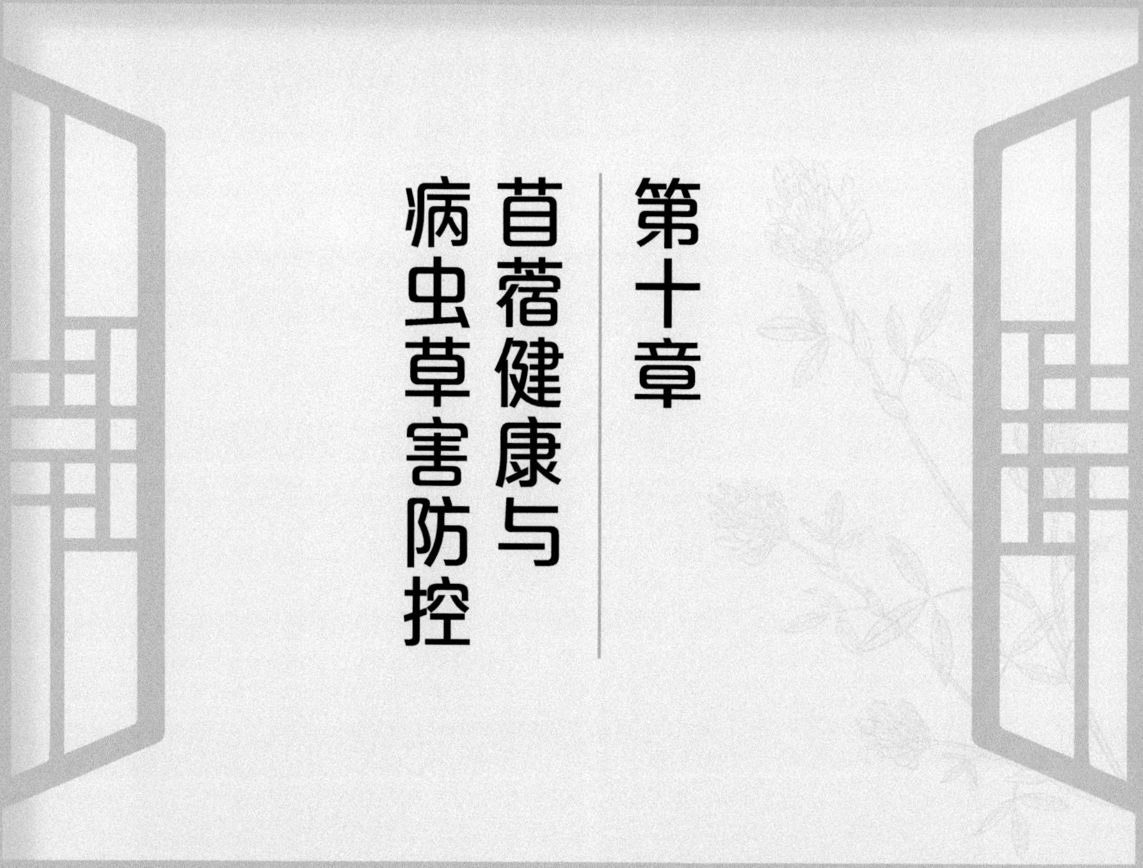

第十章 苜蓿健康与病虫草害防控

苜蓿菜宜种碱地解祥符县老农曰，苜蓿菜性耐碱，宜种碱地，并且性能吃碱，久种苜蓿能使碱地不碱。

苜蓿菜宜种沙地解 苜蓿菜沙地能成，冀州及南宫县有种苜蓿于沙地者。

苜蓿菜宜种石地解 苜蓿菜性喜哙寒，宜种于又哙又寒石地。

苜蓿菜宜种淤地解 一劳永逸，生生不穷，苜蓿菜有此力量，种于刚硬淤地，刚硬不能为害也。

苜蓿菜宜种虫地解 苜蓿菜芽上无糖，虫不愿食也。

苜蓿菜宜种草地解 苜蓿菜宜于五六月种，假借草之阴凉以免烈日晒杀，使其因祸为福，化害为利。

苜蓿菜宜种阴地解 田地向阴，或山所遮，或林所蔽，农民辄叹棘手，若种苜蓿必能茂盛。

——清·郭云升《救荒简易书·卷二·土宜》

第一节　苜蓿草地健康评价与管理

一、自毒性

定义：苜蓿会产生毒素，从而影响苜蓿的发芽和幼苗生长。

自毒性的大小与苜蓿生长年限、密度和播种前毒素残余量的多少有关。

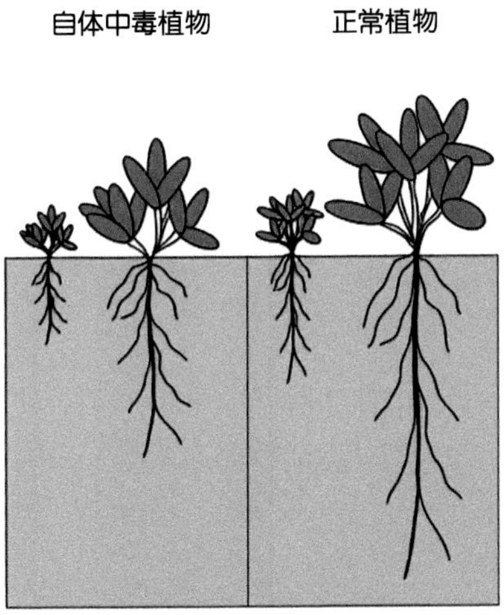

自体中毒植物与正常植物

苜蓿再次播种时的毒性风险评估

评估指标	状态	分数	得分
1. 前作苜蓿的地上部生物量翻入土壤或留于地表的数量	秋季刈割或放牧	1	
	0 ~ 1 t 的地上部生物量	3	
	多于 1 t 的地上部生物量	5	
2. 待播品种的抗病力	高	1	
	中	2	
	低	3	
3. 再次播种前灌溉或潜在降水量	高（50 mm 以上）	1	
	中（25 ~ 50 mm 以上）	2	
	低（25 mm 以下）	3	
4. 土壤类型	砂质	1	
	壤质	2	
	黏质	3	
5. 再次播种前耕作	铧式犁	1	
	凿式犁	2	
	免耕	3	

续表

评估指标	状态	分数	得分
6. 问题 1 ~ 5 的点数合计			
7. 前作苜蓿的年龄	<1 年	0	
	1 ~ 2 年	0.5	
	>2 年	1	
8. 苜蓿翻耕 / 灭生后至再次播种的间隔时间	>12 个月	0	
	6 个月	1	
	2 ~ 4 周	2	
	<2 周	3	
	总分（6、7、8 的点数相乘）		

苜蓿重茬播种自毒性风险控制

得分	自毒风险	控制建议
0	低	播种
4 ~ 8	中	小心潜在的风险
9 ~ 12	高	警告，减少的可能性大
> 13	极高	避免再次播种，可能会造成建植失败

二、土壤 pH 值对苜蓿产量的影响

苜蓿适宜在土壤 pH 6.5 ~ 8.2，全盐含量低于 0.3% 的环境中生长。

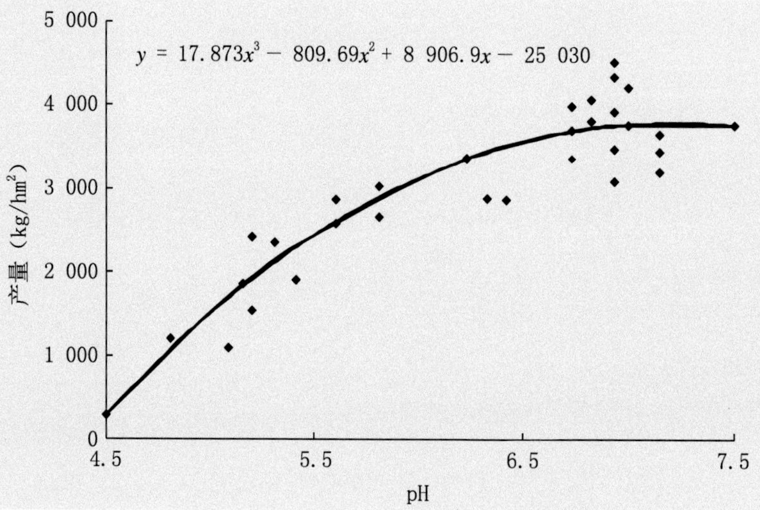

土壤 pH 值与第一茬苜蓿产量相关性

三、播种量与产量

苜蓿产量并非播种量越大，产量越高，一般适宜播种量为 15.0 kg/hm^2。

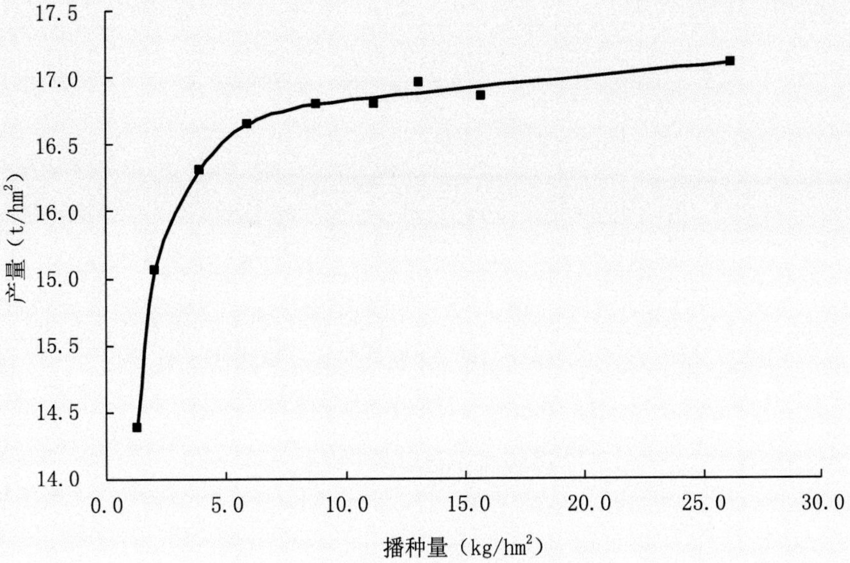

播种量与产量相关性

四、草地植株密度与产量

苜蓿植株密度对其产量有较大的影响。

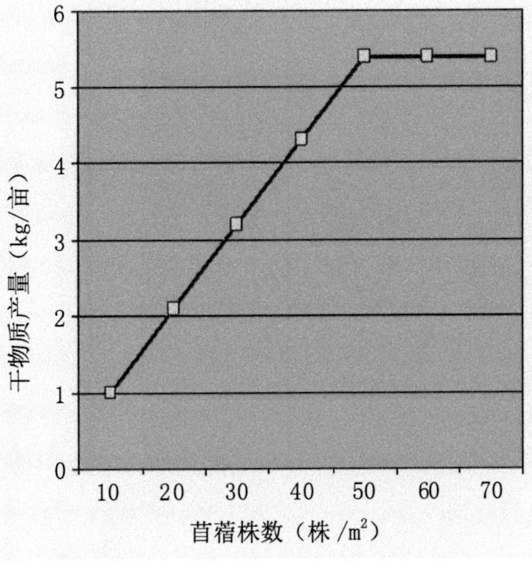

苜蓿株数与干物质产量潜能相关性

苜蓿草地植株密度评价

密度（株/m²）	特性	潜在产量
≥ 55	枝条多少对产业影响不大	与当前产量相同
40 ~ 55	预计产量会有所下降	如果健康良好，与当前产量相同；健康植株≥ 30%，产量会显著减少
≤ 39	考虑更新	如果健康良好，与当前产量相同；健康植株≥ 30%，产量会显著减少

五、株龄对苜蓿产量的影响

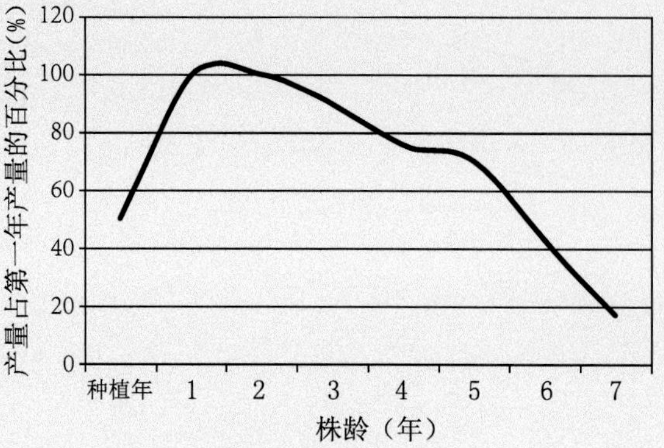

株龄对苜蓿产量的影响

六、刈割对苜蓿根内碳水化合物累积的影响

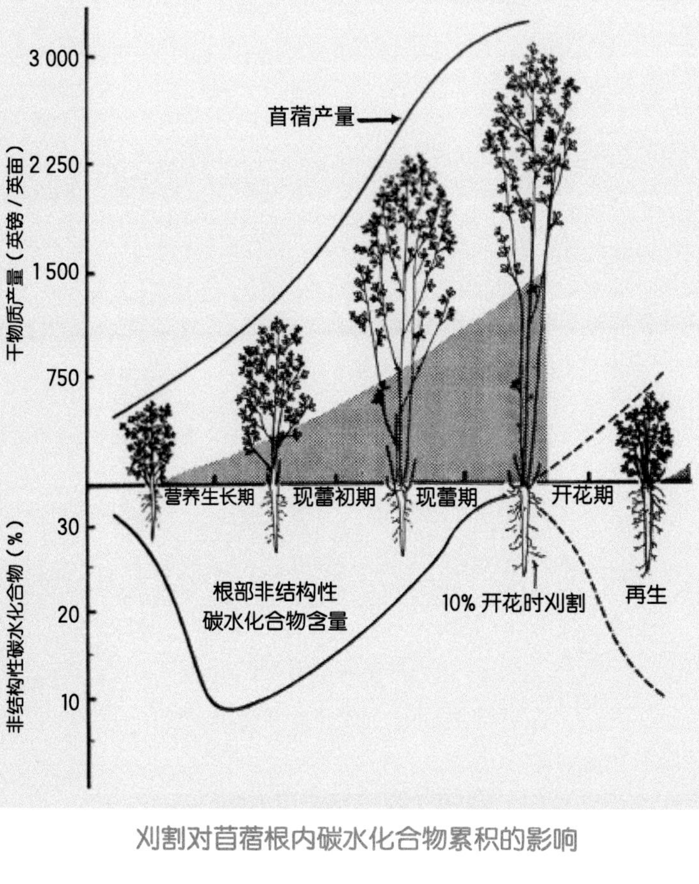

刈割对苜蓿根内碳水化合物累积的影响

第二节 苜蓿根颈健康与越冬性

一、根颈芽

2009 年，徐丽君博士对内蒙古林西的苜蓿草地进行了健康评价，研究表明根颈芽的数量直接影响着苜蓿的分枝数，根颈芽越多苜蓿的分枝数也越多。通过两年的测定， 生长 3 年的各苜蓿品种的根颈芽数量最高，最高可达 13.44 个 / 株，生长 1 年的最低，最低也可达 5.61 个 / 株。生长年限不同，苜蓿根颈芽数量间差异显著（P <0.0 5），不同品种间根颈芽数量也存在极显著差异（P <0.0 1）。

不同苜蓿品种根颈测定 单位：个 / 株

测定年份	品种	生长年限 / 年			
		5	3	2	1
2007	敖汉苜蓿	5.89 ± 0.59c	10.77 ± 1.11c	8.94 ± 0.62c	—
	Rangelander	7.21 ± 0.29b	13.44 ± 0.68a	11.62 ± 0.94a	—
	阿尔冈金杂花苜蓿	6.00 ± 0.38c	10.75 ± 1.20c	9.62 ± 0.38b	—
	金皇后紫花苜蓿	8.53 ± 0.44a	12.48 ± 0.97b	9.55 ± 1.00b	—
2008	敖汉苜蓿	6.02 ± 0.51b	9.86 ± 0.65b	7.43 ± 0.43c	4.16 ± 0.25b
	Rangelander	6.88 ± 1.01b	11.45 ± 0.77a	9.77 ± 0.85a	4.28 ± 0.33b
	阿尔冈金杂花苜蓿	5.61 ± 0.73c	8.79 ± 0.59c	8.23 ± 0.96b	4.57 ± 0.52b
	金皇后紫花苜蓿	9.41 ± 0.64a	11.57 ± 1.06a	8.28 ± 0.78b	6.34 ± 0.73a

注：不同字母代表 P<0.05 水平显著。

二、根颈 / 根系健康性

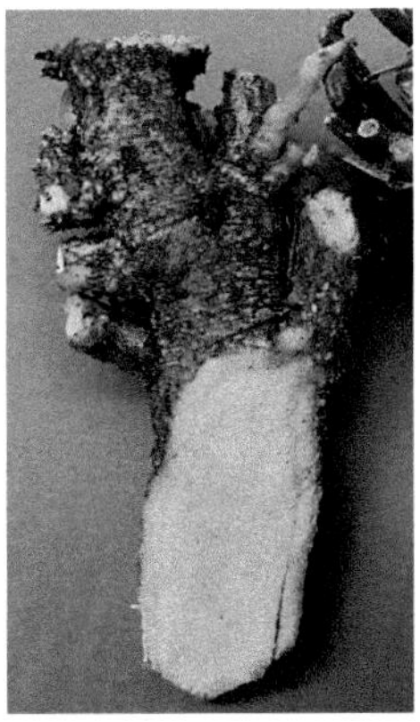

健康根颈 / 根系

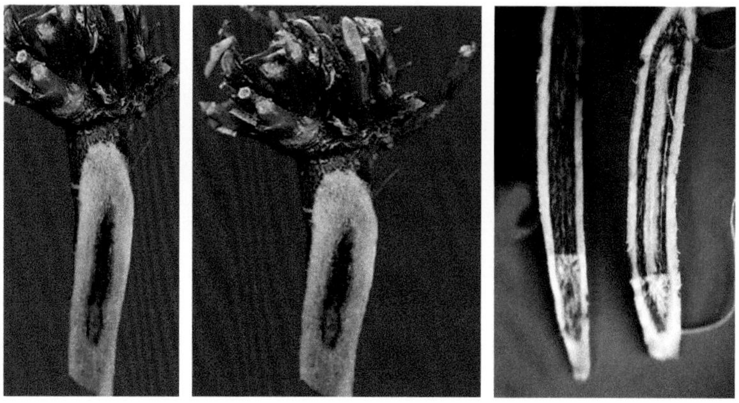

不健康根颈 / 根系

三、颈 / 根健康评价

苜蓿颈 / 根健康评价

分级	健康状态	越冬性
0	健康	优（95% ~ 100%）
1	轻微变色	优（95% ~ 100%）
2	中度变色（根腐）	良好（80% ~ 95%）
3	明显变色（根腐）	中等至差（50% ~ 80%），抗寒性差
4	变色颈 / 根≥ 50%	极差≤ 50%
5	死亡	—

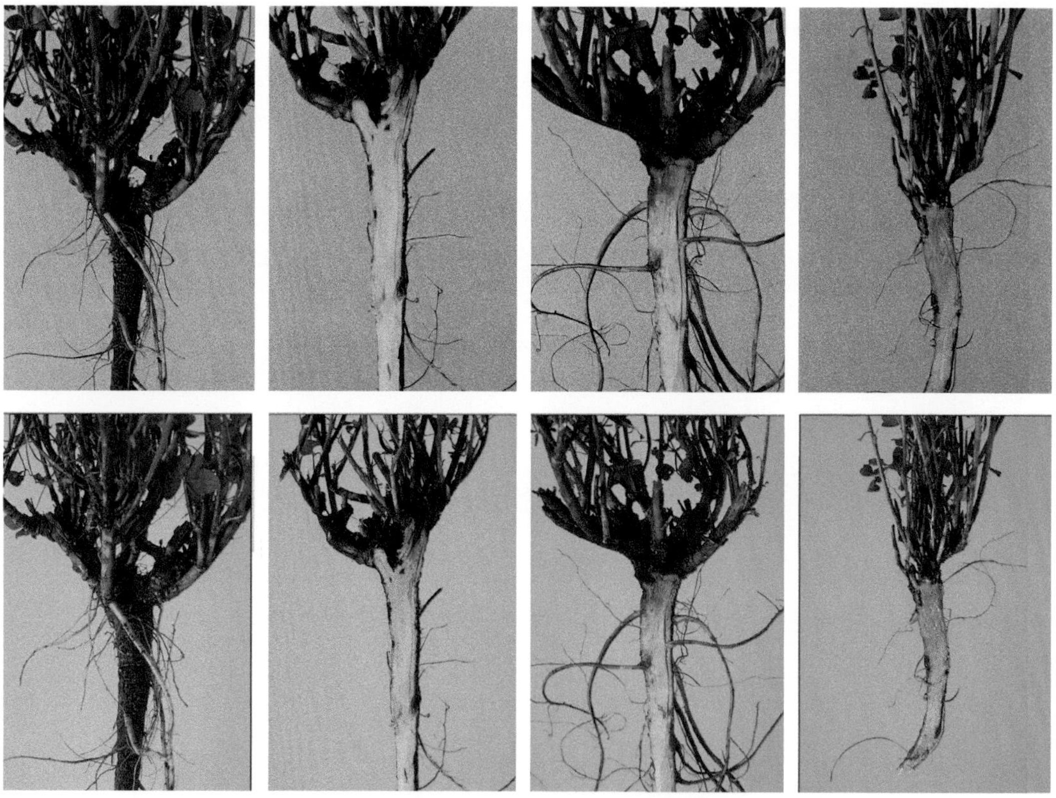

0：根颈粗壮、对称性好，着生许多枝条，根颈丛切面白色和稍微变色，越冬性优良

1：根颈粗壮，对称性差，可产生许多枝条，根颈从切面白色开始变色至轻微变色，越冬性优良

2：根颈细，对称性差，枝条少，出现颈腐病症，根 5 ~ 10 cm 处有明显的变色，根有 1 ~ 2 处病症，越冬性良好

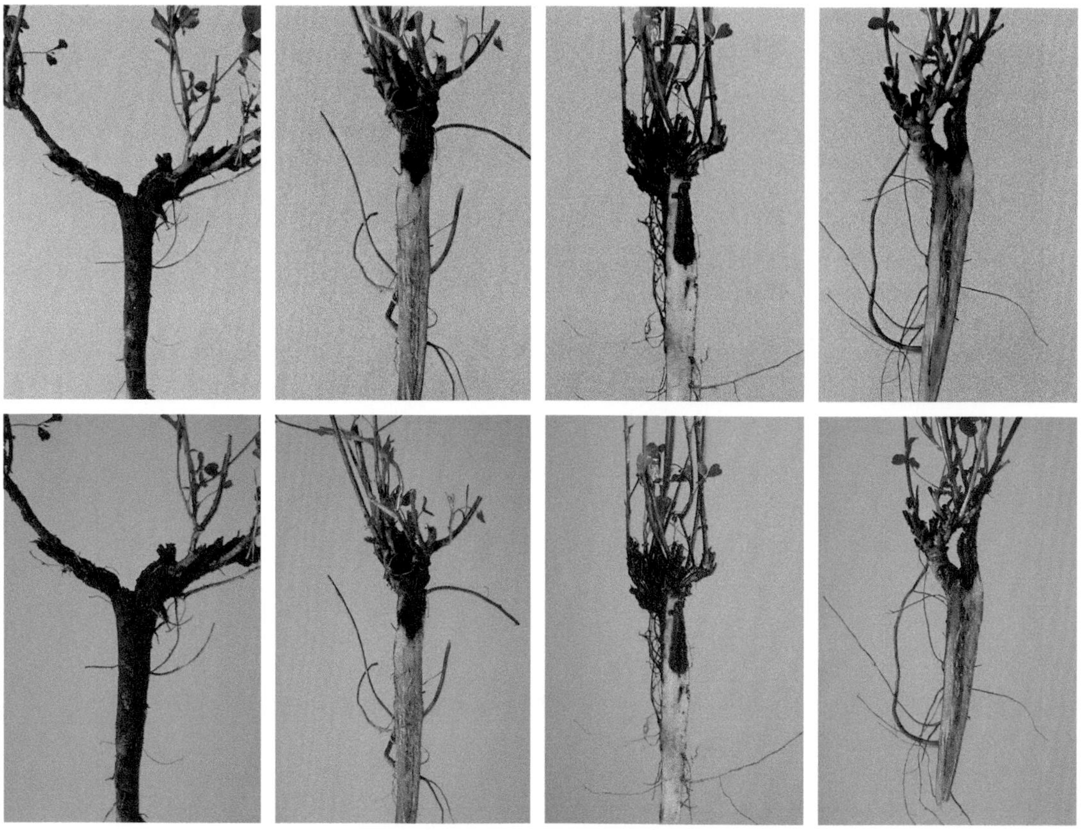

3：根颈细弱，枝条少，病症明显，颈 / 根腐病严重，抗寒性差，越冬中等

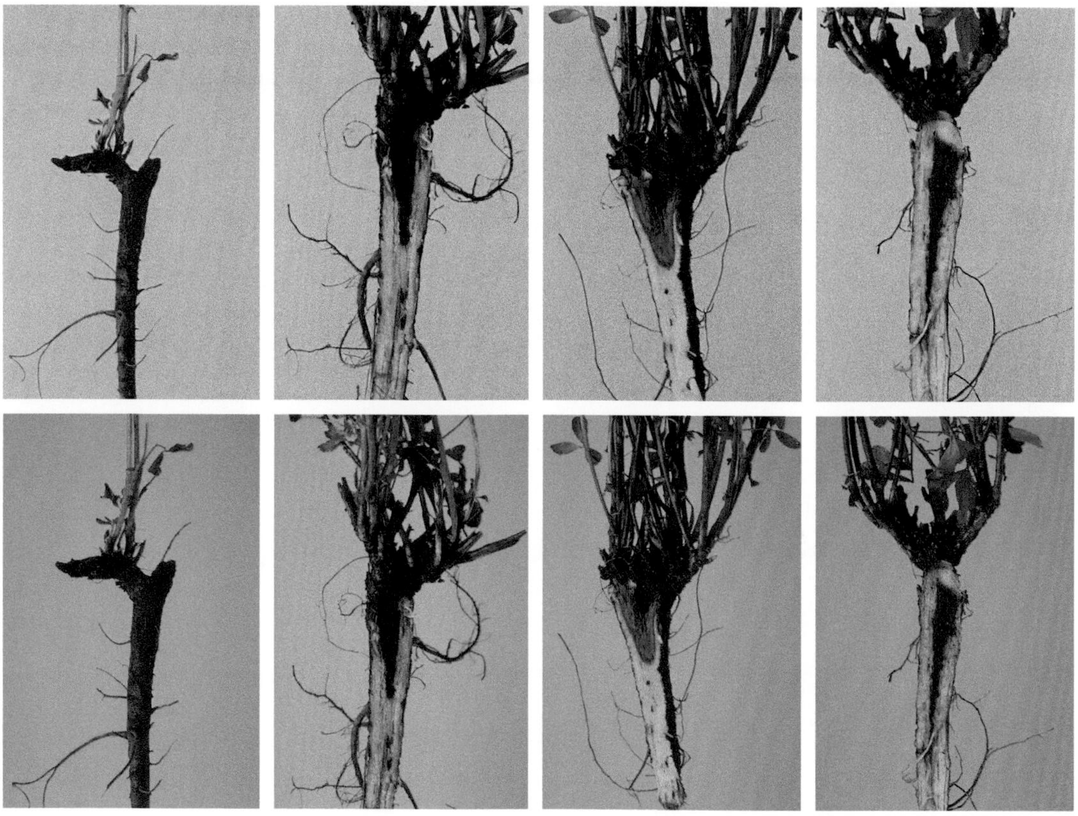

4：根颈枝条极少，根腐病侵蚀面积大于 50%，越冬性差

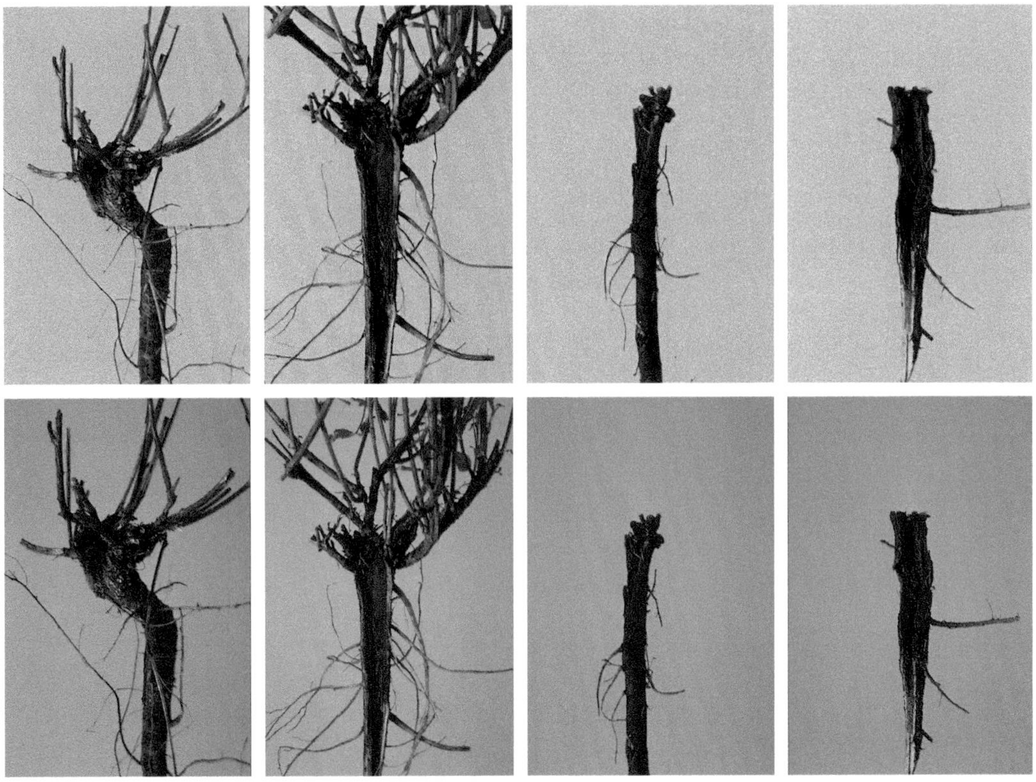

5：植株死亡

四、生长 3 年的紫花苜蓿根系健康状况

生长 3 年的公农 1 号紫花苜蓿根健康状况

生长 3 年的中草 13 号紫花苜蓿根系健康状况

五、根腐烂

苜蓿根腐病是影响苜蓿产量最主要的病害，它通过病原菌堵塞导管、产生毒素等多种形式危害植株。在苜蓿返青前期严重的可造成死苗，导致产量严重下降。根腐病病原菌能通过土壤和流水作近距离传播。苜蓿产量受根腐病的危害与苜蓿的发病程度密切相关，苜蓿发病级别越高，产量损失也随之增大。徐丽君（2009）研究表明，随着生长年限的延长，苜蓿植株感病的概率增大，且品种间差异极显著（$P < 0.01$），生长到第 5 年，4 种苜蓿品种感病的面积均达到最大，最低的也达到 12.67 cm^2/株，苜蓿品种间根系的腐烂百分比也存在极显著差异（$P < 0.01$）。

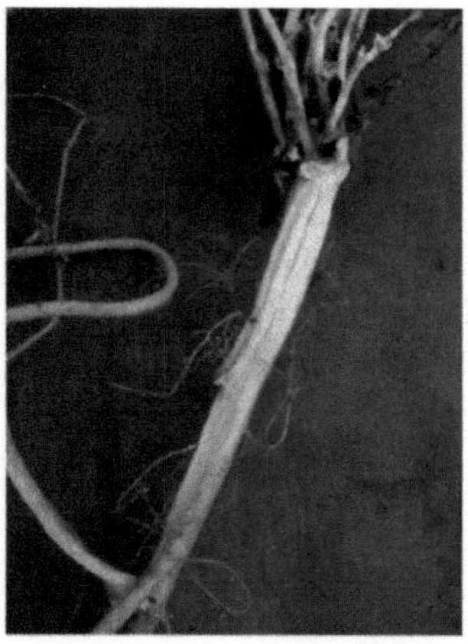

1: 根系没有病斑，根系为坚硬纯白色

2: 轻度伤害。根系坚硬白色，但有小面积棕色病斑，病斑有 1~2 cm 长，病斑面积占总根系面积的 10% 以下。随着生长发育，适当的推迟刈割可确定植株的存活

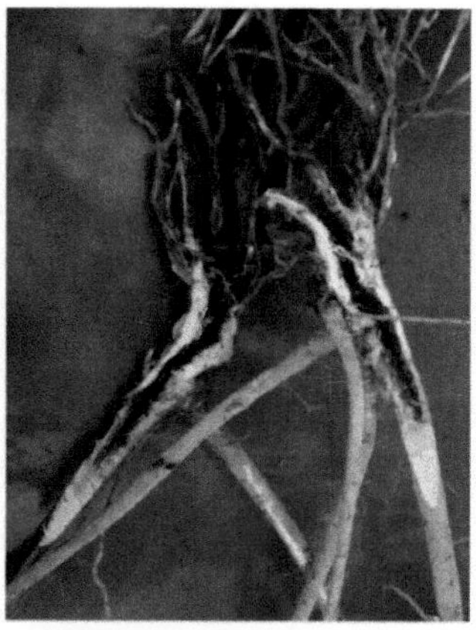

3: 中度伤害。根系坚硬白色，有 <5 cm 的病斑，病斑面积占总根系面积的 10%~20%，生长条件适宜，适时推迟刈割，可保证植株的正常生长

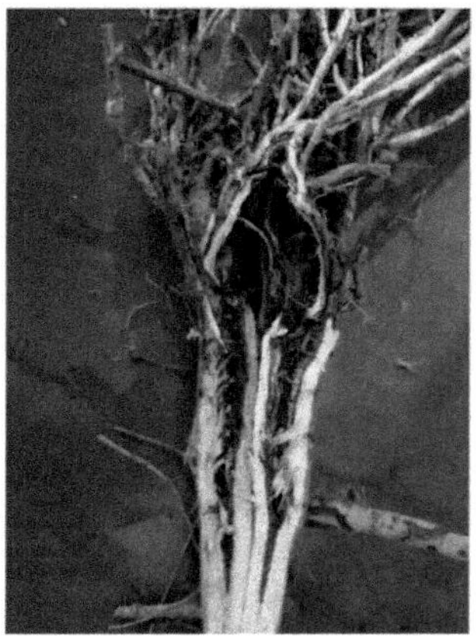

4: 重度危害。根系坚硬白色，病斑出现在老根上，10~20 cm，病斑面积占总根系面积的40%~60%，生长条件适宜，适时推迟刈割，可保证植株的正常生长

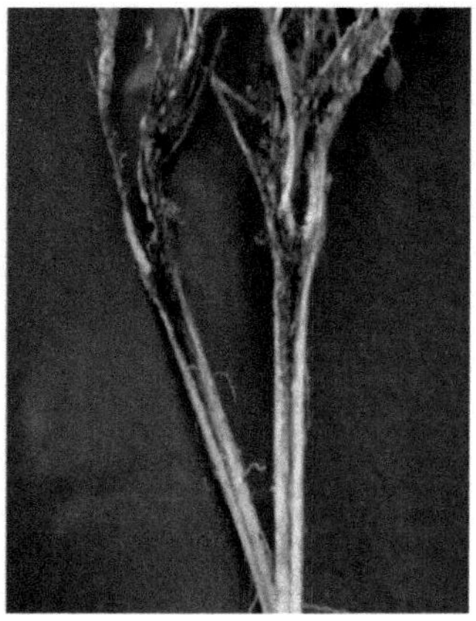

5: 严重危害。根系外表面发白，但内部已经变色至棕色。根系中央出现大面积腐烂，已达总根系面积的 60%~80%，这类植株存活的概率较低

6: 死株。根系腐烂断根，腐烂面积占总根系面积的 80% 以上，很容易从地上拔起

资料来源：徐丽君，2009。

4 种苜蓿根系腐烂百分比测定

单位：%

测定年份	品种	生长年限 / 年			
		5	3	2	1
2007	敖汉苜蓿	34.56 ± 1.28aA	16.77 ± 2.02aB	3.23 ± 0.56aC	—
	Rangelander	15.97 ± 1.31bA	8.43 ± 2.14bB	2.17 ± 0.43aC	—
	阿尔冈金杂花苜蓿	13.54 ± 2.03bA	9.24 ± 0.79bB	3.38 ± 0.77aC	—
	金皇后紫花苜蓿	18.03 ± 1.56bA	9.8 ± 0.82bB	2.56 ± 1.05aC	—
2008	敖汉苜蓿	36.43 ± 2.49aA	14.26 ± 2.16aB	2.49 ± 0.68aC	0.17 ± 0.09aC
	Rangelander	14.74 ± 1.67bA	9.53 ± 3.01bB	1.86 ± 0.45aC	0.02 ± 0.01aC
	阿尔冈金杂花苜蓿	12.68 ± 2.14bA	10.12 ± 2.59bB	2.04 ± 0.52aC	0.04 ± 0.0laC
	金皇后紫花苜蓿	17.99 ± 1.49bA	10.36 土 1.67bB	2.11 ± 0.27aC	0.05 ± 0.0laC

资料来源：徐丽君，2009。

注：不同小写字母代表 $P<0.05$ 水平显著；大写字母代表 $P<0.01$ 水平极显著。（下同）

六、不同品种越冬状况

不同品种越冬状况

七、越冬指数

一级

二级

三级

四级

五级

八、苜蓿草地的综合评价

徐丽君（2009）在采用综合评价法，从牧草产量、根系形态、品质、光合生理、土壤性状和土壤微生物等 6 个层面，选用 63 个指标，对内蒙古林西县的苜蓿草地进行了评价。

苜蓿草地健康评价一般指标体系

体系分类	权重	编号	指标	权重
产量性状指标	0.20	1	株高	0.144
		2	单株分枝数	0.164
		3	叶重	0.047
		4	叶面积	0.038
		5	冠幅	0.142
		6	叶面积指数	0.031
		7	叶倾角	0.027
		8	散射光穿透系数	0.028
		9	越冬率	0.084
		10	再生速度	0.075
		11	根瘤	0.030
		12	茎叶比	0.050
		13	鲜干比	0.050
		14	产草量	0.140
根系形态指标	0.20	15	根颈直径	0.198
		16	根颈收缩特性	0.033
		17	根颈芽	0.120
		18	单位总根系长	0.079
		19	单位根系总表面积	0.079
		20	单位根系总体积	0.079
		21	根系直径	0.079
		22	根系腐烂百分比	0.092
		23	根瘤数	0.033
		24	根系生物量	0.208
品质指标	0.10	25	植株氮含量	0.282
		26	植株磷含量	0.282
		27	植株钾含量	0.226
		28	植株钙含量	0.116
		29	植株镁含量	0.094
光合生理生化指标	0.15	30	脯氨酸	0.043
		31	丙二醛	0.043
		32	电导率	0.043
		33	过氧化氢酶	0.043
		34	净光合速率	0.136
		35	蒸腾速率	0.136
		36	瞬时水分利用率	0.136
		37	胞间 CO2 浓度	0.074
		38	气孔导度	0.074
		39	叶绿素	0.136
		40	叶绿素	0.136
土壤性状指标	0.15	41	土壤含水量	0.052
		42	土壤 pH	0.034
		43	土壤紧实度	0.034
		44	土壤呼吸速率	0.098
		45	土壤全氮	0.107
		46	速效氮	0.107
		47	土壤全磷	0.107
		48	速效磷	0.107
		49	土壤全钾	0.107
		50	速效钾	0.107
		51	有机质	0.107
		52	盐分	0.034
土壤微生物特征指标	0.20	53	土壤有机碳量	0.111
		54	C/N	0.111
		55	土壤微生物碳量	0.111
		56	微生物商	0.111
		57	土壤微生物氮量	0.111
		58	土壤基础呼吸	0.111
		59	土壤诱导呼吸	0.111
		60	土壤微生物数量	0.111
		61	土壤蛋白酶	0.037
		62	土壤脲酶	0.037
		63	土壤转化酶	0.036

资料来源：徐丽君，2009。

第三节　苜蓿生长发育与营养品质变化

一、苜蓿生长发育阶段与形态特征

苜蓿生长发育阶段与形态特征

营养生长后期	茎高超过 30.0 cm，没有可见的花蕾
现蕾初期	一个枝条上有 1~2 个可见的花蕾芽；没有花或荚果
现蕾期	枝条可见多于 2 个花蕾；没有开放的花朵或荚果
初花期	一个枝条上至少有一朵开放的花
开花期	更多枝条可见 2 个或更多的开放的花朵

二、苜蓿草品质变化

研究表明，苜蓿草品质会随着植株成熟度的增加而逐渐降低。

苜蓿草品质变化过程

生育期	粗蛋白质（%）	酸性洗涤纤维（%）	中性洗涤纤维（%）
营养生长期	> 22	< 25	< 34
现蕾期	20 ~ 22	25 ~ 31	34 ~ 41
初花期	18 ~ 19	32 ~ 36	42 ~ 46
盛花期	16 ~ 17	37 ~ 40	47 ~ 50
结荚期	< 16	> 41	> 50

三、苜蓿茎成熟度（高度）与相对饲用价值（RFV）

最成熟茎的阶段

最高茎高度（英寸）	营养生长晚期	孕蕾初期	孕蕾晚期	初花期	盛花期
	RFV				
16	234	220	208	196	186
17	229	215	203	192	182
18	223	211	199	188	178
19	218	206	195	184	175

续表

最高茎高度（英寸）	营养生长晚期	孕蕾初期	孕蕾晚期	初花期	盛花期	
	RFV					
20	213	201	191	181	171	高品质牧草
21	209	197	187	177	168	
22	204	193	183	173	165	
23	200	189	179	170	161	
24	196	185	175	167	158	
25	191	181	172	163	155	
26	187	178	169	160	152	
27	184	174	165	157	150	
28	180	171	162	154	147	
29	176	167	159	151	144	
30	173	164	156	148	141	
31	169	161	153	146	139	
32	166	158	150	143	136	
33	163	155	147	140	134	
34	160	152	145	138	132	
35	156	149	142	135	129	
36	154	146	139	133	127	
37	151	144	137	131	125	
38	148	141	134	128	123	
39	145	138	132	126	121	
40	142	136	130	124	118	

资料来源：R.W. Hintz, V.N. Owens, 和 K.A. Albrecht 在威斯康星大学麦迪逊分校所开发方程。

注：1 英寸 =2.54 cm

四、刈割期对苜蓿产量质量及寿命的影响

苜蓿质量与产量是一对难解的矛盾。随着苜蓿成熟度的增加，饲草产量呈上升趋势，而苜蓿的品质则是随着成熟的增加呈下降趋势。以初花期产量为 100%，现蕾初期和现蕾期产量分别减少 24.2% 和 11.1%，开花期和盛花期产量分别增加 15.1% 和 17.2%。初花期之前刈割不仅要牺牲产量，更重要的是对苜蓿草地的持续利用有极大的损害，使苜蓿植株提早衰退，生长年限缩短。

成熟期和收获期对苜蓿产量、品质和植株寿命的影响

收获时生育期	茬次间隔（d）	产量（t/hm²）	TDN	ADF	CP	叶片	杂草	存活植株
			（%）					
孕蕾初期	21	18.53	56.3	26.3	29.1	58	48	29
孕蕾中期	25	21.75	54.2	29.5	25.2	56	54	38
10% 开花	29	24.46	52.4	32.2	21.3	53	8	45
50% 开花	33	28.17	52.0	32.7	18.0	50	0	56
100% 开花	37	28.67	50.1	35.5	16.9	47	0	50

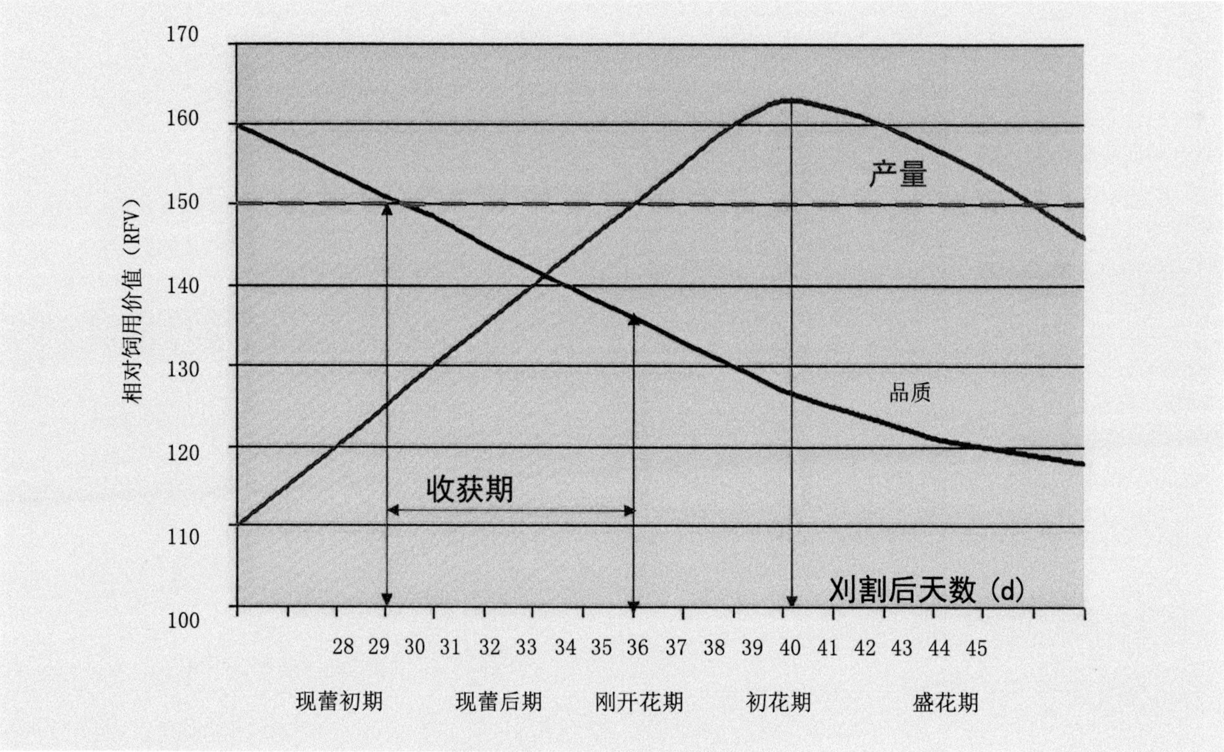

RFV 随着成熟度增加的变化趋势

注：①最佳收获时期是初花期；②蕾期以后苜蓿品质下降非常快；③收获时权衡产量和品质。

五、苜蓿草捆含水量

不同规格草捆安全含水量

小草捆	中草捆（90 cm × 90 cm）	大草捆（120 cm × 120 cm）
< 20%	< 16%	< 14%

注：草捆越大，含水量要越少。

收获过程中叶片损失

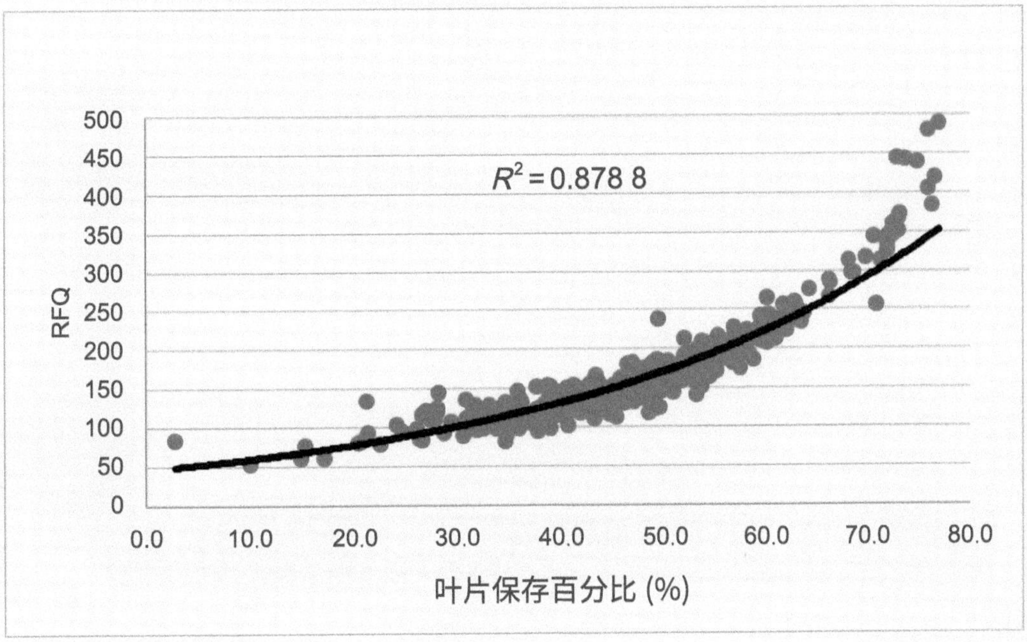

叶片含量与 RFQ 的相关性

第四节　苜蓿营养评价

一、营养需求

植物营养管理对现代苜蓿生产的成败有着至关重要的作用。即使在平均产量水平上，大量的营养物质也会从土壤中流失，这比收获谷物的数量要多得多。充足的养分供应对苜蓿生产非常重要，是保持高产和高利润的必要条件。然而，提供适当的植物营养需要复杂且困难的管理决策。与其他常见作物相比，苜蓿对某些营养物质的需求相对较高。每收获 1 t 紫花苜蓿干物质需要消耗的氮最多，约为 24.75 kg，磷（P_2O_5）和钾（k_2O）分别为 6.79 kg 和 22.65 kg。下表列出苜蓿生长需要的 11 种营养元素。所有的矿质元素都是必需的，但氮、钾和钙是 3 种营养素摄取最多的。当苜蓿不能获得一种或多种必需元素时，生长就会减慢或停止。因此，在整个生产季节，所有的营养物质都必须充足。

苜蓿生产 1 t 干草需要的营养

营养元素	产 1 t 干草需要的用量（kg/t）	营养元素	产 1 t 干草需要的用量（kg/t）
氮（N）	24.75	锌（Zn）	0.03
磷（P_2O_5）	6.79	铜（Cu）	0.06
钾（k_2O）	22.65	锰（Mn）	0.81
钙（Ca）	13.59	铁（Fe）	0.81
镁（Mg）	2.08	硼（B）	0.01
硫（S）	3.62		

二、养分缺乏性诊断

缺钾症状：小白点或黄点首先出现在老叶子外缘。

中度缺钾

中度缺钾

重度缺钾

缺磷症状：缺磷苜蓿的叶子呈蓝绿色，植株发育不良，小叶常交叠在一起背面呈现红或紫色。

缺磷

缺氮、硫及钼症状：苜蓿缺氮、缺硫和缺钼的症状基本一致，叶片淡绿色至黄色，发育不良，茎秆细长，长势弱。

缺氮

缺硫

缺钼

缺硼症状：缺硼植株茎秆矮小，叶脉间由黄变为红或紫色。

缺硼

第五节 苜蓿病虫草害防控技术

一、主要病害及防除技术

1. 白粉病

苜蓿白粉病是苜蓿的常见病，在西北等地发生较严重。在温暖干燥的气候条件下易发生，发病时苜蓿植株的症状表现：地上部分包括茎、叶、荚果、花柄等均可出现白色霉层，其中叶片较严重。最初为蛛丝状小圆斑，后扩大增厚呈白粉状，后期出现褐色或黑色小点。白粉病可使苜蓿降低光合作用，生长缓慢，叶片脱落，牧草产量下降。

发病时小面积的草地或种子田可用硫黄粉、灭菌丹、粉锈宁和高脂膜等按说明进行防治。大面积的草地须及时刈割，收获牧草，切断白粉病的漫延发展路径，减少损失。

苜蓿白粉病

2. 霜霉病

苜蓿霜霉病在东北、华北及西北地区均有发生。在冷湿季节或地区发生严重，春秋两季注意防治。发病植株出现局部不规则的退绿斑，病斑无明显边缘，逐渐扩大可达整个叶面，在叶背面和嫩枝出现灰白色霉层。以枝条节间缩短，叶片卷缩或腐烂为特征，幼枝叶症状明显。全株矮化退绿以至枯死，不能形成花序。

发病初期可用波尔多液、代森锰、福美双等喷施，或提前刈割牧草。

苜蓿霜霉病

3. 褐斑病

苜蓿褐斑病在苜蓿种植区普遍发生，是苜蓿的严重病害。发病时叶片上出现圆形褐色斑块，边缘不整齐呈细齿状，病叶变黄脱落，严重时植株其他部位均可出现病斑。

最好的防治办法是提早刈割利用，以减轻病害对草地以后的危害程度，种子田可用代森锰锌、百菌清和苯莱特等杀灭病菌。

苜蓿褐斑病

4. 锈病

苜蓿锈病是苜蓿的常见病，广泛分布各地的苜蓿种植区，我国东北、华北和西北地区及长江以南均有发生，但以江南发生较严重。锈病主要危害叶片、叶柄、茎和荚果，在叶片背面出现近圆形小病斑，为灰绿色，以后表皮破裂呈粉末状。病叶常皱缩并提前脱落。

在防治上可增施磷钙肥，增强植株的抗病性，及时刈割利用。种子田可用代森锰锌、粉锈宁、氧化萎锈灵与百菌清混合剂防治。

苜蓿锈病

5. 其他病

此外，还有苜蓿根腐病、黄萎病、轮绞病、花叶病等，在北方地区也有发生。

颈 / 根腐病

二、主要虫害及防控技术

1. 苜蓿草地螟

草地螟分布在华北、西北及东北地区，是我国北方草地及农田最多见的害虫种类。其幼虫为害苜蓿等牧草或农作物。内蒙古地区一般在 5 月下旬至 6 月下旬在处于初花期的苜蓿草地中可见草地螟活动，7 月上旬为幼虫暴发期，3 龄以前采食苜蓿叶肉，3 龄后啃食茎叶成缺刻仅残留叶脉，为害严重时，在短短几天内即可将苜蓿叶片啃食光，使草地呈现出灰白色，牧草严重减产。

最有效的防治方法是及时收割第一茬草，内蒙古等北方农牧交错区到 6 月下旬正好是苜蓿收割第一茬牧草的时间，所以应在此时将苜蓿割倒调制干草或进行青贮，使草地螟虫卵不能孵化；其次是及时清除田间、地头及水渠边的杂草，清除其产卵场所；秋季趟耘培土，破坏草地螟蛹的越冬场所；还可用药物进行防治，用百虫杀、速杀 2000、马拉硫磷等进行喷施防治，必要时，可在成虫期进行一次防治。

苜蓿草地螟

在叶片上取食的草地螟幼虫

被草地螟幼虫吃光叶片的植株

2. 苜蓿夜蛾

苜蓿夜蛾主要分布在我国东北、华北、西北、华东及华中一些省区，其幼虫对苜蓿等豆科植物为害较严重。在内蒙古地区一般在 4 月下旬至 5 月中旬，其幼虫在苜蓿返青时为害苜蓿幼嫩的茎叶，白天 3 ~ 7 条群聚隐藏在苜蓿根部 1 cm 深度以下的土壤中，晚上 8—9 点出土活动取食，到凌晨 4—5 点停止活动进入土壤中。可连续发生 2 ~ 3 年，一般在第 2 年发生严重，可蔓延整个苜蓿地。

一般采用喷施敌百虫粉剂、速杀 2000、马拉硫磷以、百虫杀等药液进行喷雾灭虫，但要注意在其活动时进行。

苜蓿夜蛾

3. 芫菁类

芫菁类主要是成虫在苜蓿开花时为害苜蓿的花序，使苜蓿开花受阻，不能结实，一般在内蒙古等农牧交错带发生，较严重的种类主要是中华豆芫菁。成虫群居活动，成片状分布啃食苜蓿的花及花序，受惊吓时飞走，多数情况下不会造成严重的危害。

可进行药物防治或人工驱赶，由于其幼虫是蝗虫的天敌，所以在防治时应根据当地的具体情况确定防治措施，在蝗虫多发区一般不进行防治。

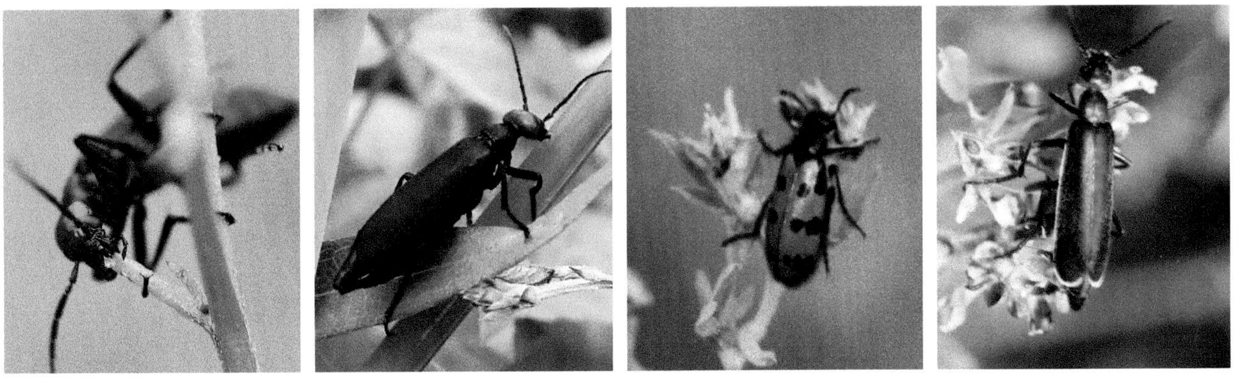

芫菁

4. 蚜虫类

蚜虫类是种类较多、分布广泛的害虫种类。蚜虫多聚集在苜蓿的嫩茎、叶、幼芽和花上，以刺吸口器吸取汁液，被害苜蓿植株叶片萎缩，花蕾或花变黄脱落。苜蓿的生长发育受到影响，为害较重的不能开花结实，植株枯死，影响牧草产量。

防治方法主要是早春耕耘趟地，冬季灌水可杀死蚜虫；苜蓿与禾本科牧草混播、与农作物倒茬轮作、加强田间管理等均能有效预防蚜虫的发生。由于蚜虫的天敌种类及数量较多，对蚜虫的控制作用较强，一般不会发生较严重的危害，因此在进行蚜虫的防治时一般不采用农药进行防治。

蚜虫

5. 蓟马类

蓟马类主要分布在内蒙古和宁夏地区，苜蓿上的蓟马约十几种，主要有牛角蓟马、烟蓟马、苜蓿蓟马、普通蓟马等。蓟马主要为害苜蓿的幼嫩组织如幼叶、花器及嫩芽等，主要在苜蓿开花期，发生数量较多。被害叶片卷曲、皱缩或枯死，生长点被害后发黄凋萎，顶芽不继续生长，影响青草产量和质量。蓟马吸食花器，伤害柱头，使花脱落，荚果受害后形成瘪荚脱落，苜蓿种子产量受到严重影响。

防治蓟马可用乐果乳油、菊杀乳油、菊马乳油和杀螟松乳油多次进行喷雾，杀灭效果较好。

蓟马

6. 苜蓿籽蜂类

苜蓿籽蜂主要分布在内蒙古、新疆、甘肃等地区。只对种子产生危害，对草的产量没有太大的影响。成虫将卵产于幼嫩荚果内种子的子叶和胚中，在种子中孵化，幼虫在种子中发育。对种子为害严重，受害种子皮多为黄褐色、多皱。幼虫羽化，会在种皮上留下小孔。

苜蓿籽蜂的幼虫和蛹可随种子的调运而传播，所以必须进行防治。首先播种前用开水烫种半分钟或以50 ℃热水浸种半小时，可杀死种子内幼虫，效果较好；其次同一块地不要两年连续做种子田，收种子和收草交替进行；种子入库后可用二硫化碳和溴甲烷熏蒸。

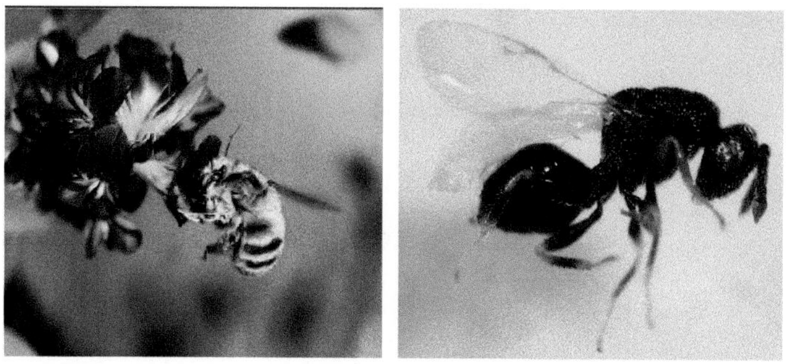

苜蓿籽蜂

7. 盲蝽类

盲蝽类分苜蓿盲蝽和牧草盲蝽两种，东北、华北、西北及长江以南部分省区均有分布，前者分布较广泛。其成虫和幼虫均以刺吸式口器吸食苜蓿嫩茎叶、花蕾和子房，造成种子瘪小、受害植株变黄、花脱落，严重影响牧草和种子的产量。苜蓿盲蝽以卵在苜蓿茬的茎内越冬，牧草盲蝽以成虫在苜蓿等作物的根部、枯枝落叶和田边杂草中越冬。

防治时，在苜蓿孕蕾期或初花期刈割，齐地面刈割留茬，可以减少幼虫的羽化数量，割去茎中卵，减少田间虫口数量；在幼虫期可进行药物防治，用乐果乳油、马拉硫磷或敌百虫等按说明进行喷雾防治。

苜蓿盲蝽

8. 金龟子类

金龟子是一类分布广泛的地下害虫，有大黑鳃金龟子、黄褐丽金龟子和黑线鳃多龟子等种类。主要是在幼虫期对苜蓿产生危害。幼虫也称蛴螬，在地下啃食苜蓿的根，也取食萌发的种子。成虫取食苜蓿的茎叶。

在金龟子发生较严重地区，苜蓿种植 2 ～ 3 年后倒茬，可减少蛴螬发生量；在整地时，每公顷可施用 30 kg 5% 的西维因粉剂，或在播种时随种子每公顷撒播 30 kg 3% 的甲基异硫磷颗粒。

金龟子

9. 叶象甲

苜蓿叶象甲主要分布在内蒙古和新疆等地，成虫和幼虫均可对苜蓿产生危害，幼虫的危害较严重，常常在几天之内将苜蓿的叶子吃光，导致植株枯萎和牧草产量减少。

可提早刈割以减少危害；在成虫期用敌百虫和马拉硫磷喷雾防治。

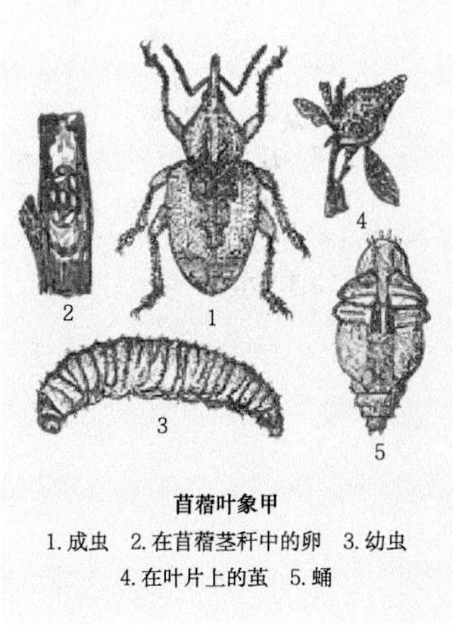

1
2
3
4
5
苜蓿叶象甲
1.成虫　2.在苜蓿茎秆中的卵　3.幼虫
4.在叶片上的茧　5.蛹

苜蓿叶象甲

10. 叶蝉类

叶蝉类是一类分布极广泛的害虫。以成虫和幼虫群集在苜蓿的叶背面和嫩茎上，刺吸其汁液，使苜蓿发育不良，甚至全部枯死。

在若虫期施乐果乳油、叶蝉散乳油和敌百虫等进行防治。

叶蝉

三、杂草防控技术

杂草化学药剂防控应避开大风和高温时间段。咪唑乙烟酸为传导性除草剂，有类似于土壤封闭剂的效果，持效期 15 d 左右。

甘南苜蓿地杂草（喷药前）

喷药后的第 3 天

喷药后的第 7 天

喷药后的第 12 天

喷药后的第 25 天

常用除草剂及其使用方法

除草剂类型	除草剂名称	适除杂草
防除单子叶杂草	烯草酮、烯禾啶等	稗草、狗尾草、虎尾草、野燕麦等单子叶植物
防除双子叶杂草	咪唑乙烟酸、灭草松、阔功、二氯吡啶酸等	打碗花、千穗谷、马齿苋、灰绿藜等双子叶植物
复配型苜蓿除草剂	咪唑乙烟酸 + 灭草松 + 烯草酮 + 助剂	适用于苜蓿田防除稗草、狗尾草、虎尾草、野燕麦、藜、芥菜、反枝苋、马齿苋、灰绿藜、刺藜、萹蓄等一年生或多年生禾本科杂草、阔叶杂草

第十一章 苜蓿学术

进入新的伟大时代，不仅苜蓿产业得到了快速发展，苜蓿科技也得到了前所未有的发展，苜蓿学术交流形态出现多样化，如苜蓿学术著作与科普、苜蓿学术会议及苜蓿技术标准体系等，已成为苜蓿学术交流的主流形态。从最早记载我国苜蓿起源的《史记》和最早记载我国苜蓿农事活动和农艺技术的《四民月令》，再到系统总结苜蓿农艺技术的《齐民要术》，以及《四时纂要》《全芳备要》《救荒本草》《群芳谱》《本草纲目》《农政全书》《植物名实图考》等无不传承着我国苜蓿农艺技术和发挥着学术交流的作用。到了新的时代，牧草学术专著及科普读物层出不穷，如《牧草通论》《牧草各论》等，苜蓿专著也涌现出来，如《中国苜蓿》《苜蓿科学》《旱区苜蓿》等成为我国苜蓿的主要学术交流著作；目前，以会议形式的苜蓿学术交流已成常态，“中国苜蓿发展大会”已成为中国苜蓿学术交流的主要平台和知名品牌，在国内乃至国际影响深远，正在迈出国门走向世界。随着我国苜蓿产业的高质量发展，我国苜蓿产业呈规模化、标准化和智能化发展，对苜蓿技术标准的需求越来越迫切，所以各类苜蓿技术标准也不断涌现，苜蓿技术标准体系建设不断完善。另外，苜蓿发明专利，实用型技术专利也层出不穷。苜蓿学术呈现空前繁荣景象。

第一节 苜蓿学术会议

一、中国苜蓿发展大会

随着我国苜蓿产业的深入发展，为了顺应产业发展，及时总结发展经验，宣传发展成果、国家产业政策和普及产业技术。中国草原学会 2001 年 5 月 15 日在北京举办了《首届中国苜蓿发展大会》，这在我国苜蓿发展史上具有划时代意义，它掀开了我国苜蓿产业的序幕。

历届苜蓿发展大会

历届	时间	地址	主题
首届中国苜蓿发展大会	2001 年 5 月 10—15 日	北京顺义	21 世纪中国苜蓿产业
第二届中国苜蓿大会	2003 年 10 月 17—20 日	北京昌平	苜蓿（牧草）产业发展与农业结构调整
第三届中国苜蓿大会	2009 年 9 月 11—13 日	北京九华山	苜蓿（牧草）与优质安全畜牧业
第四届中国苜蓿大会	2011 年 6 月 4—7 日	内蒙古鄂托克旗	苜蓿产业与奶业
第五届中国苜蓿发展大会	2013 年 8 月 24—26 日	内蒙古阿鲁科尔沁旗	优质、高效、健康、持续
第六届（2015）中国苜蓿发展大会暨国际苜蓿会议	2015 年 10 月 25 日	安徽蚌埠	创新、交流、合作、共赢
第七届中国苜蓿发展大会	2017 年 8 月 15—18 日	甘肃酒泉	推进现代种业—助推饲草产业
第八届中国苜蓿发展大会	2019 年 6 月 13—15 日	宁夏固原	创新发展提质增效
第九届中国苜蓿发展大会	2022 年 5 月 31 日至 6 月 1 日	线上召开	应对疫情、壮大主体、创新驱动、提质增效

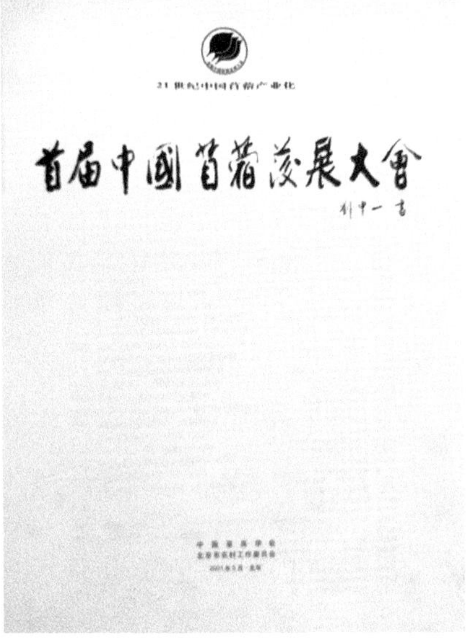

《首届中国苜蓿发展大会》

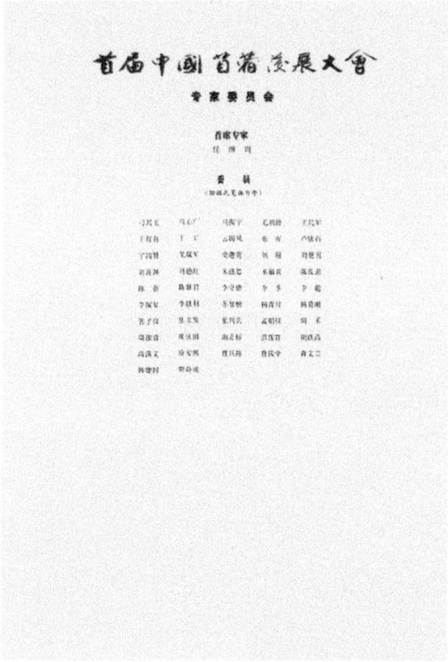

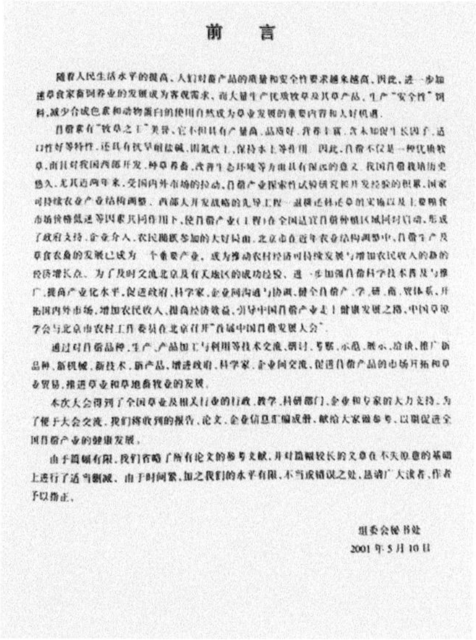

前 言

随着人民生活水平的提高，人们对畜产品的质量和安全性要求越来越高。因此，进一步加速草食家畜饲养业的发展成为客观需求，而大量生产优质牧草及其草产品，生产"安全性"饲料，减少合成色素和动物蛋白的使用自然成为草业发展的重要内容和大好机遇。

苜蓿素有"牧草之王"美誉，它不但具有产量高、品质好、营养丰富、含未知促生长因子、适口性好等特性，还具有抗旱耐盐碱、固氮改土、保持水土等作用。因此，苜蓿不仅是一种优质牧草，而且对我国西部开发、种草养畜、改善生态环境等方面具有深远的意义。我国苜蓿栽培历史悠久，尤其近两年来，受国内外市场的拉动，苜蓿产业探索性试验研究和开发经验的积累，国家可持续农业产业结构调整、西部大开发战略的先导工程——退耕还林还草的实施以及主要粮食市场价格低迷等因素共同作用下，使苜蓿产业（工程）在全国适宜苜蓿种植区域同时启动，形成了政府支持、企业介入、农民踊跃参加的大好局面。北京市在近年农业结构调整中，苜蓿生产及草食农畜的发展已成为一个重要产业，成为推动农村经济可持续发展与增加农民收入的新的经济增长点。为了及时交流北京及有关地区的成功经验，进一步加强苜蓿科学技术普及与推广，提高产业化水平，促进政府、科学家、企业间沟通与协调，健全苜蓿产、学、研、商、贸体系，开拓国内外市场，增加农民收入，提高经济效益，引导中国苜蓿产业走上健康发展之路，中国草原学会与北京市农村工作委员会在北京召开"首届中国苜蓿发展大会"。

通过对苜蓿品种、生产、产品加工与利用等技术交流、研讨、考察、示范、展示、洽谈，推广新品种、新机械、新技术、新产品，增进政府、科学家、企业间交流，促进苜蓿产品的市场开拓和草业贸易，推进草业和草地畜牧业的发展。

本次大会得到了全国草业及相关行业的行政、教学、科研部门、企业和专家的大力支持。为了便于大会交流，我们将收到的报告、论文、企业信息汇编成册，献给大家做参考，以期促进全国苜蓿产业的健康发展。

由于篇幅有限，我们省略了所有论文的参考文献，并对篇幅较长的文章在不失原意的基础上进行了适当删减。由于时间紧，加之我们的水平有限，不当或错误之处，恳请广大读者、作者予以指正。

组委会秘书处

2001年5月10日

《首届中国苜蓿发展大会论文集》

《第二届中国苜蓿发展大会》

历届中国苜蓿发展大会现场

历届中国苜蓿发展大会现场

二、第三届世界苜蓿大会——中国会场

2023 年 3 月 17 日，第三届世界苜蓿大会——中国会场开幕活动在北京举办。会议采用线下主会场与线上直播相结合，围绕“苜蓿高效生产维系生态环境健康”的主题，分享全球苜蓿产业最新成果，共同探讨饲草产业发展、国内外苜蓿品种特性、苜蓿高质量发展、规模化发展、苜蓿未来发展的挑战与机遇等内容。

此次活动由中国畜牧业协会、中国草学会和国家草产业科技创新联盟主办，北京林业大学草业与草原学院和中国畜牧业协会草业分会承办。北京林业大学校长安黎哲在致辞中表示，北林草学学科设置 20 多年来，尤其是草业与草原学院成立的 4 年多以来，在苜蓿科技创新、科技支撑和草产业高质量发展方面取得了丰硕的成果。此次大会，是展示国际国内苜蓿科技和产业发展最新成果的重要平台，也是促进包括新时代我国草产业高质量发展的重要契机。

第三届世界苜蓿大会主席丹尼尔·帕特南（Daniel Putnam）教授以视频形式向参会代表介绍了苜蓿在食物安全、环境、气候变化、碳循环等众多领域的重要作用，对中国在推动全球苜蓿产业发展方面做出的贡献表示感谢，提出未来苜蓿产业发展可以兼顾生产效益和生态效益的愿景。

世界苜蓿大会（WAC）是由中国、美国、欧盟、阿根廷等国家的苜蓿行业组织和专家于 2014 年发起并共同举办的国际盛会，旨在加强国际苜蓿科技、产业、贸易合作，交流发展经验，共享资源信息。截至 2022 年，世界苜蓿大会已成功举办三届。前两届分别于 2015 年、2018 年在中国蚌埠和阿根廷科尔多瓦成功召开。第三届世界苜蓿大会已于 2022 年 11 月 14—17 日在美国加利福尼亚州圣地亚哥成功召开。因疫情原因，中国代表未能组团参会，经世界苜蓿大会组委会授权，特于 2023 年 3 月 17 日在中国设立第三届世界苜蓿大会——中国会场，以分享全球苜蓿产业最新成果，推进我国苜蓿产业高质量发展。

第三届世界苜蓿大会——中国会场

三、第一届中国苜蓿改良会议（CAIC）暨内蒙古草种业创新发展高峰论坛

2023年5月8—9日，第一届中国苜蓿改良会议（CAIC）暨内蒙古草种业创新发展高峰论坛在呼和浩特举办。会议围绕“加快种业创新，推进苜蓿国产化”进行了充分的研讨。

第一届中国苜蓿改良会议（CAIC）暨内蒙古草种业创新发展高峰论坛

四、首届中国苜蓿生物学大会

2023年7月5—6日，中国首届苜蓿生物学大会在青岛农业大学成功召开。两天会议共交流了24个专题报告，涵盖苜蓿发育生物学、抗逆生物学、固氮生物学等领域。会议还商讨了基于细胞核不育系的苜蓿育种协作组等。会议报告代表了我国在苜蓿生物学方面的研究水平，与会专家对重要问题进行了热烈的讨论。参会单位共25家，会议线下专家51位，线上专家和研究生2 900多位参会。

与会专家一致认为，苜蓿产业是国家农业短板，大家要齐心协力，通过创新为产业升级赋能。会议召开反映了苜蓿生物学领域专家学者的共同愿望，专门会议有利于更加深入讨论苜蓿科技发展的重要问题，会议的成果举办体现了“交流、合作、创新、提升，引领苜蓿科技创新与产业发展”的办会宗旨。

中国苜蓿生物学大会合影

中国苜蓿生物学大会会场

第二节 苜蓿学术著作与科普

一、牧草及苜蓿专著

1. 早期与苜蓿相关的牧草专著

1950 年和 1956 年，王栋教授分别出版了《牧草学通论》《牧草学各论》，书中对苜蓿有详尽系统的介绍。

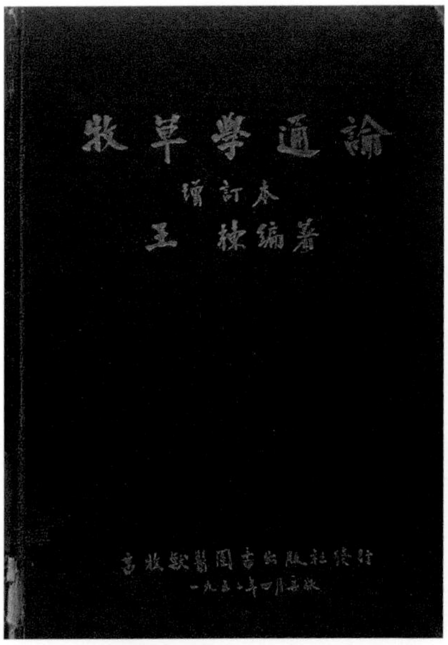

《牧草学通论》

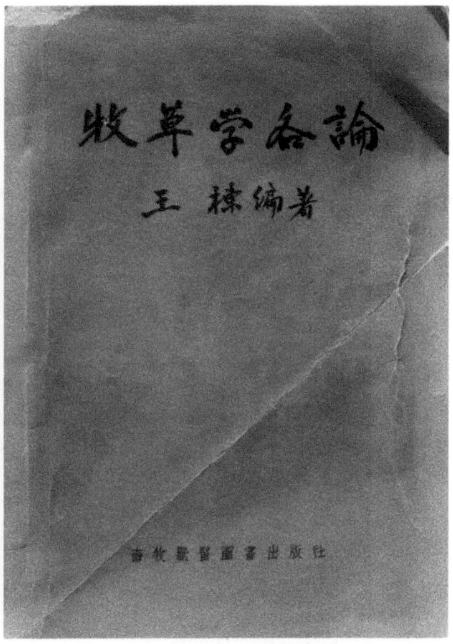

《牧草学各论》

1953 年，胡先骕出版的《经济植物学》对紫花苜蓿的地理分布、形态特征、农艺性状、品种类型及环境关系与用途等进行了详细的阐述。

胡先骕

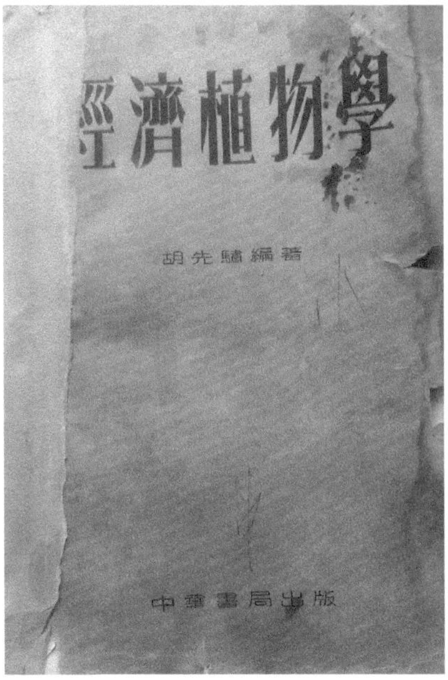

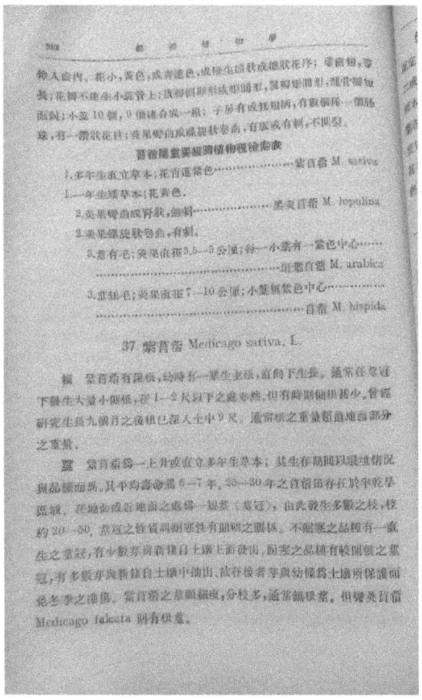

《经济植物学》

1954 年和 1958 年，孙醒东教授分别出版了《重要牧草栽培》《重要绿肥作物栽培》，把苜蓿作为第一重要的牧草和第一重要的绿肥作物进行了研究。

《重要牧草栽培》　　　　《重要绿肥作物栽培》

1955 年，胡先骕、孙醒东出版的《国产牧草植物》介绍了包括苜蓿在内的 230 种国产牧草。

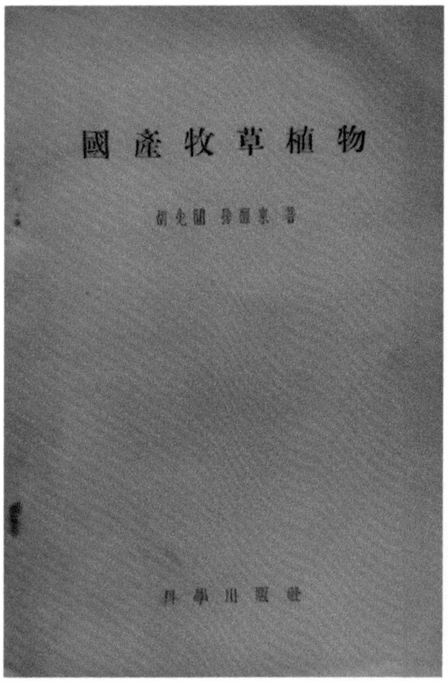

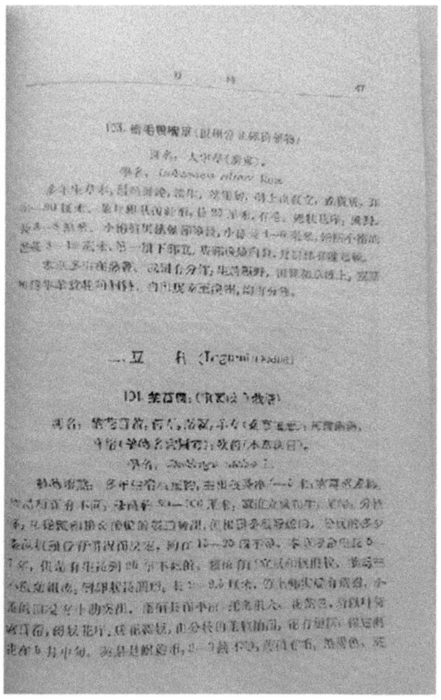

《国产牧草植物》

1959 年，孙醒东出版的《牧草及绿肥作物》重点介绍了苜蓿在我国的栽培史、分布及在国民经济中的意义，同时也介绍了苜蓿的植物学特征、生物学特性以及苜蓿的绿肥特性与栽培技术。

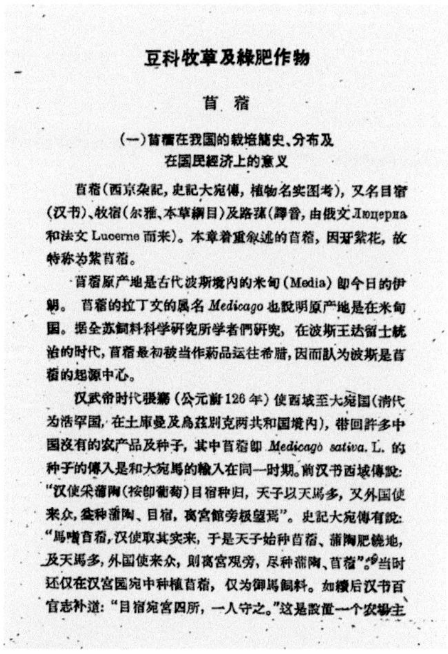

豆科牧草及綠肥作物

苜 蓿

(一)苜蓿在我国的栽培簡史、分布及在国民經济上的意义

苜蓿(西京杂記，史記大宛傳，植物名实图考)，又名目宿(汉书)、牧宿(尔雅、本草綱目)及路蓀(譯音，由俄文Люцерна和法文Lucerne而来)。本章着重敘述的苜蓿，因开紫花，故特称为紫苜蓿。

苜蓿原产地是古代波斯境内的米甸(Media)即今日的伊朗。苜蓿的拉丁文的属名*Medicago*也說明原产地是在米甸国。据全苏飼料科学研究所学者們研究，在波斯王达留士統治的时代，苜蓿最初被当作药品运往希腊，因而趴为波斯是苜蓿的起源中心。

汉武帝时代張騫(公元前126年)使西域至大宛国(清代为浩罕国，在土庫曼及烏兹別克两共和国境内)，带回許多中国没有的农产品及种子，其中苜蓿即*Medicago sativa*. L.的种子的傳入是和大宛馬的輸入在同一时期。前汉书西域傳說："汉使采蒲陶(按即葡萄)目宿种归，天子以天馬多，又外国使来众，益种蒲陶、目宿，离宫館旁极望焉"。史記大宛傳有說："馬嗜苜蓿，汉使取其实来，于是天子始种苜蓿、蒲陶肥饒地，及天馬多，外国使来众，则离宫观旁，尽种蒲陶、苜蓿"。当时还仅在汉宫园宛中种植苜蓿，仅为御馬飼料。如續后汉书百官志补道："目宿宛宫四所，一人守之。"这是設置一个农場主

《牧草及绿肥作物》

1959 年，崔友文出版了《中国北部和西北部重要饲料植物和毒害植物》，对紫花苜蓿的分布及适应性进行了研究。

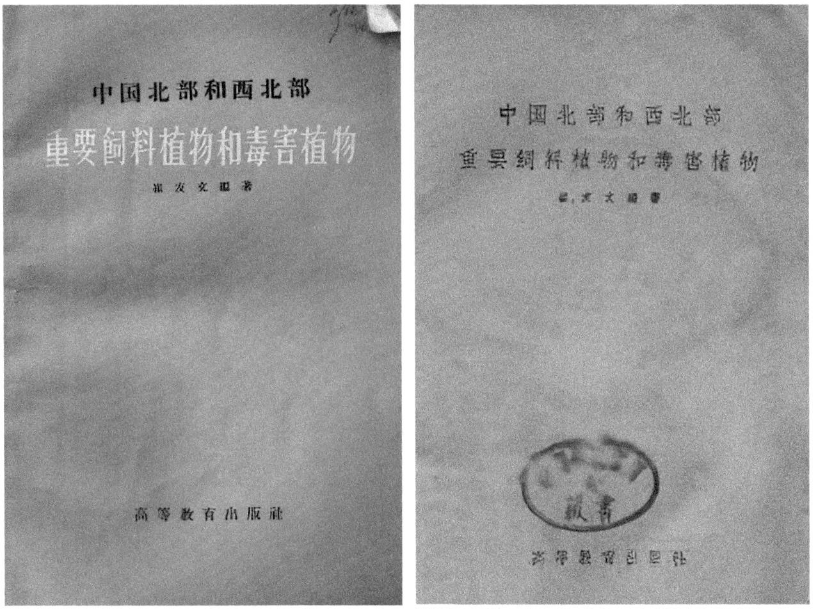

《中国北部和西北部重要饲料植物和毒害植物》

2. 20 世纪 90 年代后与苜蓿相关的牧草专著

1990 年，洪绂曾等出版的《中国多年生草种栽培技术》，重点介绍了紫花苜蓿的植物学特征、栽培技术及饲用价值。

2015 年国家牧草产业技术体系孙启忠、张英俊等出版的《中国栽培草地》，重点介绍了苜蓿的栽培生物学特性、栽培技术及重点产区苜蓿产业发展情况。

2015 年，辛晓平、徐丽君、徐大伟出版的《中国主要栽培牧草适宜性区划》，重点对苜蓿栽培区域进行了适宜性区划。

《中国多年生草种栽培技术》

《中国栽培草地》

《中国主要栽培牧草适宜性区划》

1981年，内蒙古农牧学院（许令妊、彭启乾等）主编，我国第一部全国高等农业院校试用教材《牧草及饲料作物栽培学》出版。书中对苜蓿的生物学特性、生产性能、营养价值、栽培管理及利用等进行了系统的介绍。

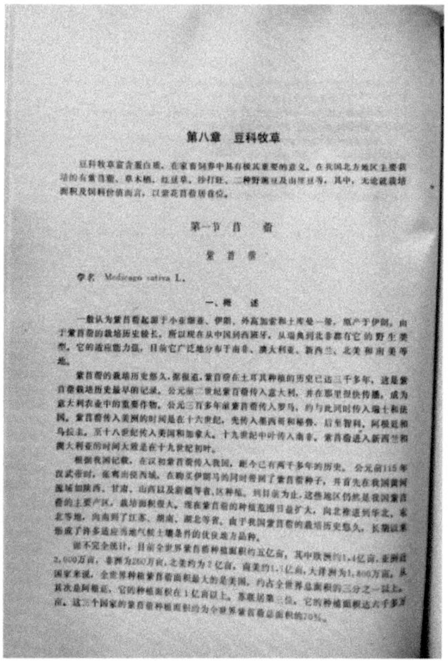

《牧草及饲料作物栽培学》

二、苜蓿专著

1. 苜蓿科技专著

1954—1959年，中国农业科学院陕西分院（或西北农业科学研究所）先后出版了《西北的紫花苜蓿》（1954年第一版，1959年再版）、《西北紫花苜蓿的调查及研究》（1957年），主要对西北地区的紫花苜蓿特性、类型、利用情况及技术进行了研究和调查，为我国研究苜蓿较早的专著。

《西北的紫花苜蓿》

《西北的紫花苜蓿》

《西北紫花苜蓿的调查及研究》

1995 年，耿华珠等出版的《中国苜蓿》，是新中国成立以来，第一部全面、系统介绍我国苜蓿科学与技术发展的专著。该书从苜蓿属植物分类、苜蓿生物学、品种资源与育种、栽培与管理、营养价值与加工及苜蓿研究成就与研究趋势等方面，总结了我国苜蓿科技发展与取得的成绩。

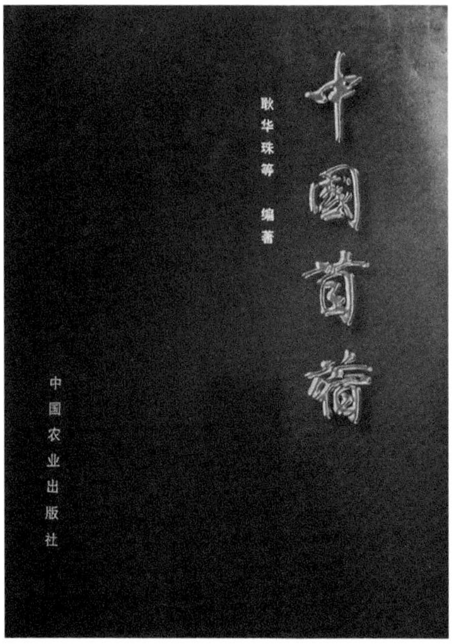

《中国苜蓿》

2009 年，由洪绂曾主编的《苜蓿科学》是继《中国苜蓿》之后，我国又一部苜蓿专著，书中主要从苜蓿起源与分布、植物学、植物生理学、生态学、细胞学与遗传学、品种资源与育种、栽培与管理、加工与利用及种子生产等方面，介绍了国内外苜蓿研究的最新理论和技术成果。

《苜蓿科学》

2014 年，由孙启忠、王宗礼、徐丽君主编的《旱区苜蓿》，以 20 余年苜蓿研究工作与研究成果为基础，重点介绍了我国苜蓿优势产业区——北方旱区苜蓿生态资源、育种理论与方法、花粉特征特性、良种繁殖、品种生产性能、草地建植、杂草防控、水肥管理、冻害防御、干草调制、青贮与微生物和草地健康评价等最新理论与技术。

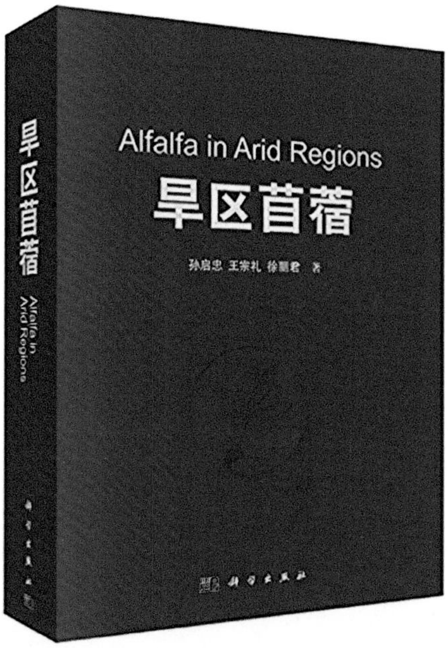

《旱区苜蓿》

2. 苜蓿历史文化专著

2016—2023 年，由孙启忠主编的《苜蓿经》《苜蓿赋》《苜蓿考》《苜蓿史钞》《苜蓿简史稿》《苜蓿通史稿》，是作者历经 20 余载对我国古代、近代苜蓿历史文化研究成果的集中体现，也是我国第一套苜蓿历史文化的系列专著，开创了我国苜蓿历史文化研究的先河。

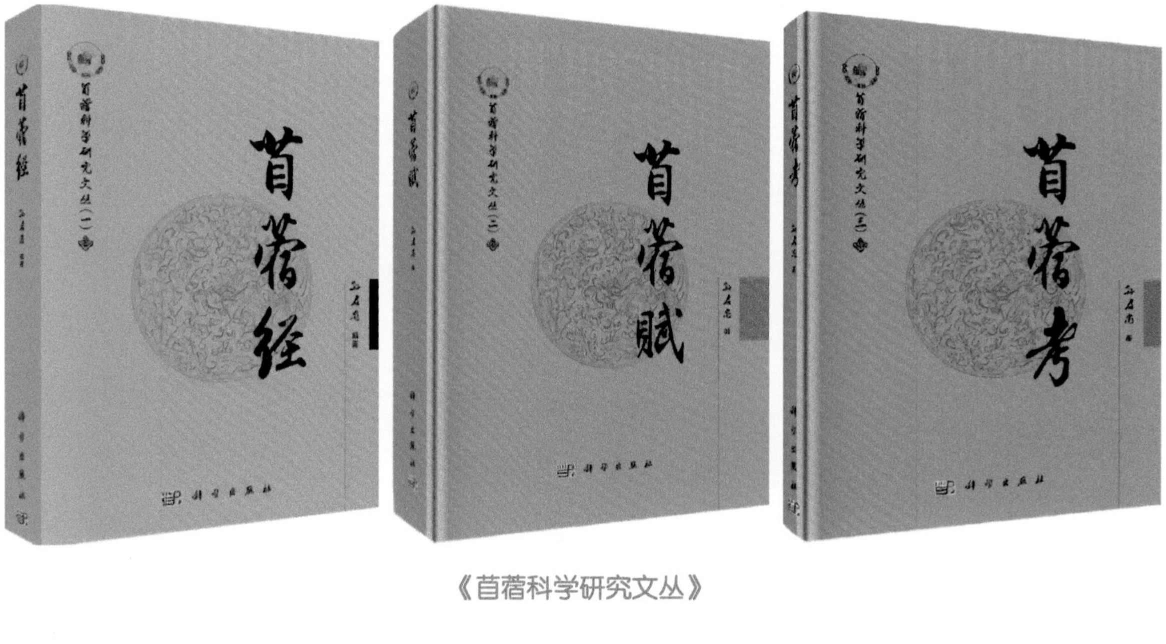

《苜蓿科学研究文丛》

《苜蓿科学研究文丛》

《苜蓿经》为《苜蓿科学研究文丛》的首册，可谓是《苜蓿科学研究文丛》的纲。全书共分六章，从我国苜蓿起源传播开始，分别对我国种源考证、物种名实和栽培利用，以及苜蓿典故、趣闻轶事、苜蓿诗词、楹联、锦句、谚语和精美墨宝等进行了论述。

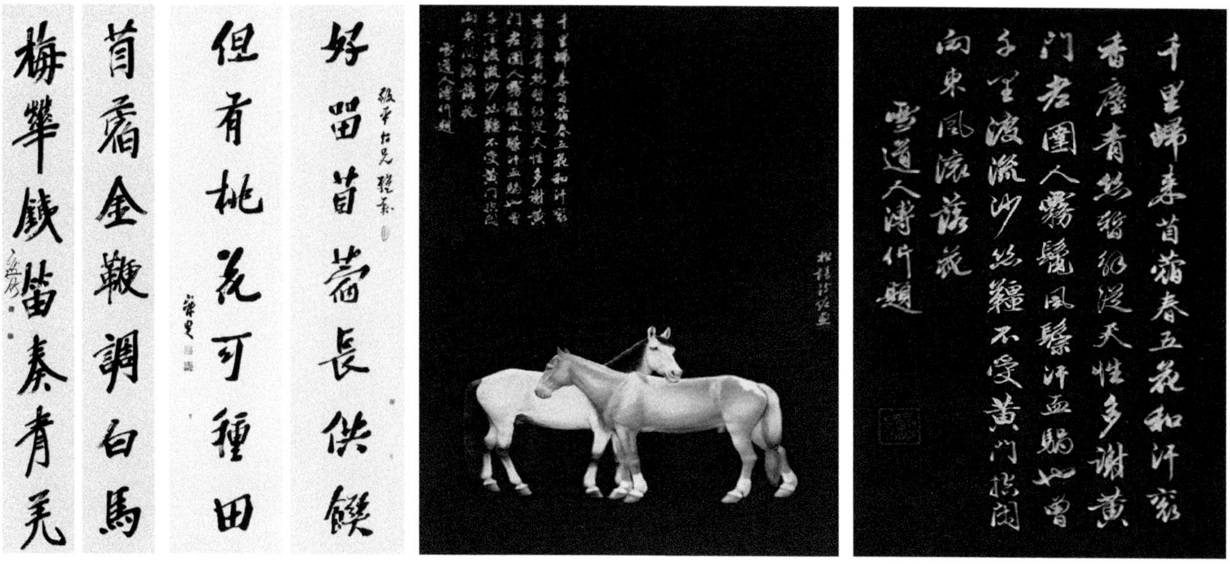

《苜蓿经》摘录（翰墨）

《苜蓿赋》是《苜蓿经》的延伸扩展，为《苜蓿科学研究文丛》的第二册。《苜蓿赋》特别精选了两汉、魏晋南北朝、唐、宋、元、明、清和民国时期的 700 多位文人雅士或达官显贵的 1 100 余首与苜蓿相关的诗词或歌咏。

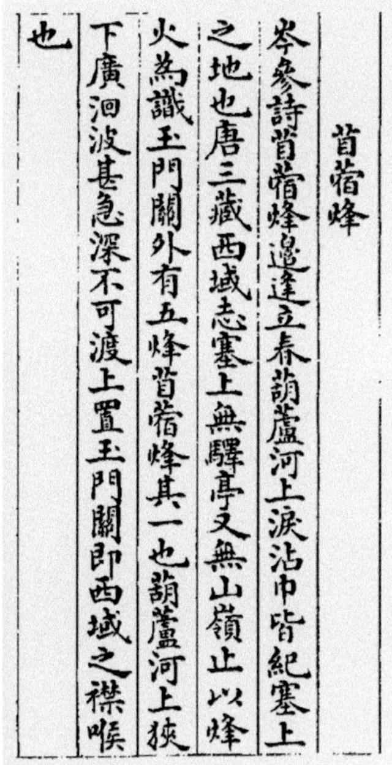

苜蓿峰

岑參詩苜蓿峰邊逢立春葫蘆河上淚沾巾皆紀塞上之地也唐三藏西域志塞上無驛亭又無山嶺止以烽火為識玉門關外有五烽苜蓿峰其一也葫蘆河上狹下廣洄波甚急深不可渡上置玉門關即西域之襟喉也

岑参像与《苜蓿峰》

注：唐代岑参《苜蓿峰》：苜蓿烽边逢立春，葫芦河上泪沾巾。皆纪塞上之地也，唐三藏西域志。塞上无驿亭，又无山岭，止以烽火为识，玉门关外有五烽，苜蓿烽其一也，葫芦河上狭下广，洄波甚急，深不可渡，上置玉门关，即西域之襟喉也。

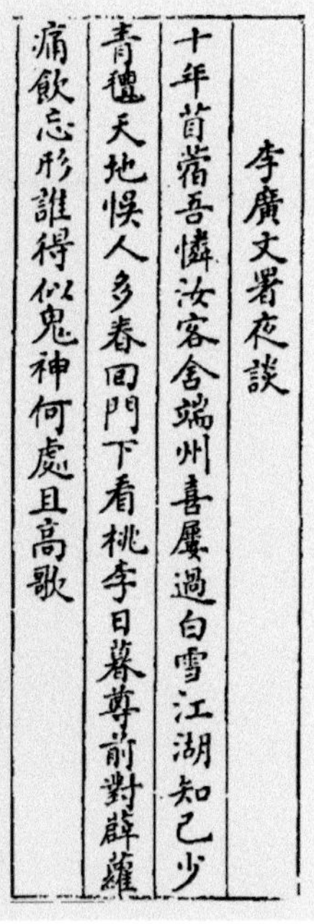

李廣文署夜談

十年苜蓿吾憐汝客舍端州喜屢過白雪江湖知己少青氊天地悞人多春回門下看桃李日暮尊前對薜蘿痛飲忘形誰得似鬼神何處且高歌

叶春像与《李广文署夜谈》

注：明代叶春《李广文署夜谈》：十年苜蓿吾怜汝，客舍端州喜屡过。白雪江湖知己少，青毡天地误人多。春回门下看桃李，日暮尊前对薜萝。痛饮忘形谁得似，鬼神何处且高歌。

《苜蓿考》为《苜蓿科学研究文丛》第三册。作者采用植物考据学的原理与方法，博考载籍，严谨选材，将文献记载和考古发掘中所涉及的苜蓿内容梳理成 20 余个重大历史问题，进行了研究考证或对关键技术进行了深入挖掘，以缜密的考证，对苜蓿的几个重大历史问题、疑难问题提出了自己的研判与观点。

《苜蓿史钞》为《苜蓿科学研究文丛》第四册，孙启忠研究员将 20 余年收集、整理、辑录的史料，经过研究考证、梳理，从史书、方志、辞书、类书、农书、本草、考古和论著及其他（以民国时期的论著为主）等中，精选近 480 多部典籍，从中钞录出与苜蓿相关的重要史实或重大事件，是对苜蓿史实的系统、客观、真实反映和再现。

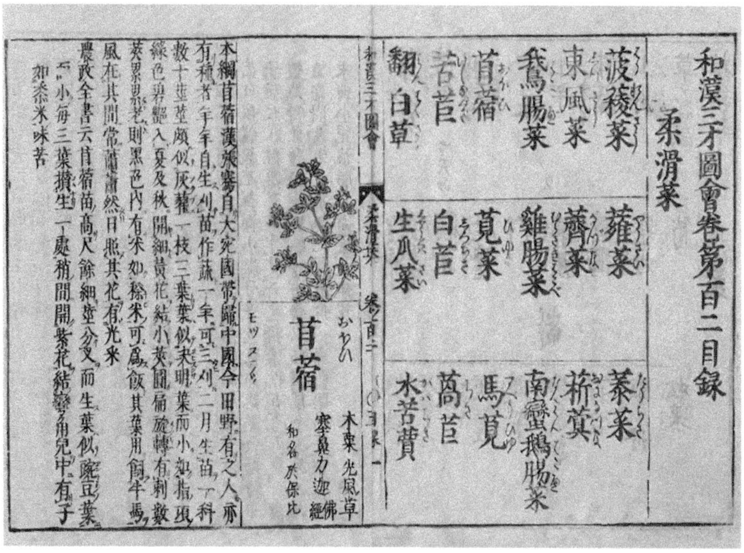

《苜蓿史钞》摘录（《三才图会·卷第百二·柔滑菜·苜蓿》）

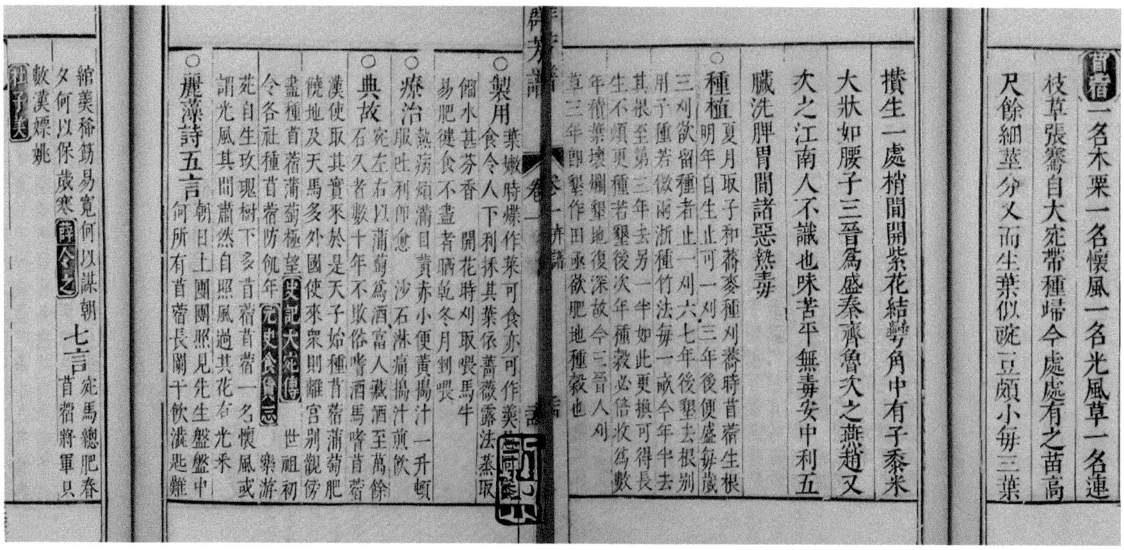

《苜蓿史钞》摘录（《群芳谱·第五册·卉谱·苜蓿》）

《苜蓿简史稿》和《苜蓿通史稿》是《苜蓿科学研究文丛》的第五册和第六册，为姊妹篇。《苜蓿简史稿》是以苜蓿起源、发展与种植分布、栽培管理、加工利用、政策与经济、科技及苜蓿史料资源等为纬，从横向探寻和凝练我国古代苜蓿的重大问题、关键技术和重要作用，从而展示我国苜蓿宽广深厚的历史、文化和科技，重点揭示我国苜蓿的发展成就、主要经验及深刻启示；而《苜蓿通史稿》则是以两汉魏晋南北朝、隋唐五代、宋元、明清和近代为经，从纵向追踪与梳理我国 2 000 多年苜蓿的发展历程、历史轨迹和主要特点，从而探究历代对苜蓿的发现、研究、创新、试验和生产，重点揭示我国苜蓿的发展根脉、基本规律及根本路径。

第二节　苜蓿栽培加工农艺技术

一、苜蓿引种与技术示范

（一）古代苜蓿引种与技术示范

汉武帝时，中外交往频繁，形成了我国历史上第一个引种高潮，在此期间朝廷从域外引进了各种珍禽奇兽、名花异木以及农作物嘉种，如大宛马（汗血马）、苜蓿、石榴、胡桃（核桃），等等。伴随着域外物种的输入，作物栽培技术、畜种的放牧、培育、饲养及管理技术也随之引进，汉人在学习外来农艺的的同时结合传统的农耕经验，对这些域外新物种采取试验的方法把其安置于上林苑，进行精心培育和集约化管理，在熟悉其生长、生活习性，掌握栽培、饲养要领之后，再向其他地方普及，实现了“植之秦中，渐及东土”。苜蓿在汉代引入我国，被种在皇家苑囿，由农艺技术精湛的园丁利用优越的管理条件进行引种试验。随后在关中及毗邻的甘宁地区种植，由于苜蓿种植广泛，甚至出现了地方俗称，“茂陵人谓之连枝草”。

汉初我国精耕细作的农业生产技术已基本形成。牛耕和铁农具得到推广整地、播种、灌溉、施肥、防虫等田间生产技术取得进步，园艺技术也更为精细。引种初期，苜蓿种植于皇家苑囿之中，使中央集权的国家权力直接参与到引种实验之中，皇家

《苜蓿简史稿》摘录（《第七章·苜蓿科技》）

第二节　苜蓿植之秦中

一、苜蓿东进

西汉在经过开国之汉武帝时六七十年的休养生息后，社会经济得到很大发展。这是一个很强大的历史时期。建元三年（公元前 138 年）〔注：也学者认为是公元前 139 年〕，历史上著名的探险家张骞（图 1-1）奉汉武帝之命出使被匈奴西逐的大月氏（图 1-2）。他虽然没有达到汉武帝联合大月氏夹击匈奴的目的，但却打通了西域，开辟了从长安经过宁夏、甘肃、新疆，到达中亚细亚各地的内陆大道，是中外

图 1-1　张骞像

《苜蓿通史稿》摘录（《第一章·两汉魏晋南北朝苜蓿》）

三、苜蓿翻译著作

1957 年，由朱之垠、刘东辉等翻译出版了《苜蓿育种的经验》（苏联卡拉舒克著），这可能是我国较早的苜蓿翻译专著。全书讨论了四个问题，即原始材料、种间杂交和品种间杂交、创造稳定的复合杂种群体的方法和苜蓿复合杂种群体的试验结果。

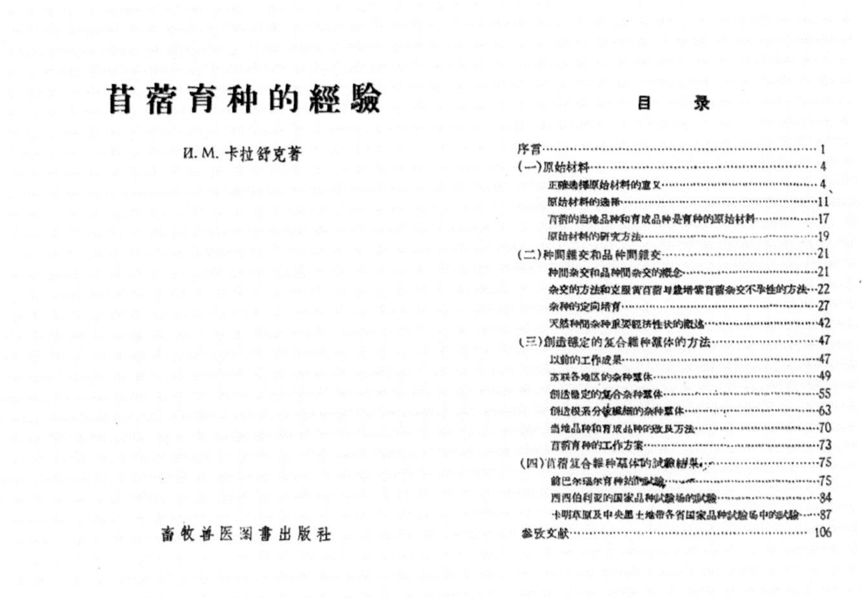

苜蓿育种的經驗

И. М. 卡拉舒克著

畜牧兽医图書出版社

目　录

《苜蓿育种的经验》

1972 年，美国农学会组织长期从事苜蓿研究与技术推广的专家教授 70 余人，集体创作完成了《Alfalfa Science and Technology》，每个章节内容都是由从事该领域研究的专家撰写，全面反映了他们的研究重点和最新成果。全书共 35 章，分苜蓿基础理论（1 ~ 17 章）、苜蓿实际应用（18-33 章）和苜蓿研究机构与未来展望（34 ~ 35 章）。第一章主要讨论了苜蓿在世界的分布和发展历史，其后的 16 章（2 ~ 17 章）系统叙述了苜蓿形态学、解剖学、生理学、生态学、固氮学、化学成分、遗传育种，并对苜蓿的分类学和细胞遗传学也进行了讨论。第 18 ~ 33 章主要介绍了苜蓿的种植、收获、饲养等，具体内容包括苜蓿品种、草地建植、施肥、灌溉、杂草防除、病虫害鉴定与防治、收获贮藏、饲喂、放牧和种子生产。第 34 章介绍了世界苜蓿研究机构，第 35 章分析和展望了世界苜蓿未来发展趋势与潜力。《Alfalfa Science and Technology》一经传入我国，就引起了我国学者的高度重视。

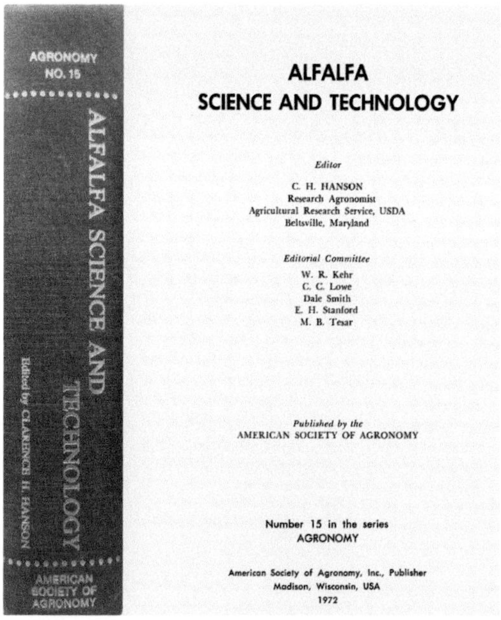
AGRONOMY
NO. 15

ALFALFA SCIENCE AND TECHNOLOGY

Edited by CLARENCE H. HANSON

AMERICAN SOCIETY OF AGRONOMY

ALFALFA
SCIENCE AND TECHNOLOGY

Editor
C. H. HANSON
Research Agronomist
Agricultural Research Service, USDA
Beltsville, Maryland

Editorial Committee
W. R. Kehr
C. C. Lowe
Dale Smith
E. H. Stanford
M. B. Tesar

Published by the
AMERICAN SOCIETY OF AGRONOMY

Number 15 in the series
AGRONOMY

American Society of Agronomy, Inc., Publisher
Madison, Wisconsin, USA
1972

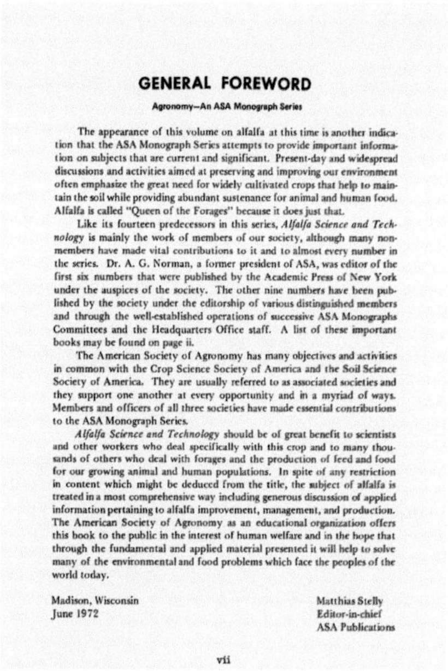
GENERAL FOREWORD

Agronomy—An ASA Monograph Series

The appearance of this volume on alfalfa at this time is another indication that the ASA Monograph Series attempts to provide important information on subjects that are current and significant. Present-day and widespread discussions and activities aimed at preserving and improving our environment often emphasize the great need for widely cultivated crops that help to maintain the soil while providing abundant sustenance for animal and human food. Alfalfa is called "Queen of the Forages" because it does just that.

Like its fourteen predecessors in this series, *Alfalfa Science and Technology* is mainly the work of members of our society, although many nonmembers have made vital contributions to it and to almost every number in the series. Dr. A. G. Norman, a former president of ASA, was editor of the first six numbers that were published by the Academic Press of New York under the auspices of the society. The other nine numbers have been published by the society under the editorship of various distinguished members and through the well-established operations of successive ASA Monographs Committees and the Headquarters Office staff. A list of these important books may be found on page ii.

The American Society of Agronomy has many objectives and activities in common with the Crop Science Society of America and the Soil Science Society of America. They are usually referred to as associated societies and they support one another at every opportunity and in a myriad of ways. Members and officers of all three societies have made essential contributions to the ASA Monograph Series.

Alfalfa Science and Technology should be of great benefit to scientists and other workers who deal specifically with this crop and to many thousands of others who deal with forages and the production of feed and food for our growing animal and human populations. In spite of any restriction in content which might be deduced from the title, the subject of alfalfa is treated in a most comprehensive way including generous discussion of applied information pertaining to alfalfa improvement, management, and production. The American Society of Agronomy as an educational organization offers this book to the public in the interest of human welfare and in the hope that through the fundamental and applied material presented it will help to solve many of the environmental and food problems which face the peoples of the world today.

Madison, Wisconsin
June 1972

Matthias Stelly
Editor-in-chief
ASA Publications

vii

《Alfalfa Science and Technology》

1986 年，由中国农业科学院畜牧研究所、农牧渔业部畜牧局草原处牵头，组织中国农业科学院畜牧研究所、中国农业科学院兰州畜牧研究所、吉林农业科学院、北京农业大学、甘肃农业大学、内蒙古农牧学院、宁夏农学院、西北师范大学等单位 19 位专家学者，翻译了《Alfalfa Science and Technology》，即《苜蓿的科学与技术》。《苜蓿的科学与技术》于 1986 年以中国草原学会文集第 2 辑的形式问世。

中国草原学会文集第2辑

苜蓿的科学与技术

中国农科院畜牧所饲料室
农牧渔业部畜牧局草原处
1986．3

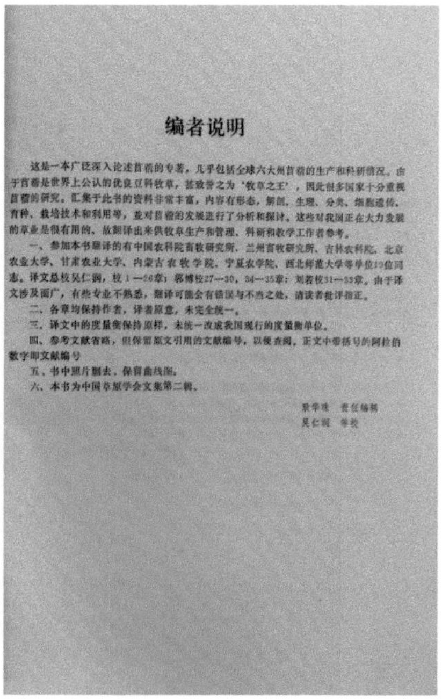
编者说明

这是一本广泛深入论述苜蓿的专著，几乎包括全球六大州苜蓿的生产和科研情况。由于苜蓿是世界上公认的优良豆科牧草，甚致誉之为‘牧草之王’，因此很多国家十分重视苜蓿的研究。汇集于此书的资料非常丰富，内容有形态，解剖、生理、分类、细胞遗传、育种、栽培技术和利用等，並对苜蓿的发展进行了分析和探讨。这些对我国正在大力发展的草业是很有用的，故翻译出来供牧草生产和管理、科研和教学工作者参考。

一、参加本书翻译的有中国农科院畜牧研究所、兰州畜牧研究所、吉林农科院、北京农业大学、甘肃农业大学、内蒙古农牧学院、宁夏农学院、西北师范大学等单位19位同志。译文总校吴仁润，校1—26章；郭博校27—30，34—35章；刘若校31—33章。由于译文涉及面广，有些专业不熟悉，翻译可能会有错误与不当之处，请读者批评指正。

二、各章均保持作者，译者原意，未完全统一。

三、译文中的度量衡保持原样，未统一改成我国现行的度量衡单位。

四、参考文献省略，但保留原文引用的文献编号，以便查阅，正文中带括号的阿拉伯数字即文献编号

五、书中照片删去，保留曲线图。

六、本书为中国草原学会文集第二辑。

耿华珠　责任编辑
吴仁润　审校

《苜蓿的科学与技术》

四、中国苜蓿领域论文与其他国家苜蓿领域论文的比较

从苜蓿领域论文数量来看，美国的论文数量高达 7 226 篇，占全球苜蓿领域论文总量的 35%，遥遥领先于其他国家，属于第 1 梯队；加拿大、中国、法国和澳大利亚 4 国的论文数量均在 1 000 篇以上，属于第 2 梯队；西班牙、意大利、英国、德国和新西兰等国家的论文数量介于 340 ~ 700 篇，属于第 3 梯队。

从苜蓿领域论文总被引频次来看，美国论文的被引总频次位居全球首位，与其论文数量排位一致，均遥遥领先于其他国家。从苜蓿领域论文的篇均被引频次看，法国最高，为 37.24 次；美国为 20.44 次，排在第 5 位；中国为 13.78 次，排在末位，与其他国家存在较大差距。

从苜蓿领域论文发表时间来看，美国是全球最早开展苜蓿相关研究的国家；我国在 20 世纪 80 年代后才有相关论文发表，但作为后起之秀，发展快速。近 5 年，我国苜蓿领域论文数量占其论文总量的比例高达 54%；同时，年发表苜蓿领域论文数量的全球占比也在逐年攀升。例如，2020 年，年发表论文数量的全球占比高达 38%，比 2008 年高出 28%，表明近期我国在苜蓿领域的研究非常活跃。

从各国论文的学科领域分布来看，苜蓿研究主要涉及植物科学，其次为农学或者生物化学与分子生物学等，表明各国更关注苜蓿育种以及农艺栽培相关研究。

苜蓿领域研究论文 TOP 10 国家分布

论文数量排名	国家	论文数量（篇）	近 5 年发文占比（%）	总被引频次（次）	篇均被引频次（次）	最早发文时间（年）	主要学科领域
1	美国	7 226	9	147 681	20.44	1908	植物科学、农学
2	加拿大	1 873	7	28 766	15.36	1919	植物科学、农学
3	中国	1 530	54	21 078	13.78	1986	植物科学、农学
4	法国	1 256	15	46 770	37.24	1972	植物科学、生物化学与分子生物学
5	澳大利亚	1 037	16	20 759	20.02	1972	植物科学、农学多学科
6	西班牙	624	19	14 810	23.73	1976	植物科学、农学
7	意大利	524	19	10 367	19.78	1975	植物科学、农学
8	英国	455	10	13 316	29.27	1957	植物科学、生物化学与分子生物学
9	德国	442	10	14 000	33.73	1972	植物科学、生物化学与分子生物学
10	新西兰	343	19	5 364	15.64	1972	农业多学科、农学

资料来源：谢华玲，2021。

五、苜蓿科普读物

1. 20 世纪 50 年代的苜蓿科普读物

1951 年，王栋在《牧草》中介绍了苜蓿农艺性状、栽培技术等。随后苜蓿单行本或含有苜蓿的牧草科普读物不断涌现。

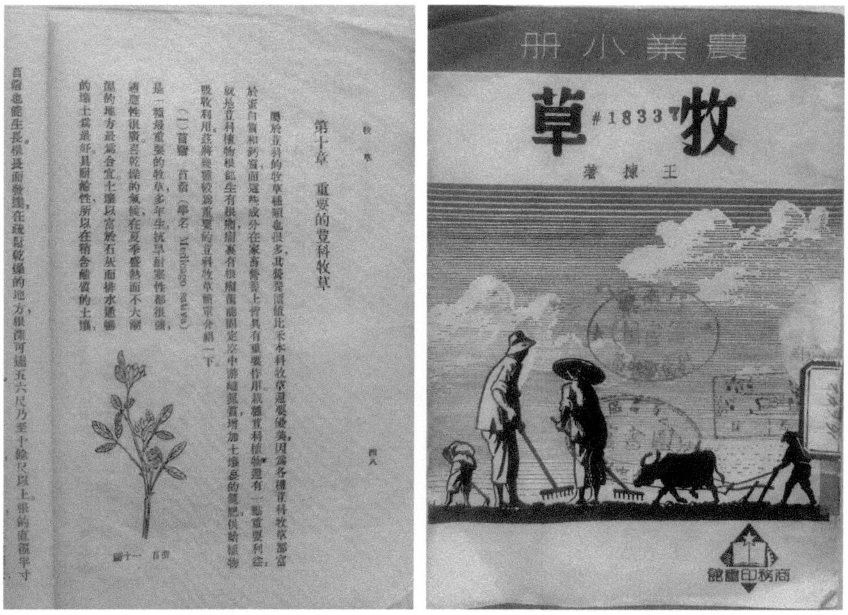

《牧草》

《西北的紫花苜蓿》

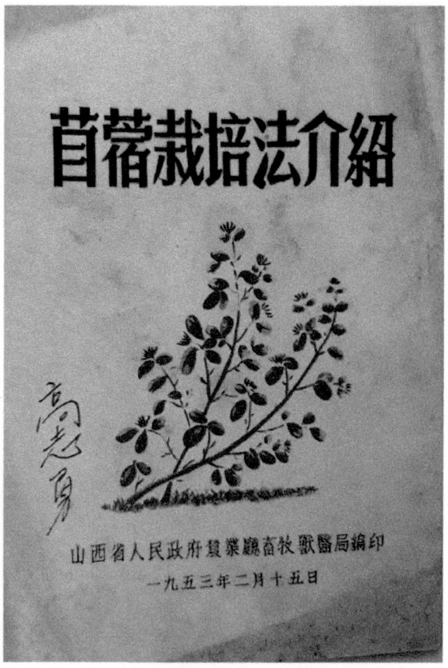

《苜蓿栽培法介绍》

《苜蓿》

《紫花苜蓿种植法》

《苜蓿》

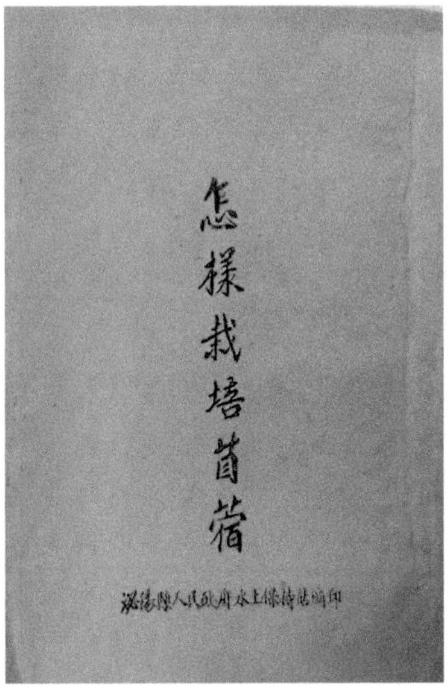

《怎样栽培苜蓿》

《介绍十种牧草》

《牧草栽培》

《苜蓿紫穗槐种植法》

《工农生产技术便览　绿肥植物栽培法》

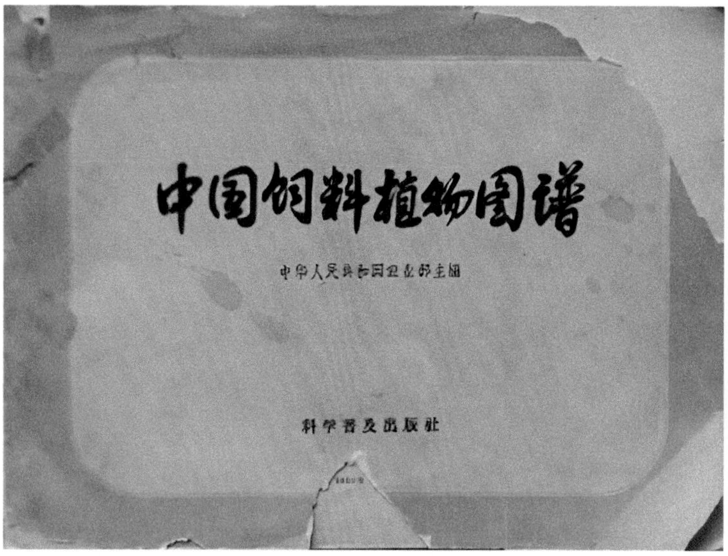

《中国饲料植物图谱》

《草田轮作》

2. 21 世纪早期苜蓿科普读物

《苜蓿种植区划及品种指南》

《优质苜蓿栽培与利用》

《紫花苜蓿栽培利用关键技术》

《苜蓿种植技术》

《北方地区苜蓿栽培技术》

《苜蓿营养与施肥》

《苜蓿科学生产技术解决方案》

《苜蓿草产品生产技术手册》

《苜蓿加工利用实用技术问答》

《苜蓿病虫害识别与防治》

《紫花苜蓿病害图谱》

《紫花苜蓿栽培与病虫草害防治》

《优质苜蓿高质量栽培技术》

《内蒙古苜蓿研究》

《苜蓿生产中常见问题解答》　　《苜蓿害虫及天敌鉴定图册》

六、《人民日报》上的苜蓿

人民日報

人民日报 1961 年 9 月 1 日 （第 2 版）

专栏：

陕西日报记者　武笠青

在陕西的种植历史苜蓿在陕西关中地区种植的历史很长，时间很早。司马迁的《史记》一百二十三卷大宛列传中说：“马嗜苜蓿，汉使取其实来，于是天子始种苜蓿……肥饶地。及天马多，外国使来众，则离宫别观旁尽种……苜蓿极望。”汉书西域传中说：“罽宾有苜蓿大宛马武帝时得其马。”贾思勰在《齐民要术》中引陆机给他弟弟的信：“张骞使外国十八年得苜蓿归。”《中国通史简编》（修订本）第二编第二章第二节通西域中有“……从西方传到中国来的，就物产方面说，家畜有汗血马，植物有苜蓿……十多种，这些物产的输入，给中国增加了新财富。”的结语。由此可知，苜蓿是西汉时由西域传入陕西的。汉武帝派张骞出使西域先后两次，第一次是公元前一百三十八年，回来是公元前一百二十六年；第二次是公元前一百二十二年，回来是公元前一百一十五年。据此推算，苜蓿引到陕西当在公元前一百一十五年以前。西汉的京都在长安，苜蓿种在“离宫别馆旁”，当不会出渭河附近的咸阳、临潼、栎阳一带；同时要供应天子很多马和外国使者的马吃草，不可能种得过远和种的亩数过少，势必种得比较集中。这个特点，到唐朝也没有改变。汉唐时苜蓿为天子所重，且是供应外使的一项物资，《唐书百官志》：“凡驿马给地四顷，莳以苜蓿”。接近京都的关中群众，首先学会种植和作物苜蓿的技术是很自然的。在这里大量推广也是必然的事。

苜蓿原是专为喂马的。唐、宋以后的一些农书上记载种植的方法，就已表明有倒茬的意思；而明代王象晋在《群芳谱》中记的最详细。他说："夏月取子和荞麦种，刈荞时，苜蓿生根。明年自生……三年后便盛，每岁三刈，欲留种者止一刈，六七年后垦去根……。若垦后，次年种谷，必倍收。为数年积叶坏烂，垦地复深，故今三晋人刈草三年，即垦作田，亟欲肥地种谷也。"显然，种植苜蓿也是为了培养地力，提高单位面积产量。随着苜蓿种植面积扩大和栽培技术的改进，苜蓿逐渐成为人吃的蔬菜。唐、宋以来，不少诗人都讴歌了这件事。唐薛令之《自悼》中说："朝日上团团，照见先生盘，盘中何所有，苜蓿长阑干。"陆游："苜蓿堆盘莫笑贫"等句子，说明吃苜蓿到唐朝已成人们生活中很普遍的事了。因此，一些农书上把苜蓿归入了蔬菜属。

综合上述，我们可以看出：苜蓿是牲口的一种重要饲草，是庄稼轮作的好前茬，也是度荒救灾的一种代食品。现在，我们来进一步研究一下苜蓿在农业生产中的作用。

在农业生产上的作用

从种植苜蓿的历史中已经看出它在农业生产中的作用是显著的。根据近年来一些有关资料和我们在关中地区一些生产队的调查情况看，苜蓿在农业生产上的作用，现在仍然不小，这是应当肯定的。农民对种植苜蓿是喜爱的，他们对苜蓿的作用估价很高。他们说："苜蓿长过腰，骡马不跌膘。"又说："种几年苜蓿，收几年好麦"等等。种植一定数量的苜蓿，建立牲畜青饲料基地是促使耕畜增膘健壮的有效措施。据在临潼县武屯公社御宝生产大队贺王生产队调查，这个生产队地处渭北旱塬地区，可耕的土地面积较宽，多年来种植的苜蓿面积占总耕地面积 4.3%左右，每头牲畜平均一亩半左右。由于苜蓿多，青饲料充足，牲畜喂得很好。当然，一个生产队牲畜的好坏决定于种种因素，在这里，有很重要的一条，就是他们有足量的苜蓿代替精饲料，保证了牲畜正常饲养。从我们在乾县、兴平、蒲城、咸阳、渭南等地区一些生产队的调查材料也证明：凡是牲畜繁殖率高，没有乏瘦现象，非正常死亡率低的生产队，一条共同经验，就是都种有一定数量的苜蓿。据一些有经验的老兽医分析：每百斤苜蓿干草含的营养价值等于五十斤燕麦的营养，干苜蓿含的粗蛋白质也比小麦多。

有人提出：苜蓿本身不是粮食，专门种植苜蓿占去一部分耕地，是不是要少收一些粮食呢？临潼县栎阳公社尚寨大队干部周济广和咸阳市周陵公社红岩大队干部毕振法认为，这是一个算账问题。根据他们的计算看：在关中旱地耕地较多的地区，一头牲畜一般有一亩半到二亩左右的苜蓿就行了，水浇地区耕地较少，一般是七八分左右。试以旱地一头牲畜一亩苜蓿计算，苜蓿从农历四月割起，可以割到 9 月底。在正常情况下，大约可以割八九千斤青草，可折干草三千斤左右。一头牲畜按正常喂，每天平均得二斤精料（忙时多一点，闲时少一点），干草三十多斤。如果加入适量的苜蓿，每天至少可节省干草五到十斤，可节省精料三分之一，六个月总起来至少可节省精料一百多斤。这样看起来，一亩地虽然没有收入粮食，实际上收入却不低。特别是把牲畜喂好了是个活账，在生产上的作用是很大的。这个账给我们启示很大。近几年来的事实证明，不解决牲畜的饲料，要保证使牲畜健壮和正常繁殖是不可能的。而苜蓿既是精饲料，牲畜又爱吃，那么种植一定数量的苜蓿是一举数得的事。1958 年春，在渭南官道人民公社召开的全国耕畜现场会上，有同志曾提出关中旱塬地区应该提倡一头耕畜、一亩苜蓿、一万斤青饲草的意见，现在看这个意见是值得重视的。

苜蓿茬种粮食既省劳力，又省肥料，在关中地区是提高单位面积产量最好的茬口。

据今年在临潼县武屯公社御宝生产大队的调查，这个大队的苜蓿面积历年（1956 年到 1961 年）都占耕地面积 4%左右，苜蓿茬的小麦较正茬麦高 30%，较顶茬麦高 65%。另据中国科学院西北生物土壤研究所在武功旱塬进行多年轮作试验，与连作正茬麦比较，苜蓿茬第一年种小麦增产 16.5%到 43.1%，第二年小麦增产 14.4%到 18.4%，第三年小麦增产 5.9%到 9.3%；三年小麦增产总平均值为 16.2%到 22.3%。由此可以看出，苜蓿茬在雨水正常，耕作合理的情况下，每年增产 20%左右是较有把握的。

另外苜蓿茬种麦子，不仅产量大，而且质量高。据我们在蒲城、富平、临潼、渭南、乾县、兴平了解，有一个共同的说法，都说苜蓿茬的麦子，一般一斗要比其他茬口的麦子重三到四斤。这种麦子农民把它叫“性麦”。他们讲，这种麦子皮儿薄、颗长、呈绿色，特点是出粉率高，合出的面拉力强。在价格上，过去比一般麦子高 10%左右。

种苜蓿引起土壤肥力的变化

苜蓿茬种麦子为什么会有这样的好处呢？这是由于种植苜蓿后，土壤性质和肥力状况都发生了变化，而这些变化对后作物的生长发育非常有利。据观察，苜蓿有极强大的根系。在上层土壤中，苜蓿长有许多比较细小的支根，支根上有很多黑色球形颗粒，这就是我们常说的根瘤，里面包藏着大量的根瘤菌。支根每年的死亡更新和部分茎叶的枯落，给土块积累了大量的有机质和氮素养分。有机质分解后形成土壤腐殖质，使关中地区塿土层原有的团粒结构更加稳固，这就加强了土壤通透性和蓄水保墒的能力。据中国科学院在武功头道塬测定的结果认为：种植三年的苜蓿地，土壤腐殖质绝对量在三到十厘米土层内，每亩有一千四百八十一斤，十到二十厘米土层内有一千五百斤，二十到四十厘米土层内有二千五百二十斤；而正茬小麦连作三年后土壤腐殖质相应各层为七百二十五、一千零五、一千六百二十斤，苜蓿地比连作小麦地的腐殖质含量高出 50%以上。以零到四十厘米土层计算，仅苜蓿的根茎残余物就给土壤增加了三十四斤氮素，相当于一百六十斤硫酸铵的含氮量。如果加上根瘤菌直接给土壤增加的氮素，数字就更大了。同时，由于苜蓿对土壤稳固性团粒结构的增加，使土壤透水性得到很大的改善。透水量大对土壤蓄水、防旱十分有利。这是非常适合于关中地区气候特点的。

由于种植苜蓿，使土壤有机物质和氮素养分的增加，加上通透性的改善，从而加强了土壤微生物的活动。据西北生物土壤研究所 1957 年的记载，三年的苜蓿地，在零到二十厘米的土层中，每克土壤就有微生物四零五点七到四三五点二万个，而连作小麦地只有八二点四到一一五点四万个，相差约四倍。土壤微生物活动的加强，有利于土壤中有机养分发挥作用，同时还可调动土壤中其他养分供后茬作物的利用，因而苜蓿地的后效很大。

综合上述，我们可以相信历史记载的：“垦后，次年种谷，谷必倍收”和农民总结的：“一亩苜蓿三亩田，连种三年劲不完”及“种几年苜蓿，收几年好麦”经验是有根据的，是符合科学道理的。

为了充分利用苜蓿茬增产粮食，一些地区的农民取得了在苜蓿地内套种粮食作物的经验。乾县一带的农民历来就有在苜蓿地套种谷子的习惯，据反映，一般每亩可收谷子三五十斤。另据西北农学院在 1954 年试验，在生长四年的老苜蓿地中套种谷子，曾获得每亩一百三十八斤的产量，每亩收青苜蓿三千六百六十一斤。中国农业科学院陕西分院 1954—1955 年曾在苜蓿地里套种冬小麦试验结果，每亩也获八十三斤至二百八十五斤的小麦产量。这些事实证明，在苜蓿地内套种粮食作物也是利用苜蓿茬的一个发展趋势。

第三节　苜蓿标准与专利

一、苜蓿标准体系

苜蓿产业发展过程中制定的标准体系

标准	标准号	标准名称
国家标准	GB 6141 — 1985	豆科主要栽培牧草种子质量分级
	GB10389 — 1989	饲料用苜蓿草粉
	GB 6141 — 2008	豆科草种子质量分级
	GB/T 35329 — 2017	苜蓿疫霉根腐病菌检疫鉴定方法
	GB/T 37069 — 2018	苜蓿秋眠性分级评定
	GB/T 38133 — 2019	转基因苜蓿实时荧光 PCR 检测方法
行业标准	NY/T 1464.23 — 2007	除草剂防治苜蓿田杂草
	NY/T 1780 — 2009	苜蓿种子生产技术规程
	NY/T 2703 — 2015	紫花苜蓿种植技术规程
行业标准	NY/T 2702 — 2015	紫花苜蓿主要病害防治技术规程
	NY/T 2701 — 2015	人工草地杂草防除技术规范紫花苜蓿
	NY/T 2700 — 2015	草地测土施肥技术规程紫花苜蓿
	NY/T 2699 — 2015	牧草机械收获技术规程苜蓿干草
	NY/T 2697 — 2015	饲草青贮技术规程紫花苜蓿
	NY/T 2747 — 2015	植物新品种特异性、一致性和稳定性测试指南紫花苜蓿和杂花苜蓿
	NY/T 2994 — 2016	苜蓿草田主要虫害防治技术规程
	NY/T 1170 — 2020	苜蓿干草捆
地方标准	DB15 / 101 — 1993	敖汉苜蓿
	DB15 / 102 — 1993	内蒙古准格尔苜蓿
	DB15 / 102 — 1993	草原 1 号苜蓿
	DB15 / 102 — 1993	草原 2 号苜蓿
	DB15/T 2654 — 2022	苜蓿草产地环境要求
	DB15/T 2655 — 2022	优质苜蓿品种选择规范
	DB15/T 2656 — 2022	优质苜蓿沙地种植技术规范
	DB15/T 2657 — 2022	优质苜蓿鲜草
	DB15/T 2658 — 2022	优质苜蓿干草
	DB15/T 2659 — 2022	优质苜蓿草粉
	DB15/T 2660 — 2022	优质苜蓿青贮饲料

续表

标准	标准号	标准名称
地方标准	DB15/T 2661 — 2022	苜蓿田间主要害虫综合防控技术规程
	DB15/T 2662 — 2022	苜蓿田杂草防控技术规程
	DB15/T 2663 — 2022	苜蓿草追溯规范
	DB15/T 2664 — 2022	苜蓿草捆制作技术规程
	DB15/T 2665 — 2022	苜蓿草 24 小时体外消化率的测定
	DB15/T 2666 — 2022	苜蓿草粉加工技术规程
	DB15/T 2667 — 2022	苜蓿草颗粒加工技术规程
	DB15/T 2668 — 2022	苜蓿草颗粒卫生质量检验与分级
	DB15/T 2669 — 2022	优质苜蓿运输条件规范
团体标准	T/CAAA 001 — 2018	苜蓿干草质量分级
	T/CAAA 003 — 2018	青贮和半干青贮饲料紫花苜蓿

《草业法规选编》

二、中国苜蓿专利与其他国家苜蓿专利的比较

从苜蓿领域专利技术来源国家来看，中国专利数量高达 6 861 项，占全球苜蓿领域专利申请总量的 54%，遥遥领先于其他国家，属于第 1 梯队；美国专利数量为 2 762 项，全球占比为 22%，属于第 2 梯队；德国、法国、日本、俄罗斯、韩国、加拿大、瑞士和英国等国的专利数量介于 90 ~ 500 项，属于第 3 梯队。

从苜蓿领域专利公开国家来看，中国和美国是受关注度较高的国家，受理并公开的相关专利较多。其中，中国相关专利公开数量为 8 037 件，位居全球首位，是全球最受关注的国家；其次是美国， 其专利公开数量为 5 070 件；澳大利亚位列第 3，其专利公开数量为 1 847 件。

苜蓿领域专利 TOP 10 国家 / 地区分布

专利申请 / 公开数量排名	专利申请				专利公开	
	来源国 *	申请数量（项）	平均专利家族大小	重要专利 ** 数量（件）	公开国	公开数量（件）
1	中国	6 861	1.0	27	中国	8 037
2	美国	2 762	4.4	717	美国	5 070
3	德国	437	6.6	56	澳大利亚	1 847
4	法国	246	3.7	11	加拿大	1 434
5	日本	243	2.4	6	巴西	1 110
6	俄罗斯	235	1.1	0	日本	1 026
7	韩国	206	1.4	1	印度	795
8	加拿大	159	3.9	22	墨西哥	785
9	瑞士	104	5.1	23	韩国	558
10	英国	94	6.0	14	德国	541

注：*，专利来源国指专利申请人所在国；**，重要专利指与苜蓿领域其他专利相比，某件专利的强度和重要性更强。本表仅统计“综合专利影响力”系数在 10 以上（范围 1 ~ 100）的重要专利数量，共计 992 件。

资料来源：谢华玲，2021。

第十二章 苜蓿产业发展

欲随青草斗芳菲，求牧偏宜野龁肥。

几处嘶风声不断，沙原日暮马群归。

——清·祁韵士《苜蓿赞》

第一节　我国苜蓿产业发展进程

一、苜蓿生产自给期（1949—1983 年）

1949—1980 年苜蓿生产单元以集体为主，从 1981 年开始生产单元则以农户为主。这一时期的主要特点是以生产队为单元组织苜蓿生产，种植的苜蓿以满足生产队集体家畜为目的，生产作业属于人工或半人工状态。苜蓿生产既没有产品意识，更没有商品意识，没有苜蓿产品的流通。

1. 苜蓿种植作业及农机具

整地

人工播种

镇压

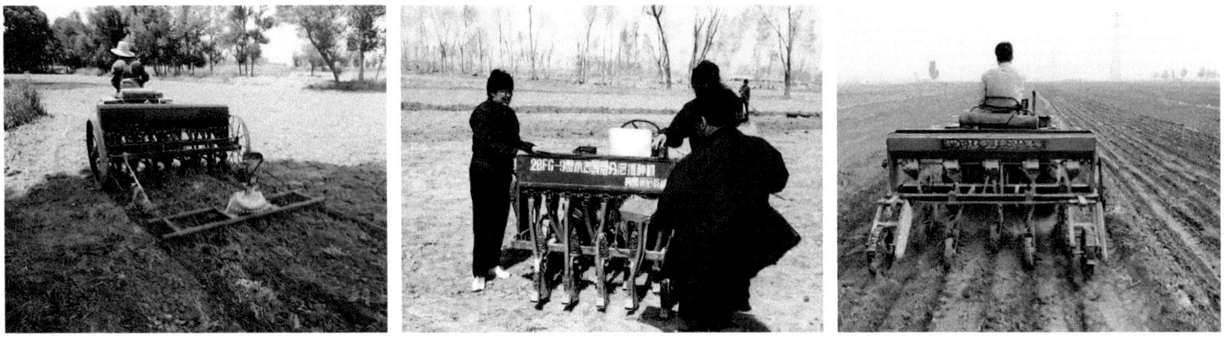

小型播种机播种

人工防除病虫草害

小型机械喷农药

人工打草

小型拖拉机运草

小型粉碎机

2. 全国苜蓿种植情况

新中国成立初期，1952 年全国苜蓿种植面积约有 33.3 万 hm^2，西北 5 省区种植面积最大，达 20.17 万 hm^2，占全国的 62.0%；其中甘肃 9.9 万 hm^2、陕西 6.3 万 hm^2、新疆 4.4 万 hm^2、宁夏 0.2 万 hm^2、青海 0.01 万 hm^2。到 1955 年全国苜蓿种植面积约有 35.55 万 hm^2，西部苜蓿种植面积比 1952 年增加了 36.3%，总面积已达到 28.4 万 hm^2，占全国的 80%。其中以甘肃省最多，为 12.8 万 hm^2，陕西次之，为 11.1 万 hm^2，新疆 4.4 万 hm^2，青海 0.1 万 hm^2。

苜蓿是富于滋养的牧草。种植苜蓿不但是解决缺草问题的好办法，而且在农业区和半农半牧区，能够恢复地力增加作物产量。西北各民族人民历来就有种植苜蓿的习惯。加上各级人民政府的扶持，各地种植苜蓿非常普遍。1952 年，新疆一地就种植了 4.4 万多公顷，收割苜蓿草 4 亿多公斤，有效地解决了饲草问题。1956 年，西北地区每年生产苜蓿种子 75 万公斤，可供全国各地种植的需要。

《西北畜牧业》

由于国家对苜蓿种植和推广工作的重视，苜蓿种植面扩大发展较快，1981 年全国苜蓿栽培面积为 34.06 万 hm^2，1986 年达 116.9 万 hm^2，到 20 世纪 80 年代末苜蓿种植面积已达 133.2 万 hm^2，较新中国成立初期增加了 4 倍，其中增加较多的有新疆、甘肃、内蒙古、陕西、宁夏等省（区），合计面积达 104.4 万 hm^2，占全国总面积的 78.4%。

各省区紫花苜蓿历年栽培面积

单位：万 hm^2

省区	20 世纪 50 年代	20 世纪 60 年代	20 世纪 70 年代	20 世纪 80 年代
甘肃	10.0	14.0	22.7	37.3
陕西	9.2	12.8	8.9	19.8
新疆	6.6	15.3	18.2	17.8
内蒙古	3.3	10.0	13.3	15.5
宁夏	1.7	2.0	2.3	14.0
山西	2.8	8.6	6.1	9.2
河北	8.7	—	1.3	7.3
河南	—	—	—	6.4
山东	8.0	—	6.0	2.0
吉林	—	—	—	1.7
辽宁	0.3	1.3	1.2	1.5
黑龙江	0.1	0.3	0.5	0.4
青海	0.08	—	—	0.13
江苏	—	—	—	0.08
总计	50.8	64.3	80.5	133.1

注：—未统计，全书同。

据 1952 年统计，我国栽培紫花苜蓿的面积约有 500 万亩以上，且多分布在秦岭以北。以甘肃省为最多，主要分布在天水、平凉和庆阳三个专区，约达 145 万亩；次之为陕西省，据统计约达 94 万亩，主要分布在咸阳、宝鸡、渭南、商洛、延安、绥德和榆林 7 个专区；再其次为山西省，据统计约达 53 万亩，主要分布在运城专区，其次为忻州、雁北、临汾和榆次等专区。此外，在前宁夏黄河沿岸和青海也有少量栽培的（陈布圣，1959）。

3. 内蒙古苜蓿

1953 年，绥远省人民政府提出：为了奖励种植饲料，种植苜蓿等饲料者免征农业税。

1954 年春，中央政府在内蒙古发放 55 000 斤苜蓿种子，播种苜蓿达 28 000 亩。

1959 年 7 月，内蒙古自治区党委第八次牧区工作会议要求：人民公社的饲料基地，主要解决牲畜的饲草、饲料问题，播种的作物应以苜蓿、其他多年生牧草和必要的饲料作物为主。

4. 甘肃省苜蓿种植面积变化与种植特点方式

甘肃栽培苜蓿已有 2 000 多年的历史，在长期栽培过程中形成了各具特色的地方品种，如陇东苜蓿、陇中苜蓿、天水苜蓿和河西苜蓿等 4 个地方品种。

1952 年，种植苜蓿 148 万亩。1953 年，甘肃将种植苜蓿列入全省农业生产计划中。1954 年种植苜蓿 9 万亩。1955 年农林厅要求在水地提倡种植绿肥，山地推广苜蓿。

从 20 世纪 60 年代开始，甘肃自新疆引进的大叶苜蓿也在河西立足。1963 年《省委工作会议关于社会主义教育运动的部署及恢复农业生产的规划问题讨论纪要》中，提出在 17 年内发展苜蓿种植面积。

历年来甘肃种植苜蓿面积一直保持在 300 万亩上下，1981 年发展到 340 万亩，1984 年为 477 万亩苜蓿，1986 年为 548 万亩，1991 年达 550 万亩，苜蓿面积占全省种草面积的 45% 左右，在全国苜蓿面积居首位，并且成为供应全国苜蓿种子的传统基地。

据《庆阳地区畜牧志》记载，庆阳地区苜蓿种植历史悠久，早在汉代即开始种植苜蓿。据唐代颜师古《汉书注》曰："今北道诸州、旧安定、北地之境往往有目宿者，皆汉时所种也。"其中的北地即现在的平凉、庆阳地区。到了明、清时期，苜蓿在庆阳地区已大面积种植。1942 年边区政府颁发了《陕甘宁边区三十一年度推广苜蓿实施办法》，要求大量种植苜蓿。1943 年，陇东分区发动农民种苜蓿 0.51 万亩。新中国成立后，1949—1959 年，全地区种植多年生牧草稳定在 30 万亩左右，以紫花苜蓿种植面积最多，约占 75%。1952 年黄委会在董志塬调查，塬区农户每头大畜种需苜蓿 1.2 万亩。1960 年 7 月，地委召开六千会，要求各地加强饲草料基地建设，充分利用荒山、荒沟，开展群众性大众苜蓿沟、苜蓿山运动。全地区当年种植苜蓿 51.96 万亩，其中种苜蓿 30.26 万亩，苜蓿沟发展到 8 019 条，苜蓿山 944 座。正宁县种苜蓿沟、苜蓿山 233 处，面积达 0.60 万亩；镇原县种苜蓿山 312 座，面积达 18.70 万亩，面积大、数量多全省闻名。

1984 年，全地区紫花苜蓿面积在 40.33 万亩，1986—1989 年年均面积 84.68 万亩。镇原县在荒山、荒坡、荒沟上大力种植苜蓿，取得明显效益。1987 年，全县百亩以上连片紫花苜蓿带 116 处，面积达 1.72 万亩，总面积达 5.50 万亩。

1990 年，全地区紫花苜蓿面积下降至 23.22 万亩。

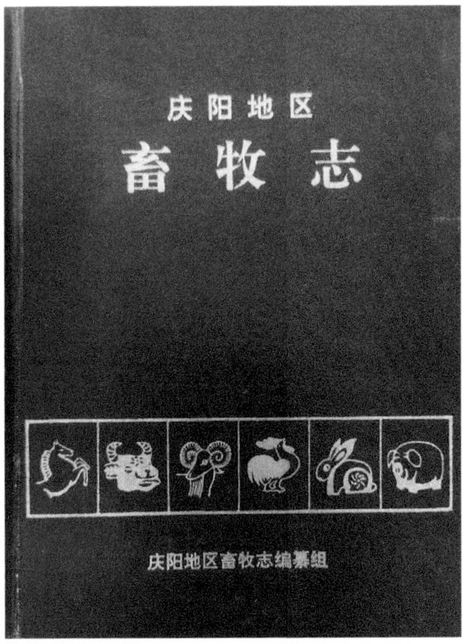

《庆阳地区畜牧志》

1991年，王无怠在《甘肃省种草区划》指出，甘肃种植苜蓿的传统结构以农田种植为主，种苜蓿以河东为主，兼顾养地养畜等特点。

种植方式或形式主要有：

◆ 草田轮作

源远流长的草田轮作是苜蓿与粮油作物的轮作。盛行于泾渭两河流域，而覆盖全省。

陇东历史上以苜蓿（6～8年或更长）—谷子或胡麻—冬小麦（3～4年）制为主；

天水一带为苜蓿（5～8年）—谷子或洋芋—冬小麦（3～4年）；

陇中为苜蓿（10年）—糜子、谷子—洋芋或豌豆—小麦（3年）。

◆ 水土保持

坡地种苜蓿草带：陇东镇原、环县等在坡耕地沿等高线用荞麦带种苜蓿，草带间距10～20 m。西峰水土保持试验站对12°坡的苜蓿、2°的农田、9°的荒坡进行4年的水土流失测定，结果表明苜蓿地的径流量、冲刷量仅为农田的11.6%和2.6%，荒地的41.9%和4.4%。

在沟底或河川边缘种苜蓿：临夏、天水一带在沟底或河谷部种苜蓿。

◆ 四边地种苜蓿

地边、渠边、路边、院边种苜蓿。1989年，酒泉地区、天水市及西和、华亭县利用四边地种苜蓿达5.6万亩；庆阳、环县为数也不小。

◆ 果园种苜蓿

果园绿肥多以种苜蓿、香豆子为主。

◆ 荒山荒沟荒滩和弃耕地种苜蓿

1956年，在人口较多的地区，为扩大粮田面积提出“塬上苜蓿下沟，为粮食让路”的口号，自此镇原县就建成苜蓿沟2 077条，苜蓿山300多处，面积达10万亩以上。群众说：“黄金沟、白银沟，顶不上葱葱绿绿的苜蓿沟。”20 世纪 80 年代末，镇原县将前塬的 18 条沟开发更新，共种苜蓿 17 553 亩。

《甘肃省种草区划》

5. 新疆苜蓿种植情况

新中国成立后，在威廉斯土壤形成学说影响下，新疆重视草田轮作以培肥地力。全疆苜蓿面积由 1949 年的 29.33 千公顷发展到 1965 年的 141.41 千公顷。1966—1976 年期间，新疆苜蓿种植面积减少。1966 年全疆苜蓿面积为 161.87 千公顷，1969 年略有下降，为 153.02 千公顷，1973 年，全疆苜蓿面积达最高，为 173.49 千公顷。1970 年全疆苜蓿面积下降至 156.09 千公顷，年产苜蓿干草 34 291.65 万 kg。

1980 年，农村开始推行土地承包到户生产责任制，部分农村和市场兵团农场的农户，开垦苜蓿地种粮食作物或经济作物，致使苜蓿面积又有所下降，面积为 191.65 千公顷。1985 年全疆苜蓿面积仅为 132.07 千公顷，比 1980 年减少三分之一。其中生产兵团 1980 年有苜蓿 86.60 千公顷，1985 年下降至 35.69 千公顷，比 1980 年下降 58.80%。

1949—1985 年新疆苜蓿种植面积表 单位：千公顷

年份	耕地面积	苜蓿面积	占耕地（%）	年份	耕地面积	苜蓿面积	占耕地（%）
1949	1 209.79	29.33	2.42	1968	3 222.56	165.64	5.14
1950	1 332.35	30.73	2.31	1969	3 166.82	153.02	4.83
1951	1 412.90	37.19	2.63	1970	3 131.86	156.09	4.98
1952	1 543.14	36.07	2.34	1971	3 160.03	163.62	5.18
1953	1 548.97	37.09	2.39	1972	3 153.65	167.05	5.30
1954	1 605.95	39.58	2.47	1973	3 156.95	173.49	5.50
1955	1 690.19	45.53	2.69	1974	3 142.72	172.97	5.50
1956	1 815.47	39.59	2.74	1975	3 146.97	162.13	5.15
1957	1 953.03	54.06	2.77	1976	3 151.36	161.49	5.12

续表

年份	耕地面积	苜蓿面积	占耕地（%）	年份	耕地面积	苜蓿面积	占耕地（%）
1958	2 287.87	49.18	2.15	1977	3 161.94	162.29	5.13
1959	2 575.29	66.22	2.57	1978	3 184.69	174.90	5.49
1960	3 145.11	79.81	2.54	1979	3 181.70	181.79	5.71
1961	3 142.87	75.11	2.39	1980	3 173.19	191.65	6.04
1962	3 053.82	72.39	2.37	1981	3 187.95	183.65	5.76
1963	3 021.71	84.77	2.81	1982	3 161.45	173.35	5.48
1964	3 083.67	111.49	3.62	1983	3 152.68	158.85	5.04
1965	3 164.72	141.41	4.47	1984	3 152.68	135.07	4.28
1966	3 330.43	161.87	4.86	1985	3 082.52	132.07	4.28
1967	3 376.83	168.51	4.99				

资料来源：新疆通志，1996。

《新疆通志》

阿克苏地区是新疆人工种植苜蓿较多的地区，2005年苜蓿面积、干草产量达到最高水平，分别为20.60千公顷和24.96万t。2004年产干草最高达18.77万t，2010年为14.84万t

1999—2010年阿克苏地区人工种草面积及产量

年份	面积（千公顷）	干草产量（万t）	年份	面积（千公顷）	干草产量（万t）
1999	7.21	4.65	2005	20.60	24.96
2000	6.48	5.13	2006	12.11	17.10
2001	7.41	8.14	2007	7.70	11.82
2002	12.99	11.55	2008	2.38	9.00
2003	20.11	16.95	2009	8.72	19.29
2004	19.68	16.32	2010	10.15	15.79

6. 宁夏苜蓿种植情况

紫花苜蓿是宁夏第一重要的牧草。栽培历史悠久，据史书记载，自汉唐以迄元明，宁夏南部与毗邻的陕西、甘肃省曾为养畜牧马之处，广种紫花苜蓿。在长期栽培过程中，经人为选择和自然选择，也形成了适宜当地自然条件的栽培种。50 年代以来，许多单位进行了紫花苜蓿的引种工作，至目前，除来自新疆的紫花苜蓿在宁北黄灌区栽培外，宁南山区栽培的仍以当地种为主。

过去种植紫花苜蓿是为了牧马养畜，随着农业生产的发展，种植紫花苜蓿转向与粮食作物轮作倒茬，培养地力，增加农作物产量，提高其品质。近年来由于人口增加和无计划垦殖，紫花苜蓿栽培面积逐渐减少。十一届三中全会以后，山区农村实行生产责任制，紫花苜蓿的种植面积又不断扩大。至 1986 年底，全区留床面积已达 189.3 万亩，占人工种草总面积的 73.1%。山区种植紫花苜蓿，除培养地力与粮油作物倒茬外，主要用来青刈饲喂家畜，多余的晒制干草，备作冬春补饲用。近年来在吴忠黄沙窝万亩草场处设立贮草加工实验站，开始了紫花苜蓿草粉的加工和供应。在南部半干旱山区旱作条件下，紫花苜蓿每年可刈割 2 ~ 3 次，每亩产干草 150 ~ 350 kg；河谷平坦川旱地每亩产干草 370 kg 左右；水浇地每亩产干草 500~100 kg。紫花苜蓿在宁夏的利用年限一般为 4 ~ 6 年，但在调查中发现，也有连续利用 13 ~ 16 年的，每亩还可产干草 379.4 kg。黄灌区除新开发土地种植紫花苜蓿改良土壤，发展畜牧外，老灌区的国营农场及农户也种植紫花苜蓿饲养畜禽。灌区气温高，排灌条件好，第二年以后的紫花苜蓿每年可割 3 ~ 4 次，一般亩产干草 1 000 kg 左右，高的可超过 1 200 kg。

根据固原县农业经营管理指导站和宁夏农林科学院红城基点测算，按产草的一次性净产值算，在固原地区，水地紫花苜蓿每亩 74.66 元（1986 年现行价），略低于春小麦的 84.50 元；旱地紫花苜蓿每亩 38.75 元，超过春小麦的 34.14 元，更高于糜谷的 23.53 元。在黄灌区，每亩紫花苜蓿净产值 90.00 元，低于春小麦的 101.06 元。如果考虑培肥地力的后效和饲草养畜后的增值，种植紫花苜蓿的经济效益是不会低于春小麦的。

《宁夏回族自治区主要栽培草种区划》

7. 陕西苜蓿种植情况

据《陕西省志（畜牧志）》（1993）记载，苜蓿是陕西农村养畜的主要饲草，种植历史悠久。

1949 年全省苜蓿面积 69.40 万亩。1949 年榆林县苜蓿保有面积 3.40 万亩，1962 年达 4.31 万亩，1972 年最大，达 11.30 万亩。

1980 年苜蓿面积最大时，达到 1 863 万亩，占全省耕地总面积的 3.3%，以渭北旱塬地区种植多。1982 年富平县种植苜蓿 5.00 万亩，用以发展秦川牛和关中奶山羊。1984 年千阳县种植苜蓿较多，达 13.0 万亩，平均每户 6 亩，每头大家畜 4.5 亩。到 1985 年底，全省苜蓿面积达 131.6 万亩。

8. 山西苜蓿种植情况

据 1981 年统计，山西省栽培苜蓿面积为 110 万亩，其中仅晋南运城 39 万亩、临汾 27 万亩，占全省苜蓿总面积的 60.0%。

9. 山东苜蓿种植情况

昔日境内无棣县、阳信县即有苜蓿种植，系多年生宿根性豆科牧草。苜蓿茎叶富含蛋白质，饲养家畜不须添加粮食。新中国成立后大力提倡发展苜蓿，惠民县、沾化县、滨县等亦有种植。

山东人工草地建设始于 1952 年，先后自陕西省引入紫花苜蓿种 15 万 kg，在滨州、德州、聊城、菏泽等地区播种繁殖。1962 年全省已发展到以苜蓿为主的人工草场 62 万亩，平均亩产达 400 kg 干草。

80 年代以来，在农业部支持下，山东大力开展人工牧草种植，山东农业大学引用 123 个牧草品种在东营市、滨州地区试种，主要有紫花苜蓿、沙打旺、草木樨、无芒雀麦、苇状羊茅、野大豆、野生草木樨、狗尾草等。经试验有 13 种牧草适宜在鲁北滨海草场地区种植，在试验基础上，推广种植建立人工草场 9 万亩，年均亩产鲜草 2 500 kg。到 1983 年，惠民地区苜蓿种植面积达 4 万亩。

1985 年在潍北寒亭区播种紫花苜蓿。1987 年在烟台果园隙地种植紫花苜蓿，同年在海阳、文登、荣成等地种植沙打旺，并在海阳、荣成沿海海滩种植大米草 1 000 余亩。1990 年全省人工草地面积达 110 万亩，以苜蓿、沙打旺、草木樨为主。

10. 河南苜蓿种植情况

1957 年，河南省为了逐步建立农业社的饲草基地，从根本上保证发展牲畜的物质基础，进一步改良沙、碱区土壤和山区、丘陵水土保持关中创造条件，全省开展了推广牧草栽培工作，主要推广苜蓿、草木樨。全省共推广苜蓿种子 19 617.5 kg，草木樨种子 77 988.0 kg，计划播种 7.0 万亩，其中国营农牧场种苜蓿 10 397.0 kg，草木樨 8 650.0 kg；推广 8 个专区 74 个县苜蓿种子 9 220.5 kg，草木樨种子 69 338.0 kg。

苜蓿具有抗寒、抗热等热性，凡在表土较深，稍带碱性（酸性），渗透性强，排水良好，不论沙土或壤土苜蓿均可生长良好。灵宝县（黄土丘陵区）历来就有种植苜蓿的习惯。1953 年、1954 年、1955 年、1956 年和 1957 年苜蓿保存面积分别为 7 500 亩、11 000 亩、18 600 亩、21 000 亩和 36 871 亩，苜蓿种植普及全县。该县大王乡明星社 1956 年苜蓿仅有 243 亩，1957 年利用山荒、沟坡等废地种植苜蓿达 707 亩（每头牲畜合一亩苜蓿）；1957 年乌林农业合作社种植苜蓿 642 亩，在坡度 60 ~ 70° 陡坡上种植 620 亩，在 45 ~ 60° 坡地上种植 250 亩，其余在 45° 以下坡地种植，苜蓿生长良好。

《怎样解决牲畜饲草》

11. 河北苜蓿种植情况

据《河北省畜牧志》记载，在河北省张家口地区蔚县小五台山已发现紫花苜蓿的野生种，可见栽培历史之悠久。河北省的保定、石家庄、邢台、邯郸、衡水沧州等地区的黑龙港流域和张家口的坝下各县，都有大面积种植。

据《河北省志（农业志）》记载，20 世纪 70 年代，河北省为了解决种苜蓿与粮食作物争地的矛盾，种植上推广与小麦、玉米轮作、间作套种，既不影响粮食产量，又增加压青用的绿肥青体和饲草。到 70 年代末，全省苜蓿种植面积以黑龙港地区最大，一般县苜蓿面积占耕地 5% ~ 10%，有的达到 15%。

12. 辽宁苜蓿种植情况

辽宁省人工种草起源于清末。清光绪三十二年（1906 年），奉天官牧场（黑山县）试种苜蓿草 0.027 km^2，当年收获干草 7 500 kg，平均每亩产干草 153 kg。同年，奉天农业试验场、铁岭种马场等官办牧场均种植苜蓿草，总面积达 0.067 万 km^2，用于调制干草饲喂马、牛等种畜。

1952 年，辽西省从陕西省引进紫花苜蓿草籽，分配给国营铁岭种畜场和锦州种畜场，两场分别播种 7.0 hm^2 和 13 hm^2，平均每亩产干草 200 kg 以上。1953 年，阜新县塔营子农业合作社种植 20 hm^2 紫花苜蓿，解决了牲畜大部分饲草。到 1965 年，全省共种植紫花苜蓿和草木樨 13 330 hm^2，其中建平县种植 6 670 hm^2。

1966—1976 年，人工种草面积锐减，其间全省仅剩人工草地 46.7 km^2。

1980 年，辽宁省政府把发展人工草地列入“六五”国民经济发展计划，由省财政投资扶持农民种草，发展草食家畜，以辽西北地区为重点，利用大量的退耕还牧土地和撂荒的轮耕地广种沙打旺、草木樨和紫花苜蓿等豆科牧草，少量播种无芒雀麦、披碱草、羊草和老芒麦等禾本科牧草。

1983—1985 年，辽宁省畜牧局在建平县、北票县、阜新蒙古族自治县、喀喇沁左翼蒙古族自治县和彰武县等 5 个县实施了农业部畜牧局下达的牧草加工调制和利用技术推广项目，共建人工草地

700 km^2，其中有效利用面积 485.3 km^2，建饲料和草粉加工厂 108 处，共生产沙打旺、苜蓿等鲜草 30 590.6 万 kg，分别加工调制青干草 4 670 万 kg、青干草粉 2 262 万 kg、半干青贮 264 万 kg、草秸粉 2 456 kg。到 1985 年末，全省牧草种植面积达 99 600 hm^2，相当于 1966 年以前种植面积 13 339 hm^2 的 7 倍多，并涌现出一批种草兴牧致富的典型。

13. 吉林苜蓿种植情况

新中国成立以后，20 世纪 50 年代，白城地区部分地方利用低产草地、废耕地，种植谷莠子和块根作物 4.5 万亩，以补牲畜饲草不足。有的国营畜牧场小面积试种紫花苜蓿，以解决种、牧畜的青绿饲料。但这些均停留在试种、试用阶段。

1975 年，开始有计划地进行草地建设，首先在西部草原地区有计划地进行人工种草，当年播种 15 400 亩。其中紫花苜蓿是全省主要种植的牧草，全省各地主要种植抗旱、抗寒、越冬稳定的公农 1 号和公农 2 号紫花苜蓿。

自 1978 年以来，吉林省把人工种草作为草地建设的重要措施，1985 年，全省紫花苜蓿的种植面积达 66 426 亩，鲜草产量达 12 646 t。截至 1986 年末统计，全省累计种草面积达 61 942 hm^2，其中苜蓿草地 14 431 hm^2（21.65 万亩），占全省种草面积的 23.30%。

14. 黑龙江苜蓿种植情况

中华人民共和国成立后，东北农业科学研究所在哈尔滨、佳木斯、克山等农业试验场联合进行优良牧草区域试验，结果认为紫花苜蓿是优良牧草。20 世纪 50 年代在国营农场推广草田轮作制，种植紫花苜蓿收到良好效果。1959 年，黑龙江省畜牧研究所对肇东军马场的紫花苜蓿进行提纯筛选复壮，选育成‘肇东苜蓿’。这种苜蓿在东至三江平原，北至黑河、大兴安岭的广大地区均能安全越冬，在 pH8.5 的碳酸盐黑钙土上生长良好。产草量较高，春播当年亩鲜草 460 kg。第二年后收割鲜草 2 ~ 3 次，亩产鲜草 1 270 kg。1974 年东北农学院选育出‘东农一号苜蓿’。其特点是根茎半地下，能耐高寒和酷暑。在哈尔滨郊区种植，越冬率 93%；产量略高于‘公农一号’和‘苏联苜蓿’。进入 20 世纪 80 年代以来，随着畜牧业的发展，苜蓿草粉已被利用。1981 年肇源县薄荷台乡退耕还牧种苜蓿 1 800 亩，1984 年收苜蓿草 25 万 kg，打成草粉出售 15 万 kg。

多年种植苜蓿的实践证明，‘肇东苜蓿’‘新疆苜蓿’‘润布勒苜蓿’适于本省种植，具有较强的耐寒、耐旱和高产等优良性质和性能。如选择土壤肥沃高燥地块种植，注意加强田间管理，均能收获较好的收成。1977—1985 年全省累计种紫花苜蓿 22.26 万亩，主要分布在齐齐哈尔市周围各县、绥化地区、松花江地区，三江平原也有少量种植。

1977—1985 年，在全省大面积推广的草种有羊草、紫花苜蓿、沙打旺、草木樨等牧草。人工草场累计面积已达 169.82 万亩，其中紫花苜蓿累计面积达 22.26 万亩。

黑龙江省人工种草统计表（1977—1985 年）　　单位：万亩

年份	羊草	紫花苜蓿	草木樨	沙打旺	其他牧草
1977	1.07	0.08	0.60	0.07	0.90
1978	1.25	1.01	0.50	0.06	1.05
1979	1.36	0.90	3.50	0.08	1.20

续表

年份	羊草	紫花苜蓿	草木樨	沙打旺	其他牧草
1980	4.36	2.75	13.16	0.10	1.50
1981	3.80	1.39	5.55	0.51	1.74
1982	10.02	2.77	14.90	0.59	—
1983	10.16	4.64	6.39	6.15	1.74
1984	14.98	4.19	6.65	3.90	6.05
1985	5.01	4.53	4.22	3.72	10.71
累计	52.01	22.26	55.47	15.19	24.89

资料来源：黑龙江省地方志编纂委员会，1993。

15. 西藏苜蓿种植情况

1974 年，西藏开始引种紫花苜蓿。据不完全统计，1987 年，紫花苜蓿在西藏推广面积占人工种草总面积的 50% 以上，主要有拉萨各县、日喀则部分县、山南部分县和昌都部分地区（郭际雄，1987）。

16. 北京苜蓿种植情况

北京市从 20 世纪 50 年代以后种植紫花苜蓿等饲草，主要在土层深厚的弃耕地上种植紫花苜蓿或紫花苜蓿与禾本科牧草混播。

二、现代苜蓿产业化发展期（1984 年至今）

1. 苜蓿产业萌芽期（1984—1995 年）

20 世纪 80 年代钱学森提出草产业的概念与理论，为我国草业产业化发展奠定了理论基础。以苜蓿为突破口带动我国饲草产业化发展的经验和模式日趋成熟。这一时期，以苜蓿研发、产品经营为主的草业公司或中心也开始出现，如以进行苜蓿技术研发、技术引进、技术推广和资源开发为宗旨的北京绿洲草业科技开发中心（现改名为北京绿洲科技发展有限公司）在 1993 年率先成立，之后又有一批涉草公司先后成立，对推动我国苜蓿产业化发展、引进国外先进技术及产品在市场上流通和推广应用发挥了重要作用。

2. 苜蓿产业成长期（1996—2004 年）

为了推动苜蓿产业发展及解决技术层面的问题，在“九五”国家科技攻关项目中开展了“苜蓿草生产及产品加工产业化技术研究与开发”，使我国苜蓿产业化发展有了技术支撑，西部大开发为其提供了政策保障。其间以苜蓿生产加工为主的企业开始出现，如原北京军区华金公司和成都大业国际投资股份有限公司分别于 1997 年和 1999 年，先后在山西省永济地区和甘肃省酒泉地区采用公司 + 基地 + 农户的模式，开始了我国现代苜蓿产业化生产，推行规模化种植、标准化管理、机械化作业，实现了苜蓿种植，收获和加工的机械化，形成了草捆、草块、草颗粒及种子等优势产品，并开始在市场上流通。在我国以种业、种植业、加工业及机械业为主的苜蓿产业雏形基本形成，苜蓿种植面积也由 2001 年的 203.4 万 hm^2 发展到 2004 年的 315.8 万 hm^2。

3. 苜蓿产业调整期（2005—2009 年）

由于 2004 年国家实施了农作物良种补贴政策，2005 年全国种植业结构进行了调整，受政策和比较效益低的影响，苜蓿种植面积急剧下降，由 2004 年的 315.8 万 hm^2 下降到 259.5 万 hm^2，苜蓿发展步入低谷，出现了危机。在之后的几年内，苜蓿种植面积大约稳定在 280 万 hm^2 左右，市场处于低迷状态，我国苜蓿产业发展进入调整阶段。

4. 苜蓿产业增长期（2010 年至今）

受 2008 年“三聚氰胺婴儿奶粉”事件的影响，从 2009 年开始奶业对苜蓿需求呈增加趋势，特别是 2010 年我国苜蓿进口量由 2009 年的 7.66 万 t 增加到 22.72 万 t，在市场的拉动下，2011 年全国苜蓿种植面积由 2010 年的 274.9 万 hm^2 增加到 377.5 万 hm^2，规模化种植、苜蓿节水灌溉和机械化水平显著提高，以及商品草优质率明显提升。苜蓿产业开始走出困境，摆脱危机，从调整期步入增长期。受市场拉动和政策扶持的影响，我国苜蓿产业在今后一段时期内将呈增长态势。

紫花苜蓿基地

苜蓿喷灌圈

辽宁省凌海县苜蓿基地（2013 年摄）

榆林地区苜蓿基地丰收现场

苜蓿干草生产现场

苜蓿干草生产现场

三、苜蓿种植面积扩大

进入 21 世纪，中国的苜蓿也进入快速发展期。苜蓿种植面积由 2001 年 203.38 万 hm^2 发展到 2018 年的 470 万 hm^2。紫花苜蓿主要用于环境植被恢复、商业干草 / 饲料市场供应和家庭农场的自我消费 3 个方面。中国的苜蓿种植历史悠久，可追溯到 2 300 年前的汉代。自 2008 年以来，我国苜蓿商品生产取得了巨大的发展，产量从 2008 年的 15 万 t 增加到 2017 年的 140 万 t。苜蓿干草和青贮是主要的商品形式，来自多个产地，并得到国家政策的支持。目前，中国 750 万头奶牛平均每年消耗 300 万 t 苜蓿。到 2020 年，紫花苜蓿消费量将达到 400 万 t，到 2030 年将达到 600 万 t。我国现行的苜蓿产业政策将鼓励农民和企业不断增加我国苜蓿产品的种植面积和产量。

2001—2010 年各省区紫花苜蓿保留种植面积　　单位：万 hm^2

省区	2001 年	2002 年	2003 年	2004 年	2005 年	2006 年	2007 年	2009 年	2010 年	2011 年
甘肃	44.989	46.737	54.761	50.025	51.359	51.893	52.893	58.569	61.000	68.367
内蒙古	41.074	43.282	47.584	53.467	43.495	49.471	50.352	52.806	55.387	51.273
宁夏	10.632	15.781	22.278	27.874	31.602	37.219	42.088	38.399	39.620	39.020
新疆	44.556	47.891	52.893	60.230	16.135	22.718	23.098	18.069	26.287	47.287
陕西	11.339	29.481	45.556	47.024	36.625	40.687	36.685	36.685	15.667	49.473
山西	16.462	16.608	16.608	17.289	17.289	17.489	15.108	16.875	13.540	16.960

续表

省区	2001年	2002年	2003年	2004年	2005年	2006年	2007年	2009年	2010年	2011年
河南	7.370	7.737	9.398	10.158	10.005	10.105	10.465	10.258	11.507	16.080
河北	8.671	8.671	13.340	13.340	13.340	13.340	16.668	10.472	9.427	32.480
辽宁	2.908	6.437	10.238	10.138	10.759	11.939	12.193	10.692	9.240	9.573
四川	0.560	0.587	1.347	2.568	2.821	3.102	3.548	4.756	5.393	5.927
吉林	1.307	1.774	2.581	3.262	5.016	5.503	5.549	4.396	4.367	3.953
青海	—	—	—	—	—	—	—	3.115	3.787	3.160
浙江	—	0.001	0.033	0.033	0.033	0.033	0.033	0.033	3.780	3.780
山东	6.203	5.469	7.250	12.973	11.286	7.070	4.556	4.429	3.700	7.147
黑龙江	1.734	3.402	4.936	4.269	4.936	5.903	6.417	2.668	2.913	3.333
西藏	4.002	4.002	0.200	0.100	0.007	0.340	—	3.362	2.773	8.853
云南	—	—	—	—	—	—	—	1.701	1.833	3.287
湖北	0.447	1.267	1.914	1.021	1.267	1.007	1.147	1.201	1.480	2.900
贵州	—	0.267	0.334	0.800	1.467	0.647	3.002	0.654	1.000	1.333
重庆	0.227	0.554	0.620	0.707	0.760	0.574	0.587	0.400	0.767	1.027
北京	—	—	—	—	—	—	—	0.407	0.407	0.407
湖南	—	—	—	—	—	—	—	—	0.373	0.813
江苏	0.434	0.434	—	0.020	0.747	1.214	—	0.527	0.273	0.380
安徽	0.067	1.274	—	0.167	0.233	—	0.067	0.307	0.240	0.513
天津	0.400	0.454	0.360	0.327	0.293	0.087	0.073	0.213	0.073	0.073
江西	0.001	0.002	0.013	0.013	0.013	0.020	0.013	0.013	0.013	0.013
广西	—	—	—	—	—	—	—	0.033	0.007	0.080
合计	203.383	242.111	292.246	315.804	259.490	280.360	284.542	281.040	274.853	377.493

资料来源：草原基础数据册（全国畜牧总站，2009）；中国草业统计－2009（全国畜牧总站，2010）；中国草业统计－2010（全国畜牧总站，2011）。

2012—2020年全国及主要苜蓿省区的苜蓿面积变化 单位：万亩

年份	全国	甘肃	内蒙古	宁夏	陕西	新疆
2012	4 543.2	—	—	—	—	—
2013	4 764.8	—	—	—	—	—
2014	4 958.7	1 200.30	1 037.40	601.30	1 096.30	1 629.40
2015	4 992.0	1 230.40	1 029.60	602.90	1 067.60	1 659.60

续表

2016	4 908.5	1 245.40	773.60	606.80	984.50	1 402.80
2017	4 805.8	1 231.90	814.60	525.20	1 004.80	1 396.50
2018	4 616.5	1 294.30	719.10	490.80	859.00	546.00
2019	3 477.7	1 209.10	539.10	475.70	460.30	367.90
2020	3 310.0	1 207.07	495.39	479.43	472.17	292.61

资料来源：中国草业统计（2012—2020）。

四、各区域苜蓿产业发展特点

1. 苜蓿优势产区的形成

宁夏由 2001 年的 10.632 万 hm^2 增加到 2010 年的 39.620 万 hm^2；新疆的苜蓿种植面积在 2001 年到 2010 年间经历了低—高—低的过程，先期由 2001 的 44.556 万 hm^2 发展到 2004 年的 60.230 万 hm^2，之后开始下降，到 2010 年新疆的苜蓿保留种植面积仅为 26.287 万 hm^2；甘肃省和内蒙古苜蓿发展比较稳定，甘肃每年保留面积都在 50 万 ~ 60 万 hm^2；内蒙古每年苜蓿保留面积在 50 万 ~ 55 万 hm^2。

从 2010 年全国种植苜蓿保留面积看，甘肃、内蒙古、宁夏、新疆和陕西种植苜蓿保留面积（合计 197.96 万 hm^2）居前 5 位，占全国总面积的 68%。与 20 世纪 80 年代我国苜蓿种植分布比，到 21 世纪初全国苜蓿种植格局没变，仍以北方为主，苜蓿种植面积居前 9 位的均为北方省区（甘肃、内蒙古、宁夏、新疆、陕西、山西、河南、河北、辽宁），约占全国苜蓿种植面积的 87.9%。（孙启忠，2014）

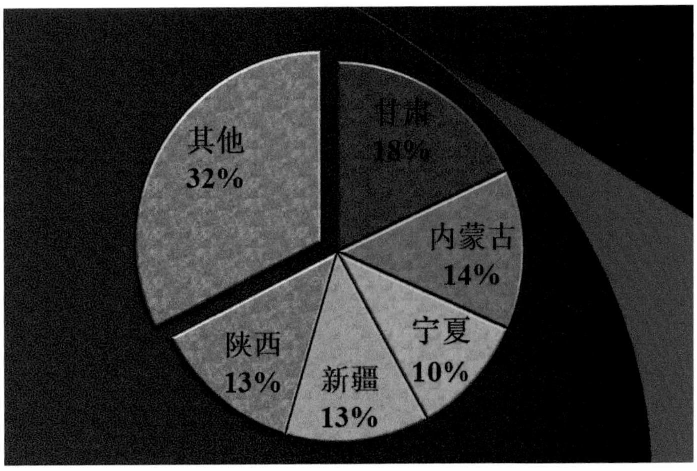

2021 年各省苜蓿种植面积占全国总面积比例

2012—2020 年，全国苜蓿面积在 3 310.0 万 ~ 4 992.0 万亩，2 015 年面积最大，达 4 992.0 万亩，2 020 面积最小，为 3 310.0 万亩；2014—2020 年，甘肃省苜蓿面积保持平稳发展，在 1 200.3 万 ~ 1 294.3 万亩，内蒙古、宁夏、陕西、新疆苜蓿发展不稳定，面积变化幅度较大。

到 2020 年，5 省区的苜蓿面积总计达 2 946.6 万亩，占全国总面积的 89.02%，其中甘肃占

36.47%、内蒙古占14.97%、宁夏占14.48%、陕西占14.26%、新疆占8.84%。

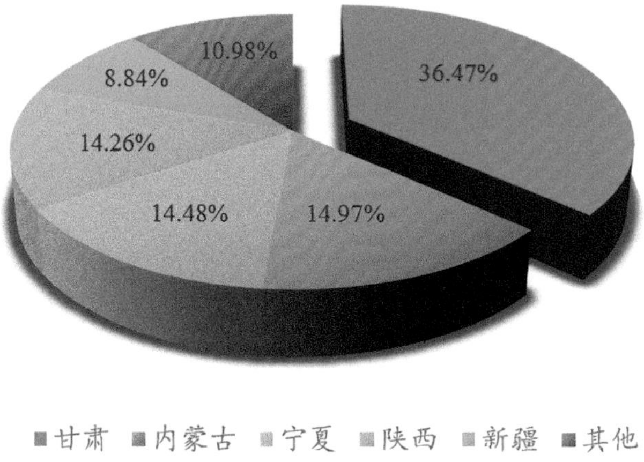

2020年主要苜蓿产区占全国的比例

2. 苜蓿种植呈集聚化发展

我国苜蓿产业经过近十多年的高速发展，产业生产呈区域化、片区化和集聚化发展。目前已形成11大苜蓿产业集聚区，以内蒙古阿鲁科尔沁旗为核心的科尔沁沙地苜蓿产业片区面积最大，机械化、智能化、产业化程度最高。

我国苜蓿产业集聚片区

主产区	水资源利用形式
以林海－法库为核心的辽河流域苜蓿产业片区	雨养
以沧州－东营为核心的黄淮海苜蓿产业片区	雨养
以阿鲁科尔沁旗为核心的科尔沁沙地苜蓿产业片区	喷灌
以土默特左旗为核心的土默川苜蓿产业片区	喷灌
以达拉特旗为核心的库布齐沙漠－毛乌素沙地苜蓿产业片区	喷灌
以榆阳区为核心的陕北苜蓿产业片区	喷灌
以贺兰山灌区为核心的宁夏苜蓿产业片区	黄灌
以庆阳－平凉－定西－固原为核心的黄土高原苜蓿产业片区	雨养
以酒泉－张掖为核心的河西走廊苜蓿产业片区	渠灌－井灌
以昌吉－石河子为核心的北疆苜蓿产业片区	地埋滴灌
以库尔勒－阿克苏为核心的南疆苜蓿产业片区	地埋滴灌

截至2015年，中国苜蓿种植面积为471万hm^2（中国草业统计，2016年），包括耕地改善退化牧场。这些退化牧场占总面积的30%，通过航空播种和人工种植优质草可提高其生产力（Li等，2015）。自2009年以来，我国出台了一系列鼓励苜蓿产业发展的政策，极大地激励了农民激情。从2001年到2015年，尽管苜蓿的面积普遍增加，但因苜蓿商品率低，远不能满足畜牧业需要，特别是奶业的

需要。与其他作物相比，因为其蒸发速率更大，苜蓿经常被认为用水过度。许多研究表明，苜蓿的需水量主要受气候区域、收获时间、灌溉条件和其他因素的影响。中国苜蓿的年需水量在地理上有所不同。特别华北地，东北地区苜蓿的年需水量为 500 ~ 700 mm，北部地区为 600 ~ 750 mm，黄土高原和河套灌区 700 ~ 900 mm，西北部 600 ~ 1 300 mm（孙启忠等，2005）。70% 以上的苜蓿区分布在干旱和半干旱地区，如甘肃、内蒙古、宁夏等地。这些地区的降水量约为 200 ~ 400 mm，受到水资源短缺的极大限制，平均产量为 6 068 kg / hm^2（中国草业统计，2016 年）。中国苜蓿灌溉面积达 69.5 万 hm^2，包括 16.3 万 hm^2 的地下水灌溉区（中国草业统计，2016 年）。

3. 苜蓿产能显著增强

从表中可以看出，我国苜蓿产能和美国还有一定差距，但总体上我国苜蓿生产水平在逐渐提高。

中国与美国苜蓿生产能力比较

年份	中国		美国		中国占美国的比例	
	种植面积（万 hm^2）	总产量（万 t）	种植面积（万 hm^2）	总产量（万 t）	种植面积（%）	总产量（%）
2016	437.47	379.84	1 246.60	4 892.70	35.09	7.76
2017	415.00	359.00	1 206.50	4 481.60	34.40	8.01
2018	307.73	334.00	1 151.50	4 193.50	26.72	7.96
2019	231.87	384.00	1 173.00	4 234.30	19.77	9.07

资料来源：中国草业统计（2016 年、2017 年、2018 年、2019 年）。

4. 苜蓿产业风险控制理论形成

2013 年，孙启忠、陶雅、徐丽君在多年研究的基础上，提出了苜蓿产业风险控制理论。针对苜蓿产业中存在的风险，从气候、土壤、生物、技术、管理和市场 6 个方面考量，对 40 种苜蓿产业潜在风险的特征特性及可能的危害进行了描述。

苜蓿产业中存在的风险种类及可能的危害

风险种类		风险特性	可能的危害
气候风险	干旱	长期无雨或少雨，气温高，湿度小，可分为大气干旱和土壤干旱	引发水分胁迫，使土壤水分不能满足苜蓿生长的需要，严重时影响种子萌发和幼苗生长，甚至产量减少，或导致新建苜蓿草地失败
	降雨	降雨少造成干旱；降雨过多造成水涝，有大雨、暴雨，冰雹	少雨或大雨对沟垄作播种的苜蓿发芽、苗期会造成影响，积水对生长发育产生不利影响；降雨过多影响苜蓿收获和干草调制
	降雪	少雪或无雪	影响寒旱区或高寒区苜蓿安全越冬
气候风险	气温	极端最低温度、冬末春初温度骤升骤降，倒春寒	影响苜蓿安全越冬，早春低温易引发苜蓿冻害或延缓返青
	湿度	湿度大	调制干草困难，易使苜蓿发霉腐烂

续表

风险种类		风险特性	可能的危害
气候风险	风沙	风和沙尘协同作用	掩埋或刮走苜蓿幼苗、刮走表土使根颈外露，易被冻死或干死
	暴雨	持续降雨或台风引发的暴雨	影响干草调制，或引发苜蓿地积水
土壤风险	平整度	坡度大于 12° 或地面高低不平	影响机械作业特别是小范围地面的高低不平
	地块规模	地块较小 50 亩	影响机械作业效率
	土壤 pH	pH 太低（≤ 6.0）或太高（≥ 8.5）	种子萌发或幼苗生长受到抑制，pH 太低或太高均可导致苜蓿草地建植失败
	钙积层	土壤 50 ~ 60 cm 处存在钙积层	影响根系生长和水分吸收，严重时造成减产或死亡
	重黏土	易板结、透水通气性差，易产生积水	出苗困难、保苗难，在萌发 - 出苗期若遇下雨后地表产生结皮影响出苗，造成缺苗断垄
	风沙土	结构松散、漏水漏肥，易发生养分亏缺	易产生风沙害，夏季高温可灼伤苜蓿幼苗，长期营养胁迫影响苜蓿生长和产量
	盐碱土	土壤表层水溶性盐类含量超过 0.35%	引发生理胁迫，影响种子萌发和幼苗生长，重度盐碱地可导致苜蓿草地建植失败
	熟化度低	土层薄、有机质含量低，肥力贫瘠	根系生长受阻，营养胁迫严重
	耕作层浅	土层 30 cm 以下坚硬，透水性差	影响根系入土深度，有时会造成浅层土壤含水量过高影响生长
	有毒物质	如：Pb、Cd、Cr、Ni、As、Hg、F 等	引发离子毒害作用，危害苜蓿生长，影响苜蓿草质量安全
生物风险	自毒性	苜蓿生长过程中产生自毒性物质	影响苜蓿连作，降低产量，加快草地早衰
	杂草	生长繁茂、生命力强	与苜蓿争肥争水争光争空间，抑制苜蓿生长，降低产量和品质，严重时可导致苜蓿草地建植失败
	虫害	地下害虫(如蛴螬)、地上害虫（如蓟马）	为害根、茎、叶，使植株发育不良或幼苗死亡，也取食种子造成缺苗断垄，降低产量
	病害	真菌、细菌和病毒等	降低产量和品质，有些病害（如根腐病、炭疽病）可致苜蓿死亡
生物风险	鼠害	鼠类采食	啃食根和根颈，造成苜蓿缺苗减产，有时对储藏的草产品产生危害
技术风险	品种	适应性（如抗旱耐寒）、丰产性、优质性	不能适应种植区气候尤其是严寒或寒旱，影响越冬、再生性、产量和品质
技术风险	播种	播种时间、播种深度和镇压	春季播种太早，幼苗易遭低温冻害，秋季播种太晚影响安全越冬；播种过深（超过 2.0 cm）过浅（露在表面）都影响发芽或幼苗生长；镇压不实或不及时也会影响苜蓿出苗率

续表

风险种类		风险特性	可能的危害
技术风险	刈割	刈割时间、留茬高度	刈割过早影响产量，刈割过晚影响质量；秋季最后一次刈割过晚（再生草的生长时间不足 30 d）或留茬过低（不足 8.0 cm）都会影响苜蓿安全越冬或翌年产量
	翻晒	翻晒时间（含水量）	苜蓿含水量太低，易引起叶片脱落；含水量太高没有起到晾晒作用
	打捆	打捆时间（含水量）	苜蓿含水量太高（超过 22%），易造成发霉腐烂，含水量太低（不足 15%）引起叶片大量脱落
管理风险	种子质量	千粒重、发芽率、饱满度、纯净度、病菌	种子成熟度、饱满度差，千粒重低、发芽率低造成缺苗，杂质太多使播种量增加并增加杂草生长，带病菌种子增加了苜蓿的发病率
	区域布局	干旱高寒区（无灌溉）、湿润区低洼地（无灌溉）	不能满足苜蓿生长所需条件，特别是寒冷干旱或积水影响苜蓿生长和产量及持续利用，甚至安全越冬
	井水灌溉	在水资源短缺的干旱、半干旱区采用地下水	地下水资源减少，甚至枯竭，水质 pH 太高或太低（≥ 8，或≤ 6）或电导度大于 3.0 对苜蓿生长产生不利影响
	病虫草害防治	农药残留	污染环境，牧草质量安全存在隐患
	机械碾压	机械作业（如割草、搂草、打捆、喷农药、地表施肥和运输等）	受碾压的苜蓿新枝条形成和再生生长受限，发病率增加，产量和品质降低，可使草地早衰
	火灾	突发性灾害	威胁苜蓿的储藏、运输等
	土地成本	土地流转费升高	增加生产成本
	水资源	水资源紧缺	影响灌溉或增加生产成本
	生产资料	生产资料涨价	增加生产成本
市场风险	产品价格	价格波动	价格较低，生产者的利益损害，影响苜蓿生产者的积极性
	产品供应	产品过剩	供大于求，产品滞销，储藏成本增加
	产品供应	以次充好	扰乱市场，影响用户使用苜蓿的信心
	运销	成本太高、流通不畅	影响销售半径、运销规模，甚至苜蓿种植和使用的积极性

资料来源：孙启忠等，2013。

第二节　苜蓿节水灌溉

一、苜蓿需水量

确定一个地区苜蓿生长的需水量是十分困难的，但尽管这样我们也要科学规划苜蓿对水资源的合理利用。

苜蓿需水量与产草量

水文年	土壤水分	需水量（m^3/hm^2）	产草量（kg/hm^2）	K值（m^3/kg）
湿润年	高	4 335	9 277.5	0.46
	中	3 795	6 337.5	0.60
	低	2 520	3 622.5	0.62
中等年	高	5 310	10 755.5	0.48
	中	3 427	7 515.0	0.52
	低	3 270	4 965.0	0.64
干旱年	高	6 420	12 127.5	0.52
	中	4 215	7 552.5	0.54
	低	2 175	4 230.0	0.50

资料来源：水利部牧区水利科学研究所，1995。

二、节水灌溉的多样化

我国常用的苜蓿节水灌溉方法包括渠道防渗、喷灌和滴灌。目前我国在苜蓿生产中，主要以指针式喷灌为主，新疆多采用地埋滴灌。

渠道防渗灌溉

渠道防渗灌溉

大型中轴式喷灌

地埋式滴灌

第三节　苜蓿机械化发展

1959 年 4 月 29 日，毛主席就提出“农业的根本出路在于机械化”的著名论断。苜蓿产业发展更是如此，没有机械化就没有苜蓿产业化。进入 21 世纪，随着苜蓿产业的快速发展，苜蓿生产机械化也得到快速发展，特别是 2010 年后，我国苜蓿产业基本实现了全产业链机械化作业，主要包括播种系统、田间管理系统、收获系统和加工系统的机械化。机械设备种类齐全，先进程度令人感叹！

一、播种系统

1. 整地设备

包括翻地松土、耙地、耱地等机具。

四铧犁

深松犁

翻转犁

旋耕犁

旋耕犁 + 镇压器

深松犁

深松犁 + 旋耕犁

缺口耙

缺口耙 + 圆盘耙 + 动力耙

平地设备

平地 + 镇压

智能平地设备

2. 播种设备

常用的播种设备主要有播种机和镇压器。

国产播种机

国产播种机

单箱播种机

带种肥播种机（两箱播种机）　苜蓿播种时多采用带肥播种，所以在选择播种机时要选择双箱播种机，即具有种子箱和肥料箱的播种。

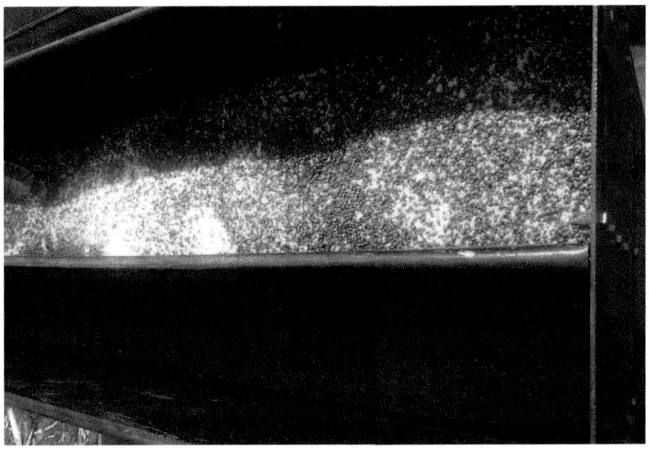

两箱播种机

播种方式 我国常见的苜蓿播种方式主要有条播、撒播和穴播，根据需要选择不同的播种机。目前我国苜蓿播种多以条播为主。

● **平播与沟播** 在条播中根据播种机播种器的不同，又分平播和沟播，当地气候条件和土壤情况可选择不同的播种机。

平播

沟播

条播机作业时，由行走轮带动排种轮旋转，种子自种子箱内的种子杯按要求的播种量排入输种管，并经开沟器落入开好的沟槽内，然后由覆土镇压装置将种子覆盖压实。

条播机

● 穴播机　按一定行距和穴距，将种子成穴播种的种植机械。每穴可播 1 粒或多粒种子，分别称单粒精播和多粒穴播。

苜蓿覆膜穴播机

真空气吸式播种机（进口播种机）

进口苜蓿播种机

镇压器

二、田间管理系统

苜蓿田间管理系统包括施肥、灌溉和病虫害防治等作业设备。

1. 施肥设备

肥料抛施机

苜蓿固态肥料撒施机

2. 节水灌溉设备

目前我国苜蓿喷灌中最常见的喷灌设备为中心轴喷灌机，也称时针式喷灌机。

小型灌溉系统中央控制站

大型灌溉系统中央控制站

中心轴喷灌机

地表滴灌

机械铺设滴灌带

滴灌带连接

苜蓿滴灌系统：水肥一体化系统——支管、水肥智能机、水肥过滤机

3. 病虫害防治设备（喷药机）

喷药机

无人机喷药

三、收获系统

收获系统包括割草机、摊晒机、打捆机和裹包机。

1. 割草机

刈割压扁机

散草（摊晒）机

摊晒搂草机械

多转子水平旋转摊搂草机

进口搂草机

翻晒机

2. 打捆机

捡拾打捆机

方捆机

圆捆机

大型高密度草捆机

自走式苜蓿圆形打捆机

3. 草捆装载机

草捆装载机

草捆运输车

四、加工系统

包括干燥、青贮、粉碎等设备。

1. 脱水干燥设备

脱水干燥设备

2. 成型设备

高密度草捆机

青贮压块机

青贮块

高密度压块机

颗粒机

苜蓿颗粒

3. 青贮设备

青贮捡拾粉碎机

纽荷兰青贮饲料捡拾切碎机

科乐收（CLAAS）青贮饲料捡拾切碎机

德国科罗尼（KRONE）青贮饲料捡拾切碎机

固定式大型打捆包膜一体机

小型青贮打捆裹包一体机

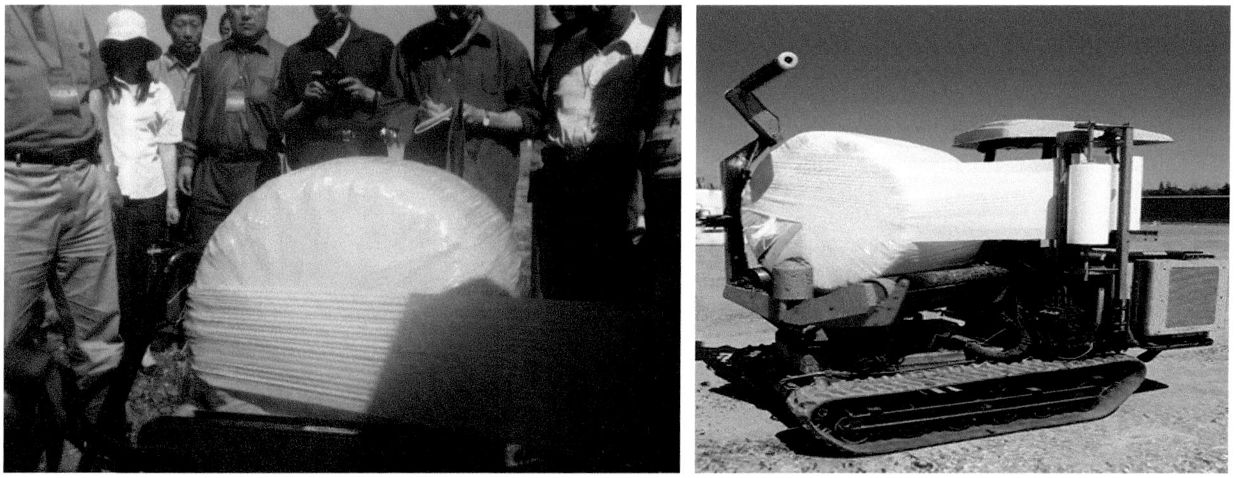

苜蓿草捆缠膜机

裹包机

青贮灌装机

袋式青贮灌装机

4. 青贮装载机

夹包装载机

青贮取料机

5. 青贮类型

（1）固定式青贮窖青贮

固定式青贮窖青贮

（2）拉伸膜裹包青贮

苜蓿青贮打捆裹包苜蓿包贮

（3）罐装青贮

罐装青贮

（4）青贮堆青贮

青贮堆青贮

延伸阅读

五、苜蓿青贮饲料调制

1. 哪些地方适合调制苜蓿青贮饲料？

实际上，所有苜蓿种植区均可调制苜蓿青贮饲料。在可调制苜蓿干草的区域选择调制苜蓿青贮饲料时，最好苜蓿青贮总量不超过本区域养殖企业（户）的消纳能力，因为苜蓿青贮饲料中含有大量水分，不适于长途运输，同时长距离运输销售会极大增加饲料运输成本，给生产经营带来很大的市场风险，故应根据本地养殖业需求选择是否调制苜蓿青贮饲料、调制多少青贮饲料。而在不能调制苜蓿干草或调制苜蓿干草非常困难的区域，只能选择调制苜蓿青贮饲料。

2. 调制苜蓿青贮饲料前应做好哪些准备工作？

青贮制作实施方案制定及人员配备分工：在青贮调制前 10 d，根据选择的青贮工艺，科学制定包括从原料收获、处理、运输、加工等各个环节的青贮制作实施方案，并根据青贮环节进行人员分工，明确具体负责人。

青贮设施设备准备及维护、清理与消毒：在青贮作业前 10 d 将青贮各个环节需要的机械设备及设施配齐，并对机械设备进行试运行，确保没有机械故障。在苜蓿青贮前 7 d，对青贮设施设备进行维护检修，然后利用高压水枪将青贮容器、青贮设备进行清洗（图 1），并使用 5% 的碘附溶液或 2% 的漂白粉消毒液进行消毒。

调制青贮所需材料的准备：根据预计调制苜蓿青贮饲料量及青贮工艺方式，提前选购充足且质量可靠的青贮添加剂、黑白膜、裹包青贮专用膜、青贮内网（膜）、青贮专用袋、青贮窖镇压物等耗材。

图 1　青贮窖贮前清洗消毒

3. 苜蓿青贮时对天气条件的要求是什么？

苜蓿青贮原料刈割收获、晾晒萎蔫、捡拾切碎、青贮制作等过程均需要无降雨的天气，晴天最好。一旦苜蓿青贮原料遭受雨淋，均会一定程度影响苜蓿青贮发酵质量与青贮饲料品质，严重的会造成巨大损失。

一般来讲，苜蓿青贮原料的刈割收获、晾晒萎蔫、捡拾切碎、青贮制作等苜蓿青贮调制全过程至少需要连续 7 d 无降雨。青贮调制全过程均要时刻关注天气预报，根据天气预报，降雨前 3 d 要停止苜蓿青贮原料刈割作业。在青贮调制过程中，如遇突然降雨，一是要及时利用塑料布等防雨材料对青贮原料及青贮容器（窖、堆、壕等）进行防雨遮盖；二是对已经遭受雨淋的苜蓿青贮原料进行及时处理，雨淋严重的要弃用，雨淋不严重的重新晾晒后青贮或晒制干草。

4. 为苜蓿青贮而收割时对刈割时期有什么特殊要求？

调制苜蓿青贮时，苜蓿原料刈割期的确定，一是要考虑原料质量，二是考虑单位面积收获的干物质产量。基于这两点考虑，生产上调制苜蓿青贮时苜蓿原料刈割期一般选择在现蕾期至初花期（图 2）。

当苜蓿 80% 以上的枝条出现花蕾时，这个时期称为现蕾期；当苜蓿第一朵花出现至 10% 植株开花时，这个时期称为初花期。现蕾期至初花期刈割植株蛋白含量与单位面积干物质产量均较高，而粗纤维和木质素相对较低，这个阶段收割为苜蓿青贮原料最佳刈割时期。

A B

图 2　苜蓿的现蕾期（A）和初花期（B）

5. 堆式和窖（壕）式苜蓿青贮饲料调制工艺流程主要有哪些环节？

堆式苜蓿青贮的工艺流程与窖（壕）苜蓿青贮的工艺流程基本一致（图 3）。

堆址选择与处理：堆址要求避开主风向且场地最好进行硬化，水泥地坪要求高出地面 15 ~ 20 cm，混凝土厚度不低于 30 cm，地面坡度 2° ~ 3° ，以便排水。如果没有硬化条件可在堆贮地底部铺上厚度 0.12 mm 以上的塑料膜。提前要对堆贮场地进行清理与消毒。

青贮耗材及配套机械准备：提前将堆式青贮需要的青贮耗材、配套机械备齐，并对机械进行试运行与检修。

原料收获与处理：与窖（壕）贮苜蓿青贮原料收获与处理的要求基本一致，只是原料含水量要求更高一些，原料含水量一般要控制在 55% ~ 60%。

原料装填、压实、青贮添加剂添加、密封、镇压：与窖（壕）苜蓿青贮的要求基本一致，只是原料压实密度更大一些，一般要求要达到 600 kg/m^3 以上。堆贮完成后的形状类似堤坝形状或椭圆形，只是棱角全部压实圆滑。

图 3　苜蓿堆贮过程

6. 罐装式苜蓿青贮饲料调制工艺流程主要有哪些环节？

罐装式苜蓿青贮饲料调制工艺流程主要包青贮耗材及配套机械准备、青贮原料收获与处理、原料入仓、原料灌装、挤压压实、青贮添加剂添加、密封等（图 4）。

青贮耗材及配套机械准备：提前将罐装式苜蓿青贮需要的青贮耗材、配套机械备齐，并对机械进行试运行与检修。

青贮原料收获与处理：与窖（壕）贮苜蓿青贮原料收获与处理的要求基本一致，只是原料切碎长度可适当放宽到 2 ~ 7 cm，最长不超过 7 cm。

青贮添加剂添加：苜蓿青贮原料装填压实过程中可添加青贮剂以促进其发酵，也可根据实际情况在原料捡拾切碎过程中添加。青贮罐装机青贮剂喷洒系统应能够做到自动控制，在灌装装置内有原料时喷洒，无料时自动停止，其流速要与灌装速度相匹配。

原料入仓、原料灌装、挤压压实、密封：利用铲车将苜蓿青贮原料装入袋装青贮设备原料仓（图 5），然后自动向青贮袋进行原料装填、挤压压实（图 6），挤压压实密度要大于 550 kg/m^3，苜蓿青贮原料体积压缩率要达到 40% 左右。苜蓿青贮原料装填长度达到要求或中间停止作业时，立即进行封袋处理。

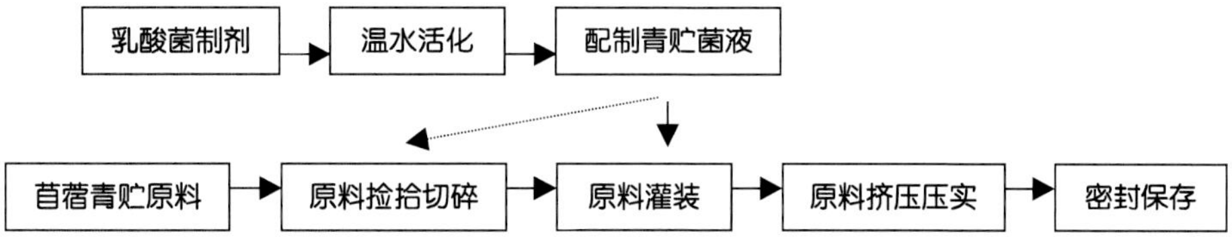

图 4　罐装式苜蓿青贮饲料调制工艺流程

图 5　苜蓿青贮原料入仓

图 6　苜蓿青贮原料灌装与挤压压实

7. 裹包式苜蓿青贮饲料调制工艺流程主要有哪些环节？

以固定地点苜蓿裹包青贮为例。裹包式苜蓿青贮饲料调制工艺流程主要包青贮耗材及配套机械准备、青贮原料收获与处理、原料装填、压实、青贮添加剂添加、打捆成形、包膜密封、储藏等（图 7）。

青贮耗材及配套机械准备：提前将裹包式苜蓿青贮需要的青贮耗材、配套机械备齐，并进行试运行与检修。

青贮原料收获与处理：与罐装式苜蓿青贮原料收获与处理的要求一致。

原料装填、压实、青贮添加剂添加、打捆成型、包膜密封、储藏：利用铲车将苜蓿青贮原料装入裹包机入料口，进行压实打捆，苜蓿青贮原料压实打捆过程中可添加青贮剂以促进其发酵，也可根据实际情况在原料捡拾切碎过程中添加。打捆符合标准要求后，包裹一层内网（内膜）定型，然后青贮捆出仓进入包膜设备进行包膜作业，完成设定包膜层数后（一般 4 ~ 8 层），自动滚落包膜机。裹包完成后，利用青贮包专用叉车将青贮包整齐码放至青贮包存放点，进行储藏。

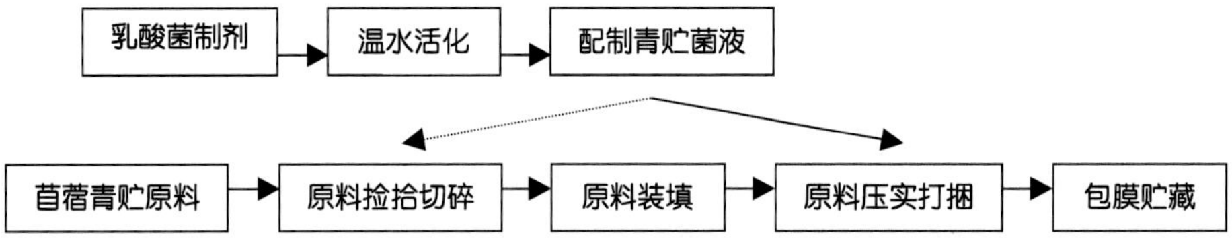

图 7　裹包式苜蓿青贮饲料调制工艺流程

8. 常用苜蓿青贮添加剂种类及其使用方法是什么？

常用苜蓿青贮添加剂分为发酵促进型添加剂和发酵抑制型添加剂，生产上发酵促进型添加剂主要有乳酸菌制剂、糖类物质、酶制剂等，发酵抑制型添加剂主要使用酸制剂。

液体形态青贮添加剂一般采用喷雾装置进行均匀喷洒。窖贮、堆贮、壕贮采用边进行原料装填边进行喷洒的工艺，青贮原料每装填 20 ~ 25 cm 厚喷洒一次青贮添加剂；拉伸膜裹包青贮、袋装青贮，可在原料捡拾切碎前均匀喷洒到草垄上，或在裹包机、灌装机上安装专用喷洒装置，边喷洒边入料。固体粉状添加剂可采用喷粉形式进行添加；糖类添加剂也可以先溶于水，制成液体添加剂（图 8）。

乳酸菌制剂：添加乳酸菌制剂可使青贮环境 pH 值迅速下降并尽快抑制有害微生物的生长，减少蛋白质的降解和青贮饲料中氨态氮的含量，降低乙酸和丁酸浓度。乳酸菌制剂活性乳酸菌含量≥ 100 亿个 /g 时，每吨苜蓿青贮原料（鲜重）乳酸菌制剂添加量一般为 20 ~ 25 g。活性乳酸菌含量越高，乳酸菌制剂添加量越少；活性乳酸菌含量越少，乳酸菌制剂添加量越大。乳酸菌制剂要存放于阴凉、通风、干燥处，避免与有毒有害物质混合存放。有条件的应放在冷藏（2 ~ 8 ℃）环境中，常温下贮藏产品在第二年也可使用，用量应加倍。但乳酸菌制剂为活菌制剂，其活菌数随着存放时间延长而降低，因此，购置乳酸菌添加剂一般遵循随用随购原则，购置量控制在当茬次苜蓿青贮调制需求量的 1.2 倍即可。

以制作 10 t 青贮为例（具体制作数量按照比例增加）。①准备 1 L 温水（不超过 40 ℃），加入 200 ~ 250 g 活性乳酸菌含量≥ 100 亿个 /g 的乳酸菌制剂，搅拌均匀，活化 1 h。②活化完成后，加入 20 L 清水搅拌至完全溶解制成青贮菌液，待用。

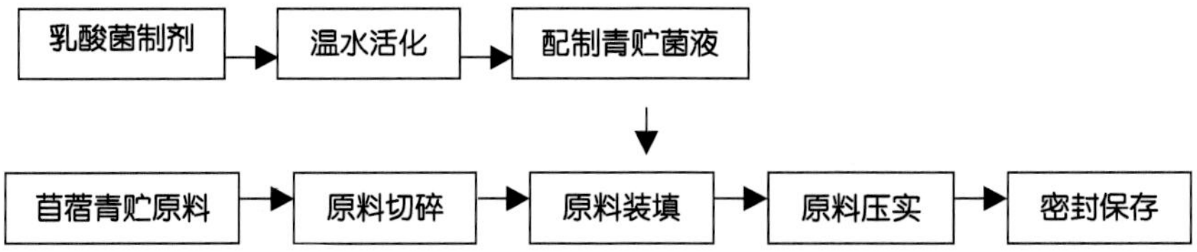

图 8　添加青贮乳酸菌制剂青贮（窖贮、堆贮、壕贮）的工艺流程

糖类物质：苜蓿青贮时加入糖类物质可弥补苜蓿本身含糖量太低，导致青贮效果不理想的问题。添加糖类物质可为乳酸菌提供足够的底物而促进乳酸菌的大量增殖，促进乳酸的无氧发酵。常见的糖类物质添加剂有蔗糖、葡萄糖、糖蜜、玉米粉、糠麸等。糖蜜添加量一般为苜蓿青贮原料重（鲜重）

的 3% ~ 5%；玉米粉、糠麸等添加量一般为苜蓿青贮原料重（鲜重）的 5% ~ 10%；蔗糖、葡萄糖添加量一般为苜蓿青贮原料重（鲜重）的 2% ~ 3%。糖类物质一定要与苜蓿青贮原料混合均匀，以免引起美拉德反应造成苜蓿青贮蛋白质过多损失。

酶制剂：苜蓿青贮饲料使用的酶制剂主要是纤维素酶。纤维素酶可使苜蓿粗纤维中的纤维素、半纤维素、木质素等大分子碳水化合物降解为乳酸菌繁殖可利用的小分子单糖或多糖，进而加速乳酸菌增殖，增强乳酸菌发酵活动，产生更多乳酸来降低青贮饲料 pH 值。每吨苜蓿青贮原料（鲜重）纤维素酶制剂添加量一般为 1 000 ~ 2 000 g，纤维素酶制剂与乳酸菌制剂同时添加使用，青贮效果更佳。

酸制剂：商品酸制剂多为复合有机酸制剂，其作用机理是：通过添加复合有机酸制剂直接降低青贮饲料的 pH 值，抑制部分或全部微生物活性，降低青贮饲料养分损失，以达到长期保存的目的。目前国内苜蓿青贮调制上使用复合有机酸制剂较为少见，其多被用于窖贮苜蓿局部有害微生物活性抑制（如：青贮窖边角、青贮窖暂停装填斜面或取料切面等部位），或高水分苜蓿青贮饲料调制。

9. 怎样进行青贮容器（窖、壕）的清理？

青贮过程中，即使原料再好、收割技术再好、青贮工艺再好，如果青贮容器（窖、壕）不干净和没有进行消毒，不仅会带进杂物，而且不可避免地会有大量有害菌如霉菌、梭菌、丁酸菌等进入青贮饲料中，导致丁酸发酵等不良微生物发酵问题，造成青贮发酵质量下降。

青贮制作前一个星期，严格清扫青贮容器（窖、壕），将青贮容器（窖、壕）内的杂物全部清理出去；然后用高压水枪对青贮容器（窖、壕）进行清洗（图 9），去除灰尘、泥土等异物；清洗完毕后，如遇晴天，可太阳曝晒 3 d，或采用消毒剂进行消毒处理，消毒液一般使用 5% 的碘附溶液或 2% 的漂白粉消毒液。

A　青贮窖底清理清洗

B　青贮窖壁及内膜清洗消毒

图 9　青贮窖消毒

10. 固定地点窖（壕）式苜蓿青贮时怎么装填原料？

小型窖（壕）要当天装填完成，大型窖（壕）要在 2 ~ 3 d 内装填完毕，至多不能超过 1 周。原料收割到入窖（壕）时间控制在 4 h 内，不超过 8 h。

先将第一车苜蓿青贮原料倾倒在距离青贮窖（壕）底部 2 倍窖（壕）高距离的位置（图 10），以后依次卸料，并用铲车或青贮专用机械，将苜蓿青贮原料摊开压实，使其两端形成与窖底呈 30° 夹角的斜面，然后在两侧斜面上分别铺一层厚度为 20 ~ 25 cm 苜蓿青贮原料，压实，再次铺一层，再压实，如此反复装填，直至青贮窖（壕）全部装填完成。

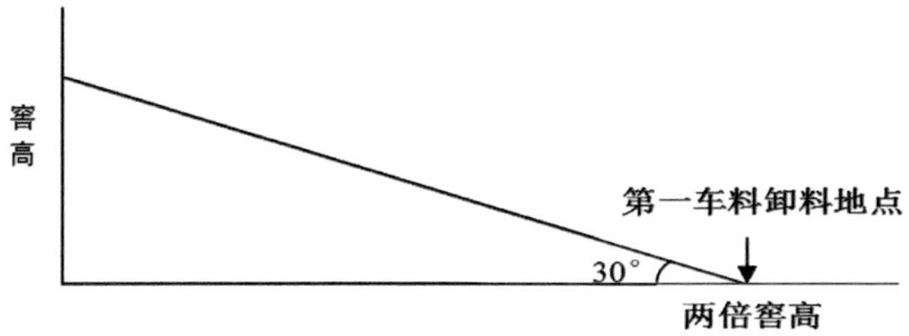

图 10　第一车原料卸料位置

压实选用专用压实机械或轮式拖拉机，采用 1/2 车辙移位压实法，并且压实车辆行驶速度小于 5 kg/h，压实密度要大于 550 kg/m^3。压实面要求光滑平齐，不留坑洼。需要压实设备数量 = 当日青贮原料到货量 /（设备自重 × 当日工作时间 ×1.75）。

原料向青贮窖（壕）内倾倒时，运输车应保持缓慢前进状态，以便使原料层的厚度均匀一致。苜蓿青贮原料装填时，与青贮窖（壕）壁接触的边角地带应略高于中间，呈"U"字形。当青贮原料高出青贮窖（壕）壁后，青贮窖（壕）原料要装填成弧形。青贮窖（壕）原料顶点与青贮窖（壕）壁的高度差 = 窖（壕）宽 × 窖（壕）高 ×0.02。

11. 固定地点窖（壕）式苜蓿青贮时如何密封压实？

固定地点窖（壕）式苜蓿青贮采用分段式封窖。装填、压实作业从中间向两侧推进，当青贮窖（壕）中间装填满足封窖要求时，先用 0.08 mm 的透明膜密封，然后外部覆盖 0.12 mm 的黑白青贮膜，并用沙袋、轮胎等重物镇压。

封窖、镇压作业随着苜蓿青贮原料装填同时进行，直至完成青贮制作。分段装填与密封的时间控制在 2 h 之内，小型窖（壕）要在当天完成原料的装填、压实、密封，大型窖（壕）要在 2 ~ 3 d 内完成原料的装填、压实、密封，至多不能超过 1 周。密封后再在薄膜上面用废旧轮胎、沙袋固定镇压。摆放时先中间后两侧。窖顶呈蘑菇状，以利于排水（图 11）。

A　分段式封窖工作

B　青贮窖镇压效果

图 11　青贮密封和镇压示意图

12. 固定地点苜蓿裹包青贮时如何打包裹膜？

利用铲车将切碎后的苜蓿青贮原料装入专用裹包机入料口，先进行压实打捆，打捆时苜蓿原料的压实密度至关重要，关系到苜蓿青贮是否成功，一般压实密度要大于 550 kg/m^3。成捆标准符合设定要求后，在料仓自动进行内网（内膜）包裹定型，然后苜蓿青贮捆自动出仓进入包膜设备，自动进行包膜作业。

打捆后的苜蓿草捆需用青贮专用拉伸膜进行裹包，青贮专用拉伸膜应具有拉伸强度高、抗穿刺强度高、韧性强、稳定性好及抗紫外线等特点，一般厚度为 0.025 mm，拉伸比范围 55% ~ 70%，裹包时包膜层数为 4 ~ 8 层，拉伸膜必须层层重叠 50% 以上。完成包膜后，青贮包自动滚落进入包膜机。

苜蓿青贮原料打捆过程中可添加青贮添加剂以促进其发酵，也可根据实际情况在原料捡拾切碎过程中添加。青贮裹包机青贮剂喷洒系统应能够做到自动控制，在打捆室有原料时喷洒，无料时自动停止，其流速要与打捆速度相匹配。

裹包好的苜蓿青贮饲料运送到贮藏地进行堆放，一般采用露天竖式两层堆放贮藏的方式，最多不超过 3 层。

13. 基于发酵原料苜蓿青贮时原料入窖（容器）至开启利用需要多少天?

苜蓿青贮密封后能否做到适时开启利用，关系到青贮饲料的发酵质量，过早开窖（包、袋）利用，发酵尚未完成，不仅青贮质量差，而且很可能有芽孢杆菌感染，奶牛采食后会引起产后恶性乳房炎，甚至导致奶牛急性死亡。一般来讲，苜蓿青贮原料入窖（容器）至开启利用的时间与青贮容器及青贮季节有关。

在苜蓿窖贮、堆贮、壕贮条件下，苜蓿青贮原料经青贮密封 40 ~ 60 d 即可开启取用；在苜蓿拉伸膜裹包青贮、袋贮（包括大型袋贮）条件下，苜蓿青贮原料裹包或装袋青贮密封 40 ~ 50 d 即可开启取用（图 12）。一般来讲，温度较高的季节青贮发酵速度较快，从苜蓿青贮原料入窖（容器）至开启利用的时间相对短一些；温度较低的季节青贮发酵速度较慢，从苜蓿青贮原料入窖（容器）至开启利用的时间相对长一些。苜蓿青贮时从发酵原料入窖（容器）密封至开启利用需要的时间具体见表 1。

图 12 苜蓿窖贮适时开窖取用

表 1 苜蓿青贮原料入窖（容器）密封至开启利用需要的时间 单位：d

青贮方式	夏季	春季	秋季
窖贮	40 ~ 50	50 ~ 60	50 ~ 60
壕贮	40 ~ 50	50 ~ 60	50 ~ 60
堆贮	40 ~ 50	50 ~ 60	50 ~ 60
拉伸膜裹包青贮	≥ 40	≥ 50	≥ 50
袋贮	≥ 40	≥ 50	≥ 50

14. 苜蓿水分如何测定？目前市场上有哪些水分测定仪产品？

苜蓿青贮原料水分含量是决定青贮饲料质量的关键因素之一。生产上一般将苜蓿青贮原料的含水量控制在 50% ~ 65%。原料含水量过低，青贮不易压实，存留大量空气，易导致有害微生物发酵而使青贮饲料霉烂变质；含水量过高，青贮发酵过程中梭菌及蛋白分解酶活性升高，致使青贮饲料腐烂变质、蛋白水解氨化，调制的青贮饲料发臭发黏。因此，青贮原料含水量对青贮制作成功有着重要意义。

判断水分含量的方法主要有鼓风式烘箱烘干法、微波炉法、水分测定仪法、经验估测法。但由于鼓风式烘箱烘干法需要时间较长、测定速度较慢，一般用于实验室水分检测，生产上一般采取微波炉法、水分测定仪法和经验估测法。

微波炉法：取整株苜蓿约 150 ~ 200 g，切碎称重，同时对微波炉专用盘进行称重（图 13A）。然后将切碎的苜蓿青贮原料放入微波炉专用盘中，设置高火力，在微波炉中微波 60 ~ 120 s 后，冷却至室温称重，并记录重量，然后再次放入微波炉微波 30 ~ 60 s，冷却至室温称重，并记录重量，如此反复，直至重量与上次重量相同。苜蓿原料含水量 = 质量损失量 / 苜蓿青贮原料质量 ×100%。

水分测定仪法：用手抓起一把苜蓿青贮原料，将水分测定仪（图 13B）探头包裹，攥紧，水分测定仪上显示的含水量数据即为苜蓿青贮原料含水量估测值。该方法存在弊端是攥紧力度对水分含量值有差异，为减少差异，一般要进行 5 次以上测定，最后取其平均值。

经验估测法：

a. 当苜蓿植株叶片发生卷缩，颜色由鲜绿色变成深绿色，叶柄易折断，茎秆下半部叶片开始脱落，同时茎秆颜色基本未变，表皮可用指甲刮下，茎秆能挤出水分，含水量一般在 45% ~ 65%。

b. 将切碎的苜蓿青贮原料紧握手中，然后手自然松开，若苜蓿青贮原料仍保持球状，手有湿印，则原料含水量在 68% ~ 75%；若苜蓿青贮原料形成的草球慢慢膨胀，手上无湿印，则原料含水量在 60% ~ 67%；若手松开后，苜蓿青贮原料形成的草球立即膨胀，手上无湿印，则原料含水量在 60% 以下。

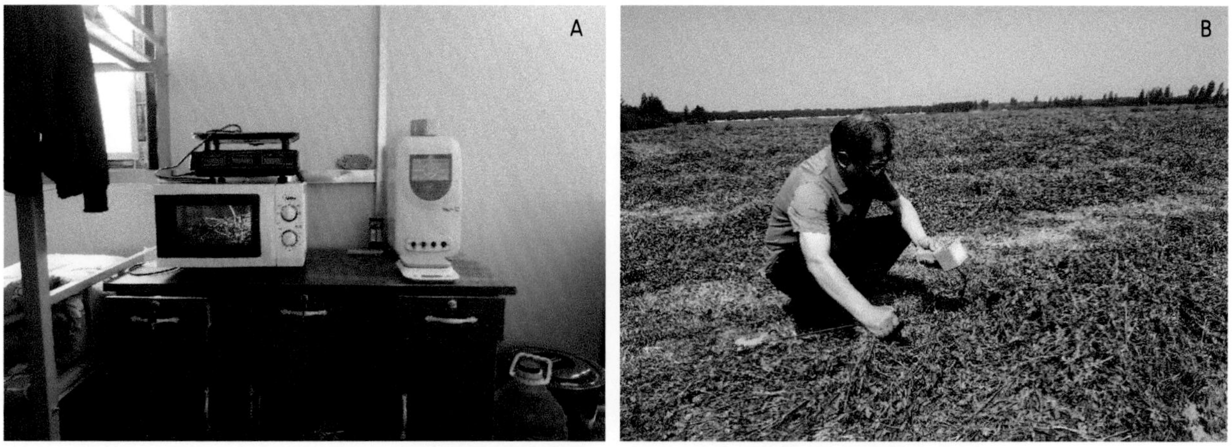

图 13　牧草水分测定（A）微波炉测定；（B）牧草水分测定仪测定

15. 苜蓿青贮饲料对原料水分的要求是什么？如何调控？

苜蓿青贮调制，苜蓿青贮原料适宜含水量为 50% ~ 65%，过高过低均不利于青贮发酵。所以，苜蓿青贮原料田间晾晒过程含水量调控非常重要。在合理调控原料水分含量基础上，为尽量减少田间晾晒时间，降低晾晒时间过长而造成的营养物质和干物质损失及外源性灰分含量增加，苜蓿青贮原料田间晾晒时含水量调控要综合采取如下主要措施：

一是原料收获要采用带有压扁功能的刈割压扁机进行收获，以加速苜蓿原料萎蔫失水速度；二是苜蓿刈割时要适当高留茬，一般留茬高度为 6 ~ 8 cm，以能够将苜蓿原料顶起来，加速苜蓿原料通风失水萎蔫为宜；三是刈割后的苜蓿原料晾晒草幅要宽，至少占割幅的 70% 左右，以使刈割后的苜蓿被割茬顶起，有助于加快水分散失；四是利用摊草设备及时进行翻晒，加速苜蓿原料失水萎蔫，苜蓿青贮原料一般田间晾晒 2 ~ 6 h 即可集垄，开始进行捡拾切碎；五是在苜蓿青贮原料晾晒过程中，最多每隔 1 h 要进行苜蓿青贮原料含水量测定，以决定最终晾晒时间与集垄、捡拾切碎等作业（图 14，图 15）。

图 14　高留茬宽幅晾晒

图 15　适时集垄

第四节　苜蓿草产品多样化发展

苜蓿草产品主要包括：干草捆、草颗粒、草块、草粉、青贮饲料、叶蛋白、芽菜、幼苗菜、苜蓿茶、提取物质。

一、干草捆

调制成含水量在 17% 以下的干草，贮存前用各种干草打捆机压制成的草捆。一般每捆 35 ~ 40 kg，目前草捆趋于大型化和高密度化，大方捆重量≥ 400kg。干草捆不仅便于搬运、贮藏和取喂，且能较好地保持干草的绿色和香味，养分的损失也能减少。草捆可分为低密度草捆和高密度草捆，为苜蓿的最基本产品形态。

小方捆

大方捆

苜蓿高密度草捆

二、草颗粒

将苜蓿草干燥后经制粒工艺而得的产品，该种形式利于储藏、运输。

苜蓿草颗粒

三、草块

把苜蓿等豆科牧草压成块状、砖状、柱状和饼状等各种形状的干草块，使用方便、容易运输，而且耐贮藏。

苜蓿草块

四、草粉

苜蓿草粉是由苜蓿草按一定的茎叶比例制成的草粉，是一种调整配合饲料适口性及理化性状的草粉类饲料原料。

苜蓿草粉

五、青贮饲料

可分为窖贮、堆贮、裹包青贮和袋装青贮。苜蓿保鲜饲料。苜蓿青贮过程主要是多种微生物发酵的过程，主要是乳酸菌发酵产生乳酸，降低青贮料的 pH 值，乳酸本身既是营养物质，又有抑制饲料中其他微生物（如腐败微生物）生长的作用，使饲料能够长期保存下来。

苜蓿收获与窖贮

苜蓿堆贮

苜蓿裹包青贮

袋装青贮

六、叶蛋白

苜蓿叶蛋白是将苜蓿茎叶粉碎、压榨、凝聚、析出，最后干燥而形成的一种蛋白质浓缩物，其中蛋白质含量在 38.3% ～ 62.7%、粗脂肪 6% ～ 12%、无氮浸出物 10% ～ 35%、粗纤维 2% ～ 4%。

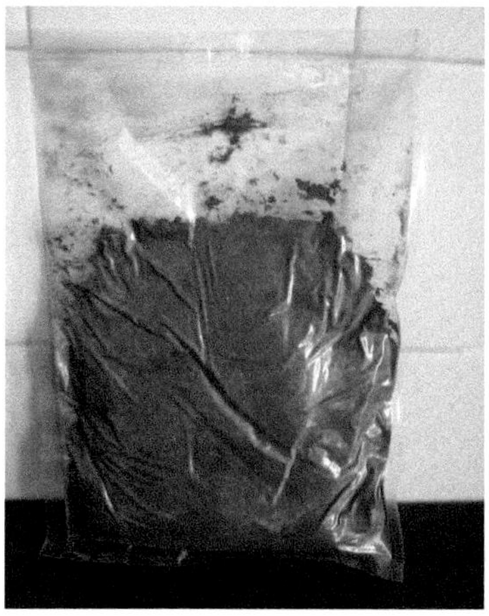

苜蓿叶蛋白提取

七、芽菜

苜蓿芽是一种低热量且营养丰富的天然碱性食物，碱性度高达 61.5，可帮助荤食者中和体内血液的酸性。

苜蓿芽菜

八、幼苗菜

在苜蓿幼苗时取其食用，或取成株苜蓿嫩芽。

苜蓿幼苗菜

九、苜蓿茶

苜蓿茶是对苜蓿芽尖进行杀青、揉捻、炒干和提香等步骤制备而成。

苜蓿茶

十、提取物质

苜蓿提取物的化学成分：紫苜蓿含皂苷、卢瑟醇、苜蓿酚、考迈斯托醇、刺芒柄花素、大豆黄酮等异黄酮衍生物，以及苜蓿素、瓜氨酸、刀豆酸。

苜蓿异黄酮 80%

苜蓿皂苷

紫花苜蓿提取物

第五节 苜蓿产业政策保障体系建设

一、苜蓿产业鼓励保障政策

自新中国成立以来，我国政府对发展饲草一直给予了高度重视，特别是改革开放的 40 多年里，对苜蓿产业的发展给予了高度重视，出台了一系列的扶持鼓励性政策。

鼓励扶持发展苜蓿产业的相关政策

相关政策	年份	与饲草相关内容
《全国畜牧兽医会》	1952	大量繁殖牲畜，首先要保障有足够的草。……在农区为了解决草料，要提倡栽培牧草和青贮饲料。农业合作社可试行牧草轮作制，解决牲畜饲料，提高品质
《国营机械农场农业经营规章》	1952	实行草田轮作制和草田耕作法，……其目的是改良土壤结构以提高其肥沃性，为作物生育创造优良条件，为畜牧建立饲料基地，从而提高单位面积产量，增加畜产品
《一九五六年到一九六七年全国农业发展纲要》	1956	在牧区要保护草原，改良和培植牧草，特别注意开辟水源。牧业合作社应当逐步建立自己的饲料和饲草的基地。推广青贮饲料
《中共中央关于加快农业发展若干问题的决定》	1979	以粮食生产为主的农业区要继续以治水和改良土壤为中心，大力植树种草，实行山、水、田、林、路综合治理 积极改良畜种，加强草原和农区草山草坡的建设，兴修水利，改良草种，合理利用草场，实行轮流放牧，提高载畜量
中共中央《全国农村工作会议纪要》	1982	发展畜牧业要农区牧区两手抓。农区要把一切行之有效的、鼓励畜牧业发展的政策落实到各家各户，充分利用农区劳力充足，设备和饲料条件较好，农牧结合较紧的长处，大力发展畜牧业。牧区要在切实调查的基础上，明确划分草原权属，更好地保护和建设草原。在辽阔的边疆和大片荒山、荒地上，要继续有计划地组织飞机播种，种树、种草
国务院关于印发《九十年代中国农业发展纲要》的通知	1993	半农半牧区要充分发挥饲料饲草资源丰富的优势，加快发展牛、羊等草食性动物的生产。牧区要重视草原和“草库伦”建设，搞好草场的改良和开发利用
《国务院关于进一步做好退耕还林还草试点工作的若干意见》	2000	加强领导，明确责任，实行省级政府负总责 完善退耕还林还草政策，充分调动广大群众的积极性 健全种苗生产供应机制，确保种苗的数量和质量 依靠科技进步，合理确定林草种结构和植被恢复方式 加强建设管理，确保退耕还林还草顺利开展 严格检查监督，确保退耕还林还草工程质量
《中共中央 国务院关于切实加强农业基础建设 进一步促进农业发展农民增收的若干意见》	2007	继续加强生态建设。落实草畜平衡制度，推进退牧还草，发展牧区水利，兴建人工草场

续表

相关政策	年份	与饲草相关内容
《中共中央　国务院关于2009年促进农业稳定发展农民持续增收的若干意见》	2008	扩大退牧还草工程实施范围，加强人工饲草地和灌溉草场建设
《中共中央　国务院关于加大统筹城乡发展力度进一步夯实农业农村发展基础的若干意见》	2009	落实草畜平衡制度，继续推行禁牧休牧轮牧，发展舍饲圈养，搞好人工饲草地和牧区水利建设
《中共中央　国务院关于加快推进农业科技创新持续增强农产品供给保障能力的若干意见》	2012	启动实施振兴奶业苜蓿发展行动
《中共中央　国务院关于加大改革创新力度加快农业现代化建设的若干意见》	2015	加快发展草牧业，支持青贮玉米和苜蓿等饲草料种植，开展粮改饲和种养结合模式试点，促进粮食、经济作物、饲草料三元种植结构协调发展
《中共中央　国务院关于落实发展新理念加快农业现代化实现全面小康目标的若干意见》	2016	扩大粮改饲试点，加快建设现代饲草料产业体系
《国务院办公厅关于深入推进农业供给侧结构性改革加快培育农业农村发展新动能的若干意见》	2017	饲料作物要扩大种植面积，发展青贮玉米、苜蓿等优质牧草，大力培育现代饲草料产业体系。……继续开展粮改饲、粮改豆补贴试点
《农业农村部 发展改革委 科技部工业和信息化部 财政部商务部 卫生健康委 市场监管总局 银保监会关于进一步促进奶业振兴的若干意见》	2018	大力发展优质饲草业。推进农区种养结合，探索牧区半放牧、半舍饲模式，研究推进农牧交错带种草养牛，将粮改饲政策实施范围扩大到所有奶牛养殖大县，大力推广全株玉米青贮。研究完善振兴奶业苜蓿发展行动方案，支持内蒙古、甘肃、宁夏等优势产区大规模种植苜蓿，鼓励科研创新，提高国产苜蓿产量和质量。总结一批降低饲草料成本、就地保障供应的典型案例予以推广 提升饲草料生产加工和养殖装备水平。对牧场购置符合条件的全混合日粮（TMR）配制以及其他养殖、饲草料加工机械纳入农机购置补贴范围。加强对苜蓿等饲草料收获加工机械的研发和推广支持
《国务院办公厅关于推进奶业振兴保障乳品质量安全的意见》	2018	促进优质饲草料生产。推进饲草料种植和奶牛养殖配套衔接，就地就近保障饲草料供应，实现农牧循环发展。建设高产优质苜蓿示范基地，提升苜蓿草产品质量，力争到2020年优质苜蓿自给率达到80%。推广粮改饲，发展青贮玉米、燕麦草等优质饲草料产业，推进饲草料品种专业化、生产规模化、销售市场化，全面提升种植收益、奶牛生产效率和养殖效益
《国务院办公厅关于推进畜牧业高质量发展的意见》	2020	健全饲草料供应体系。因地制宜推行粮改饲，增加青贮玉米种植，提高苜蓿、燕麦草等紧缺饲草自给率，开发利用杂交构树、饲料桑等新饲草资源。推进饲草料专业化生产，加强饲草料加工、流通、配送体系建设

续表

相关政策	年份	与饲草相关内容
中共中央 国务院印发《黄河流域生态保护和高质量发展规划纲要》	2021	实施渭河等重点支流河源区生态修复工程，在湟水河、洮河等流域开展轮作休耕和草田轮作，大力发展有机农业，对已垦草原实施退耕还草 超载过牧地区开展减畜行动，研究制定高原牧区减畜补助政策。加强人工饲草地建设，控制散养放牧规模，加大对舍饲圈养的扶持力度，减轻草地利用强度 优化发展草食畜牧业、草产业和高附加值种植业，积极推广应用旱作农业新技术新模式。支持舍饲半舍饲养殖，合理开展人工种草，在条件适宜地区建设人工饲草料基地 在内蒙古、宁夏、青海等省区建设优质奶源基地、现代牧业基地、优质饲草料基地、牦牛藏羊繁育基地
《农业农村部办公厅　财政部关于实施奶业生产能力提升整县推进项目的通知》	2022	草畜配套。支持通过租赁或长期订单等方式，促进青贮玉米、苜蓿、燕麦等优质饲草料种植和奶牛养殖就地就近配套衔接，推进南方草山草坡饲草资源开发利用，保障饲草料供应。支持饲草料种植、收获、加工、贮存设施设备改造升级，应用智能化机械设备，建设高水平优质饲草料生产基地
财政部 农业农村部《2022年重点强农惠农政策》	2022	奶业振兴行动。择优支持奶业大县发展奶牛标准化规模养殖，推广应用先进智能设施装备，推进奶牛养殖和饲草料种植配套衔接，选择有条件的奶农、农民合作社依靠自有奶源开展养加一体化试点，示范带动奶业高质量发展。实施苜蓿发展行动，支持苜蓿种植、收获、运输、加工、储存等基础设施建设和装备提升，增强苜蓿等优质饲草料供给能力 粮改饲。以农牧交错带和黄淮海地区为重点，支持规模化草食家畜养殖场（户）、企业或农民合作社以及专业化饲草收储服务组织等主体，收储使用青贮玉米、苜蓿、饲用燕麦、黑麦草、饲用黑麦、饲用高粱等优质饲草，通过以养带种的方式加快推动种植结构调整和现代饲草产业发展。各地可根据当地养殖传统和资源情况，因地制宜将有饲用需求的区域特色饲草品种纳入范围
中央一号文件	2023	建设优质节水高产稳产饲草料生产基地，加快苜蓿等草产业发展。大力发展青贮饲料，加快推进秸秆养畜

二、全国振兴奶业苜蓿发展行动现场会

2012年，国家决定启动实施“振兴奶业苜蓿发展行动”，这使我国苜蓿发展在政策扶持上实现了历史性突破，苜蓿产业得到了前所未有的发展。

2013年6月7日，在辽宁锦州召开了“全国振兴奶业苜蓿发展行动现场会”。时任农业部副部长高鸿宾做了“加快实施振兴奶业苜蓿发展行动为奶业转型升级和现代奶业建设提供有力保障”的报告。

全国振兴奶业苜蓿发展行动现场会

第六节　苜蓿产业发展新态势

苜蓿是我国古老的栽培饲草或作物，在我国已有 2 000 多年的栽培史。在 2 000 多年的栽培利用中证明，苜蓿在畜牧养殖、农业轮作和植被恢复中具有独一无二的作用。苜蓿的重要特性正在使其作用和地位得到广泛增强。这些重要特性包括：对各种环境的广泛适应性；高质量的营养价值（蛋白质、能量、维生素和矿物质）；高额的饲草产量（灌溉条件下 1 200 ~ 1 800 kg/hm^2，或更高）；高效的固氮能力；对土壤的改良和保护（可持续农业系统的良好基础）；作为同源四倍体物种遗传研究的模型系统的实用性；与新的生物技术的易用性。

近 20 年来，我国苜蓿产业得到长足发展，特别是 2012 年之后，在国家“振兴奶业苜蓿发展行动”政策的扶持下，苜蓿产业发展进入新的快速增长期。近 10 年我国苜蓿产业在机遇中迎来了新挑战，在挑战中实现了新发展，在困难中取得了新成绩。随着我国奶业的高质量发展，对苜蓿产业的发展提出了更高的要求。面对高质量要求，苜蓿产业唯有创新发展才能适应奶业乃至畜牧业高质量发展的要求。

一、苜蓿产业发展态势

1. 苜蓿产业的基础地位不断增强

长期以来，由于我国苜蓿等优质牧草缺乏，制约了奶牛生产水平和牛奶质量的进一步提高。为了提高奶业生产水平和保障乳产品质量安全，从 2012 年起，国家决定启动实施“振兴奶业苜蓿发展行动”，中央财政每年安排 3 亿元，支持约 3.33 万 hm^2 高产优质苜蓿示范片区建设，补贴 9 000 元 /hm^2，重点用于推行苜蓿良种化、应用标准化生产技术、改善生产条件和加强苜蓿质量管理等方面，这使我国苜蓿发展在政策扶持上实现了历史性突破，苜蓿产业得到了前所未有的发展。从此也确立了苜蓿在奶业发展中的基础地位，同时苜蓿也成为振兴我国奶业发展的重要保障支撑。

2018 年《国务院办公厅关于推进奶业振兴保障乳品质量安全的意见》提出明确要求：“建设高产优质苜蓿示范基地，提升苜蓿草产品质量，力争到 2020 年优质苜蓿自给率达到 80%。”并指出继续加大“振兴奶业苜蓿发展行动”的政策扶持力度。2019 年，振兴奶业苜蓿发展行动项目扶持规模扩大，安排补贴苜蓿面积由过去的 3.33 万 hm^2（50 万亩）扩大到 6.67 万 hm^2（100 万亩）以上，资金由过去的 3 亿元增加到 10 亿元。这样就更加夯实了苜蓿在我国振兴奶业发展和保障乳品质量安全等方面的基础地位和潜在作用的发挥。

经过近十多年的振兴奶业苜蓿发展行动项目的扶持，我国苜蓿产业发展取得显著进步：一是优质苜蓿种植面积不断增加，产量和质量明显提高；二是种养结合紧密，苜蓿产业对奶业的支撑保障作用不断增强，基础地位明显提；三是综合效益表现突出，经济效益、生态效益及社会效益明显。

2. 苜蓿产业规模化生产不断扩大

“振兴奶业苜蓿发展行动”项目支持高产优质苜蓿示范片区建设，片区建设以 200 hm^2 为一个单元，一次性补贴 9 000 元 /hm^2。这对正处于急需提质转型和现代化建设的我国苜蓿产业具有重大意义。一是促进了苜蓿规模化种植、机械化作业和科学化决策，使我国苜蓿产业化程度和苜蓿商品草供给能力明显提升；二是推动了苜蓿标准化管理、优质化生产、市场化流通，使国产苜蓿草优质率和竞争力显著提高；三是提高了苜蓿专业化生产和组织化服务水平，目前我国苜蓿生产大部分由专业化苜蓿企业或合作社进行，种植专业化、管理精细化、服务组织化程度明显提升。

自 2012 年实施振兴奶业苜蓿发展行动以来，全国已建成优质高产苜蓿基地 40 多万 hm^2，每年可生产优质苜蓿商品草 300 万 t 以上，比项目前增长 6 倍以上，可满足 300 万头高产奶牛的饲喂需求。据《中国草业统计》显示，在 2016—2020 年，全国苜蓿总面积 222.67 万 ~ 437.47 万 hm^2，到 2020 年总面积为 222.67 万 hm^2；商品草生产面积达 40.53 万 ~ 45.17 万 hm^2，占总面积的 10.06% ~ 18.95%，生产商品草 334.00 万 ~ 387.00 万 t。到 2020 年，苜蓿总面积呈下降趋势，与 2016 年相比下降了 49.10%，但商品草生产面积和生产量保持相对平稳。

全国苜蓿商品草生产（2016—2020 年）

年份	总面积（万 hm^2）	商品草		
		面积（万 hm^2）	占总面积（%）	产量（万 t）
2016	437.47	45.17	10.33	379.84
2017	415.00	41.73	10.06	359.00
2018	307.73	40.53	13.17	334.00
2019	231.87	43.93	18.95	384.00
2020	222.67	41.93	18.83	387.00

资料来源：中国草业统计（2016 年、2017 年、2018 年、2019 年、2020 年）。

经过 30 多年的发展，苜蓿产业结构和经营体系不断完善，随着种植、管理、收获、加工等机械的升级和生产体系的不断完善，在我国优质高产苜蓿种植面积不断扩大和苜蓿商品草生产水平不断提高的同时，也促进了我国苜蓿主产区的形成，在东北、华北和西北出现了苜蓿生产优势片区，如内蒙古阿鲁科尔沁和达拉特、宁夏河套灌区、甘肃河西走廊和新疆北疆等片区。扭转了苜蓿过去生态功能强，经济功能弱的局面，形成了目前生态功能与经济功能并重的局面，苜蓿的多功能性得到充分体现，这种局面可能会长期存在下去。

3. 苜蓿生产管理智能化程度不断提升

基于深度学习、机器学习，借助遥感影像利用、物联网、大数据等手段，开展苜蓿长势、产量、土壤墒情、毒杂草及病虫害监测，进行病虫害防控、施肥等已变成常态。特别是消费型小型无人机的使用，通过快速低空作业，采集地物数据、转换数据及算法研制，推动了密切跟踪、及时掌握、全面分析苜蓿生长动态、病虫害发生消长动态情况，为准确研判苜蓿生长和病虫害提供了便捷的手段与技术依据支撑。在线监测预警管理平台及手机调查 App 的应用，实现了实时查看苜蓿生长状态、病虫害监测调查发生、毒杂草生长的情况，提高了专家诊断与决策的精准度，提升了苜蓿信息管理的规范化、自动化和智能化水平。

目前智能监测、智能决策、智能灌溉、智能施肥等专家决策与装备正在苜蓿生产中得到不同程度的应用。例如，针对苜蓿大田种植分布广、监测点多、布线和供电困难等特点，利用农业物联网技术，采用高精度土壤温湿度传感器和智能气象站，远程在线采集土壤墒情、酸碱度、养分、气象信息等，实现墒情（旱情）自动预报、灌溉用水量智能决策、远程、自动控制灌溉设备等功能，通过实施智慧苜蓿种植管理解决方案，最终达到精耕细作、精准施肥、合理灌溉的目的。

有机苜蓿生产全过程监控、产品溯源及网络系统 - 物流可视化管理系统也已开始应用。

4. 苜蓿龙头企业不断壮大

据不完全统计，2018 年全国牧草种植加工企业达 737 家，比 2017 年的 553 家，增加了 33.27%，主要集中在甘肃、内蒙古、宁夏、山东和黑龙江。例如 2017 年内蒙古苜蓿企业 59 个，较 2011 年增加了 73.5%，其中生产能力 5 000 t 以上的企业 23 个，占总企业数的 39.0%，10 000 t 以上的企业 9 个，占总企业数的 15.3%。全区合作社 17 个，其中生产能力 5 000 t 以上的 3 个，占总合作社数的 17.7%。目前不少大企业，凭借雄厚的资本资源和技术实力，开始合并或兼并实力相对较弱、经营规模相对较小的小企业，或进行托管或代管，苜蓿主干企业正在向做大做强发展，努力将其资本优势转变为产业优势，技术优势转变为产品优势。主要表现为：一是苜蓿种植面积和经营规模不断扩大，生产能力不断提高；二是苜蓿种植水平和管理水平明显提高，抗风险的能力显著增强；三是应用苜蓿新品种掌握新技术的能力增强，产、学、研联动，校企合作、院企合作的深度和广度不断增加。

5. 苜蓿专业化服务呈上升趋势

我国苜蓿产业经过近十几年的快速发展，在从事苜蓿种植业公司或合作社规模不断壮大的情况下，为选择品种、种子供给、测土施肥、田间管理、适时收获等苜蓿生产作业过程中提供服务的公司正在不断涌现，呈增加态势。这些提供服务的公司，具有雄厚的资金、先进的机械装备、专业化队伍、丰富的经验和高素质技术人才，可以提供优质专业化的服务（在国外将这种服务叫作提供苜蓿整体解决方案，也叫外包服务）。苜蓿专业化服务，除提供苜蓿生产过程常规的作业外，在解决生产过程中的突发问题上（如苜蓿冻害、虫害、水灾等）具有明显的优势：因为服务范围广，遇到的问题多，解决问题的经验丰富；管理团队专业化人才多样，具备解决各种问题的专业知识和能力；机械化智能化程度高，遇到突发问题的出现，能快速精准处置，特别是大面积的问题处置能力较强。

6. 苜蓿产业机械化程度不断提高

苜蓿产业化发展关键在机械化，没有机械化就没有苜蓿的产业化。随着我国苜蓿产业的不断发展，苜蓿生产全程机械化水平也不断提高，从整地耕翻耙磨到播种、田间管理、刈割收获（刈割、晾晒、打捆、装载）、运输储藏、草产品加工（青贮、草块、草颗粒、草粉）等主要生产环节的机械装备广泛应用，适宜苜蓿全程机械化生产模式与综合技术集成体系基本建成；适宜不同地形、生态条件、生产规模、经济条件等苜蓿生产的机械种类相对齐全。节水灌溉机械装备种类齐全，喷灌、滴灌及水肥一体化技术得到应用广泛。使用机械施肥，农机和农艺融合，提高了肥料利用率，加快了苜蓿施肥方式的转变。目前苜蓿草产品生产综合机械化率达到 85% 以上，如内蒙古科尔沁苜蓿产业区机械化配套程度已经达到国际水平。

二、苜蓿产业发展面临的挑战

1. 水资源约束

水资源紧缺作为一个关键的大趋势，其水的可用性和价格无疑是目前和未来我国苜蓿生产和可持续发展能力的最重要的限制因素。水资源供应和价格可能是我国北方，特别是西北地区未来苜蓿发展的关键性决定因素。要概括水资源对苜蓿的限制程度是很困难的，因为水资源在不同地区之间差别很大，但各地有关限制水资源可用性的因素，无论是城市需求、水转移、环境限制、濒危物种限制，还是地下水下沉导致的抽水限制，乃至政策管理措施，对我国苜蓿生产的影响都是深刻而广泛的。

虽然苜蓿有一定的抗旱能力，并且也是用水效率相对较高的牧草，但是苜蓿也是一种只有在灌溉条件下才能获得最大产量的牧草，因为苜蓿在干物质形成过程中需要较多的水分，形成 1 kg 干物质需要消耗 900 ~ 1 100 kg 的水分。目前我国苜蓿生产主要集中在干旱半干旱区的西北、华北和东北地区，这些地区常年干旱少雨，地表水资源匮乏，苜蓿生产主要靠地下水灌溉来获得产量。由于长期利用地下水灌溉，地下水超采严重，导致地下水位下降明显，要从地下 100 m 甚至 200 m 或更深处抽水，已引发一系列生态问题的出现。鉴于此，内蒙古秉持“生态优先、绿色发展”理念，以有效遏制地下水超采为切入点，积极实施水地改旱地（以下简称“水改旱”）和种植业结构调整等综合治理措施，逐步减轻种植业对地下水资源的过度依赖，来遏制地下水超采，以水资源为刚性约束，分年度压减地下水开采量，使生态环境逐步得到恢复的战略措施，这对内蒙古乃至全国苜蓿产业的发展是个严峻的考验。因此，苜蓿产业要想继续稳定发展下去，就必须设想未来更加节水的生产系统、管理系统、技术系统和理念系统。

如果不通过更深入的研究和创新来解决苜蓿的用水问题，在水资源日益紧缺的环境中，未来苜蓿生产发展将会受到极大的制约。我们应该记住，这是一个世界性的问题，不仅是中国面临的问题，只是我国未来苜蓿生产受水资源约束将会变得更加突出。因为我国苜蓿主产区分布在干旱半干旱的内蒙古、宁夏、甘肃和新疆等常年干旱缺雨的地区，发展苜蓿主要靠有限的地下水灌溉。

2. 耕地资源约束

对苜蓿而言，耕地减少和价格上涨是个巨大的挑战，尤其是在我们目睹了我国乃至全世界不断地将农业用地转变为城市用地或其他非粮化用地的情况下，耕地资源成为苜蓿扩大再生产的关键制约因素。例如美国，在 1992—1997 年，失去的农场和农村土地总计超过 688 万 hm^2，农业土地开发使用的转化率在美国每年近 50 万 hm^2。这种趋势在加利福尼亚州的大中央谷最为明显，这里是美国农田城市化的一个重要爆发点。苜蓿是美国第三大最重要的作物，其经济价值超过其直接销售价值。在经济上，苜蓿在奶牛饲料中的作用比其他任何一种作物都重要。然而，现在美国苜蓿的种植面积正在减少，从 1990 年的 1 200.00 万 hm^2 到 1999 年减少至 971.30 万 hm^2，减少了 19.06%，到 2020 年苜蓿种植面积已减少至 657.09 万 hm^2，与 1990 年和 1999 年的苜蓿面积相比，分别减少了 45.24% 和 32.34%。

同样，我国耕地“非粮化”倾向严重，对此 2020 年国家出台了《国务院办公厅关于防止耕地“非粮化”稳定粮食生产的意见》，明确指出：“一般耕地应主要用于粮食和棉、油、糖、蔬菜等农产品及饲草饲料生产。耕地在优先满足粮食和食用农产品生产基础上，适度用于非食用农产品生产。”由此可见，利用耕地种苜蓿的空间在变小，同时土地价格也会不断上涨，这对我国苜蓿种植会产生一定的影响。因为苜蓿是我国最重要的牧草，也是种植面积最大的牧草（2019 年苜蓿保留面积达 231.87 万 hm^2），特别是在目前我国苜蓿单产提高有限的情况下，增加苜蓿总产量和提高优质苜蓿供给能力，主要还是靠扩大种植面积来实现，因此在今后我国扩大苜蓿种植面积受到耕地的可用性和土地价格的制约会增强，这种制约可能会长期存在下去。从 2016 年到 2019 年全国苜蓿保留面积看出现减少趋势，从 2016 年的 437.47 万 hm^2 减少至 231.87 万 hm^2，3 年内减少了 47.00%，由此可见，我国苜蓿面积减少的速度惊人，减少的原因值得思考。

水资源和耕地资源对苜蓿种植的制约既是中国问题，也是世界性问题，近几年我国苜蓿面积呈减少态势，或许我们能从美国苜蓿种植面积减少的趋势中获得一些启示，受耕地资源和水资源的影响未来苜蓿可能会进入一个缓慢发展期。

内蒙古是我国苜蓿生产大省，苜蓿生产位居全国前列，无疑在未来苜蓿生产中也会受到土地资源和水资源的约束。相比之下，内蒙古苜蓿生产受水资源的约束要比土地资源的约束更大，因为内蒙古苜蓿主产区主要分布在常年干旱缺雨，地表水匮乏，地下水有限的干旱半干旱区。

3. 苜蓿生产成本高居不下

近年来，苜蓿干草的生产成本不断增加，运营成本和资本成本都有所增加。成本方面的一些最大变化是种植、收获和管理等。由于土地、种子、水资源、化肥、农药和能源等生产资料成本的增加，特别是土地流转费的快速升高，导致苜蓿建植成本增加；由于与收获机械设备和能源等相关的成本增加，导致刈割收获成本增加；由于劳务成本的增加，导致管理成本增加。随着苜蓿生产成本的增加，我国苜蓿生产者的利润空间正受到挤压。

对于越来越多的商品来说，价格是全国的乃至是全球性的，生产成本则是地方性的，苜蓿也不例外。因此，苜蓿利润因产地不同而存在差异。这意味着苜蓿商品的市场和价格在范围上已经全国化甚至是全球化，而生产成本则仍然属于地区性。由于单一的有竞争力的全国价格或世界价格上限影响着一种全国或全球商品的生产者，这意味着地方生产成本决定着分散在全国或全球各地的生产者的单位利润。因此，成本将决定哪些生产者能继续长期生存下去。幸运的是，在 2008—2017 年，我国苜蓿干草价格持续温和上扬，2018 年之后涨幅较高，对苜蓿生产成本的增加具有一定的抵消作用。不幸的是，我国苜蓿干草单位面积产量增加幅度较小。

4. 苜蓿草产品价格高位运行

在过去的几十年里，我国苜蓿干草生产经历了一个平稳的转变，它已经从一种主要由农牧户种植，相对以生态功能为主的自产自销牧草，转变为由专业公司种植管理，成为一种市场化的以现金—干草（可能有部分青贮）进行交易的商品，被奶牛养殖企业进行异地调运或从国外进口，它已经从“低值不受重视的牧草”发展成为一种可以在经济上与许多农作物（如玉米、小麦等）相竞争的重要作物或牧草。

苜蓿和乳制品市场在供应和需求两方面都是相互联系、相互依存的。苜蓿与饲料市场上的谷物和油料种子价格以及牛奶需求有关。苜蓿作为一种牧草作物在奶业发展中发挥着重要作用，它补充了高能量饲料来源，并在一定程度上替代了其他蛋白质和粗饲料来源。由于这些原因，苜蓿市场与其他饲料市场以及更广泛的谷物和油料种子市场密切相关，在我国奶牛养殖中，苜蓿被用作奶牛的日粮。因此，苜蓿市场与牛奶市场密切相关。国产商品苜蓿草在 2012—2017 年，价格相对稳定在 1 800 ～ 2 200 元 /t，自 2018 年以来，一方面是由于生产成本的不断升高，推高了苜蓿价格，另一方面由于进口苜蓿草价格上涨，带动国产苜蓿草价格上涨，上涨幅度在 400 ～ 600 元 /t，或更高。由于苜蓿价格上涨，使苜蓿种植企业或合作社受益不小，目前大部分苜蓿草生产企业（合作社）实现了扭亏为盈。然而，由于苜蓿草涨价，给奶业带来更大的压力和不稳定性，使原本就脆弱的苜蓿—奶牛经济体会变得更加脆弱和不稳定。

我国苜蓿产业对奶业的依从度较高，当奶业出现不稳定，苜蓿产业也会出现波动；当苜蓿价格偏离了它的价值，质量满足不了奶业的要求和价格暴涨奶牛养殖企业难以承受时，奶业就会减少苜蓿的使用量或苜蓿被替代，我国的苜蓿产业可会出现危机。在过去 10 年中，阿根廷乳奶牛中苜蓿干草的比例在急剧下降。苜蓿应以羊草为鉴，羊草在 20 世纪七八十年代为我国的出口牧草，90 年代末，在我国奶业发展中发挥过重要的作用，在光明乳业 6 t 奶工程中羊草作为主要的禾草出现在日粮饲料中，当时可谓一草难求，价格剧增，价格严重偏离了羊草的价值，导致奶牛养殖企业用燕麦替代了羊草，羊草失去了市场和在奶业中应有的地位。羊草不仅是我国的优质牧草，更是内蒙古的优质牧草，失去奶牛市场实为可惜。

5. 饲草产量与质量平衡难度增加

目前，我国奶业发展对苜蓿的依存度越来越高，对苜蓿数量和质量需求与要求也越来越大越高。2018 年国务院出台了《关于推进奶业振兴保障乳品质量安全的意见》，明确提出“建设高产优质苜蓿示范基地，提升苜蓿草产品质量，力争到 2020 年优质苜蓿自给率达到 80%”。

据农业农村部《“十四五”奶业竞争力提升行动方案》显示，我国“十三五”期间，奶业振兴取得显著成效。2020 年，全国奶类产量 3 530 万 t，百头以上奶牛规模养殖比重达 67.2%，分别比 2015 年提高了 7% 和 18.9%。奶牛年均单产达到 8.3 t，比 2015 年提高了 2.3 t。这些成绩的取得与苜蓿的贡献密不可分。自 2008 年以来，我国苜蓿草进口量在逐年增加，2021 年苜蓿草进口量创历史新高，达 178.03 万 t，与 2008 年的 1.76 万 t 相比增加了 100.15%。到 2025 年，全国奶类产量达到 4 100 万 t 左右，百头以上规模养殖比重达到 75% 左右。奶牛年均单产达到 9 t 左右。这就需要大量的苜蓿供给，对苜蓿产业提出了更高的要求。

中国与美国苜蓿生产能力比较

年份	中国		美国		中国占美国的比例	
	种植面积（万 hm^2）	总产量（万 t）	种植面积（万 hm^2）	总产量（万 t）	种植面积（%）	总产量（%）
2016	437.47	379.84	1 246.60	4 892.70	35.09	7.76
2017	415.00	359.00	1 206.50	4 481.60	34.40	8.01
2018	307.73	334.00	1 151.50	4 193.50	26.72	7.96
2019	231.87	384.00	1 173.00	4 234.30	19.77	9.07

资料来源：中国草业统计（2016 年、2017 年、2018 年、2019 年）。

奶牛存栏数与苜蓿进口量

年份	奶牛（万头）	进口苜蓿（万 t）
2008	—	1.76
2009	1 260.3	7.42
2010	1 420.1	21.81
2011	1 440.2	27.56
2012	1 493.9	44.27
2013	1 441.0	75.56
2014	1 499.1	88.45
2015	1 507.2	121.00
2016	1 586.2	138.78
2017	1 475.8	140.00
2018	1 420.4	138.37
2019	1 380.0	135.60
2020	1 400.9	135.99
2021	—	178.03

资料来源：中国奶业年鉴（2017—2020）；海关统计数据。

苜蓿质量标准是一个非常重要的问题。在我国奶业对苜蓿需求量不断增加的背景下，对苜蓿草的品质要求也越来越高，从当初的粗蛋白质含量 18%、RFV 值 160，到现在的粗蛋白质含量 20%、RFV 值 170，甚至更高，粗蛋白质含量和 RFV 越高对苜蓿草的产量牺牲就越大。全程监测苜蓿成熟过程中发生的形态变化，就能更好地理解产量—质量的权衡。叶片产量在营养晚期至初花期增加，在此之后保持相对不变。由于冠层下部的叶片损失，甚至可能在接近盛花期时叶片产量下降。相反，随着苜蓿成熟，茎产量继续增加。在营养生长后期，叶产量和茎产量几乎相等。然而，由于茎产量继续迅速增加，茎通常占 60%，只剩下 40% 的叶片花序。这对于苜蓿质量有着重要的影响，因为苜蓿叶的营养价值远远超过茎。这种叶片和茎的相对比例的差异是苜蓿成熟时质量下降的主要原因。

苜蓿质量与产量是一对难解的矛盾。随着苜蓿成熟度的增加，饲草产量呈上升趋势，而苜蓿的品质则是随着成熟度的增加呈下降趋势。以初花期产量为 100%，现蕾初期和现蕾期产量减少分别 24.2% 和 11.1%，开花期和盛花期产量分别增加 15.1% 和 17.2%。初花期之前刈割不仅要牺牲苜蓿产量，更重要的是对苜蓿草地的持续利用有极大的损害，使苜蓿植株提早衰退，生长年限缩短。

奶牛年均单产达到 9 t 左右需要大量的优质苜蓿做支撑。苜蓿品质的最终检验是奶牛生产性能。苜蓿除了含有足够的能量和蛋白质外，还必须是美味的（奶牛易于食用）。苜蓿是一种易于食用的优质饲草。事实上，高质量苜蓿可能会刺激食用低质量饲草的牲畜摄入量。但目前苜蓿的营养品质主要是通过收获期来调控。苜蓿营养成分的组成和干物质消化率（DMD）主要与收获时植株的成熟度有关。我国高质量奶业的发展，需要大量的优质苜蓿，如何平衡苜蓿的产量和质量，这对我国苜蓿生产是个不小的考验。

成熟期和收获期对苜蓿产量、品质和植株寿命的影响

收获时生育期	茬次间隔（d）	产量（t/hm^2）	TDN	ADF	CP	叶片	杂草	存活植株
			（%）					
孕蕾初期	21	18.53	56.3	26.3	29.1	58	48	29
孕蕾中期	25	21.75	54.2	29.5	25.2	56	54	38
10% 开花	29	24.46	52.4	32.2	21.3	53	8	45
50% 开花	33	28.17	52.0	32.7	18.0	50	0	56
100% 开花	37	28.67	50.1	35.5	16.9	47	0	50

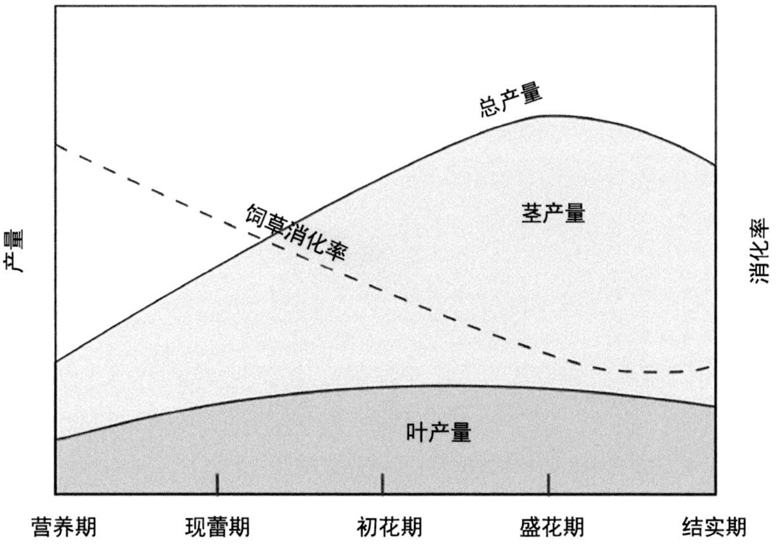

苜蓿产量与品质关系

6. 区域性品种和良种支撑不足

国产苜蓿品种培育虽然实现了多方向、多样化发展，但现有品种抗逆性有余，丰产性不足，主要表现为抗寒抗旱品种多（秋眠级主要集中在 1 ~ 3 级），再生性和丰产性能好的品种少，特别是区域性丰产优质品种较少。由于苜蓿秋眠性决定了苜蓿具有明显的地域特征，每一级的秋眠级品种，有相应的适宜区域。目前我国各秋眠级品种不全，如中等秋眠或非秋眠品种缺乏，极不秋眠品种近乎无。目前生产中应用的中等秋眠、非秋眠、极不秋眠品种近乎为引进品种。因此，国产品种目前还不能满足我国日趋区域化、聚集化和片区化发展的苜蓿产业对品种的要求。

优良新品种种子供给能力不强。虽然我国培育出不少苜蓿品种，但良种扩繁与国外相比还有一定的差距。目前国内重品种培育轻良种扩繁的现象还没有从根本上得到转变，许多品种都是由高校或研究院所培育，并进行申报登记，品种培育单位由于缺乏种子扩繁经费，种子扩繁能力有限，许多新品种在生产中得不到应用，新品种的优势没有转变为产业优势和经济优势。截至目前，在我国从事品种研究与培育的实体公司还不多见，这与国外（如美国的先锋、兰德雷等公司）有很大的差别。这些公司要进行苜蓿新品种种子扩繁就得进行知识产权转让，这就造成许多公司不愿意进行种子扩繁，有新品种知识产权的培育单位又没有经费进行种子扩繁，这就出现了有新品种权的没有种子扩繁经费，有种子扩繁经费的没有新品种权，这或许是我国长期以来苜蓿新品种转化不畅，新品种种子缺乏的关键所在，出现了“育种家不愿卖，生产企业不敢买不愿买”的怪现象。为了弥补生产中苜蓿新品种种子的短缺，我国近几年每年要从国外进口苜蓿种子 2 500 t 左右。

三、苜蓿科技创新新视角

1. 利用最新信息技术建立中国苜蓿管理信息系统

利用最先进的电信技术，开发一个全面的苜蓿信息资源系统，即国家苜蓿信息系统（National Alfalfa in Information System，NAIS）。苜蓿是我国最重要的饲草作物，在我国种植面积最大，在全世界范围内都有种植，在畜牧养殖、农业种植和生态治理等系统中广泛应用。作为一种重要的世界性饲草，它在维持畜牧业健康养殖、农业生产力和生态环境方面发挥着重要的作用。我国各省（自治区）和国际上都存在着对苜蓿信息的需求。通过开发 NAIS，将最好的基于科学的苜蓿信息、国家政策、种植管理技术和市场信息及文化历史等放在生产者、消费者，研究人员、管理部门和用户的指尖。为了使 NAIS 易于使用，要多部门合作，如通信和信息科学专业人员与苜蓿专家合作创建 WWW 系统（World-Wide Web，全球资讯网）和“网络感知”CD-ROM（Compact Disc Read~Only Memory，只读光盘）。

目前不论是种植企业、用户还是管理部门，对苜蓿综合信息资源的需求很大。通过开发苜蓿综合多媒体信息资源，包括文本、图形、彩色图片、视频和音频片段以及教学资料的 NAIS，有助于随时提供最佳信息，以帮助最大限度地提高全球苜蓿信息的利用率。

2. 利用生物技术开展苜蓿靶向改良

（1）利用生物技术提升新品种创新能力

生物技术集中在两个不断发展的研究领域，基因组学和转基因学。在基因组学中，分子标记、结构和功能基因组学允许识别感兴趣的基因及其调控成分。由于苜蓿难以进行遗传和基因组分析，比较基因组学用于苜蓿各种植物过程的分子和遗传分析。另一种方法是将特定的和有用的基因结合到苜蓿中，以改善其感兴趣的性状。利用输入性状改善苜蓿的农艺性状，利用输出性状改善饲草品质，或利用输出性状生产新型工业/药用蛋白，是当前苜蓿转基因研究的热点。

未来苜蓿品种的改良或许必将包括基因组技术和转基因技术的发展。转基因涉及将特定的和有用的基因转移到所选择的作物中，有时也被称为基因工程。尽管将基因组学用于基础研究目的是没有争议的，但围绕着将转基因用于苜蓿改良，特别是在两个不相关的生物体之间进行基因转移时，存在着巨大的争议。这造成了一种非常昂贵的监管环境，以及为了将转基因引入苜蓿种子市场而获得使用该基因和改良技术的操作自由的固有成本。

在过去的 20 多年里，我国苜蓿的种植面积、产量呈增长态势，苜蓿的重要性正在增强，因为不仅我国苜蓿需求量在增加，而且世界苜蓿的需求量也在增加，因为全球奶牛的数量和奶制品数量也在呈增加态势。面对如此机会和诸多挑战，苜蓿产业如何应对？研究利用新技术、新性状进行改良苜蓿，以增加苜蓿产品价值和提供新产品，主要是在提高产量、改善饲草品质和改良适应新环境能力等方面进行突破。

（2）利用生物技术重新设计苜蓿作为家畜饲草

高品质的苜蓿是美味的，通常会最大限度地增加奶牛的摄入量和产量。与其他饲草相比，苜蓿纤维含量低，蛋白质含量高，这使其成为谷物和其他饲草的极好补充。但是，由于非蛋白氮过多和纤维消化率低，近年来，在美国奶牛对苜蓿的利用有所减少。

理想的苜蓿应该含有更好平衡的蛋白质和快速发酵的碳水化合物。在最佳 NDF（可消化中性洗涤纤维）浓度约为 40%（DM 基础）时，粗蛋白质含量约为 18%，灰分较少。蛋白质中氨基酸的平衡或瘤胃中较慢的降解速度也将有助于减少其作为氨的损失。将脂肪含量提高到 4% 也可能对奶牛有能量上的好处。与其他饲草相比，苜蓿纤维的消化和传代速度是极好的，不应采取任何措施来降低这些特性。然而，通过改变木质素含量或特性来提高纤维的潜在消化程度是可取的。

在过去的 50 年里，我国在培育耐旱抗寒性的品种方面取得了较大的进展，为现代苜蓿生产系统提供了更大的潜在利用能力。在培育符合高产奶牛生理生化特性需要的苜蓿品种（即：细胞壁消化率高，青贮过程中蛋白质降解少，增加过瘤胃蛋白，产量高而无品质损失，抗虫抗病原体，耐除草剂，减少胀气），目前还没有过多的涉及，这可能是我国今后苜蓿品种创新的方向。

采用传统遗传选择方法、精确育种和其他生物技术手段的策略，可能需要及时将理想的性状转移到优质种质中。目标是培育能够满足奶牛养殖企业需求的苜蓿品种，同时最大限度地利用它们在提高苜蓿环境效益（固氮、优质营养库、植株寿命等）的农业系统中。通过减少刈割、提高产量和提高水分利用效率，开发能保持高营养品质的苜蓿，将是提高苜蓿经济效益的重大举措。

（3）利用生物技术提高苜蓿产量及品质改良

苜蓿的理想属性　可能包括增加单位面积或每吨的产奶潜力、增强消化 NDF、提高蛋白质含量和氨基酸平衡；并改善农艺性状，以保护昆虫（更安全的饲料供应）、耐除草剂、抗病毒、耐旱、耐寒、改善矿物利用和提高产量。获得和测试这些属性的进展将随着生物技术的使用而加速。家畜和干草生产企业将受益于苜蓿，它不容易含有真菌毒素或有毒杂草，或诱发肿胀；提高牛奶和肉类生产中营养物质的利用率；减少动物粪便的产生，从而提高效率、盈利能力和改善环境。苜蓿的增值性状是为生产者提供新的高价值产品所必需的，转基因苜蓿中的植酸酶已经在家禽和猪粮中进行了测试，发现可以提高动物的生产性能。

利用地方品种或野生资源开发、筛选和具有抗各种疾病、昆虫和线虫病害的高效配置。深挖苜蓿高效农艺性状，如秋眠性、耐盐性、冬季耐受性、相对饲料价值和放牧耐受性等。将这些复杂的性状引入目前的多发病虫、秋眠特异品种中，培育耐盐品种、抗寒抗旱品种、高品质品种、耐牧品种、低膨胀潜力品种和抗蓟马品种及耐除草剂、抗病毒品种。

判断最近的品种改良是否成功，只需考察其所在地区的生产性能试验，就可以估计出大多数新品种的表现都优于老品种（通常在产量上提高 20% 以上，但美国的标准是产量提高 40%）。虽然苜蓿种植面积有减少的趋势，但每公顷产量和整体产量有所增加，这种整体产量的增加被认为是由于使用了改良品种以及新的栽培技术和更好的管理系统。

产量 虽然苜蓿的品质有所改善，但产量的增长仍赶不上玉米。随着土地、劳动力和能源成本的持续上涨，从收获的苜蓿中获得足够价值的负担越来越大，这将成为一个越来越严重的问题。开发具有更强的抗虫性和抗寒性的种质，并在频繁刈割制度下选择提高质量的种质，伴随着产量的增长。减少叶片损失具有提高生物量和质量的潜力。如果植物在经历了衰老之后仍能保持叶片，这将增加总生物量。增加叶片附着的机械强度也可以提高叶片的收获回收率。用传统的干草调制设备和技术，苜蓿叶片通常损失达 6% ~ 19%。

饲草品质 饲草质量是改善动物健康和生产性能的一个重要指标。我国奶牛养殖企业一直要求高质量的苜蓿。改良的品质性状取决于许多因素，如牛的品种及其营养需求、苜蓿的生长、收获、贮藏和饲养方式等。用于放牧的苜蓿的理想特性可能不同于用于干草生产的特性。提高纤维消化率、蛋白质品质和降低蛋白质在瘤胃中的降解率是苜蓿品质改良的主要研究领域。

纤维消化率与木质素 纤维是饲草的重要组成部分，它影响着奶牛的采食量和消化率。木质素是一种在大多数植物次生细胞壁中发现的酚类化合物，它是不可消化的，并与其他细胞壁成分交联，导致纤维素消化率下降。随着苜蓿植株的成熟，木质素含量增加，细胞壁消化率降低。提高消化率的一种方法是有选择性地增加组成苜蓿细胞壁的特定碳水化合物，如果胶。苜蓿茎中通常含有 10% ~ 12% 的果胶，果胶是细胞壁基质的组成成分。果胶多糖被瘤胃微生物快速降解产生乙酸和丙酸，但不会像快速发酵的淀粉那样导致酸中毒。美国奶牛饲料研究中心在选择苜蓿茎中果胶含量高的材料，通过两轮回交，总果胶含量提高了 15% ~ 20%。初步结果表明，体外总干物质消化率提高。

降低苜蓿木质素含量 在过去的几年中，通过传统育种和转基因分子操作两种不同的方法来降低木质素来提高苜蓿质量。传统的育种工作是基于使用木质素含量较低的亲本植物，以及较强的农艺性状，如高产、高秋眠级品种（6 级以上）、茎叶浓密，木质素含量减少 7% ~ 10%，其抗倒伏能力与常规品种相似。这些品种的苜蓿具有高消化率、高摄入量和每吨苜蓿产奶量，产量高，收获弹性可达 7 d。转基因技术是另一种用于降低木质素的方法，包括对植物 DNA 的靶向操作。自 2007 年以来，由诺布尔基金会、饲料遗传国际公司、美国乳制品饲料研究中心、孟山都公司和先锋公司组成的苜蓿研究联盟已经合作开发了减少木质素的性状。这些努力的产物是“减少木质素”特性，商标名为 HarvXtra™。分子调控的重点是木质素生物合成途径中的两个步骤的下调。因此，苜蓿植物产生结构功能所需的木质素水平，但不足以维持高饲料品质。

蛋白质品质与利用 苜蓿被认为是一种很好的蛋白质来源，不仅因为它的粗蛋白质含量高，而且还因为大多数粗蛋白质部分由真正的蛋白质组成。然而，饲喂动物时，蛋白质在瘤胃内降解过快。这就是为什么含苜蓿的乳制品中所含的蛋白质要多于所需的蛋白质，以弥补苜蓿蛋白质的低效利用。为了最大限度地利用饲料蛋白质，必需氨基酸的摄取量必须相互平衡。因此，提高蛋氨酸和半胱氨酸含量可以改善苜蓿的蛋白质品质。

3. 加快国产苜蓿品种创新

（1）加快区域性丰产品种培育

培育适合本地区秋眠性、抗寒性、病虫性的苜蓿品种至关重要。苜蓿育种目标经常面临着是培育广泛适应性品种，还是区域适应性丰产品种的两难选择。即在育种中或是采取苜蓿品种抗性广泛适应策略，或是采用丰产区域适应策略。随着我国苜蓿产业区域化、片区化的发展，苜蓿生产逐步转向基于农业生态学原理，需要更多高度适应区域性的丰产品种，适应特定农业区域的主要气候、土壤、耕作方式和管理特征，旨在充分发挥基因型 × 环境相互作用（Genotype X Environment Interaction，GEI）效应，实现品种与环境资源的高效耦合，每一个品种在目标区域内的特定分区域或苜蓿管理系统中表现良好，使区域农业环境的苜蓿产量潜力最大化。目前我国抗逆性强的广泛适应性苜蓿品种居多，在已审定的苜蓿品种中，秋眠级大部分为 1 ~ 2 级。

秋眠性是最具地区性的一个特性，也是苜蓿区域性的一个极好指标。我国应加强中等秋眠、非秋眠或极不秋眠苜蓿品种的培育，构建我国区域性苜蓿品种体系，形成苜蓿品种的区域性差异化发展，在这方面美国的经验值得我国借鉴。美国为了实现苜蓿品种的区域性差异化发展，更准确地评价苜蓿产量潜力与抗寒性，育种家采用秋眠性等级（Fall Dormancy Rating，FDR）和越冬存活指数（Winter Survival Index，WSI）或抗寒性指数（Winterhardiness Index，WHI）两种系统评价苜蓿品种的适应性。越冬存活指数（Winter Survival Index，WSI）分为 1 ~ 6 级（极抗寒至不抗寒）。在威斯康星州 30 多年进行的 300 多次试验中，最高产量的品种平均比最低产量的品种多 2.3 t/ 年。可见选择适合本地区秋眠性、抗寒性、病虫性的苜蓿品种的重要性。

国产苜蓿品种秋眠级

秋眠级	品种
1	公农 1 号、公农 2 号、公农 3 号、新牧 1 号、中草 13 号、公农 5 号、龙牧 801、龙牧 803、龙牧 806、龙牧 808、草原 3 号、敖汉苜蓿、肇东苜蓿、润布勒、准格尔苜蓿、草原 2 号
2	中苜 1 号、中苜 3 号、淮阴苜蓿、中苜 2 号、新牧 2 号、鲁苜 1 号
3	甘农 1 号
4	中兰 1 号
5	渝苜 1 号、甘农 5 号
6	凉苜 1 号

苜蓿秋眠等级（FDR）

等级	秋眠组	特性
1	极秋眠	极抗寒，秋季或冬末不生长
2，3	秋眠	抗寒，秋季或冬末少量生长
4，5，6	中等秋眠	抗寒中等，秋季或冬末部分生长
7，8	非秋眠	无抗寒能力，秋季或冬末生长良好
9，10，11	极不秋眠	对冬季条件极敏感，秋季或冬末生长非常好

资料来源：孙启忠，2014。

（2）加大耐盐抗旱苜蓿品种培育力度

盐胁迫是世界性的严重环境问题，培育耐盐品种可以在一定程度上缓解这一问题。植物育种技术培育能在轻度盐碱地（全盐含量 0.2% ~ 0.4%）到中度盐碱地（0.4% ~ 0.6%）保持一定产量的品种，为解决盐碱地问题提供一个相对经济有效的短期解决方案。

培育耐盐苜蓿的途径包括挖掘耐盐苜蓿野生资源；利用种间杂交提高现有苜蓿的耐盐性；利用现有苜蓿资源已经存在的变异；通过反复选择、组织培养诱变等方法在现有苜蓿种植资源中产生变异；以产量而非耐盐性进行品种培育。

苜蓿耐盐性的发展最终取决于两个因素 通过筛选和选择那些在盐胁迫下表现优异的植物来获得遗传变异是非常重要的；苜蓿品种存在耐盐表型变异。因此，品种间和品种内耐盐基因型的选择可能为进一步的育种和实验比较提供有用的材料。

耐盐耐旱遗传变异的来源，自然条件下的进化或驯化其基本特征是相同的。二者都有两个基本要求：一是在一个种群中，所期望的性状必须有遗传稳定的变异；二是必须有一种方法来选择具有最佳性状表达。苜蓿育种家可以利用一些有用的变异，来提高培育耐盐耐旱苜蓿品种的成功率。主要包括：地方 / 外来种质品种间变异的筛选；单株变异材料的筛选——品种内变异：种间杂交，属间杂交，导突变，体细胞无性系变异。

除传统的选育技术外，组织培养、原生质体融合和重组 DNA 技术等现代基因工程技术可能对提高苜蓿耐盐耐旱性有一定的作用。传统选择苜蓿通常被认为是一种中度盐敏感的物种。苜蓿萌发、成株和成熟期耐盐性由不同的遗传机制决定。为了提高苜蓿对盐碱地条件的适应性，需要在两个阶段进行多次循环的选择。在适当施用的情况下，在水介质或土壤介质中进行萌发和幼苗生长的循环选择，然后在多次扦插中进行产量选择，可显著改善田间环境。

分子标记辅助选择 DNA 标记在提高植物育种效率方面的巨大潜力得到了广泛认可，美国许多农业研究中心和植物育种机构已经采用了标记开发和标记辅助选择（MAS）的能力。新墨西哥州立大学合作一个项目，利用分子标记在缺水灌溉农田条件下提高饲草产量。这些标记在一个定位群体中被识别出来，被用来将可能的耐旱基因转移到优秀的苜蓿品种中，并可能消除消极基因。

转基因的解决方案 不同的转基因策略可以显著提高苜蓿的耐盐性。一种策略包括使用转录因子，这是一种控制遗传信息流动或传递的强大的调节元件，从而调节细胞生化活动，以应对一系列生物和非生物胁迫。使用的转录因子提供了对多种胁迫的耐受性。人们对其中一个基因进行了广泛的研究，并提高了对盐胁迫、营养有效性和干旱胁迫的耐受性。此外，这种特殊的基因已经显示出多效性效应，并已被证明在没有压力的情况下提高生产力。在重复生长室生物试验和田间研究中，当施加盐分、养分有效性和干旱胁迫时，转基因事件产生的产量比对照高 30% ~ 60%。在没有胁迫的情况下，这些事件也比对照组产生了超过 50% 的饲料产量。

另一种策略是利用一种特殊的膜逆向转运蛋白，将钠离子按浓度梯度泵出，并将其隔离在细胞液泡中。盐渍土壤中的钠离子对植物有毒害作用，因为钠离子对钾营养、胞质酶活性、光合作用和代谢都有不良影响。

四、苜蓿产业发展新视角

1. 加快苜蓿品种国产化的步伐

（1）苜蓿品种国产化的紧迫性

长期以来，我国重苜蓿草生产轻种子生产的现象十分严重，一直认为种子通常是苜蓿干草生产的副产品。到目前从事苜蓿种子专业化生产的公司屈指可数。随着我国苜蓿产业的快速发展，苜蓿种子的需求量不断增加。目前我国苜蓿种子生产能力还有待提高，特别是优良品种的种子还不能满足市场需要，因此，我国每年要从国外进口苜蓿种子 2 500 t 左右。虽然国外苜蓿品种优良性状突出，但这些优良性状只有在良好的生长环境和高肥高水的条件下才能表现出来。目前我国苜蓿种植的条件都相对较差，因大面积种植国外苜蓿品种，也给我国苜蓿产业带来巨大的损失，如苜蓿冻害时有发生，特别是 2000 年冬季海拉尔 4 000 多公顷的国外苜蓿被冻死，造成巨大的损失。由此可见，我国苜蓿产业品种必须走国产化的道路，加快苜蓿品种国产化的步伐，实现苜蓿品种国产化，国产品种区域化、多样化，区域品种优质化、高产化，优高品种良种化，因此加快发展国产苜蓿品种优良种子生产已刻不容缓。

（2）发挥资源优势强化国产苜蓿良种扩繁

苜蓿种子生产具有明显的专业性和地域性，因为苜蓿的开花生物学特性、种子结实特性对环境有特殊的要求。种子产量低的主要原因是：结实率低（只有 40% ~ 60% 的花结实率），以及每荚种子数低（通常为 3 ~ 4 粒）。这两个性状都取决于天气条件，特别是开花期温度、结荚和种子成熟期间降水量的总和分布。研究表明，单株种子产量与每穗荚果数和荚果粒数呈正相关，与 10 个生殖性状和形态性状呈正相关。这些性状的变异性决定了种子产量的 60% 左右的变异性。多元线性回归和表型相关分析表明，同时选择增加每穗荚果数、增加每穗籽粒数和分枝数可提高种子产量潜力。穗粒数和穗粒数的加性遗传效应占表型变异的比例较低，约为 23%，而粒数和穗粒数的加性遗传效应分别为 75% ~ 77% 和 56% ~ 57%。

苜蓿种子的高产性。在美国农业部在西弗吉尼亚州普罗塞的研究中，自 1966 年以来，苜蓿种子产量从 1 200 kg/hm^2 到 2 110 kg/hm^2。1971—1980 年，加利福尼亚州平均单产最高，为 552 kg/hm^2，俄勒冈次之，为 515 kg/hm^2；内华达 489 kg/hm^2；爱达荷州 480 kg/hm^2、华盛顿州 477 kg/hm^2。自 1980 年以来，通过改进技术，加利福尼亚州的平均产量已从 1982 年的 672 kg/hm^2 提高到 1984 年的 762 kg/hm^2。塞尔维亚苜蓿种子平均产量约为 250 kg/hm^2，种子产量变异较大（15 ~ 800 kg/hm^2）。我国苜蓿种子产量一般在 225 ~ 535 kg/hm^2，甘肃河西走廊种子产量较高，可 675 ~ 1 275 kg/hm^2，最高可达 1 860 kg/hm^2，可见我国苜蓿种子生产水平并不落后国外。

苜蓿种子生产区域的科学规划是非常必要的。昆虫传粉的可利用性为苜蓿制种区昆虫传粉的豆科植物提供了很大的优势。几种重要的传粉昆虫包括：蜜蜂、切叶蜜蜂、碱蜂和大黄蜂。野生和家养蜜蜂都被使用，尽管它们在“绊倒”（授粉/受精）苜蓿花方面都不是很有效。

切叶蜜蜂（*Megachile* spp.）是一种野生物种，是比蜜蜂更有效的传粉者，尽管它们很少在自然中出现，数量足够，仅为商业种子田授粉。碱蜂已成为苜蓿重要的传粉者，在某些种子区，它们是自然发生的或被引进的。它们的活动范围比切叶蜂远得多，而且通常数量也大得多。人们曾多次尝试将碱蜂引入新的种子区，但收效不大。这是通过从成熟的筑巢地取出大型的岩心，并将它们插入需要新床的地方来完成的。如果要建立成功，大量的场地准备是必要的。大黄蜂也是有效的传粉者，然而它们的数量很少不足以显著提高种子产量。大黄蜂在集约化的农业地区受到限制，因为它们的巢穴被破坏了。杀虫剂的使用对所有种类的蜜蜂都是一个潜在的威胁，滥用杀虫剂导致蜜蜂数量严重减少。

2. 强化资源的高效利用

（1）大力发展高效节水苜蓿

水资源无疑是目前和未来苜蓿产业发展最重要的问题。苜蓿是一种在有限灌溉系统中具有节水潜力的作物，有限的苜蓿灌溉是一种节约农业用水的方法，以满足不断变化的水需求，同时仍然保持灌溉农业系统的生产。首先在充分灌溉的情况下，苜蓿在生长季节消耗大量的水，因此，通过有限的灌溉方式节约水的潜力很大。其次苜蓿具有抗旱和耐水机制，这使得它在生物学上适合有限的灌溉。例如，苜蓿是一种扎根很深的多年生作物，在干旱时期能够进入秋眠状态。在秋眠期间，苜蓿限制地上部的生长，同时在水分充足时又能快速生长储存能量。这一特性使灌溉管理者可以灵活地在有水的情况浇水，在缺水的情况截留水分。

地埋滴灌系统（Subsurface Drip Irrigation System，SDI）是世界范围内使用的现代灌溉技术之一，目前在我国苜蓿生产中得到广泛应用。SDI 有许多优势，特别是在水资源有限的地区。此外，苜蓿将受益于 SDI 的几个原因，包括增加干草产量，因为它能在收获季节浇水；节约用水的潜力。由于苜蓿用水量大，提高用水效率理论上可以减少用水量，从而降低成本；由于地表干燥，杂草侵扰减少。SDI 可以大大减少深层渗流和表面蒸发。使用 SDI 可节约季节总用水的 25%。

多年来，SDI 已经在美国西部和许多其他国家的各种作物上得到应用。在一份 SDI 研究概要中发现，30 多种不同作物的产量响应大于或等于其他灌溉方法，包括地面滴灌，而且在许多情况下也需要更少的水。苜蓿的盈利能力将在很大程度上取决于当地条件和限制，特别是水的供应和成本。

苜蓿将比大多数作物从 SDI 中获益更多，因为它需要大量的水。由于转换为 SDI 的好处是系统效率的飞跃，这意味着像苜蓿这样的作物比使用较少水的作物节省了更多的水（也因此节省了更多的成本）。因为灌溉劳动力成本与每个季节的灌溉次数有关，所以种植苜蓿比种植耗水量较少的作物能节省更多的灌溉劳动力。

（2）大力发展雨养苜蓿

土地利用变化（包括耕地的城市发展）和环境变化（包括与气候变化有关的变化）对我国未来的苜蓿生产提出了严峻的挑战。为了应对这些挑战，必须推出既能提高产量又具有高适应性的苜蓿新品种。

半干旱、半湿润地区，在农业生产中因缺水引发了日益严重的担忧，因为气候变化可能将导致更高的温度和更频繁的干旱事件。苜蓿是半干旱、半湿润地区适宜于低投入的栽培草种，对土壤肥力有积极作用，且饲草又具有较高的蛋白质含量和营养价值。此外，苜蓿通过其深层发达根系统吸收水分，可供干旱的春季苜蓿生长，与其他多年生豆科植物相比，它是一种更耐旱的作物。此外，它在夏季停止营养生长的能力有助于在初秋降雨时更快地恢复生长，适宜于在半干旱、半湿润地区发展雨养苜蓿。

我国苜蓿产业发展受水资源和土地资源的制约日趋严重，应该从战略层面上，考虑在半湿润、半干旱地区发展雨养苜蓿。充分利用半湿润、半干旱地区降水量相对较多和雨热同季的优势，尽快研发适宜该地区雨养苜蓿发展的苜蓿品种、种植、水资源利用、管理和收获等体系，构建具有我国特色的雨养苜蓿生产体系。辽宁省年降水量在 450 ~ 600 mm 的法库、沈北新区、凌海等地发展雨养苜蓿取得较好的效果。希腊在地中海发展雨养苜蓿也获得了成功。

在半湿润、半干旱地区降水量相对较大，对苜蓿生长来说是有利，但对苜蓿收获来说是不利的。因此，半湿润、半干旱地区发展雨养苜蓿既要考虑苜蓿的抗旱性，又要防范因降雨给苜蓿收获带来的负面影响。构建苜蓿收获风险防范系统，尽量减少损失。

（3）大力发展盐碱地苜蓿

我国有盐碱地资源近 1 亿 hm^2。在我国耕地不断减少，水资源制约不断增加，苜蓿产业发展受限的背景下，开发利用这一宝贵资源，发展盐碱地苜蓿就显得十分重要。苜蓿耗水量较大；因此，在灌溉地区，日益严重的水资源短缺和对水供应的替代性竞争需求使这些地区的苜蓿生产无法持续。利用水资源相对丰富的盐碱地发展苜蓿是可行的。苜蓿的耐盐性在饲草中表现为中等敏感性，中等耐受性。

在过去的 20 年里，开发耐盐性更好的苜蓿新作物品种的努力得到了加强。2022 年中央一号文件明确提出："支持将符合条件的盐碱地等后备资源适度有序开发为耕地。研究制定盐碱地综合利用规划和实施方案。分类改造盐碱地，推动由主要治理盐碱地适应作物向更多选育耐盐碱植物适应盐碱地转变。支持盐碱地、干旱半干旱地区国家农业高新技术产业示范区建设。"苜蓿是改良和利用盐碱地的先锋植物，我国古代就利用苜蓿这一特性进行盐碱地改良。

清道光十三年（1833 年）河南的《光绪扶沟县志》记载："扶沟碱地最多，唯种苜蓿之法最好。苜蓿能暖地，不怕碱，其苗可食，又可放牲畜。三四年后改种五谷，同于膏壤矣。"清代山东省《观城县志》记载："碱地寒苦，苜蓿能暖地，性不畏碱，先种苜蓿数年，改艺五谷蔬果，无不发矣。又碱喜日而避雨，或乘多雨之年，栽种往往有收。又一法掘地方尺深之三四尺，换好土以接引地气，二三年后，则周围方丈之地变成好土矣。闻之济阳农家云，则知新吾之言不谬，以上诸法在老农勘验无疑。"这说明我国利用盐碱地种植苜蓿具有较成熟的技术。

进行盐碱地苜蓿理论与技术创新，选择耐盐（碱）苜蓿品种，深挖盐碱地栽培苜蓿的农艺措施和资源配置潜力，采用躲盐、生物改良等盐碱地栽培技术提高种植苜蓿的成功率，确保苜蓿在轻度盐碱地（全盐含量 0.2% ~ 0.4%）正常生长；通过新技术培育超耐盐（碱）苜蓿品种，提高苜蓿的耐盐性，采用生物改良新技术，向中度盐碱地（全盐含量 0.4% ~ 0.6%）或重度盐碱地（全盐含量 0.6% ~ 0.8%）延伸，降低盐碱地的盐分含量，结合盐碱地种植的农艺措施，为苜蓿适宜盐碱地生长创造条件，开创盐碱地苜蓿生产新局面。

3. 大力发展高质量苜蓿

随着我国有机奶业的快速发展，对有机饲草的需求也在逐年增加，特别是对有机苜蓿的需求呈上升趋势。对有机苜蓿需求的增加，使苜蓿成为有机种植者的青睐作物，这可能比传统种植的苜蓿干草利润率高出 10%。这种对有机饲草的需求，主要是由于人们对有机乳制品需求量增加，生产有机牛奶的奶牛必须喂食有机饲草。有机苜蓿的其他市场包括有机牛肉和羊肉生产以及赛马。与传统生产的苜蓿干草相比，有机种植苜蓿具有相当大的挑战性。由于苜蓿是一种豆科植物，它不像常规种植的苜蓿那样需要施氮，但提供必要的磷和钾可能成本更高。

对有机种植者来说，立地过程的重要性再怎么强调也不为过。这特别包括：种植前灌溉，以减少杂草；整地和平整土地，以提高灌溉效率；适当的种植时间在早秋，以促进良好的根系发育；选择抗虫害的品种；喷灌，以产生良好的植株。然而，有机种植者在立地过程中必须有更高的管理水平，因为他们随后的杂草和害虫控制选择较少。在适当的时候建植草地，是保护苜蓿作物免受病虫害的最好办法。这是有机苜蓿种植者最重要的策略之一，以防止杂草入侵和害虫的危害。

与传统生产的苜蓿干草相比，有机种植苜蓿具有相当大的挑战性。除非适当建植和管理，否则会由于杂草和虫害压力的增加而降低产量和质量，并保持适当的土壤肥力。杂草管理在所有的耕作系统中都是一个重要的挑战，但在不使用化学除草剂的有机生产中尤其困难。杂草是有机生产的最大制约因素之一。

苜蓿播种床对杂草管理至关重要，因为强壮的苜蓿植株有助于战胜杂草。种植前，应准备一个良好的苗床，最好是在排水良好的土壤上，以确保种子发芽良好，并防止因积水而导致植物枯死。在土壤缺乏充分排水的地区，通常采用在床上或起垄种植苜蓿。然而，一些有机种植者发现犁沟杂草问题增加。播种应在夏末秋初进行，那时条件有利于立地。如果该地区至少 10 年没有种植苜蓿，用适当的有机认可的固氮细菌接种种子。使用经过认证的种子，因为它几乎没有杂草。种植苜蓿的最佳时间是夏末秋初秋，因为这一季节的植物生命力旺盛，可以战胜杂草。播种量应该略高于正常水平，例如，一般在 28 ~ 34 kg/hm^2，以帮助进一步抑制杂草。

第十三章 苜蓿种业

《齐民要术》曰："地宜良熟。七月种之。畦种水浇，一如韭法。（玄扈先生曰：苜蓿，须先剪，上粪。铁杷掘之，令起，然后下水。）旱种者，重耧耩地，使垄深阔，窍瓠下子，批契曳之。每至正月，烧去枯叶，地液辄耕垄，以铁齿鳊楱鳊楱之，更以鲁斫劚其科土，则滋茂矣。（不尔，则瘦。）一年三刈。留子者，一刈则止。"

玄扈先生曰："苜蓿，七八年后，根满，地亦不旺。宜别种之。根亦中为薪。"

——明·徐光启《农政全书·卷之二十七树艺·菜部》

第一节 古代近代苜蓿种子生产

一、古代苜蓿种子生产

早在魏晋南北朝时期，人们就认识到了苜蓿种子田的刈割制度与苜蓿草田的刈割制度是不一样的。贾思勰《齐民要术》曰：苜蓿“一年三刈。留子者，一刈则止。”倘若作种子的地一年只割一次即可，而作草田的地一年可割三次。

《齐民要术》

《养余月令·卷八·四月上》有类似的记载，此外，《养余月令》还曰：苜蓿“欲留种子者每年止可一刈，或种二畦，以一畦今年一刈，留为明年地，以一畦三刈，如此更换，可得长生，不须更种。”就是说今年一畦只割一次留种子田，而另外一畦割三次，作为草田；下一年又将上一年的草田割一次，留作种子田，而将上一年的种子田割三次，作为草田，如此反复更替进行，可延长苜蓿的使用年限。明《群芳谱》曰：苜蓿“欲留种者止一刈。”徐光启《农政全书》曰：“一年（则）三刈。留子者，一刈则止。……此物长生，种者一劳永逸，都邑负郭，咸宜种之。”

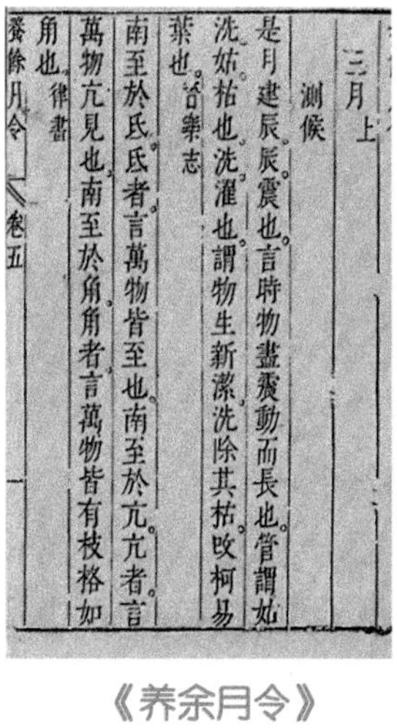

《养余月令》

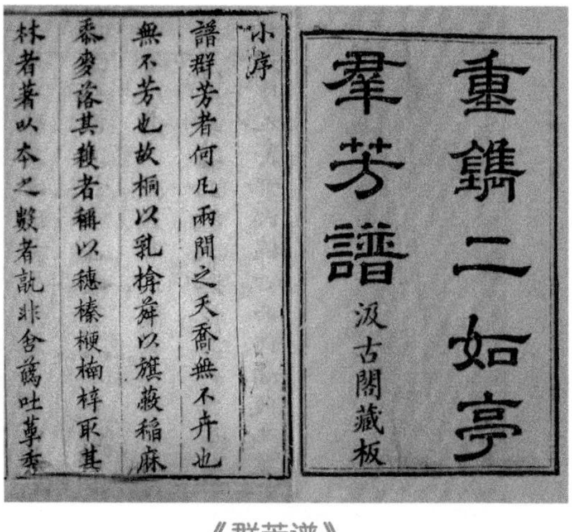

《群芳谱》

二、近代苜蓿种子生产

1. 苜蓿种子圃的建立

1934—1935 年，新疆曾从苏联引种猫尾草、红三叶、紫花苜蓿等草种，在乌鲁木齐南山种羊场、伊犁农牧场、塔城农牧场及布尔津阿魏滩等地试种。

1935 年 9 月，水利专家李仪祉致电全国政协经济委员会，提议“于西北各省山坡之地，种植苜蓿以期土质纠结牢固，防止冲刷”，这样做不仅帮助治理沿黄地区水土流失，而且有助于改良牧场饲料，并将稻产改良费二万元挪用，作为第一年试办费，因此牧草试验点得以扩充，最终确定为“青海之八角城，甘肃之兰州，平凉，临潭，崧山，天水，山丹，绥远之萨拉齐，陕西之三原，武功，西安，泾阳，潼关，山西之太原，宁夏之宁夏（县），河南之洛阳等十六处”。为了比较中外牧草品种之优劣，除了由美国购到优良牧草种子外，西北畜牧改良场决定“派员在陕西，甘肃，兰州及河西等地，收集单粒双粒大小畜牧种子”，将在 1936 年做对比试验。为了方便采集苜蓿种子，西北畜牧改良场还在各地设置了采种圃，计有八角城、嵩山、潼汜区、萨韩区采种圃，泾渭区采种圃计划与西北农林专科学校合办。

据 1936 年 4 月份报告，“八角城采种圃，圃地已派工整理预备播种，将来种子可供沿黄之清水河大夏河洮河等流域推广之需；崧山采种圃，现已将圃地垦竣，正在购置肥料调整土地，将来种子，可供黄河沿岸由循化至中卫之山岭及沿黄支流如湟水大通河镇羌河山水河等流域推广之用；萨韩采种圃，该区系与绥远省立萨拉齐新农试验场所合办，面积二千亩，计沿平绥铁路千亩，大青山中五百亩，新村附近五百一十亩，……，已由畜牧场派技术员前往担任技术指导，现各地均已垦竣，下月即可播种，将来所采种子，可推广于萨拉齐韩城之间沿黄各地；潼汜区采种圃，该区系与黄河水利委员会所合办，由该会在潼关、博爱两苗圃拨地一百三十亩，繁殖苜蓿，现已将苜蓿种子寄往准备种植，将来所收种子，可供潼关以上各地沿黄推广之用；泾渭区采种圃，现正与陕西武功西北农林专校接洽合办事宜，俟陕西畜牧分厂成立时，即可开始工作，将来所收种子，即可推广于天水平凉以东，沿泾渭河流域各地。”自 1935 年西北畜牧改良场种植苜蓿以来，收获种子较多，西北各处索取籽种者甚多，1936 年春季，将收到苜蓿牧草各种，分赠各处种植，请其试验以资比较。在牧草推广方面，通过调查选择富含营养、生长力强、适宜栽培推广的苜蓿、芨芨草、芦草、施风草、锁木子草、狗尾草、莎鞭、碱蒿、马莲草、红柴和登苏等品种在八里桥牧场、谢家寨林场和张政桥农场等地栽培。

延安时期（1935—1948 年），陕甘宁边区农业科技政策的推行，使得边区群众逐步认识到农业科技对具体农业生产的指导作用，并对边区农业的发起到明显的促进作用。从国内外进入的优良农作物品种在边区也得到了推广，边区引进的品种主要有狼尾谷、金黄后玉米、棉花、大豆、马铃薯、苜蓿。

1944 年，陕西兴平县农民祁正元将一亩苜蓿全部留用种子生产，产量达 75 kg/ 亩。

2. 苜蓿繁殖推广

1936 年尊卣就指出：“西北气候寒冷，冬季较长；而牧民不知利用储粮，供其冬日之需要，以致冻饿而死。盖刈取草类制成干草，储以备冬，乃轻而易举之事。苜蓿之饲养价值高，无论制成干草，藏以备冬，或青刈而饲养，均不失为最合理之粗糙饲料。”苜蓿乃西北原有优良牧草，但大批种子不易得到。加之牧民墨守成规，只知道利用天然草原放牧，不知栽种牧草，夏秋两季尚有草可牧，待到天寒地冻之时，即放任家畜在冰天雪地中，觅食残草，聊充饥肠，导致畜体羸瘦。故而河西一带，每年春季三四月间，羊只死亡率极大，其主要原因便是营养不良而造成的。对此，该区对于牧草栽种与草原改进均极力提倡，除宣传劝导、协助牧民购买苜蓿种子，指导种植外还自行租土地栽培以收示范之效。

第二节　现代种子生产与流通管理

一、种子田发展

20 世纪 50—60 年代，我国专门生产苜蓿种子的田很少，采种只是收割苜蓿青草过程中的副产品。种子工作执行自繁、自选、自留、自用，辅以国家调剂的“四自一辅”的方针。我国苜蓿种子产区主要以西北地区为主，1956 年西北地区产苜蓿种子 75 万 kg。

1959 年，陈布圣指出，紫苜蓿在武昌不结实，可能由于气候潮湿，龙骨瓣不易张开的缘故，但在河南结实情况则好些。紫苜蓿在我国西北结实一般尚为良好，但灌溉地种子产量较低，山地及旱地则种子产量较高，并且品种也较好。根据甘肃平凉农场试验，灌溉地每亩收种子 3.0~3.5 g，并且品种较差，而山地每亩可收种子 20 g，因此灌溉地农民多在附近山地及旱地购买种子（陈布圣，1959）。

1. 陕西

陕西关中地区，农民将青饲利用的苜蓿分为 3 个阶段，即嫩苜蓿、开花苜蓿和老苜蓿。从 4 月开始利用，随着割草时间的推移，将已成熟的种子打下即为种用，一般 15 ~ 20 kg/ 亩。在适宜条件下，也有农户苜蓿种子产量可达 50 ~ 75 kg/ 亩。1951 年宝鸡市产苜蓿种子 4.95 万 kg。

陕西苜蓿种子

2. 甘肃

1953 年，甘肃省将苜蓿种植列入农业生产计划中，1954 年贷出苜蓿、草木樨种子 9.5 万 kg。1986 年甘肃省财政投资在镇原、西和、西峰市建紫花苜蓿、红豆草种子基地 3 处 4 000 亩，总建设面积 3.1 万亩，1986 年底完成 2.82 万亩，年紫花苜蓿、红豆草等良种 100 余万 kg，1986 年甘肃全省生产紫花苜蓿种子 200 万 kg，1988 年种子产量达 300 万 kg。甘肃省苜蓿种子生产区可分为陇东、中部和河西 3 个区。

陇东区 包括庆阳和平凉两地区，年降水量 450 ~ 550 mm，农民家家种苜蓿，家家养畜，家家留种子，单产 15 ~ 20 kg/ 亩。年产苜蓿种子 170 万 kg 左右，占全省总产量的 60%。

中部区 以定西、天水、兰州为主要产区，年降水量 300 mm 左右，种子产量低而不稳，产量 15 kg/ 亩以下，年总产量 100 万 kg，占全省总产量的 30% 左右。

河西区 为干旱灌溉农业区，日照充足，是良好的牧草种子生产基地，单产 25 ~ 40 kg/ 亩，全年种子产量约 25 万 kg。

甘肃苜蓿种子

3. 新疆

1957 年，新疆奇台县草原工作站在引种牧草品种试验的同时，开始繁育紫花苜蓿、苏丹草、草木樨等优良牧草种子，当年开荒播种种子田 430.5 亩。

1958 年，种子田面积扩大到 840 亩，收获紫花苜蓿、草木樨、苏丹草种子 30 余吨。

1963 年，苜蓿播种面积达 1 042.5 亩，其中留种田 400.5 亩苜蓿，占苜蓿总面积的 38.42%，年产苜蓿种子 10 余吨。“文化大革命”期间，部分苜蓿地被翻耕种粮，苜蓿种子产量下降为 4 ~ 6 t。

1977—1979 年，全疆生产以紫花苜蓿为主的牧草种子 608 t，提供商品种子 492 t。其中给 12 个省区调拨紫花苜蓿种子 212 t，仅布尔津县二牧场，三年来共播种紫花苜蓿种子田 15 000 亩，生产种子 306 t，提供商品种子 293 t，收入 87.9 万元。

1979 年，国家农林部畜牧兽医总局又给新疆投资人工草料基地建设费 190 万元，自治区集中用于 6 个牧草种子基地建设。当年牧草种子田达 1.86 万亩，生产种子 248.9 t，提供商品种子 195.7 t，其中紫花苜蓿种子 184.7 t，向其他省区外调 124.6 t。

1980 年，牧草种子田 2.70 万亩，产种子 233.43 t，提供商品种子 200.2 t，向其他省区外调 74.2 t。1981 年全疆牧草种子田达 3.0 万亩，产牧草种子 209.15 t，提供商品种子 152.15 t，其中紫花苜蓿种子 125.15 t。

1980—1985 年，阿勒泰县建立旱生黄花苜蓿种子基地 3 000 亩。从 1975—1984 年，布尔津县杜来提乡向国家提供苜蓿种子 438.8 t。1985 年 3 月 5 日，农牧渔业部特予表彰。

1985 年新疆牧草种子基地紫花苜蓿播种面积

种子基地	投资（万元）	播种面积（亩）	说明
阿勒泰地区	10		
阿勒泰县	5	3 000	增黄花苜蓿、红豆草 30 t
布尔津县杜来提乡	5	1 000	增紫花苜蓿 20 t，年产达 70 t
昌吉州	10		
米泉县甘家堡	3	200	紫花苜蓿、红豆草
阜康县草原站	2	200	紫花苜蓿、红豆草
和田地区	5		
民丰县草原站	3	300	和田苜蓿，年产 15 t
于田县草原站	2	200	和田苜蓿，年产 10 t
乌鲁木齐	7		
乌鲁木齐县草原站	3	500	和田苜蓿
直属	8		
乌鲁木齐种牛场	3	1 000	大叶苜蓿
乌鲁木齐种羊场	2	500	大叶苜蓿

4. 内蒙古

1977 年，《全区草原建设综合服务站长会议纪要》指出，“当前，要特别着重解决苜蓿、沙打旺产籽少的问题。”

1980 年，内蒙古农牧学院培育繁殖杂花苜蓿种子 500 多千克。

1983 年，全区生产紫花苜蓿种子 52.4 万 kg。

1984 年，全区草籽田达 22.33 万 hm^2，预计可产草籽 675 万 kg，其中苜蓿籽可达 125 万 kg。

1987 年，全区牧草种子田 40.33 万 hm^2，生产各类牧草种子 1 231.4 万 kg，准格尔、清水河等 10 个牧草种子生产基地旗县生产量约占总产量的 80%，其中紫花苜蓿、沙打旺、羊柴、草木樨等分别成为各盟市县的当家草种。

1988 年，内蒙古赤峰市敖汉旗种植苜蓿较多，有苜蓿种子田 0.99 万 ~ 4.95 万亩，年产种子 20 万 kg。

内蒙古林西县苜蓿种子田

内蒙古敖汉旗苜蓿种子田

内蒙古扎赉特旗苜蓿种子田

5. 河北

1959 年 4 月 18 日，河北省农林厅发出《建立苜蓿留种田，扩大牧草生产意见的通知》，经衡水现场会议确定，有 18 个县建立苜蓿留种田 11 万亩，预计产种子 250 万斤。1963 年，河北省农业厅决定自力更生繁殖本省所需紫花苜蓿种子，把苜蓿繁种列入农业发展规划中。确定阳原、枣强、景县、交河、河间县为苜蓿种子生产基地，每县保证生产种子 10 t。苜蓿种子由专署、县种子公司负责经营。

二、全国苜蓿种子面积与产量

1983年，新建牧草种子田面积达136万亩。种子田面积累计达到758万亩，分布于全国22个省市区的86个基地县。1985年底，牧草种子田面积达62 000亩，当生产各类牧草种子3 550万kg，使牧草种子自给有余，结束了依赖国外进口牧草种子的历史。1988年我国生产苜蓿种子10 860 t，苜蓿主要生产地区为甘肃、陕西、宁夏、内蒙古和新疆。其中甘肃种植面积最大达37.3万hm^2，约占全国种植总面积的28%，年产种子3 000 t。

1988—1989年全国苜蓿种子产量

产区	产量（t）	产区	产量（t）
天津市	1.0	山东省	75.0（出口50.0）
河北省	223.4	河南省	300.0
山西省	200.0（出口75.0）	陕西省	2 400.0（出口900.0）
内蒙古	1 750.0（出口120.0）	甘肃省	4 820.0（出口500.0）
吉林省	3.0	宁夏	824.0
黑龙江省	15.0	新疆	250.0
江苏省	2.0	总计	10 863.9（出口1 645）

2002—2004年，全国苜蓿种子田的面积为70.22万~77.59万亩，单产平均19.33~23.46 kg/亩，总产量为1.47万~1.74万t，主要分布在甘肃、新疆、宁夏和内蒙古。

2002—2004年全国苜蓿种子生产情况

年份	面积（万亩）	平均单产（kg/亩）	总产量（万t）
2002	70.22	23.46	1.65
2003	77.59	22.47	1.74
2004	75.89	19.33	1.47

2010—2020年，全国苜蓿种子田的面积为40.40万~152.74万亩，总产量为1.20万~2.90万t。其中2010年苜蓿种子田面积和总产量达到历史最高水平，分别为152.74万亩和2.9万t。

全国苜蓿种子田面积与产量

年份	面积（万亩）	总产量（万t）	年份	面积（万亩）	总产量（万t）
2010	152.74	2.90	2016	52.62	1.26
2011	82.02	1.62	2017	57.35	1.22
2012	69.73	1.16	2018	65.18	1.71
2013	57.45	1.20	2019	50.67	1.22
2014	57.81	1.43	2020	40.40	1.17
2015	49.68	1.13			

三、苜蓿种子单位面积产量

1951 年，甘肃省平凉旱塬苜蓿种子田单产为 20 ~ 25 kg/ 亩，灌溉地苜蓿种子产量 3.0 ~ 5.0 kg/ 亩。陇东 15 ~ 30 kg/ 亩、中部 20 ~ 35 kg/ 亩、河西 55 ~ 95 kg/ 亩。河西最高产量可 101.5 kg/ 亩，农户产量可达 55.9 kg/ 亩。2019 年，甘肃创绿草业科技有限公司和张掖高台县绿欣制种苜蓿农民合作社社企合作，订单生产，1 230 亩苜蓿种子田单产可达 71.71 kg/ 亩，另外 270 多亩苜蓿种子基地，平均种子产量达 82.13 kg/ 亩。

苜蓿种子

1954 年，宁夏银川灌区苜蓿种子产量 40 ~ 60 kg/ 亩，最高达 85 kg/ 亩。宁夏永宁试验站在第一茬留种，产量为 50 ~ 70 kg/ 亩，而第二茬留种产量仅为 29.15 kg/ 亩。

1954 年，孙醒东研究指出，华北的苜蓿种子单产一般在 20 ~ 30 kg/ 亩，最高可达 50 kg/ 亩。东北用机械收割，可以达到这个单位产量。在苏联苜蓿种子产量一般在 40.0 ~ 53.3 kg/ 亩，最高可达 60.0 ~ 86.7 kg/ 亩。

1988 年，内蒙古敖汉旗在旱作条件下，苜蓿种子一般产量为 10 ~ 20 kg/ 亩，管理好的可达 25 kg/ 亩。内蒙古宁城县 25 ~ 80 kg/ 亩。

1988 年，全国平均单产 10 ~ 20 kg/ 亩，宁夏银川灌溉地区的产量达 40 ~ 60 kg/ 亩。

四、种子流通经营

1950 年，甘肃省给新疆、内蒙古、青海调紫花苜蓿、黄花草木樨种子 70 万 kg，1974 年紫花苜蓿种子销往外省区 150 万 kg，创历史最高纪录。西藏每年从甘肃调紫花苜蓿种子 5 万 kg。紫花苜蓿种子在省内调剂量，一般年份为 20 ~ 30 kg，1984 年为 60 kg。1984 年，甘肃省从陕西、内蒙古、宁夏等省区调入紫花苜蓿种子 40 万 kg，1985 年调入 25 万 kg。

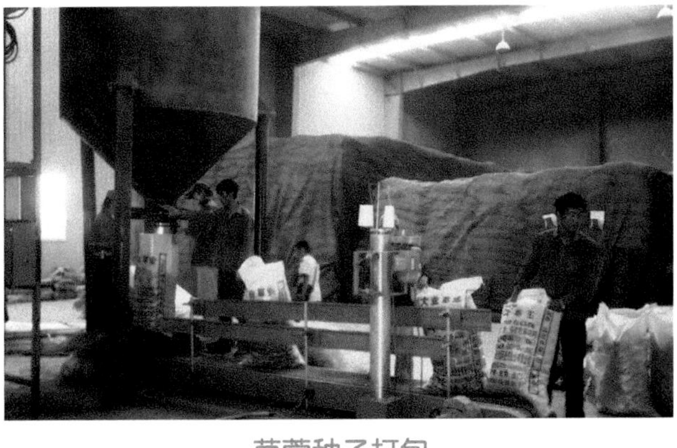

苜蓿种子打包

1954年，内蒙古政府发放2 750 kg种子，试种28 100亩。1967年，苜蓿和草木樨草籽的购销工作，仍由各级农牧部门统一安排和推广。苜蓿草籽每市斤一等：0.42元，二等：0.36元，等外：0.30元以下。

苜蓿种子进口量

年份	进口量（t）	年份	进口量（t）
1992—1999（平均每年）	55.12	2017	1 236.5
2002	6 635.1	2018	2 470.2
2003—2005（平均每年）	2 738.7	2019	2 569.7
2008	48.53	2020	3 500.0
2014	2 462.4	2021	5 159.3
2015	2 345.9	2022	1 600.0
2016	2 600.0		

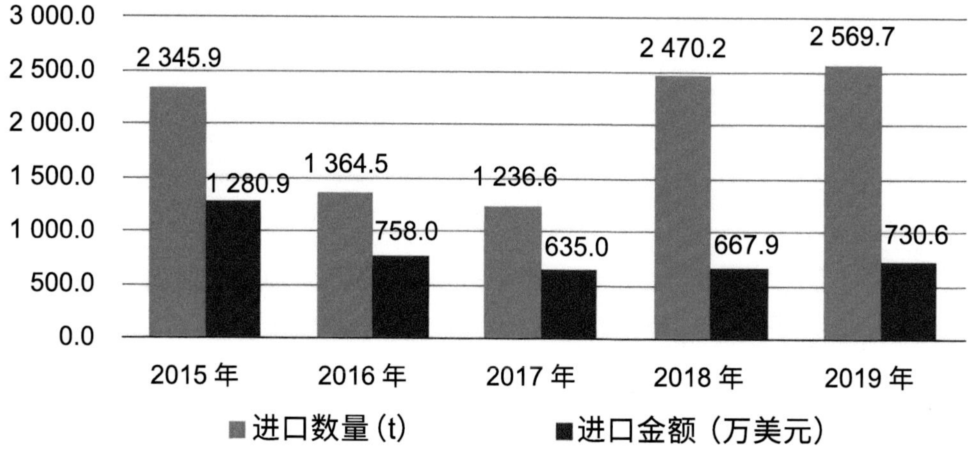

2015—2019年中国紫苜蓿种子进口数量、金额统计

资料来源：中国海关，智研咨询整理。

2020年1—11月，我国草种子进口5.98万t，同比增加18%。其中苜蓿种子进口0.35万t，同比增加37%。2021年紫花苜蓿子进口0.52万t，2022年，我国草种子进口5.20万t，同比减少27%。其中苜蓿种子进口0.16万t，同比减少69%。

五、种子管理

1982年3月11日，由中华人民共和国农业部提出，国家标准局发布《中华人民共和国牧草种子检验规程》。

1984年10月25日，农牧渔业部颁布了《牧草种子暂行管理办法（试行）》。

2006年1月5日，农业部第2次常务会议审议通过《草种管理办法》，同时废除1984年10月25日农牧渔业部颁发的《牧草种子暂行管理办法（试行）》。

1985年，国家发布了《豆科主要栽培牧草种子质量分级》（GB 6141—1985）。

1986年，农牧渔业部发布了《我国优良牧草种子生产技术要求（试行）》。

1986年，农牧渔业部在全国成立了10个牧草种子检验中心。

1989年，中国牧草种子检验组织正式加入了国际种子检验协会，标志着中国牧草种子检目录，对牧草种子质量进行检验的技术法规，得到国际种子检验协会的承认。

第三节 苜蓿种子生产技术

一、苜蓿种子生产地域性理论与实践

1997年，韩建国教授根据多年的研究结果，在《实用牧草种子学》一书里提出了苜蓿种子生产的地域性理论，他认为新疆甘肃河西、宁夏、内蒙古西部、内蒙古赤峰地区是我国紫花苜蓿的种子生产最适宜区域。

韩建国教授与《实用牧草种子学》

2000—2023年，甘肃西部草王牧业集团有限公司（原成都大业国际投资股份有限公司）是集饲草种植、加工，牲畜饲养、油料作物种植加工、饲料销售、研究开发（不含生产加工）、进出口贸易、农牧业管理服务和咨询服务为一体的集团公司。其中酒泉大业种业有限责任公司是我国唯一集牧草种子生产、加工、销售为一体的专业种子生产公司。目前该公司的苜蓿种子生产水平已达到国际领先水，在国内处于高水平生产状态。在苜蓿种子生产中，该公司采用宽行稀植技术，以及控水控肥相结合，

使大面积苜蓿种子田的平均产量达 60~70 kg/ 亩，最高可达 80~110 kg/ 亩。

酒泉大业种业有限责任公司苜蓿种子生产、加工

2002 年，曹致中教授采用宽行稀植技术，使苜蓿种子平均产量达 70 kg/ 亩，最高可达 120 kg/ 亩。

《牧草种子生产技术》

2019 年，甘肃张掖市高台县绿欣苜蓿制种农民专业合作社社长何进珍在甘肃农业大学曹致中教授指导下，1 230 亩苜蓿种子田总产达 88 025 kg，平均达 71.71 kg/ 亩；其中甘农 3 号 270 亩总产 22 175 kg，平均达 82.13 kg/ 亩。

左起：社员王强　曹致中教授　何进珍社长

2022 年，高台县绿欣苜蓿制种农民专业合作社苜蓿种子田已达 4 760 亩，30 万 kg（300 t），平均 63.03 kg/ 亩。曹致中教授认为，如果在水肥调控、控制密度和高度方面，及时增施磷钾肥和微肥、引进切叶蜂、选用损失更小的收获机，苜蓿种子产量还可提高。因此，他提出了万亩苜蓿种子田平均种子产量达到 60 kg/ 亩，千亩达到 80 kg/ 亩，百亩达到 100 kg/ 亩的目标。

为了解决苜蓿种子田播种当年无种子或种子产量低，何进珍在曹致中教授的指导下，采用了如下办法：

◆ 播种时铺黑色地膜，增温保湿控杂草；

◆ 顶凌播种，延长生长期；

◆ 适当增加密度，将正常的一膜两行改为一膜三行，行株距 60 cm × 20 cm。

以上措施，可使播种当年苜蓿种子产量达 40 kg/ 亩以上，部分地段可达 50 kg/ 亩。第二年，将一膜三行用除草剂改为一膜两行，形成 60 ～ 120 cm 的宽窄行，使密度保持正常。

紫花苜蓿种子田

二、良种繁育

1955 年，徐龙珠进行了“苜蓿结实问题试验”（研究论文，王栋指导）。

2000 年，孙启忠、桂荣、那日苏从我国苜蓿种子生产现状与存在问题出发，阐述明了我国西北地区发展苜蓿种子产业的优势、市场前景及加快西北地区苜蓿种子产业化发展的对策。

2002—2022 年，中国农业科学院草原研究所牧草栽培创新团队分别在内蒙古林西、武川、五原县、敖汉和土默特左旗等地，进行宽行穴播苜蓿种子生产试验研究。苜蓿种子产量可达 40 ～ 70 kg/ 亩，个别年份最高可达 75 ～ 80 kg/ 亩。

沙地宽窄行穴播（敖汉旗）

大行距 × 小行距 × 株距：60 cm × 45 cm × 35 cm

大行距 × 小行距 × 株距：80 cm × 45 cm × 35 cm

大行距 × 小行距 × 株距：80 cm × 60 cm × 35 cm

大行距 × 小行距 × 株距：100 cm × 70 cm × 35 cm

宽窄行（一膜两行）（土默特左旗）

膜下滴灌（一膜两行），膜上两行行距（小行）45 cm，膜与膜行距（大行）75 ~ 80 cm，株距 30 ~ 35 cm。

大行距 × 小行距 × 株距：（75 ~ 80）cm × 45 cm × 35 cm

宽行穴播技术（河套灌区五原）

行距 × 株距：60 cm × 50 cm

行距 × 株距：80 cm × 60 cm

行距 × 株距：100 cm × 60 cm

行距 × 株距：100 cm × 80 cm

行距 × 株距：100 cm × 100 cm

行距 × 株距：120 cm × 80 cm

行距 × 株距：120 cm × 100 cm

三、结实性

苜蓿结实

苜蓿结实

第四节 苜蓿种业科技

一、苜蓿传粉学

1982 年，吴燕如报道有 17 种野蜂能为苜蓿传粉，其中以苜蓿准蜂、苜蓿彩带蜂、中国彩带蜂及北方切叶蜂最重要。

苜蓿彩带蜂

中国彩带蜂

北方切叶蜂

1991 年，在北京试验表明，用切叶蜂为苜蓿传粉时，放蜂田种子产量为 315 kg/hm^2，对照为 186 kg/hm^2，种子增产 69.4%。在美国西北部地区和加拿大，苜蓿种子田每公顷放置 7 ~ 8 箱蜜蜂，种子产量可达 390 ~ 670 kg/hm^2（Bohart，1957；Hobbs 等，1995），有的种子产量高达 1 120 kg/hm^2（Vabsell 等，1946；Linskey 等，1947）。

切叶蜂是苜蓿授粉最有效的昆虫，缺乏切叶蜂授粉成为限制我国苜蓿种子单产提高的瓶颈。

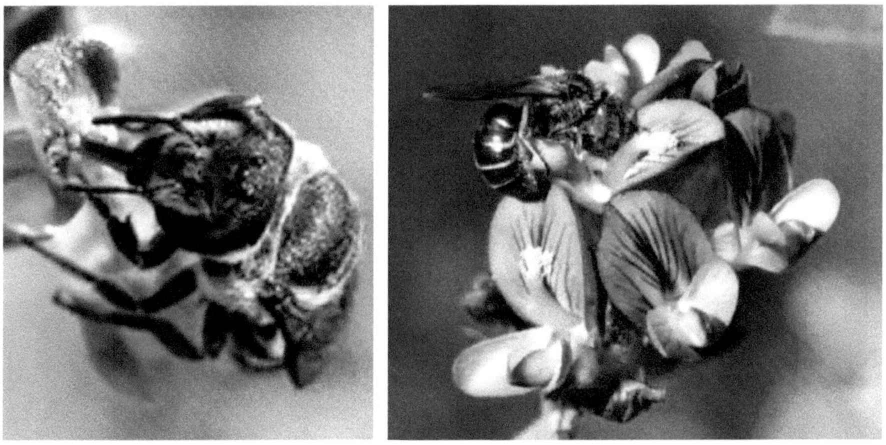

切叶蜂

蜂箱

1993 年，徐环李、吴燕如对内蒙古主要豆科牧草传粉蜜蜂种类调查，发现能为紫花苜蓿传粉的蜜蜂有 21 种，优势传粉有 2 种，为蒙古拟地蜂和北方切叶蜂。

蒙古拟地蜂

北方切叶蜂

蜜蜂在打开龙骨瓣的过程中

被打开的龙骨瓣花

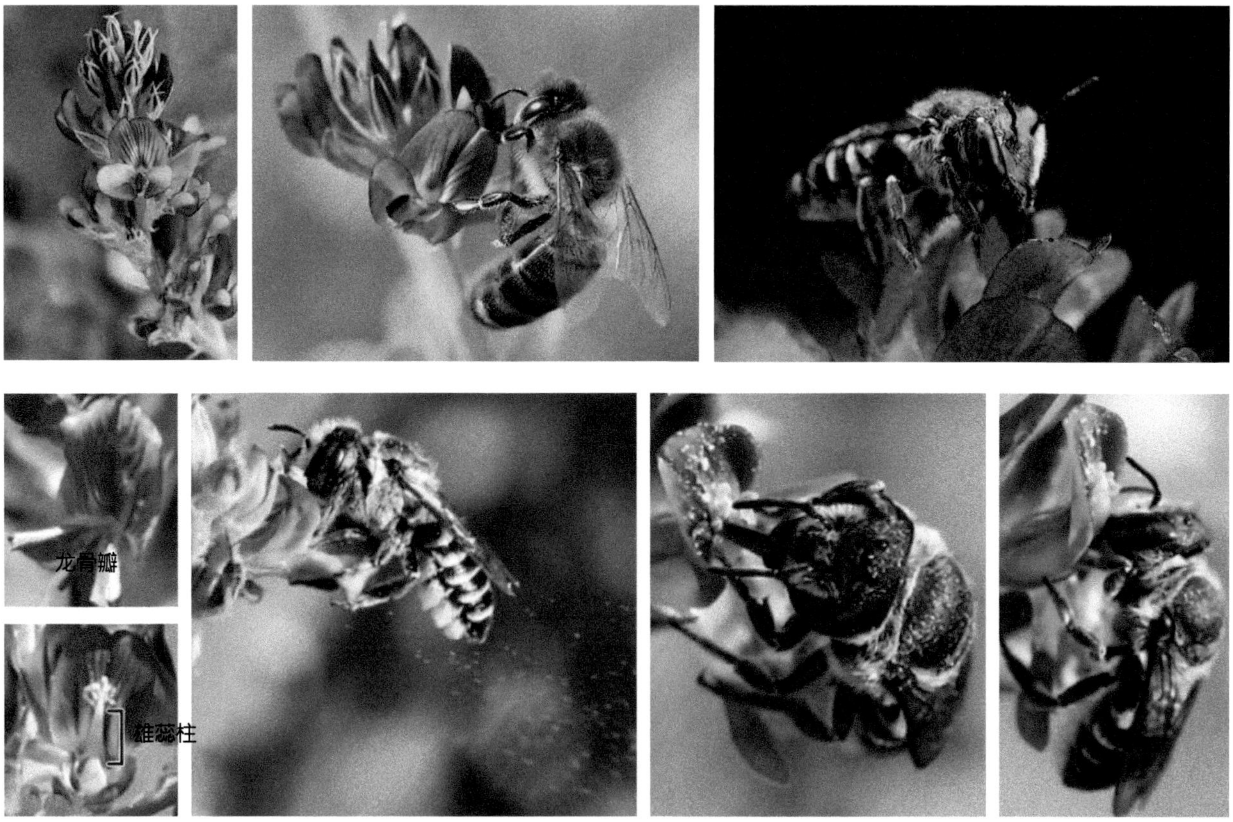

苜蓿切叶蜂

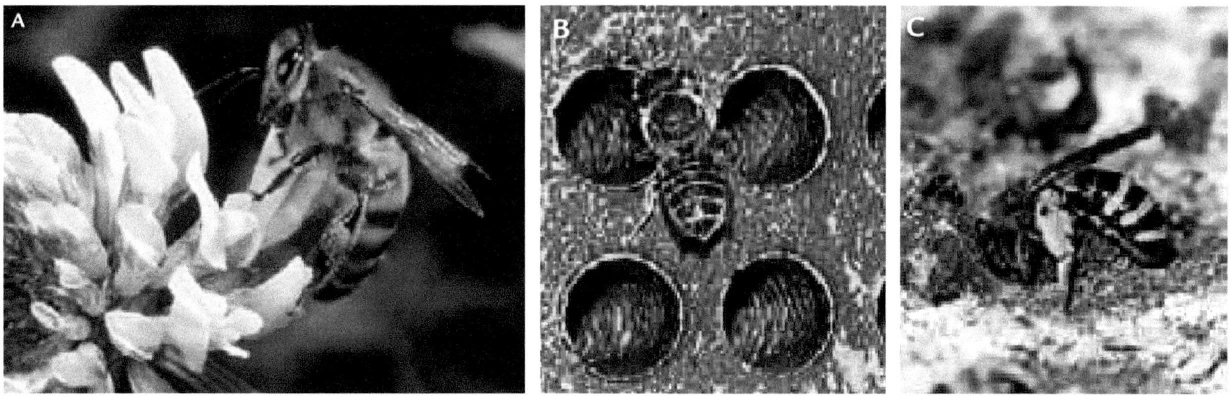

在美国西部用于苜蓿种子生产的传粉者：（A）蜜蜂，（B）切叶蜜蜂，（C）碱水蜜蜂

二、苜蓿种子特性

1. 种子形态与构造

1980 年，彭启乾教授测定了 25 个紫花苜蓿品种形态，紫花苜蓿种子为肾脏形，其千粒重平均 2.05 g，杂花苜蓿 1.94 g，天蓝苜蓿 2.20 g。苜蓿种皮的颜色为黄色。苜蓿种子由种皮、子叶和胚构成，紫花苜蓿种皮占总重的 31%，胚占 69%，其中子叶占胚重的 55%。苜蓿种子的胚由胚根、胚轴、胚芽和两子叶组成。

苜蓿种子

2. 苜蓿种子的寿命及硬实率

1980 年，彭启乾教授研究表明，紫花苜蓿种子在呼和浩特保存 18 年后，有活力的种子仍达 83.4%，天蓝苜蓿种子贮藏 6 年后，有活力的种子高达 99.0%。在呼和浩特采收的紫花苜蓿种子，当年硬实率达 29.5%，发芽率 65.1%，经贮藏 4 年后，硬实率下降至 0.4%，发芽率提高到 83.0%。他指出，紫花苜蓿种子硬实率随着贮藏时间的延长而下降。

《牧草种子生产及良种繁育》

1997 年，韩建国教授在《实用牧草种子学》中，对苜蓿种子形态特征、生理生化、种子的形成与发育等方面进行了深入、系统的研究。

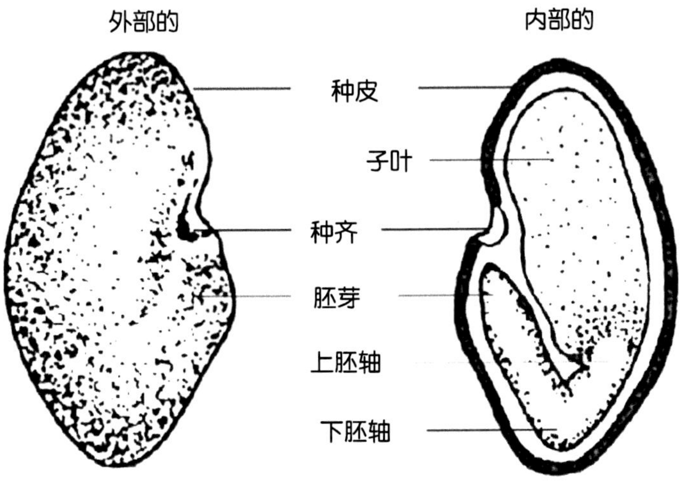

苜蓿种子结构图

资料来源：韩建国，1997。

第五节 国外苜蓿种子生产

一、种子区域趋势和份额

从地理上讲，全球苜蓿种子市场已细分为亚太地区、北美、南美、欧洲和世界其他地区。在所有地区中，北美是最大的苜蓿种子生产地区，加拿大和美国每年共生产超过 100 亿磅的苜蓿种子。在美国，生产主要发生在加利福尼亚州（非秋眠品种）、爱达荷州、华盛顿州和内华达州。世界上其他重要的苜蓿种子种植区包括法国、意大利和阿根廷。此外，绝大多数加拿大苜蓿种子最终出口到国外，主要是美国。这些出口销售中有许多是以前安排的合同种子生产，归美国草 / 豆科植物种子公司。美国约占加拿大苜蓿种子出口的 50%，中国是另外 35% 的目的地。

参与苜蓿饲料种子生产的主要公司包括 Allied Seed LLC、Advanta Seed Limited、DLF Seed A/S、孟山都公司和 Ampac Seed Company。

全世界每年苜蓿种子产量大体在 6.5 万 ~ 8.0 万 t。北美是目前世界苜蓿种子生产的领导者，2 004 年全世界苜蓿种子产量为 5.68 万 t，其中北美使用了切叶蜂（ALCB）生产了 4.60 万 t 苜蓿种子，占世界产量的 2/3（80.95%），平均每年产量超过 4.50 万 t。美国是世界上最大的苜蓿种子生产国，加拿大排名第二。

苜蓿种子主要生产国家有美国、加拿大、阿根廷、法国、德国、意大利和西班牙等国。美国是世界上苜蓿种子生产量最大的国家，每年生产苜蓿种子 3.6 万 ~ 4.1 万 t，种子田面积达 14.1 万 hm^2（1987 年），但是近 10 年美国的苜蓿种子田面积下降明显，种子田已由 1997 年的 6.6 万 hm^2 减少到 4.1 万 hm^2（2002 年），种子田面积减少了 37.4%，种子产量也由 1997 年的 3.8 万 t 下降到 2.6 万 t（2002 年），种子产量下降了 31.6%。美国的苜蓿种子生产主要集中在加利福尼亚、爱达荷、俄勒冈、华盛顿和内华达等 5 个西部地区的州，这 5 个州的苜蓿种子田面积、种子产量分别占全美国苜蓿种子田面积和产量的 56.9% 和 85%。美国平均单产 267 kg/hm^2，加利福尼亚州灌溉条件下单产高达 762 kg/hm^2。加拿大有 6 万 ~ 7 万 hm^2 的苜蓿种子田，平均单产 200 ~ 400 kg/hm^2，种子年产量 0.9 万 t。法国有 1.2 万 hm^2 的苜蓿种子田，平均单产 351 kg/hm^2，年产种子 0.4 万 t。

紫花苜蓿种子主要生产国家生产情况

国家	面积（万亩）	平均单产（kg/ 亩）	总产量（t）
美国 [1]	67.15	39.2	26 323.0
加拿大 [2]	90.43	13.3~26.7	9 000.0
法国 [3]	18.72	23.4~25.0	4 382.0

资料来源：1.USDA, 2004; 2.Fairy, 1997; 3.Sicard, 1996。

二、北美洲苜蓿种子生产

（一）美国苜蓿种子生产

1. 美国苜蓿种子生产面积

美国紫花苜蓿种子生产的特点是小生产商众多。相比之下，只有 7 家美国公司直接与生产商或通过生产公司参与苜蓿种子的基本育种、购买和承包生产。据估计，每家公司每年处理 230 万 ~ 1 130 万 kg 种子。

自 20 世纪 60 年代末以来，种子行业已经发生了大约 200 起并购。在过去十年里，种子行业的种子公司数量显著减少。并购的主要原因是包括新技术在内的资产收购。促进种子产业集中度提高的其他战略因素包括分销渠道、商标、品牌形象、种质资源和与客户的良好关系（Newland 和 Custer, 1994）。此外，通过将研发成本分摊到更大的销量上，可以获得规模经济。

20 世纪 90 年代，美国苜蓿种子产业正面临来自加拿大、意大利、法国和阿根廷等其他国家的激烈经济竞争。越来越多的人怀疑美国和加拿大的各种贸易法规通过对种子来源进行识别，是否达到了预期的目的。因此，通过加拿大转运的非加拿大原产地、质量和价格可能较低的外国种子可能进入美国市场，对加拿大和美国的苜蓿种子生产商造成不公平的局面。库存和其他与市场有关的统计数字一般不公开，因此，转运和生产者以及组成苜蓿种子行业的其他公司的决策过程存在很大的不确定性。

美国是秋眠紫花苜蓿种子的主要供应国和消费国。秋眠紫花苜蓿种子主要产于西部各州，1994 年生产了 48 968.8 hm^2。1987 年，生产了超过 66 084.2 hm^2 紫花苜蓿。1990 年产量增加到 72 545.9 hm^2。

1987—1994 美国年部分州苜蓿种子总种植面积 单位：hm^2

年份	加利福尼亚州 [a]	内华达州	华盛顿州	俄勒冈州	爱达荷州 [b]	怀俄明州	蒙大拿州	总计
1987	35 208.4	4 046.9	7 689.2	4 216.9	11 078.1	NA	3 844.6	66 084.1
1988	27 114.5	4 451.6	8 013.0	4 208.8	11 897.2	NA	7 567.8	63 252.9
1989	27 114.5	5 665.7	8 296.2	4 046.9	12 702.5	NA	4 046.9	61 872.7
1990	28 733.3	6 475.1	9 308.0	4 492.1	12 911.4	578.7	10 522.1	73 020.7

续表

年份	加利福尼亚州[a]	内华达州	华盛顿州	俄勒冈州	爱达荷州[b]	怀俄明州	蒙大拿州	总计
1991	27 519.2	5 665.7	9 510.3	4 726.8	16 340.8	689.2	8 093.9	72 545.9
1992	18 615.9	404.7	8 498.6	4 694.5	11 344.8	514.4	3 844.6	47 917.5
1993	12 545.5	3 844.6	8 093.9	4 168.4	11 200.3	463.4	3 035.2	43 351.3
1994	14 042.9	5 261.0	6 879.8	3 978.1	12 218.1	518.4	6 070.4	48 968.7

注：[a] 包括秋眠和非秋眠种子；[b] 仅包括认证种子面积，约占实际种植面积的 85%；NA 表示未测定。

自 1990 年以来，加拿大的种植面积和产量被增加的产量部分抵消，而加利福尼亚州和其他西部州的产量则减少了。

在西部生产州中，加利福尼亚州的种植面积自 1987 年以来下降的幅度比其他任何州都要大。目前加利福尼亚州的种植面积大约是 10 年前的一半。

然而，加利福尼亚州的种植面积似乎稳定在刚刚超过 12 545 hm^2。请注意，因为无法获得单独的数据，与其他州相比，加利福尼亚州的种植面积既包括秋眠种子，也包括非秋眠种子。

在大多数其他州，直到 1991 年苜蓿种子的种植都有所增加。1991 年，供应过剩导致价格下跌，几乎每个州的种植面积都在接下来的几年里大幅减少。

俄勒冈州和华盛顿州的趋势是，由于来自其他作物的竞争，紫花苜蓿种子种植者的合同价格较低，而且生产合同期限相对较短，使得生产难以消化合同第一年的相对较高的建立成本，因此种植紫花苜蓿种子的时间较短。例如，1978 年，在华盛顿的塔切特，一片种植苜蓿种子的田地第一年就能产出干草，然后是七年的种子。1996 年，在同一地区，一片种植苜蓿种子的土地只能生长三年，然后就会被犁掉。在这个三年周期的第一年，所生产的种子作物相对较少。

1993 年和 1994 年，尽管种子库存减少，对干草的需求增加，业界普遍观察到干草价格略有上涨，但这些州的苜蓿种子种植继续下降。

内华达州的苜蓿种子种植面积有所增加。良好的产量和有限的替代作物导致了内华达州苜蓿种子种植面积的增加。在蒙大拿州，灌溉和旱地种植都存在。

1994 年蒙大拿州灌溉面积与 1991 年持平，而旱地面积减少了 2 428.2 hm^2。爱达荷州的种植面积似乎相对稳定，约为 12 140 hm^2，尽管比 1991 年减少了 4 047 hm^2。怀俄明州的苜蓿种子只生长在大宏盆地，由 12 ~ 15 个种植者组成。

2. 美国苜蓿种子产量

美国常年大约生产苜蓿种子 3.63 万 ~ 5.50 万 t。1981 年全美苜蓿种子生产 5.27 万 t，创造历史最高纪录。其中加利福尼亚州 2.52 万 t（47.8%）、爱达荷州 0.64 万 t（12.2%）、内华达州 0.46 万 t（8.7%）、华盛顿州 0.41 万 t（7.7%）、俄勒冈州 0.22 万 t（4.2%）、5 大州苜蓿种子产量占全美总产量的 87.5%；其余为蒙大拿州 0.24 万 t（4.5%）和犹他州 0.17 万（3.2%）。

美国西部五州的苜蓿种子生产情况

指标	1995 年	1996 年	1997 年	1998 年
美国种子总产量（万 t）	2.72	3.19	3.48	3.85
五州总产量（万 t）	2.37	2.86	2.96	3.10
五州产量占全美总产量比例（%）	87.00	90.00	85.00	80.00
五州总面积（万亩）	1.69	1.82	1.84	2.28
五州平均单产（kg/ 亩）	38.90	43.46	44.65	37.56

注：五州为加利福尼亚州、爱达荷州、俄勒冈州、华盛顿州和内华达州。

2000 年全美紫花苜蓿种子的总产量达 4.95 万 t。其中加利福尼亚州、爱达荷州、俄勒冈州、华盛顿州和内华达州提供了其中的 85% 生产量。其余增长主要在犹他州、亚利桑那州、怀俄明州和蒙大拿州。

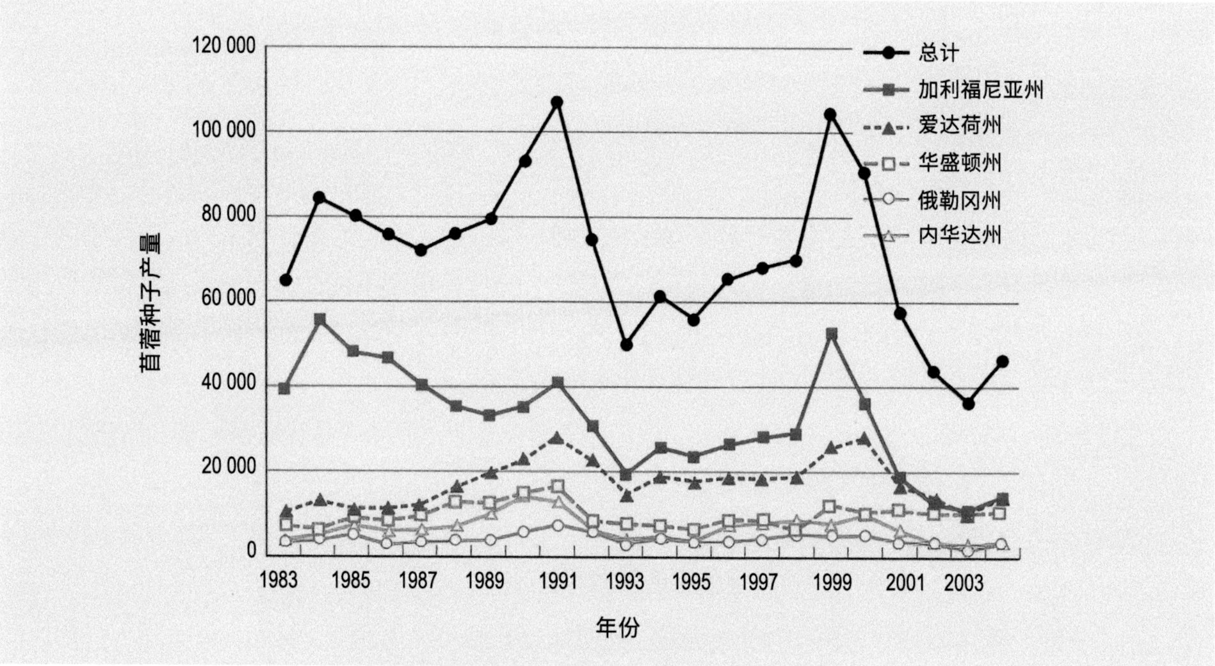

美国西部五州的苜蓿种子总产量（磅 X 1000）

2008 年，美国生产了大约 363 万 t 的苜蓿种子。总产量的 85% 产自西部 5 个州，即加利福尼亚州、爱达荷州、俄勒冈州、华盛顿州和内华达州。亚利桑那州、犹他州、蒙大拿州和怀俄明州也是苜蓿种子生产基地。历史上，加利福尼亚州是最大的美国苜蓿种子供应商。

3. 美国苜蓿种子生产分布与种植面积

尽管美国 50% 的种子供应曾经是在加利福尼亚州生产的，但近年来，随着种植面积转移到西北的种子生产州，这一数字已经下降到 30% ～ 40%。

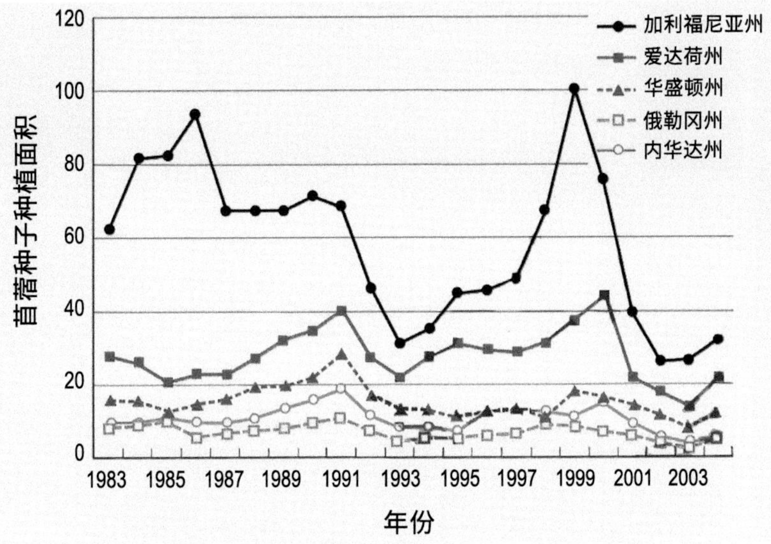

美国西部五州的苜蓿种子种植面积（英亩 X 1000）

4. 主要苜蓿种子生产州单产变化

1994年，蒙大拿州是产量第二高的年份。这是由于收获面积显著增加，灌溉产量平均43.66 kg/亩，旱地 12.73 kg/亩。这是蒙大拿创纪录的高产。

华盛顿州 2001—2005 年苜蓿种子平均产量为 61.50 kg/亩。爱达荷州 1995—2007 年苜蓿种子平均产量为 52.82 kg/亩，1981 年最高达 105.00 kg/亩。1981 年，5 大州苜蓿平均产量为 44.64 kg/亩，2000 年，最高产量达 135.00 kg/亩。

加州生产的 95% 的种子是非秋眠品种（FD 7-10）。加州很大一部分生产的种子用于出口。

太平洋西北部生产半秋眠（FD 5-6）和秋眠（FD 2-4）品种的种子。种子产量对 FDR 的变化比总生物量的变化更敏感。高秋眠级品种的种子产量要比低秋眠级品种的种子产量高。

特定秋眠类的种子通常在其适应区域产生，以防止遗传转移。

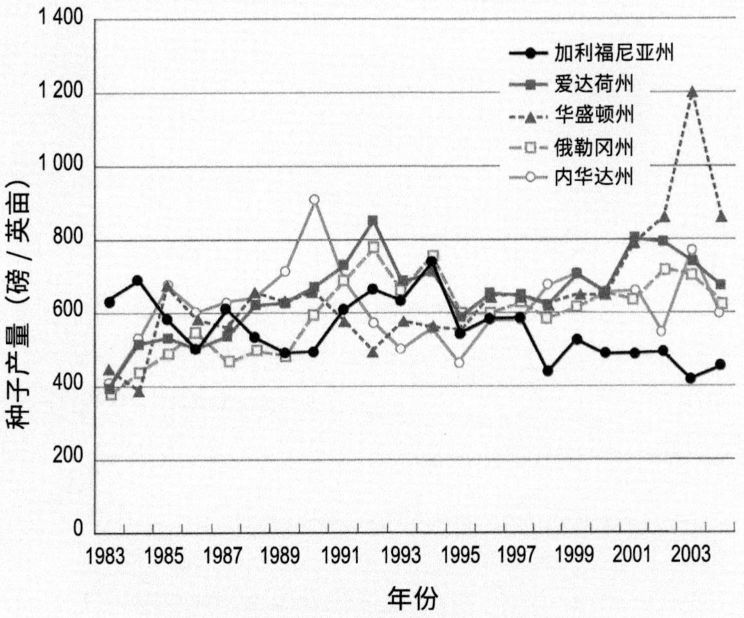

美国西部五州的苜蓿种子单产（磅 / 英亩）

美国 5 大苜蓿种子生产州单产 单位：kg/ 亩

州	1999 年	2003 年
加利福尼亚州	38.3	46.5
爱达荷州	53.2	60.2
俄勒冈州	45.0	54.1
华盛顿州	49.0	90.0
内华达州	54.0	43.5

美国秋眠紫花苜蓿种子产量从 1987 年的 2 470 万 kg 增加到 1991 年的 3 980 万 kg，尽管每年的产量水平变化很大，1994 年的产量仅为 1991 年的 60.3%，但比 1993 年增加了 33.8%。

1987—1994 年美国各州秋眠苜蓿种子产量 单位：1 000 kg

州	1987 年	1988 年	1989 年	1990 年	1991 年	1992 年	1993 年	1994 年
加利福尼亚州	4 880.2	4 875.2	4 593.1	3 934.5	2 950.6	568.8	596.9	1 119.0
内华达州	2 857.6	3 193.3	4 508.7	6 531.7	4 604.0	2 844.0	1 831.6	4 009.8
华盛顿州	6 876.0	7 026.6	6 502.7	11 734.5	7 925.6	7 139.5	4 535.9	3 812.4
俄勒冈州	2 375.5	2 776.4	2 458.9	3 240.0	3 716.3	3 742.6	2 774.6	2 899.8
爱达荷州	6 534.5	7 192.6	8 744.4	10 450.3	10 932.0	13 535.6	6 637.4	8 164.7
蒙大拿州	1 170.3	2 413.1	1 020.6	3 129.3	2 444.9	1 143.1	544.3	2 653.5
怀俄明州	—	—	—	373.8	582.4	254.5	232.7	42.2
南达科他州	—	—	—	—	4 014.3	513.9	518.5	577.4
北达科他州	—	—	—	—	158.8	72.6	45.4	53.5
内布拉斯加州	—	—	—	—	534.3	241.8	102.1	158.8
堪萨斯州	—	—	—	—	1 814.4	839.1	108.0	145.1
犹他州	—	—	—	—	0	158.8	0	0
科罗拉多州	—	—	—	—	136.1	54.4	20.4	—
总计	24 694.1	27 478.2	27 828.4	39 394.1	139 813.7	31 108.7	17 947.8	23 636.2

苜蓿种子的生产是循环进行的。这种循环的发生是因为供给对过去价格的反应生理滞后。目前的产量 / 面积是基于先前市场价格反映的先前需求和供应状况。再加上不完美的价格预期，生产商往往一开始就供过于求，最终供不应求。由于特定年份的天气而导致的不可预测的产量水平增加了市场上苜蓿种子的供应不足或过剩。

目前加利福尼亚州的秋眠紫花苜蓿种子产量仅为 10 年前的一小部分。在 20 世纪 80 年代，加利福尼亚州每年生产近 500 万 kg 秋眠苜蓿种子。自 1992 年以来，加利福尼亚州的秋眠紫花苜蓿种子产量每年在 60 万 ~ 120 万 kg。加利福尼亚州的所有产品都来自专有品种。加利福尼亚州产量的减少是由于生产面积减少导致产量下降。低产量是由授粉不良、昆虫、疾病和干旱问题造成的。

加利福尼亚州农民现在在他们的高价值土地上种植其他作物，种子公司已经去其他地方满足他们的生产需求。尽管近年来平均产量已增加到每公顷 672 kg 以上，但合同价格、成本和生产水平与加州的其他作物替代品相比并不具有竞争力。加利福尼亚州生产的大量秋眠紫花苜蓿种子在美国上半区的干草生产地区出售，那里的冰冻温度要求播种秋眠品种。

内华达州的收获面积和产量在过去十年保持稳定。除 1992 年和 1993 年外，每英亩产量一直超过每公顷 672 kg。1994 年，该州的平均产量为每公顷 762 kg。内华达州可能是一个有吸引力的种子生产地区，但由于缺乏广泛可用的水供应，种植面积还能扩大多少仍然是一个问题。

华盛顿州和俄勒冈州目前的播种面积比 20 世纪 80 年代初以来的任何时候都要少。在华盛顿，自 1991 年以来，总产量一直在下降。这是由于承包面积减少和产量下降。俄勒冈州的种子产量也有所下降。由于产量提高，1994 年仅略有上升。在爱达荷州，产量一直在增加，直到 1992 年，然后急剧下降。爱达荷州在苜蓿种子总产量中排名第二，是最大的耐寒种子生产地区。

1994 年，蒙大拿州是产量第二高的年份。这是由于收获面积显著增加，灌溉产量平均每公顷 652 kg，旱地平均每公顷 191 kg。这是蒙大拿创纪录的高产。然而，灌溉和非灌溉土地的可变产量使蒙大拿州成为一个不稳定的种子来源。

堪萨斯州、内布拉斯加州、北达科他州和南达科他州的产量每年都不一样。平均而言，估计每年生产约 180 万～320 万 kg。中西部的生产被认为是另一种经济作物，那里的生产取决于比较经济和有利的天气，这对 1991 年的种子生产尤其有利。

5. 美国苜蓿种子生产经营

苜蓿种子是在美国西部以一种特殊工艺生产的。生产苜蓿种子的技术与做法是根据每个种植地区的具体气候条件量身定制的。一般具有如下特点：灌溉必须小心控制，以对植物施加压力，以促进植物开花和种子生产；杂草控制是必不可少的，以满足行业对纯度的要求；害虫，特别是盲蝽，在整个季节都要进行管理；采用保护授粉昆虫的策略，包括蜜蜂、切叶蜂和碱蜂是至关重要的；种子田在秋天干燥收割。

（二）加拿大苜蓿种子生产

1. 苜蓿种子生产概况

在加拿大西北部种植苜蓿作为种子已经很多年了。阿尔伯塔省北部和平河地区的紫花苜蓿种子生产记录表明，1935—1955 年期间的平均年产量为 1 500 t。为了产生种子，紫花苜蓿像其他草料豆科植物一样需要昆虫授粉。和平地区的苜蓿种子田传统上都被未开垦的土地所包围——这些土地是大黄蜂、本地切叶蜂和其他昆虫授粉者的自然栖息地。20 世纪 50 年代中期，大片的灌木丛被清除用于种植，从而导致昆虫传粉者的自然栖息地枯竭。这与苜蓿种子产量的下降同时发生。

1955—1958 年的年产量为 50 t。加拿大农业部 Beaverlodge 研究站和 Fort Vermilion 分站的专家为北部蜜蜂开发了一套成功的管理系统，从而在 20 世纪 70 年代末在加拿大西北部成功重建了苜蓿种业地区。来自加拿大西北部的切叶蜂房在该地区被广泛使用，并已进入国际市场——这与 1966 年首次引入和平河地区的 400 ～ 500 个蜂房相差甚远。

北美苜蓿品种的农业气候适应性由秋季秋眠等级（FDR1 = 秋眠至 FDR9 = 非秋眠）分类。目前，在加拿大西部的北纬地区，只有相对秋眠、耐寒的品种（FDR1-4）被种植作为种子和牧草。然而，对具有 FDR ≥ 4 的品种的种子有相当大的需求：在加拿大西北部的和平河地区进行了一项研究，以确定 FDR 与 FDR ≥ 4 的苜蓿种子生产之间的关系：连续两年每年进行试验，4 个品种代表 6 个 FDR 类别，FDR4-9。每建立一年，测定连续两年种子作物的生长特性。FDR5 ~ FDR9 种子产量（占 FDR4 产量的百分比）分别为 84%、52%、40%、29% 和 39%，而 FDR5 ~ FDR9 种子成熟时总生物量分别为 89%、73%、73%、57% 和 57%。种子产量对 FDR 的变化比总生物量的变化更敏感。对于加拿大西部北纬地区的种子种植者来说，FDR 为 4 的特定紫花苜蓿品种的短轮作可能是一种选择，前提是对 FDR 较高的品种给予更大的经济补偿，并且遗传漂变可以保留在可接受的范围内。

大多数加拿大紫花苜蓿种子作物是在加拿大西部生产的。20 世纪 80 年代和 90 年代，萨斯喀彻温省用于苜蓿种子生产的面积稳步增长，这激发了人们对限制该省苜蓿种子生产的因素的兴趣。

当苜蓿被用作饲料时，每年都要从地里移走大量的植物材料。这种移除意味着在林分的生命周期内，大量的植物可利用营养物质从田间输出。除了生长所需的营养外，苜蓿植株需要高水平的有效钾，以发展出足够的低温耐受性，以在加拿大大草原的严冬环境中生存。因此，紫花苜蓿需要高水平的土壤养分来维持植物种群和实现最大产量。

种子作物可能不需要与牧草作物相同的营养水平，因为从田间输出的养分要低得多。紫花苜蓿的深根也能获得浅根作物无法获得的营养。

这一因素在灌溉地可能尤其重要，因为灌溉地的养分淋失可能性比雨养地高。在该地区，灌溉条件下土壤肥力对紫花苜蓿种子生产的影响尚未得到详细评估，因此本研究的目的是确定萨斯喀彻温省两个灌溉条件下的土壤养分是否限制了种子生产。

2. 苜蓿种子生产面积

加拿大认证的苜蓿种子生产主要位于阿尔伯塔省、马尼托巴省和萨斯喀彻温省的旱地地区，一些生产位于安大略省和不列颠哥伦比亚省。加拿大种植的未经认证的普通种子没有记录。与美国不同，加拿大的大部分种植面积都用于公共品种。在加拿大最大的种子生产省萨斯喀彻温省（旱地），公共品种非常常见。马尼托巴省自 1987 年以来大幅增加了专有品种的产量，尽管在 1992 年达到了顶峰。自 1988 年以来，阿尔伯塔省（旱地和灌溉）将其大部分紫花苜蓿种子生产投入了专有品种。当种子公司向种植者提供合同时，专有品种就会增加。

加拿大的生产总面积从 1984 年的 14 000 hm^2 增加到 1992 年的 27 000 hm^2。与美国不同，加拿大的产量没有明显下降。到 1993 年，经认证的产量实际上增加了。尽管 1992 年和 1993 年价格和产量很低，但这种增长还是发生了。加拿大的产量仍远高于 10 年前。随着加拿大和美国之间的自由贸易的引入，两国理论上在贸易方面处于一个公平的竞争环境。两国的工业都为美国市场服务。因此，可以预期在公顷数的变化中会出现一些类似的模式，因为这两个国家应该受到影响供求的许多相同力量的影响。

加拿大认证紫花苜蓿种子区（1987—1995 年）

单位：hm^2

年份	单位类型	马尼托巴省	萨克其万省	亚伯达省	不列颠哥伦比亚省	安大略省	总面积
1987	公共品种	4 619.6	5 660.1	2 101.6	—	3.2	12 384.5
1987	专有品种	1 649.9	2 107.2	3 169.6	93.1	2.0	7 021.8
	总计	6 269.5	7 767.2	5 271.2	93.1	5.2	19 406.3
1988	公共品种	5 575.9	7 416.0	1 446.0	—	2.4	14 440.3
	专有品种	1 933.2	2 189.8	3 972.1	173.2	13 4	8 281.7
	总计	7 509.1	9 605.8	5 418.1	173.2	15.8	22 722.0
1989	公共品种	5 882.6	8 212.1	1 021.9	—	4.5	15 121.0
	专有品种	2 551.2	1 966.8	4 388.1	225.0	19.4	9 150.6
	总计	8 433.8	10 178.9	5 410.0	225.0	23.9	24 271.6
1990	公共品种	5 163.5	7 347.6	1 154.2	26.3	—	13 691.6
	专有品种	3 061.9	2 189.4	3 964.4	194.7	—	9 410.4
	总计	8 225.4	9 537.0	5 118.6	221.0	—	23 102.0
1991	公共品种	4 675.8	6 869.3	1 004.5	125.5	—	12 675.0
	专有品种	4 361.4	3 063.9	3 932.4	247.3	—	11 605.0
	总计	9 037.2	9 933.2	4 936.9	372.7	—	24 280.0
1992	公共品种	5 761.2	7 891.5	1 181.7	91.1	—	14 925.5
	专有品种	4 688.0	2 691.6	4 694.9	75.3	—	12 149.7
	总计	10 449.2	10 583.1	5 876.6	166.3	—	27 075.2
1993	公共品种	5 367.9	8 584.0	1 176.0	147.7	—	15 275.6
	专有品种	3 666.1	2 228.2	4 233.9	67.2	—	10 195.5
	总计	9 034.0	10 812.2	5 410.0	214.9	—	25 471.1
1994	公共品种	3 814.2	7 903.7	1 379.6	52.6	—	13 097.5
	专有品种	2 803.3	2 745.9	3 928.3	52.6	—	9 530.1
	总计	6 617.5	10 649.6	5 307.9	52.6	—	22 627.6
1995	公共品种	3 519.6	7 998.4	1 448.8	1.2	—	12 968.0
	专有品种	2 704.2	2 798.5	3 873.3	96.3	15.0	9 487.3
	总计	6 223.8	10 796.9	5 322.1	97.5	15.0	22 455.3

加拿大生产经过认证和未经认证的种子，其数量可能有所波动，2020 年和 2021 年苜蓿种子产量分别为 16 593 hm^2 和 17 293 hm^2（加拿大种子种植者协会，2021）。加拿大在 2020 年和 2021 年分别出口了价值 6 220 289 美元和 7 345 655 加元的种子。大部分出口到美国和中国（加拿大统计局，2022）。

3. 苜蓿种子产量

加拿大的苜蓿种子区主要是旱地，与美国灌溉产量相比，平均产量较低。正如 1988—1991 年的情况，根据天气的不同，种子产量可以很丰富。

1986—1995 年加拿大各省苜蓿种子产量　　单位：1 000 kg

年份	安大略省	曼尼托巴省	萨斯喀彻温省	阿尔伯塔省	不列颠哥伦比亚省	总计
1986	0	950	1 500	1 750	0	4 200
1987	0	1 900	1 700	1 250	0	4 850
1988	3	3 500	4 974	1 700	0	10 177
1989	3	4 500	5 177	3 000	0	12 680
1990	4	2 000	4 714	2 200	110	9 028
1991	5	2 500	4 342	2 636	92	9 575
1992	7	300	1 774	660	25	2 766
1993	—	100	586	165	15	866
1994	—	—	—	—	—	4 325
1995	—	—	—	—	—	4 348

但是，如果像 1992 年和 1993 年那样天气不好，产量分别只有 280 万 kg 和 90 万 kg。因此，由于季节性生长条件下品种繁多，加拿大生产的苜蓿种子数量不一致。种子公司依靠稳定的高质量种子供应来源来填补他们的营销渠道，不太可能仅仅依赖加拿大的苜蓿种子生产。

三、欧洲苜蓿种子生产

（一）欧洲苜蓿种子生产概况

欧洲的秋眠紫花苜蓿种子主要生长在意大利和法国，丹麦、德国、斯洛伐克、波兰和瑞典也有少量生产。法国从 273 万 kg 到 1994 年为 900 万 kg，1991 年下降为 900 万 kg。1990 年意大利最高产量为 879.5 万 kg。1992 年，意大利的总产量下降了 35%，但在接下来的几年里，由于苜蓿种子品种产量的增加，产量有所增加。当法国产量下降时，意大利的产量增加了。

与意大利和法国相比，其他欧洲国家的产量很少，由于缺乏数据，难以总结。使问题进一步复杂化的是各国在数据收集程序上的不一致。唯一可见的趋势似乎是丹麦和德国的产量下降。

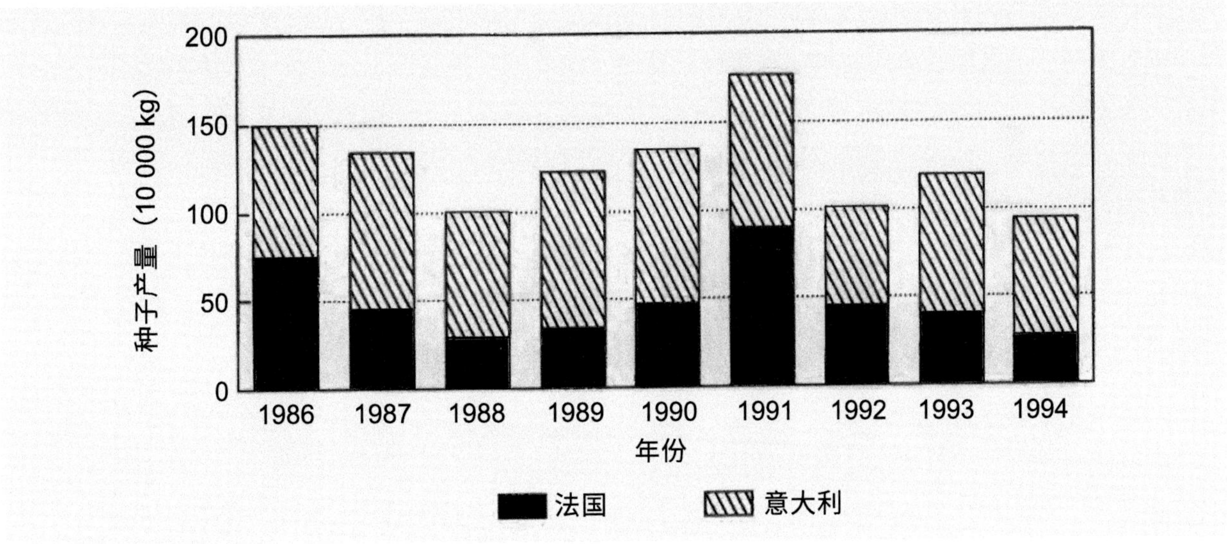

在法国和意大利生产秋眠紫花苜蓿种子

（二）法国

1. 影响苜蓿种子生产的关键因素

法国研究者认为，气候条件对苜蓿种子产量和产量构成因素有很大影响。在阳光明媚、夏季温暖、雨量少的地区，成功种植紫花苜蓿种子是很常见的，特别是在 6—10 月，最低产量与最高降水天数和最低日照时数有关。

在北欧进行了苜蓿种子生产试验，平均产量为 793 kg/hm^2，四年中有两年产量在 190 ~ 1 350 kg/hm^2。

为了优化种子生产，在过去 30 年里，法国科学家做出了许多努力，使法国苜蓿的种子产量从平均 200 kg/hm^2 增加到 500 kg/hm^2。

20 世纪 70 年代，法国苜蓿种子产量每年为 15 430 t，西南部是法国苜蓿种子生产的主要地区，苜蓿种子产量为 250 ~ 400 kg/hm^2，平均约 350 kg/hm^2，高达 8 000 kg/hm^2。Eduardo（2000）根据花数和胚珠数计算出苜蓿种子的理论产量潜力为 12 000 kg/hm^2，但在最有利条件下实现的实际种子产量仅达到该种子产量潜力的 4%，许多牧草育种家认为干物质产量和种子产量之间存在负相关关系。

2. 种子田建植

宽行间距（70 ~ 90 cm）和低播种率（1 ~ 2 kg/hm^2）有利于获得高种子产量，尽管第一年种子产量可能会受到负面影响。这种宽的行距使许多杂草出现，在建立年控制杂草的管理是非常重要的。

在传统的种子生产中，使用特定的除草剂来控制杂草，但在有机生产中，只有非化学控制方法可用。这些方法通常效果较差，当将传统管理和有机管理进行比较时，杂草对种子生产的巨大影响已被注意到。与覆盖作物一起种植，例如大麦或向日葵，对控制杂草和提高种子产量具有积极影响。

3. 种子田的授粉管理

作物管理的目的是提供适宜的植物生长和良好授粉的环境。为了确保种子产量高且稳定，有必要防止紫花苜蓿植株的繁茂生长及其随后的倒伏。滞留的植物不适合授粉，因此种子产量低。刈割计划可以有效地控制苜蓿种子林的生长。春季扦插避免了过度的营养生长，这对种子产量有负面影响，可能会有因为较高的倒伏发生率。这些牧草用于饲料生产，并为种子种植者提供额外的收入。早期的第一次和第二次切割，种子也可以从第三次再生。中欧的气候条件有利于第二次再生苜蓿种子的生产。在避免倒伏的前提下，种子产量和生物量产量之间存在正相关关系，这一点在采用特定种子生产管理进行的多地点种子试验中被发现。在盛花期后期扦插可减少林分密度和最大繁殖芽数。此外，株高降低，每个总状花序的荚果数与早期和中期扦插系统相比显著增加。此外，切割日期用于确定花期，目的是使开花与传粉昆虫的最大活动同步。

4. 种子田土壤水分与灌溉

适合苜蓿种子生产的地区年降水量应在 450 ~ 600 mm，6 月、7 月和 8 月（北半球的花收期）降水量应小于 180 mm。降雨增加与种子产量呈负相关，而太阳辐射增加与种子产量呈正相关。

当在干旱地区或干燥的生长条件下种植紫花苜蓿作为种子时，建议适度灌溉。如果作物在春季生长开始时有足够的肥料供应，灌溉不需要额外的肥料施用。当在较潮湿的地区种植苜蓿作为种子时，农民可能会放弃种子生产，只在降水过多的年份从苜蓿牧草生产中获利。这样，牧草和种子生产的双重收获有助于降低农民的生产风险。

5. 害虫防控

在传统的苜蓿种子产区，害虫，如法国的苜蓿象鼻虫（*Hyperapostica*）幼虫、苜蓿荚果象鼻虫（*Tychius aureolus*）和苜蓿种子蛾（*Cydiamedicaginis*），以及其他国家的花粉虫（*Lygus* spp.）、蚜虫（如 *Acyrthosiphonpisum*）或花瘿蠓（*Contariniamedicaginis*），可能导致严重的种子产量损失。虫害的严重程度个别场可以用扫网测量。在法国，网络咨询系统收集区域范围内的信息，使用每种害虫的阈值来决定是否治疗。种子生产田可能发生多种疾病，但控制病原体的处理并没有显著提高种子产量。

6. 成熟和种子收获

种子可以在连续的生长季节从同一种作物中收获。种子收获可以在合穗前进行捆扎（切割），也可以直接合穗。对于前者，在高湿度时期或当 2/3 ~ 3/4 的种子荚变成深棕色后，叶子被露水浸湿时，作物应该被包裹。对于后者，通常在大多数豆荚为深棕色时施用化学干燥剂，然后在施用干燥剂后的 3 ~ 10 d 内将作物合穗。

（三）意大利

20 世纪 70 年代意大利有苜蓿种子田 7.12 万 hm^2，种子产量为 24 449 t，单产为 309.14 kg/hm^2。到 2011 年，意大利苜蓿种子繁殖面积为 2.00 万 hm^2，产量为 8 988 t，2012 年，苜蓿种子的生产面积为 2.09 万 hm^2，种子产量为 9 006 t，由此确立了意大利苜蓿种子在欧洲市场的领导地位。

（四）塞尔维亚

在塞尔维亚，苜蓿种子生产最有利的条件是北部地区 Bačka，与罗马尼亚接壤的巴纳特、Kikinda、Zrenjanin、Kovačica、Timočka 和克拉伊纳（Zaječar）等地区，年降水量和 6—8 月的降水量均显著较低。2003 年，Banat 中部苜蓿种子平均产量为 583 kg/hm^2，北部 Bačka 为 621 kg/hm^2，而南部 Bačka 为 181 kg/hm^2。在晴朗、阳光充足、夏季炎热、降水稀少的地区，苜蓿种子生产取得了成功。年累计降水不超过 450 ~ 600 mm，7 月、8 月不超过 90 ~ 110 mm，即 6 月、7 月、8 月不超过 180 mm。这种生态条件下如苜蓿开花良好，有利于蜜蜂授粉活动。

四、大洋洲苜蓿种子生产

澳大利亚东南部是世界上最大的苜蓿种子产地之一，每年苜蓿种子田保持在 2 000 ~ 25 000 hm^2，或靠降水或靠灌溉生产苜蓿种子 8 000 t。灌溉苜蓿种子田产量在 600 ~ 1 500 kg/hm^2，取决于季节气候变化。

第十四章 苜蓿与家畜

秣陵铁骑秋风早，厩将圉人索刍藁。
当时碛北起蒲梢，今日江南输马草。
府帖传呼点行速，买草先差人打束。
香刍堪秣饱骅骝，不数西凉夸苜蓿。

——清·吴伟业《马草行》节选

第一节 苜蓿在家畜中的应用

一、古代苜蓿在家畜中的应用

自苜蓿入汉后，相传趁秋风、落叶，西雨季节来临前，放火燎荒，遍散于地，自生自灭。间有耕翻播种者，却都临近村落之处，凡按此法者，产量高而品质佳。因草质优良，民竞相种。面积之广，数量之多，西至天水，东至河南。秋打草，夏刈青，有关中草之美称。当时苜蓿汗马驰名国中。“牛马兴旺，禾谷丰登”，汉军出征时，每当“秋风起兮白云飞，草木黄落雁南飞”时，军中辎重均备有苜蓿干草。所谓骏马、干草、烙饼、肉干者也，无非就是伊朗马、苜蓿干草、锅盔和牛羊肉之谓也。将士守边疆，驻地种苜蓿（丘怀、宋维国，1985）。

《康熙字典》曰：“【本草】苜蓿，……谓其宿根自生，可饲牧牛马也。”《广群芳谱》有类似记载。清代近300年，关中得天独厚，渭河南北，村落栉比，种苜蓿喂牛，以图耕种。

《康熙字典》

《广群芳谱》

《豳风广义·畜牧大略》曰：“昔陶朱公语人曰：‘欲速富，畜五牸。’五牸者，牛、马、猪、羊、驴之牝者也。……惟多种苜蓿，广畜四牝（注：猪、羊、鸡、鸭），使二人掌管，遵法饲养，谨慎守护，必致蕃息。”《农言著实》曰：“与牲口吃苜蓿，麦前不论长短，都可以将就，总以铡短为主。惟至麦后，苜蓿不宜长，长则牛马俱不肯吃，剩下殊觉可惜。且要看苜蓿底多少，宁可有余，将头次地挖过，万一不足，牲口正在出力，非喂料不得下来。”蒲松龄《农桑经》曰：“苜蓿，可种以饲畜，初生嫩苗可食。四月结种后，芟以喂马，冬积干者可喂牛驴。”

《豳风广义》

《农言著实》

《农桑经》

记载苜蓿饲喂家畜的相关典籍

典籍	家畜	苜蓿形态	饲喂技术
豳风广义	猪	青苜蓿发酵	（苜蓿）割来细切，以米泔水浸入砖窖内或大蓝瓮内，令酸黄，拌麸杂物饲之
	猪	苜蓿干草粉	待冬月，（苜蓿干草粉）合糠麸之类……而饲之
	鸭与鸡	苜蓿煮熟	饲养鸭与鸡同，用粟豆饲鸭，其利有限，不若细剉苜蓿，煮熟拌糠麸夫饲之，价省功速，善法也
	羊	苜蓿青干草	八、九月间，带青色收取晒干，多积苜蓿好
农言著实	牛	苜蓿根	（正月）苜蓿根可以喂牛
	牲口	苜蓿鲜草	与牲口吃苜蓿，……惟至麦后，苜蓿不宜长，长则牛马俱不肯吃
三农纪	牛马	苜蓿根	冬春锄根制碎，育牛马甚良
	畜	苜蓿鲜草	夏秋刈苗，饲畜
农桑经	马	苜蓿鲜草	四月结种后，芟以喂马
	牛驴	苜蓿干草	冬积干者，可喂牛驴
农圃便览	马	苜蓿鲜草	开花时刈取喂马，易肥
广群芳谱	马牛	苜蓿鲜草	开花时刈取喂马、牛，易肥健，食不尽者，晒干，冬月剉喂

二、近代苜蓿在家畜中的应用

1937 年，孙醒东在《播音教育月刊》（第 1 卷第 9 期）刊发了《苜蓿育种问题》，文中列举了苜蓿在家畜中的应用。

孙醒东《苜蓿育种问题》记载的苜蓿在家畜中应用的相关内容

家畜饲料	应用
马饲料	马甚喜悦苜蓿，干草或青刈之均可，若单独喂养苜蓿似嫌营养太丰富。由动物生理而言，营养丰富之饲料每每激刺体格上之改变而加增血液与排泄系之工作，此不可不注意者也。尤其对于年龄较老之马，须十分小心，对于幼马正常发育之期，大量喂之，可无妨害。此外须有充分户外运动，可加增消化力，此一点不可忽视也。按经验而言。喂养马之苜蓿，其刈割之期宜稍迟，盖使植物近于强健之期，饲马尤相宜也
肉牛饲料	玉米与高粱两作物中之碳水化合物甚为丰富，而苜蓿则富于蛋白质。无论玉米或高粱单独与苜蓿配合，可为肉牛良好之饲料
乳牛饲料	苜蓿为乳牛上等饲料，畜牧家认为视喂养乳牛苜蓿之多寡，能预测将来牛乳油市价之高低。意即多食苜蓿之乳牛，其牛乳油之品质既高，售价必大，而饲料之成本又低，其中关系之重大，可以想见，此外苜蓿之对于乳牛适口性尤大，且其可消化之百分率甚高。当夏秋之季，乳牛可用之为青刈料，即一日刈割二次喂养之。一亩苜蓿足够五头乳牛之需，真可谓经济矣
羊饲料	苜蓿对于羊群，如肉牛与猪占有同样重要之地位。饲羊家承认喂之以苜蓿，可使羊体生长加速，而减低喂料之价格

续表

家畜饲料	应用
猪饲料	猪类为吃草动物，最喜苜蓿与车轴草，多喂苜蓿与少量谷物，能使体重增加。据美国康色斯试验场报告；喂养苜蓿干草一吨，可产生猪肉八六八磅。若以苜蓿与谷物喂养九星期，每头猪可增加九〇．九磅。而仅以谷物喂养者，则每头仅加增五二．四磅。由此可知，苜蓿实有催促其生长力也。苜蓿可为猪之永久牧场，放牧田中，使之自由采食。三十至六十磅重之猪十至十五头，一亩苜蓿牧场可以敷用矣。无论苜蓿调制为干草或在夏季为青刈料，均须刈割适时，唯叶多茎少者，猪则甚喜食之。若茎多而含木质者，则不适宜为猪之饲料
鸡鸭饲料	苜蓿可为鸡鸭之饲料，为近代鸡鸭饲养家所乐于采取。鸡鸭最喜苜蓿之绿叶嫩茎，多浆汁而少木质之部分，最为适宜。因其富于氮质，此与蛋白质之造成于体格之生长，大有裨益，当冬季喂养苜蓿干草时，则须注意以人工调制，方可应用。或切成小块或捣为细粉，与玉米粉或糠麸调和喂之，此为饲养之通用方法也。在欧、美各国，此种调制成之苜蓿粉。市场中常有出售者，其价格比苜蓿干草约高出百分之二十五

三、现代苜蓿在家畜中的应用

各种家畜消费苜蓿的比例约为：奶牛 65%，肉牛 18%，马及其他家畜 17%。其中，在整个奶牛中，产奶奶牛和母犊牛、肉用断奶牛、肉用奶牛和母犊牛占比分别为 42%、11% 和 31%。

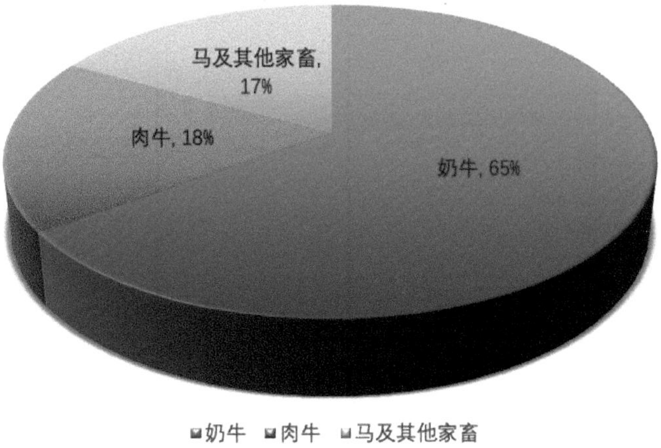

各种家畜消费苜蓿的比例

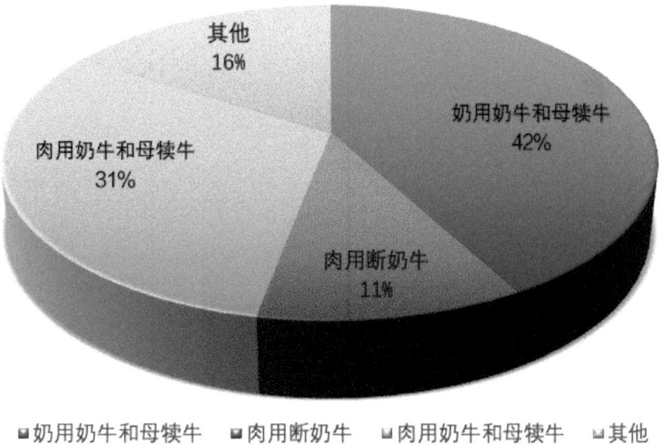

各种奶牛消费苜蓿的比例

苜蓿与家禽

1953年，中央人民政府农业部畜牧兽医局在《畜牧兽医选辑（八）草场管理与牧草栽培》指出，紫花苜蓿的枝叶柔软，营养价值高，并富含丰富的维生素，无论作青饲或干草均为家畜所喜食。堪为家畜的完全饲料，特别是粗蛋白质的含量最丰富。与大豆相比，紫花苜蓿每亩产干草450 kg，粗蛋白质以18%计，则每亩可产粗蛋白质81 kg；而大豆每亩可产67kg，粗蛋白质35%计，每亩可产粗蛋白质23.45 kg。就蛋白质而论，一亩紫花苜蓿相当于3.4亩的大豆。此外，维生素甲、丙和磷素的含量均较大豆丰富。

我国黄河流域各省及新疆都有种植苜蓿的习惯，特别是黄土高原上各省种植最多。如山西运城专区及陕西咸阳专区，每头耕畜可占有一亩左右的苜蓿，察哈尔省阳高县尚殿村，1951年全村种了11亩苜蓿，喂养39头耕畜，就节约了87石（即5 220 kg）精料，而且“膘和毛饱满又好看”，保证了耕作的顺利进行。又根据陕西省兴平县的调查报告，吃紫花苜蓿的役畜耕作能力比不吃苜蓿的强很多。

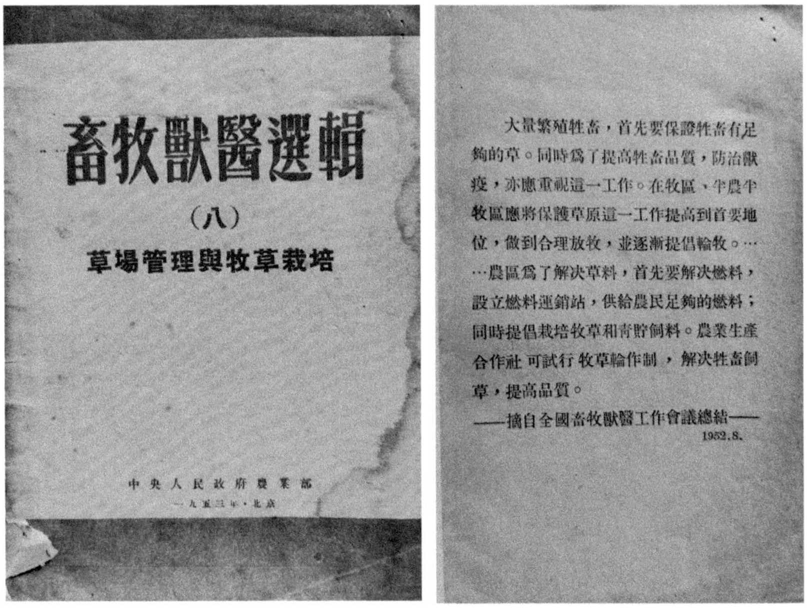

《畜牧兽医选辑（八）草场管理与牧草栽培》

1957 年，河南省灵宝县用苜蓿替代精料。牲畜喂苜蓿不喂料，能逐渐增膘，绿苜蓿最快。峪底社种苜蓿 642 亩，是年麦前普遍喂绿苜蓿，7 月份 445 头牲畜普遍升膘一等。因此，苜蓿对牲畜的适口性最强，不但牛、驴、骡、马爱吃，而且也猪的最好饲料。国营泛黄区农场用苜蓿草代替谷草，几年的实践证明，把役畜精饲料从四麸四料降低为三麸三料，用苜蓿草替代了谷草，同样能保持役畜的健康和膘情。

1959 年，陈布圣报道，由于苜蓿含有多量的可消化蛋白质，各种维生素及钙，因此，苜蓿是家畜最良好的饲料。我国北方群众说“苜蓿喂牲口，不用喂料”“苜蓿喂牲口上膘”。据甘肃兴平县的调查，凡吃苜蓿的耕牛，平均每天耕地 2 亩，而吃一般干草的耕牛只能耕 1.5 亩。

第二节　苜蓿与马

一、苜蓿与马的不解之缘

在中国苜蓿与马有不解之缘，苜蓿因马来到中国。因为苜蓿是马最喜欢吃的饲草，古史有“马嗜苜蓿”之说。由于中国中原地区不产苜蓿，所以在大宛马不断东来之后，解决其饲草问题就逐渐凸显出来。《史记》记载：“俗嗜酒，马嗜苜蓿。汉使取其实来，于是天子始种苜蓿、蒲陶肥饶地。及天马多，外国使来众，则离宫别观旁尽种蒲陶、苜蓿极望。”据此谢诚侠在《中国养马史》中指出，我国苜蓿与大宛马同期进入我国。关于马的饲料，自古以来以粟、豆为主要的精饲料，古时统称“秣”。如《诗经·周南》：“言秣其马”。《韩非子·外储》：“吾马菽粟多矣，甚臞，何也。”而以禾藁和苜蓿为粗饲料，古称为“刍”。因此“刍秣”一词应用为马牛的饲料（谢诚侠，1959）。

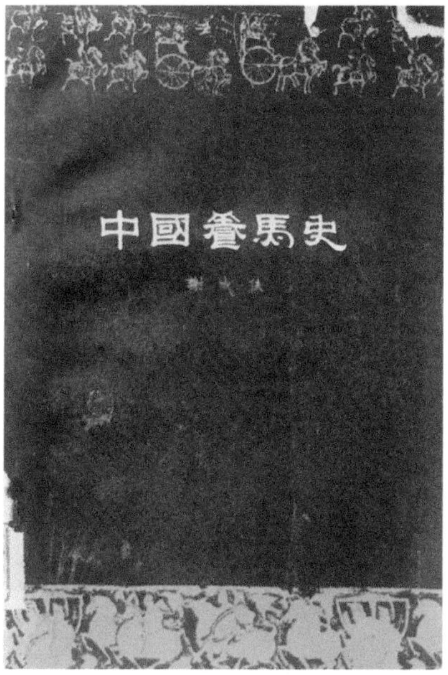

《中国养马史》

二、古代苜蓿与马

根据苏联养马科学研究所所长卡里宁对阿哈马历史的叙述："阿哈尔捷金马是土库曼斯坦南部沙漠中绿洲上泰克部落的马种，这是世界上最陌生而最古老的马种。在土库曼斯坦那一区域，实际上并无特别的牧地，自然生成的动物，都是喂的苜蓿和大麦的混合物。"杜勃鲁霍多夫教授也同样地叙述："而以苜蓿和大麦饲养阿哈马的。"如果把以上所引的《史记·大宛列传》所说，即该国也出产这些农产品来印证，从该品种的生活环境来看，大宛马的原产地就在土库曼斯坦，深信是不会有什么错的（谢成侠，1955）。

汉武帝时，张骞从西域引入苜蓿种子，开始在京城宫院内试种，而后在宁夏、甘肃一带推广种植。饲草和饲料是发展畜牧业的物质基础。优质饲草苜蓿的引入和推广，是我国畜牧业发展史上的重大事件之一，他对繁育良马，增强马牛的体质和挽力，都发挥了一定的作用。

谢成侠（1955）研究指出，苜蓿初传入中国时，还只是汉宫园苑中珍贵的植物，主要是为了喂马的，而且设有专人管理，如《续后汉书·百官志》补道："苜蓿宛宫四所，一人守之。"以后就很快传播在北方各地。现在国内所以有如此首屈一指的国有牧草，这也是我们祖先传下来的劳动果实。

北魏贾思勰《齐民要术》曰：苜蓿"长宜饲马，马尤嗜"。《新唐书·兵志》又载："初监马二十四万，后乃至四十三万，牛羊皆数倍。"《新唐书·兵志》称颂"秦汉以来，唐马最盛"。唐马最多达到76 000多匹。这与唐代广建苜蓿基地分不开，据《陇右监牧颂德碑》记载：时在陇右牧区，"莳茼麦、苜蓿一千九百顷，以茭蓄御冬"。唐人养马亦于泾渭近及同华，置八坊其地止千二百三十顷树苜蓿、茼、麦，用牧。"唐《司牧安骥集》序中也指出："秦汉以来，唐马最多"。唐马之所以最盛，关键在于解决了冬季饲草饲料问题，特别是广种苜蓿，这是唐马大发展的急中之急，要中之要。

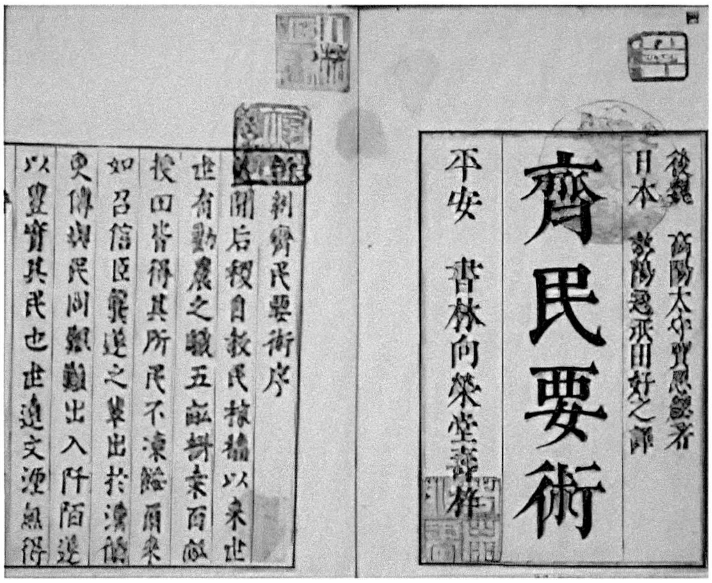

《齐民要术》

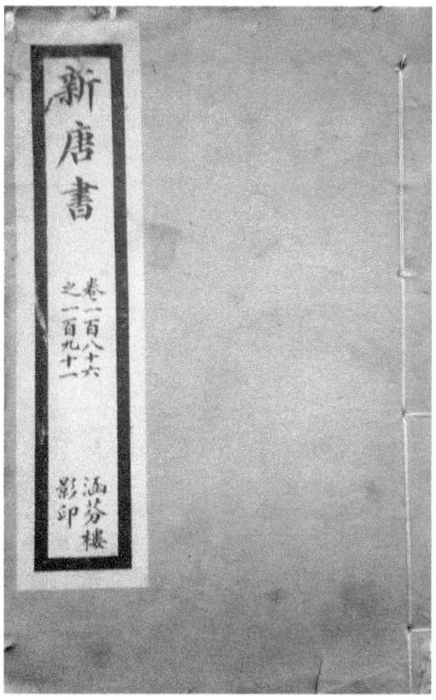

《新唐书》

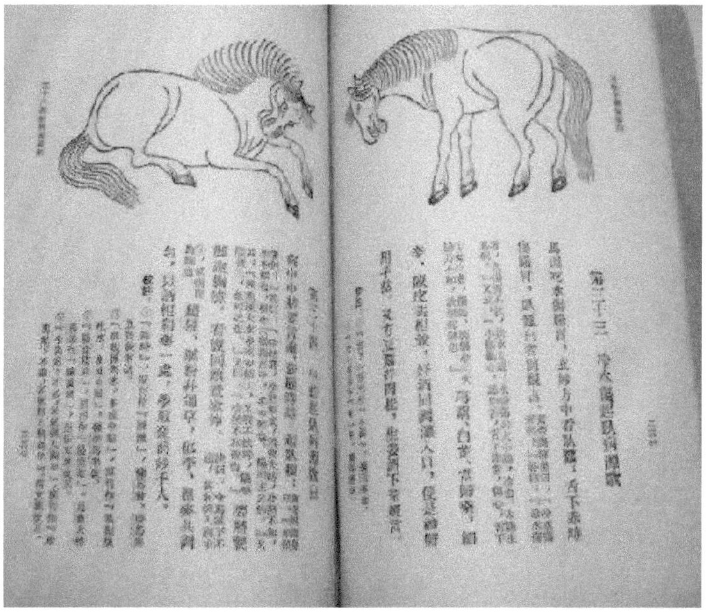

《司牧安骥集语释》

唐杜甫《赠田九判官》：“宛马总肥春苜蓿，将军只数汉嫖姚。”

唐鲍防《杂感》：“天马常衔苜蓿花，胡人岁献葡萄酒。”这两句是说，天下承平日久，据《四时纂要》记载，在唐代苜蓿这种多年生牧草已被纳入农业生产体系中，实行耕耘浇灌的栽培措施，并与麦类作物进行间作或轮作。唐代诗人李商隐有《茂陵》：“汉家天马出蒲梢，苜蓿榴花遍近郊。”的景象；杜甫的《寓目》：“一县葡萄熟，秋山苜蓿多。”诗中的“苜蓿多”反映了陇右之地种苜蓿的情景。

王维的诗
送刘司直赴安西
绝域阳关道胡沙与
塞尘三春时有雁万里少
行人苜蓿随天马葡萄逐
汉臣当令外国惧不敢觅
和亲刘云无意之意

《送刘司直赴安西》

九判官（梁丘）

唐 杜甫

崆峒使节上青霄，河陇降王款圣朝。
宛马总肥春苜蓿，将军只数汉嫖姚。
陈留阮瑀谁争长，京兆田郎早见招。
麾下赖君才并入，独能无意向渔樵。

文献通考卷三百三十七
宛左右以葡萄为酒富人
藏酒至万馀石久者至数
十年不败人嗜酒马嗜苜
蓿多善马汗血言其先天
马子大宛国中有高山其上

《文献通考》（宋元时期学者马端临）

元朝几次颁布“劝农”条画，其中一条就是规定农村各社“布种苜蓿”“喂养头匹”。大德十一年（1307 年），元政府曾发行盐券向农民换取秆草、牧草一千三百万束。还颁布“劝农条画”，令各村社广种苜蓿，喂养牲畜。漠南地区的官牧场牲畜，由地方政府提供人力、物资，普遍种植苜蓿。

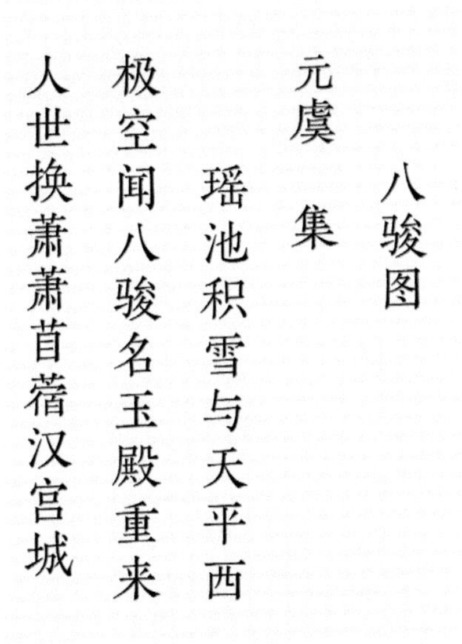
八骏图
元 虞集
瑶池积雪与天平西
极空闻八骏名玉殿重来
人世换萧萧苜蓿汉宫城

《八骏图》

清范天烈《塞上》诗曰：“苜蓿秋高万马肥，满天霜雪有鸿飞。”

乾隆元年（1736 年）《甘肃通志》记载：“鸿尽苜蓿秋风万马肥，圣主不教勤远略，书生敢谓识戎机。狂胡已撤穹庐遁体国初心幸不违。”清乾隆十八年（1753 年）《山西蒲县志·物产部》记载：“苜蓿，味甘。安胃。种自大宛国移来，故饲马最良。”乾隆四十四年（1779 年）《甘州府志》曰：“苜蓿可饲马。”清杨巩《农学合编》曰：“苜蓿，长宜饲马，尤嗜此物。”

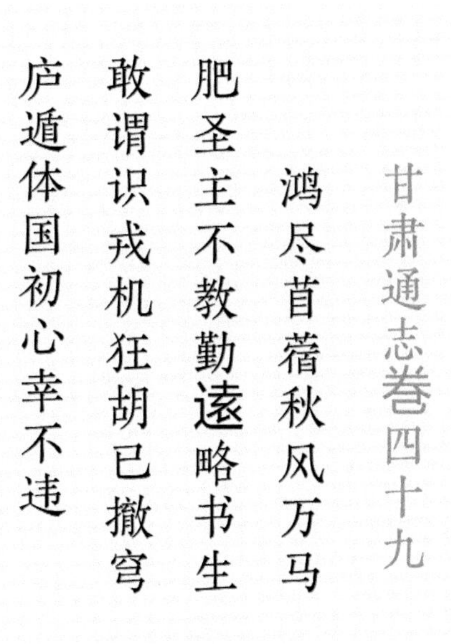
甘肃通志卷四十九
鸿尽苜蓿秋风万马
肥圣主不教勤远略书生
敢谓识戎机狂胡已撤穹
庐遁体国初心幸不违

《甘肃通志》

200 多年来，我们祖先已知道采用外国的优良马匹和牧草品种，在艰难的交通条件下，自中亚细亚传入了现代阿哈马的原始品种和被誉为牧草之后的苜蓿。他们早知把良种用于改良，可惜在长期的封建制度社会过程中，优良的马种仅被统治者所占有，未能推广及遗留至今天，独有苜蓿一物得到古来农民有效的保存和推广，终于应用于农业生产，这是一件对农业和畜牧业重大的贡献。正因为如此，就更值得我们追念那些古代的劳动人民，并热爱祖国自己的文化了（谢成侠，1955）。

三、苜蓿是马不可或缺的饲草

高品质干草比劣质干草更可口。研究表明，马吃优质苜蓿干草（NDF 含量 34.1%）比中等质量的雀麦干草（NDF 含量 61.4%）或劣质猫尾草干草（NDF 含量 74.4%）体质会更强。当饲喂优质苜蓿干草时，马可以消耗更少浓缩营养，也可以降低绞痛的可能性或其他消化系统疾病发生概率。

马与苜蓿

新疆博乐苜蓿地的马

1951—1958 年，吉林省农安种马场的阿尔登种公马在配种期的日粮中，粗饲料由苜蓿干草 10 kg 或改为青苜蓿 15 kg，另有适量的谷草及野干草（谢诚侠，1958）。

在配种时期，种公马良好的饲料为苜蓿和草场干草，总量 8~10 kg，燕麦 6 kg，发芽谷物（大麦或小麦）0.5 kg，定时地日给鸡蛋 5~6 枚，脱脂乳可给到 10 kg 和 3 kg 胡萝卜（杜布雷宁，1957）。

《养马学》

1953 年，中央人民政府农业部畜牧兽医局在《畜牧兽医选辑（一）马的饲养管理》一书“马的日粮”部分规定了苜蓿的饲用量。

马匹最重要的粗饲料为干草，最好的是天然草原的干草，及人工栽培的牧草，如猫尾草、红三叶、苜蓿与燕麦混种的牧草。

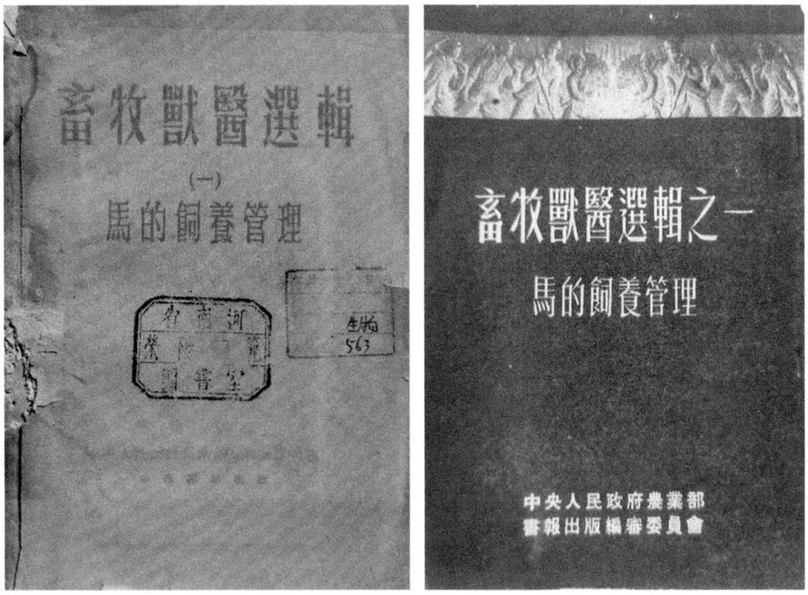

《畜牧兽医选辑（一）马的饲养管理》

妊娠马可采用的饲料日粮：

轻乘种母马

其一

1. 苜蓿干草 …… 3 kg
2. 野干草 …… 4 kg
3. 燕麦 …… 4 kg
4. 包米 …… 1 kg
5. 麸皮 …… 1 kg

其二

1. 红三叶 …… 3 kg
2. 野干草 …… 4 kg
3. 燕麦 …… 4 kg
4. 甜菜 …… 4 kg

重挽种母马

1. 苜蓿秆草 …… 6 kg
2. 燕麦藁杆 …… 5 kg
3. 豆饼 …… 1.25 kg
4. 燕麦 …… 4 kg
5. 甜菜 …… 8 kg

《畜牧兽医选辑（一）马的饲养管理》

第三节　苜蓿与奶牛

一、近代奶牛与苜蓿

1935 年，上海可的牛奶公司开始通过海运从国外进口苜蓿草捆。

1936 年，李松如指出：“紫苜蓿之特点，约有五端：①营养价高而味美，为牧草中最富于营养分者；②收获量多；③根深，不畏旱害；④生长年龄长；⑤质甚柔软，乳牛极喜食之。”

1937 年，孙醒东在《苜蓿育种问题》中指出：“苜蓿为乳牛上等饲料，畜牧家认为视喂养乳牛苜蓿之多寡，能预测将来牛乳油市价之高低。意即多食苜蓿之乳牛，其牛乳油之品质既高，售价必大，而饲料之成本又低，其中关系之重大，可以想见，此外苜蓿之对于乳牛适口性尤大且其可消化之百分率亦甚高。当夏秋之季，乳牛亦可用之为青刈料，即一日刈割二次喂养之。一亩苜蓿足够五头乳牛之需，真可谓经济矣。”他强调指出：“苜蓿饲料，不仅能催促牲畜生长，加重体量，且能加增乳牛产乳量。”

1943—1946 年，王栋教授在陕西武功县进行苜蓿青贮，并用其饲喂奶牛和其他家畜，都喜采食。

二、现代奶牛饲养中的苜蓿应用

1999 年，光明乳业股份有限公司开始在 11 600 头成母牛中推广饲喂苜蓿，2000 年每头每天苜蓿干草饲喂量为 2.33 kg，成母牛单产牛奶 8 027 kg，比 1998 年的 7 166 kg 增加 861 kg，提高 12.0%；2002 年每头每天蓿干草饲喂量为 2.27 kg，成母牛单产进一步提高到 8 821 kg，比 2000 年增加 794 kg，提高 9.9%（刘成果，2013）。

2001 年，北京市推广苜蓿干草饲喂奶牛，三元乳业集团 16 900 头成母牛，2000 年成母牛年单产 7 556 kg，2002 年每头每天苜蓿干草饲喂量为 2.19 kg，成母牛单产 8 559 kg，比 2000 年增加 1 003 kg，提高 13.3%（刘成果，2013）。

2002 年，韩建国、李志强在北京市南郊农场金星牛场进行了苜蓿干草在高产奶牛日粮中适宜添加量的研究。3 组奶牛日粮中苜蓿干草的添加量分别为 3 kg（对照）、6 kg 和 9 kg，结果表明，在奶牛日粮中大量使用苜蓿干草并不增加日粮成本，可以大幅度提高经济效益，9 kg 组与对照相比纯增效益最高，苜蓿干草在高产奶牛日粮中的适宜添加量为 9 kg。直到 2008 年“三聚氰胺”事件后，苜蓿在我国奶牛饲养才得到广泛应用，2021 年，韩吉雨在《牧场管理实战手册》中规定，在高产泌乳牛日粮中苜蓿干草的使用量≤ 4.0 kg。

博乐苜蓿地的奶牛

博乐苜蓿地的奶牛

奶牛与苜蓿草

《牧场管理实战手册》

三、国产苜蓿奶牛的“铁饭碗”

2012 年，为了保障奶业对优质苜蓿的供给，国家启动了“振兴奶业苜蓿发展行动”。中央财政每年安排经费 3 亿元，支持 50 万亩高产优质苜蓿示范片区建设。

2018 年，《国务院办公厅关于推进奶业振兴保障乳品质量安全的意见》提出，建设高产优质苜蓿示范基地，提升苜蓿草产品质量，力争到 2020 年优质苜蓿自给率达到 80%。

2019 年，国家增强了对苜蓿产业的政策扶持力度，扩大了规模，安排苜蓿补贴面积由原来的 50 万亩扩大到 100 万亩以上，资金也由 3 亿元增加到 6 亿元。补贴资金主要用于推行苜蓿良种化、实行标准化生产、改善生产条件和提升质量水平。

据《中国草业统计》显示，在 2016—2020 年，全国苜蓿总面积 222.67 万 ~ 437.47 万 hm^2，到 2020 年总面积为 222.67 万 hm^2；商品草生产面积达 40.53 万 ~ 45.17 万 hm^2，占总面积的 10.06% ~ 18.95%。

2019 年，内蒙古自治区人民政府发布《推进奶业振兴若干政策措施》，具体举措包括收储饲草料补贴 50 元 /t，连片种植优质苜蓿补贴 600 元 / 亩等。

2020 年，内蒙古自治区人民政府出台《奶业振兴三年行动方案（2020—2022 年）》提出，支持中西部黄河流域、东部西辽河一嫩江流域和北部牧区寒冷苜蓿种植带建设，建设优质苜蓿种植基地 700 万亩，提高国产苜蓿产量和质量。

2022 年 3 月，内蒙古自治区人民政府出台《关于推进奶业振兴九条政策措施》提出，对新增规模化苜蓿草种植企业进行补贴。自 2022 年开始，自治区财政对新增集中连片标准化种植 500 亩以上的苜蓿草种植企业（合作社、种植户）给予补贴，以 500 亩为一个单元，每个单元一次性补贴 5 万元。

2023 年 9 月，内蒙古自治区人民政府出台《推进奶产业高质量发展若干政策措施》提出，在奶牛养殖优势区，推进国产优质苜蓿提质增产，对集中连片标准化种植 500 亩以上，且与养殖场（户）签订饲草购销合同的苜蓿种植主体，分 3 年给予每亩 1 000 元补贴。

内蒙古优质苜蓿基地

国产苜蓿是中国奶牛的“铁饭碗”

第四节 苜蓿与秦川牛

一、秦川牛的形成与苜蓿

在我国汉代乃至唐宋时期，西北是苜蓿大面积种植的地区，都有其优良的家畜品种，苜蓿对育成秦川牛、晋南牛、早胜牛、南阳牛、关中驴、早胜驴等古老的著名家畜品种起到了直接的、十分重要的作用。如秦川牛的主要产区关中平原，地势平坦、气候温和，土质黏重肥沃，渭河贯穿其间，灌溉便利，所种饲草产量高、品质好。

秦川牛历史悠久。公元前八世纪，关中地区就有“择良牛献主”的记载，主要是作为食用，并开始用于耕地。春秋战国时期，出现铁制农具，牛成了农耕的主要役畜。公元前 126 年，张骞出使西域带回苜蓿种子，在关中地区广为种植，用以喂牛，使秦川牛的品种质量发生显著变化，如体型增大，役用能力和肉的品质都得到提高。自汉初以来，就有“择色栗，躯大者供繁育用”“饲苜蓿，重改良，牛质佳，昔两牛一乘，今一牛一乘矣”，牛肉“细嫩具纹，烙饼牛羹，高脂润香”的记述（丘怀、宋维国，1985）。

秦川牛之成名与西汉张骞有不解之缘。自张骞的大宛苜蓿种子，奉献武帝。“帝得苜蓿种，甚喜令宫边遍种。”武帝久闻“苜蓿喂牛马，则牛马状”，故令宫边四周广种苜蓿，以拥有天马而自娱。嗣后大宛人，乌孙人贡品中常有苜蓿种子和胡桃等。不数年苜蓿传至宫外，乃至遍于关中。汉武帝后，关中光中苜蓿，冬春季可为牛提供大量苜蓿干草，对秦川牛的体质影响极大，无疑在体质和生产力上发生了质的变化，喂秦川牛之形成关系极大（金公亮，1979）。

二、古代秦川牛饲养中的苜蓿

1956 年，邱怀在《秦川牛的调查研究报告》中指出，该地区是汉唐苜蓿种植核心区，自苜蓿在皇家苑囿种植不久就传出宫外，乃至遍与关中，耕牛从小就饲喂苜蓿，使牛的骨骼和肌肉得到充分发育，形成了现在的秦川牛。牛喜欢吃苜蓿，关中在明清时曾广泛种植苜蓿。清代杨秀元在《农言著实》中讲到许多饲养经验。他提出，正月用苜蓿根喂牛，既肯吃，又省料；冬月天喂牛，最好能用草。夏秋季陕西各地刈青苜蓿草，拌适量麦麸，或谷草和麦秸，冬季苜蓿干草辅以豆，牛壮健。谢成侠指出，晋陕 300 多年的养牛实践经验证明，这些地区所用饲草主要是苜蓿，足以代替豆料的营养，并证明苜蓿是养牛的理想饲草。我国清代就有牛食多鲜苜蓿会引发鼓胀病的明确记载，并有相应的治疗措施。王树枏的《新疆图志》记载：“秋日，苜蓿遍野，饲马则肥，牛误食则病。牛误食青苜蓿必腹胀，大医法灌以胡麻油，半觔折红柳为衔之流涎而愈。”李春松的《世济牛马经》记载：“高粱苗，嫩苜蓿、菱草喂牛生胀气，耍时气闷如似鼓，如不放气命瞬息，饿眼穴，速放气，椿根白皮和乱发，香油炸后灌下宜。”

邱怀教授

据陕西省各地县志记载，清代夏秋刈青苜蓿，拌适量麦麸，或谷草和麦秸，冬季苜蓿干草辅以豆喂牛，牛健壮。千斤牛日食苜蓿干草 10 kg 左右，故一头牛日获得可消化蛋白质当在 1 000 g 以上，营养水平较高（金公亮，1979）。

三、20 世纪五六十年代秦川牛饲养中的苜蓿

据《秦川牛选辑》(1985)调查，在农忙期，秦川牛粗饲料是以青苜蓿为主，小麦秸为辅。数量多少，极不一致，大概青苜蓿每头每天少则 7.5~10.0 kg，多则 30.0~35.0 kg，一般是 35.0~20.0 kg。小麦秸少则 3.5~4.0 kg，多则 5.0~7.5 kg，依据牛体大小而定。

《秦川牛选辑》(1985) 指出，据关中秦川牛日粮调查表明，新中国成立前至农业合作化时，在小农经济下，饲草以苜蓿辅以麦秸或谷草，常年如此，惟所补精料量约 1.5~2.5 kg 不等，以麦麸、豌豆、油渣、玉米为主，可消化蛋白质当在 1 000 g，日获总可消化营养物质约 3.0~4.0 kg。营养水平仍较高，同时牛数较多，相对所负担的耕地面积也较少。

合作化后，粮食和经济作物与草争地，苜蓿播种面积逐年下降。就整个关中地区而言，饲草中苜蓿的比重，除夏秋季外，逐渐被麦秸和粟秆所替代，即由苜蓿为主，蒿秆为副过渡到蒿秆为主，苜蓿为副，而精料也逐渐下降，日粮中可消化蛋白质降至 500 g 左右。1958 年后，精料基本上停留在 1.0 kg 左右，蛋白质则更感缺乏，1960—1962 年暂时性困难时期，夏秋季除人少地广地区仍喂青苜蓿外，多数地区苜蓿比例大减，即使在 5—6 月间，苜蓿只占粗饲料的十分之几。

蒲城县沙西生产队坚持“闲时喂野草，忙时喂苜蓿”，牛主要靠吃野草，但群众十分重视苜蓿，“种好苜蓿养好牛”是这里群众的传统习惯。全队现有 22 户，种苜蓿 8 亩，早春地解冻后，就注意加强苜蓿地的管护工作，锄草、施肥和灌水，提高牧草产量。牲畜农忙时使役繁重，加班加套，和在下雨天，人不能出外割野草时，就给牛喂苜蓿，农忙时牛吃苜蓿，加套不减力，加草不断青，苜蓿夏秋吃后有余，晒制干苜蓿，冬春喂牛好，可节约精料，天寒不减膘。

1982 年，陕西省发放无息贷款 20 万，扶持社员扩种苜蓿。年底秦川牛产区苜蓿地保留面积达 46.7 万亩。富平县抓得较好，他们坚持农牧结合，全县划出 4.1% 的耕地 5 万亩种植苜蓿，现已种植 4.2 万亩，基本解决了牛的青绿饲料缺乏问题（丘怀，1985）。

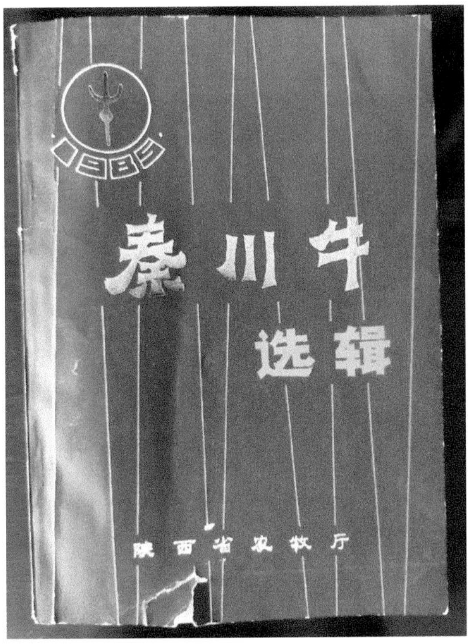

《秦川牛选辑》

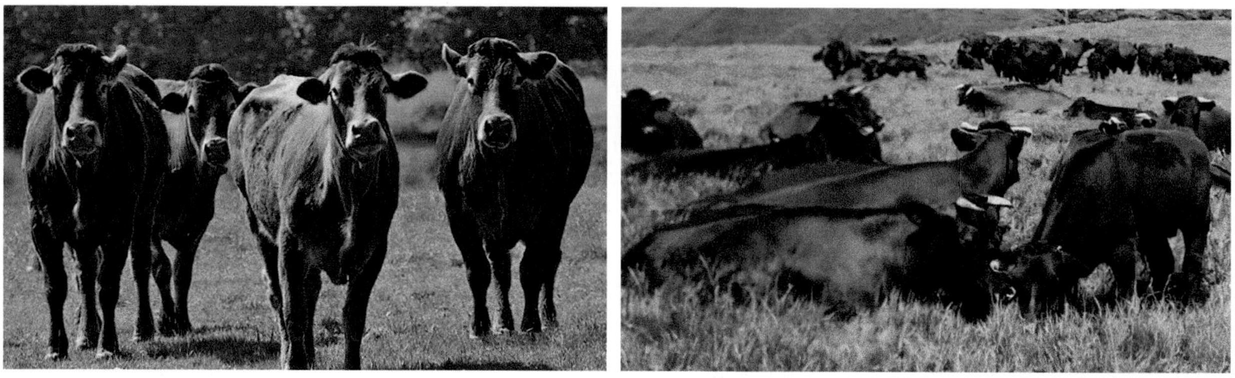

秦川牛

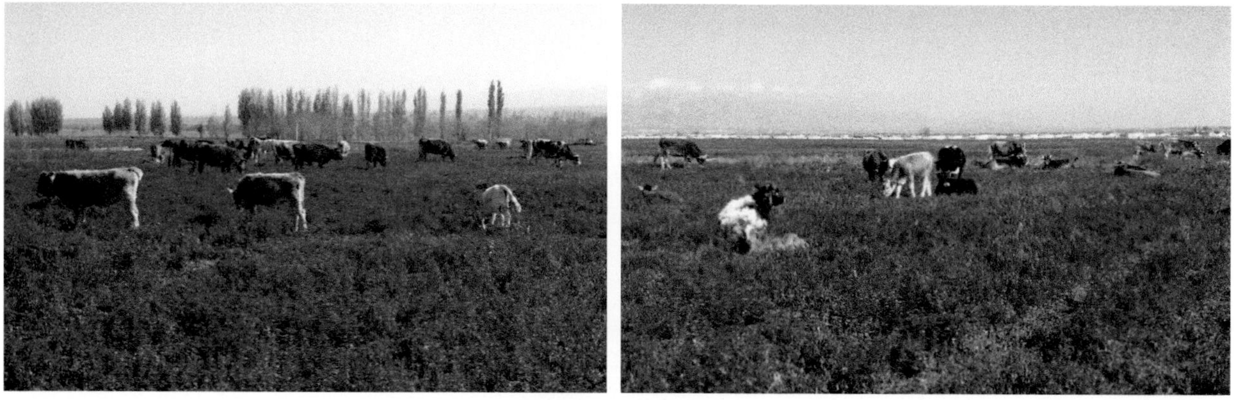

新疆博乐苜蓿地的牛

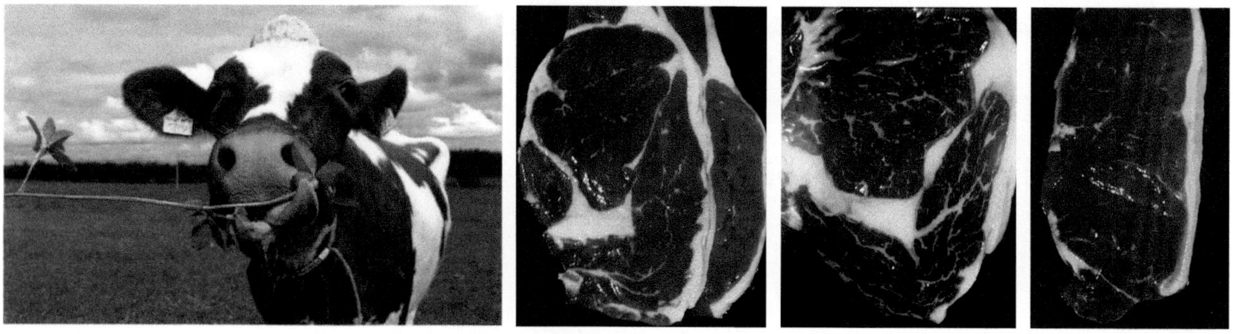

食用苜蓿的牛的牛肉质地

第五节　苜蓿与其他家畜

一、苜蓿与羊和驼

《新唐书 兵志》又载："初监马二十四万，后乃至四十三万，牛羊皆数倍。"贞观至麟德四十年间（627 — 665 年），陇右牧监有马达 70.6 万匹，杂以牛、羊、驼等，其数量更大。

《元史》记载："苜蓿园，提领三员，掌种苜蓿，以饲马驼、膳羊。"

1927 年，畜牧专家崔赞丞在《改良西北畜牧意见书》中提出西北畜牧业发达与否取决于十条准绳，其中之一就是"牧草须繁盛也"，他认为紫花苜蓿在西北遍地皆是，发育程度也盛于他草，所以以之饲养牛羊最为适宜。

苜蓿与羊

苜蓿与驼

二、苜蓿与驴

在我国汉代乃至唐宋时期，西北是苜蓿大面积种植的地区，都有其优良的家畜品种，苜蓿对育成关中驴、早胜驴等古老的著名驴品种起到了直接的、十分重要的作用。关中驴，顾名思义，就是产于关中地区的驴。关中平原是我国苜蓿发源地，这里土肥水足，气候适宜，自古以来盛产苜蓿，并有养畜的习惯，所产的牛、驴誉满全国。

康熙四十四年（1705 年）蒲松龄撰《农桑经》曰："苜蓿野外有硗田，可种以饲畜。初生嫩苗，可食。四月结种后，芟以喂马，冬积干者，可喂牛、驴。"

1953 年，河南省灵宝县峭底社社员何广汉家，在 1951 年前喂驴 2 头，没有种苜蓿，喂麸皮和料，

1953 年种苜蓿 5 亩，2 头驴全年纯喂苜蓿，不喂一点精料，膘情比喂精料前好许多，这样计算，种苜蓿既解决了料，也节省了草。

苜蓿与驴

三、苜蓿与猪

清代用发酵后的苜蓿饲喂猪，堪称世界首创。《豳风广义·收食料法》曰："大凡水陆草叶根皮无毒者，猪皆食之，唯苜蓿最善，采后复生，一岁数剪，以此饲猪，其利甚广，当约量多寡种之。春夏之间，长及尺许，割来细切，以米泔水或酒糟豆粉水，浸入大瓦窖内或大蓝瓮内令酸黄，拌麸杂物饲之。可生喂。"同时《豳风广义·收食料法》还记载了用苜蓿草粉喂猪，将晒干的苜蓿"用碌碡碾为细末，密筛筛过收贮。待冬月合糠麸之类，量猪之大小肥瘦，或二八相合，或三七相合，或四六，或停对，斟酌损益而饲之。且饲牧之人，宜常采杂物以代麸糠，拾得一分遂省一分食。"

关中丛书 豳風廣義 郃力子著

《豳风广义》

1956 年，河南省灵宝县国营泛黄区农场把猪放到苜蓿地里进行轮区放牧，每天每头猪再补助 4 ~ 6 两精料，这样可以使架子猪获得每头每月 5 ~ 6 kg 的增重，肥猪每头每月获得 7.5 ~ 9.5 kg 的增重，有部分猪可获得 12.0 ~ 16.0 kg 的增重。每亩苜蓿地从 4—10 月放牧期可负担 3 头 4 个月以上（25 kg 以上）的育肥猪，亦即每头猪半年内消耗粗料的费用仅为 1.6 元，大大降低了养猪的成本。

1957 年，熊德邵研究利用苜蓿喂猪指出，苜蓿是豆科植物种喂猪最好的一种青绿饲料，在苜蓿地放牧的猪，虽少喂些精料，比多喂精料的猪还长得快。苜蓿平均每亩产青草 2 000 ~ 2 500 kg，产干草 400 ~ 500 kg。

1972 年，辽宁省建平县国营农场平房大队龙台号生产队养猪的饲料一半以上是靠苜蓿草。现有苜蓿草地 460 亩，除一部分喂大牲畜和留作产种子外，其余用作养猪饲料地。

具体做法：

●青喂法　苜蓿返青后，一般年景，到 5 月中下旬苜蓿长到 30 cm 左右，这时可以刈割，切碎后直接喂猪；可以把切碎的鲜苜蓿放在缸里掺些其他饲料，一起发酵或醣化喂猪。经发酵或醣化的饲料，具有酸、甜、软、熟、香的特点，猪爱吃，上膘快。

●调制干草粉喂法　当苜蓿草 70% ~ 80% 开花时，6 月中旬左右，这时它含的营养最丰富。刈割后阴干成蝈蝈绿色，粉碎后掺和其他饲料，经发酵或醣化喂猪。粉碎的干草，也可以煮熟，采用生熟各半并掺些其他饲料一起喂猪。

●苜蓿草糠喂法　苜蓿打籽后，挑出长枝条，余下的叶子、荚果皮及细小茎秆，经粉碎后，就是苜蓿草糠。喂草糠时，多在冬春两季。因天气凉，所以一定要煮熟后再喂。如有条件，把草糠发酵或醣化后，喂猪更好。

通过几年实践，建平县国营农场平房大队龙台号生产队尝到了用苜蓿养猪的甜头。按照 1 亩山坡薄地，一年产苜蓿干草 250 kg 计算，足够一头猪半年以上的饲料。苜蓿草有油性，猪爱吃，长得快，膘情好。群众说“苜蓿草是个宝，养猪离不了，喂它省精料，生猪发展了。”

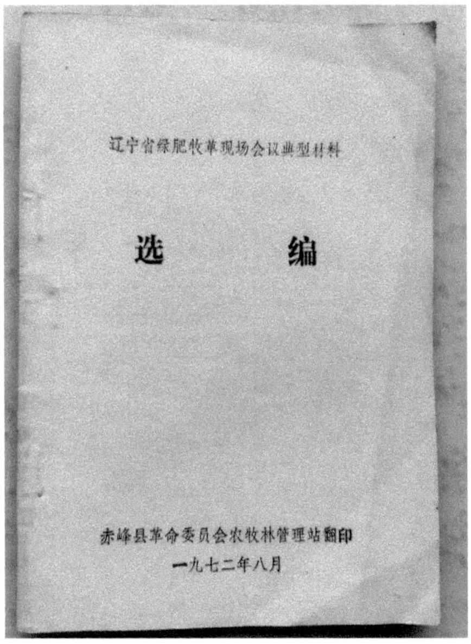

《辽宁省绿肥牧草现场会议典型材料选编》

江苏和安徽的淮河和灌溉总渠以南的干旱和沿海地区，新中国成立前群众均有种植紫花苜蓿的习惯，主要刈割作牛羊猪的青饲料，幼嫩时也可刈割作家禽的青料。苏北徐淮地区涟水、淮阴、沭阳的农民，在 1900 年前每家种植苜蓿 2 ~ 3 亩，多至 10 余亩，饲喂耕牛和猪。

苜蓿与猪

四、苜蓿与禽类

清代杨屾的《豳风广义·畜牧大略》记载："昔陶朱公语人曰：欲速富，五畜牸。五牸者，牛、马、猪、羊、驴五牝者也。西安诸州县，无山泽旷土，不便杂畜（五畜家户皆有，但地狭便广畜也），舍三畜而专言猪、羊、鸡、鸭，资生之一法也。大约不过两万钱之资，而数年之间，其利百倍。唯多种苜蓿，广畜四牝，使二人掌管，遵法饲养，谨慎守护，必致蕃息。"

苜蓿与鸡鸭

参考文献

[汉] 班固 , 1998. 汉书 [M].[唐] 颜师古 , 注 . 北京 : 中华书局 .

[汉] 班固 , 2007. 汉书 [M]. 北京 : 中华书局 .

[汉] 崔寔 , 1981. 四民月令 [M]. 缪启愉 , 辑释 . 北京 : 农业出版社 .

[汉] 刘歆 , [晋] 葛洪 , 2006. 西京杂记 [M]. 西安 : 三秦出版社 .

[汉] 司马迁 , 1959. 史记 [M]. 北京 : 中华书局 .

[汉] 许慎 , 2013. 说文解字 [M]. [宋] 徐铉 , 校定 . 北京 : 中华书局 .

[晋] 郭璞注 , 2010. 尔雅注疏 [M]. [宋] 邢昺 , 疏 . 上海 : 上海古籍出版社 .

[晋] 张华 , 1985. 博物志 [M]. 北京 : 中华书局 .

[北魏] 贾思勰 , 2009. 齐民要术 [M]. 缪启愉 , 校释 . 上海 : 上海古籍出版社 .

[北魏] 贾思勰 , 2009. 齐民要术 [M]. 石声汉 , 译注 . 石定枎 , 谭光万 , 补注 . 北京 : 中华书局 .

[北魏] 贾思勰 , 2009. 齐民要术译注 [M]. 缪启愉 , 译注 . 上海 : 上海古籍出版社 .

[北魏] 杨衒之 , 1978. 洛阳伽蓝记 [M]. 上海 : 上海古籍出版社 .

[南朝] 任昉 , 1960. 述异记 [M]. 北京 : 中华书局 .

[南朝] 陶弘景 , 1955. 本草经集注 [M]. 北京 : 群联出版社 .

[隋] 虞世南 , 1988. 北堂书钞 [M]. 孔广陶 , 校注 . 天津 : 天津古籍出版社 .

[唐] 杜佑 , 1982. 通典 [M]. 北京 : 中华书局 .

[唐] 封演 , 1956. 封氏闻见记 [M]. 上海 : 商务印书馆 .

[唐] 韩鄂 , 1981. 四时纂要 [M]. 缪启愉， 校释 . 北京 : 中国农业出版社 .

[唐] 李吉甫 ,1983. 元和郡县志 [M]. 北京 : 中华书局 .

[唐] 李林甫 , 1992. 唐六典 [M]. 北京 : 中华书局 .

[唐] 孟诜 , 1992. 食疗本草 [M]. 北京 : 中国商业出版社 .

[唐] 欧阳询 , 1965. 艺文类聚 [M]. 上海 : 上海古籍出版社 .

[唐] 苏敬 , 1985. 新修本草 [M]. 上海 : 上海古籍出版社 .

[唐] 孙思邈 , 2008. 备急千金要方 [M]. 北京 : 华夏出版社 .

[唐] 魏征 , 1973. 隋书 [M]. 北京 : 中华书局 .

[唐] 徐坚 , 1962. 初学记 [M]. 北京 : 中华书局 .

[唐] 薛用弱 , 1980. 集异记 [M]. 北京 : 中华书局 .

[唐] 张说 , 1936. 大唐开元十三年陇右监牧颂德碑 . 张说之文集 [M]. 上海 : 商务印书馆 .

[唐] 长孙无忌 , 1983. 唐律疏议 [M]. 北京 : 中华书局 .

[五代] 王定保 , 1959. 唐摭言 [M]. 北京 : 中华书局上海编辑所 .

[后晋] 刘昫 , 1975. 旧唐书 [M]. 北京 : 中华书局 .

[宋] 李昉 , 1961. 太平广记 [M]. 北京 : 中华书局 .

[宋] 李昉 , 1994. 太平御览 [M]. 石家庄 : 河北教育出版社 .

[宋] 李格非 , 1985. 洛阳名园记 [M]. 北京 : 中华书局 .

[宋] 司马光 , 1956. 资治通鉴 [M]. 北京 : 中华书局 .

[宋] 陈景沂 , 1982. 全芳备祖 [M]. 北京 : 中国农业出版社 .

[宋] 陈直 , 2012. 寿亲养老新书 [M]. [元] 邹铉 , 增续 . 张成博，点校 . 天津 : 天津科学技术出版社 .

[宋] 范晔 , 2009. 后汉书 [M]. 陈芳 , 译注 . 北京 : 中华书局 .

[宋] 寇宗奭 , 1990. 本草衍义 [M]. 北京 : 人民卫生出版社 .

[宋] 李昉 , 1966. 文苑英华 [M]. 北京 : 中华书局 .

[宋] 罗愿 , 1991. 尔雅翼 [M]. 合肥 : 黄山书社 .

[宋] 沈括 , 1998. 梦溪笔谈 [M]. 贵阳 : 贵州人民出版社 .

[宋] 苏颂 , 1994. 本草图经 [M]. 合肥 : 安徽科学技术出版社 .

[宋] 唐慎微 , 1982. 重修政和经史证类备用本草 [M]. 北京 : 人民卫生出版社 .

[宋] 唐慎微 , 2002. 大观本草 [M]. 艾晟 , 刊订 . 合肥 : 安徽科学技术出版社 .

[宋] 王溥 , 1955. 唐会要 [M]. 北京 : 中华书局 .

[宋] 王钦若 , 2006. 册府元龟 (6 册) [M]. 南京 : 凤凰出版社 .

[宋] 吴怿 , 1963. 种艺必用 [M]. 北京 : 中国农业出版社 .

[宋] 郑樵 , 2006. 通志昆虫草木略 [M]. 合肥 : 安徽教育出版社 .

[宋] 高承 , 1989. 事物纪原 [M]. 北京 : 中华书局 .

[宋] 罗愿 , 1991. 尔雅翼 [M]. 合肥 : 黄山书社 .

[宋] 袁枢 , 1964. 通鉴纪事本末 [M]. 北京 : 中华书局 .

[元] 大司农 , 1982. 农桑辑要校注 [M] . 石声汉，校注 . 北京 : 农业出版社 .

[元] 马端临 , 1986. 文献通考 [M]. 北京 : 中华书局 .

[元] 王祯 , 1982. 王祯农书 [M]. 北京 : 中国农业出版社 .

[明] 鲍山 , 2007. 野菜博录 [M]. 济南 : 山东画报出版社 .

[明] 程登吉 , 2005. 幼学琼林 [M]. 长沙 : 岳麓书社 .

[明] 戴羲 , 1956. 养余月令 [M]. 北京 : 中华书局 .

[明] 李东阳 , 1965. 大明会典 [M]. 北京 : 中华书局 .

[明] 李时珍 , 1982. 本草纲目 [M]. 北京 : 人民卫生出版社 .

[明] 李维祯 , 1996. 山西通志 [M]. 北京 : 中华书局 .

[明] 缪希雍 , 2005. 神农本草经疏 [M]. 上海 : 上海人民出版社 .

[明] 王廷相 , 1997. 浚川奏议集 [M]. 台南 : 华严文化事业有限公司 .

[明] 王象晋 , 1994. 群芳谱 [M] // 中国科学技术典籍通汇 : (农学卷三). 任继愈 , 主编 . 郑州 : 河南教育出版社 .

[明] 徐光启 , 1979. 农政全书 [M]. 上海 : 上海古籍出版社 .

[明] 姚可成 , 1994. 食物本草 [M]. 北京 : 人民卫生出版社 .

[明] 赵廷瑞 , 马理，吕柟 , 2006. 陕西通志 [M]. 西安 : 三秦出版社 .

[明] 朱橚 , 2007. 救荒本草校释 [M]. 王家葵 , 校注 . 北京 : 中医古籍出版社 .

[清] 陈梦雷 , 2001. 古今图书集成 [M]. 北京 : 北京图书馆出版社 .

[清] 程瑶田 , 2008. 程瑶田全集 [M]. 合肥 : 黄山书社 .

[清] 丁宜曾 , 1957. 农圃便览 [M]. 王毓瑚 , 校点 . 北京 : 中华书局 .

[清] 鄂尔泰 , 张廷玉 , 1991. 授时通考 [M]. 北京 : 农业出版社 .

[清] 郭云升 , 1995. 救荒简易书 [M]. 上海 : 上海古籍出版社 .

[清] 蒲松龄 , 1982. 农桑经校注 [M]. 李长年 , 校注 . 北京 : 农业出版社 .

[清] 汪灏 , 1935. 广群芳谱 [M]. 上海 : 商务印书馆 .

[清] 谈迁 , 2006. 枣林杂俎 [M]. 罗仲辉 , 点校． 北京 : 中华书局 .

[清] 吴其濬 , 1957. 植物名实图考 [M]. 北京 : 商务印书馆 .

[清] 吴其濬 , 1959. 植物名实图考长编 [M]. 上海 : 商务印书馆 .

[清] 徐松 , 1937. 汉书西域传补注 [M]. 上海 : 商务印书馆 .

[清] 杨鞏 , 1956. 农学合编 [M]. 北京 : 中华书局 .

[清] 杨屾 , 1962. 豳风广义 [M]. 郑辟疆 , 郑宗元 , 校勘 . 北京 : 农业出版社 .

[清] 杨一臣 , 1989. 农言著实评注 [M]. 杨允禔 , 整理 . 北京 : 农业出版社 .

[清] 张廷玉 , 1974. 明史 [M]. 北京 : 中华书局 .

[清] 张宗法 , 1989. 三农纪 [M]. 北京 : 中国农业出版社 .

[清] 龚乃保 , 2009. 冶城蔬谱 [M]. 南京 : 南京出版社 .

阿克苏地区畜牧志编纂委员会 , 2013. 阿克苏地区畜牧志 [M]. 乌鲁木齐 : 新疆人民出版社 .

安忠义 , 强生斌 , 2008. 河西汉简中的蔬菜考释 [J]. 鲁东大学学报 (哲学社会科学版), 25 (6): 29-33.

白鹤文 , 杜富全 , 闽宗殿 , 1995. 中国近代农业科技史稿 [M]. 北京 : 中国农业科技出版社 .

宝鸡市地方志编纂委员会 , 1998. 宝鸡市志 (中) [M]. 西安 : 三秦出版社出版 .

北京市地方志编纂委员会 , 2007. 北京志 (农业卷畜牧志)[M]. 北京 : 北京出版社 .

布尔努瓦 , 1982. 丝绸之路 [M]. 乌鲁木齐 : 新疆人民出版社 .

布尔努瓦 , 1997. 天马和龙涎——12 世纪之前丝路上的物质文化传播 [J]. 丝绸之路 (3): 11-17.

曹馨悦 , 李腾飞 , 王莹莹 , 等 , 2021. 基于 GIS 的陕西省栽培牧草区划 [J]. 草业科学 , 38(11): 2117-2125.

曹致中 , 1984. 试谈我国苜蓿地方品种的搜集和整理 [J]. 中国草原与收草杂志 , 1 (4): 42-46.

曹致中 , 1990. 根蘖型苜蓿的引种和育种Ⅰ. 根蘖型苜蓿的引种研究 [J]. 中国草地 (4): 25-30.

曹致中, 1991. 甘农一号杂花苜蓿品种选育报告 [J]. 草业科学, 8 (6): 36-39.
曹致中, 2002. 优质苜蓿栽培与利用 [M]. 北京 : 中国农业出版社 .
曹致中, 2003. 牧草种子生产 [M]. 北京 : 金盾出版社 .
曾问吾, 1936. 中国经营西域史 [M]. 上海 : 商务印书馆 .
柴凤久, 郭宝华, 1991. 黑龙江省主要多年生栽培草种区划试验 [J]. 黑龙江畜牧科技 (1): 53-57.
陈宝书, 2001. 牧草饲料作物栽培学 [M]. 北京 : 中国农业出版社 .
陈布圣, 1959. 牧草栽培 [M]. 上海 : 上海科学技术出版社 .
陈竺同, 1957. 两汉和西域等地的经济文化交流 [M]. 上海 : 上海人民出版社 .
池田哲也, 1999. 北海道的苜蓿栽培——最新研究和新技术 [J]. 北农 (66): 308-314.
赤峰县革命委员会农牧林管理站 ,1972. 辽宁省绿肥牧草现场会典型材料选编 (内部资料).
川濑勇, 1941. 实验牧草讲义 [M]. 东京 : 株式会社养贤堂 .
辞海编辑委员会, 1978. 辞海 (修订稿) 农业分册 [M]. 上海 : 上海辞书出版社 .
崔友文, 1959. 黄河中游植被区划及保土植物栽培 [M]. 北京 : 科学出版社 .
东北省铁路经济调查局编印, 1928. 北满农业 [M]. 哈尔滨 : 中国印刷局 .
董恺忱, 范楚玉, 2000. 中国科学技术史 (农学卷)[M]. 北京 : 科学出版社 .
董立顺, 侯甬坚, 2013. 水草与民族 : 环境史视野下的西夏畜牧业 [J]. 宁夏社会科学, 177(2): 91-96.
杜布雷宁 B N, 1957. 养马学 [M]. 李塞云, 译 . 南京 : 畜牧兽医图书出版社 .
杜亚泉, 1913. 共和国教科书植物学 [M]. 上海：商务印书馆 .
法天, 1934. 碱土的几项改善法 [J]. 寒圃 (6): 10-12.
范文澜, 2010. 中国通史简编 [M]. 北京 : 商务印书馆 .
方珊珊, 孙启忠, 闫亚飞, 2015. 45 个苜蓿品种秋眠级初步评定 [J]. 草业学报, 24(11): 247-255.
冯德培, 谈家桢, 1983. 简明生物学词典 [M]. 上海 : 上海辞书出版社 .
冯其焯, 王廷昌, 1922. 亚路花花草 (alfalfa grass) [J]. 农智 (1): 49-54.
冯肇南, 1954 . 新疆的野生豆科牧草 [J] . 植物学报, 3(4): 367-382.
富象乾, 1982. 中国饲用植物研究史 [J]. 内蒙古农牧学院学报 (1): 19-31.
甘肃省水利局银川分局, 1956. 怎样防止土壤盐碱化和改良盐碱地 [M]. 兰州 : 甘肃人民出版社 .
甘肃省文物考古研究所, 1991. 敦煌汉简 [M]. 北京 : 中华书局 .
高永贵, 2003. 新疆苜蓿种植区域的划分 [J]. 农村科技, 34:105-110.
耿华珠, 1990. 苜蓿耐盐性鉴定初报 [J]. 中国草地学报 (2): 69-72.
耿华珠, 1995. 中国苜蓿 [M]. 北京 : 中国农业出版社 .
龚延明, 1997. 宋代官制辞典 [M]. 北京 : 中华书局 .
郭际雄, 阿旺扎西, 王炳奎, 等, 1987. 西藏自治区主要多年生栽培当家草种区划研究 [J]. 内蒙古农牧学院学报, 8(2): 73-78.
郭文韬, 1989. 中国近代农业科技史 [M]. 北京 : 中国农业科技出版社 .

郭孝, 2002. 河南省当家草种的选择与区划种植 [J]. 中国草地, 24(3): 28-31.

海斯, 尹默, 史密士, 1955. 植物育种学 [M]. 庄巧生, 等译, 1964. 北京 : 农业出版社 .

韩建国, 1997. 实用牧草种子学 [M]. 北京 : 中国农业出版社 .

河北省地方志编纂委员会, 1994. 河北省志农业志 (内部资料).

河北省农业厅编, 1957. 盐碱地改良法 [M]. 保定 : 河北人民出版社 .

河南省农业厅, 1958. 怎样解决牲畜饲草 [M]. 郑州 : 河南人民出版社 .

黑龙江省地方志编纂委员会, 1993. 黑龙江省志 (第十卷畜牧志)[M]. 哈尔滨 : 黑龙江人民出版社 .

洪绂曾, 1987. 根蘖型苜蓿引种的研究 [J]. 草业科学, 4 (5): 1-4.

洪绂曾, 1989. 中国多年生栽培草种区划 [M]. 北京 : 中国农业出版社 .

洪明佑, 1935. 畜牧学 [M]. 上海 : 商务印书馆 .

胡先骕, 1930. 植物学小史 [M]. 上海 : 商务印书馆 .

胡先骕, 孙醒东, 1955. 国产牧草植物 [M]. 北京 : 科学出版社 .

胡先骕, 1953. 经济植物学 [M]. 上海：中华书局 .

黄佩民, 1957. 几种农作物的抗盐性 [J]. 农业科学通讯 (6): 317-319.

黄绍绪, 1949. 作物学 (中册)[M]. 上海：商务印书馆 .

黄士蘅, 2000. 西汉野史 (上)[M]. 北京 : 大众文艺出版社 .

黄文惠, 1974. 苜蓿的综述 (1970—1973 年) [J]. 国外畜牧科技 (6): 1-13.

黄文惠, 朱邦长, 李琪, 1986. 主要牧草栽培及种子生产 [M]. 成都 : 四川科学技术出版社 .

黄以仁, 1911. 苜蓿考 [J]. 东方杂志, 8(1): 26-31.

吉川佑辉, 藤田丰八, 1901. 苜蓿说 [J]. 农学报, 13(3): 2-4.

吉林省地方志编纂委员会, 1994. 吉林省志 (卷十六农业志 / 畜牧)[M]. 长春 : 吉林人民出版社 .

吉林省课题协作组, 1987. 吉林省多年生栽培草种区划研究报告 [J]. 吉林农业科学 (3): 58-64.

吉林省哲里木盟畜牧局, 1973. 主要优良牧草介绍 (内部资料).

贾祖璋, 贾祖珊, 1937. 中国植物图鉴 [M]. 上海 : 开明书店 .

江苏省农业科学院土壤肥料研究所, 1980. 苜蓿 [M]. 北京 : 中国农业出版社 .

焦彬, 1986. 中国绿肥 [M]. 北京 : 中国农业出版社 .

金公亮, 1979. 农业科学论文选 (略论秦川牛) (内部资料).

金陵大学农学院农业经济系农业历史组, 1933. 农业论文索引 (1858—1931) [M]. 北平 : 金陵大学图书馆 .

金善宝, 1961. 中国小麦栽培学 [M]. 北京：农业出版社 .

锦州市农业局，锦州市农业科学研究所, 1975. 几种牧草绿肥作物的栽培与利用 (内部资料).

卡拉舒, 1957. 苜蓿育种经验 [M]. 朱之垠, 刘东辉, 等译 . 南京 : 畜牧兽医图书出版社 .

孔庆莱, 吴德亮, 李祥麟, 等, 1918. 植物学大辞典 [M]. 上海 : 商务印书馆 .

乐天宇，徐纬英，1957 . 陕甘宁盆地植物志 [M] . 北京：中国林业出版社 .

李笃仁, 1956. 苜蓿干草晒制技术与保存方法研究 [C]// 华北农业科学研究 1949—1955 年主要资料简编 . 北京：华北农业科学研究所.
李笃仁, 1957. 土壤镇压在农业生产上的意义 [J]. 华北农业科学, 1(2): 139-147.
李化龙, 赵西社, 刘新生, 等, 2009. 陕西省栽培牧草适生气候区划 [J]. 陕西农业科学 (2): 19-22.
李树茂, 1934. 畜产与农业 [J]. 寒圃 (3-4): 6-12.
李树茂, 1934. 土壤反应与地力之关系 [J]. 寒圃 (17-18): 27-32.
李长年, 1959. 齐民要术研究 [M]. 北京：中国农业出版社.
联合国粮食及农业组织, 1983. 共生固氮技术手册 (豆科植物 / 根瘤菌)[M]. 罗马：联合国粮食及农业组织出版司.
梁家勉, 1989. 中国农业科学技术史稿 [M]. 北京：农业出版社.
梁剑芳, 缪应庭, 李运起, 等, 1996. 河北省多年生栽培牧草区划研究 [J]. 河北农业大学学报, 19(2): 102-106.
辽宁省林业土壤研究所，1976. 东北草本植物志 (第五卷) [M]. 北京：科学出版社.
林克剑, 陶雅, 梅花, 2023. 优质苜蓿高质量栽培技术 [M]. 北京：中国农业出版社.
铃木信治, 1992. 豆科牧草苜蓿的品种、栽培、利用 [M]. 北海道：雪印种苗出版.
凌文之, 1926. 豆科植物之记载 [J]. 自然界, 1(1): 70-74.
刘成果, 2013. 中国奶业史 (专史卷)[M]. 北京：中国农业出版社.
刘树常, 1993. 河北省畜牧志 [M]. 北京：北京农业大学出版社.
刘爽, 惠富平, 2021. 明清时期苜蓿的地域分布及其影响因素 [J]. 草业学报, 30(2): 178-189.
柳超, 1956. 西北畜牧业 [M]. 上海：新知识出版社.
楼祖诒, 1939. 中国邮驿发达史 [M]. 上海：中华书局.
卢得仁, 1992. 旱地牧草栽培技术 [M]. 北京：中国农业出版社.
卢欣石, 1984. 苜蓿是怎么传入中国的 [J]. 草与畜杂志 (4): 30.
路仲乾, 1928. 爱尔华华草 (alfalfa) 之研究 (上) [J]. 河南中山大学农科季刊, 1(1): 9-23.
路仲乾, 1928. 爱尔华华草 (alfalfa) 之研究 (下) [J]. 河南中山大学农科季刊, 1(2): 63-78.
马爱华, 张俊慧, 赵仲坤, 1996. 中药苜蓿的使用考证 [J]. 时珍国药研究, 7(2): 65-66.
马德滋，胡惠兰，胡福秀，2007. 宁夏植物志 (上卷) [M]. 2 版. 银川：宁夏人民出版社.
马鹤林, 2010. 马鹤林论文集 [M]. 北京：气象出版社.
梅希略克夫, 1955. 提高牧草的收获量 [M]. 陈唯真, 译. 北京：财政经济出版社.
蒙古植物志编辑委员会，2019. 内蒙古植物志 [M]. 3 版. 呼和浩特：内蒙古人民出版社.
闵继淳, 肖风, 赵永卫, 等, 1987. 苜蓿引种试验总结 [C]. 植物引种驯化集刊 (第五集). 北京：科学出版社.
闵宗殿, 彭治富, 王潮生, 1989. 中国古代农业科技史图说 [M]. 北京：中国农业出版社.
内蒙古草原工作站, 内蒙古锡盟草原工作站, 1972. 牧草种植 (内部资料).
内蒙古植物志编辑委员会, 1989. 内蒙古植物志 (第三卷) [M]. 2 版. 呼和浩特：内蒙古人民出版社.
宁夏草种区划协作组, 1987. 宁夏回族自治区主要栽培草种区划 (内部资料).

宁夏农业志编纂委员会, 1999. 宁夏农业志 [M]. 银川 : 宁夏人民出版社 .

潘富俊, 2015. 草木情缘 [M]. 北京 : 商务出版社 .

彭世奖, 2012. 中国作物栽培简史 [M]. 北京 : 中国农业出版社 .

秦含章, 1931. 苜蓿根瘤与苜蓿根瘤杆菌的形态的研究 [J]. 自然界, 7(1): 93-103.

庆阳地区畜牧志编纂组, 1997. 庆阳地区畜牧志 (内部资料).

丘怀, 宋维国, 1985. 秦川牛选辑 (内部资料，陕西省农牧厅).

全国畜牧总站, 2017. 中国审定草品种集 (2007—2016) [M]. 北京 : 农业出版社 .

全国牧草品种审定委员会, 1992. 中国牧草登记品种集 [M]. 北京 : 北京农业大学出版社 .

全国牧草品种审定委员会, 1999. 中国牧草登记品种集 [M]. 北京：中国农业大学出版社 .

全国牧草品种审定委员会, 2008. 中国牧草登记品种集 (1999—2006)[M]. 北京：中国农业出版社 .

桑原骘藏, 1934. 张骞西征考 [M]. 杨炼, 译 . 上海 : 商务印书馆 .

山东省曹县革命委员会, 1971. 用毛泽东哲学思想改造盐碱地 (内部资料).

山东省地方史志编纂委员会, 2000. 山东省志 (农业志)[M]. 济南 : 山东人民出版社 .

山西省地方志编纂委员会办公室, 1987. 山西农业志 (非正式出版物).

山西省水利厅水土保持局, 1965. 牧草水土保持措施 (内部资料).

山西植物志编辑委员会, 1998 . 山西植物志 (第二卷) [M]. 北京：中国科学技术出版社 .

陕西省畜牧业志编委, 1992. 陕西畜牧业志 [M]. 西安 : 三秦出版社 .

陕西省地方志编纂委员会, 1993. 陕西省志 (农牧志)[M]. 西安：陕西人民出版社 .

商务印书馆, 1939. 辞源正续编 (合订本) [M]. 上海 : 商务印书馆 .

生本, 1944. 张清益的宣传方式 [J]. 解放日报, 2: 27.

盛诚桂, 1985. 中国历代植物引种驯化梗概 [J]. 植物引种驯化集刊, 4: 85-92.

石声汉, 1963. 试论我国从西域引入的植物与张骞的关系 [J]. 科学史集刊 (4): 16-33.

拾碌, 1952. 苜蓿 [J]. 大陆杂志, 5(10): 9.

史念海, 1988. 唐史论丛 (第 4 辑)[M] . 西安 : 三秦出版社 .

松村哲夫, 2010. 以豆科牧草苜蓿的利用促进高品质自给粗饲料生产发展 [J]. 牧草和园艺, 58(4): 32-35.

松田定久, 1907. 苜蓿 (*Medicago sativa* L.) ノ稱呼ヲ考定シテ二産スル苜蓿屬ノ諸種ニ及ブ [J]. 植物学杂志, 21(251): 1-6.

松田定久, 1908. 北部ヨリ来リタル苜蓿属ノ標本 [J]. 植物学杂志, 22: 199.

松田定久, 1911. 黄以仁的苜蓿考附草木樨 [J]. 植物学杂志, 25(293): 233-234.

宋希庠, 1936. 中国历代劝农考 [M]. 南京 : 正中书局 .

苏沃洛夫 B B, 施坦科 A B, 1955. 青饲料轮作 [M]. 章祖同, 译 . 南京 : 畜牧兽医图书出版社 .

孙逢吉, 1948. 棉作学 [M]. 上海 : 国立编译馆, 正中书局 .

孙启忠, 2016. 苜蓿经 [M]. 北京 : 科学出版社 .

孙启忠, 2017. 苜蓿赋 [M]. 北京 : 科学出版社 .

孙启忠, 2018. 苜蓿考 [M]. 北京 : 科学出版社 .

孙启忠, 2020. 苜蓿简史稿 [M]. 北京 : 科学出版社 .

孙启忠, 2024. 苜蓿史钞 [M]. 北京 : 科学出版社 .

孙启忠, 柳茜, 李峰, 等, 2016. 我国古代苜蓿的植物学研究考 [J]. 草业学报, 25(5): 202-213.

孙启忠, 柳茜, 李峰, 等, 2017. 明清时期方志中的苜蓿考 [J]. 草业学报, 26(9): 176-188.

孙启忠, 柳茜, 李峰, 等, 2018. 我国古代苜蓿物种考述 [J]. 草业学报, 27(8): 155-174.

孙启忠, 柳茜, 陶雅, 2016. 汉代苜蓿引入者考略 [J]. 草业学报, 25(1): 240-253.

孙启忠, 柳茜, 陶雅, 等, 2016. 汉代苜蓿传入我国的时间考述 [J]. 草业学报, 25(12): 194-205

孙启忠, 柳茜, 陶雅, 等, 2016. 张骞与汉代苜蓿引入考述 [J]. 草业学报, 25(10): 180-190.

孙启忠, 柳茜, 陶雅, 等, 2017. 两汉魏晋南北朝时期苜蓿种植刍考 [J]. 草业学报, 26(11): 185-195.

孙启忠, 柳茜, 陶雅, 等, 2017. 民国时期方志中的苜蓿考 [J]. 草业学报, 26(10): 219-226.

孙启忠, 柳茜, 陶雅, 等, 2017. 我国近代苜蓿栽培利用技术研究考述 [J]. 草业学报, 26(2): 208-214.

孙启忠, 柳茜, 陶雅, 等, 2018. 隋唐五代时期苜蓿栽培利用刍考 [J]. 草业学报, 27(9): 183-193.

孙启忠, 柳茜, 徐丽君, 2017. 苜蓿名称小考 [J]. 草地学报, 25(6): 1186-1189.

孙启忠, 王宗礼, 徐丽君, 2016. 干旱区苜蓿 [M]. 北京 : 科学出版社 .

孙启忠, 玉柱, 马春晖, 等, 2013. 我国苜蓿产业过去 10 年发展成就与未来 10 年发展重点 [J]. 草业科学, 30(3): 7.

孙启忠, 玉柱, 赵淑芬, 2008. 紫花苜蓿栽培技术 [M]. 北京 : 中国农业出版社 .

孙启忠, 张英俊, 2015. 中国栽培草地 [M]. 北京 : 科学出版社 .

孙启忠, 陶雅, 徐丽君, 2013. 刍议苜蓿产业中的风险及其应对策略 [J]. 草业科学, 30(10):1676-1684.

孙醒东, 1941. 中国食用作物 [M]. 上海 : 中华书局 .

孙醒东, 1953. 中国几种重要牧草植物正名的商榷 [J]. 农业学报, 4(2): 210-219.

孙醒东, 1953. 中国的牧草 [J]. 生物学通报 (10): 358-368.

孙醒东, 1954. 重要牧草栽培 [M]. 北京 : 中国科学院 .

孙醒东, 1958. 重要绿肥作物栽培 [M]. 北京 : 科学出版社 .

谭超夏, 周叔华, 1956. 苜蓿翻耕后对土壤改良及后作增产效果研究 [C]// 华北农业科学研究 1949—1955 年主要资料简编 . 北京 : 华北农业科学研究所 .

谭超夏, 周叔华, 1956. 苜蓿栽培技术试验与调查研究 [C]// 华北农业科学研究 1949—1955 年主要资料简编 . 北京 : 华北农业科学研究所编印 .

汤文通, 1947. 农艺植物学 [M]. 台北 : 新农企业股份有限公司出版 .

陶雅, 孙启忠, 2022. 我国苜蓿产业发展态势与面临的挑战 [J]. 草原与草业, 34(1): 1-10.

陶雅, 孙雨坤, 柳茜, 等, 2023. 牧草史钞 [M]. 北京 : 中国农业科学技术出版社 .

藤田丰八, 1900. 论种苜蓿之利 [J]. 农学报, 10(9): 1.

佟树蕃, 1934. 关于牧草 [M]. 寒圃 (3-4): 33-38.

瓦维洛夫 НИ, 1935. 主要栽培植物的世界起源中心 [M]. 董玉琛 , 译 , 1982. 北京 : 中国农业出版 .

万淑贞 , 赵辅宝 , 张启明 , 1987. 山西省主要栽培牧草自然区划意见 [J]. 山西水土保持科技 (2): 2-5.

汪受宽 , 2009. 甘肃通史·秦汉卷 [M]. 兰州 : 甘肃人民出版社 .

王建光 , 2018. 牧草饲料作物栽培学 [M]. 北京 : 中国农业出版社 .

王启柱 , 1975. 饲用作物学 [M]. 台北 : 中正书局 .

王启柱 , 1994. 中国农业起源与发展 (上下) [M]. 台北 : 渤海堂文化公司 .

王廷铨 , 1964. 石子地区苜蓿籽象甲的初步观察 [J]. 新疆农业科学 (4): 130-138.

王无怠 , 师宗华 , 甘肃省种草区划 [M]. 北京 : 中国农业科技出版社 .

王欣 , 常婧 , 2007. 鄯善王国的畜牧业 [J]. 中国历史地理论丛 , 22(2): 94-100.

王缨 , 戚昌淳羽 , 等 , 1988. 作物栽培学通论 [M]. 重庆 : 科学技术文献出版社重庆分社 .

王毓瑚 , 1958. 中国畜牧史资料 [M]. 北京 : 科学出版社 .

王毓瑚 , 1981. 我国自古以来的重要农作物 (上) [J]. 农业考古 (1): 69-79.

王毓瑚 , 1981. 我国自古以来的重要农作物 (中) [J]. 农业考古 (2): 13-20.

王毓瑚 , 1982. 我国自古以来的重要农作物 (下) [J]. 农业考古 (1): 42-49.

王宗礼 , 孙启忠 , 常秉文 , 2009. 草原灾害 [M]. 北京 : 中国农业出版社 .

王遵亲 , 1993. 中国盐渍土［M］. 北京：科学出版社 .

韦双龙 , 2012. 敦煌汉简所见几种农作物及其相关问题研究 [J]. 金陵科技学院学报 (社会科学版), 26(4): 69-74.

魏永纯 , 余开德 , 1956. 盐碱地的改良 [M]. 北京 : 中华全国科学技术普及协会出版 .

吴青年 , 1950. 东北优良牧草介绍 [J]. 农业技术通讯 , 1(7): 321-329.

吴渠来 , 王建光 , 周竞 , 1987. 内蒙古主要多年生栽培牧草区划 . 中国草地学报 (6): 45-51.

吴仁润 , 张志学 , 1988. 黄土高原苜蓿科研工作的回顾与前景 [J]. 中国草业科学 , 5(2): 1-6.

吴礽骧 , 李永良 , 马建华 , 1991. 敦煌汉简释文 [M]. 兰州 : 甘肃人民出版社 .

吴永敷 , 1979. 黄花苜蓿与紫花苜蓿种间杂交研究报告 [J]. 中国草原 , 1(1): 27-33.

吴永敷 , 1980. 苜蓿雄性不育系的选育 [J]. 中国草原 (2):36-38.

吴永敷 , 1985. 苜蓿花芽分化及小孢子发育过程的研究 [J]. 内蒙古农牧学院学报 (1): 123-127.

吴永敷 , 1991. 苜蓿蓟马的研究 [J]. 草地学报 , 1(1): 119-125.

西安交通大学水利系 , 1959. 土壤盐渍化的防止与改良 [M]. 北京 : 高等教育出版社 .

西北农业科学研究所 , 1958. 西北紫花苜蓿的调查与研究 . 西安 : 陕西人民出版社 .

西北农业科学研究所陇东工作组 , 1955. 甘肃陇东董志塬小麦生产调查报告 [J]. 西北农业科学技术汇刊 (内部刊物) (2): 1-9.

向达 , 1929. 苜蓿考 [J]. 自然界 , 4(4): 324-338.

谢成侠 , 1945. 中国马政史 [M]. 安顺 : 陆军兽医学校印刷 .

谢成侠 , 1955. 二千多年来大宛马 (阿哈马) 和苜蓿传入中国及其利用考 [J]. 中国畜牧兽医杂志 (3): 105-109.

谢成侠，1959. 中国养马 [M]. 北京：科学出版社.

谢成侠，1985. 中国养牛羊史 [M]. 北京：农业出版社.

谢国柱，1999. 林西县志 [M]. 呼和浩特：内蒙古人民出版社.

谢华玲，杨艳萍，董瑜，等，2021. 苜蓿国际发展态势分析 [J]. 植物学报，56(6): 740750.

新疆维吾尔自治区地方志编纂委员会，1996. 新疆通志（畜牧志）[M]. 乌鲁木齐：新疆人民出版社.

新疆植物志编辑委员会，2011. 新疆植物志（第三册）[M]. 乌鲁木齐：新疆科学技术出版社.

熊德邵，1957. 在目前大量发展养猪运动中，如何开辟饲料来源 [J]. 农业科学通讯 (10): 547-549.

徐方干，1951. 绿肥作物 [M]. 上海：中华书局股份有限公司.

徐丽君，2009. 华北农牧交错带紫花苜蓿人工草地健康评价 [D]. 呼和浩特：中国农业科学院草原研究所.

徐丽君，辛晓平，2019. 内蒙古苜蓿研究 [M]. 北京：中国农业科技出版社.

杨德方，1961. 三十团农场栽培苜蓿的经验 [J]. 新疆农业科学 (3): 97.

杨景滇，1934. 土壤水分及其与作物之生长 [J]. 寒圃 (17-18): 17-27.

于景让，1952. 汗血马与苜蓿 [J]. 大陆杂志，5(9): 24-25.

裕载勋，1957. 苜蓿 [M]. 上海：上海科学技术出版社.

原颂周，1933. 中国作物论 [M]. 上海：商务印书馆.

张学祖，1962. 新疆苜蓿害虫及其综合防治 [J]. 新疆农业科学 (4): 5-8.

张援，1921. 大中华农业史 [M]. 上海：商务印书馆.

赵一之，赵利清，曹瑞，2019. 内蒙古植物志（第三卷）[M]. 3 版. 呼和浩特：内蒙古人民出版社.

真木芳助，1975. 苜蓿栽培史和研究进展 [J]. 北海道农试研究资料 (6): 1-2.

中国古代农业科技编纂组，1980. 中国古代农业科技 [M]. 北京：中国农业出版社.

中国科学院西北植物研究所，1981. 秦岭植物志（第一卷 / 第三册）[M]. 北京：科学出版社.

中国科学院植物研究所，1972. 中国高等植物图鉴（第二册）[M]. 北京：科学出版社.

中国科学院植物研究所，1955. 国主要植物图说（豆科）[M]. 北京：科学出版社.

中国科学院中国植物志编辑委员会，1998. 中国植物志（第四十二卷第二分册）[M]. 北京：科学出版社.

中国农业百科全书总编辑委员会蔬菜卷编辑委员会，1990. 中国农业百科全书·蔬菜卷 [M]. 北京：中国农业出版社.

中国农业科学院，1959. 南京农学院中国农业遗产研究室 [M]. 中国农学史（上册）. 北京：科学出版社.

中国农业科学院，南京农学院中国农业遗产研究室，1984. 中国农学史（上下册）[M]. 北京：科学出版社.

中国农业科学院陕西分院，1959. 西北的紫花苜蓿 [M]. 西安：陕西人民出版社.

中国农业科学院蔬菜花卉研究所，2010. 中国蔬菜栽培学 [M]. 2 版. 北京：中国农业出版社.

中国植物学会，1994. 中国植物学史 [M]. 北京：科学出版社.

中国植物志编辑委员会，1998. 中国植物志（第 42 卷 · 第 2 分册）[M]. 北京：科学出版社.

中国植物志编辑委员会，1998. 中国植物志（第 73 卷 · 第 2 分册）[M]. 北京：科学出版社.

中央人民政府农业部畜牧兽医局，1953. 畜牧兽医选辑（八）草场管理与牧草栽培 [M]. 上海：中华书局.

中央人民政府农业部畜牧兽医局，1953. 畜牧兽医选辑（一）马的饲养管理 [M]. 上海：中华书局 .

周国祥，2008. 陕北古代史纪略 [M]. 西安：陕西人民出版社 .

周叔华，李振声，1957. 北京地区牧草生物学特性的研究 [J]. 华北农业科学，1(4): 429-447.

朱懋顺，1979. 紫花苜蓿营养体繁殖研究简报 [J]. 新疆农业科学 (6): 21-22.

邹介正，王铭农，牛家藩，等，1994. 中国古代畜牧兽医史 [M]. 北京：中国农业科技出版社 .

作者不详，1902. 豆科植物之研究 [J]. 农学报，13(8): 6-9.

Agricultural experiment station Kansas state agricultura college,1927. Alfalfa production in Kansas[M]. Topeka: Kansas state printing plant Walker state printed.

Ahlgren G H, 1949. Forage crops[M]. New York: McGraw-Hill Book Co.

Annicchiarico P, 2020. Lucerne cultivar adaptation to Italian geographic areas is affected crucially by the selection environment and encourages the breeding for specific adaptation[J]. Euphytica, 216(50):1-11.

Annicchiarico P, Piano E, 2005. Use of artificial environments to reproduce and exploit genotype: location interaction for lucerne in northern Italy[J]. Theory and Application Genomics,110: 219-227.

Ashraf M, 1994.Breeding for salinity tolerance in plants[J]. Critical Reviews in Plant Sciences,13(1): 17-42.

Bauchan G R, Greene S L, 2002. Status of the *Medicago germplasm* collection in the United States[J].Plant Genetic Resoures Newsletter, 129: 1-8.

Baxevanos D, 2021. Evaluation of alfalfa cultivars under rainfed Mediterranean conditions[J]. The Journal of Agricultural Science, 6(20) : 1-12.

Bodzon Z，2004. Correlations and heritability of the characters determining the seed yield of the long-raceme alfalfa (*Medicago sativa* L.) [J]. Journal Application Genomics, 45(1): 49-59.

Bolton J L, 1962. Alfalfa: botany, cultivationand utilization[M]. New York: Interscience publishers.

Bolton J, Goplen B, Baenziger H, 1972. World distribution and historical developments. Inc.H.Hanson, Alfalfa science and technology[J]. Agronomy, 15: 1-34.

Bouton J, 2001. Alfalfa[C] // The XIX International Grassland Congress took place in São Pedro, São Paulo, Brazil , February 21, 1-9.

Brand C J, 1911. Grimm alfalfa and its utilization in the Northwest[J]. International Information System for the Agricultural Science and Technology, 209: 1- 66.

Breazeale D, Neufeld J, 2000. Feasibility of subsurface drip irrigation for alfalfa[J]. Journal of the ASFMRA, 4: 58-63.

Bretschneider, 1935. 中国植物学文献评论 [M]. 石声汉，译 . 上海：商务印书馆 .

Brough R C, Robison R, 1973. The historical diffusion of alfalfa[J]. Journal of Agronomic Education, 5: 13-19.

Burkill I H, 1953. 人的习惯与旧世界栽培植物的起源 [M]. 胡先骕，译，1954. 北京：科学出版社 .

Camp C R, 1998. Subsurface drip irrigation: a review[J]. Journal of American Society of Agricultural Engineers, 41(5): 1353-1367.

Cann J P, 2014. Structural change of the Western United States alfalfa hay market and its effect on the Western United States dairy industry[D]. Utah State :Utah State University.

Coburn F D, 1912. The book of alfalfa[M]. New York: Orange Judd Company.

Cox J F, MeGee C R, 1927. Hardy alfalfa varieties needed for Michigan[J]. Michigan Agriculture Experiment Station, 10: 79-82.

David G, Beatriz A, Manuel B, 2022. The adequacy of alfalfa crops as an agri-environmental scheme: a review of agronomic benefits and effects on biodiversity[J]. Journal for Nature Conservation, 69: 126253.

Djaman K, Owen C, 2020. Evaluation of different fall dormancy-rating alfalfa cultivars for forage yield in a semiarid environment[J]. Agronomy, 10(146): 1-14.

Flowers T, Yeo A, 1995. Breeding for salinity resistance in crop plants: where next? [J] . Australian Journal of Plant Physiology, 22: 875-884.

Gengenbach B, 2000. Agronomy and Plant Genetics[D]. Saint Paul: the University of Minnesota.

Graber C H, 1929. Statistical methods in agronomic research[J]. Plant Breeders' Series, 2: 1-28.

Graber L F, 1918. A handbook for the alfalfa grower and student[M]. Madison:Secretary of Wisconsin alfalfa order pubished.

Graber L F, 1950.Acentury of alfalfa culture in America[J]. Agronomy Journal, 42 (11): 525-533.

Gray R B, 2002. Status of the *Medicago germplasm* collection in the United States[J]. Ptant Genstic Resources Newsletter, 129: 1-8.

Hanson A, 1988.Alfalfa and alfalfa improvement[M]. Madison, WI: American Society of Agronomy.

Healh M E, 1985. Forage the science of grassland agriculture[M]. Iowa: Iowa State University Press Ames.

Henggeler J,1997. Foraging for efficiency: subsurface drip for alfalfa[J]. Irrigation Business and Technology,5:1.

Hollow E A, 1945.Regisiration of varieties and stains of alfalfa[J]. Journal of the American Socience of Ageonomy, 14:649-651.

ITC, 2018. International Trade Center[J/OL]. http://www.intracen.org/itc/market-info-tools/trade-statistics/

Jared G, 1899. Alfalfaor lucern[M]. Washington:Government Printing Office.

Jeranyama P, 2004. Understanding relative feed value (RFV) and relative forage quality (RFQ) [M]. Brookings: South Dakota State University.

Joseph E W, 1916. Alfalfa farming in America[M]. Chicago:Sanders Publishing Company.

Kang Y B, 2020. America's water, China's milk: a visual presentation on alfalfa trade and dairy consumption in China[D]. California: University of California.

Karagi D, 2019.Genetic variation of alfalfa seed yield in the establishment year[C] // Proceedings of the 10th international herbage seed conference. Corvallis,91-94.

Kiesselbach T A, Anderson A, 1927. Alfalfa in Nebraska[J]. Nebraska Agriculture Experiment Statino, 222: 1-27.

Kiesselbach T A, Anderson A, Peltier G L, 1930. A new variety of alfalfa[J]. Jouranal of Agronomy, 22: 189-190.

Lacefield G, Ball D, 2009. Growing Alfalfa in the South. National Alfalfa and Forage Alliance[D]. Lexington: University of Kentucky.

Li X, Brummer E C, 2012. Applied genetics and genomics in alfalfa breeding[J]. Agronomy, 2: 40-61.

Lyon F L, Hitchcock A S, 1904. Pasture, meadow and forage crops[J]. Nebraska Agriculture Experiment Statino, 84:1-66.

Maas E, 1987. Salt tolerance of plants. In: B.R. Christie, editor, Handbook of plant science in agriculture[M]. Boca Raton: CRC Press.

Martin N P, Mertens D, 2005. Reinventing alfalfa for dairy cattle and novel use[C] // California Alfalfa and Forage Symposium, Visalia, CA.

Meccage E, 2021. Regeneration nation: alfalfa's role in sustainable agriculture [C] // 2021 Western Alfalfa & Forage Symposium, Reno, NV.

Mónica V, 2015. Suarez emergence, forage production, and ion relations of alfalfa in response to saline waters[J]. Crop Science, 55:444-457.

Nelson M, 1929. Experiments with alfalfa[J].Arkansas Agriculture Experiment Statino, 242: 1-35.

Nelson N T, Graber L F, 1923. Lack of snow causes heavy alfalfa losses[J]. Wisconsin Agriculture Experiment Station, 352: 37-40.

Peter C, 2012. Parched in the west but shipping water to China, bale by bale[J]. The Wall Street Joural, 5: 7.

Pimentel D, 2004. Water resources: agricultural and environmental issues[J]. BioScience, 54 (10): 909-118.

Pimentel D, Houser J, Preiss E, 2016. Water resources: agriculture, the environment, and society[J]. BioScience, 47 (2): 97-106.

Putnam D, 2001. Alfalfa: wildlife and the environment[M]. California: California Alfalfa and Forage Association.

Putnam D, 2021. The importance of alfalfa in a water-uncer future [C] // Western Alfalfa & Forage Symposium, Reno, NV.

Putnam D, 2021. Dynamic hay export growthled by China [C] // California Alfalfa and Forage Symposium, Reno, NV.

Rather H C, Wenner G F, 1929. Hardy alfalfas lead michigan over state tests[J]. Michigan Agriculture Experiment Station, 12: 53-58.

Reich J, 2012. Alfalfa’ s role in feeding a hungry world[C] // California Alfalfa & Grains Symposium, Sacramento, CA.

Russelle M P, 2001. Alfalfa: after an 8 000-year journey, the “Queen of Forages” stands poised to enjoy renewed popularity[J]. American Scientist, 89: 252-261.

Saleh M, 2013.Maximizing productivity and water use effidiency of alfalfa under precise subsurface drip irrigation in arid regions[J]. Irrigation and Drainage, 62: 57-66.

Sall B, Tronstad R, 2023. Export and domestic feed price trends, 1994—2022[J]. A Joural of the Western Agricuitural Economics Association, 21(1): 54-66.

Sall B, Tronstad R, 2023. Alfalfa export and water use estimates for individual states[J]. A Joural of the Western Agricuitural Economics Association, 30(1): 5-18.

Sammers G, Putnam H, 2008. Irrigated alfalfa management[M]. California: University of California Agriculture and Natural Resources.

Singleton H P, 1926. Irrigated alfalfa in Washington[J]. Washington Agriculture Experiment Station, 209: 1-15.

Steinmetz F H, 1926. Winterkilling of alfalfa[J]. Minnesota Agriculture Experiment Station, 38: 1-33.

Stewart G, 1926. Alfalfa-growing in the united states and Canada[M]. New York: Macmilcan Co.

Teuber L R, Taggard K L, Gibbs L K,1998. Fall dormancy in standard tests to characterize alfalfa cultivars[J/OL]. http: // www.naaic.org/stdtests/Dormancy2.html.

Varro M T, 1912. 论农业 [M]. 王家绶 , 译 , 1981. 北京 : 商务印书馆 .

Walken B P, 1925. Experiments relating to the time of cutting alfalfa[M]. Topeka,Kansas: Agriculture Experiment Stations.

Walker B P, 1927. Alfalfa Production in Kansas[M].Topeka: Kansas State Printing Plant.

Wang Q, Hansen J, Xu F, 2016.China's emerging dairy markets and potential impacts on US alfalfa and dairy product exports[C] // Paper presented at the 2016 Annual Meeting in Boston, MA, Agricultural and Applied Economics Association. Boston, Massachusetts.

人名索引

词汇短语索引

K

L

M

N

P

Q

R

S

T

W

X

Y

Z

后 记

在很早之前，就有探讨和总结我国苜蓿科技发展历程的想法。因为我国不仅是苜蓿种植古国，也是苜蓿生产大国，更是苜蓿科技强国。在2 000多年的苜蓿栽培发展中，科技发挥了重要的作用，沉淀下的技术和经验弥足珍贵。在古代我国苜蓿种植面积最大，苜蓿种植技术、生态植物学研究等领域居世界领先水平。在黄河中下游，汉代苜蓿就有了春播、夏播和秋播的分期播种；魏晋南北朝就掌握了水浇地和旱地苜蓿种植技术，并制定了先进的刈割制度；到了唐代采用开花期刈割苜蓿与现代苜蓿刈割理论相吻合。我国苜蓿的药性研究与应用比世界其他国家早千年之久。我国苜蓿由西域大宛引入，乃至国内传播轨迹明确可信，早在唐代清楚地记载苜蓿开紫花，到宋代我国亦出现了开黄花的苜蓿记载；明代对苜蓿植物学特征特性的描述完全与现代植物学相契合，到了清代我国又将苜蓿区分为三种，即苜蓿（紫花苜蓿）、野苜蓿（黄花苜蓿）和野苜蓿另一种（南苜蓿），其苜蓿分类与现代分类学一致。这些先进的苜蓿种植技术和领先的苜蓿植物学研究，为世界苜蓿贡献了中国智慧，彰显了中国力量，展现了中国精神，绽放了中国风采。

在我国苜蓿进入产业创新发展的新时期，更需要总结我国苜蓿发展的历史经验和先进技术，努力实现古今融合，融古出新，积极培育苜蓿新质生产力，开创我国苜蓿科技发展新局面，打造苜蓿新业态，创造苜蓿新业绩，谱写苜蓿新篇章。本书以总结古代和近代苜蓿科技发展历程为主，现代苜蓿科技发展历程以改革开放前为主。改革开放40年的苜蓿研究成果涉及较少（只能算个梗概），更系统、更全面的成果拟另设专题研究和总结。

孙启忠

2023年12月12日